U0350587

生态气象系列丛书

丛书主编：丁一汇

丛书副主编：周广胜 钱 拴

甘肃生态气象

主编：马鹏里

副主编：杨金虎 方 锋

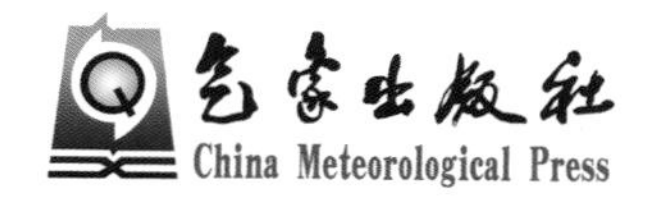

内 容 简 介

本书是“生态气象系列丛书”之一的《甘肃生态气象》，是甘肃生态气象的研究成果，由兰州区域气候中心以及甘肃省气象局部分市(州)气象局的科研人员撰写。全书共9章，第1章主要介绍了甘肃气候及生态环境特征；第2章至第8章分别介绍了甘肃省的七大生态功能区的气候特征和气候变化对生态环境的影响评估，并对生态环境保护和修复提出了措施建议；第9章介绍了甘肃省人工影响天气生态修复效益评估。

全书内容系统全面，资料严谨翔实，为推动甘肃省气候变化对生态环境的影响研究提供了翔实资料。本书可供生态和气象等专业的科研、教学等相关人员参考使用。

图书在版编目（CIP）数据

甘肃生态气象 / 马鹏里主编 ; 杨金虎, 方锋副主编
. -- 北京 : 气象出版社, 2023.8
（生态气象系列丛书 / 丁一汇主编）
ISBN 978-7-5029-7863-1

Ⅰ. ①甘… Ⅱ. ①马… ②杨… ③方… Ⅲ. ①生态环境—气象观测—研究—甘肃 Ⅳ. ①P41

中国版本图书馆CIP数据核字(2022)第221380号

甘肃生态气象
Gansu Shengtai Qixiang

出版发行：气象出版社
地　　址：北京市海淀区中关村南大街46号　　**邮政编码：**100081
电　　话：010-68407112(总编室)　010-68408042(发行部)
网　　址：http://www.qxcbs.com　　**E-mail：**qxcbs@cma.gov.cn
责任编辑：黄红丽　　**终　　审：**张　斌
责任校对：张硕杰　　**责任技编：**赵相宁
封面设计：博雅锦
印　　刷：北京地大彩印有限公司
开　　本：787 mm×1092 mm　1/16　　**印　　张：**19.5
字　　数：502千字
版　　次：2023年8月第1版　　**印　　次：**2023年8月第1次印刷
定　　价：195.00元

编委会

前言

党的十八大报告指出："建设生态文明，是关系人民福祉、关乎民族未来的长远大计。面对资源约束趋紧、环境污染严重、生态系统退化的严峻形势，必须树立尊重自然、顺应自然、保护自然的生态文明理念，把生态文明建设放在突出地位，融入经济建设、政治建设、文化建设、社会建设各方面和全过程，努力建设美丽中国，实现中华民族永续发展。"因此，加强生态文明建设，对于全面建成小康社会、实现经济社会可持续发展和中华民族伟大复兴具有极其重要的意义和作用。

甘肃省是生态环境十分脆弱的地区。随着国家实施西部大开发战略以来，全省资源开发的力度、广度、速度不断加大，经济发展水平有了较大幅度的提高，城乡面貌发生了巨大变化，人民生活条件得到了明显改善，经济建设取得了可喜成就。但是，随着资源开发程度的提高和经济社会活动的加剧，生态环境也日益恶化，各种自然灾害纷至沓来，水土流失日趋严重，水资源日渐枯竭，草地涵养水分的功能降低，天然草地退化严重，生物系统多样性受损。为了加强生态修复和环境保护，2012 年，甘肃省委、省政府根据本省的生态体系基本特征和格局，确定构建"三屏四区"生态功能区。其中，"三屏"是指以甘南黄河重要水源补给生态功能区为主的黄河上游生态屏障区、以"两江一水"（白龙江、白水江、西汉水）流域水土保持与生物多样性生态功能区为主的长江上游生态屏障区和以祁连山冰川与水源涵养生态功能区为主的河西内陆河上游生态屏障区；"四区"是指石羊河下游生态保护治理区、敦煌生态环境和文化遗产保护区、陇东黄土高原丘陵沟壑水土保持生态功能区和肃北北部荒漠生态保护区。其主要以修复生态、保护环境为任务，以提升水源涵养、水土保持、防风固沙、维护生物多样性的生态服务为目的，科学界定农牧业生产规模，因地制宜发展资源环境可承载的特色产业。近年来，甘肃生态保护建设虽然取得了前所未有的成就，但受地理位置和自然条件制约、人口增长和经济规模扩张以及全球气候变化的大环境影响，全省生态保护与建设仍然面临着严峻的挑战。生态问题仍然是制约甘肃经济社会可持续发展的主要生态"瓶颈"。

生态气象作为一门交叉学科，与生态和气象的联系都很紧密，特别是在全球变暖背景下生态环境问题日益突出，生物资源和土地资源退化等问题直接威胁到了人类的生存和可持续发展。对于这些问题，脱离生态单纯研究气象或者脱离气象单纯研究生态已经无法解决，只有将气象学和生态学结合起来开展交叉研究才能真正意义上缓解或解决这些问题。本书围绕甘肃的七大典型生态功能区，利用最新资料全面系统地分析了每个生态功能区的气候和生态变化特征，并结合生态要素对气候变化的响应关系，客观地评估了每个生态功能区的气候变化对生态环境的影响，并为保护和修复生态环境提出了有针对性的意见和建议。

本书共包含了 9 章内容，全书总体思路框架设计、主要内容安排以及书稿的审稿、统稿、定稿等工作由马鹏里、杨金虎负责完成，前言由杨金虎主笔完成；第1章为甘肃气候及生态环境特征，由刘卫平、王鑫等主笔完成；第2章为甘南黄河重要水源补给区生态系统，由刘丽伟等主笔完成；第3章为长江上游“两江一水”流域生态系统，由林婧婧等主笔完成；第4章为陇东黄土高原丘陵沟壑生态系统，由卢国阳等主笔完成；第5章为祁连山冰川与水源涵养生态系统，由蒋友严等主笔完成；第6章为石羊河下游生态保护治理区，由刘明春等主笔完成；第7章为敦煌生态环境和文化遗产保护区，由贾建英等主笔完成；第8章为肃北北部荒漠生态系统，由白冰等主笔完成；第9章为甘肃人工影响天气生态修复效益评估，由付双喜等主笔完成。

本书是全国自然灾害综合风险普查成果在甘肃省的具体应用，其出版也得到了全国自然灾害综合风险普查项目经费的大力支持。

衷心希望本书的出版能为甘肃政府相关部门应对气候变化、治理生态环境提供技术支撑，也为甘肃省从事生态与气象的业务和教学人员提供一些参考。由于作者水平有限，书中瑕疵在所难免，真诚欢迎专家、学者批评指正。

作者

2022年10月

目录

第1章 甘肃气候及生态环境特征

1.1 气象要素时空变化

1.1.1 基本气候要素变化

1.1.1.1 年气温变化

(1)年平均气温变化

1961—2020年,甘肃省年平均气温表现为一致的上升趋势,平均每10 a增温达到0.29 ℃,1961—2020年平均气温升高了1.7 ℃。1997年之前,甘肃省年平均气温低于常年值(1991—2020年的平均值),之后绝大多数年份高于常年值。2016年是甘肃省近60 a来最暖年份,平均气温为9.5 ℃,比常年偏高1 ℃;1967年、1976年、1984年均为近60 a来最冷年份,平均气温均为6.8 ℃,比常年偏低1.7 ℃(图1.1)。

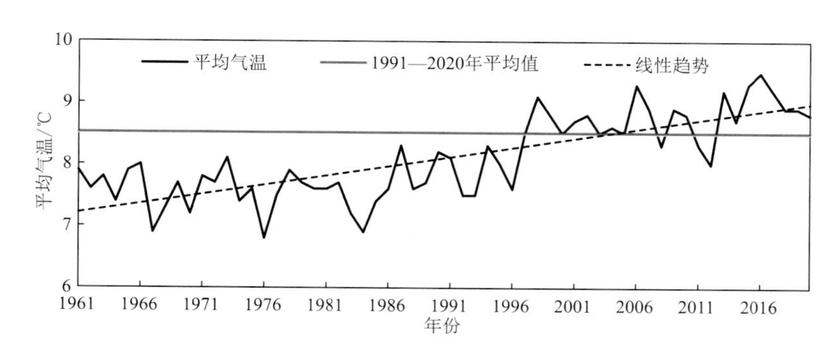

图1.1 1961—2020年甘肃省年平均气温历年变化

从空间变化来看,1961—2020年,甘肃省年平均气温呈较为明显升高趋势,升温率为0.12~0.53 ℃/(10 a),民乐升幅最大,为0.53 ℃/(10 a);其次是会宁和兰州,分别为0.51 ℃/(10 a)、0.50 ℃/(10 a)。河西走廊、陇中北部、陇东东北部和甘南高原年平均气温升温率>0.3 ℃/(10 a)(图1.2)。

(2)各季平均气温变化

1961—2020年,甘肃省冬、春、夏、秋四季季平均气温呈现出一致上升趋势,但上升幅度有所不同(图1.3)。

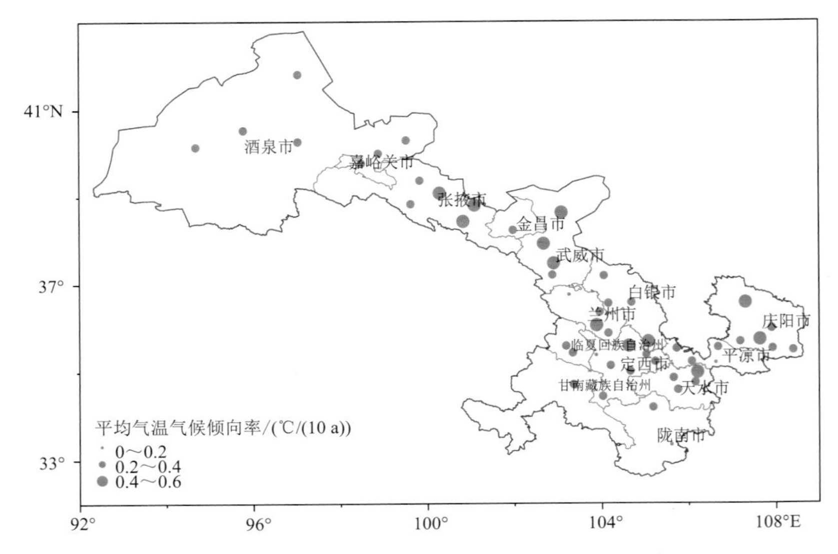

图 1.2　甘肃省年平均气温气候倾向率空间分布

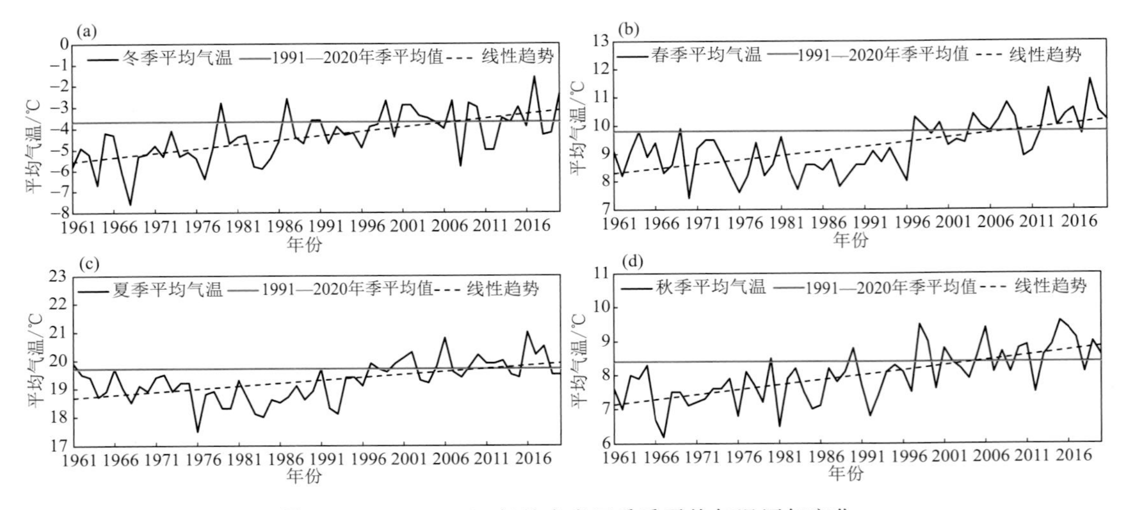

图 1.3　1961—2020 年甘肃省四季季平均气温历年变化

(a)冬季；(b)春季；(c)夏季；(d)秋季

冬季，平均气温自 1961 年以来呈明显上升趋势，升温率为 0.41 ℃/(10 a)。1968 年的冬季是甘肃省近 60 a 来最冷的冬季，为−7.6 ℃，比常年同期偏低 3.9 ℃；2017 年冬季是近 60 a 来最温暖的冬季，为−1.6 ℃，比常年同期偏高 2.1 ℃。

春季，平均气温自 1961 年以来呈持续上升趋势，升温率为 0.32 ℃/(10 a)。2018 年春季是甘肃省近 60 a 来最暖的春季，为 11.6 ℃，比常年同期偏高 1.8 ℃；1970 年春季是近 60 a 来最冷的春季，为 7.4 ℃，比常年同期偏低 2.4 ℃。

夏季，平均气温自 1961 年以来呈持续上升趋势，升温率为 0.21 ℃/(10 a)。2016 年的夏季是甘肃省近 60 a 来最炎热的夏季，为 21 ℃，比常年同期偏高 1.3 ℃；1976 年夏季是近 60 a 来最凉爽的夏季，为 17.5 ℃，比常年同期偏低 2.2℃。

秋季，平均气温自1961年以来呈持续上升趋势，升温率为0.29 ℃/(10 a)。2015年的秋季是甘肃省近60 a来最热的秋季，为9.6 ℃，比常年同期偏高1.2 ℃；1967年秋季是近60 a来最凉的秋季，为6.2 ℃，比常年同期偏低2.2 ℃。

从空间变化来看，甘肃省各地各季平均气温均呈现出一致增温趋势(图1.4)。冬季升温最为显著，升温率为0.10～0.75 ℃/(10 a)，其中河西东部、陇中北部、陇东东部增幅在0.40 ℃/(10 a)以上。民乐增幅最大，为0.75 ℃/(10 a)；山丹次之，为0.74 ℃/(10 a)。春季各地升温率为0.10～0.63 ℃/(10 a)，会宁增幅最为明显，为0.63 ℃/(10 a)，西峰次之，为0.60 ℃/(10 a)。夏季各地升温率为0.04～0.61 ℃/(10 a)，会宁增幅最大，为0.61 ℃/(10 a)，其次是马鬃山，为0.57 ℃/(10 a)。秋季各地升温率为0.13～0.56 ℃/(10 a)，民乐增幅最大，为0.56 ℃/(10 a)，其次是会宁，为0.51 ℃/(10 a)。

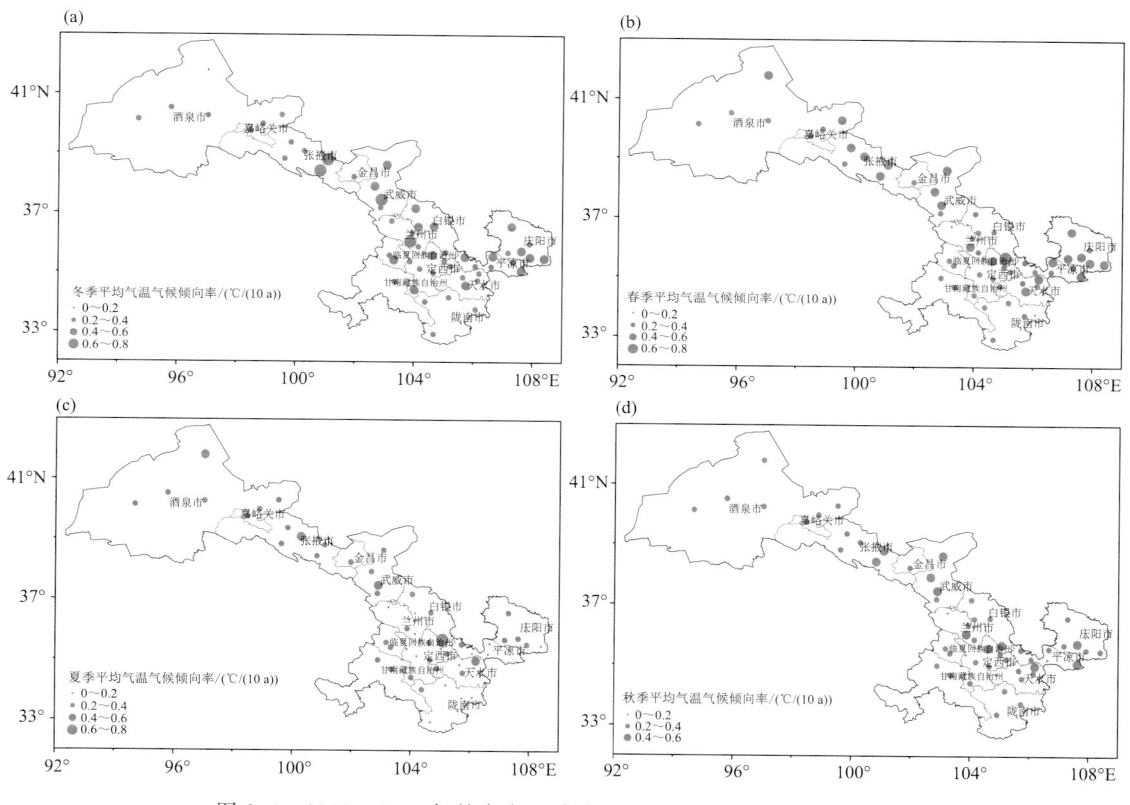

图1.4　1961—2020年甘肃省四季季平均气温气候倾向率空间分布
(a)冬季；(b)春季；(c)夏季；(d)秋季

(3)平均最高气温变化

甘肃省年平均最高气温自1961年以来呈显著上升趋势(图1.5)，升温率为0.33 ℃/(10 a)。2013年和2016年是甘肃省近60 a来最暖年份，年平均最高气温为16.6 ℃，比常年偏高1.1 ℃；1967年为近60 a来最冷年份，年平均最高气温为13.2 ℃，比常年偏低2.3 ℃。

从空间变化来看，1961—2020年，甘肃省年平均最高气温呈一致升高趋势(图7.6)，升温率为0.01～0.79 ℃/(10 a)。河西走廊中部、陇中中部、陇东东部、陇南北部，年平均最高气温

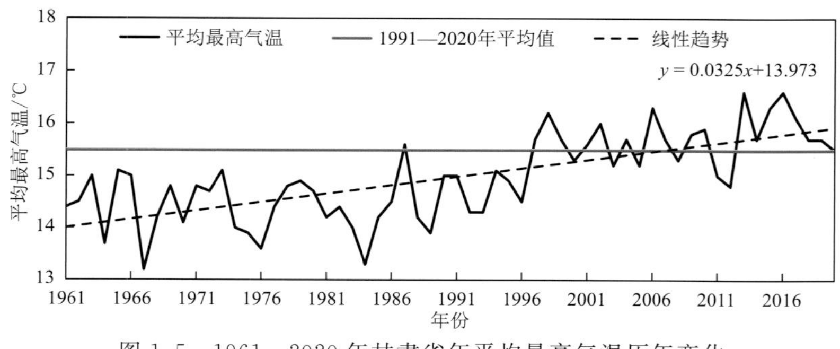

图 1.5 1961—2020 年甘肃省年平均最高气温历年变化

升温率>0.3 ℃/(10 a)。会宁增幅最大,为 0.79 ℃/(10 a),其次是张家川县(张家川回族自治县),为 0.78 ℃/(10 a)(图 1.6)。

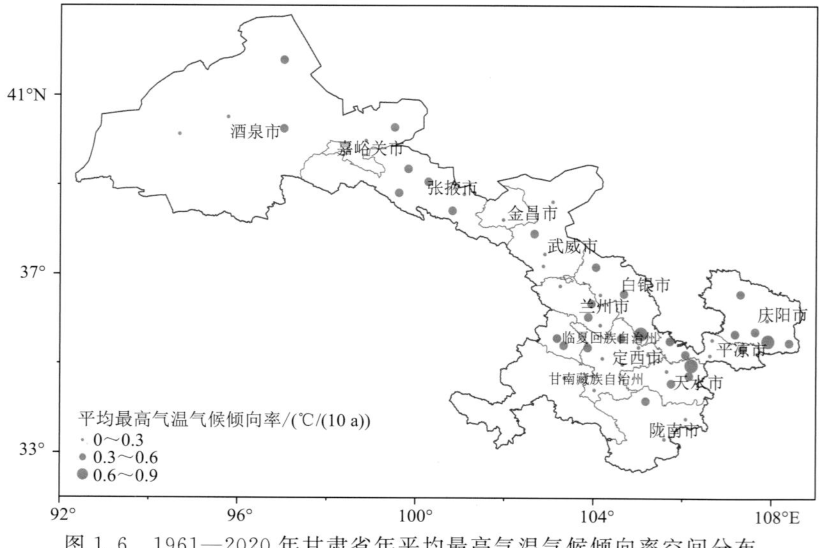

图 1.6 1961—2020 年甘肃省年平均最高气温气候倾向率空间分布

(4)平均最低气温变化

甘肃省年平均最低气温自 1961 年以来呈显著上升趋势(图 1.7),升温率为 0.31 ℃/(10 a)。2006 年是甘肃省近 60 a 来最暖年份,年平均最低气温为 3.8 ℃,比常年偏高 0.7 ℃;1976 年

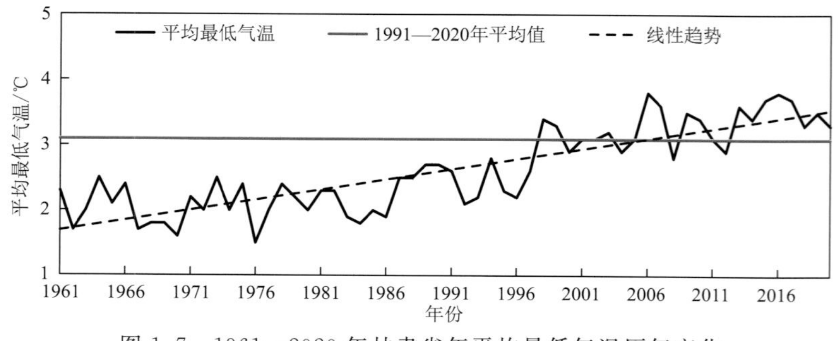

图 1.7 1961—2020 年甘肃省年平均最低气温历年变化

为近 60 a 来最冷年份，年平均最低气温为1.5 ℃，比常年偏低 1.6 ℃。

从空间变化来看，甘肃省年平均最低气温表现为一致升高趋势，平均最低气温升温率明显大于年平均气温和平均最高气温，升温率 0.07～0.72 ℃/(10 a)。民乐增幅最大，为 0.72 ℃/(10 a)，其次是山丹，为 0.68 ℃/(10 a)，河西走廊大部、陇中中部、陇东大部、甘南高原、陇南北部升温率>0.3 ℃/(10 a)(图 1.8)。

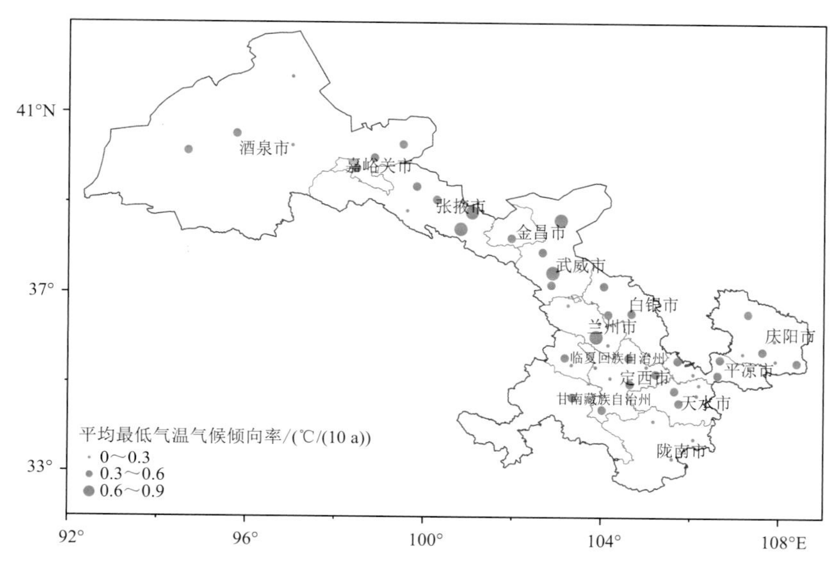

图 1.8 1961—2020 年甘肃省年平均最低气温气候倾向率空间分布

1.1.1.2 降水变化

(1)年降水变化

1961—2020 年年降水量总体呈减少趋势(图 1.9)，减少率为 3.5 mm/(10 a)。从年际变化看，年降水波动比较大，1994—2002 年降水明显偏少。

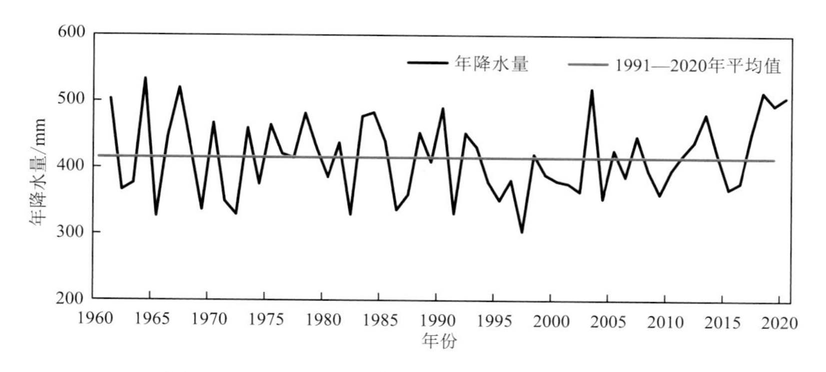

图 1.9 1961—2020 年甘肃省年降水量历年变化

从空间变化来看，甘肃省年降水量呈西北增加、东南减少的变化趋势(图 1.10)，河西降水呈增加趋势，增加率为 2～13 mm/(10 a)，以民乐增幅最大，祁连山区为 12 mm/(10 a)以上；河东除临夏州、甘南州外，大部地区降水量呈减少趋势，并以 2～16 mm/(10 a)的速率减少，其中定西市、庆阳市、天水市北部、陇南市东部，减少率在 10 mm/(10 a)以上，会宁减幅最大，以 15.7 mm/(10 a)的速率减少。

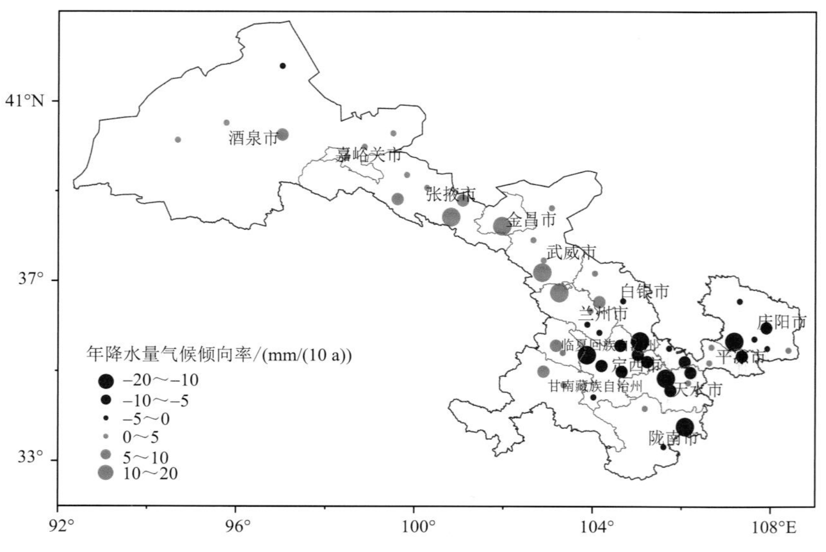

图 1.10　1961—2020 年甘肃省年降水量气候倾向率空间分布

(2)各季降水量变化

冬季，降水量总体呈增加趋势(图 1.11a)，增加率平均为 0.7 mm/(10 a)。20 世纪 60—80 年代前期降水总体呈偏少态势，80 年代中期以后除 1996—1999 年连续 4 a 偏少外，降水总体呈偏多趋势。

春季，降水量总体变化不明显(图 1.11b)，减少率平均为 0.1 mm/(10 a)。20 世纪 60 年代、80 年代降水总体呈偏多趋势，90 年代除 1991 和 1998 年降水偏多外，降水呈现偏少趋势。

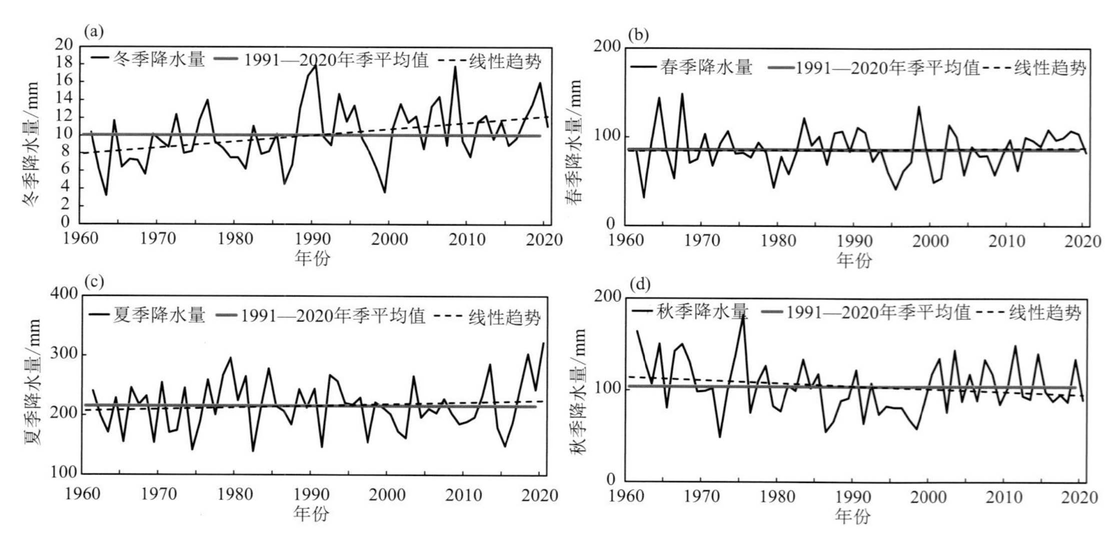

图 1.11　1961—2020 年甘肃省四季降水量历年变化

(a)冬季；(b)春季；(c)夏季；(d)秋季

2000 年以后降水总体呈偏多趋势，2012 年以后持续偏多。

夏季，降水量总体呈较弱的增加趋势(图 1.11c)，增加率平均为 1.9 mm/(10 a)。20 世纪 60—70 年代前期降水偏少，70 年代中期—90 年代中期降水呈偏多趋势，1996—2011 年降水总体偏少，2011 年以后除 2014 年和 2015 年偏少外，降水呈偏多趋势。

秋季，降水量总体呈减少趋势(图 1.11d)，减少率平均为 3.6 mm/(10 a)。20 世纪 60—80 年代中期降水总体呈偏多趋势，80 年代中期—90 年代末降水偏少，2000 年以后降水总体呈偏多趋势。

冬季，降水量全省大部以增加为主。祁连山区、临夏州、定西市、平凉市、庆阳市南部和甘南州东部每 10 a 增加 1～2 mm，其中西峰增幅最为明显，每 10 a 增加 1.9 mm；陇南市南部以 0.1～0.5 mm/(10 a)速率减少，以康县减幅最大；其他地区以 0.1～1 mm/(10 a)速率增加(图 1.12a)。

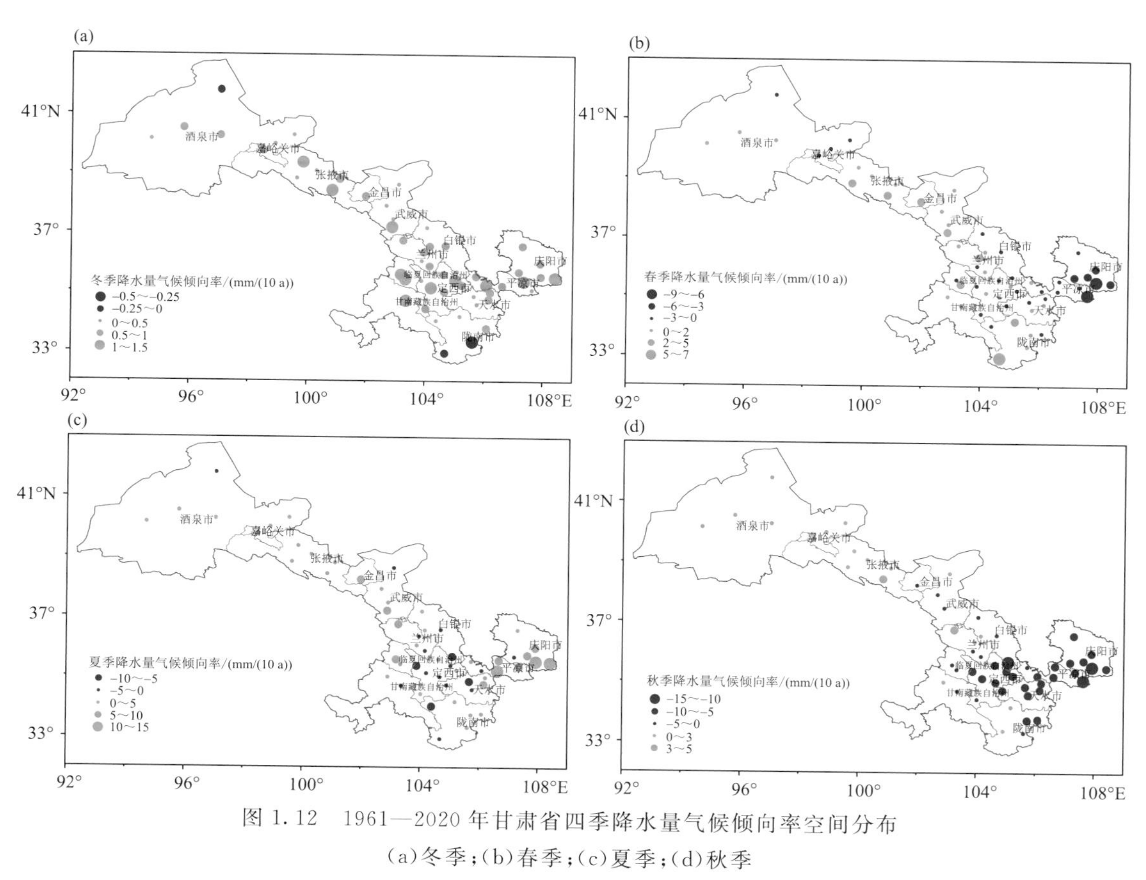

图 1.12 1961—2020 年甘肃省四季降水量气候倾向率空间分布
(a)冬季；(b)春季；(c)夏季；(d)秋季

春季，降水量在陇中部分地区及陇东大部以减少为主，省内其余地方以增加为主。河西大部、陇南市南部增幅为 0.1～6.1 mm/(10 a)，以文县增幅最大，每 10 a 增加 6.1 mm；陇中部分地区及陇东大部地区减幅为 0.08～8.1 mm/(10 a)，其中灵台减幅最为明显，每 10 a 减少 8.1 mm(图 1.12b)。

夏季，降水量在陇中地区以增加为主，省内其余地区以减少为主。河西大部以 0.2～8.0 mm/(10 a)速率增加，以永昌增幅最大，每 10 a 增加 8.0 mm，临夏州及陇东增幅为 4.2～14.4 mm/(10 a)，以合水增幅最大，每 10 a 增加 14.4 mm；其他地区的减幅为 0.2～7.8 mm/(10 a)，宕昌减幅最为明显，每 10 a 减少 7.8 mm(图 1.12c)。

秋季，降水量河西中西部以增加为主，省内其余地区以减少为主。河西中西部以 0.2～4.7 mm/(10 a)速率增加，以民乐增幅最大，每 10 a 增加 4.7 mm；河西东部及河东大部降水量以 0.1～14.4 mm/(10 a)速率减少，以灵台减幅最大，每 10 a 减少 14.4 mm(图 1.12d)。

(3)年降水日数变化

甘肃省年降水日数总体上呈微弱减少趋势(图 1.13)，平均减少率为 0.5 d/(10 a)。从甘肃各地降水日数变化趋势看，河西大部地区降水日数呈增加趋势，增幅为 0.1～1.8 d/(10 a)，其中永昌增加最为明显；河东大部地区呈减少趋势，减幅为 0.1～3.9 d/(10 a)，以灵台减幅最大(图 1.14)。

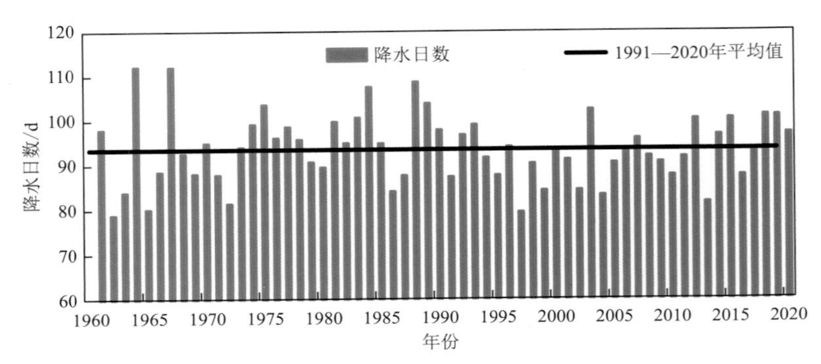

图 1.13　1961—2020 年甘肃省年降水日数历年变化

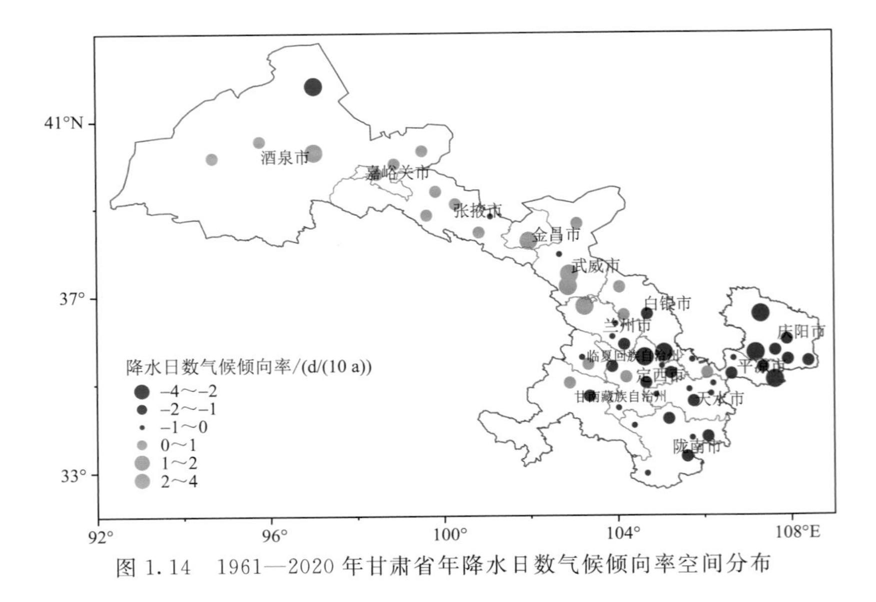

图 1.14　1961—2020 年甘肃省年降水日数气候倾向率空间分布

1.1.1.3　日照时数变化

(1)年日照时数变化

甘肃省年平均日照时数整体呈减少趋势(图 1.15)，年平均日照时数减少率为 22.5 h/(10 a)。酒泉市北部及东部、张掖市肃南县、金昌市永昌县、武威市大部、定西市临洮县、天水市清水县、庆阳市镇原县及庆城县以 0～60 h/(10 a)速率增加，其中民勤增加最为明显；其他地方为减少趋势，减幅为0～80 h/(10 a)，以兰州减幅最大(图1.16)。

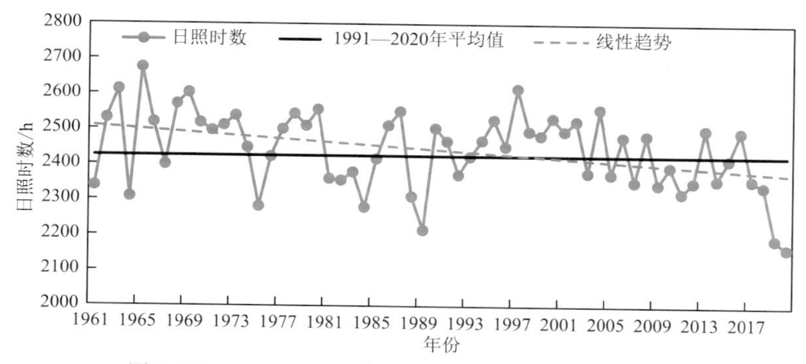

图1.15 1961—2020年甘肃省年日照时数历年变化

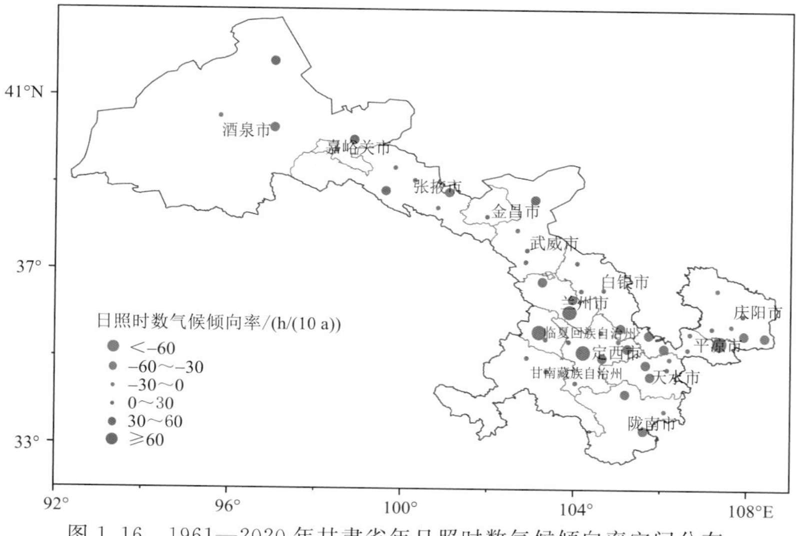

图1.16 1961—2020年甘肃省年日照时数气候倾向率空间分布

(2)各季日照时数变化

冬季，日照时数总体呈减少趋势(图1.17a)，减少率为7.1 h/(10 a)。20世纪60—90年代日照时数总体呈偏多趋势，21世纪以来日照时数总体呈偏少趋势。

春季，日照时数总体呈增加趋势(图1.17b)，增加率为减少率为5.6 h/(10 a)。20世纪60—70年代日照时数总体呈偏多趋势，20世纪80年代日照时数呈现偏少趋势，20世纪90年代以后日照时数总体呈偏多趋势。

夏季，日照时数总体呈减少趋势(图1.17c)，减少率为12.4 h/(10 a)。20世纪60—70年代前期日照时数偏多，20世纪70年代中期—80年代日照时数呈偏少趋势，20世纪90年代日照时数偏多，21世纪以来呈偏少趋势。

秋季，日照时数总体呈弱减少趋势(图1.17d)，减少率为7.1 h/(10 a)。20世纪60—70年代日照时数变化波动比较大，20世纪80年代以后日照时数总体呈偏少趋势。

冬季，日照时数全省大部呈减少趋势。张掖市和河东大部地区呈减少趋势，以0.02～25.92 h/(10 a)速率减少，以兰州减幅最大；酒泉市北部、金昌市、武威市民勤县及乌鞘岭、定

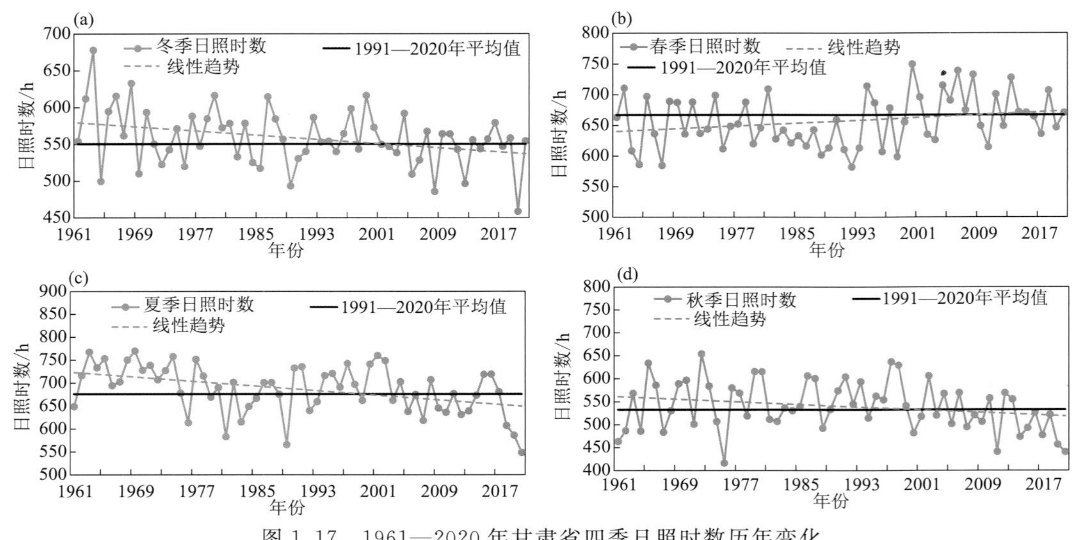

图 1.17 1961—2020 年甘肃省四季日照时数历年变化

(a)冬季;(b)春季;(c)夏季;(d)秋季

西市临洮县、天水市清水县、庆阳市庆城县和甘南州临潭县以 0.41～11.39 h/(10 a)速率增加,金塔县增幅最为明显(图 1.18a)。

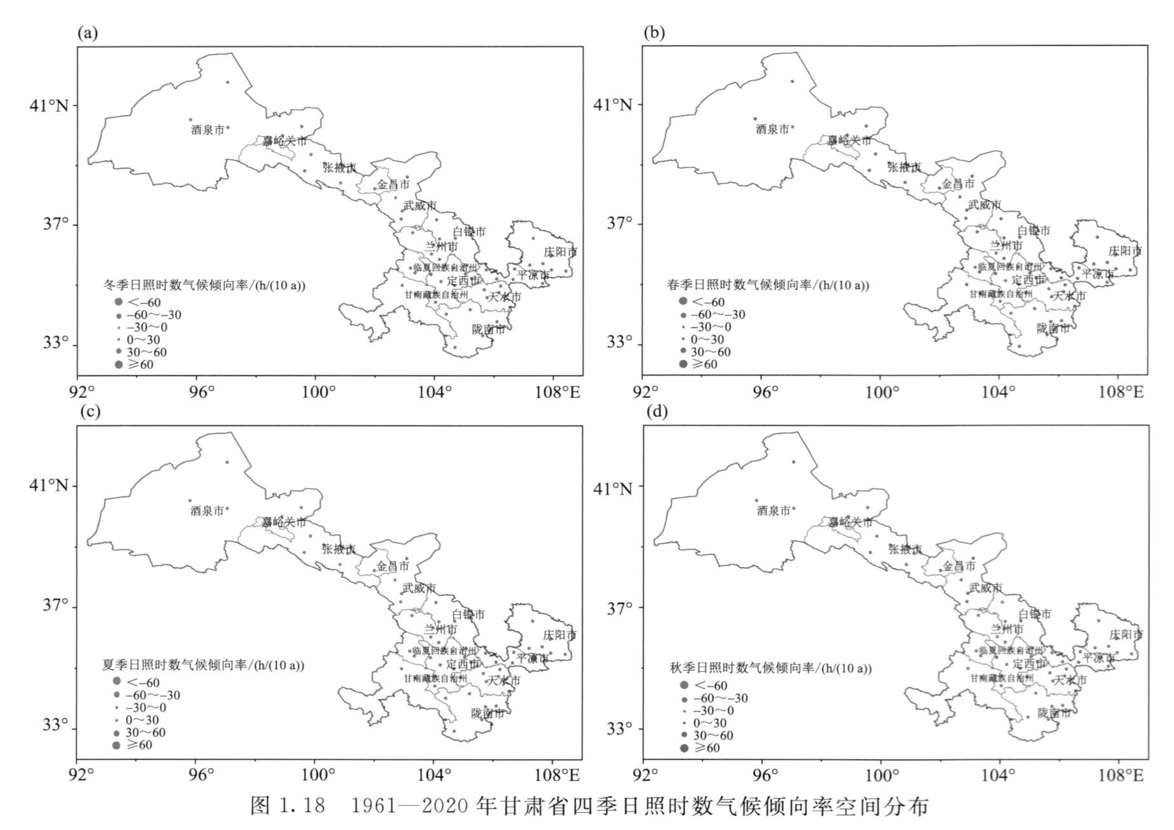

图 1.18 1961—2020 年甘肃省四季日照时数气候倾向率空间分布

(a)冬季;(b)春季;(c)夏季;(d)秋季

春季，日照时数除河西和陇中的部分地区呈减小趋势外，其余省内大部地方以增加趋势为主。全省大部分地区增幅为 0.09～20.97 h/(10 a)，民勤增幅最大；河西和陇中的部分地方呈减少趋势，宕昌减幅最大，每 10 a 减少 9.73 h(图 1.18b)。

夏季，日照时数全省大部呈减少趋势，减幅为 0.14～32.15 h/(10 a)，泾川减幅最为明显；仅酒泉市马鬃山、金塔县及武威市民勤县呈增加趋势，增幅为 0.96～8.86 h/(10 a)，民勤增幅最大(图 1.18c)。

秋季，日照时数全省大部减少趋势，减幅为 0.12～23.08 h/(10 a)，灵台减幅最大；仅酒泉市马鬃山、金塔县及张掖市肃南县、金昌市永昌县、武威市大部、白银市靖远县、定西市临洮县、平凉市华亭县和庆阳市庆城县呈增加趋势，增幅为 0.25～5.54 h/(10 a)，肃南增幅最大(图 1.18d)。

1.1.1.4 风速变化

(1)年平均风速变化

甘肃省年平均风速呈缓慢变小变化趋势(图 1.19)。全省年平均风速最大值出现在 1972 年，为 2.4 m/s，最小值 2003 年为 1.7 m/s，全省年平均风速气候倾向率为－0.073 m/(s · 10 a)；张掖中部、武威南部、白银中部、兰州、定西、临夏东部、天水中部部分地区年平均风速呈增加趋势，省内其余地区年平均风速呈减少趋势，其中以张家川县、会宁县及景泰县风速减少幅度较大，气候倾向率为－0.4～－0.3 m/(s · 10 a)(图 1.20)。

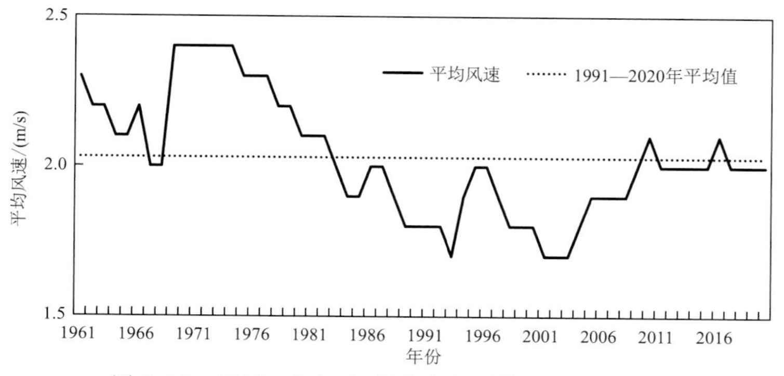

图 1.19　1961—2020 年甘肃省年平均风速历年变化

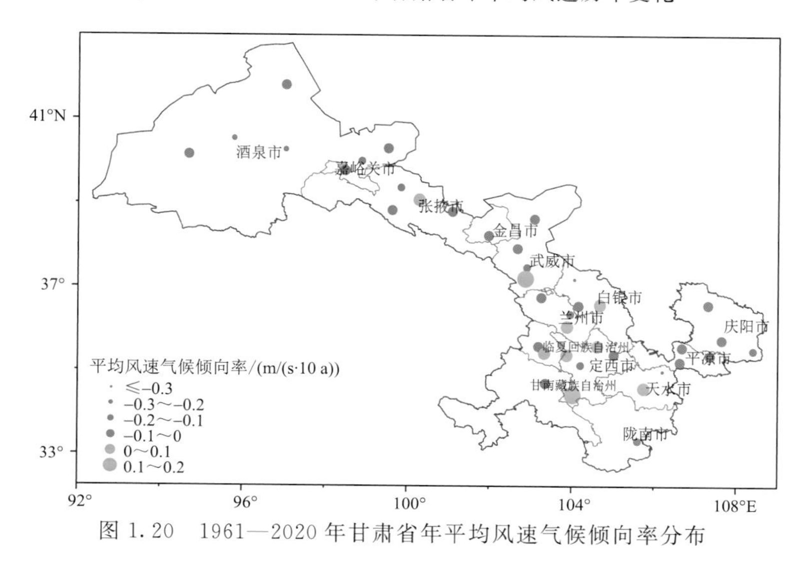

图 1.20　1961—2020 年甘肃省年平均风速气候倾向率分布

甘肃省平均风速减小趋势与全国平均风速变化趋势一致。全国各地平均风速除云南西部平均风速有少量增加外，其余均呈下降趋势。其中青藏高原、新疆地区平均风速减小趋势较大，其变化速率在－0.3 m/(s・10 a)以下。

(2)四季平均风速变化

春季，年平均风速变化呈缓慢变小趋势(图 1.21)。平均风速气候倾向率为－0.097 m/(s・10 a)，下降趋势较全年其他季节更为明显；白银市中部、兰州市、定西市西部及南部、临夏州中部、甘南州北部、陇南市东部、天水市中部，年平均风速呈增加趋势，其中以兰州市中部增加较大，多大于 0.1 m/(s・10 a)；省内其余地区年平均风速呈减少趋势，其中以会宁县、张家川县、景泰县、玉门镇和瓜州县风速减少趋势较大，倾向率为－0.5～－0.3 m/(s・10 a)(图 1.22)。

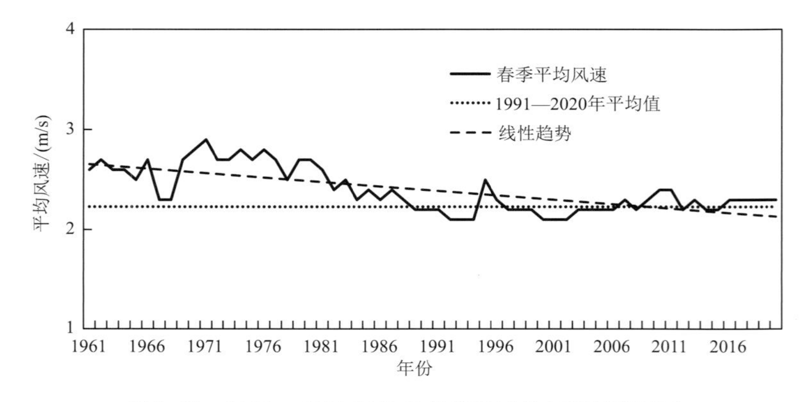

图 1.21　1961—2020 年甘肃省春季平均风速历年变化

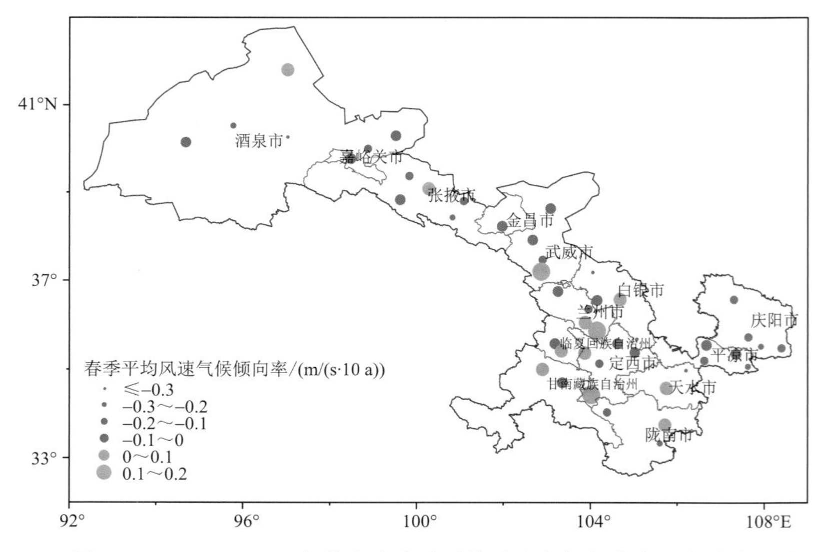

图 1.22　1961—2020 年甘肃省春季平均风速气候倾向率空间分布

夏季，年平均风速变化呈缓慢变小趋势(图 1.23)，平均风速气候倾向率为－0.057 m/(s・10 a)。酒泉南部、张掖中部、永昌县、武威市中部及南部、白银市中部、兰州市、定西市中西部、临夏、甘南州北部、天水市中部、庆阳市中部呈增加趋势，其中以兰州市中部地区、定西市岷县增加较大，倾向率多大于 0.1 m/(s·10 a)；省内其余地区呈减少趋势，其中以张家川县、景泰县、会宁县、玉门镇风速减少幅度较大，倾向率为−0.4～−0.3 m/(s·10 a)(图 1.24)。

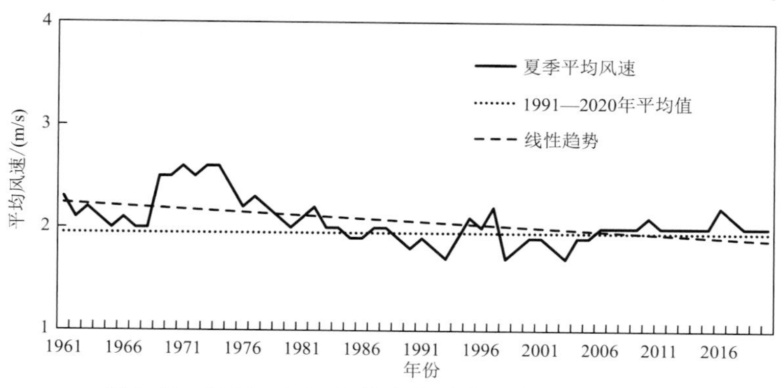

图 1.23　1961—2020 年甘肃省夏季平均风速历年变化

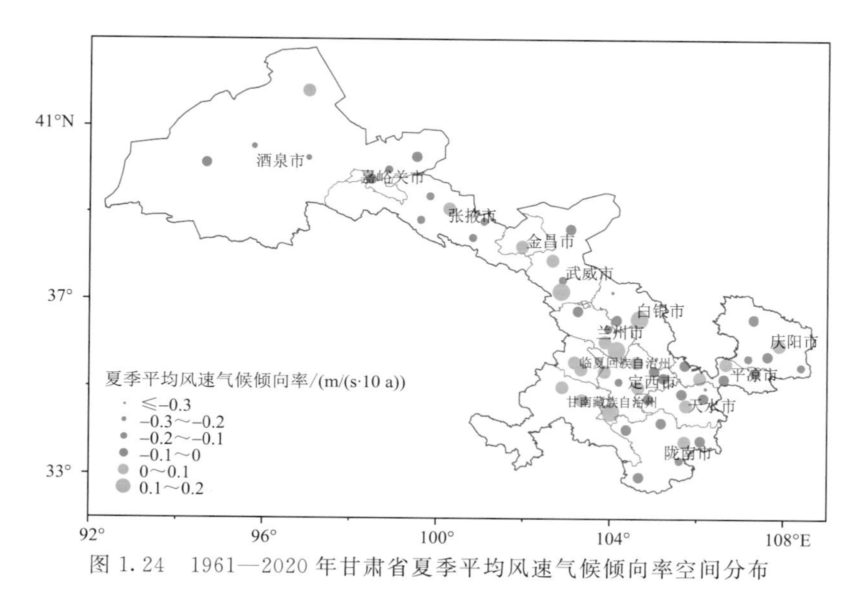

图 1.24　1961—2020 年甘肃省夏季平均风速气候倾向率空间分布

秋季，年平均风速变化有缓慢变小趋势(图 1.25)，平均风速气候倾向率为−0.049 m/(s·10 a)。

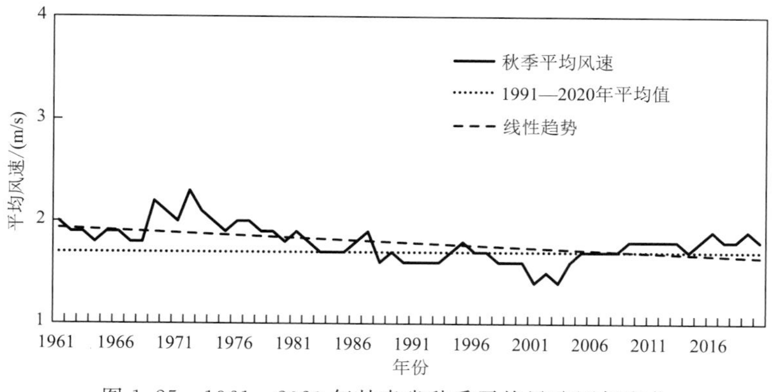

图 1.25　1961—2020 年甘肃省秋季平均风速历年变化

张掖市中部、天祝县、白银市中部、兰州市、定西市、临夏州东南部、甘南州北部、陇南市中部及东北部、天水市中部、庆阳市中部、平凉市有增加趋势，其中以兰州市中部地区增加较大，增加率多大于 0.1 m/(s・10 a)；省内其余地区有减少趋势，其中以会宁县、张家川县、景泰县减少幅度较大，减少率为－0.4～－0.3 m/(s・10 a)(图 1.26)。

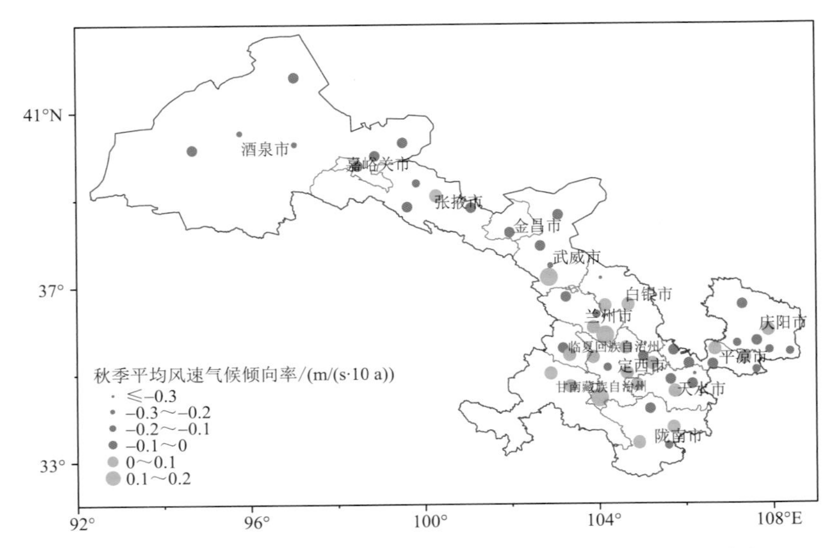

图 1.26　1961—2020 年甘肃省秋季平均风速气候倾向率空间分布

冬季，年平均风速变化有缓慢变小趋势(图 1.27)，平均风速气候倾向率为－0.061 m/(s・10 a)，但变小趋势较其他季节较为缓慢；张掖市中部、天祝县、白银市中西部、兰州市大部、定西市大部、临夏州南部、陇南市东部、天水市中部、庆阳市中部有增加趋势，其中以兰州市中部增加趋势明显，多大于 0.1 m/(s・10 a)。省内其余地区有减少趋势，其中以酒泉市玉门镇、景泰县减少幅度较大，倾向率为－0.4～－0.3 m/(s・10 a)(图 1.28)。

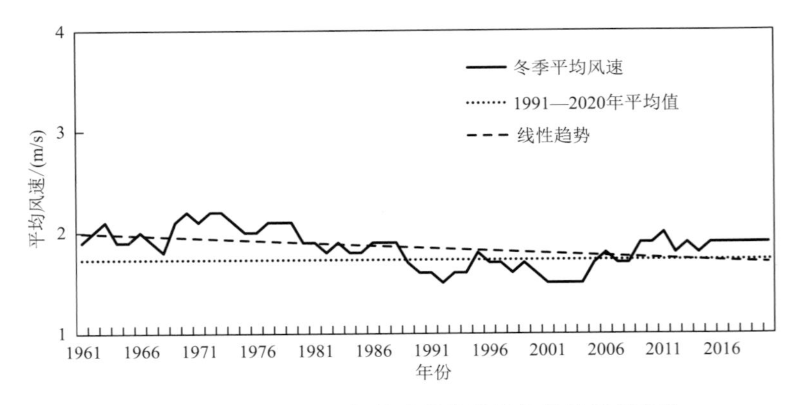

图 1.27　1961—2020 年甘肃省冬季平均风速历年变化

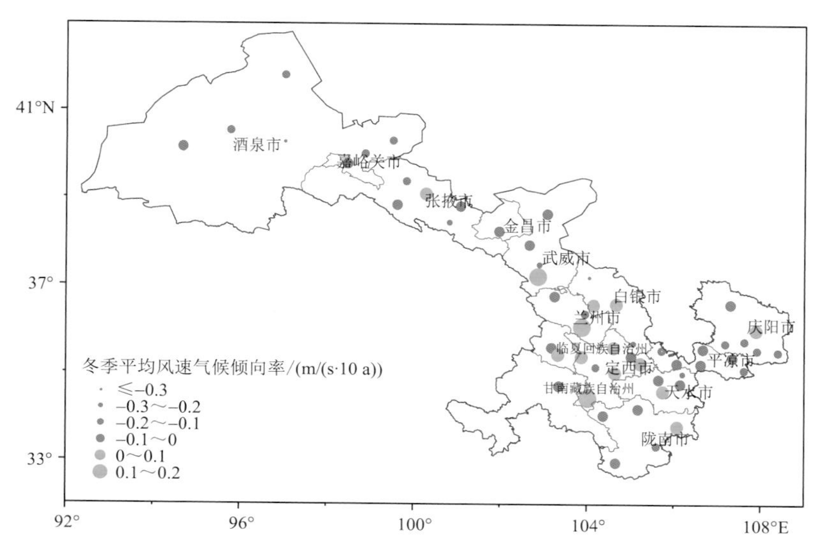

图 1.28　1961—2020 年甘肃省冬季平均风速气候倾向率空间分布

1.1.2　气象灾害变化

1.1.2.1　干旱频次变化

1961—2020 年，甘肃省平均年气象干旱日数(采用气象综合干旱指数 MCI 计算)总体呈减少趋势，1994—2002 年连续 9 a 出现较重干旱。1986 年平均年干旱日数为 171.5 d，为 1961 年以来最多；1964 年为 16.8 d，为 1961 年以来最少。近 5 a 干旱日数持续偏少(图 1.29)。

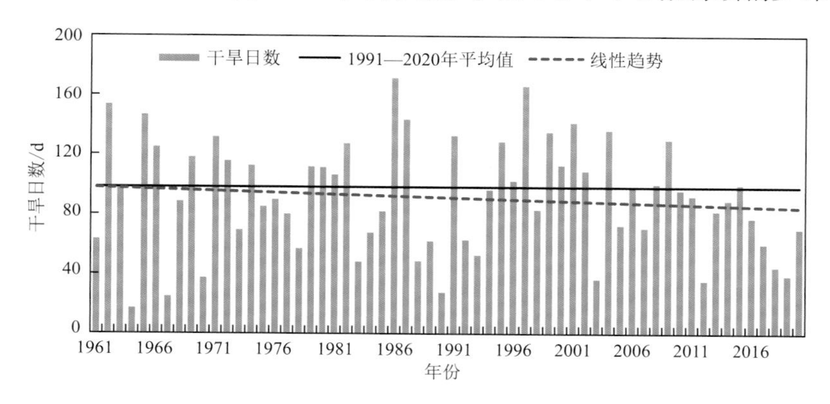

图 1.29　1961—2020 年甘肃省年干旱日数历年变化

不同年代干旱频率在 19.6%～27.6%之间；各年代轻旱发生频率为 11.3%～15.5%，中旱 5.2%～7.9%，重旱 2.3%～3.9%，特旱 0.8%～2.9%。2010—2020 年干旱频率明显低于其他年代(表 1.1)。

1.1.2.2　大风日数变化

甘肃省年平均大风日数整体呈减少趋势(图 1.30)，减少率平均为 2.1 d/(10 a)。大风日数祁连山区东段呈增加趋势，增幅为 1.0～5.0 d/(10 a)，乌鞘岭增幅最大，每 10 a 增加 5.0 d；

其他多数地区呈减少趋势，减幅为 0.1～13.6 d/(10 a)。会宁县减幅最大。河西西部、白银市减幅在 4.1 d/(10 a)以上(图 1.31)。

表 1.1　甘肃省各年代干旱频率　%

年代	干旱	轻旱	中旱	重旱	特旱
20 世纪 60 年代	25.4	11.7	7.0	3.8	2.9
20 世纪 70 年代	24.4	13.2	7.1	3.0	1.1
20 世纪 80 年代	26.5	15.5	7.4	2.6	1.0
20 世纪 90 年代	27.0	14.9	7.2	3.0	2.1
21 世纪 00 年代	27.6	13.9	7.9	3.9	1.9
21 世纪 10 年代	19.6	11.3	5.2	2.3	0.8

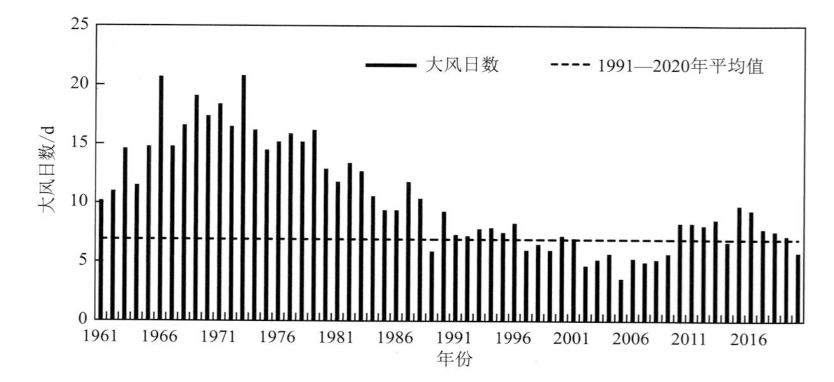

图 1.30　1961—2020 年甘肃省年大风日数历年变化

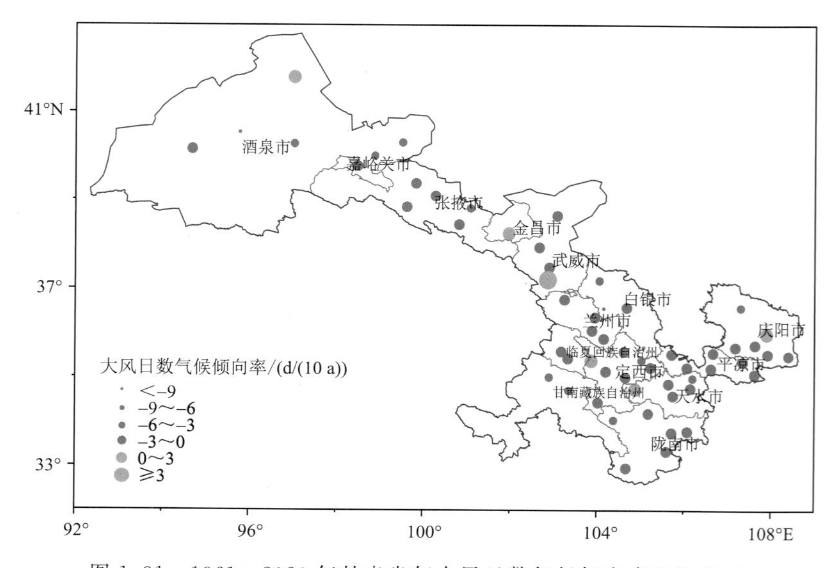

图 1.31　1961—2020 年甘肃省年大风日数气候倾向率空间分布

1.1.2.3 沙尘暴日数变化

甘肃省沙尘暴日数呈明显减少趋势(图 1.32),减少率为 0.9 d/(10 a),尤以 20 世纪 80 年代后期减少趋势更为明显。1961—1987 年是沙尘暴日数相对较多时期,平均为 4 d;1988—2020 年是沙尘暴日数相对较少时期,平均为 0.7 d,前后两段相差 3.1 d。

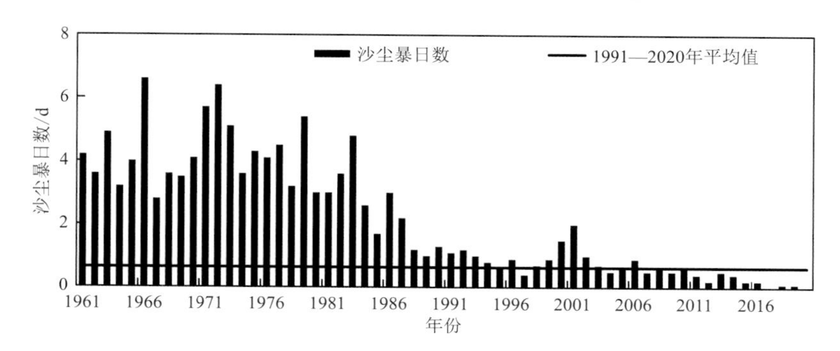

图 1.32 1961—2020 年甘肃省年沙尘暴日数历年变化

从空间变化来看,甘肃省各地沙尘暴日数均呈减少趋势,以 0～7.0 d/(10 a)速率减少。民勤减幅最为明显;河西地区平均减幅在 2 d/(10 a)以上,陇中北部平均减幅在 1 d/(10 a)以上(图 1.33)。

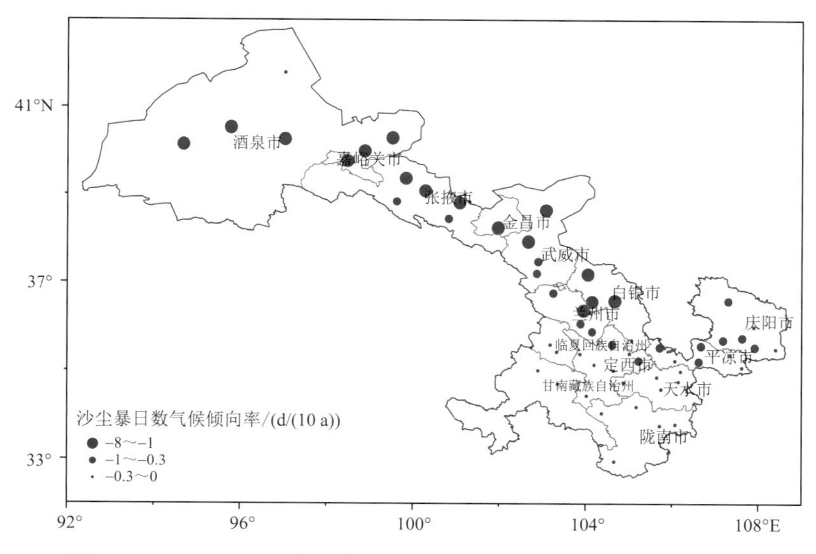

图 1.33 1961—2020 年甘肃省年沙尘暴日数气候倾向率空间分布

1.1.2.4 冰雹日数变化

甘肃省年冰雹日数呈显著减少趋势(图 1.34),减少率为 0.3 d/(10 a)。1964—2002 年是冰雹日数相对较多时期,平均为 2.0 d;2003—2020 年是冰雹日数相对较少时期,平均为 0.6 d,前后两段相差 1.4 d。

甘肃省各地冰雹日数呈一致减少趋势,武威、定西市南部及甘南高原减少趋势最为明显,减幅为 1.1～1.9 d/(10 a)。以合作减幅最大,减幅为 1.9 d/(10 a),其次是临潭,减幅为 1.6 d/(10 a),其他地区减幅为 0.02～0.7 d/(10 a)(图 1.35)。

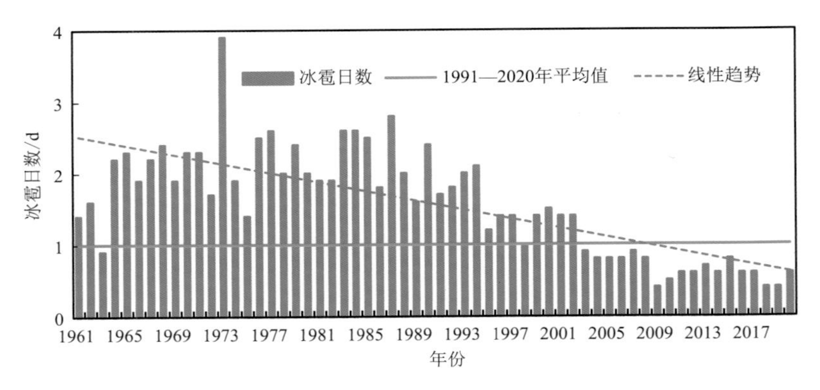

图 1.34　1961—2020 年甘肃省年冰雹日数历年变化

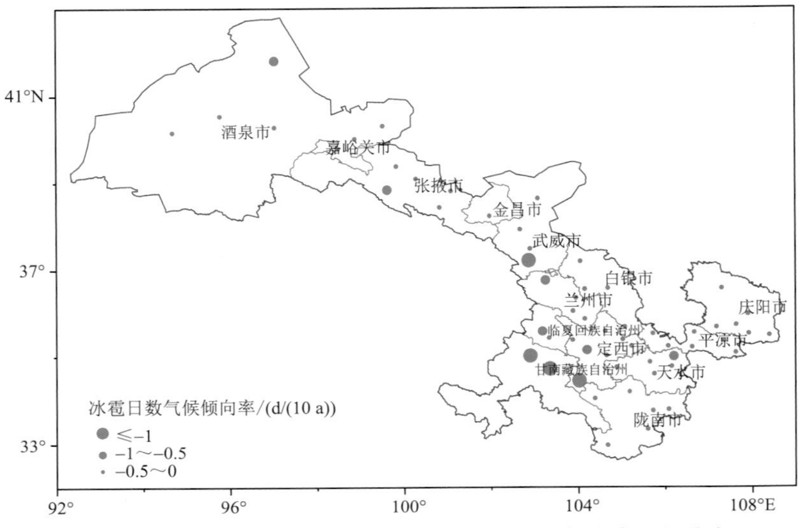

图 1.35　1961—2020 年甘肃省年冰雹日数气候倾向率空间分布

1.1.2.5　暴雨日数变化

甘肃省年暴雨日数(日降水量≥50 mm)随时间变化的趋势不明显(图 1.36),1961—1981 年是暴雨日数相对较多时期,平均 0.3 d;1982—2010 年是暴雨日数相对较少时期,平均为 0.24 d,2011—2020 年暴雨日数偏多,平均为 0.36 d。

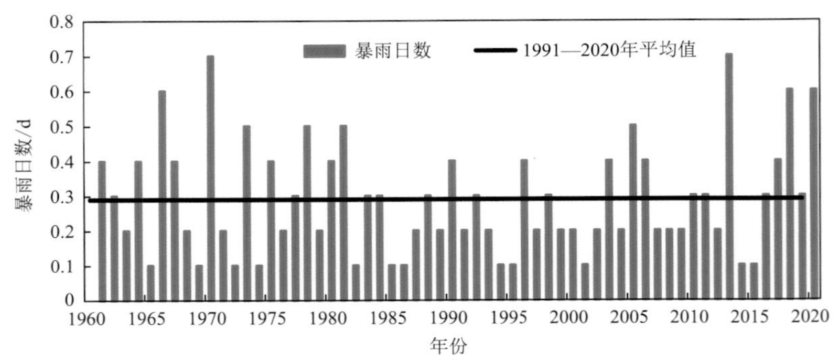

图 1.36　1961—2020 年甘肃省年暴雨日数历年变化

暴雨日数减少的地区主要出现在陇中及陇东部分地区，减小速率为−0.08～−0.01 d/(10 a)，以临洮减幅最为明显；省内其余大部呈弱增加趋势，增幅为0.001～0.83 d/(10 a)，以天水增幅最大(图1.37)。

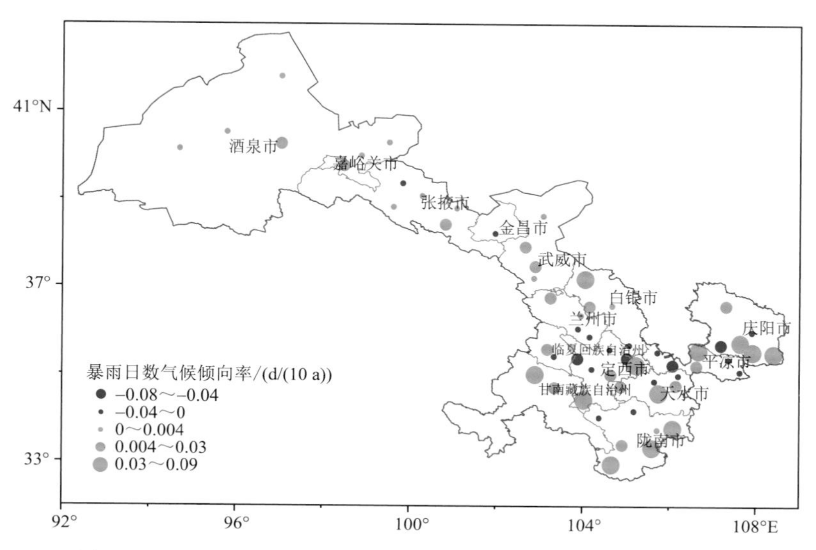

图1.37 1961—2020年甘肃省年暴雨日数气候倾向率空间分布

1.1.3 未来气候变化预估

1.1.3.1 数据来源

未来100 a预估数据，来源于中国气象局对外发布的《中国地区气候变化预估数据集3.0》中第五次国际耦合模式比较计划(CMIP5)全球气候模式数据。这是中国气象局气候变化中心对21个CMIP5全球气候模式的模拟结果，经过差值计算将其统一降尺度到同一分辨率(0.5°×0.5°)下，利用简单平均方法进行多模式集合，制作成不同RCPs(代表典型路径浓度)温室气体排放情景下(低排放情景RCP2.6、中等排放情景RCP4.5、高排放情景RCP8.5)月平均气温和降水资料。

RCP8.5排放情景：假定人口最多、技术革新率不高、能源改善缓慢，所以收入增长慢。这将导致长时间高能源需求及高温室气体排放，而缺少应对气候变化的政策。2100年辐射强迫上升至8.5 W/m^2。

RCP4.5排放情景：2100年辐射强迫稳定在4.5 W/m^2。

RCP2.6排放情景：把全球平均温度上升限制在2.0 ℃之内，其中21世纪后半叶能源应用为负排放。辐射强迫在2100年之前达到峰值，到2100年下降至2.6 W/m^2。

本节中，基于RCP4.5排放情景下的模拟和预估结果，分析了甘肃省未来气温和降水变化的趋势。

1.1.3.2 气温变化趋势预估

(1)气温时间演变趋势

预估到2100年，甘肃省年平均气温总体将呈现出一致的上升态势，增温幅度在0.81～

2.71 ℃之间(图 1.38)。其中 2030 年甘肃省气温将增加 1.18 ℃,2050 年气温将上升1.94 ℃,而到 21 世纪末气温增幅可能达到 2.67 ℃。

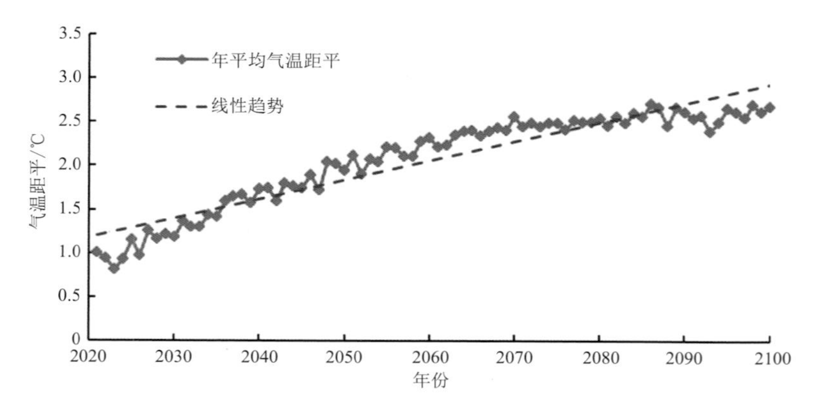

图 1.38 在 RCP4.5 排放情景下,模拟的甘肃省 21 世纪年平均气温距平变化(基准年:1986—2005 年)

预估 4 个季节气温也呈现一致增加趋势:其中冬季升温最为明显,幅度在 0.53～3.10 ℃之间;其次是春季,升温 0.66～2.79 ℃;秋季 0.93～2.80 ℃;而夏季升温幅度相对最小,为 0.99～2.69 ℃(图 1.39)。

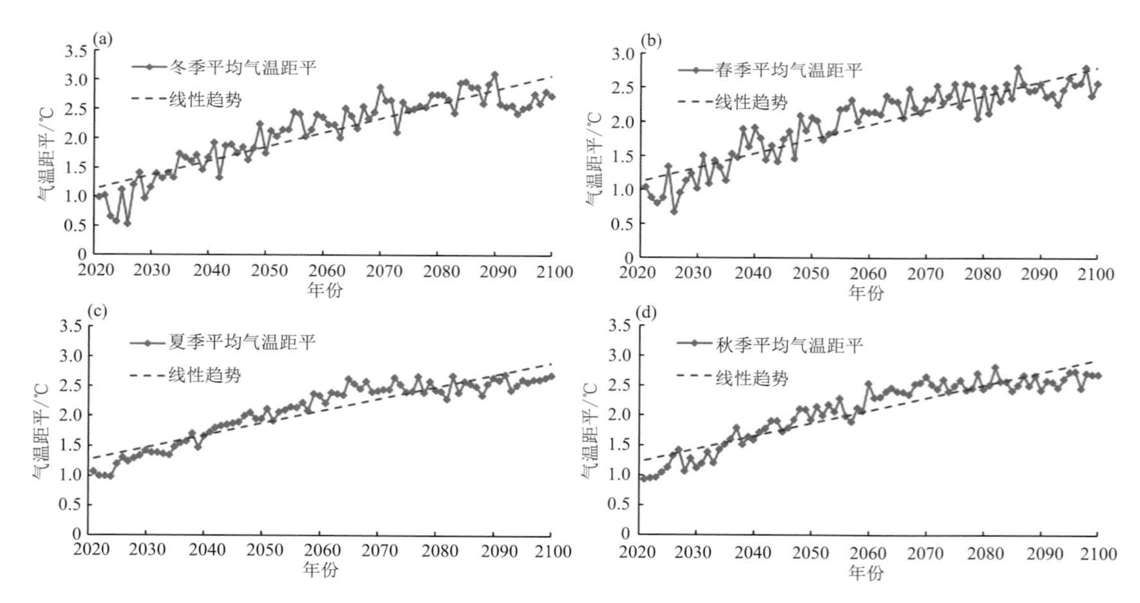

图 1.39 在 RCP4.5 排放情景下,模拟甘肃省 21 世纪季节平均气温距平变化(基准年:1986—2005 年)
(a)冬季;(b)春季;(c)夏季;(d)秋季

(2)气温空间分布变化趋势

预估到 2030 年,甘肃省各地气温均有所升高,增温幅度在 0.85～1.15 ℃之间,其中河西走廊部分地区增温幅度略高于其他地方(图 1.40)。

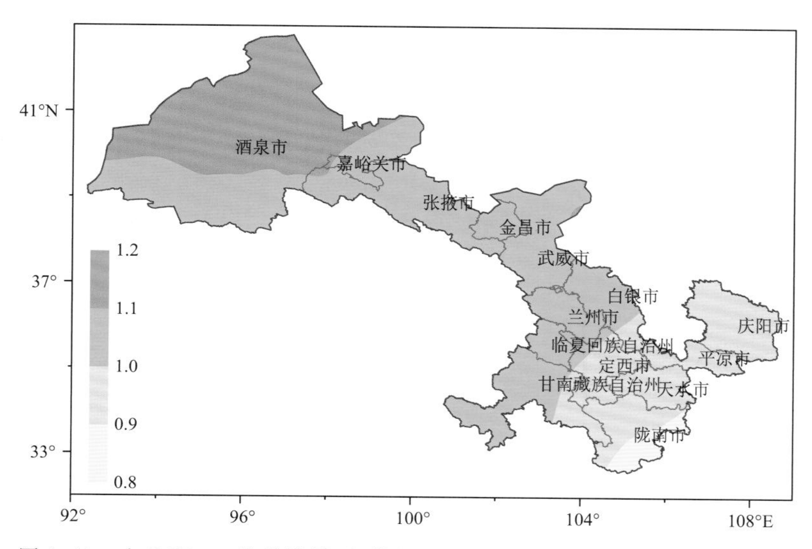

图 1.40 在 RCP4.5 排放情景下，模拟甘肃省 21 世纪初期(2021—2030 年)年平均气温距平空间分布(单位:℃,基准年:1986—2005 年)

预估 21 世纪初期，4 个季节气温呈现一致升温趋势(图略)。冬季增温幅度明显低于其他 3 个季节，增温幅度为 0.7～1.0 ℃，河西走廊西北部、陇中和甘南的冬季气温升幅为 1 ℃；其次是春季，增温幅度为 0.8～1.0 ℃，其中河西西北部增温幅度略高于其他地方；夏季和秋季气温增幅分别为 0.9～1.4 ℃和 0.9～1.2 ℃，河西中西部和陇中北部地区升幅高于其他地方。

预估到 2050 年，各地气温呈现增温态势，增温幅度在 1.6～2.0 ℃之间，其中河西西部和陇中北部增温略高于其他地区(图 1.41)。

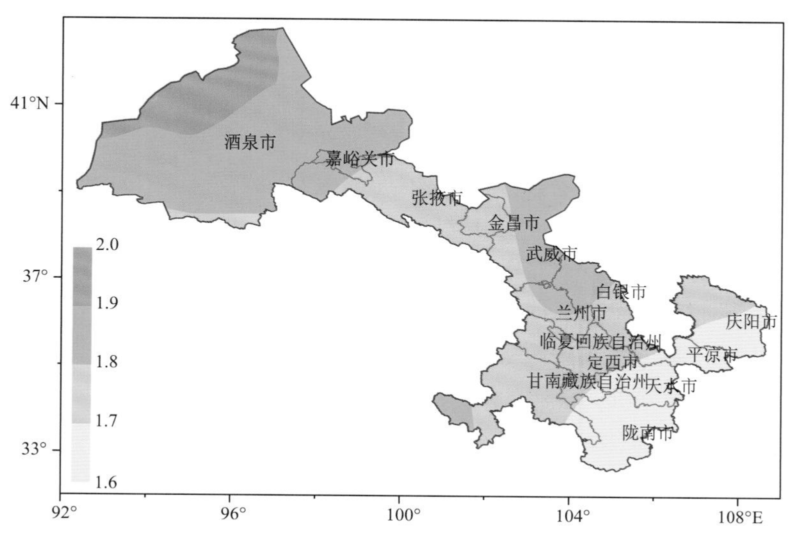

图 1.41 在 RCP4.5 排放情景下，模拟甘肃省 21 世纪中期(2041—2050 年)年平均气温距平空间分布(单位:℃,基准年:1986—2005 年)

预估21世纪中期，4个季节气温呈现一致升温趋势（图略）。冬季增温幅度为1.5～1.9 ℃，其中甘南州西部和兰州市西北部冬季气温升幅为1.8～1.9 ℃；春季增温幅度为1.5～1.8 ℃，其中河西西部的气温升幅高于其他地方；夏季和秋季的气温增幅分别为1.6～2.1 ℃和1.7～2.0 ℃，夏季河西西部和东部气温升幅高于其他地方，秋季主要是在河西西部。

1.1.3.3 降水量变化趋势预估

（1）降水时间演变趋势

预估到2100年，甘肃省年降水量将呈现出增多趋势，幅度在－1.8%～13.7%之间（图1.42）。其中2021—2030年降水增加3.6%，2031—2040年降水量距平百分率将上升4%，到21世纪末降水增幅将可能达到12%。

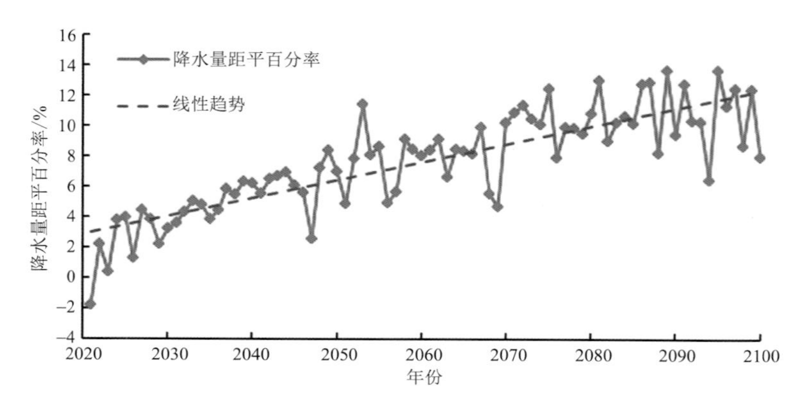

图1.42　在RCP4.5排放情景下，模拟甘肃省21世纪年降水量距平百分率的变化（基准年：1986—2005年）

预估4个季节平均降水总体呈现出微弱的增多趋势，但增加幅度却各有不同（图1.43）。其中夏季降水变化幅度最小，为－2.2%～12%；冬季降水变化幅度较大，为1.8%～22.8%；春季和秋季降水变化幅度分别为－1.9%～23.5%和－4.6%～24.4%。

（2）降水空间分布变化趋势

预估到2030年，甘肃省各地年降水变化不大，除陇南市东南部年降水略有下降外，其余地方降水均呈现出增加趋势，增加幅度为0.2%～4.2%（图1.44）。

预估21世纪初期，各地4个季节降水变化差异较大，有的地方增加，有的地方减少（图略）。冬季降水量距平百分率增加明显高于其他3个季节，陇中降水量距平百分率增加明显，增加幅度为8%～9%；春季降水量距平百分率增加幅度相对冬季而言较小，主要在河西东部、陇中西部和甘南州，增加幅度为4%～6%；夏季和秋季的降水呈现出减少和增加并存的趋势。夏季降水量距平百分率有的地方增加，有的地方减少，其中河西西部和甘南州西南部的降水有所增多，增加幅度在3%以内。其余地方的降水在21世纪初期有所减少，尤其是在河西东部、陇中北部和陇南大部，减少幅度为4%以内。秋季降水的变化分布又发生了变化，除陇南南部偏少以外，其余地方降水呈增多趋势。

预估21世纪中期（2041—2050年），甘肃省年降水均呈现出增多趋势，增加幅度为1%～10.2%（图1.45）。

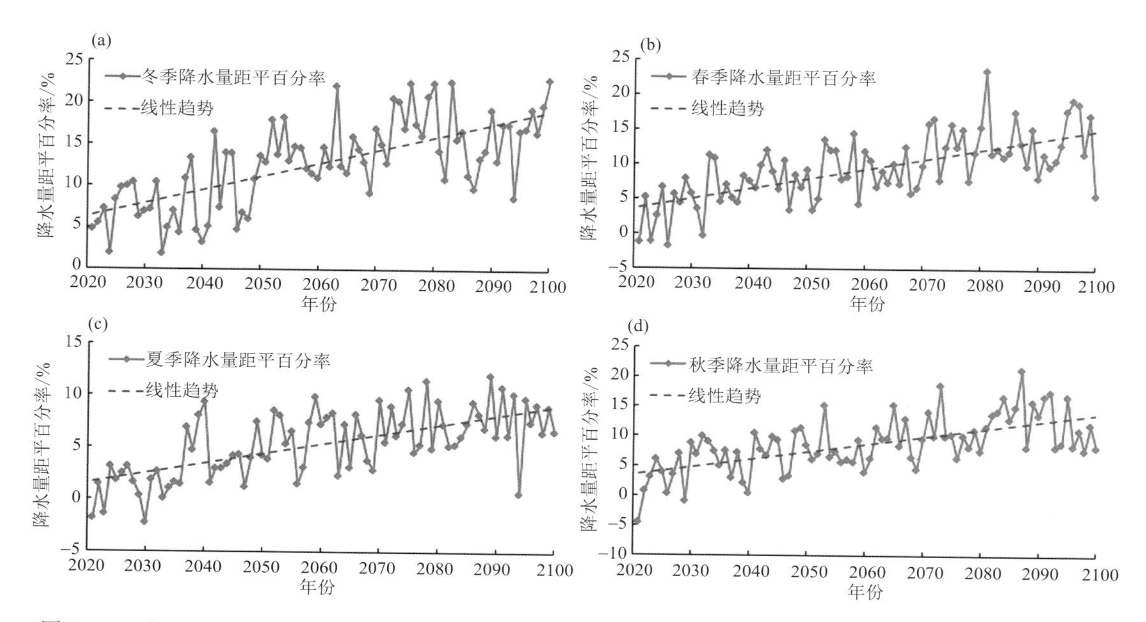

图 1.43 在 RCP4.5 排放情景下，模拟甘肃省 21 世纪季节降水量距平百分率变化（基准年：1986—2005 年）
(a)冬季；(b)春季；(c)夏季；(d)秋季

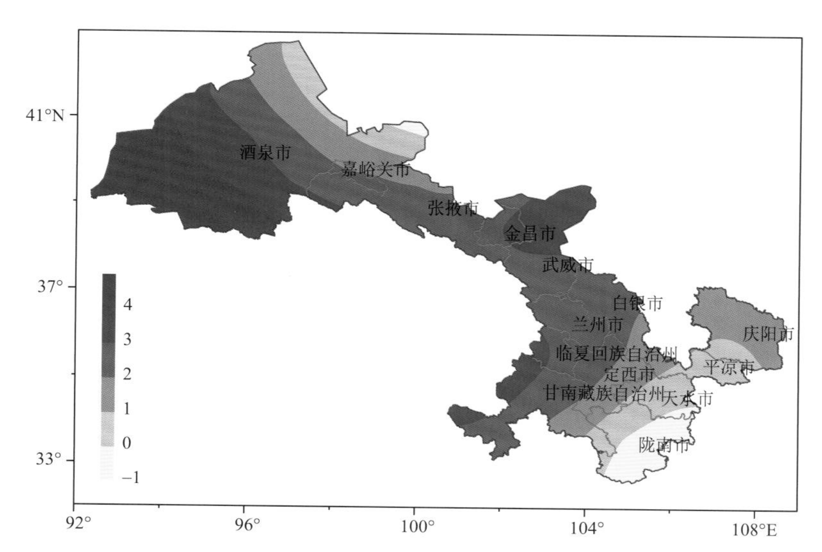

图 1.44 在 RCP4.5 排放情景下，模拟甘肃省 21 世纪初期(2021—2030 年)年降水量距平百分率空间分布
(%，基准年：1986—2005 年)

预估 21 世纪中期，4 个季节降水大部分地方呈现出一致增多趋势，但增加幅度不大（图略）。冬季降水量距平百分率增加明显高于其他 3 个季节，增加幅度为 5%～12%；春季，河西大部增加较河东略多，降水增加幅度在 4%～11%；夏季，陇南和陇东的降水减少 1%～3%，其他地方增加 1%～8%；秋季降水均呈增多趋势，尤其是河西中东部，增多 15%～18%，仅在陇南南部部分地方，降水略有减少。

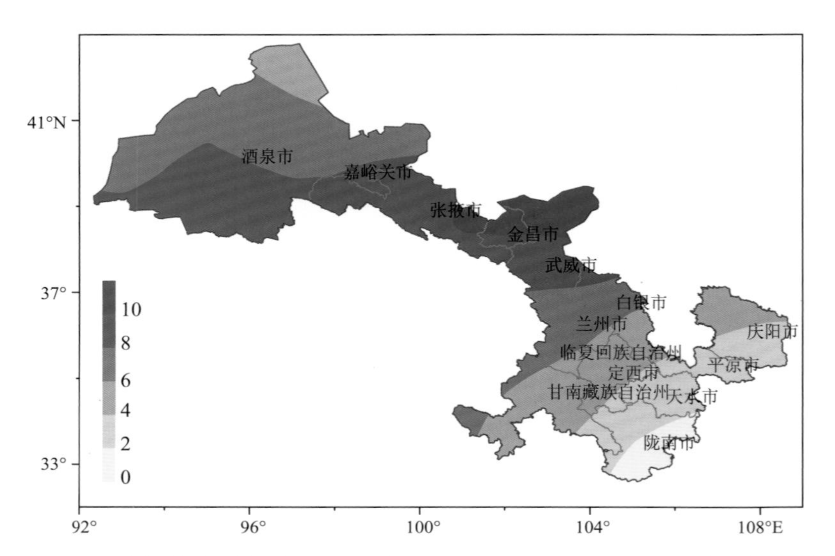

图 1.45 在 RCP4.5 排放情景下,模拟甘肃省 21 世纪中期(2041—2050 年)年降水量距平百分率空间分布(%,基准年:1986—2005 年)

1.2 甘肃的生态环境和主要生态功能区

1.2.1 生态环境

1.2.1.1 地形地貌

甘肃省地处黄土高原、青藏高原和内蒙古高原的交汇地带和西秦岭山地边缘,山脉纵横交错,海拔高低相差悬殊,地形地貌复杂多样,类型齐全。境内有平原、高原、台地、丘陵、山地、谷地、沙漠、戈壁、绿洲、湿地、沼泽、永久性积雪和冰川等多种地貌,其中山地和高原是甘肃省的主要地貌形态,占全省总面积 70%以上。平原主要分布在河西走廊和沿河谷地带;台地和黄土塬地主要分布在六盘山与子午岭之间。丘陵沟壑区主要分布在河西的马鬃山地和合黎山、龙首山部分地方,六盘山以东的庆阳市北部、定西市和临夏州的黄土分布区,天水和陇南两市山间盆地和北秦岭北麓地带。

甘肃省地势自西南向东北倾斜,除陇南部分河谷地和疏勒河下游谷地地势较低外,大部地方海拔在 1000 m 以上,地形呈狭长状,地貌形态复杂。西部的河西走廊地势平坦,绿洲、沙漠、戈壁相间。北部为河西走廊北山、内蒙古高原,接巴丹吉林沙漠、腾格里沙漠南缘。西南部是青藏高原的东北边缘和祁连山脉,地势高耸,有永久性积雪和现代冰川分布。中东部是黄土高原,形成了独特的黄土地貌。东南部是西秦岭北麓地带,山脉纵横交错,重峦叠嶂,山高谷深。根据地貌特征和地势高低,将全省大致分为各具特色的六大地形区。

(1)北山中山区

北山中山区位于河西走廊平原以北,西端嵌入罗布泊洼地,东端延伸至弱水西岸,北抵中蒙边境,南接疏勒河下游谷底。全区由一系列干燥剥蚀中低山及山间谷地组成,系断续的中山。山势东西高、中间低,主要包括星星峡高地、马鬃山、合黎山和龙首山等,海拔为 1500～

2500 m，位于龙首山西北端的东大山，海拔 3616 m，是该区最高点，黑河谷底是该区最低点。山地岩石与山麓砾石裸露，形成典型的戈壁景观，植被相当贫乏。

（2）河西走廊平川区

河西走廊平川区位于北山以南，北屏马鬃山、龙首山和合黎诸山，南依祁连山，东起乌鞘岭，西迄甘新边界，长约 900 km，宽 50～120 km，为一狭长地带，海拔 1000～3200 m，地势自东向西、由南向北倾斜。河西走廊历来是我国内地通往新疆、中亚和印度等地区的交通要道，是古丝绸之路的重要组成部分。

河西走廊内部山地隆起，永昌与山丹间的大黄山（海拔 3978 m）、嘉峪关与玉门两市之间的黑山（海拔 2799 m）把河西走廊分隔成 3 段（或 3 个盆地），即武威—永昌平原（石羊河流域）、张掖—酒泉平原（黑河流域）、玉门—敦煌平原（疏勒河流域），每个平原对应一条较大内陆河，平原与内陆河结合，形成了成片绿洲。

河西走廊内部分布一些山地、零星沙漠，一般是沙岗、沙垅、沙丘、丛草沙丘和新月型沙丘等，是我国主要戈壁分布区之一，以堆积型戈壁为主，戈壁面积有着明显的愈西愈广的趋势。

（3）祁连山高山区

祁连山是青藏高原东北部边缘山系，西部与当金山口和阿尔金山相连，东至景泰—永登—红古—积石山县并与黄土高原接壤。祁连山系大致呈西北—东南走向，由一系列平行山岭和山间盆地组成，平均海拔 4000～4500 m，许多山峰超过 5000 m。祁连山西段疏勒南山主峰团结峰（宰吾结勒）海拔 5808 m，是整个山系最高峰。祁连山中段疏勒南山平均海拔超过 5000 m，是祁连山系中最高山脉；宰吾结勒峰，也是甘肃省最高峰，雪线以上终年积雪，形成若干个重要的现代冰川。祁连山东段冷龙岭平均海拔 4500 m，最高峰达 5254 m，乌鞘岭是冷龙岭在安远盆地以南分出一条东西走向的支脉，最高峰海拔 4070 m，是甘肃省内陆河和外流河分水岭。

祁连山地现代冰川数量多、面积广，山岳冰川地貌类型齐全，许多山峰终年积雪发育着现代冰川，是内陆河的源泉、河西走廊的天然“高山水库”。祁连山地还有许多山间盆地和谷地。具有高山、积雪、冰川、山谷、盆地等复杂的地形地貌。

（4）黄土高原丘陵区

黄土高原丘陵区位于甘肃陇中和陇东，东部和北部分别以甘陕和甘宁边界为界限，西起乌鞘岭，南至太子山—西秦岭北麓。该区地势呈阶梯状结构，西部主要向北倾斜，海拔在 1500～2200 m；东部向东南倾斜，海拔在 1200～1500 m。地表十分破碎，深沟密布，陇东和六盘山东部还保存有董志塬、早胜塬、灵台塬、白草塬等 26 个大小不同独立的黄土塬，其中董志塬最大，为 2309 hm^2。其余地方多为梁、峁、沟壑地貌。

黄土高原耸立着许多山地，主要有景泰昌岭山（海拔 2954 m）、靖远大峁槐山（海拔 3017 m）、会宁屈吴山（海拔 2858 m）、临洮马衔山（海拔 3671 m），以及六盘山（海拔 2500 m 以上），把黄土高原分成东西两部分。

甘肃黄土高原峡谷密布，黄河干流在甘肃境内共有 11 个重要峡谷，其中以黑山峡最长，八盘峡最短，落差巨大，是黄河上著名的水能富集带。

黄土高原上有 16 个较大的河谷盆地，即大河家盆地、什川盆地、靖远盆地、刘家峡库区、大川盆地、达川盆地、兰州盆地、水川—青城盆地、坝滩盆地、五佛寺盆地、临洮盆地、永登盆地、临夏盆地、榆中金崖盆地、定西盆地、会宁盆地。

(5)甘南高原区

甘南高原是青藏高原的组成部分,西邻青海省、南接四川省、东接陇南山地,北连陇中黄土高原。全区以山地和高原为主要地貌类型,海拔较高,地表呈波状起伏,山地与高原相间分布,海拔为3000～4000 m。大力加山—太子山—白石山,是甘南高原与黄土高原的界山,平均海拔约4000 m,最高峰达4636 m。桑多卡—腊利大山—斜藏大山,海拔一般3000～4000 m,最高峰桑多卡海拔4208 m,山脉西段和中段是大夏河与洮河分水岭,山脉以南是碌曲高原,北部是合作盆地。岷山北支亦称迭山,位于洮河上游谷地以南和白龙江上游谷地以北,中西段是黄河、长江两大流域分水岭,平均海拔超过4000 m,最高峰4920 m;岷山南支位于该区东南部甘川边界上,西段是黄河、长江分水岭,东段属长江流域嘉陵江与岷江分水岭,在甘肃境内平均海拔近4000 m,主山脉有多处被白龙江支流切断。位于甘南高原西南的阿尼玛卿山(积石山),甘肃境内最高峰海拔4837 m,东、南、北三面被黄河河曲包围。

甘南高原分布有盆地、湖泊、湿地、沼泽和滩地,其中玛曲高原沼泽化现象普遍。与东面紧邻的四川若尔盖高原同为我国主要沼泽区,甘南高原还有许多大片平坦的滩地,如堪木日多滩、乔科滩、俄后滩、尕海滩、晒银滩、桑科滩和甘加滩等,为水草丰茂的天然牧场。

(6)陇南中低山区

陇南中低山区由秦岭山系和岷山山系各一部分组成,地势西高东低,海拔从东部800 m上升到西部3500 m,迭山最高峰海拔4920 m;甘肃省海拔最低点位于甘川交界的白龙江谷地,海拔仅550 m左右。该区位于渭河以南,临潭、迭部一线以东地区,东南部与陕西省和四川省接壤,西邻甘南高原、北接黄土高原,山地、谷地、川坝和山间盆地较多,徽成盆地是西秦岭山地中最大的山间盆地,海拔1000～1500 m,低山、缓丘、宽谷相间分布成为其主要地貌特征。境内山高谷深,峰锐坡陡,河流多有险滩急流,山岭、河谷、川坝、盆地相间,在峡谷峭壁中瀑布与急流遗址多见。西秦岭大部分位于甘肃省境内,是甘肃境内黄河流域和长江流域的分水岭。在地域上徽成盆地把陇南山地分为南北两支:北支为北秦岭山地,山势较为低缓,相对高度在500～1000 m之间,少数山峰在3500 m以上,如露骨山(海拔3941 m);南支为南秦岭山地,山势比较高峻、相对高差较大,而介于洮河、白龙江之间迭山及甘川交界一带的岷山,海拔在4000 m以上,最高达4920 m。北秦岭主脉西段为洮河和渭河分水岭,呈西北—东南走向,包括太子山、莲花山东延白石山(海拔3888 m)、露骨山(海拔3941 m)、太白山(海拔3495 m)等一系列高峰。南秦岭位于徽成盆地以南至白龙江谷地以北,是一个结构极其复杂的山地。作为西汉水与白龙江分水岭的五个嘴(海拔3552 m)、岷峨山(海拔2963 m)等山脉呈西北—东南走向斜贯陇南全境。

1.2.1.2 河流、湖泊、冰川与湿地

(1)内陆河流域

内陆河流域处于甘肃省西北部的河西,流域面积24.14万km^2,占全省总面积的60%,其中苏干湖水系属于柴达木内陆河;疏勒河、黑河、石羊河三水系属河西内陆河。

①苏干湖水系

苏干湖水系以大哈勒腾河为干流,源于党河南山的奥果吐乌兰,向西流经苏干湖盆地,汇入苏干湖。流域面积2.11万km^2,年径流量2.95亿m^3,上游高山区的现代冰川融水量占径流量的36%。

②疏勒河水系

疏勒河是河西走廊内流水系的第二大河，全长540 km，流域面积20197 km^2，发源于祁连山脉西段托来南山与疏勒南山之间的疏勒脑，西北流经肃北蒙古族自治县的高山草地，贯穿大雪山到托来南山间峡谷，过昌马盆地。出昌马峡以前为上游，水丰流急，昌马堡站年径流量7.81亿 m^3。出昌马峡至走廊平地为中游，向北分流于大坝冲积扇面，有十道沟河之名。至扇缘接纳诸泉水河后分为东、西两支流，东支汇部分泉水河又分南、北两支，名南石河和北石河，向东流入花海盆地的终端湖；西支为主流，又称布隆吉河，至瓜州县双塔堡水库以下为下游，由于灌溉、蒸发、下渗而水量骤减。昌马冲积扇以西主要支流有榆林河及党河，以东主要支流有石油河及白杨河，均源出祁连山西段。出山口，年径流量18.30亿 m^3。

③黑河水系

黑河是甘肃省最大的内陆河，发源于青海省境内走廊南山南麓和托来山北麓的山间，流至青海省祁连县纳八宝河进入甘肃省境内，至莺落峡出山流入河西走廊，经张掖、临泽、高台，再穿过正义峡，经鼎新向北进入内蒙古自治区，称弱水(亦称额济纳河)最后入居延海。黑河从发源地到居延海全长821 km，流域面积14.293万 km^2，其中甘肃省6.181万 km^2，青海省1.041万 km^2，内蒙古自治区约7.071万 km^2。黑河流域有35条小支流，形成东、中、西3个独立的子水系，其中西部子水系包括讨赖河、洪水河等，归宿于金塔盆地，面积2.11万 km^2；中部子水系包括马营河、丰乐河等，归宿于高台盐池—明花盆地，面积0.61万 km^2；东部子水系即黑河干流水系，包括黑河干流、梨园河及20多条沿山小支流，面积11.61万 km^2。在山区形成地表径流总量为37.55亿 m^3，其中东部子水系出山径流量24.75亿 m^3，包括干流莺落峡出山多年平均径流量15.8亿 m^3，梨园河出山多年年平均径流量2.37亿 m^3，其他沿山年平均径流量6.58亿 m^3。

④石羊河水系

石羊河是河西走廊内流水系的第三大河，水系源出祁连山东段，河系以雨水补给为主，兼有冰雪融水成分。上游祁连山区降水丰富，有64.8 km^2 冰川和残留林木，是河流的水源补给地，前山皇城滩是优良牧场。中游流经走廊平地，形成武威和永昌诸绿洲，灌溉农业发达。下游是民勤绿洲，终端湖如白亭海及青土湖等。石羊河流域自东向西由大靖河、古浪河、黄羊河、杂木河、金塔河、西营河、东大河、西大河8条河流及多条小沟小河组成，河流补给来源为山区大气降水和高山冰雪融水，产流面积1.11万 m^2，多年年平均径流量15.60亿 m^3。

(2)黄河流域

黄河流域包括陇中、甘南高原、陇东及天水市，省内流域面积14.45万 km^2，支流众多，水利条件优越，水能资源丰富，主要有六大水系。

①黄河干流水系

黄河3次流经甘肃省，前两次流经玛曲称玛曲段，汇入白河、黑河、沙柯曲等支流；第三次流经地以兰州为中心称兰州段(积石峡至黑山峡)，汇入洮河、湟水两个水系及银川河、大夏河、庄浪河、宛水河和祖厉河等支流。黄河干流水系流域面积为5.67万 km^2，在甘肃省境内年平均径流量135亿 m^3，占全省年均径流量的45%，共有11个重要峡谷。

②洮河水系

洮河发源于甘南高原西倾山北麓的勒尔当，向东流经碌曲、卓尼、岷县，北折经临洮至刘家峡汇入黄河，是甘肃省内黄河的第一大支流，其主要支流有周科河、科才河、热乌克赫、博拉河、三岔河、广通河、车巴沟、卡车沟、大峪沟、送藏河、羊沙河、冶木河和漫坝河等。省内流域面积2.55万 km^2，年平均径流量53亿 m^3。

③湟水水系

湟水发源于青海大通山南麓，流至享堂进入甘肃境内，有支流大通河汇入，再流经红古至达川汇入黄河干流，总流域面积 3.29 万 km^2，年平均径流量 45.1 亿 m^3。

④渭河水系

渭河发源于渭源县太白山，向东流经陇西、武山、甘谷、天水等县（市）至天水市北道区牛背里村入陕西境内。主要支流有秦祁河、榜沙河、散渡河、葫芦河、精河、牛头河、通关河等，其中葫芦河最长，发源于宁夏西吉县月亮山。渭河在甘肃省境内流域面积 2.56 万 km^2，年平均径流量 22.6 亿 m^3。

⑤泾河水系

泾河发源于宁夏泾源县六盘山东麓，流经平凉、泾川、宁县进入陕西省。主要支流有内纳河、洪河、交口河、浦河、马莲河、黑河等，其中马莲河流域面积最大，发源于陕西定边县白于山。省内流域面积 3.12 万 km^2，年平均径流量 9.16 亿 m^3。

⑥北洛河水系

甘肃省华池县子午岭以东的葫芦河属北洛河水系。葫芦河发源于华池县老爷岭，横穿合水县北部，过太白镇流入陕西省境内。省内流域面积 233 万 km^2，年平均径流量 0.585 亿 m^3。

(3)长江流域

甘肃省境内长江流域位于陇南市南部，流域面积 3.84 万 km^2，主要有两大水系，水源充足，冬季不封冻，河道坡度大，多峡谷，有丰富水能资源。

①嘉陵江水系

嘉陵江源于陕西省境内秦岭主山脊南麓，经凤县至两当县东部进入甘肃省境内，穿过两当县、徽县至白水江进入陕西略阳县。甘肃省内流域面积 3.84 万 km^2。主要支流有红崖河、庙河、永宁河、平洛河、长丰河（青泥河）、西汉水、红河、燕子河（铜线河）、洮水河、西和河、清水江、白水江、中路河、让水河、洛唐河、洪坝河、岷江和多儿河等。其中发源于甘南高原西倾山郎木寺附近的白龙江，省内流域面积 2.74 万 km^2，年平均径流量约 87 亿 m^3，虽然划为嘉陵江的一级支流，但其甘肃省境内的河长、流域面积和水量均超过嘉陵江干流。

②汉江水系

汉江水系仅有两当县的八庙河片。八庙河源于太阳山，流经广金后就进入陕西勉县。省内河长不足 20 km，流域面积仅为 170 km^2。

(4)湖泊

湖泊是地质地貌条件与气候条件综合作用的产物。甘肃省湖泊显著特点是数量少、面积小，主要有大苏干湖、小苏干湖、干海子等 14 个，除苏干湖面积较大外其余面积比较小。

①苏干湖

苏干湖包括大苏干湖和小苏干湖，位于甘肃省阿克塞哈萨克族自治县境南面，阿尔金山、党河南山与赛什腾山之间的花海子—苏干湖盆地的色勒屯（海子）草原西北端。大苏干湖和小苏干湖距县城约 80 km 和 55 km。大苏干湖属非泄水的咸水湖，海拔 2795～2808 m，水域面积 100.89 km^2，平均水深 2.84 m，蓄水 17 亿 m^3。小苏干湖位于大苏干湖的东北方向，面积 8.5 km^2。小苏干湖与大苏干湖相距约 20 km，是一个具有出口的淡水湖，海拔 2807～2808 m，水域面积 11.85 km^2，平均水深 0.1～0.6 m，最深 2 m，蓄水 0.247 亿 m^3。小苏干湖水通过齐力克河流向大苏干湖。苏干湖自然保护区气候属内陆高寒半干旱气候，主要保护对象为鸟类及生境。保护区内已知鸟类有61种，其中候鸟44种。候鸟中夏候鸟28种，遗鸥、猎隼、白尾鹞为国家重点保护鸟类；冬候鸟3种，白尾海雕、玉带海雕为保护重点；旅鸟13种，大天鹅、鹤、草原雕、灰背隼为保护重点；留鸟17种，鸢、胡兀鹫、兀鹫、秃鹫、红隼为保护重点。兽类有16种，属国家二级保护的有藏原羚、黄羊和鹅喉羚。

②干海子

位于甘肃省玉门市区西北70 km处，面积4.33 km²，是一个天然积水湖泊，属咸水湖。干海子海拔1204 m，湖周多灌木，水域四周及中心小泥岛上长满芦苇，水生生物丰富，适于鸟类栖息、繁衍。水域周围有20 km² 的固定沙丘和风蚀土墩，主要保护对象为候鸟及其生境。区内有兽类10余种，鸟类32种，属国家一二级保护动物有黄羊、鹅喉羚及苍鹰、草原雕、大天鹅、小天鹅、红隼等。

③鸳鸯湖

位于金塔县城西南10 km，总面积50 km²，其中水域面积20.24 km²，陆地面积29.76 km²。库区内群山耸峙，层峦叠翠，林茂草深，碧波万顷，已成为一新型的休闲度假地，2005年批准为国家AAA级旅游景区。

④鸭鸣湖

位于民勤县红崖山水库风景区内，水面30 km²，烟波缥缈，碧波万顷。渔舟快艇穿梭其间，游鱼簇簇，野鸭戏水，水鸟飞翔，黑鹤长鸣，构成一幅"大漠环绿水，青山映碧波"的优美画面。

⑤常爷池

位于甘南高原东北边缘临潭县的冶力关北部，相传以明代大将军常玉春率军西征曾在此饮马而得名，是临潭县自然风景区之一。湖面海拔高度2700 m，面积约1.2 km²，水深在10 m以上，湖水由石门河补给，流入冶木河。

⑥尕海

位于碌曲县境内，西倾山东北方向的尕海盆地，湖形大体呈椭圆状，湖面海拔高度为3740 m，面积约10 km²，平均水深1～2 m，周围有若干小湖和大片沼泽地。湖水由郭尔莽梁及西倾山北坡的琼木旦曲、翁尼曲、多木旦曲等河流补给，通过周科河流至碌曲县以西汇入洮河。

⑦达力加翠湖

位于夏河县甘加乡境内的达力加山中。达力加山中有5个形状各异的高山平湖，藏语称之为"措洛瑞、措尔更措、达力加雍措和措江"，其中措洛瑞湖是由两个小湖构成，措尔更措面积最大，措江也称五名湖。达力加翠湖为五山池中主湖，系火山口堰积型湖，湖水面积140 km²，湖深未测，水味淡而无味。湖面由火成砾岩围成，呈椭圆形，似锅底状。湖无明显进水口，从东、北、南3个方向有3股泉水潜泻而出，分别流向临夏、循化、清水地区。哗哗水声，远处可闻，此湖以高、深、险、神所著称，人迹罕至。

⑧达尔宗湖

位于夏河县王格尔塘乡达宗村珂米雅日山西南麓，距县城17 km，被人们称为藏区的"碧玉曼遮湖"。湖面海拔3000 m，南北长约300 m，东西宽窄不一，最宽处近百米，湖面积约0.267 km²，呈不规则葫芦藤形。湖区三面环山，山上森林密布，林中百鸟群集，湖中鱼类繁生。

⑨骨麻海

为一高山堰塞湖，位于迭部县桑坝乡境内海拔3000 m的迭山主峰之下。该湖四面环山，地势险峻，道路崎岖，湖面呈椭圆形，湖水绿清，湖岸绿树成荫，鸟语花香，为各种动物栖息、繁衍的理想之地。

⑩天池

位于文县县城以北约 100 km 处的天魏山上。由于远古时期的地壳活动，致使地壳断裂，洋汤河河道被堵截而形成。湖面海拔高度大约 2400 m，呈葫芦状，方圆 20 km，水深 480 m，由 9 道大弯 103 曲汇成，周围俱是连绵的崇山峻岭。这里冬无严寒，夏无酷暑，雨量充沛，气候宜人，生物物种繁多，动植物资源丰富。

(5)冰川

冰川是陆地上大气固态降水的积累变化，能运动的冰的自然堆积体。地球上陆地面积的十分之一被冰川覆盖，五分之四的淡水储存在冰川上。冰川是固体水库，具有调节多年径流的良好作用。甘肃境内祁连山发育的冰川，是河西地区工农业生产和人民生活的重要保证，每年供给径流 12%的优质淡水，成为河西走廊绿洲生态系统和灌溉农业稳定可靠的水源。祁连山区山势东低西高、降水量东多西少、气温东高西低的状况，决定了冰川规模东部小西部大、分布高度东低西高的基本特征。冰川分布高度一般采用雪线和最低冰舌末端海拔高度表示。东部石羊河流域冰川雪线高度为 4400 m，最低冰舌末端海拔高度为 4040 m，向西逐渐升高，至哈勒腾河流域雪线升高到 4900 m，最低冰舌末端为 4540 m。

①冰川数量

甘肃省冰川全部分布于河西祁连山和阿尔金山，共有冰川 2217 条，面积 1596.04 km^2，冰储量 78.688 km^3，折合水总储量 669 亿 m^3，其中祁连山有冰川 1967 条，冰川面积 1273.58 km^2；阿尔金山有冰川 250 条，冰川面积 322.46 km^2。平均每条冰川面积为 0.72 km^2，面积大于 10 km^2 的冰川共有 16 条，一条 10 km^2 的冰川储水量约 8 亿 m^3，相当于一个大型水库。冰川厚度平均 50 m，最大厚度在老虎沟 12 号冰川，平均厚度 120 m。

②各县冰川

甘肃省冰川主要分布在阿克塞哈萨克族自治县、肃北蒙古族自治县、肃南裕固族自治县、民乐县、凉州区、天祝藏族自治县境内。阿克塞哈萨克族自治县境内有冰川 278 条，冰川面积 349.54 km^2，冰储量 19.8484 km^3。肃北蒙古族自治县冰川 914 条，冰川面积 812.07 km^2，冰储量 44.2277 km^3。肃南裕固族自治县冰川 965 条，冰川面积 416.95 km^2，冰储量 14.2026 km^3。民乐县冰川 23 条，冰川面积 6.9 km^2，冰储量 0.1555 km^3。凉州区冰川 22 条，冰川面积 6.73 km^2，冰储量 0.1544 km^3。天祝藏族自治县境内冰川 15 条，冰川面积3.86 km^2，冰储量 0.0989 km^3。

③各流域冰川

疏勒河流域冰川条数、面积和冰储量都最多、最大，分别为 639 条、589.64 km^2 和 33.3456 km^3。石羊河流域冰川条数、面积和冰储量都最少、最小，分别为 141 条、64.82 km^2 和 2.1434 km^3。哈勒腾河冰川条数、面积和冰储量分别为 250 条、322.46 km^2 和 18.5816 km^3。党河冰川条数、面积和冰储量分别是 336 条、259.74 km^2 和 12.3904 km^3。北大河冰川条数、面积和冰储量分别是 591 条、278.54 km^2 和 10.1231 km^3。黑河流域冰川条数、面积和冰储量分别是 260 条、80.84 km^2 和 2.1034 km^3。

④各山脉冰川

各山脉冰川以疏勒南山冰川面积最大，陶勒山冰川面积最小。阿尔金山东段冰川面积

42.01 km²,最大冰川面积 4.081 km²。土尔根坂冰川面积 274.66 km²,最大冰川面积 57.07 km²。察汗鄂博图岭冰川面积 15.86 km²,最大冰川面积 4.5 km²。党河南山冰川面积 160.08 km²,最大冰川面积 7.17 km²。疏勒南山冰川面积 471.41 km²,最大冰川面积 19.05 km²。大雪山冰川面积 159.46 km²,最大冰川面积 21.91 km²。陶勒南山冰川面积 90.02 km²,最大冰川面积 3.46 km²。陶勒山冰川面积 10.05 km²,最大冰川面积 3.53 km²。走廊南山冰川面积 307.67 km²,最大冰川面积 7.02 km²。冷龙岭冰川面积 64.82 km²,最大冰川面积 3.16 km²。

(6)湿地

按《国际湿地公约》定义,即湿地是指天然或人工、长久或暂时性的沼泽地、泥炭地以及静止或流动的淡水、半咸水及咸水体,包括低潮时水深不超过 6 m 的水域。湿地被认为是自然界最富生物多样性的生态系统和人类最重要的生存环境之一,与森林、海洋并称为地球三大生态系统。甘肃省位于长江、黄河上游,地处西部内陆干旱地区,高蒸发、少降雨导致生态环境十分脆弱,有限的湿地资源更显得弥足珍贵。

①湿地面积

甘肃省湿地斑块总数为 4015 个,湿地总面积 169.39 万 hm²,包含了河流湿地、湖泊湿地、沼泽湿地、人工湿地 4 大类中 16 个湿地型。自然湿地面积为 164.24 万 hm²,占湿地总面积 96.96%;人工湿地(库塘湿地)5.15 万 hm²,占湿地总面积 3.04%。全省湿地率为 3.98%,受到有效保护的湿地占湿地总面积 51.56%。全省共设立湿地自然保护区 11 处,其中国家级 3 处,省级 7 处,县级 1 处。有国际重要湿地 1 处,即尕海湿地,位于尕海—则岔国家级自然保护区内,2011 年被评为国际重要湿地。国家重要湿地 4 处,即大苏干湖湿地、小苏干湖湿地、尕海湿地和首曲湿地。

河流湿地面积为 38.17 万 hm²,分布在长江、黄河和河西内陆河等水系的众多支流,集水面积大,为多种生物生存提供了环境;湖泊湿地面积为 1.59 万 hm²,分布在阿克塞、敦煌、碌曲、文县等县市;沼泽湿地面积为 124.48 万 hm²,主要分布于甘南高原的碌曲、玛曲、夏河及河西走廊和祁连山;人工湿地(库塘湿地)主要分布于镇原、通渭、河西、黄河各段,以及陇南文县、河西张掖、临泽及陇中永靖、靖远等地分布的少量稻田。

甘肃省湿地分布比较广,全省 14 个市、州都有湿地,其中酒泉市湿地面积最多,总面积达 67.73 万 hm²;嘉峪关市湿地面积最少,总面积仅 0.53 万 hm²。其他市州依次为:张掖市湿地面积 25.13 万 hm²,武威市 10.42 万 hm²,金昌市 2.56 万 hm²,白银市 1.46 万 hm²,兰州市 0.99 万 hm²,定西市 1.93 万 hm²,临夏回族自治州 2.42 万 hm²,甘南藏族自治州 48.89 万 hm²,庆阳市 2.01 万 hm²,平凉市 1.25 万 hm²,天水市 1.14 万 hm²,陇南市 2.94 万 hm²。

②湿地野生动植物

甘肃省湿地分布的动物有 6 门 24 纲 488 种,其中:鱼类 110 种,两栖类 31 种,爬行类 2 种,鸟类 109 种,哺乳类 16 种。湿地分布高等植物有 1270 种(包括 10 亚种和 77 变种),其中:苔藓植物 22 科 25 属 31 种,蕨类植物 16 科 19 属 24 种 1 亚种 1 变种,裸子植物 5 科 7 属 11 种,被子植物 139 科 489 属 1117 种 9 亚种 76 变种。主要植被型有 10 种,分别为寒温性针叶林湿地植被型、落叶阔叶林湿地植被型、落叶阔叶灌丛湿地植被型、盐生灌丛湿地植被型、莎草型湿地植被型、禾草型湿地植被型、杂类草湿地植被型、浮水植物型、挺水植物型、沉水植物型。

1.2.1.3　土壤

(1)土壤类型

甘肃省土壤大致可分为6个区,37个土类,99个亚类,177个土属,286个土种。6个土壤区分别是:河西漠土和灌漠土区、祁连山栗钙土和黑钙土区、陇中麻土和黄白绵土区、陇东黄绵土和黑垆土区、甘南草甸土和草甸草原土区、陇南黄棕壤及棕壤和褐土区。37个土类是:黄棕壤、棕壤、暗棕壤、褐土、灰褐土、黑土、黑钙土、栗钙土、黑垆土、棕钙土、灰钙土、灰漠土、灰棕漠土、棕漠土、黄绵土、红黏土、新积土、龟裂土、风沙土、石质土、粗骨土、草甸土、山地草甸土、林灌草甸土、潮土、沼泽土、泥炭土、盐土、水稻土、灌淤土、灌漠土、高山草甸土、亚高山草甸土、高山草原土、亚高山草原土、高山漠土和高山寒漠土。

(2)土壤分布

甘肃省地势高低差异大,气候类型多样,地质构造和成土母质复杂,决定了土壤类型多样,并具有明显的分布规律。

①土壤水平分布

从西北向东南由温带漠境的灰漠土、灰棕漠土和棕漠土,经温带的黑垆土、栗钙土、灰钙土和棕钙土,再经暖温带的棕壤、褐土,过渡到亚热带的黄棕壤。依次可将土壤分区为:温带暖温带荒漠土壤区、温带草原土壤区、高寒山地土壤区、暖温带森林土壤区和亚热带森林土壤区。

②土壤垂直分布

不同地区具有不同垂直带谱。祁连山西段北坡带谱为棕钙土—灰褐土(或黑钙土)—亚高山草甸土—高山草甸土—高山寒漠土(高山漠土);祁连山东段北坡带谱为灰钙土—栗钙土—灰褐土(或黑钙土)—亚高山草甸土—高山草甸土—高山寒漠土。黄土高原的六盘山带谱为黑垆土—灰褐土—亚高山草甸土。甘南高原东部带谱为褐土—棕壤土—亚高山草甸土—高山草甸土。太子山和大力加山带谱为栗钙土—黑钙土—灰褐土—亚高山草甸土—高山草甸土—高山寒漠土。兴隆山和马御山带谱为灰钙土—黑钙土—灰褐土—亚高山草甸土—高山草甸土。陇南山地文县横丹以南,带谱为黄棕壤—棕壤—暗棕壤;武都、康县北部到渭河谷地带谱为褐土—棕壤—亚高山草甸土—高山草甸土。

③土壤地域分布

在水平地带性和垂直地带性的基础上,有一系列土壤中域或微域分布。甘肃省土壤的中域分布呈枝形、扇形和盆形3种。枝形土壤组合主要在陇东黄土高原和陇西丘陵区,这里由于沟谷的发育,水系呈树枝状伸展,其土壤组合由相应的地带性土壤和非地带性土壤组成,一般在塬面和丘顶是黑垆土,边坡为黄绵土,沟底或河流两旁为潮土。扇形土壤组合多见于祁连山和北山山前洪积扇,扇形地自山麓向走廊中心低山地伸展,上部为灰棕漠土或棕漠土,扇缘地下水位高,出现草甸盐地、盐土或沼泽草甸盐土。由于灌溉农业的发展,草甸盐土经耕种熟化成为绿洲潮土和灌耕土。盆形土壤组合在甘南高原和河西走廊尤为多见,土壤类型由盆地中心向四周扩展,如甘南尕海盆地中心地带为泥炭沼泽土,四周依次为草甸沼泽土、潜育化草甸土、草甸土、山地草原化草甸土。

1.2.2　主要生态功能区

2012年甘肃省政府印发了《甘肃省主体功能区规划》,是全国第二个颁布实施的省级主体功能区规划,确定构建“三屏四区”生态功能区,其中“三屏”是指以甘南黄河重要水源补给生态功能区为主的黄河上游生态屏障、以“两江一水”(白龙江、白水江、西汉水)流域水土保持与生物多样性生态功能区为主的长江上游生态屏障区和以祁连山冰川与水源涵养生态功能区为主的河西内陆河上游生态屏障区,“四区”是指石羊河下游生态保护治理区、敦煌生态环境和文化遗产保护区、陇东黄土高原丘陵沟壑水土保持生态功能区和肃北北部荒漠生态保护区。其主要以修复生态、保护环境为任务,以提升水源涵养、水土保持、防风固沙、维护生物多样性的生态服务为目的,科学界定农牧业生产规模、因地制宜发展资源环境可承载的特色产业。

1.2.2.1 甘南黄河重要水源补给生态功能区

甘南黄河重要水源补给生态功能区位于甘肃省西南部,青藏高原东北边缘,行政区域包括甘南州的夏河、合作、临潭、卓尼、碌曲和玛曲5县1市,土地总面积为3.057万km^2,占甘南州土地总面积的67.9%。其中草地236.094万hm^2,林地47.673万hm^2,耕地7.212万hm^2,工矿交通用地4.531万hm^2,水域3.632万hm^2,未利用地6.559万hm^2。大部分区域海拔3000~3600 m,地势起伏小,气候高寒,年平均气温普遍低于3 ℃。区域内多属高寒阴湿气候,是省草场、林地比较集中的区域,植被茂密,传统牧业比较发达,具有重要的生态功能。甘南黄河重要水源补给生态功能区年降水量为450~700 mm,属于甘肃省的降水丰富区。由于气温低,草甸、森林和湿地形成的下垫面粗糙,因此,蒸发量小。降水是该区黄河水源补给的主要来源,是黄河源区降水最丰沛的地区(王文浩,2008)。甘南黄河重要水源补给生态功能区包括黄河干流、洮河和大夏河三大水系,河流众多,水资源丰富,年径流量大于1亿m^3的河流有15条,是黄河上游主要的水资源区。甘南黄河流域多年平均入境水资源量133.1亿m^3,自产地表水资源量65.9亿m^3,地表水资源总量为199亿m^3。黄河干流在该区流域面积为1.04万km^2,流程为433 km,多年年平均径流量为155.5亿m^3;洮河在该区流域面积为1.60万km^2,流程为420 km,多年年平均径流量为36.1亿m^3;大夏河在该区流域面积为0.42万km^2,流程为104 km,多年年平均径流量为4.5亿m^3(王文浩,2009b)。湿地对于河流具有很强的水量调节功能。甘南黄河重要水源补给生态功能区湿地辽阔,有沼泽湿地、河流湿地、湖泊湿地等,总面积17.49万km^2。其中,沼泽湿地面积最大,集中分布于玛曲、碌曲和夏河县。河流湿地主要以黄河干流、洮河、大夏河以及120多条支流组成,总面积为2.77万hm^2。该区湖泊较多,但面积不大,仅为2324.6 hm^2。其他湿地包括泉水、坑塘、水库及滩涂等。

甘南黄河重要水源补给生态功能区生境多样,木本植物种多达580种,森林中孕育了地域特色突出、种类丰富、产量高、质量好的中草药植物(643种)、食用菌(254种)、观赏花卉(360余种)、山野菜(几十种)、野生小果类果树(几十种)等诸多野生经济植物资源,具有高原特色野生经济植物综合开发的潜在资源优势。森林生境下还有一些具有重要科学研究价值和经济价值的珍稀濒危植物,这些植物的种群个体数量稀少,地理分布孤立、生境狭窄,对环境变化十分敏感。甘南黄河重要水源补给生态功能区有野生动物231种。其中,鸟类154种,兽类77种。属于国家一级保护的野生动物有13种,如梅花鹿、白唇鹿、雪豹、黑颈鹤、丹顶鹤、赤颈鹤等;二级保护的野生动物有27种,如黑熊、棕熊、水獭、金猫、林麝、藏原羚等(王文浩,2009b)。

20世纪70年代—21世纪初,甘南黄河重要水源补给生态功能区面临着严重的生态环境问题。沼泽湿地面积快速缩小,由42.7万hm^2缩小到17.5万hm^2。草场重度退化面积达64.9万hm^2,中度退化面积高达119.7万hm^2,沙化面积也达5.3万hm^2,盐渍化面积有5.55万hm^2。其不仅导致生物多样性锐减、各种灾害频繁,且更为严重的是黄河源区生态涵养水源功能急剧减弱,对黄河水量的补充量由过去约45%减少为现在的15%,生态环境趋向恶化,生态问题日益突出(汪之波 等,2008)。该区域由于特殊的地理环境,自我恢复能力很差,一旦破坏极难修复。研究表明,气候变暖是甘南黄河重要水源补给生态功能区生态环境恶化的最根本的自然因素。气候变暖、蒸发加大，造成地表旱化，植被退化，湖泊退缩，使原本脆弱的生态系统稳定性降低，恢复能力减弱，成为驱动生态环境退化的主要原因。平均气温在波动中升高，降水在波动中减少，气温升高，蒸发量大于降水量，从而导致干旱频发，草场“三化”(退化、沙漠化、盐碱化)，生态脆弱性加剧。人为因素的不利影响，主要表现在对资源不合理的开发利用上,在传统畜牧业生产方式下，随着人口增加和生产生活需求的增长，资源环境的负担不断加重，但牧民普遍缺乏科学的环境保护理念,超载过牧、乱砍滥伐现象严重,生态环境恶化趋势加剧(魏金平 等,2009)。

2007 年,甘肃省启动了“甘南黄河重要水源补给生态功能区生态保护与建设”项目,以期改善甘南藏族自治州生态环境,提高黄河水源涵养能力,促进甘南黄河重要水源补给生态功能区经济社会可持续发展。通过采取退出、保护、治理、保障、转变等各种措施,从区内退出不合理的生产经营活动,妥善安排好牧民群众的生活生产,逐步减轻天然草地的生态负荷,使畜牧业生产与自然生态相适应,实现生态良好、黄河水源补给增加、经济可持续发展、群众生活富裕。主要途径包括:

(1)通过实施退牧还草、已垦草原修复与建设、游牧民定居等工程,采取禁牧、减畜和定居等退出措施,使生态环境得到有效恢复。

(2)通过采取建立自然保护区、开展围栏建设、禁牧休牧、草原防火、封山育林、森林防火、湿地植被恢复等保护措施,保护湿地、天然草地、生物多样性集中区等生态功能区,使该区域的生态功能得到有效发挥。

(3)通过沙化草原综合治理、草原鼠害防治和小流域治理等工程,对部分生态退化比较严重,靠自然难以恢复的地段,辅于人工措施,加速生态恢复。

(4)结合新农村建设,加强游牧民定居点建设,引导农牧民逐步改变生活方式。在牧民自愿前提下,使藏族牧民从游牧生活方式转变为定居半定居生活方式,为发展村镇经济创造条件。并通过牧民新村建设、人畜饮水、农村能源建设等保障措施,改善农牧民的生活环境。

(5)通过暖棚、生态农牧业等生产设施的建设,开展暖棚养殖,发展高效生态农牧业,提高牲畜的出栏率和商品率,降低牲畜存栏总数,改变农牧民的传统生产方式,并发展具有民族性和地域性的特色经济,形成生态保护和经济发展的可持续保障。

(6)通过开展技术培训和技术服务,提高农牧民群众的科技文化素质,建立和健全有关法律法规,加强监管能力建设,从机制上来保证该区域生态保护与建设的软环境。

据报道(《每日甘肃网》2020 年 9 月 4 日),到 2020 年,通过功能区建设,甘南州湿地面积由 2004 年以前的 17.49 万 hm^2 恢复到目前的 48.89 万 hm^2,面积扩大了近 2.8 倍,曾经 3 次干涸见底的尕海湖湖水面积已恢复到 1 亿 m^2,平均水深约 1.5 m。2014—2018 年 5 a 间黄河流经玛曲段,在致密优良的草甸草原和高山灌丛强大的水源涵养功能作用下,水量补给大幅增加,平均入境流量 51.09 亿 m^3、出境流量 133.42 亿 m^3,径流量比 10 a 前平均增加 18.6%,入境水量提高了 9.68%,出境水量提高了 31%。

1.2.2.2 长江上游“两江一水”流域生态功能区

长江上游“两江一水”(白龙江、白水江、西汉水)流域位于甘肃省南部,地处陇南山区、秦巴山区、青藏高原、黄土高原四大地形交汇区,中国地势第二级阶梯与第三级阶梯之间的过渡地带。东部与陕南盆地相连，南部与川北盆地相接，北部向陇中黄土高原过渡。地势呈西北—东南走向，境内盆地与山地、峡谷相交错，平均海拔1000 m。流域内地形复杂，光热充足，为各种动植物的繁衍生长提供了得天独厚的条件，是我国西部重要的生态过渡带和生物多样性保护地区之一。被国家列为重点保护植物的有27种，其中国家一级保护植物6种，国家二级保护植物21种；高等野生动物620种，其中陆生野生动物542种，水生动物有78种。流域内全年季节变化明显，夏季温高多雨，冬季寒冷干燥，森林面积较大，是长江主要支流嘉陵江重要的水源涵养和补给区；此外，该区域生物多样性丰富，是国宝大熊猫的主要栖息地之一，是重要的生物多样性保存区。流域范围包括陇南市武都区、宕昌县、成县、康县、文县、西和县、礼县，甘南藏族自治州碌曲县、迭部县、舟曲县，定西市岷县，天水市秦州区等县（区）及白龙江林管局（迭部林业局、舟曲林业局和白水江林业局）、小陇山林业实验局（洮坪林场）和白水江国家级自然保护区，区域面积3.56万 km^2，占甘肃全省总面积的8.4%，人口约275万人。

“两江一水”流域江河众多，水量充沛，以嘉陵江、白龙江、白水江、西汉水四大水系为主，年径流量大于1亿 m^3 的河流就有20多条，且落差集中，季节变化小，开发效率高，发展水利水电事业条件优越（韩兆伟，2018）。白龙江发源于岷山北麓，河道全长576 km，流域面积3.28万 km^2，其中甘肃省境内475 km；白水江作为白龙江支流，发源于岷山中段，全长295.6 km，流域面积8316 km^2，甘肃境内长107 km，年径流量34.7亿 m^3；西汉水发源于天水市嶓冢山，流经甘肃省西和、礼县、成县、康县，入陕西省略阳县境内两河口汇入嘉陵江，流域面积约为10178 km^2，河长287 km，甘肃省境内215.7 km。

“两江一水”流域地处南北地震带中北段，属秦岭褶皱系地质构造，褶皱及断裂构造纵横交织，山高坡陡谷狭，切割深、落差大，山体裸露，岩石破碎且高度风化，水土流失严重，地质灾害多发频发，是我国四大滑坡泥石流高发区之一。一旦遇到强降雨，极易发生特大暴洪泥石流灾害；加之受“5·12”特大地震影响，地质灾害发生的频率和危害程度不断增加。对人民生命财产安全和生态环境造成严重影响。此外，长期存在的传统、粗放的经济发展方式加上不合理的经济结构和产业结构，加剧了“两江一水”流域生态环境问题的治理难度。

近些年，甘肃省以构建长江上游生态屏障为重点，加强生态保护，减少与主体功能定位不一致的开发活动。继续实施国家生态环境建设重点县综合治理工程、天然林资源保护工程、陡坡地退耕还林还草工程、宜林荒山荒地造林绿化工程等，稳步推进生态移民，建设全国重要的生态功能区。

1.2.2.3 陇东黄土高原丘陵沟壑生态功能区

陇东黄土高原丘陵沟壑生态功能区是中国黄土高原丘陵沟壑水土保持生态功能区极具代表性的地区之一。主要包括平凉市（静宁、崆峒区、庄浪、灵台、泾川、华亭、崇信）、庆阳市（环县、华池、庆城、西峰、镇原、合水、正宁、宁县）、白银（会宁县）、定西（安定、陇西、通渭）、天水（武山、甘谷、秦安、张家川），共计23个县区。陇东黄土高原地处黄河中游，其中黄河支流渭河支流泾河的最大支流马莲河，主要流经陇东黄土高原；马莲河在庆城县以上流域面积7141 km^2，年径流量2.325亿 m^3/a，输沙量4570万 t，是黄河流域年输沙量最大的水系之一。

这里属温带半湿润半干旱气候，降雨偏少，植被稀疏，加之降雨集中，土质疏松，长期侵蚀形成了丘陵沟壑密布的地貌形态，水土流失现象极为严重，环县北部还受到较强风沙危害，生态非常脆弱。陇东黄土高原丘陵沟壑区覆盖有深厚的黄土层，黄土颗粒细，土质松软，含有丰富的矿物质养分；但由于缺乏植被保护，在长期雨水侵蚀下地面被分割得支离破碎，形成沟壑纵横的塬、峁、墚、�。该区域地形沟壑墹墚，纵横交错；土壤疏松，易受风力和雨水冲刷，降雨多集中于夏秋季节，水土流失比较严重，致使生态十分脆弱；加之，自然条件严酷、生态环境差异性较大，水分条件、土地利用不合理(李宏峰，2017)。

陇东黄土高原丘陵沟壑区具有独特的地理位置，复杂的气候和地貌类型，建设陇东黄土高原丘陵沟壑区生态屏障，对于整个黄河流域乃至全国生态环境的改善都具有重要意义。加快以治沟骨干工程为主体的小流域沟道坝系建设，加强坡耕地水土流失治理，开展退耕还林还草；充分利用生态系统的自我修复能力，采取封山育林、封坡禁牧等措施，加快林草植被恢复和生态系统功能恢复；实施坡改梯工程；通过机制和技术创新，实现由传统水土保持向现代水土保持转变，调整产业结构、节约保护、优化配置、合理开发利用水土资源。

1.2.2.4　祁连山冰川与水源涵养生态功能区

祁连山位于青藏高原东北边缘，横跨甘肃、青海两省，全长约 850 km，最宽处约 300 km，东起乌鞘岭，西至当金山口，北临河西走廊，南接柴达木盆地，由多条西北—东南走向的平行山脉和宽谷组成，山势由西向东降低，是我国西北地区著名的高大山系之一，东段最高的冷龙岭平均海拔高度为 4860 m，西段最高峰为疏勒南山的团结峰，海拔 5808 m，平均海拔 3700 m。祁连山是我国青藏高原东北缘一个典型的高寒干旱—半干旱山地生态系统，位于青藏高原区、西北内陆干旱区和东部季风湿润区三大自然区的交汇处，属于气候变化的敏感区。祁连山是我国高原生态安全屏障的重要组成部分，是我国重要的生态功能区、西北地区重要的生态安全屏障和河流产流区，供给着甘肃河西石羊河、黑河、疏勒河三大水系和 56 条河流的水源，年平均向下游输出水量达 60 多亿立方米，构成河西走廊平原及内蒙古西部绿洲发展存亡和生态有序演替的生命线。特殊的地理位置和地貌特征使其分布着大量的森林、草地、积雪和现代冰川，这些宝贵的资源对区内水资源涵养、森林生态系统和野生动物保护有重要作用，共同构成了河西走廊的天然屏障，在维护河西走廊绿洲农业生产和遏止荒漠化扩展中具有举足轻重的地位；为此国家于 1986 年成立了祁连山国家自然保护区。祁连山区气候属高山高原气候类型，区内气候寒冷，年平均气温低于 4 ℃，高山区降水量在 400～800 mm，是一座天然“高山水塔”；区内高海拔处气温较低，降水较多；水平分布祁连山东段湿度大，降水多，西段气候干燥，降水少。

祁连山区总体上属于典型的高原大陆性气候。由于地形条件的复杂，海拔梯度的悬殊，致使其水热条件差异大，山地东部降水多，气温较高，而西部地区降水稀少、温度较低。从历年祁连山年平均温度和年降水量上分析，年平均温度表现出显著的垂直和东西差异。整体上看，低海拔地区的温度远远高于高海拔地区，东部气温也较中西部高。降水量也有显著的空间差异，自东到西呈现逐渐递减的趋势，尤其是单位距离的递减率非常大(陈志昆 等，2012)。山地降水季节分配十分不均匀，降水主要集中在 5—9 月。

祁连山区河流多以冰川融水补给为主，围绕祁连山中心地向四周呈辐射状分布。水系主要分为两类，一类是内陆水系，另一类是外流水系，如东南面的庄浪河、大通河。两大水系的分界线位于北部的冷龙岭，向南依次经过托来山、大通河、日月山、青海南山东麓，穿过共和盆地中部，最后到瓦洪山和鄂拉山(张耀宗，2009)。在内陆水系中，又可分为河西走廊内陆水系、柴达木盆地流域水系和青海湖流域水系。其中，河西走廊内陆水系主要位于祁连山的北面，主要包括党河、疏勒河、北大河、托来河、黑河和石羊河等；而哈尔腾河、鱼卡河、塔塔棱河等属于柴达木流域水系。

祁连山地区主要的植被类型有农田、荒漠化草原、草原、针叶林、阔叶林、亚高山灌丛草甸、高山草甸、灌丛植被类型。其中草地植被是最主要的植被类型，约占祁连山区域总面积的58%。针叶林主要分布在中东部地区山地阴坡、半阴坡的沟谷地带如大通河、湟水谷地，主要建群种为青海云杉和油松等。阔叶林主要有祁连圆柏、白桦、红桦、山杨等群种，主要分布在东部山地阴坡、半阴坡的河谷地区。灌丛主要分布在山地阳坡、半阳坡，接近森林线的边缘，分布的海拔高度上限可达3300～3700 m，以杜鹃、金露梅、毛枝山居柳、鬼箭锦鸡儿和禾本科等类型为主。草原分布于中东部的河谷和山间平原，以长芒草、克氏针茅、紫花针茅、短花针茅等各种针茅和芨芨草为主。高山草甸以多年生矮嵩草、线叶嵩草、小嵩草、高山嵩草等多种嵩草为主，主要分布于海拔3700～3900 m的山地区域。

山地植被类型的分布因东西水热条件的组合特征不同而形成显著水平地带性规律，从东向西，依次发育着温性草原、温带针阔叶林、寒温性针叶林、高寒灌丛、高山草甸、高寒草原和高寒荒漠(陈桂琛 等，1994)。此外，由于各个海拔高度水热条件差异而显示出不同的垂直带谱。例如，祁连山北坡的山地阴坡，从低海拔到高海拔依次为：牧草、干性灌丛、乔木林、灌丛、寒漠草甸，分布的海拔高度依次为：1700～2300 m、2300～2500 m、2500～3300 m、3300～3800 m和3800 m以上。而山地阳坡，农田分布在300～2500 m，牧草分布在2500～3300 m、草甸草原分布在300～3800 m，3800 m以上为寒漠草甸(王金叶 等，2009；贾文雄 等，2016)。过去半个世纪，在全球气候变暖和人类不合理活动的长期共同作用下，祁连山生态环境严重退化。冰川退缩，冰雪融化加剧，雪线海拔呈上升趋势；森林生态系统脆弱，林分质量下降；超载过牧严重，草地退化；水资源得不到有效合理管控，涵养调蓄能力减弱，减洪滞洪功能下降；局部生态受破坏严重。通过近年来的整改整治，祁连山自然保护区草地面积明显增加、区域环境质量持续改善，生态修复和生态环境保护成效显著。据甘肃省环境部门数据，自2017年以来，祁连山自然保护区草地面积明显增加，植被生长状况总体改善，明显改善区域占保护区总面积的比例增加37.5%；植被指数、植被覆盖度、植被生产力均呈显著提升趋势，植被指数增幅10.88%，植被覆盖度增幅7.81%，植被生产力增幅14.8%；地表水、饮用水水源地水质均达到优良，空气质量优良率达到国家标准要求，土壤环境质量总体良好，符合国家管控要求。

1.2.2.5 石羊河下游生态保护治理区

石羊河下游生态保护治理区地处武威市民勤县，是国家重点生态治理区，面积约1.6万km^2。民勤属于典型的温带大陆性极干旱气候区具有蒙新沙漠气候特征。区内冬冷夏热，昼夜温差大，光热资源丰富。境内气候常年干旱，降水极少，多年年平均降水量仅为110 mm左右，而年蒸发量却高达2600～2800 mm，风沙较大，风向多为西北风，8级以上大风年平均日数为28 d，风力最大时可达11级。

流域下游湿地位于民勤县城以南30 km处，湿地南北长31 km，东西宽0.6～3.5 km，总面积6174.9 hm^2。石羊河下游的西、北、东三面被腾格里沙漠和巴丹吉林沙漠包围。湿地区域内主要的优势植物以人工乔木林和天然灌木林为主。湿地内有重点保护动物20种，国家一级保护动物1种，二级保护动物12种，省级保护动物7种(陈继宗 等，2019)。

到20世纪末21世纪初，由于上游来水量的急剧减少以及地下水位的显著下降，导致水资源的严重短缺，供需矛盾十分突出。加之对土地资源过度、盲目的开垦等原因，导致绿洲面积迅速退缩，生态环境急剧恶化，生态系统日趋失衡(石惠春 等，2009)。在民勤东北西北的中国第三、第四大沙漠“握手”连片，直接威胁到武威市。为加强区域生态保护治理，根据《甘肃省生态保护与建设规划(2014—2020年)》，实施水资源统一管理，全面推进节水型社会建设，不断优化产业结构和用水结构，提高水资源利用效率。适度发展适合当地条件的特色产业，因地制宜实施生态移民，减轻环境压力，改善群众生产生活条件。加强防沙治沙，发展沙产业，巩固绿洲生态建设成果。严禁任何不符合该区域主体功能定位的开发活动，促进生态修复和环境保护。为厘清上下游地区水生态环境保护责任，2020年，省生态环境厅制定印发《石羊河流域上下游2020—2022年横向生态补偿试点实施方案》，将武威市三县一区全部纳入石羊河流域生态补偿范围。随着石羊河流域综合治理深入推进，流域生态环境得到显著改善。天马湖、海藏湖城镇段生态岸线比例保持在50%以上，石羊河干流河岸带植被覆盖度达86.1%。青土湖地下水位埋深由治理前的4 m上升到2.9 m，水域面积从3 km^2 扩大到26.7 km^2，形成旱区湿地106 km^2，阻隔了腾格里和巴丹吉林两大沙漠合拢（燕春丽，2022）。

1.2.2.6　敦煌生态环境和文化遗产保护区

敦煌位于甘肃省河西走廊最西端，地处甘肃、青海、新疆三省（区）交汇处、南有祁连山，北有马鬃山，东、西两面为戈壁沙漠，平均海拔1138 m，形成了南北高，中间低，自西向东北倾斜的盆地平原地势，全市总面积2.66万 km^2，其中绿洲面积1400 km^2，仅占总面积的4.5%，且被沙漠戈壁包围，故有"戈壁绿洲"之称。敦煌地处内陆，明显的特点是气候干燥，昼夜温差大，降雨量少，蒸发量大，日照时间长，四季分明。年平均气温9.9 ℃，年日照时数3285.6 h，年平均降雨量39.8 mm，年蒸发量2486 mm。由于干旱少雨，具有明显的沙漠气候特征，属典型的大陆干旱性气候。绿洲由党河滋补，发源于祁连山中北流的党河，全长390 km流域面积1.68万 km^2，年径流量3.193亿 m^3，是敦煌重要的水利命脉，境内除党河外，地面水还有西水沟、东水沟、南湖泉水区，泉水总溢出量为3.14 m^3/s，年径流量9902.3万 m^3。

全市境内的国家级自然保护区2个（西湖国家级自然保护区、阳关国家级自然保护区）、省级地质遗迹自然保护区1个（敦煌雅丹地质遗迹省级自然保护区），总占地面积为78.8万 hm^2，占全市总土地面积的25%。两个保护区具有极干旱区湿地生态系统和荒漠生态系统的典型性和代表性，对阻隔沙漠扩张、涵养水源、为候鸟迁徙充当驿站和维持甘肃、新疆、青海三省（区）交界处生物多样性等方面具有重要作用，在河西走廊乃至中国西部的生态安全有着极为重要的战略地位。

敦煌阳关自然保护区（93°53′～94°17′E，39°39′～40°05′N）始建于1992年，地处河西走廊坳陷之西端，总面积约8.8178万 hm^2。保护区主要由戈壁、湿地、沙地和水域组成。保护区内的西土沟、渥洼池和山水沟3条主要水系形成的湿地面积可达2.169万 hm^2，大约为保护区全部面积的24.6%，并且地表总径流长146.38 km，年径流总量约为9902.3万 m^3，有效地改善了阳关境内的小气候，是当地人赖以生存的根基（代雪玲，2016）。其次，也是大量候鸟的迁徙驿站，已经监测到鸟类达到130余种。保护区内动植物资源丰富，已经监测到脊椎动物188种；种子植物141种，被子植物139种，双子叶植物109种（麻守仕，2018）。敦煌西湖国家级自然保护区（92°45′～93°50′E，39°45′～40°36′N）总面积66万 hm^2，其中核心区19.8万 hm^2，缓冲区14.575万 hm^2，实验区31.625万 hm^2（袁海峰 等，2009）。属自然生态系统类的内陆湿地和水域生态系统自然保护区，主要保护对象为湿地生态系统、荒漠生态系统和珍稀野生动植物及其生境。区内植被主要为湿地植被和荒漠植被，湿地植被为草丛沼泽植被类型，其群系主要是芦苇沼泽，在盆湖的外围分布有大面积的芦苇盐化草甸群落，主要伴生种有罗布麻、胀果甘草等；土壤主要为草甸沼泽土和盐化草甸土（张继强 等，2019）。保护区内已检测到野生动物196种，种子植物102种。

敦煌文化灿烂，古迹遍布，境内现存各类文物景点265处，有3处世界文化遗产，分别是莫高窟、玉门关遗址、悬泉置遗址；全国重点文物保护单位4处，分别是莫高窟、玉门关遗址、悬泉置遗址、敦煌境内长城；省级文物保护单位12处；市级文物保护单位1处；县级文物保护单位47处。特别是被称为“文化瑰宝”的莫高窟，在国内外享有盛誉，1987年，被联合国教科文组织列入世界文化遗产名录。2020年，全市接待游客658.44万人次，旅游总收入80.3亿元。其中，接待国内游客657.68万人次，入境游客0.76万人次。

近几十年来随着社会经济的发展和人口的不断增加，敦煌市耕作区面积不断扩大，水资源消耗过度，地下水位降低，下游水域湿地萎缩，天然植被严重退化，荒漠化土地面积增加，生态恶化趋势明显。著名的人类文化遗产莫高窟及自然奇观鸣沙山、月牙泉等的存续受到严重威胁。研究表明，在2000—2013年期间，敦煌市城市化发展迅速，耕地、建设用地和水域面积明显增加，分别增长了10.0%、42.2%和2.5%；草地和未利用土地面积呈减少趋势，分别减少了2.1%和0.1%；林地、沙地变化程度较小(麻守仕，2018)。7种土地利用类型之间相互转换，主要的转移方向为草地、未利用土地向耕地转移，未利用土地向建设用地和水域转变。人类活动为土地利用变化的主要驱动因素(张继强 等，2019)。敦煌农田灌溉基本上靠党河水和地下水。由于农田面积的增加，工业的发展，旅游业的发展，总体需水量在持续增加，地表水源已表现出明显的不足，水资源相对不足逐步成为制约敦煌市工农业发展的重要因素。在水资源利用方面为了更有效利用地表水源，在上游修建水库，衬砌渠道，减少渗漏，不断提高水资源利用率。近些年来，尤其是地表水资源已经不能满足生产的需要，为了农业可持续发展，直接导致了对地下水的过量开采使用，使地下水位以年均20 cm的速度下降，矿化度提高，地下水的过度超采给莫高窟、月牙泉等人文景观和周边的生态环境造成了严重影响(胡杨林，2012)。基于遥感数据的分析结果表明，1987—2007年敦煌市自然植被面积下降543.69 km^2，自然生态系统面积缩小17.62%，土地荒漠化趋势明显。估算的这一时期自然植被的生物量从102.42万t下降到72.33万t。敦煌市自然植被和人类活动的用水量此消彼长，总用水规模在6.3亿m^3左右。自然植被用水量从1987年的3.0727亿m^3减少到2007年的2.17亿m^3，净减少达30%。人类活动用水量从1987年的3.3157亿m^3增加到2007年的4.093亿m^3。疏勒河干流及其支流党河都因为人类活动用水大量增加，挤占了自然植被的用水。特别是农业灌溉占用了绝大部分水资源，成为敦煌生态环境退化的主要原因(马利邦 等，2010)。对于保护区而言，20世纪60—70年代生活条件限制下的毁林活动以及上游地区的建坝截留，使保护区周边天然植被被逐渐砍伐殆尽，保护区境内小河断流、水位严重下降，河床周边植被大量枯死。90年代开始，人们在肆虐的风沙中，虽已经认识到自己所犯的错误，逐渐减少对所剩灌木丛的破坏。但是随着人口和葡萄等高耗水经济作物的猛增，以及当地居民过度放牧、打猎捕鱼、盗挖沙生植物、随意挖沙取土等不合理的活动延续，对湿地生态系统威胁仍在持续，特别是对珍稀濒危动物的繁衍生息构成很大威胁。

另外，在西北西部暖湿化背景下，河西西部地区降水增加，引起空气湿度增大、水汽增多，易引起壁画类文物病害。研究表明，当敦煌洞窟内相对湿度达到67%时，壁画料中聚积大量的氯化钠，当相对湿度下降后，氯化钠重复潮解—结晶循环，使壁画产生严重病害(杨绮丽 等，2016)。近年频发的极端降水天气及其所引发的次生灾害，不但会冲刷文物表面，冲毁道路，甚至引发崖面冲沟，造成部分洞窟出现渗漏现象，直接影响文物本体安全；且潜在的最大危害是强降雨使洞窟微环境温度、湿度出现较大的波动，容易激活盐分的迁移，导致壁画及塑像病害的深度恶化。例如敦煌莫高窟，先后几次遭遇突发性强降水，2011 年 6 月 15—16 日，降水量达 40 mm；2019 年 7 月 6—7 日，降水量达 40.4 mm，造成部分洞窟出现渗漏（李得禄 等，2009）。此外，游客造成窟内的二氧化碳、温度以及相对湿度的升高，打破了洞窟长期以来形成的稳定环境的平衡，对壁画彩塑的保存也带来潜在威胁（张国彬 等，2005）。

2011 年 6 月，国务院批复实施《敦煌水资源合理利用与生态保护综合规划（2011—2020 年）》，针对敦煌水资源开发利用和生态环境保护中存在的突出问题，确定了“南护水源、中建绿洲、西拒风沙、北通疏勒”的总体思路和“内节外调统筹、西护北通并举，水源绿洲稳定、经济生态均衡”的总体布局。截至 2019 年，敦煌市共压减灌溉面积 0.36 万 hm^2，实施灌区田间节水面积 1.91 万 hm^2，改建干支渠 281.68 km，打通党河河道 32.5 km，治理水土流失面积 295 hm^2。对敦煌盆地地下水开采量进行控制，月牙泉平均水深和水域面积逐步恢复，西湖自然保护植被覆盖率进一步增加，生态环境得到初步改善（陈国材，2019）。

1.2.2.7 肃北北部荒漠生态功能区

肃北北部荒漠生态保护区地处亚洲中部温带荒漠、极旱荒漠和典型荒漠的交汇处，包括肃北北部马鬃山镇，面积 3.16 万 km^2，约占全省面积的 7.4%；2021 年人口约为 0.5 万人。马鬃山东西向展布于甘肃河西走廊北端，是以海拔 2583 m 的马鬃山主峰为中心的准平原化干燥剥蚀低山、残丘与洪积及剥蚀平地的总称。东至内蒙古自治区西部的弱水西岸，西南楔入新疆罗布泊洼地东缘，南起疏勒河北岸戈壁残丘，北迄中、蒙边境，面积 8.8 万 km^2，属典型戈壁荒漠气候，干燥多风，光照充足，降水稀少，蒸发量大，无霜期短，日温差大，但因南、北两地所处纬度不同，地形地貌差异较大，气候又各具特点。

过去，由于水资源、矿业资源的开采力度大，加之受气候变化的影响，出现水资源逐渐枯竭、荒漠化加剧、荒漠—绿洲过渡带萎缩、野生动物栖息地面积减少等一系列生态环境问题。根据《甘肃省主体功能区规划》，肃北北部荒漠生态保护区将坚持“科学管理、保护优先、合理利用、持续发展”的方针，依法保护荒漠植被和珍稀、濒危野生动植物资源及生物多样性，禁止在保护区猎杀、非法猎捕受保护的野生动物，建立保护区荒漠生物物种储存基地，保障生物物种安全。加强沙漠化和荒漠化治理，加大沙化和退化土地治理力度，正确处理经济社会发展和居民生产生活的关系，保护和合理开发利用资源，发展适合当地生态环境的特色产业，促进区域生态自然修复。近年来，肃北县严格整顿矿产开发、实施禁牧休牧，采取退化草原补播改良、围栏封育和引水灌溉、草原有害生物防治、建立自然保护区等措施，有效修复草原资源和湿地资源，生态环境得到持续改善，北山地区荒漠草地生态整体好转，逐步扭转了北山羊等野生动物栖息地面积减少的局面，进而维护荒漠草原生态系统的平衡，有效保护生物多样性。

1.3 甘肃生态环境监测体系

1.3.1 气象常规观测站网体系

甘肃现有国家级气象站 81 个，兰州国家气象观测站于 1932 年建站，时间最早。天祝国家气象观测站建站最晚，为 2010 年。国家级气象站资料时间长、观测要素全、资料完备性好，是综合观测体系的主干部分。但是由于其站点少、距离远，越来越难以满足日益发展的社会需求，特别是局地气候资源的开发利用、农业结构调整、局地灾害性天气的预报预警、防灾减灾等更需要细网格的气象资料,因此,近些年来区域自动气象站的建设得到了快速发展。21世纪以来,甘肃省气象部门逐步建设完成262个国家级地面天气站,1965个区域气象站,乡镇覆盖率达到99.37%。建成有2个国家气候观象台,23个农业气象观测站,4个国家级农业气象试验站,81个自动土壤水分观测站,84套便携式自动土壤水分观测仪,19个雷电监测站,5个辐射观测站,4个沙尘暴观测站,5个大气成分监测站,48个交通气象观测站,建成3个大气电场仪,20个风能观测站,在12个市州开展了太阳紫外线观测,所有气象台配备高清实景监控系统。甘肃省共有9个高空气象观测站,2个风廓线雷达,通过部门间数据共享和自身建设共有44个GNSS/MET(GNSS/MET:即GNSS气象学,指利用全球卫星导航技术主动遥感地球大气进行气象学的理论和方法研究)水汽监测站,实现了全天候连续观测和资料实时上传,大大提高了观测密度和数据应用时效。国家级地面气象观测站全部实现气象数据格式标准化业务运行,除云和地面状态、冻土外基本气象要素观测实现自动化。在甘肃省气候业务中,由于对资料的时长的要求,主要以甘肃国家级气象站的数据为主。而在天气预报、气象应急服务等方面,对产品精细化的要求更高,则需要国家级气象站及区域自动站数据结合应用。

1.3.2 天气雷达监测站网体系

甘肃省天气雷达监测网的建设取得了长足的发展,经历了从常规模拟天气雷达到数字天气雷达再到多普勒天气雷达的三个重要阶段,在突发灾害性天气、极端气候事件、生态环境、交通安全保障以及云水资源利用等方面发挥了重要的作用。甘肃省已建成8部新一代天气雷达,4部局地天气雷达,1部移动天气雷达,形成以新一代天气雷达为主,局地天气雷达及移动天气雷达为补充的雷达监测网,实现了甘肃省气象服务重点区、灾害天气频发区全覆盖。

1.3.3 生态遥感监测体系

甘肃省共建成1个风云三号卫星资料接收系统接收站,1个风云四号试验卫星省级接收站,8个静止气象卫星中规模利用站,敦煌遥感卫星辐射校正场;成立了沙尘暴理化实验室,建成了玛曲牧业气象观测站(草地)和武威生态与农业气象试验站(荒漠)2个生态站;建立了省市县三级生态遥感业务体系,利用实时接收的卫星资料,获取甘肃省各生态区的大范围生态环境监测数据;通过与地面生态气象观测站点的配合和相关研究开发,建立了生态环境的卫星遥感监测模型,实施对沙尘暴(范围、强度)、森林草原火灾、土壤水分、山区积雪(面积、雪深、积雪覆盖日数)和雪灾、植被(林、草、绿洲、荒漠)长势、植被净初级生产力(NPP)、水资源、强对流天气、洪涝等各种生态要素和自然灾害的遥感监测。

1.4 本章小结

本章首先介绍了甘肃省气温、降水、日照、风速等主要气候要素,以及干旱、大风、沙尘暴、冰雹、暴雨等影响甘肃省的主要气象灾害近60 a(1961—2020年)来的时空变化特征。在此基础上基于降尺度后的CMIP5多模式数据,预估了不同排放情景下甘肃省21世纪气温和降水的时空演变趋势;其次,通过地形地貌、河流水系、土壤等方面详细介绍了甘肃省生态环境特征,并介绍了甘肃省7个主要生态功能区的生态环境特点;最后,通过地面气象及生态要素监测站点、雷达和卫星遥感监测站点,简要介绍了甘肃省生态环境监测体系。

第2章 甘南黄河重要水源补给区生态系统

2.1 区域概况

2.1.1 区域概况

甘南藏族自治州地处甘肃省西南部，青藏高原与黄土高原过渡的甘、青、川三省结合部。其南与四川阿坝州相连，西南与青海黄南州、果洛州接壤，东部和北部与陇南市、定西市、临夏州毗邻，海拔为1172～4920 m，大部分地区在3000 m以上。全州分为三个自然类型区，南部为岷迭山区，气候温和，是全国“六大绿色宝库”之一；东部为丘陵山地，农牧兼营；西北部为广阔的草甸草原，是全国的“五大牧区”之一。甘南藏族自治州主要包括：合作市1个市，临潭县、卓尼县、迭部县、舟曲县、夏河县、玛曲县、碌曲县7个县，共1市7县。甘南藏族自治州地势西北部高，东南部低；具有大陆性季风气候的特点，高寒湿润、光照充裕；热量不足，垂直差异大。年平均气温的变化范围在1.6 ℃(玛曲)～13.3 ℃(舟曲)，地域差异很大，总体分布趋势是自东南向西北逐渐递减。降水较多，受地形和高原季风的影响，各地降水量时空分布不均匀。年日照时数在1800～2600 h之间，日照时数季节分布不均匀。

甘南黄河重要水源补给区位于甘南州西北部，地理坐标为33°06′～35°34′N，100°45′～104°45′E(姚玉璧 等，2007)，包括甘南州的夏河县、临潭县、卓尼县、碌曲县、玛曲县和合作市5县1市，总面积3.06万km^2(图2.1)。地质构造主要属秦岭东西向构造，区内重峦叠嶂、沟谷纵横、地形错综复杂，区内大部分地处3000 m以上。年均降水量450～700 mm，寒冷湿润是该区的主要气候特征。境内河流众多，水资源丰富，有“一江三河”：白龙江、黄河、洮河、大夏河。这一区域不仅有涵养水源、维持生物多样性的重要作用，而且可以调节黄河水量、泥沙量，对维持整个黄河流域的生态平衡意义重大(温煜华，2020)。

2.1.2 区域重要性

甘南黄河上游重要水源涵养地是黄河上游重要的水源补给区和黄河上游国家生态安全屏障，生态地位十分重要，具有不可替代的独特高原湿地水源涵养功能和重要的水土保持功能。其主体功能作用和定位为：黄河上游重要水源补给区和生态屏障、水源涵养和生物多样性保护的重要区域，并且是甘肃省唯一整体纳入《全国主体功能区规划》重点生态功能区的市州。

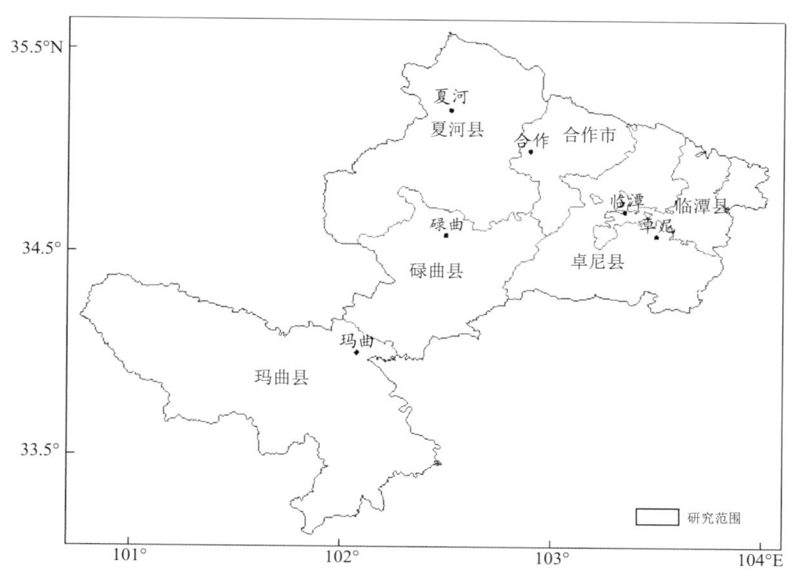

图 2.1　甘南黄河重要水源补给区地理位置

黄河发源于青海，成河于甘南高原，已是专家学者的共识(汪之波 等，2008)。黄河干流在玛曲境内流程 433 km，径流量增加 108 亿 m^3，占黄河源区总径流量的 59％(王文浩，2009a)，黄河主要支流洮河、大夏河均发源于甘南和青海交界的西倾山中，在甘南境内流程分别达 550 km 和200 多千米。发源于甘青川三省交界的白龙江，是长江主要支流嘉陵江的上游，自西向东，穿迭部、舟曲两县而过。境内上千条小河溪流都汇集到这“一江三河”中，为黄河等河流补充了丰沛的水量，还有上百个湖泊星罗棋布在高原上，构成黄河上游完整的水源体系(胡树功，2009)。全州水资源总量为 254.1 亿 m^3，其中自产地表水资源总量为 101.1 亿 m^3，过境 153 亿 m^3；多年平均补给黄河水量达 65.9 亿 m^3，占到黄河多年平均年径流量的 11.4％，多年平均补给白龙江的水量达 27.4 亿 m^3，素有“黄河蓄水池”之称。

甘南黄河上游重要水源涵养地不仅是甘肃省水资源富集区之一，更是长江、黄河上游重要的生态屏障，水草丰茂的广袤草原，茂密的原始森林，纵横密布的河流湖泊构成了良好的生态系统，具有重要的水源涵养、水源补给、水土保持、维持生物多样性、调节区域气候等功能，在维护长江、黄河流域水资源和生态安全方面具有不可替代的作用(王建兵，2012；杨帆 等，2012；黄铃凌 等，2013)，并且在中国西部生态环境系统中处于十分重要的位置，其生态环境状况不仅影响到其本身，甚至深刻影响到全国的生态安全(王录仓 等，2012)。

2.2　区域气候变化

2.2.1　气候变化特征

2.2.1.1　气温

1961—2020 年，甘南黄河重要水源补给区年平均气温为－2.8 ℃，总体表现为明显的增暖趋势，以 0.38 ℃/(10 a)的速率上升，略低于全省升温的平均水平(0.41 ℃/(10 a))(图 2.2a)。气温的演变过程不是持续的、均匀的单调增暖，而是呈现出冷暖相间、波动上升的特点。20 世纪 60—70 年代后期气温年际波动较大，但总体较为平稳，20 世纪 80 年代开始，尤其是 20 世纪 90 年代末期以来增温明显，1980—2020 年年平均气温(3.5 ℃)较 1961—1979 年年平均气温升高了 1.1 ℃。进入 21 世纪后，气温上升速度变缓，在 2016 年达到了历史最高值(4.5 ℃)，之后 4 a 又有所回落。

年平均最高气温的变化趋势与年平均气温相似，升温率为 0.31 ℃/(10 a)(图 2.2b)，在 20 世纪 90 年代后期以后最高气温升高趋势显著，2015 年以后又有所下跌，2020 年最高气温为近 10 a 最低，为 11.2 ℃。年平均最低气温的升温率达 0.44 ℃/(10 a)，明显高于年平均气温和年平均最高气温的升温率(图 2.2c)，年平均最低气温自 20 世纪 70 年代中期起，就处于波动上升的阶段。

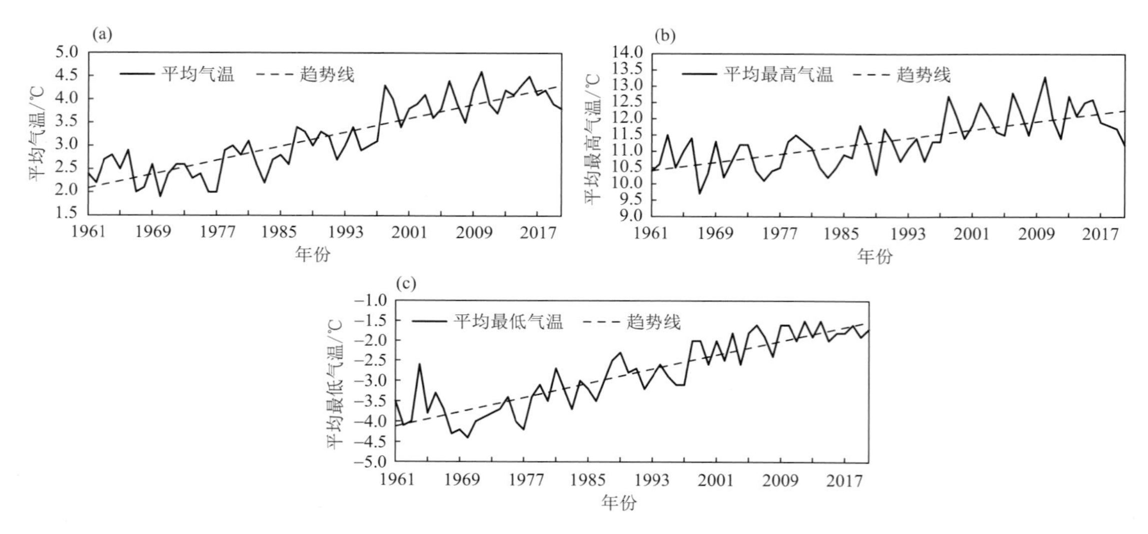

图 2.2 1961—2020 年甘南黄河重要水源补给区年平均气温(a)、平均最高气温(b)及平均最低气温(c)变化曲线

从气温气候倾向率的空间分布来看(图 2.3)，甘南黄河重要水源补给区的年平均气温升高的速率主要在 0.34～0.58 ℃/(10 a)之间，南部升温明显高于北部，玛曲升温最明显；年平均最高气温升高的速率主要在 0.34～0.45 ℃/(10 a)之间，甘南黄河重要水源补给区的北部和南部的升温略高于中部，临潭平均最高气温升高相对较大；年平均最低气温升高的速率主要在 0.32～0.7 ℃/(10 a)之间，南部平均最低气温的升高略高于北部，玛曲平均最低气温升高最大。

2.1.1.2 降水

1961—2020 年，甘南黄河重要水源补给区平均年降水量为 543.6 mm，呈现出微弱增多的趋势，增加率为 6.9 mm/(10 a)(图 2.4a)。年降水量的阶段性变化明显，年降水量历史最大值出现在 1964 年(727.9 mm)，1967 年次之，在 20 世纪 60—80 年代平均年降水量波动较大，20 世纪 90 年代—21 世纪初降水略偏少，随后，降水又有增加的趋势，90 年代降水略偏少，进入 21 世纪后，降水量明显增加。与 1961—2000 年平均值(535 mm)相比，2000—2020 年平均降

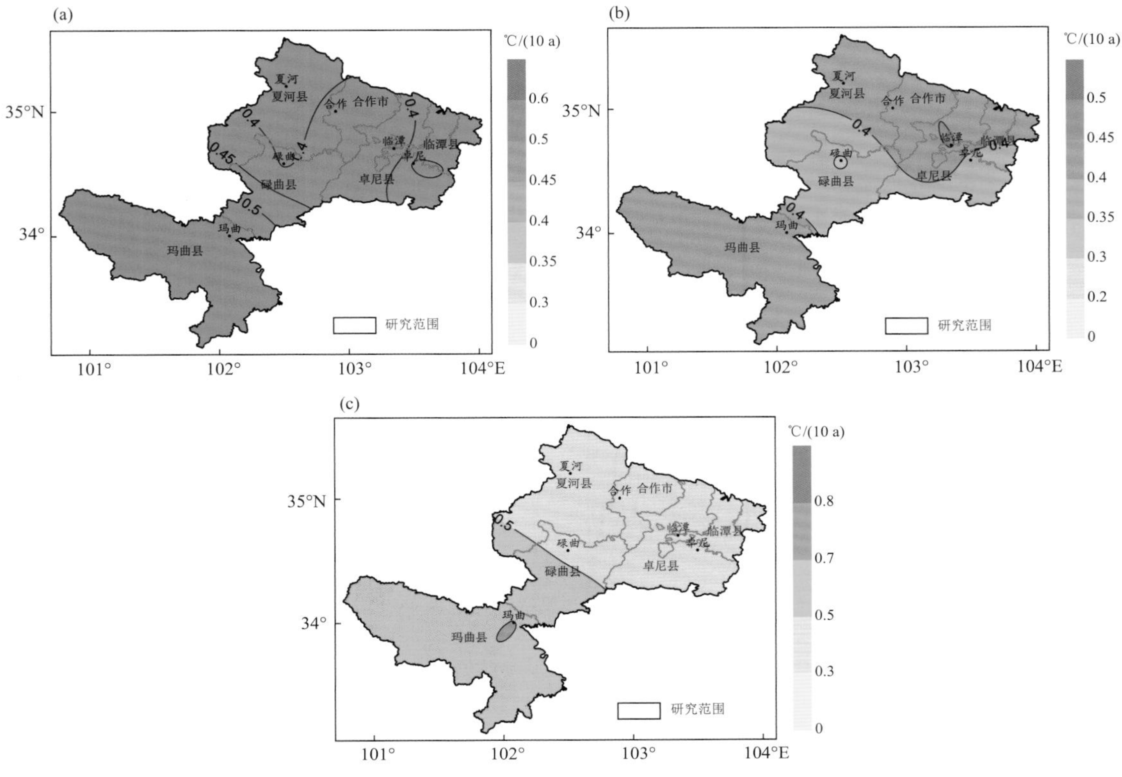

图 2.3 1961—2020 年甘南黄河重要水源补给区年平均气温(a)、平均最高气温(b)及平均最低气温(c)气候倾向率空间分布

水量增加了 24.6 mm。

从降水量气候倾向率的空间分布来看(图 2.4b),甘南黄河重要水源补给区的降水量增加率总体由南向北递减,但各地降水量均呈增加的趋势,平均增加率为 11.2～31.3 mm/(10 a),碌曲和玛曲是降水增加最明显的地区,增加率在 29 mm/(10 a)以上;临潭和卓尼降水量增加相对较少,增加率为 11 mm/(10 a)左右。

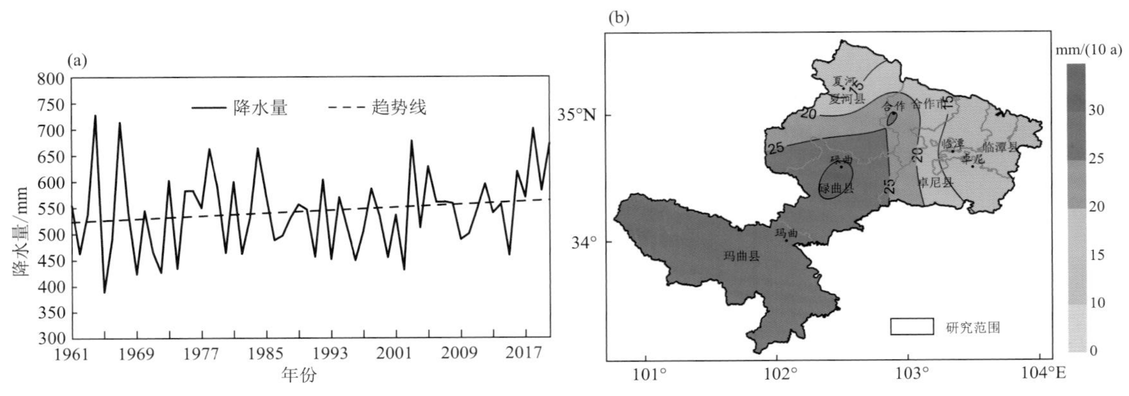

图 2.4 1961—2020 年甘南黄河重要水源补给区年降水量变化(a)及 1981—2020 年降水量气候倾向率空间分布(b)

2.1.1.3　日照

1961—2020年甘南黄河重要水源补给区平均日照时数为2374 h，总体呈略减少趋势，平均减少率为2.6 h/(10 a)。20世纪60年代年日照时数呈上升趋势，20世纪70年代年日照时数变化趋势不明显，年际波动较大，20世纪80年代—21世纪初，年日照时数又呈上升趋势，2003年以来年平均日照时数呈下降的变化特征，持续偏低，与1961—2002年平均值(2395.1 h)相比，偏少70.3 h(图2.5a)。

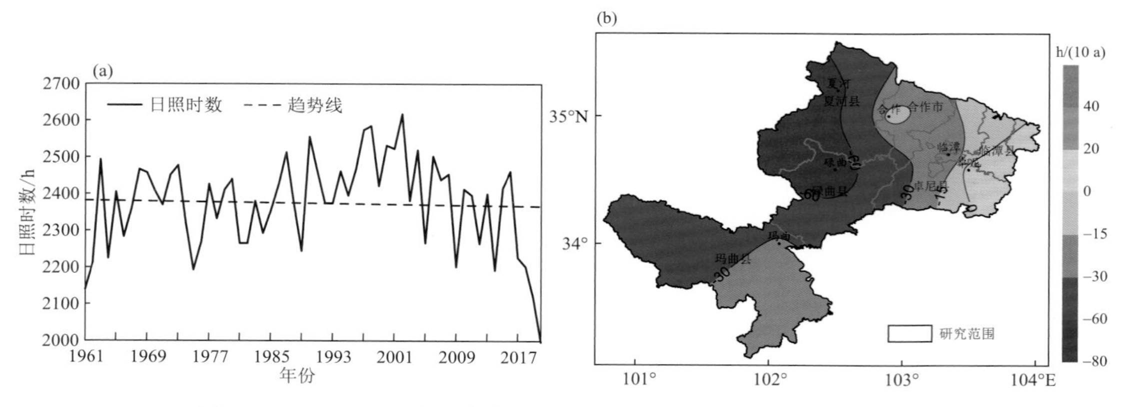

图2.5　1961—2020年甘南黄河重要水源补给区年日照时数变化(a)及1981—2020年日照时数气候倾向率空间分布(b)

甘南黄河重要水源补给区日照时数的气候倾向率空间分布如图2.5b所示，主要为东西向的差异，总体呈由西向东递增的空间分布。通过上面的分析可知，气温和降水气候倾向率的南北空间分布有差异，日照时数的气候倾向率空间分布与之不同。其中除卓尼的日照时数是呈增加的趋势外，其余各地的日照时数均是减少的，减少最多的地区为碌曲，减少率平均为78.8 h/(10 a)，夏河次之，减少率平均为66.2 h/(10 a)，这与前文所提到的碌曲降水量增加明显相对应，降水量的增加会引起日照时数的减少。

2.2.2　极端天气气候事件

2.2.2.1　极端气温

(1)极端最高气温

根据年极端最高气温定义，某一年的年极端最高气温为该年出现的日最高气温。从甘南黄河重要水源补给区年极端最高气温变化曲线可以看出(图2.6a)，1961—2020年甘南黄河重要水源补给区极端最高气温介于24.4～33.5 ℃，最高值出现在卓尼(2000年，33.5 ℃)，最低值出现在临潭(1964年，24.4 ℃)。年极端最高气温整体以0.56 ℃/(10 a)的速率上升，2000年前年升温趋势较平稳，2000年之后波动较大，经历了先降低后增加、2016年之后又显著降低的变化趋势。

从年极端最高气温变率的空间分布来看(图2.6b)，甘南黄河重要水源补给区的年极端最高气温整体均在升高，升高的速率主要在0.22～0.59 ℃/(10 a)之间，自西部向东部递减，夏河升温速率最大(0.59 ℃/(10 a))，卓尼升温速率最小(0.22 ℃/(10 a))。

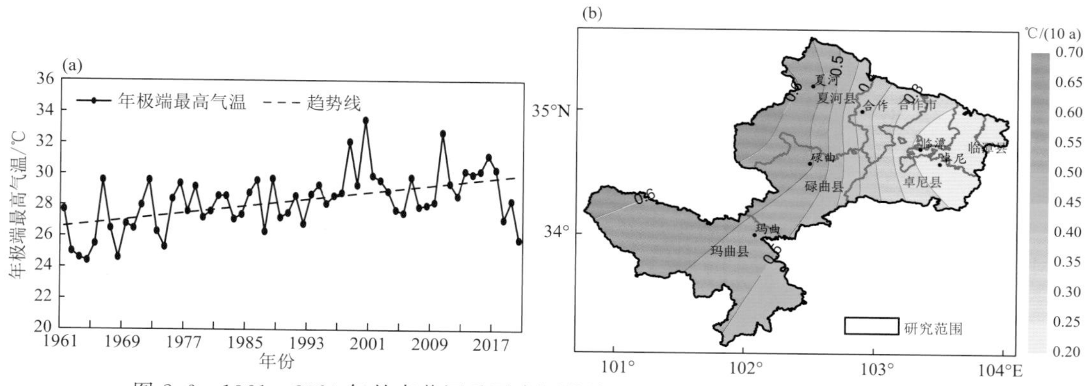

图 2.6　1961—2020 年甘南黄河重要水源补给区年极端最高气温变化曲线(a)及1981—2020 年变化趋势空间分布(b)

(2)极端最低气温

1961—2020 年,甘南黄河重要水源补给区年极端最低气温介于－29.6～－21.4 ℃之间,最低值出现在玛曲(1971 年,－29.6 ℃),最高值出现在卓尼(1998 和 2014 年,－21.4 ℃)。1961—2020 年极端最低气温整体以每 10 a 0.53 ℃的速率上升,1993 年之后虽呈上升趋势但波动幅度较大,2006 年之后呈现比较明显的两年振荡变化(图 2.7a)。

从年极端最低气温变率的空间分布来看(图 2.7b),甘南黄河重要水源补给区的年极端最低气温均在升高,升高的速率主要在 0.13～1.18 ℃/(10 a)之间,自西南向东北递减,玛曲升温速率最大(1.18 ℃/(10 a)),卓尼升温速率最小(0.13 ℃/(10 a))。

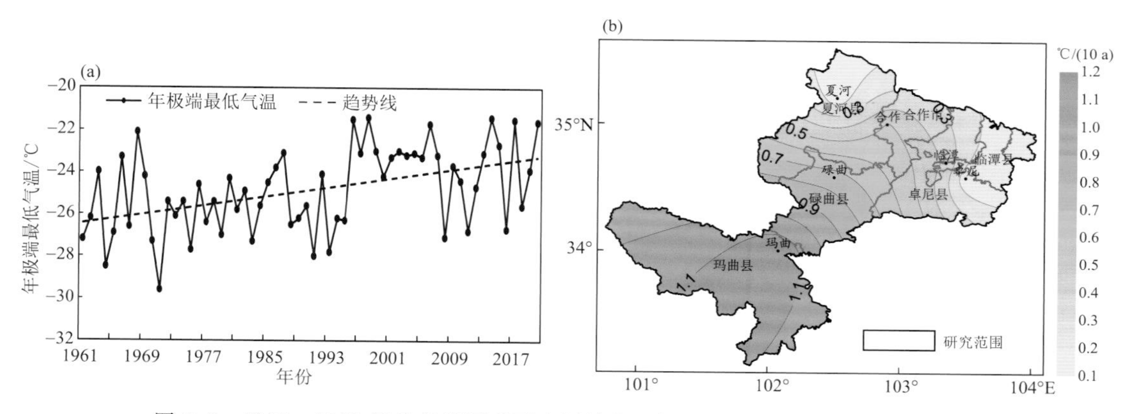

图 2.7　1961—2020 年甘南黄河重要水源补给区年极端最低气温变化曲线(a)及1981—2020 年变化趋势空间分布(b)

2.2.2.2　极端降水

(1)中雨日数

日降水量大于等于 10 mm 小于 25 mm 为中雨量级。1961—2020 年甘南黄河重要水源补给区中雨日数(图 2.8a)总体以 8.0 d/(10 a)的增幅增加,年代际变化明显,2009—2017 年是 21 世纪以来中雨日数相对较少的一个时段,2018 年显著增加并为 1961 年以来最多(129 d)。甘南黄河重要水源补给区中雨日数在 1981—2020 年表现出明显的空间差异,除夏河平均每

10 a减少0.31 d,其余各地以0.18～1.08 d/(10 a)的速率增加,其中增加速率最大的在卓尼(1.08 d/(10 a)),碌曲、玛曲、合作、临潭每10 a的增加日数均在1 d以内(图2.8b)。

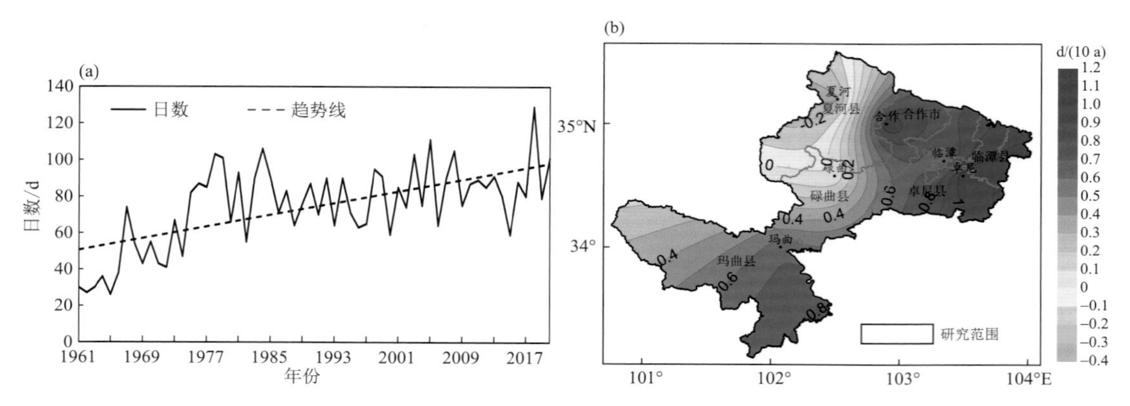

图2.8 1961—2020年甘南黄河重要水源补给区年中雨日数变化曲线(a)及1981—2020年变化趋势空间分布(b)

(2)强降水量

定义日降水量为中雨及以上为强降水。1961—2020年甘南黄河重要水源补给区年降水量以4.6 mm/(10 a)的速率增加,最大值出现在2018年,为404.3 mm。年强降水量变率的空间分布图(图2.9a)显示,强降水量在甘南黄河重要水源补给区均呈增加趋势,平均每10 a增加3.5～17.0 mm,其中卓尼增加速率最大(17.0 mm/(10 a)),夏河增加速率最小(3.5 mm/(10 a))(图2.9b)。

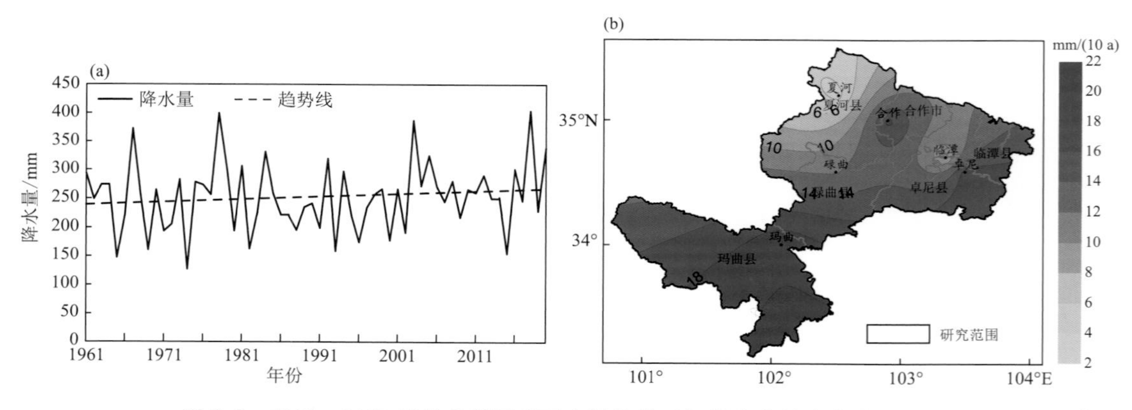

图2.9 1961—2020年甘南黄河重要水源补给区年强降水量变化曲线(a)及1981—2020年变化趋势空间分布(b)

(3)持续干期

持续干期可以考虑持续性少雨的累积效应,可以反映降水量和无降水日数的共同影响(王莺 等,2014)。世界气象组织气候委员会、气候变率与可预测性计划以及海洋学和海洋气象学联合技术委员会构成的“气候变化检测监测与指数专家组”选择了27个核心指数,其中针对持续缺少有效降水程度的指标就是“持续干期日数”:某一区域某一时间段中日降水量小于1 mm的持续日数的最大值(单位:d)。1961—2020年甘南黄河重要水源补给区持续干期日数呈减少趋势，平均每 10 a 减少 2.9 d，年际变化特征明显(图 2.10a)。从持续干期日数的空间变化分布来看，各地变率均为负，其中夏河减少速率最大为 3.9 d/(10 a)，合作减少速率最小，为 2.2 d/(10 a)(图 2.10b)。

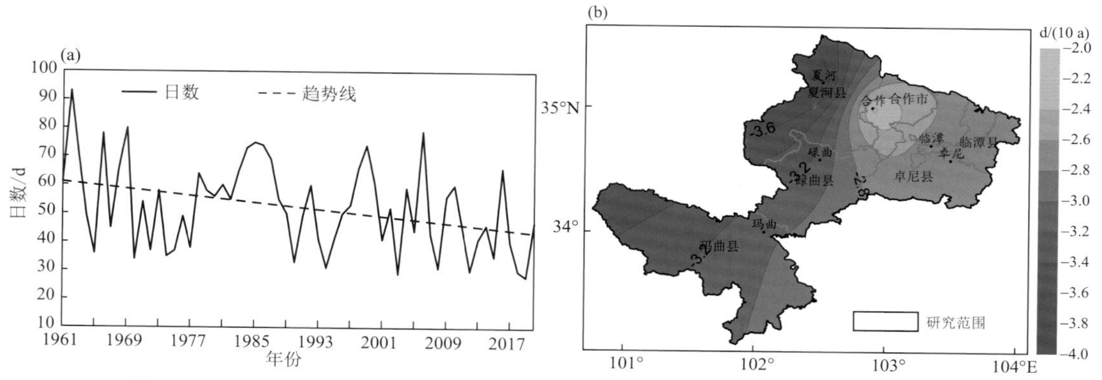

图 2.10　1961—2020 年甘南黄河重要水源补给区年持续干期日数变化曲线(a)及 1981—2020 年变化趋势空间分布(b)

2.2.2.3　高影响天气事件

(1)冰雹

甘南高原是甘肃省冰雹日数最多的地区，甘南黄河重要水源补给区年冰雹日数平均值为 7.1 d，在 1961—2020 年间呈减少趋势(1.8 d/(10 a))，最大冰雹日数出现在 1973 年(19.3 d)，最小冰雹日数出现在 2017 年和 2020 年(1.3 d)(图 2.11a)。1964—1994 年是冰雹日数相对偏多的一个时段，年冰雹日数平均值为 10.2 d，以每 1.1 d/(10 a)的速率减少，1995 年开始，冰雹日数减少的趋势更为显著，减少速率为 1.8 d/(10 a)，1995—2020 年的平均年冰雹日数为 3.5 d。从冰雹日数空间变化分布来看(图 2.11b)，甘南黄河重要水源补给区各地年冰雹日数均在减少，玛曲、碌曲的减少趋势明显，平均每 10 a 分别减少 3.7 d 和 3.2 d，卓尼减少趋势较弱，每 10 a 减少 0.9 d。

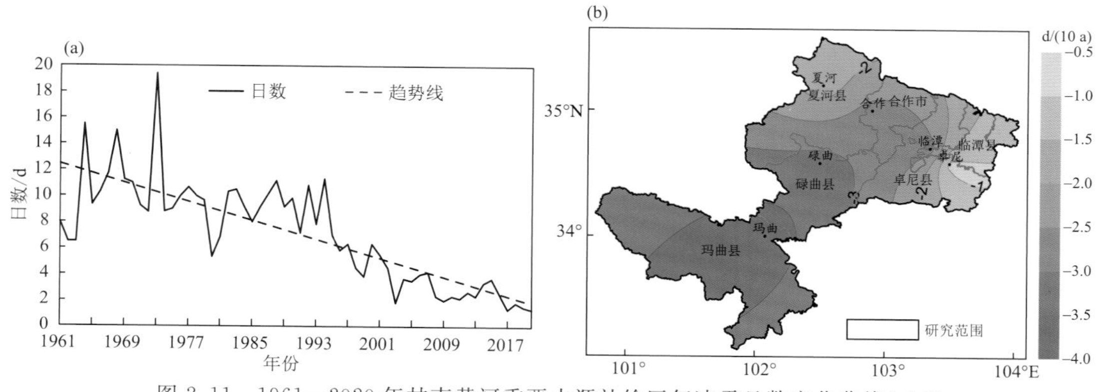

图 2.11　1961—2020 年甘南黄河重要水源补给区年冰雹日数变化曲线(a)及 1981—2020 年变化趋势空间分布(b)

(2)雷暴

雷暴在 2013 年之后无观测，因此，统计时段为 1961—2013 年，甘南黄河重要水源补给区年雷暴日数平均值为 51.8 d，以 4.2 d/(10 a)的趋势显著减少，最大雷暴日数出现在 1973 年(76.6 d)，最小冰雹日数出现在 2010 年(32.5 d)(图 2.12)。

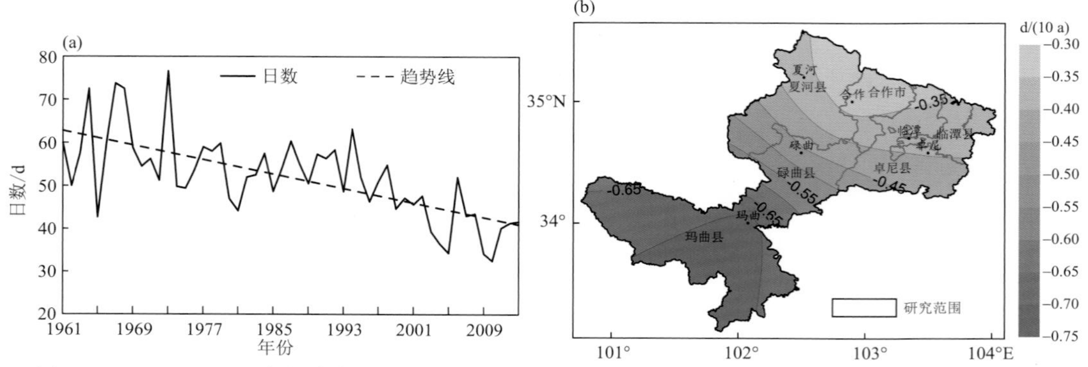

图 2.12　1961—2013 年甘南黄河重要水源补给区年雷暴日数变化曲线(a)及变化趋势空间分布(b)

(3)霜冻

中华人民共和国初霜冻日期早晚等级(QX/T 456—2018)定义霜冻为空气温度突然下降到 0 ℃以下，使农作物受到损害甚至死亡。此处定义日地表温度低于 0 ℃的为一个霜冻日，以此统计霜冻日数。甘南黄河重要水源补给区年霜冻日数平均值为 105 d，在 1961—2020 年间呈减少趋势，减少速率为 4.7 d/(10 a)，最大霜冻日数出现在 1977 年(131.2 d)，最小霜冻日数出现在 1968 年(73.5 d)(图 2.13)。

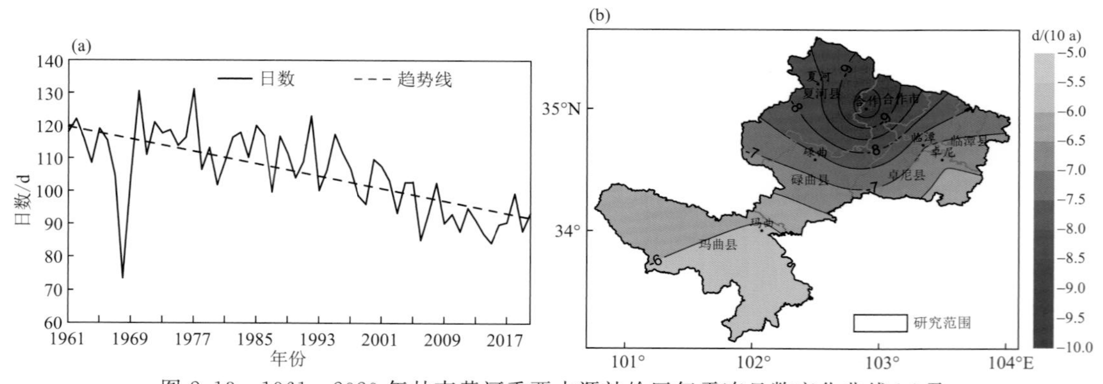

图 2.13　1961—2020 年甘南黄河重要水源补给区年霜冻日数变化曲线(a)及
1981—2020 年变化趋势空间分布(b)

(4)沙尘

1961—2020 年年平均沙尘暴日数为 0.5 d，扬沙日数 1.8 d，浮尘日数 2.9 d，均呈减少趋势，减少速率分别为 0.23 d/(10 a)、0.44 d/(10 a)、0.91 d/(10 a)。1965—1985 年是甘南黄河重要水源补给区沙尘天气较多的一个时段，2002 年以后沙尘天气明显较少，特别是沙尘暴天气在近 19 a 以来没有发生过(图 2.14)。

从沙尘暴、扬沙、浮尘日数空间变化分布来看(图 2.15)，甘南黄河重要水源补给区各地沙尘天气日数均是减少的。其中，沙尘暴日数在玛曲减少趋势最明显，以 1.2 d/(10 a)的速率减少，其余各地减少天数均在 0.1 d/(10 a)以下；扬沙日数变化趋势与沙尘暴日数变化趋势类

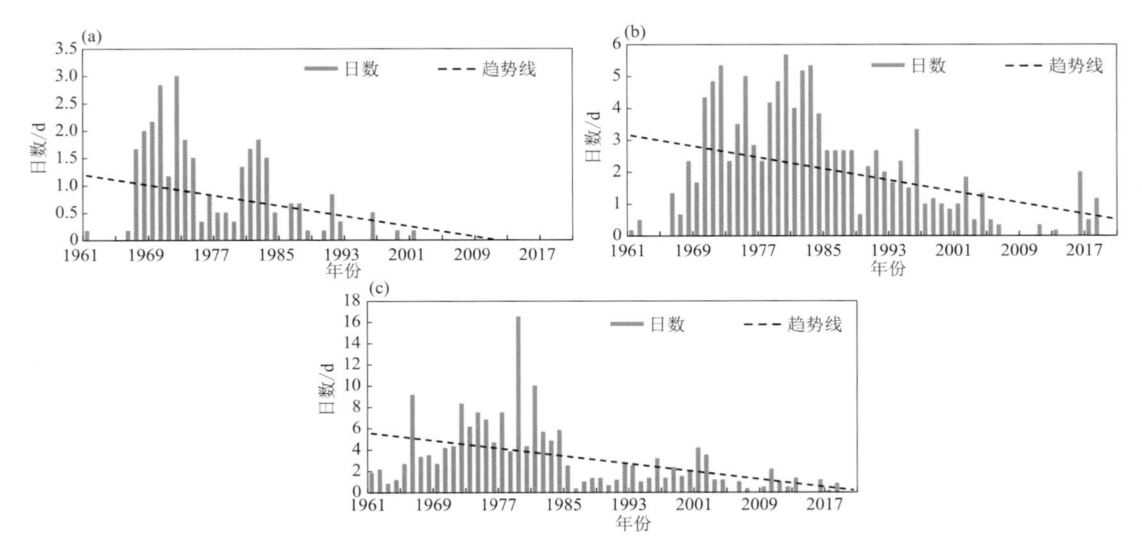

图 2.14　1961—2020 年甘南黄河重要水源补给区年沙尘暴(a)、扬沙(b)、浮尘(c)日数变化曲线

似,也是玛曲减少最明显,减少速率为 3.8 d/(10 a),其余各地减少速率为 0.2～0.7 d/(10 a);浮尘日数在临潭减少趋势最明显(1.6 d/(10 a)),其次是夏河(1.4 d/(10 a)),碌曲、玛曲、卓尼减少速率为 1.0 d/(10 a)左右,合作减少趋势最小,为 0.4 d/(10 a)。

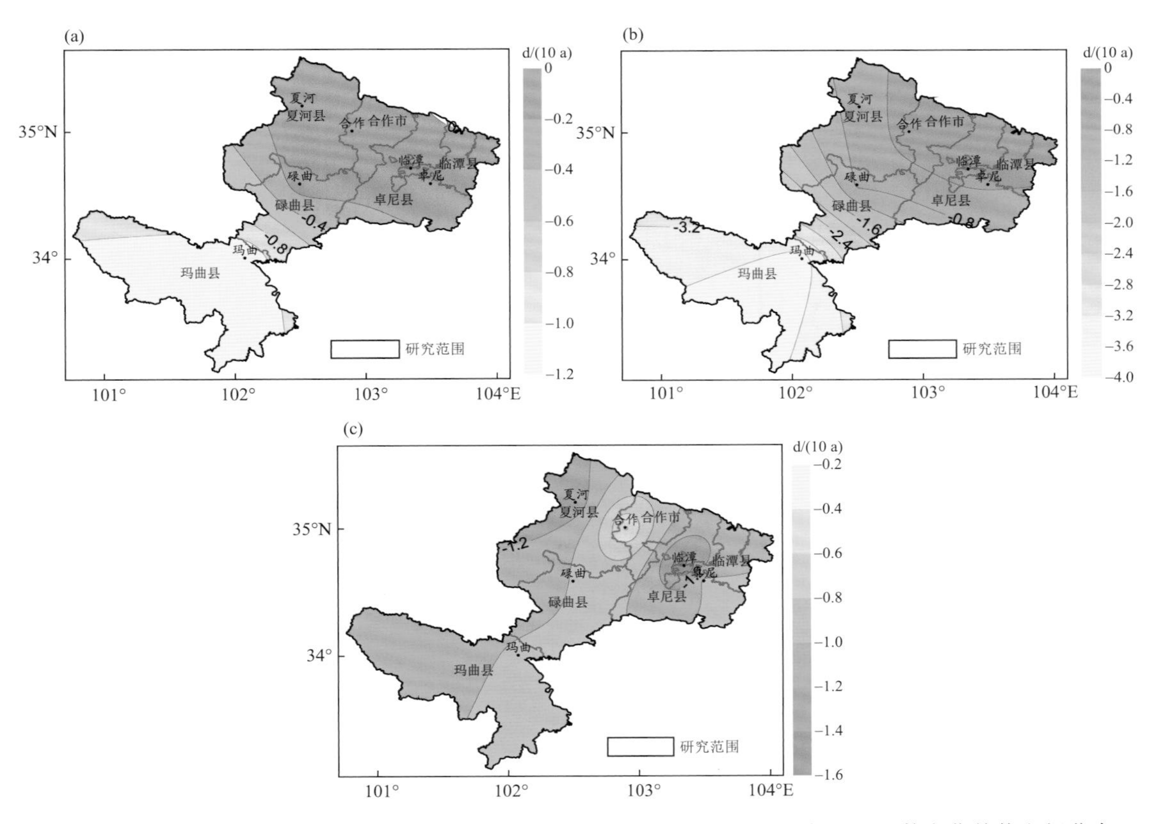

图 2.15　1961—2020 年甘南黄河重要水源补给区年沙尘暴(a)、扬沙(b)、浮尘(c)日数变化趋势空间分布

2.3 气候变化对区域生态的影响

2.3.1 区域生态特征

2.3.1.1 土地类型分类

甘南黄河水源补给区土地主要分为9种土地覆盖类型，其中草地类型占比最高，主要分布在甘南牧区（合作、夏河、碌曲、玛曲）；其次为林地，主要分布在临潭、卓尼，夏河、碌曲和玛曲的山区也有广泛分布；耕地集中在甘南黄河水源补给区偏北的合作、夏河、临潭、卓尼各市县地势较平坦的地区；湿地主要分布在牧区，其中玛曲东部、尕海湖周边、合作东北部及夏河西部的一些相对低洼地带也有分布；水体主要为玛曲县黄河上游水系，以及碌曲县的尕海湖；居民地集中分布在各市县的中心城镇，合作市居民地面积最大，其余县的居民地面积都较小；冰雪区主要位于阿尼玛卿山、迭山及尕海湖北侧高海拔地区；沙地主要位于玛曲东部黄河沿岸；裸土地主要位于玛曲南部，夏河达加勒山附近及临潭北部也有分布（图2.16）。

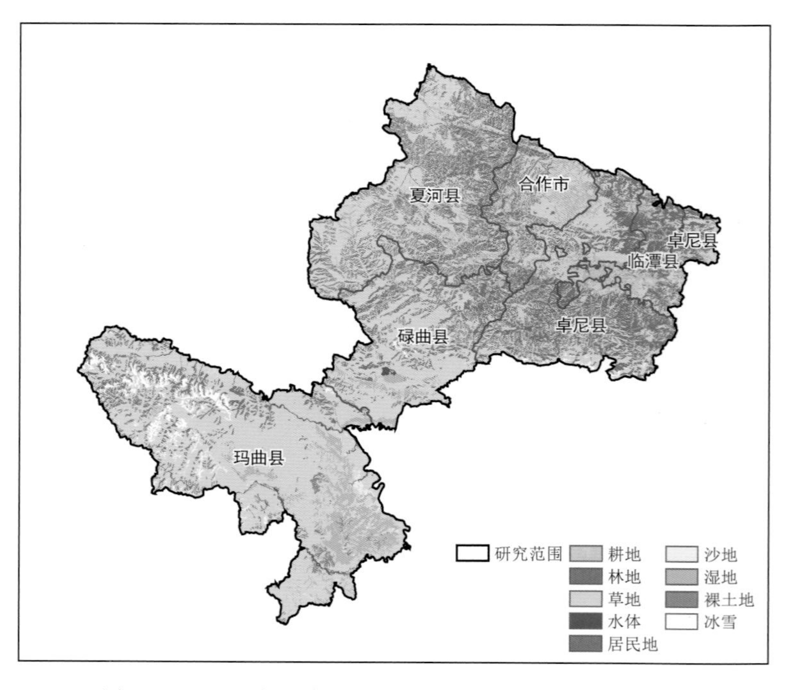

图2.16 2018年甘南黄河重要水源补给区土地利用情况

草原是甘南黄河重要水源补给区面积最大的生物资源，面积236.1万hm^2，占该区土地总面积的77.2%。草原类型主要有高寒草甸、高寒灌丛草甸、暖性草丛、温性草甸草原、温性草原、低平地草原、沼泽草甸等，是青藏高原草原的精华部分，是农牧民赖以生产和生活的物质基础，也是黄河上游重要的水源补给区。由于气候变暖、干旱化和超载过牧等人为因素影响，从20世纪70年代开始，甘南草原生态环境开始退化，草原植被盖率降低，草原承载力不断下降，退化草原面积不断扩大，程度加剧。到20世纪90年代末期，草原退化程度达到顶峰，退化面积一度达 198 hm^2，占草原总面积的 83.8%，草原植被覆盖率由 95%下降到 75%，牧草高度由平均 75 cm 下降到 15 cm，不可食牧草和毒草增加了 15%～30%。进入 20 世纪后，国家日益重视草原生态环境保护与建设，通过实施“天保工程”“退牧还草工程”“草原生态补助奖励政策”等，生态环境恶化的状况有所减缓，局部恶化的趋势得到遏制，草原生态环境逐步走向良性循环。2016—2019 年累计核减超载牲畜 131.48 万个羊单位，天然草原已初步实现草畜平衡；治理流动沙丘和沙化草原 0.7 万 hm^2，治理黑土滩 15 万 hm^2，退化草原改良 25 万 hm^2，治理毒害草 1.3 万 hm^2，鼠害防治 89 万 hm^2，虫害防治 18 万 hm^2。草原植被覆盖度提高到 96.95%。

2.3.1.2　植被覆盖情况

近年来，甘南黄河水源补给区平均植被覆盖如下：大部分地方植被覆盖度在 40%～50%之间(图 2.17)。玛曲阿尼玛卿山及碌曲玛曲交界西倾山、碌曲尕海湖附近地区及其北部山地、夏河北部河谷及甘加草原、合作中西部、临潭卓尼的洮河段附近河谷及临潭冶力关附近部分区域覆盖度小于 30%，其中阿尼玛卿山、西倾山、夏河北部河谷局部地方覆盖度小于 20%。碌曲东北部、合作南部、卓尼南部、临潭冶力关南部(含有部分卓尼区域)的局部区域植被覆盖良好，覆盖度在 60%以上。尕海湖湖区为水体覆盖，湖区南部为湿地，整体上，覆盖度较小。

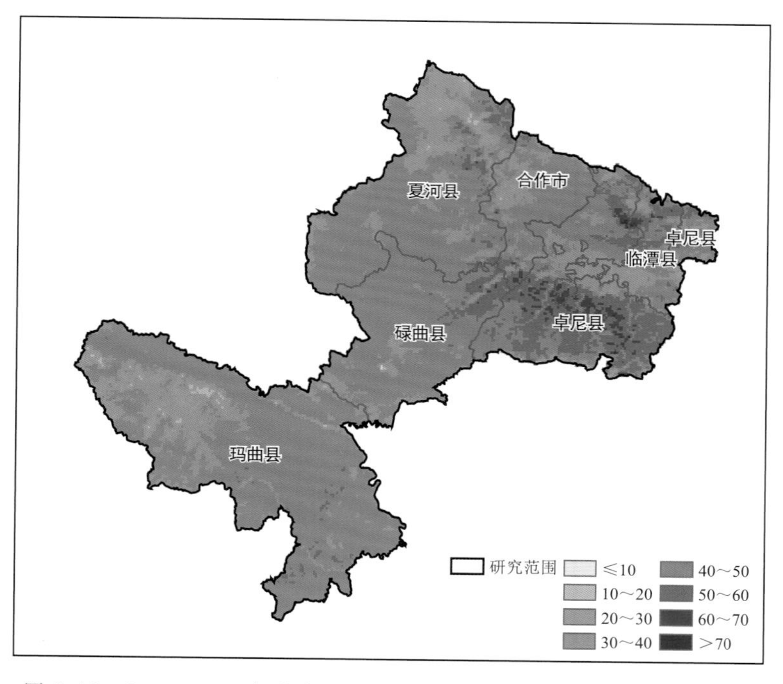

图 2.17　2000—2020 年甘南黄河重要水源补给区植被平均覆盖度(%)

近年来，甘南黄河水源补给区植被覆盖度整体上呈增加趋势(图 2.18)，绝大部分地方植被覆盖均向好发展(植被覆盖度变化大于 0)；其中夏河北部河谷及博拉附近，合作卡加曼、勒秀附近，碌曲双岔、阿拉，临潭和卓尼部分地方植被覆盖度每年增加 0.4%以上；阿尼玛卿山局部地方植被覆盖度每年增加也在 0.4%以上。玛曲黄河沿岸大部分地方、碌曲尕海湖周边大片区域植被覆盖度变化在每年 0～0.2%之间，其中黄河采日玛段、玛曲县城段及玛曲与碌曲交界处，尕海湖地区附近部分地方植被覆盖度每年减少 0.2%～0.4%，局部每年减少 0.4%以上(尕海湖区域植被覆盖度减小明显与尕海水体面积扩大有密切关系)。

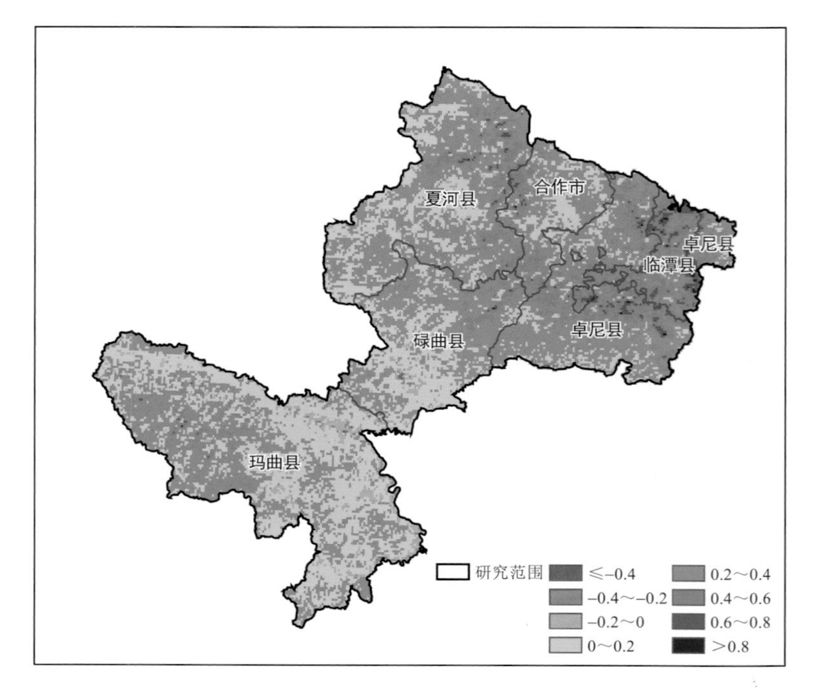

图 2.18　2000—2020 年甘南黄河重要水源补给区植被覆盖度变化(单位:%/a)

从图 2.19 可以看出,甘南黄河水源补给区 2000—2020 年平均植被覆盖度为 43.9%,最低为 40.3%(2001 年),次低为 40.4%(2000 年),最高为 47.4%(2018 年),次高为 46.5%(2019 年)。总体上,甘南黄河水源补给区植被覆盖度以每 10 a 2.5%的速率增加,其中 2009 年和 2018 年较上一年植被覆盖度分别增加 2.6%和 2.5%,为植被覆盖度增加最明显的两年;2011 年较上一年植被覆盖度减少 2.5%,为植被覆盖度减小最明显的一年。

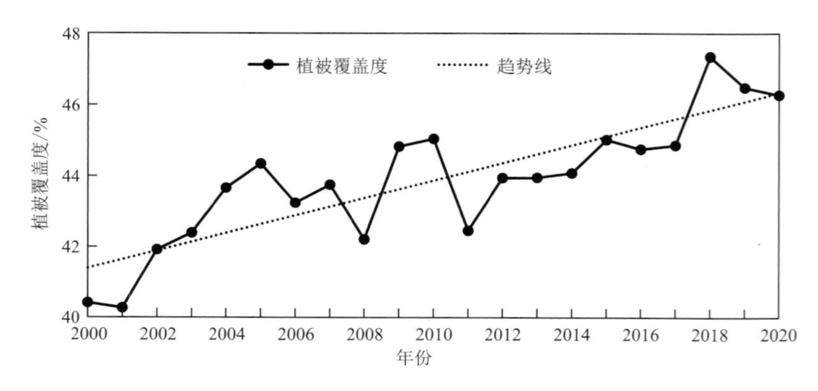

图 2.19　2000—2020 年甘南黄河重要水源补给区平均植被覆盖度年际变化

从图 2.20 可以看出,甘南黄河水源补给区内各类型植被平均覆盖度从高到低依次为林地 46.8%、湿地 45.2%(湿地植被覆盖度在 2005 年与 2012 年高于林地植被覆盖度)、草地 43.6%、耕地 36.4%、居民地 36.1%。甘南黄河水源补给区内草地、居民地、湿地的植被覆盖度与水源补给区整体覆盖度一致，均为 2001 年最低，2018 年最高；耕地的植被覆盖度为 2002 年最低，2018 年最高；林地的植被覆盖度为 2000 年最低，2019 年最高，各植被类型植被覆盖度均呈增加趋势，线性拟合变化趋势为：耕地 0.379%/a、林地 0.304%/a、草地 0.229%/a、居民地 0.297%/a、湿地 0.161%/a。

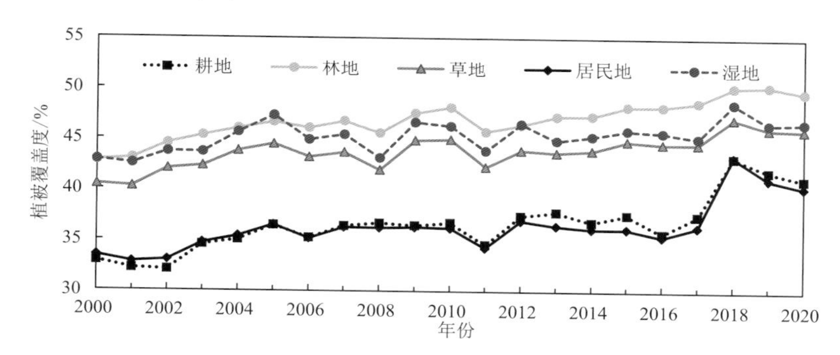

图 2.20　2000—2020 年甘南黄河重要水源补给区各种类型土地平均植被覆盖度年际变化

2.3.1.3　植被净初级生产力

植被净初级生产力(net primary productivity，NPP)，指绿色植物在单位时间、单位面积上由光合作用所产生的有机物质总量中扣除自养呼吸后的剩余部分，单位为 gC/(m^2・a)，NPP 数据来源于地理科学生态网(http://www.csdn.store)。准确估计 NPP 有助于了解全球碳循环；NPP 也是陆地生态系统中物质与能量运转的重要环节。甘南黄河流域水源补给区大部分地方净初级生产力在 200～400 gC/(m^2・a)之间。局部地方 NPP 在 100～200 gC/(m^2・a)之间，如阿尼玛卿山、西倾山、达加勒山及尕海湖北侧山地，尕海湖附近及夏河北部河谷地带部分地方；夏河北部地区、合作西部、临卓(临潭、卓尼)沿洮河一带地区植被以 200～300 gC/(m^2・a)为主，其他地方植被 NPP 多在300 gC/(m^2・a)以上，其中，玛曲南部齐哈玛、曼日玛、阿万仓部分地方 NPP 超过 400 gC/(m^2・a)(图 2.21)。

甘南黄河流域水源补给区大部分地方净初级生产力的年变率为增加趋势，其中尕海湖北侧 NPP 以每年 10～15 gC/(m^2・a)的速率增加，卓尼东部及北部部分区域，临潭东南部及北部部分区域 NPP 每年增加 15 gC/(m^2・a)以上。夏河北部河谷地带，合作、临潭城区附近，碌曲县城附近及其以南局部地方 NPP 每年增加 5～10 gC/(m^2・a)(图 2.22)。尕海湖南侧 NPP 增加速率以每年 5～10 gC/(m^2・a)为主，其中玛曲南部及阿尼玛卿山局部地方 NPP 每年增加 10～15 gC/(m^2・a)。阿尼玛卿山边坡地带、玛曲县城黄河附近局部地方 NPP 每年增加 0～5 gC/(m^2・a)。除尕海湖地区受湖面积扩大影响 NPP 出现减小趋势外，各地 NPP 呈增加或不变趋势。

甘南黄河水源补给区 2000—2020 年年平均净初级生产力为 216.9 gC/(m^2・a)，最低为 140.3 gC/(m^2・a)(2008 年)，次低为 154.8 gC/(m^2・a)(2012 年)，最高为 309.1 gC/(m^2・a)(2016 年)，次高为 279.6 gC/(m^2・a)(2010 年)。总体上，甘南黄河水源补给区净初级生产力以每 10 a 3.96 gC/(m^2・a)的速度减少(图 2.23)。

甘南黄河水源补给区各土地类型中平均净初级生产力从高到低依次为湿地(241.7 gC/(m^2・a))、草地(218.1 gC/(m^2・a))、林地(213.1 gC/(m^2・a))、居民地(177.0 gC/(m^2・a))、耕地(176.3 gC/(m^2・a))类型。与甘南黄河流域水源补给区整体情况一样，各土地类型中年植被

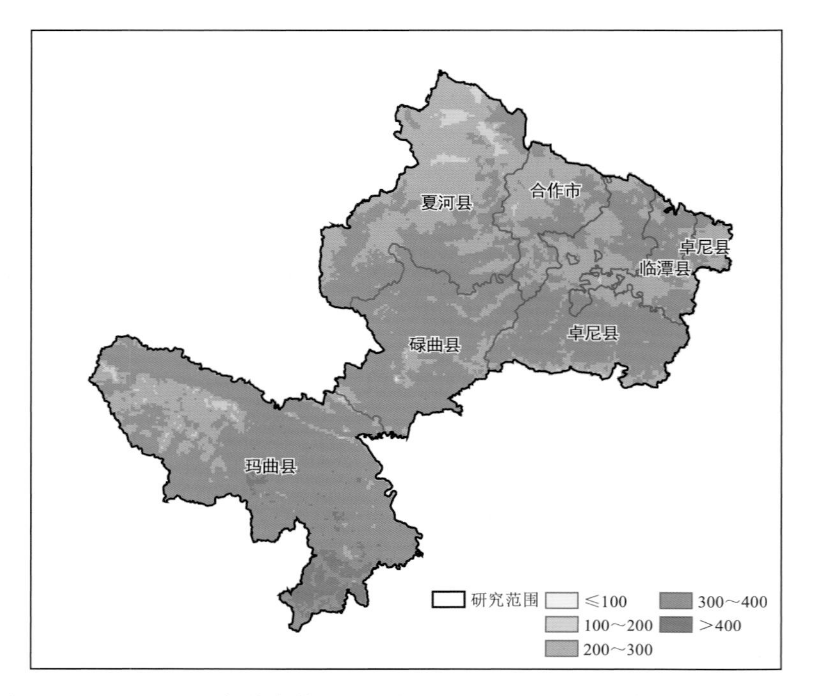

图 2.21 2000—2020 年甘南黄河重要水源补给区平均 NPP(单位:gC/(m² · a))

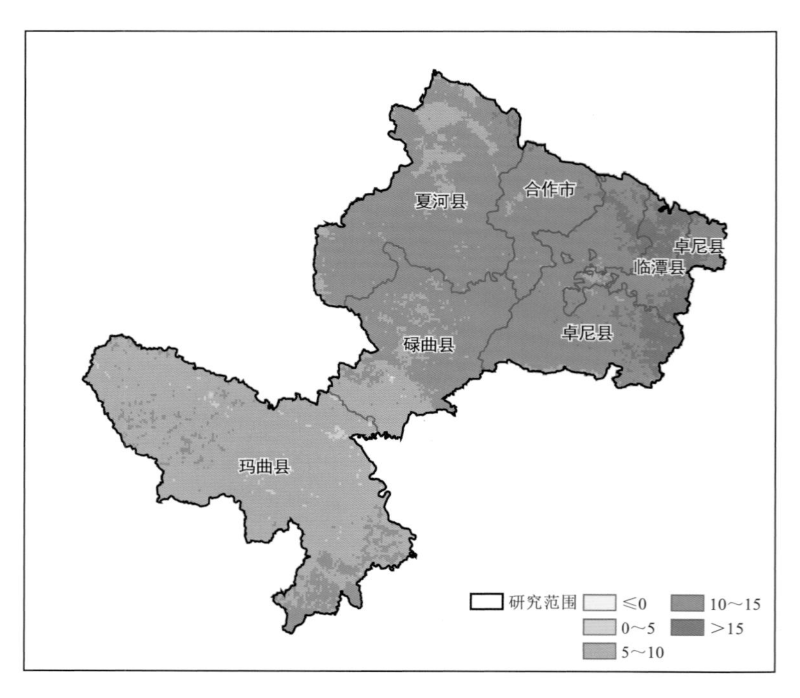

图 2.22 2000—2020 年甘南黄河重要水源补给区 NPP 变化速率(单位:gC/(m² · a))

净初级生产力呈增加趋势,线性拟合变化趋势为每 10 a:耕地 11.1 gC/(m² · a)、林地 9.0 gC/(m² · a)、草地 3.8 gC/(m² · a)、居民地 7.4 gC/(m² · a)、湿地−2.7 gC/(m² · a)。各土地类

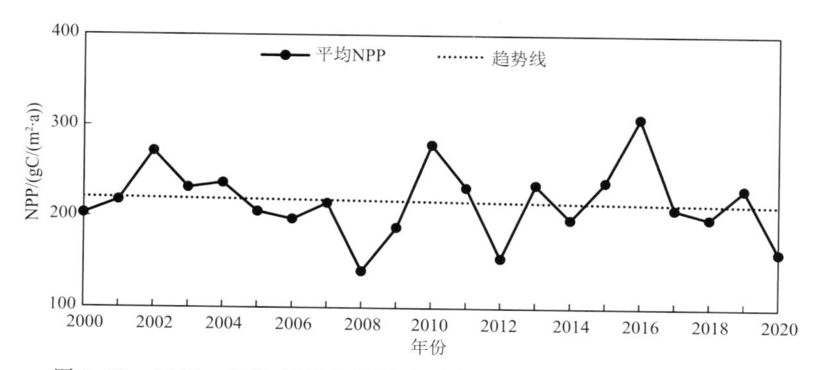

图 2.23　2000—2020 年甘南黄河重要水源补给区平均 NPP 年际变化

型植被净初级生产力最高均出现在 2016 年、最低均出现在 2008 年(图 2.24)。

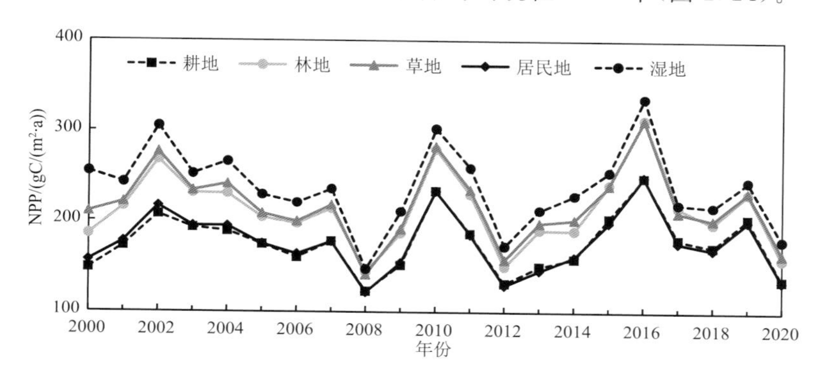

图 2.24　2000—2020 年甘南黄河重要水源补给区各种类型土地平均 NPP 年际变化

2.3.1.4　生态质量评价

生态质量指数以植被净初级生产力(NPP)和覆盖度的综合指数来表示，其值越大，表明植被生态质量越好(QX/T 494—2019)。基于 1 km 分辨率的 MODIS 逐月 NDVI 数据，2000—2020 年甘南黄河水源补给区生态质量大部分地方在 20～40 之间，其中夏河北部河谷地带、玛曲阿尼玛卿山局部地方生态质量小于 20，相对较差；碌曲双岔、阿拉局部地方，合作勒秀，临潭、卓尼南部及冶力关附近部分区域生态质量为 40 以上，相对较好(图 2.25)。

近年来，甘南黄河水源补给区生态质量整体上生态质量向好发展，尕海湖以北地区生态质量均向好发展，该区域大部分地方生态质量以每年 0.6 的趋势增加(图 2.26)。尕海湖以南大部分区域生态质量每年增加 0.4～0.6，玛曲河曲马场到欧拉黄河沿岸、阿尼玛卿山边缘地带部分地方生态质量每年增加 0.2～0.4，玛曲县城(尼玛镇)局部地方出现有生态质量退化现象，这些区域需要特别加强保护。尕海湖区域显示生态质量下降，是由于尕海湖面积增加造成遥感监测当地植被指数降低有关，而尕海湖面积扩大与整体的甘南植被向好发展基本一致。

甘南黄河水源补给区 2000—2020 年年平均植被生态质量为 33.1，最好生态质量为 42.8，出现在 2018 年；2019 年生态质量较 2018 年有所下降，最差植被生态质量 27.0，出现在 2008 年；2020 年生态植被质量为 28.9，较近几年明显下降，可能是受到 2020 年气温明显偏低、日照异常偏少影响，生态植被质量较差。整体上，该区植被生态质量以 5.17/(10 a)的速率变好(图 2.27)。

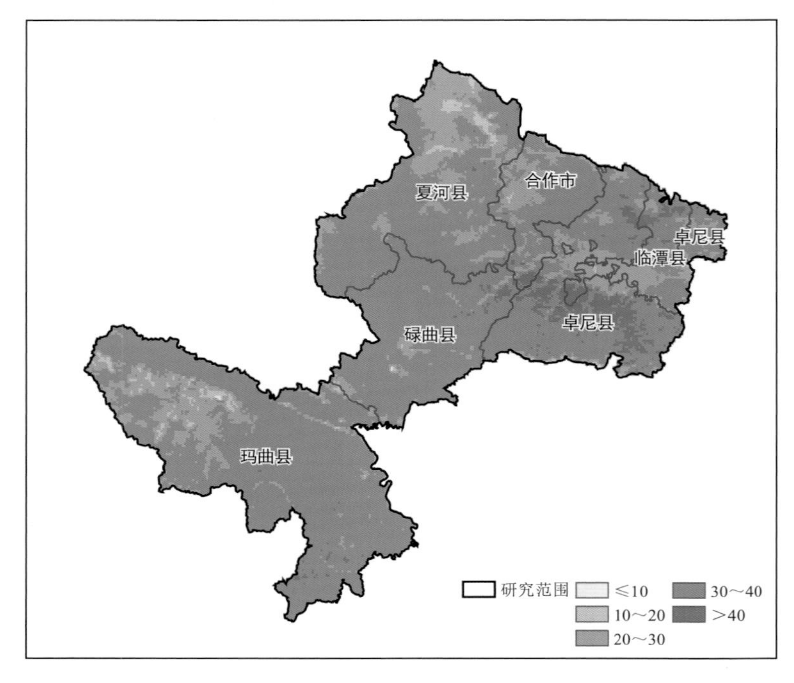

图 2.25　2000—2020 年甘南黄河重要水源补给区年平均植被生态质量

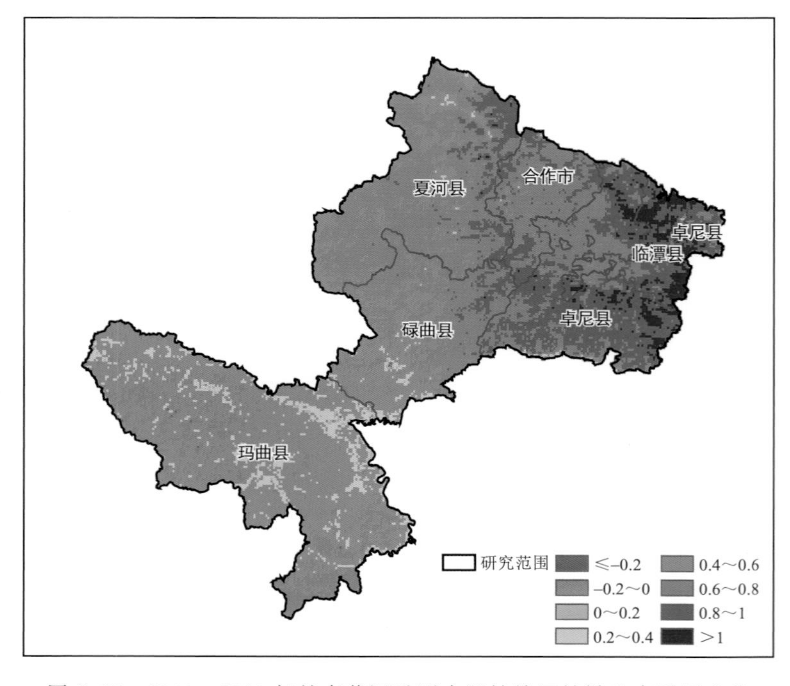

图 2.26　2000—2020 年甘南黄河重要水源补给区植被生态质量变化

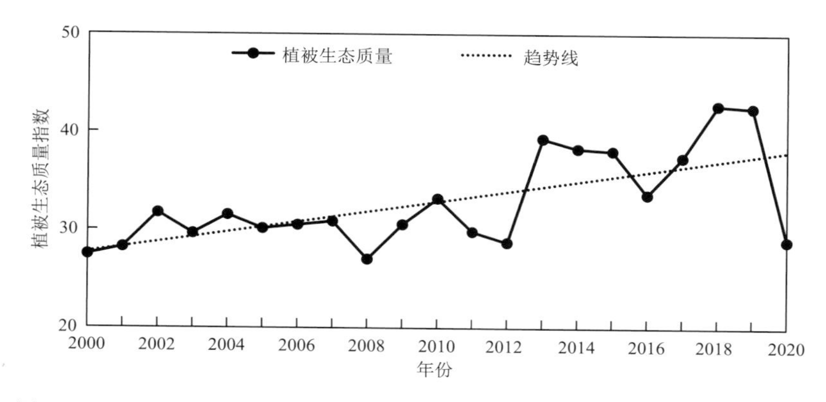

图 2.27　2000—2020 年甘南黄河重要水源补给区平均植被生态质量年际变化

该区耕地、林地、草地、居民地、湿地 2000—2020 年年平均植被生态质量分别为 27.4、34.3、33.0、27.2、34.9，湿地生态质量最好，其次为林地，再次为草地，耕地和居民地生态质量较差(图 2.28)。各土地类型均向好发展，其中耕地、林地生态质量变化最快，分别为 6.39/(10 a)和 6.08/(10 a)，居民地、草地以 5.60/(10 a)和 4.91/(10 a)次之，湿地生态质量变化较慢，为 4.10/(10 a)。

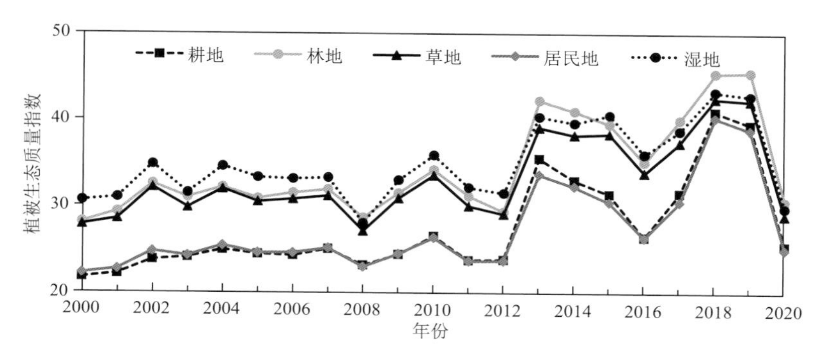

图 2.28　2000—2020 年甘南黄河重要水源补给区各种类型土地平均植被生态质量年际变化

2.3.2　气候变化对区域生态的影响

极端天气气候事件包括极端天气事件和极端气候事件，是相对于绝大多数较平常时事件而言的异常事件。常见的极端天气气候事件主要有干旱、洪涝、强降水、高温热浪、低温寒潮、沙尘暴等。极端事件表现出种类多、区域特征明显、季节性和阶段性特征突出、灾害共生性和伴生性显著等特点(秦大河，2015)。

极端事件常年直接或间接导致某种自然灾害发生，从而影响人类社会和生态环境。甘南黄河重要水源补给区位于青藏高原和黄土高原的接壤处，自然地理条件复杂，海拔较高、气候高寒，独特的地理环境孕育了大面积的草地、森林和湿地生态系统，但是同时也是气候变化敏感区和生态环境脆弱区。在全球变暖背景下，中国西北地区极端天气气候事件发生更加频繁，阶段性和季节性明显，极端高低温、强降水、冰雹、雷暴、大风、霜冻等极端天气气候事件对甘南黄河重要水源补给区生态环境、人类生活生产以及畜牧业发展等都有较大影响。

本节内容所统计的时段为1961—2020年，由于建站时间和资料完整度不同，个别要素时段依据具体情况而定。在计算趋势系数时，将时段统一为1981—2020年。

2.3.2.1　气候变化对黄河径流量的影响

(1)径流量

选取玛曲水文站为代表，玛曲站为黄河水利委员会上游局主管的水文站，属于黄河干流，数据监测序列长，要素全面准确高，能较好地代表玛曲县及其周边主要河流的水文状况。

①径流量年际变化

图2.29中上升段为丰水期，下降段为枯水期，2009年、2012年、2014年为丰水年，2007年、2016年为枯水年，剩余年份因各个站点受地理位置、气候、温差等影响略有不同，有起有伏。玛曲地区历年径流量的起伏较大，5 a滑动平均值总体处于先下降后上升的趋势，虽然有丰水年，但是丰水年的峰值较少，枯水年都是连续枯水2 a以上甚至更久。

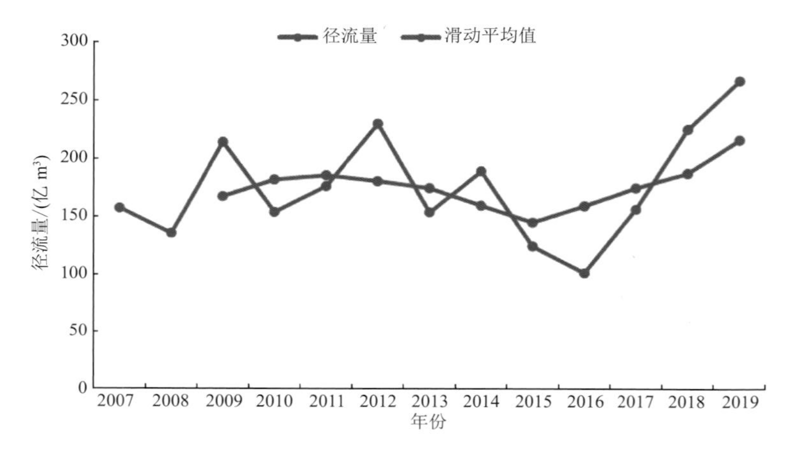

图2.29　2007—2019年玛曲水文站径流量逐年变化

②径流量年内分布

径流主要由降雨形成，径流的地区分布规律大体上与降雨量分布相似，径流的丰枯变化与降雨量的年际、年内变化基本同步。玛曲县径流类型主要为夏季风径流型，年内径流呈集中型，主要集中在6—10月。玛曲站多年平均6—10月径流占全年径流的60%，多年平均最大径流占全年径流量的15%左右，多年平均11月至翌年4月只占全年的40%。

玛曲地区降雨量集中在5—10月，正是季风盛行的时期，因此，导致了降水量急剧增加，但是除此以外的其他月份因没有受到季风的影响，降水量锐减，12月甚至出现降水量为零增长的情况，通过数据充分表明径流的年内分配的不均匀性和集中程度(图2.30)。

③地表水资源时空分布特征

黄河玛曲段的水资源总量最为丰富，多年年平均径流量60.5亿 m^3，其次为黑河24.9亿 m^3，白河28亿 m^3。玛曲县辖8个行政分区：尼玛镇、欧拉乡、欧拉秀玛乡、阿万仓乡、木西合乡、齐哈玛乡、采日玛乡、曼日玛乡。玛曲县境内地表水资源量为26.10亿 m^3，行政分区水资源量以阿万仓乡4.67亿 m^3 为最大，占全县的17.89%，尼玛镇最少，为1.42亿 m^3，占全县的5.44%(表2.1)。

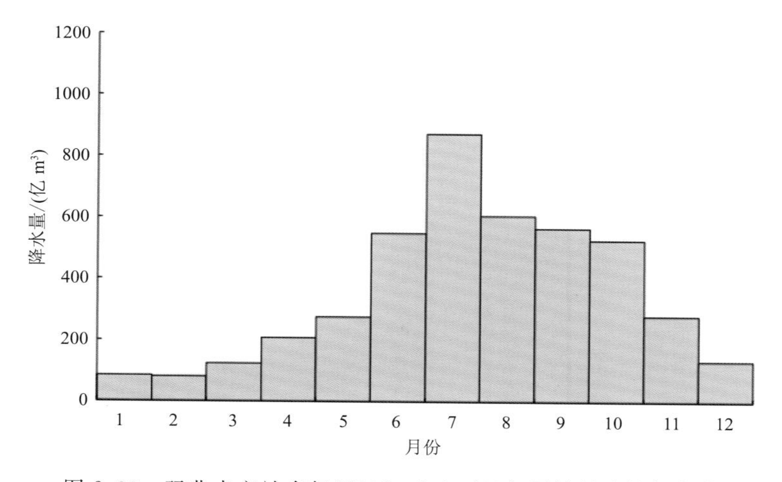

图 2.30 玛曲水文站多年(2007—2019 年)年平均径流量年变化

表 2.1 玛曲县行政分区水资源量成果表

行政区	计算面积/km²	水资源总量/(亿 m³)	产水模数/(万 m³/km²)	不同频率年水资源总量/(亿 m³)			
				20%	50%	75%	95%
阿万仓乡	1582.14	4.67	29.5	4.82	3.21	2.17	1.52
采日玛乡	684.11	1.69	24.7	1.84	1.42	1.15	0.90
曼日玛乡	1117.03	3.58	32.0	4.03	2.90	2.15	1.18
木西合乡	1592.65	4.21	26.4	5.80	4.50	3.62	2.83
尼玛镇	601.10	1.42	23.6	2.26	1.75	1.41	1.10
欧拉秀玛乡	1416.92	4.32	30.5	5.87	4.26	2.51	1.14
欧拉乡	1347.19	3.67	27.2	2.53	1.96	1.58	1.23
齐哈玛乡	840.60	2.54	30.2	3.26	2.54	1.03	0.81
合计	9181.74	26.10	224.1	30.41	22.54	15.62	10.70

玛曲县多年年平均地表水资源量为 26.10 亿 m³(图 2.31),欧拉秀玛乡占全县比重最大。由玛曲县历年水资源量过程和 5 a 滑动平均分析,水资源系列在 2009 年以前为上升趋势,而后水资源量一直呈下降趋势,直至 2015 年到达一个水量偏枯期后,变化趋势逐渐上抬,有缓慢增加的趋势(图 2.32)。

(2)积雪

1961—2020 年,甘南黄河重要水源补给区年最大积雪深度总体呈微弱增加趋势,但其阶段性变化特征较为明显,20 世纪 70—90 年代初期处于偏大时段,90 年代末—21 世纪初为偏小时段,2014 年之后又波动增加,其中 2020 年达到最大值(25 cm)(图 2.33a)。

从气候倾向率空间分布来看,甘南黄河重要水源补给区各地年最大积雪深度均呈增加趋势,其中碌曲增加最明显(0.24 cm/(10 a)),卓尼增加趋势最微弱(0.02 cm/(10 a))(图 2.33b)。

(3)冻土

高寒草甸是甘南草地生态系统的主要类型,而冻土环境是草甸生长和发育至关重要的条件。部分研究指出,冻土退化的过程中,土壤温度逐渐升高,土壤含水量下降,有机质含量降

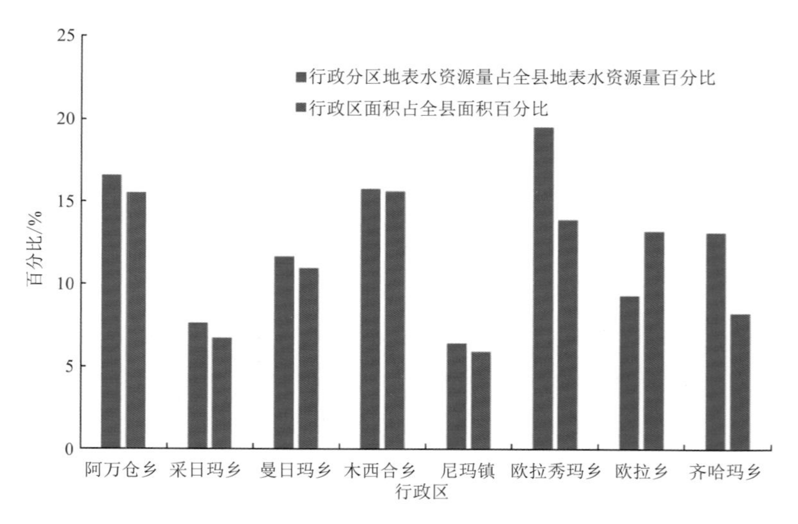

图 2.31 玛曲地表水资源分布图

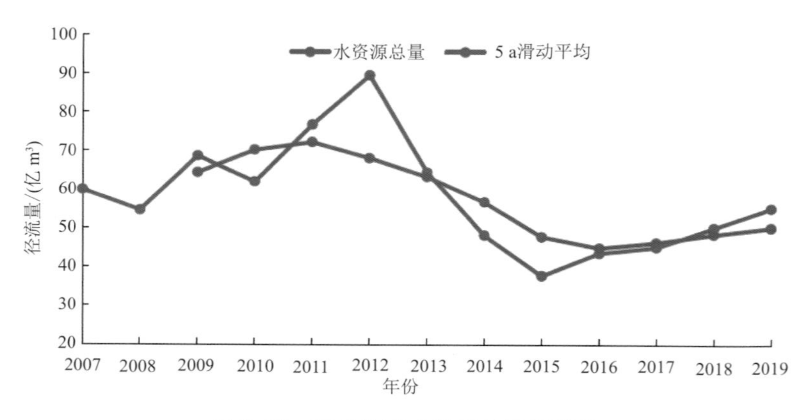

图 2.32 玛曲地表水资源量逐年演变

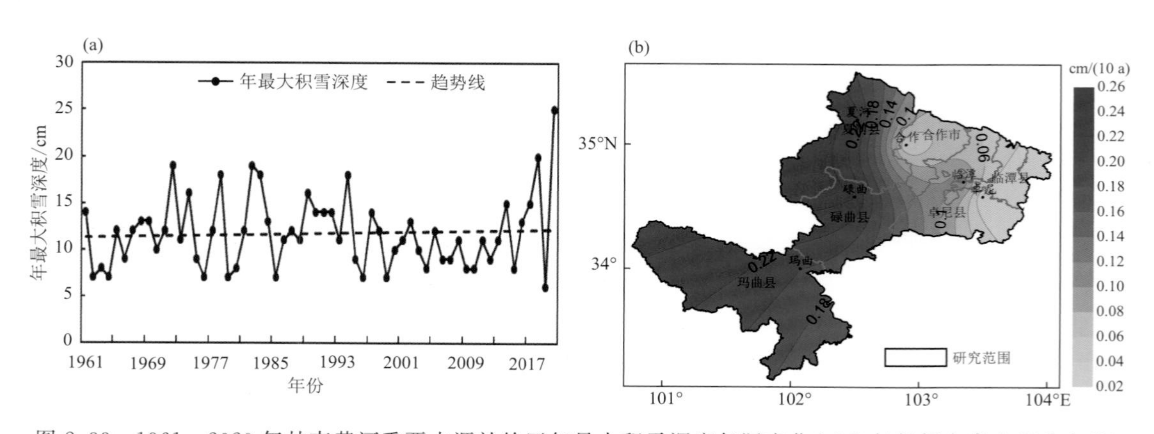

图 2.33 1961—2020 年甘南黄河重要水源补给区年最大积雪深度年际变化(a)和气候倾向率空间分布(b)

低，植被类型从沼泽化草甸演化替为典型草甸、草原化草甸，最终成为沙化草地(王一博 等，2005；王根绪 等，2007；李林 等，2011)。

1961—2020 年甘南黄河重要水源补给区观测的年平均地表温度增温速率达到每 10 a 0.44 ℃，其中 2006 年地面温度达到 8.6 ℃，为 1961 年以来历史最高极值(图 2.34a)。受地表温度变化的影响，1961—2020 年冻土的冻结深度显著变浅，年最大冻土深度以每 10 a 5.4 cm 的速度减小，1983 年年最大冻土深度为 158 cm，为 1961 年以来历史最低极值(图 2.34b)。

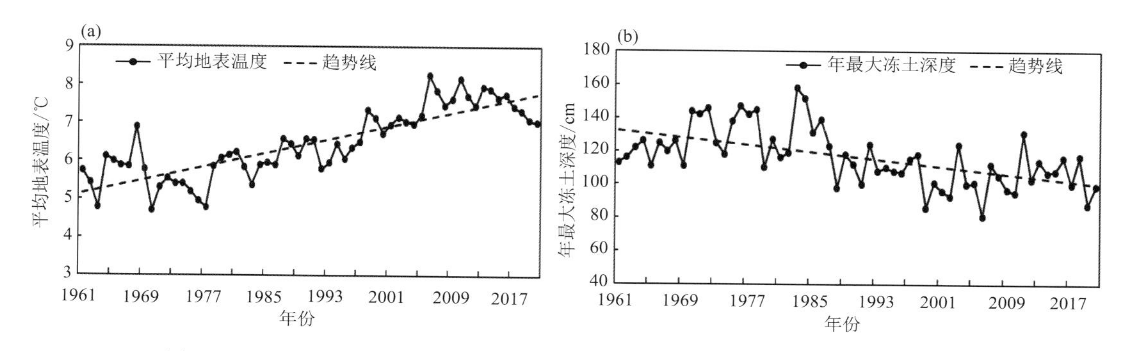

图 2.34　1961—2020 年合作年平均地表温度(a)和最大冻土深度(b)年际变化

2.3.2.2　气候变化对畜牧业的影响

(1)牧草发育期

利用数据较为完整的合作站冰草发育期观测资料为代表分析甘南黄河重要水源补给区牧草发育情况，1995—2020 年牧草返青期总体以 1.4 d/(10 a)推迟，阶段性变化明显，2010 年以前年际间振幅较小，特别是 1997—2009 年相对偏早，2010 年之后年际振幅增大，并且相对偏晚(图 2.35a)。抽穗期总体呈提前趋势，平均每 10 a 提前 4.3 d，2010 年以来提前趋势明显(图 2.35b)。黄枯期总体呈较明显的推迟趋势，2014 年以前年际间变幅较大，整体平均每 10 a 延长 4.8 d(图 2.35c)。

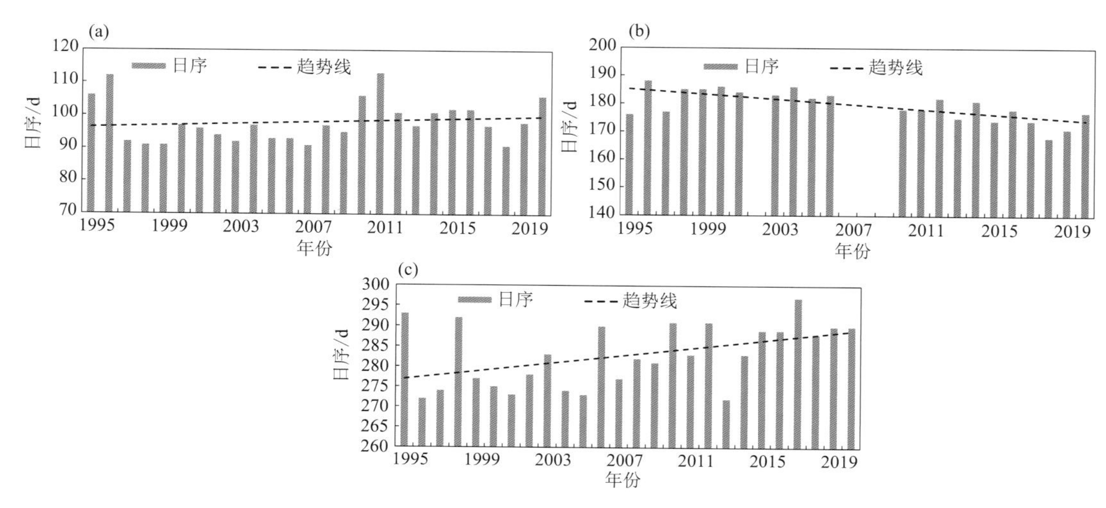

图 2.35　1995—2020 年牧草返青期(a)、抽穗期(b)和黄枯期(c)年际变化
(2002 年及 2007—2009 年牧草抽穗期数据缺测)

利用物候地面观测资料分析结果表明，20 世纪 80 年代中期以来，植物物候发生了显著变化。冰草、垂穗披碱草、高山早熟禾等植物发芽期、展叶期、初花期等都有提前趋势，提前速率大致在每年 0～1.5 d 范围内；枯黄期变化不一，变化范围从每年提前 1.8 d 到推迟 1.8 d；部分物种生长季长度变化相对较小，表明植物年生活周期有一定的整体前提。物候变化呈现较大的空间差异，同一站点的不同物种的物候变化不同，分布于不同站点的同一物种的物候变化也有差异。此外，同一站点的同一物种，其不同物候期的变化也有不同（祁如英 等，2006；徐维新 等，2014）。

（2）牧草生长高度

同样利用合作站冰草发育期观测资料为代表分析甘南黄河重要水源补给区牧草生长高度（图 2.36），1995—2020 年牧草生长高度总体以 7.1 mm/(10 a)的变化趋势增高，阶段性变化明显，2000—2012 年牧草生长高度相对较小，平均为 87 mm，2012 年之后年际间振幅较小，持续缓慢增高，2019 年和 2020 年最高，为 114 mm。近几年甘南黄河重要水源补给区气温升高、降水量增加，总体是有利于牧草生长的。

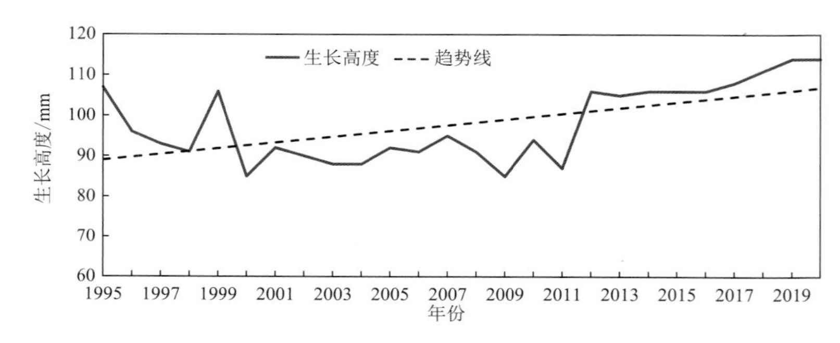

图 2.36　1995—2020 年牧草生长高度年际变化

2.3.2.3　气候变化对生物多样性的影响

甘南黄河重要水源补给区草原面积 236.1 万 hm^2，截止到 2009 年，有 80%以上的天然草原出现不同程度的沙化。中度以上退化草原大部分为当前急需治理的黑土滩、沙化草地、鼠虫害、毒害草等交织分布区域（魏金平 等，2009）。草原植被退化，使草原生产能力大幅降低，造成牛羊长期营养不足，生长受阻，体重下降。造成草原退化的主要因素是超载过牧，使得草原生态系统遭到破坏。甘南州主要的沙化草地发生在玛曲县，截止到 2009 年，沙化草地 5.3 万 hm^2，其中流动沙丘 0.34 万 hm^2，沙化草地 4.96 万 hm^2，而且每年在不断地扩展。鼠害和毒害草也是甘南黄河重要水源补给区草原退化的主要表现，面积达 105.8 万 hm^2，有害生物的发生严重破坏了草原生态平衡，直接危及黄河上游的生态安全。

另外一个直接的影响就是生物多样性减少。由于草原退化，草原生态环境被打破，多种植物物种濒临灭绝，高寒灌丛在近 20 a 来减少了 50%，江河湖泊沿岸的原生灌丛也正在大量消失，以草原森林为栖息地的野生动物种类也在不断减少（金加明 等，2021）。

2.4 未来气候变化及影响预估

本节利用第六次国际耦合模式比较计划(CMIP6)中国家气候中心(BCC_CSM2_MR)、地球气候系统(CESMZ_WACCM)全球气候模式输出结果,未来预估期的时间尺度为2015—2100年,气象要素包括逐月平均气温、最高气温、最低气温、降水。CMIP6情景模式比较计划中核心试验Tier-1下的4个共享社会经济路径与典型浓度路径(SSP-RCP)组合情景,包括低强迫情景(SSP1-2.6)、中等强迫情景(SSP2-4.5)、中高等强迫情景(SSP3-7.0)和高强迫情景(SSP5-8.5),本章节在对甘南黄河水源补给区未来气候预估中使中等强迫情景SSP2-4.5,预估时段为2025—2100年。

2.4.1 年平均气温未来变化预估

BCC、CESM两个模式预估的甘南黄河水源补给区2025—2100年年平均气温呈波动上升的趋势,BCC模式年平均气温上升速率为0.59 ℃/(10 a);CESM模式年平均气温较BCC模式明显偏高,在4.14～9.6 ℃之间变化,上升速率为0.71 ℃/(10 a);模式预估平均值(AVG)上升速率为0.65 ℃/(10 a)(图2.37)。

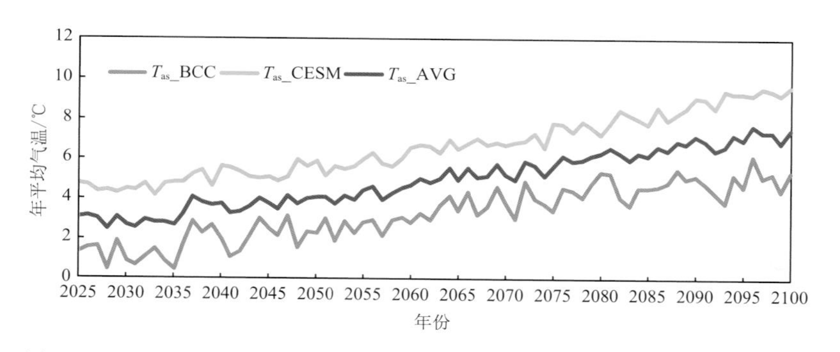

图2.37 CMIP6模式SSP2-4.5情景下2025—2100年年平均气温(T_{as})预估

2.4.2 年平均最高气温未来变化预估

BCC、CESM模式预估的甘南黄河水源补给区年平均最高气温呈波动上升趋势,BCC预估值明显大于CESM预估值。2025—2100年,BCC预估的年平均最高气温变化范围在17.8～28.2 ℃之间,上升速率为0.88 ℃/(10 a);CESM预估的年平均最高气温较CESM明显偏高,变化范围在26.9～38.5 ℃之间,上升速率为0.89 ℃/(10 a);模式预估平均最高气温平均值(AVG)的上升速率为0.88 ℃/(10 a)(图2.38)。

2.4.3 年平均最低气温未来变化预估

BCC、CESM模式预估的甘南黄河水源补给区年平均最低气温同样也呈波动上升趋势,二者以及平均值的变化趋势较为一致。2025—2100年,BCC预估的年平均最低气温在−22.3～−10.2 ℃之间变化,上升速率为0.63 ℃/(10 a);CESM预估的年平均最低气温与BCC预估的年平均最低气温接近,在−21.6～−10.0 ℃之间变化,上升速率为0.63 ℃/(10 a),模式预估的最低气温平均值(AVG)的上升速率也为 0.63 ℃/(10 a)(图 2.39)。

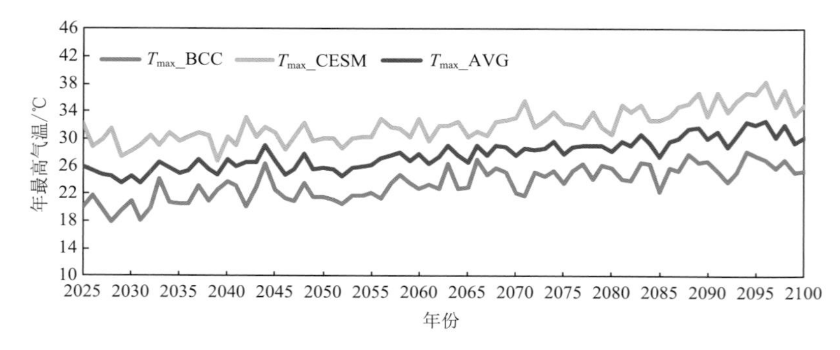

图 2.38　CMIP6 多模式 SSP2-4.5 情景下 2025—2100 年年平均最高气温(T_{max})预估

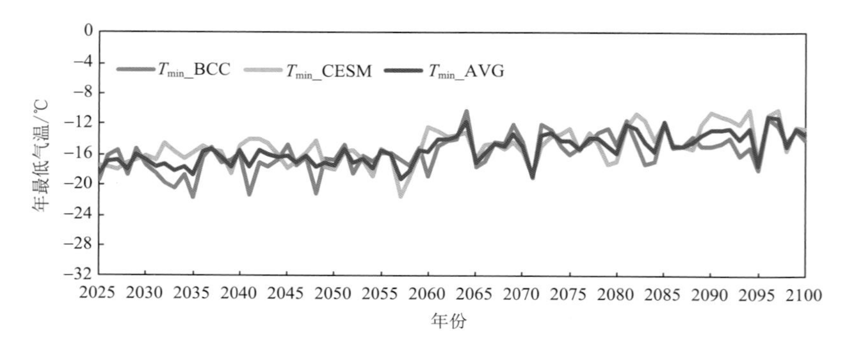

图 2.39　CMIP6 多模式 SSP2-4.5 情景下 2025—2100 年年平均最低气温(T_{min})预估

2.4.4　年降水量未来变化预估

BCC、CESM 模式预估的甘南黄河水源补给区年降水量值偏大,利用 1981—2014 年回算数据与同期实况数据进行一元线性回归订正,可以看出订正后的降水都呈波动上升趋势,CESM 预估结果上升更显著,波动幅度也更大。BCC 预估的 2025—2100 年年降水量在 533.0～553.5 mm 之间变化,上升速率为 0.15 mm/(10 a);CESM 预估的 2025—2100 年年降水量在 533.9～591.9 mm 之间变化,上升速率为 2.18 mm/(10 a);两个模式预估的年降水总量平均值(AVG)的上升速率为 1.16 mm/(10 a)(图 2.40)。

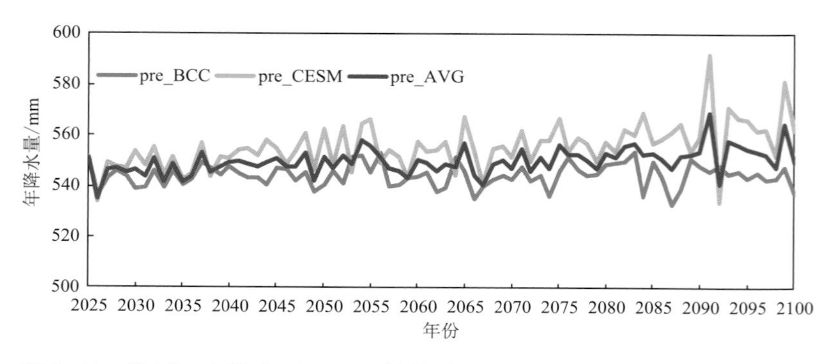

图 2.40　CMIP6 多模式 SSP2-4.5 情景下 2025—2100 年年降水量(pre)预估

2.4.5 区域生态指数未来变化预估

利用甘南黄河水源补给区2000—2020年生态环境指数与年降水量和平均气温实际观测值做二元线性回归，再利用CMIP6中SSP2-4.5情景下的BCC、CESM模式预估的未来逐年降水量和平均气温，带入回归方程即可预估未来生态系统相关指数并分析其未来变化趋势。

2.4.5.1 平均植被覆盖度未来变化预估

通过建立2000—2020年平均植被覆盖度(Y)与同期气温、降水的线性回归关系，得到以下方程：

$$Y=2.75338X_1+0.00817X_2+28.1697$$

式中，X_1为气温，X_2为降水，拟合样本数为21，相关系数为0.550。

从2025开始，平均植被覆盖度从40%左右呈波动增加趋势，最大值达到53%左右，增加速率为1.84%/(10 a)，未来气温和降水的变化有利于平均植被覆盖度的增加(图2.41)。

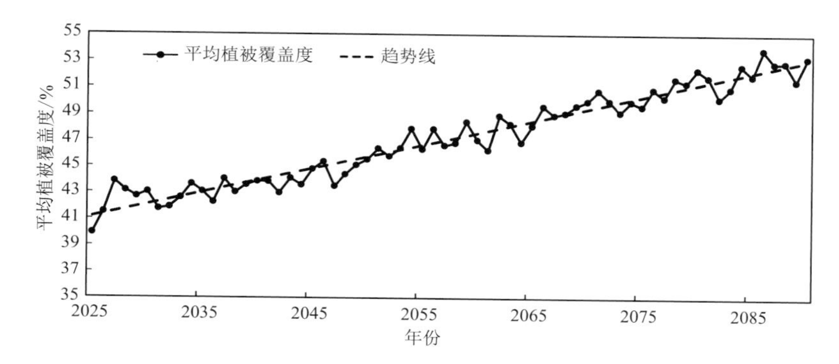

图2.41 2025—2100年平均植被覆盖度预估

2.4.5.2 植被净初级生产力未来变化预估

通过建立2000—2020年平均植被净初级生产力(Y)与同期气温、降水实况的线性回归关系，得到以下方程：

$$Y=86.9623X_1-0.0985X_2-60.3165$$

式中，X_1为气温，X_2为降水，拟合样本数为21，相关系数为0.607。

从2025开始，平均植被净初级生产力从140 gC/(m^2 · a)左右呈波动增加趋势，最大值达到550 gC/(m^2 · a)左右，增加速率为56.5 gC/(m^2 · 10 a)，未来随着气候变暖、降水增加，植被净初级生产力呈逐渐增加的趋势(图2.42)。

2.4.5.3 植被生态质量评价未来变化预估

通过建立2000—2021年平均植被生态质量(Y)与同期气温、降水的线性回归关系，得到以下方程：

$$Y=6.8994X_1+0.0128X_2-1.8183$$

式中，X_1为气温，X_2为降水，拟合样本数为21，相关系数为0.419。

从2025开始，平均植被生态质量从25左右呈波动增加趋势，最大值达到56左右，增加速率为4.5/(10 a)，未来随着气候变暖，降水增加，植被生态质量呈逐渐增加趋势，有利于植被生长(图 2.43)。

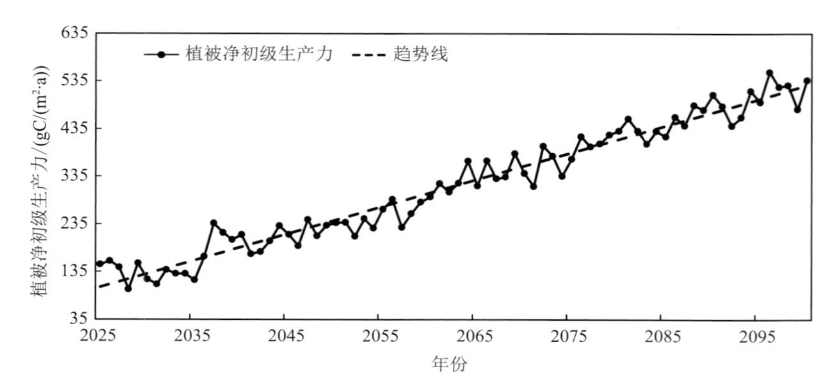

图 2.42　2025—2100 年植被净初级生产力预估

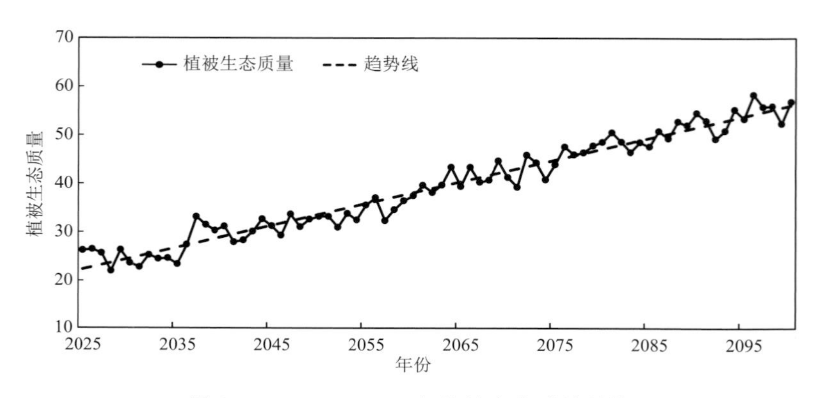

图 2.43　2025—2100 年植被生态质量预估

2.5　区域生态保护与修复的措施对策

气候变化是草原生态退化的自然诱发原因，而超载过牧、滥采滥挖、人为破坏、生物链失衡等环境蠕变是造成生态退化的人为因素，二者共同导致研究区域水资源锐减、湿地退化萎缩、生物多样性减少、草原鼠虫危害严重、水土流失加剧、生态环境退化。因此，需要按照“把握重点、精准施策、保护优先、自然恢复”的原则，以沙化草原治理为重点，集中开展沙化草原连片治理，加快恢复草原植被，同时开展湿地和退化草原修复，持续推进黄河上游水源涵养区建设，切实推进山水林田湖草沙系统化修复、系统化治理。另外，树立生态经济思想，追求生态效益和经济效益有机结合，建立适应高寒生态规律的资源利用方式和地域畜牧业体系。

为改善甘南州生态环境，提高黄河水源涵养能力，促进甘南黄河重要水源补给生态功能区经济社会可持续发展，国家发展和改革委员会于 2007 年批复了《甘肃甘南黄河重要水源补给生态功能区生态保护与建设规划(2006—2020 年)》(简称《规划》)，批复总投资 44.51 亿元，其中申请国家投资 29.18 亿元，地方配套及自筹 15.33 亿元。《规划》主要实施生态保护与修复工程、农牧民生产生活基础设施、生态保护支撑体系三大类 23 个方面的项目。规划项目自 2008 年启动以来，完成游牧民定居工程 14524 户 73708 人；建设牛羊育肥和奶牛养殖小区 59

个，共建设暖棚14836座；综合治理草原鼠害104.9万hm^2，综合治理沙化草原77亿m^2，治理流动沙丘2.4亿m^2，占流动沙丘8.2亿m^2的29%；治理重度沙化草地7.1亿m^2，占沙化草地45亿m^2的15.77%；综合治理小流域治理125 km^2；建设青稞生产基地17亿m^2，良种繁育基地1.7亿m^2；累计培训项目管理人员420人次，技术人员培训1800人次，农牧民群众培训19200人次。

通过多年来坚持不懈的努力，甘南黄河重要水源补给生态功能区生态保护与建设已初见成效，草原生态保护得到明显改善，人口、资源、生态与经济发展的关系得到有效改善和协调，水源涵养能力得到进一步加强。通过退牧还草工程、草原鼠害综合治理等项目的实施，甘南州天然草原植被有了一定恢复，生态环境改善比较明显，草场区域牧草平均覆盖度增加了12.8%，生产能力提高0.1 kg/m^2，全州草原植被综合覆盖度达到96.78%。林业生态保护得到加强，每年落实森林管护面积429亿m^2。2000—2018年，全州林地面积增加了66.7亿m^2，森林面积净增89.3亿m^2，森林积蓄量净增540万m^3，森林覆盖率提高4.53%，达到24.38%。尕海湖面积逐年扩大，全州湿地保有量面积达到533亿m^2。物种栖息地得到有效保护，一些珍稀濒危野生动物免于灭绝，有些种群如黑颈鹤等数量上有了较大提高。通过牛羊育肥、奶牛养殖、暖棚养殖项目的实施，可使231.8万个羊单位的牲畜从天然草原上转移出来，减轻天然草原压力，增强天然草场的产草能力，年平均增加134.8万t优质天然牧草，极大地缓解了牧区草畜矛盾，为转移超载牲畜和半农半牧区发展草产业找到一条畜与草结合的良性发展途径。项目区广大农牧民群众在项目的受益下，生产生活水平有了较大提高，生产生活方式发生了较大转变，生态保护的观念已深入人心。

《甘南州黄河流域生态保护和高质量发展规划》已于2021年6月18日由甘南州委州政府正式印发实施，其编制结合了甘南实际和资源禀赋，并严格遵循习近平总书记视察甘肃时的重要讲话指示精神、黄河流域座谈会讲话以及国家《黄河流域生态保护和高质量发展规划纲要》等相关领域规划。同时，甘南州编制了《甘南黄河上游水源涵养区山水林田湖草沙一体化保护和修复工程实施方案》，得到了国家财政部、国土资源部和生态环境部的批复，总投资50.53亿元，项目涵盖草原生态保护修复、林地生态保护修复、湿地保护修复、矿山生态修复、小流域生态保护修复、土地综合整治、生态环境监测预警与评价系统七大重点建设内容25个子项目。这一系列重大生态保护修复和建设工程的推进实施，将更加有助于针对性地治理甘南黄河上游水源涵养补给区生态恶化问题，改善区域生态环境，增强水源涵养补给能力，增强生态产品供给。研究区要通过加强生态环境治理，促进区域内社会经济的绿色转型升级，优化现有生态环境保护支撑体系，提升区域生态环境与社会经济的协调发展水平，从而实现生态安全屏障功能提升、人与自然和谐共处的目标。

2.5.1 加强生态环境治理

研究区内自然保护区和森林公园都是重要的水源涵养林所在地，要加强水源涵养林的保护与建设，在保护森林天然更新的基础上，采取封育、围栏、灌溉、补苗植树等综合措施，形成多层次的混交林，在洮河、大夏河源头构筑生态经济型水源涵养林。研究区草地面积广阔，为了改善退化的草地，可通过禁牧、休牧、轮牧等促进草原休养生息，加强鼠害治理从而改良退化草地。对玛曲西部、碌曲南部等沙化较严重的流动沙地，设置草方格、防沙栅栏等人工沙障固定流沙，形成防风阻沙隔离带，控制沙丘移动，遏制沙漠化的扩张。积极建设优质的人工草地，大力推行舍饲圈养，减轻畜牧业对草地的压力。在人工草地建设过程中积极培育耐寒豆科牧草，多利用圈窝地种植牧草，还要充分利用农区的作物秸秆。生态环境的治理需要大量的资金和技术的投入，因此，要积极争取中央财政转移支付的力度，完善生态补偿制度。除了生态补偿外，还要拓宽绿色资本的融资渠道，鼓励有实力的绿色企业上市融资，吸引更多的社会资本进入。在生态建设过程中，注重对现有成熟的生态环境保护技术的推广和应用，例如水土保持与涵养技术、草原鼠害生物化防治技术等。此外，还要加强生态环境监测，及时采取措施遏制生态环境的恶化趋势。提高科技支撑能力，形成全方位、立体的监测网络；推广造林种草等适用技术，促进生态系统的良性循环；制定相关法律制度和行政措施，加大宣传力度，将保护环境同消除贫困联系起来，对源区居民予以补偿，调动居民参与环保的积极性，确保三北生态保护的力度。

2.5.2　促进区域内社会经济的绿色转型升级

研究区作为国家重要的生态功能区，也是国家级贫困县所在地，处理好生态环境与社会经济发展的矛盾是实现可持续发展的前提条件。因此，必须转变传统的经济发展方式，实施生态环境保护与社会经济发展双赢的协调发展之路。区内相对洁净的空气、未污染的土壤、水源、草地、森林生态系统为该区绿色发展提供了宝贵的环境基础。首先，要大力推进生态农牧业的产业化经营，加强以小杂粮、油菜籽、青稞、牛羊肉为主的特色农畜牧产品，以蕨菜、羊肚菌、野生核桃为主的山野珍品及藏药材等绿色产品的认证体系，建立生态农牧业生产基地，大力推进生态农牧业产业化进程。其次，要因地制宜地发展太阳能、风能等清洁能源，环绕一江三河干流及主要支流水电梯级开发，将水电开发与小流域综合治理、水土流失治理、生态环境保护相结合，形成“以水发电，以电护林，以林涵水”的良性循环的绿色经济走廊。以循环经济理念助推工业发展，推进对多金属开采、冶炼、食品制造业的精深加工与绿色化改造，尤其是畜产品要充分利用一条龙加工生产体系，将废弃物资源化利用。最后，以保护生态环境为前提，将旅游业作为支柱产业来培育，突出当地独特的宗教文化特色、丰富多样的生态景观特色、天人合一的草原风光、多姿多彩的民族民俗风情，开展以生态体验、生态教育等为主的生态旅游。通过大力发展生态产业，推进区域经济的绿色转型发展。

2.5.3　加强水生态环境保护与水资源开发利用

加强源区水生态保护。加大生态保护和水土流失防治力度，严守生态红线；严控人为生态破坏，实施封育保护及自然修复、人工林草建设、退耕还林还草等措施，增加植被覆盖度，不断充实源头防护林体系建设；提高水源涵养量，增强取用水环境保护意识，推进甘南黄河重要水源补给区水生态保护和治理修复。加强水土流失预防保护，坚持“预防为主、保护优先”的工作方针，以维护和增强水土保持功能为原则，全面实施预防保护，从源头上有效控制水土流失。

实施河湖治理与修复。针对河道生态水量不足、充分利用甘南的水资源禀赋条件，通过采取水源涵养与保护、严格水量管控和调度、生态补水等措施，开展水环境综合治理，进一步恢复河流生态。以全州重点河流为单元，围绕“防洪保安全、优质水资源、健康水生态、宜居水环境”的河湖治理目标，建设以主要干支流为骨架，人工渠系、管网、湖泊、湿地为补充的生态廊道体系。近期围绕黄河干流、洮河、大夏河、白龙江等大江大河及主要支流，推进河流生态廊道试点建设。

合理利用水资源。依据甘南黄河重要水源补给区自然环境、社会状况和水流域特点，做好源区水资源的统一规划，优化配置，不同类型的湿地建立不同的放牧制度，提高水资源的综合利用水平。

大力开展农村水系综合整治。根据保障农村水安全、改善农村人居环境、推动农村发展、加快美丽乡村建设等要求，统筹水系连通、河道清障、清淤疏浚、岸坡整治等多项水利措施，以河流水系为脉络，以村庄为节点，选择沿河村庄人口较多、河道淤积堵塞严重、水生态问题突出的河流，整合相关部门资源，集中连片统筹规划，与相关部门形成合力，打造一批各具特色的农村水系综合治理样板，建设“水美乡村”。

2.5.4 科学发展现代畜牧业、加强畜牧业基础建设与适应技术

科学发展现代畜牧业。加大保护草地力度，实施休牧育草，以草定畜制度，确保草畜平衡；加快畜牧业结构调整，提高牲畜生产率；提高牧民生产技能，增加牧民收入。

推广休牧育草项目，构建良好的草场生态体系。积极推行休牧育草项目，严格实行以草定畜制度，结合退牧还草工程的实施，按照草场类型合理确定载畜量，严禁超载放牧，达到草畜平衡。积极开展舍饲、半舍饲，减轻冬春草场的载畜压力，提高春季青草的生长。

大力推进产业结构调整，发展绿色环保农牧产业。依托特色资源，加快畜群结构调整，提高畜产品质量，增加牧民收入；甘南草原风光以及藏族独特的风俗习惯和神秘的藏传佛教、独特的民间工艺等都是宝贵的旅游资源。

加大对牧区基础设施建设，改善牧民生活。增大对甘南黄河重要水源补给区畜牧业的投入，支持草地生态治理和草原建设，“建设养畜”和生态移民；提高金融服务水平，增加对牧区基础设施建设的贷款；充分利用传统和现代化的媒体及宗教力量等加强宣传、教育、引导，增强牧民的生态忧患意识、参与意识和责任意识，树立全民的生态文明观，形成人与自然和谐相处的生产方式和生活方式。

2.5.5 优化现有生态环境保护支撑体系

2013 年甘肃省第一部地方性法规《甘肃省甘南藏族自治州生态环境保护条例》的实施，对甘南黄河重要水源补给区的建设与保护进行专项立法，从立法层面将生态环境保护工作纳入法制化轨道，但这个地方性法规有待进一步完善。①中央和地方政府应该把黄河重要水源补给区生态建设作为各级财政投入的重点，平衡“限制开发区”与“禁止开发区”的生态环境保护、生态功能区的建设以及社会经济的发展。由于当地财政能力有限，需要进一步完善政府财政转移支付的力度及生态保护的补偿机制，激发群众投入生态环境保护的内生动力。②加强基础设施建设方面的投入，促进公共服务的均衡发展，为绿色产业的发展提供基础保障。③对研究区的森林、草地、水域等资源的数量和规模进行摸底调查，推进自然资源统一确权登记，形成归属清晰、产权明确的自然资源产权制度。④在保证自然资源产权不变的前提下，通过招商、协商等方式出让使用权，鼓励企业和个人发展特色农业、生态畜牧业、特色藏药、林下经济等，积极引导和鼓励社会资本进入生态环境建设。开展跨学科、跨部门的科学研究与合作。积极探索源区协调发展的模式，为生态保护和建设奠定理论基础，并指导实践工作。

2.6 本章小结

本章介绍了甘南黄河重要水源补给区生态系统特征，包括区域概况、1961—2020 年区域气候变化特征、极端天气气候事件和高影响天气的时空变化规律，并重点分析了区域生态特征、气候变化及极端天气气候事件对区域生态的影响，结合 CMIP6 模式输出结果，预估了未来甘南黄河重要水源补给区气候变化趋势及其对生态的影响。最后，基于区域气候和生态的现状，针对区域生态保护与修复提出了一些措施和对策。

第 3 章
长江上游“两江一水”流域生态系统

3.1 流域概况

甘肃“两江一水”(白龙江、白水江、西汉水)流域(以下简称流域)是长江上游重要生态安全屏障,是关系我国西北、西南地区生态安全的重要屏障之一,也是长江上游、黄土高原西部和青藏高压东部边缘区一道重要绿色屏障,涉及甘肃陇南市和甘南州等多个县(区)。流域内地形地貌独特,地质构造和气候条件复杂,是我国滑坡、泥石流等地质灾害发生最为频繁的地区。同时,流域还位于丝绸之路经济带和长江经济带的联结点上,位置优势明显。推动流域生态保护,提升生态服务水平,对于保障地区生态安全、建立美丽中国举足轻重。

甘肃“两江一水”流域位于甘肃南部,地处陇南山区、秦巴山区、青藏高原和黄土高原交汇区,中国地势第二级阶梯与第三级阶梯的过渡地带。东部与陕南盆地相连,南部与川北盆地相接,北部向陇中黄土高原过渡。地势呈西北—东南走向,境内盆地与山地、峡谷相交错,平均海拔 1000 m。依据甘肃“两江一水”区域综合治理规划和相关文献,流域包括陇南市武都区、成县、文县、康县、宕昌县、西和、礼县 7 县(区),甘南州迭部县、舟曲县、碌曲县(部分),天水市秦州区和定西市岷县,以及白龙江林管局(迭部林业局、舟曲林业局和白水江林业局)、小陇山林业实验局(洮坪林场)和白水江国家级自然保护区(韩兆伟,2018;王涛 等,2020;申雄达,2022)(图 3.1)。流域面积 3.56 万 km^2,占甘肃省行政面积的 8.4%,人口约 275 万人。

流域内地形地貌独特,气候条件复杂,天然植被较好,是甘肃省最大的原始林区。流域内林地约 8838 km^2,天然草地约 1653 km^2,森林覆盖率为 40%~57%,林草覆盖率最高的区域达到 80%以上,既是甘肃热量和水分条件最好的地区,也是甘肃省最大的天然林区、长江上游重要的水源涵养林区和生物基因库。流域对减缓甘南草原和周边地区生态系统的退化及西北地区、青藏高原东部的荒漠化速度,减轻和降低自然灾害发生的强度和频率具有重要的生态屏障作用。

流域全年季节变化明显,夏季高温多雨,冬季寒冷干燥,雨量集中分布在 6—10 月,是长江主要支流嘉陵江重要的水源涵养和补给区。区域内滑坡、泥石流等自然灾害多发,水土流失严重,是长江上游主要的水土流失防治区。此外,该区域生物多样性丰富,是国宝大熊猫的主要栖息地之一,也是重要的生物多样性保护区。由于历史、自然和经济社会发展等多方面因素,甘肃“两江一水”流域生态环境破坏严重,草场退化,森林生态系统稳定性降低,水源涵养能力下降。特别是受 2008 年“5·12”汶川特大地震影响,流域内山体松动、岩层破碎,滑坡、泥石流

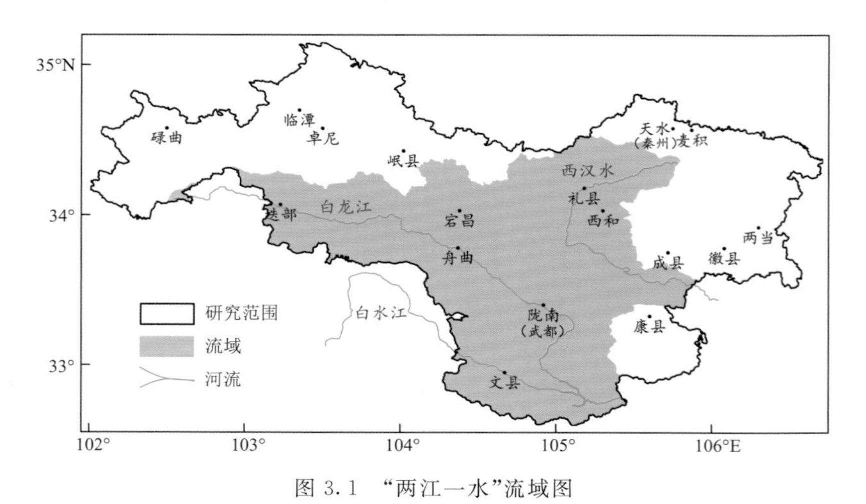

图 3.1 “两江一水”流域图

等地质灾害频发，水土保持任务繁重；2010 年白龙江流域舟曲县发生特大山洪泥石流灾害，给人民生命财产造成了巨大损失。

3.1.1 流域地形地貌特征

白龙江、白水江流域属于长江水系，气候垂直分布显著，区域内地势西北高东南低，高山、河谷、丘陵、盆地交错。白龙江和白水江林区位于甘肃省南部和西南部，泛指白龙江流域，地跨迭部、舟曲、宕昌、武都和文县，总面积约 12188 km^2。中上游的林区分布有寒温性常绿针叶、落叶针叶树种和落叶阔叶、温性针叶树种，下游林区除分布暖温带、温带树种外，东南隅河谷地带还分布着北亚热带的常绿阔叶、暖性针叶树种。林区树种丰富，乔木类可达百余种，位居全省诸林区之首。中上游林区和下游部分高山地带，连续大面积分布着冷杉林、云杉林和云、冷杉混交林，在不同地段由 5 个主要建群树种分别形成优势群落，构成林区森林资源主体，是甘肃省重要的水源涵养林和森林采伐的主要对象，也是全国木材生产重点地区之一。

西汉水地处秦岭西部山区，地势西北高、东南低，山势陡峻，峡谷较深，基岩裸露，两岸山麓的带状谷地表面覆盖着 1～3 m 厚的沙质黏土，石质山顶覆盖薄层黄土，是长江流域唯一的一片黄土高原区。区域森林覆盖率为 25.4%，流域内西和、礼县为黄土丘陵沟壑区，雨季常有滑坡、泥石流出现，水土流失严重，河道两岸是泥石流发育地带。西汉水上游属黄土丘陵沟壑区，地表上覆黄土，植被较差，区域内河流切割平川，山势低矮，沟壑纵横，山体坡度在 6°～25°之间，冲沟发育明显，呈“V”字形，山头相连而呈锯齿状，有大小不等的断陷谷地镶嵌其间，农田多呈阶梯状展布。下游地处流域的东南部，属土石山峡谷区，是泥石流频发区。

3.1.2 流域水系

“两江一水”流域江河众多，水量充沛，以嘉陵江、白龙江、白水江和西汉水这四大水系为主，年径流量大于 1 亿 m^3 的河流有 20 多条，季节变化小，落差集中，开发效率高，利于发展水电水利事业。

(1)白龙江

白龙江发源于岷山北麓，属于长江水系，为嘉陵江的一级支流，流域面积约 3.28 万 km^2，甘肃境内面积为 2.74 万 km^2，占总流域面积 83.5%。河道全长 576 km，其中甘肃省境内 475 km，占总长的 82.5%。河源高程 4072 m，河口高程 465 m，落差达 3607 m（陈学林 等，2017）。流域年径流量约 87 亿 m^3，5—10 月流量大，占全年的 75%左右，是地质灾害容易引发的月份。

白龙江流域按河道形状和流域特点，可划分为上、中、下游三段：上游段从发源地至舟曲县城，河长 228 km；中游段从舟曲县城至嵩子店，河长 157 km；下游嵩子店至交汇河口段，河长 150 km（陈学林 等，2017）。河道蜿蜒于高山峡谷之中，平均坡降超过 10%，最陡处接近 30%。两河口至碧口以高山为主，有部分高原和少量河谷平坝，河段平均坡降约 3.0%。武都水文站河宽 80～150 m，枯水时平均水深约 0.6 m，碧口以下属川西北高原向四川盆地丘陵过渡地带，干流右侧有白水江、清江河等支流汇入。白龙江下游河段河谷开阔，间有较宽的河谷平坝，水流减缓，平均坡降约 1.5%。

（2）白水江

白水江又名羌水、文河、白水河，为嘉陵江水系白龙江的一级支流，发源于甘川交界岷山中段，全长 295.6 km，流域面积约 8316 km^2，甘肃境内长 107 km，流域面积约 3093 km^2，自然落差 2958 m，河流平均坡降 10.1%，年径流量约 34.7 亿 m^3。

降水是白水江流域径流形成的主要补给来源，河流来水量随降雨量的变化而变化，流量过程与雨量过程基本对应，主要来水量集中在汛期，非汛期河流主要是山区基岩裂隙产生的地下水补给。通常把流域河流的补给分为降水补给、冰雪融水补给和地下水补给三种类型。白水江径流的年内分配受补给条件的影响非常显著，季节性变化大，冬季由于流域降水量少，不足全年的 29%，径流主要靠地下水补给，最小流量出现在 2—3 月（枯季径流）。1—3 月来水量占年总量的 11.1%，4 月以后气温明显升高，流域上游高山区积雪融化和河网储冰解冻形成补给，流量逐渐增大。夏、秋两季是流域降水较多而且集中的时期，也是河流发生洪水的时期，主要集中在 5—10 月，其径流约占全年径流的 71%以上。主汛期 7—9 月占全年径流的 38%以上，呈现年内高度集中、分布不均的特点，发生较大洪水以上洪水的概率较大。11—12 月为河流的退水期，河流来水量受流域降水量减少的影响逐渐减少，其来水量占年内来水量的 12.5%（李计生，2008）。

（3）西汉水

西汉水是嘉陵江的一级支流，也是嘉陵江乃至整个长江流域含沙量最大的河流，地处甘肃省陇南市北部，位于东经 105°33′～106°05′，北纬 33°33′～34°18′之间。流域东邻嘉陵江干流，西、南与白龙江流域相接，西、北与黄河流域接界，流域面积约 10178 km^2，甘肃省境内流域面积约 9785 km^2。河流总长 287 km，甘肃境内 215.7 km，河道总落差 1090 m，甘肃境内落差约 763 m（胡瑜 等，2015）。

西汉水流域径流以雨水补给为主，雪水补给为辅，多年年平均降水量 531 mm，年内降水时空分布不均，地表径流不稳定，在持续干旱的年份，下游河道有断流现象。全年 4—6 月为春汛期，由降雨补给；7—9 月上旬为夏秋洪水期，以大面积降水补给为主；10—12 月为秋季平水期，次年 1—2 月为枯季径流，水量小而稳定。径流年内分配 7—9 月占全年径流量的 50%左右，最小流量出现在 1—3 月。据《甘肃省志 水利志》，西汉水年平均径流量 16.7 亿 m^3。据成县志资料，西汉水年平均水温 12.4 ℃，水质良好，平均 pH 值 8.3，可作为生活灌溉用水。据礼县顺利峡水文站资料记载，多年年平均流量为 10.9 m^3/s，最大洪峰流量是 1963 年 6 月 5 日，实测流量为 1340 m^3/s，最小流量是 1972 年 12 月 15 日，实测流量仅为 0.23 m^3/s。多年年平均径流量约 34671.8 万 m^3。河流泥沙严重，多年平均为 307 kg/m^3，多年年平均输沙量为 1072 万 t/a。据镡家坝水文站实测最大洪峰流量为 5020 m^3/s(1984 年 8 月)，年输沙量 2191 万 t，是嘉陵江泥沙的主要来源。康县段径流多年平均含沙量为 13.42 kg/m^3，最高达 578 kg/m^3，年平均输入沙量 2030 万 t，是康县含沙量最高的河流。

3.2 流域气候变化

流域年平均气温 11.5 ℃，呈升高趋势，北部增幅大于南部，四季年平均气温均呈升高趋势，冬季增温较为显著。年降水量 556.8 mm，总体呈弱减少趋势，春季和冬季降水量呈增多趋势，夏季和秋季呈下降趋势。年平均相对湿度和年平均日照时数均呈现减少趋势，年平均风速呈波动减小的趋势，且四季平均风速均呈减小趋势。流域极端最高气温和极端最低气温均呈现升高趋势，年平均最长连续低温日数和年平均最长连续降水日数均呈现减少趋势。

流域内气候复杂多样，下游位于中纬度亚热带北缘，属北亚热带气候，中游河谷地带气候干燥，降水量少，具有干热河谷的部分特点，上游及源头分别为温带和寒温带气候(赵遵田 等，2008；赵万奎 等，2012)。白水江流域处于半湿润气候区，7、8、9 月为主要降雨季节。西汉水秦州段(天水市)属于大陆性季风性气候，主要受暖湿东南季风和西南季风影响，气候温和，雨量充沛。流域地形复杂，气候变化比较明显，河水补给主要是降水，降水量的时空分布不均将直接引起径流量和泥沙量的变化。洪水主要由暴雨形成，且经常发生局部暴雨，若遇特殊暴雨则洪水凶猛、含沙量很高。在暴雨集中时段，常出现峰高量大的洪水，下游的洪水过程则相对和缓，涨落相对缓慢，水流含沙量相对于中上游较小。下游镡家坝水文站多年平均降水量为 670.7 mm，中游大桥水文站多年平均降水量为 511.0 mm，上游礼县水文站多年平均降水量为 491.8 mm，上下游年降水量相差 178.9 mm。从多年观测的降水资料看，降水量呈自上游向下游逐渐增加的特征，且集中在 7—9 月，约占全年降雨量的 57%。上游天水市多年平均气温、降水量、蒸发量、日照时数的最大值集中出现在 6—8 月，相对湿度的最大值集中在 9、10 月，风速的大值时段集中在春季(表 3.1)。

表 3.1 天水市气象站气象要素统计表

要素类别	单位	月份												合计
		1月	2月	3月	4月	5月	6月	7月	8月	9月	10月	11月	12月	
平均气温	℃	−2.8	0.4	6.4	12.3	16.7	20.7	22.6	21.6	16.2	10.8	4.4	−1.3	10.7
平均最高气温	℃	3.2	6.4	12.8	19.0	23.4	27.4	28.4	27.6	21.5	16.5	9.9	4.3	16.7
平均最低气温	℃	−6.9	−3.8	1.7	6.8	11.0	14.7	17.7	17.0	12.2	6.8	0.4	−4.9	6.1
极端最高气温	℃	13.1	19.3	26.3	31.8	33.9	37.2	35.4	35.7	31.5	28.1	21.2	14.7	37.2
极端最低气温	℃	−19.2	−16.6	−10.0	−6.4	1.8	5.5	11.1	8.4	1.2	−4.0	−10.1	−16.5	−19.2
年平均降水量	mm	4.1	5.9	15.9	41.2	54.4	67.1	98.9	84.7	92.8	47.9	15.3	2.9	531.1
年蒸发量	mm	36.6	55.8	110.0	148.7	168.4	185.5	179.1	162.9	94.2	70.3	46.2	32.6	1290.3
日照时数	h	159.1	145.3	160.1	185.3	203.7	218.8	207.7	203.9	130.0	135.4	133.7	149.2	2032.2
相对湿度	%	62	62	60	60	63	64	72	73	79	78	74	69	68
最大风速	m/s	10.0	11.0	12.0	21.0	14.0	12.0	10.7	9.3	8.7	9.0	11.0	10.3	21.0
平均风速	m/s	1.2	1.5	1.8	1.8	1.4	1.2	1.2	1.2	1.0	0.9	1.1	1.1	1.3
最大积雪深度	cm	6	15	11	12	0	0	0	0	0	7	9	10	15
最大冻土深度	cm	61	52	23	0	0	0	0	0	0	0	12	44	61

3.2.1 气候变化观测事实

3.2.1.1 平均气温

流域年平均气温、年平均最高气温和年平均最低气温均呈上升趋势。流域西部年平均气温上升速率偏大，东南部偏低，变化趋势范围在 0.1～0.4 ℃/(10 a)，高值中心分别位于迭部、宕昌和西和。年平均最低气温升温幅度最大(图 3.2)。

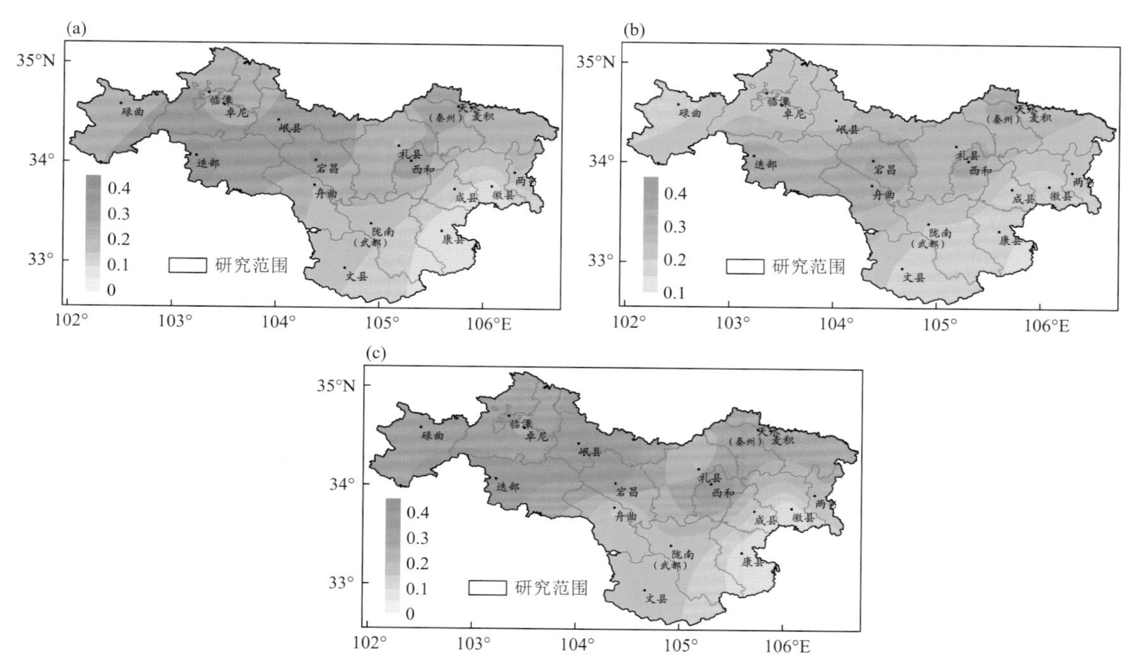

图 3.2 1961—2020 年流域年平均气温(a)、年平均最高气温(b)和年平均最低气温(c)气候倾向率的空间分布(单位:℃/(10 a))

1961—2020 年，流域年平均气温为 11.5 ℃，总体呈每 10 a 0.19 ℃的速度上升(图 3.3a)。但在 20 世纪 70 年代中期至 90 年代中期，出现冷期，自 70 年代中期开始升温，升温速率为每 10 a 0.4 ℃，在 21 世纪初升温趋缓，并在 2016 年达到最高(12.8 ℃)。

流域年平均最高气温平均值为 17.6 ℃，与年平均气温变化相似，呈每 10 a 升高 0.28 ℃，上升速率高于年平均气温和年平均最低气温。在 20 世纪 90 年代中期之前，总体低于多年平均值，1984 年以来持续上升，并在 2016 年出现历史最高值(19.4 ℃)(图 3.3b)。年平均最低气温呈每 10 a 升高 0.20 ℃，在 1961—1975 年年平均最低气温出现明显下降，1976 年平均最低气温最小值(5.8 ℃)，1976—2020 年平均最低气温呈每 10 a 0.4 ℃的持续上升趋势，并在 2016 年出现最大值(8.2 ℃)(图 3.3c)。

流域四季平均气温均呈明显上升趋势，不同季节升温速率存在差异，冬季增温较为显著，平均每 10 a 升高 0.26 ℃，夏季增温趋势最弱。春季平均气温在 20 世纪 90 年代后期增温明显，其余三季自 20 世纪 80 年代起增温显著(表 3.2)。

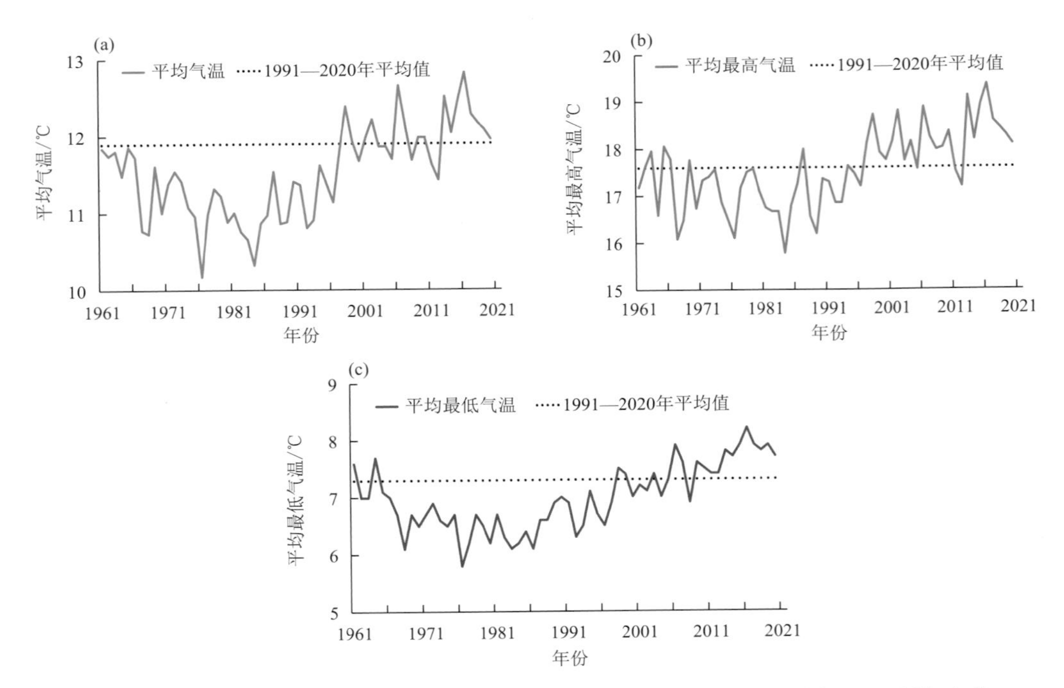

图 3.3　1961—2020 年流域平均气温(a)、平均最高气温(b)和平均最低气温(c)历年变化

表 3.2　1961—2020 年流域季节平均气温逐年代变化　　单位:℃

年份	春季	夏季	秋季	冬季
1961—1969 年	12.5	21.5	11.5	0.3
1970—1979 年	11.8	20.9	11.1	0.4
1980—1989 年	11.4	20.4	11.2	0.5
1990—1999 年	11.9	21.1	11.6	1.0
2000—2009 年	12.8	21.6	11.9	1.6
2010—2020 年	13.0	21.7	12.3	1.4

3.2.1.2　降水量

1961—2020 年流域年降水量在 383～823 mm 之间,自西向东递增,西汉水和白水江流域降水量上游较下游偏多,西汉水流域的降水量普遍比白龙江和白水江流域的降水量大。同时,流域大部地区年降水量呈减少趋势,其中,宕昌年降水量呈每 10 a 减少 15 mm 的变化趋势(图 3.4)。

流域年降水量为 556.8 mm,随时间呈微弱的减少趋势,平均每 10 a 减少 3.6 mm(图 3.5)。流域年降水量在 20 世纪 60 年代呈减少趋势,70 年代转为增加,80—90 年代中期波动较大,且呈明显减少趋势,90 年代后期以来,平均每 10 a 增加 76 mm 左右,并在 2020 年达最大值(为 822.3 mm)。流域春、冬季降水量呈增多趋势,夏、秋季呈减少趋势,其中秋季减少最为明显,1961—2000 年呈每 10 a 2.7 mm 的趋势减少,2001—2020 年呈每 10 a 4.8 mm 的增多趋势。年内降水量呈单峰型变化,7 月降水量最大,其次是 8 月,12 月降水量最少。

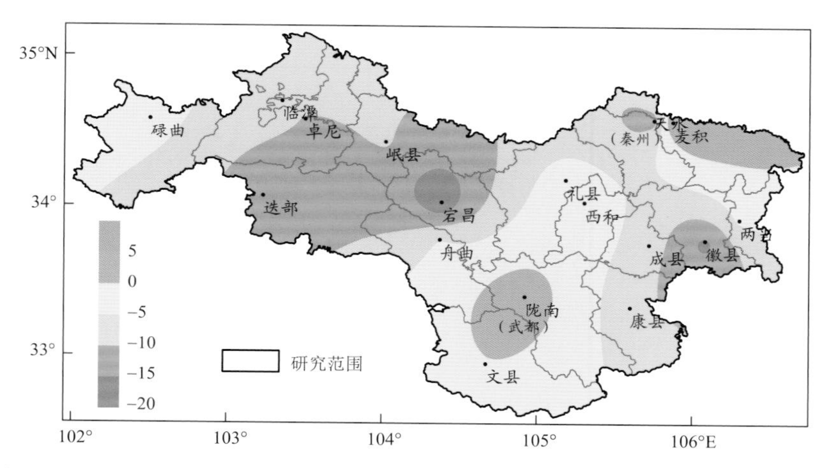

图 3.4　1961—2020 年流域累计降水量气候倾向率的空间分布(单位:mm/(10 a))

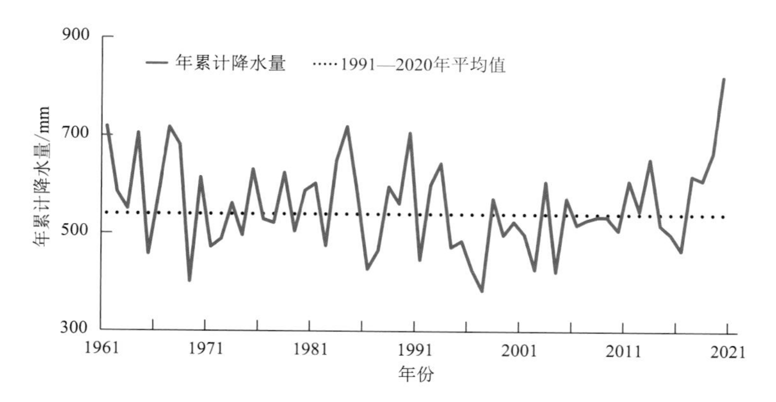

图 3.5　1961—2020 年流域年累计降水量历年变化

3.2.1.3　相对湿度

1961—2020 年,流域年相对湿度在 52%～80%之间,且东部大于西部。西汉水流域的年相对湿度在 65%～80%之间,白龙江和白水江流域的年相对湿度在 52%～65%之间。同时,流域大部地区年相对湿度呈减少趋势,白龙江上游和西汉水流域年相对湿度呈每 10 a 减少 0.4%～1.6%的变化趋势,仅武都呈每 10 a 增大 0.7%的趋势(图 3.6)。

流域年平均相对湿度为 67%,总体呈减少趋势,平均每 10 a 减少 1%(图 3.7)。21 世纪初相对湿度呈明显减少趋势,2004—2020 年平均相对湿度较 1961—2003 年偏少了 3%。秋季相对湿度最大,在 74%左右,夏季次之,春冬季偏小,在 61%～70%之间。四季相对湿度均呈减少趋势,春季减少速率最大,为 1.3%/(10 a),夏季下降速度最小。流域大部地方相对湿度在 54%～75%之间,西汉水的相对湿度较白龙江和白水江的偏小。

3.2.1.4　日照

1961—2020 年,流域年日照时数在 1154～2645 h 之间。流域年平均日照时数呈西北部向东南部减少,其中,白龙江上游年平均日照时数较多,在 2000～2400 h 之间,白水江下游年平均日照时数较少,在 1600～1800 h 之间。同时,流域东北部和南部地区年日照时数呈每

10 a减少 20～66 h 的变化趋势，仅武都呈每 10 a 增大 15 h 的趋势(图 3.8)。

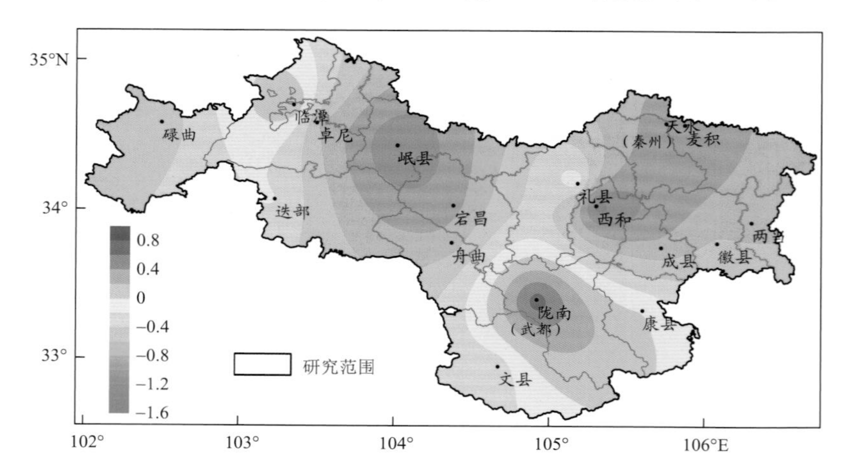

图 3.6　1961—2020 年流域相对湿度气候倾向率的空间分布(单位:%/(10 a))

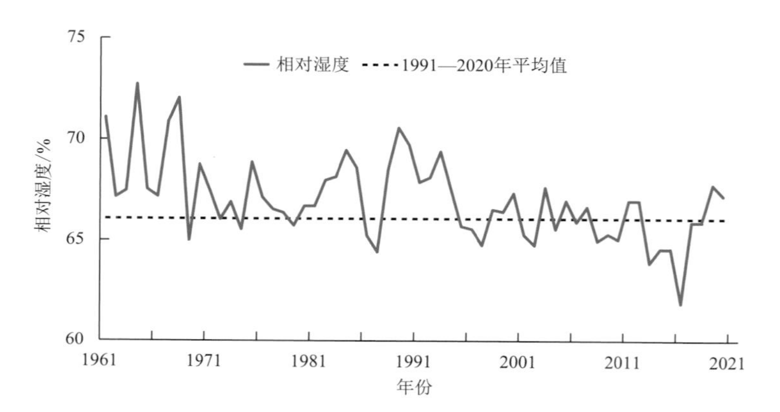

图 3.7　1961—2020 年流域年平均相对湿度历年变化

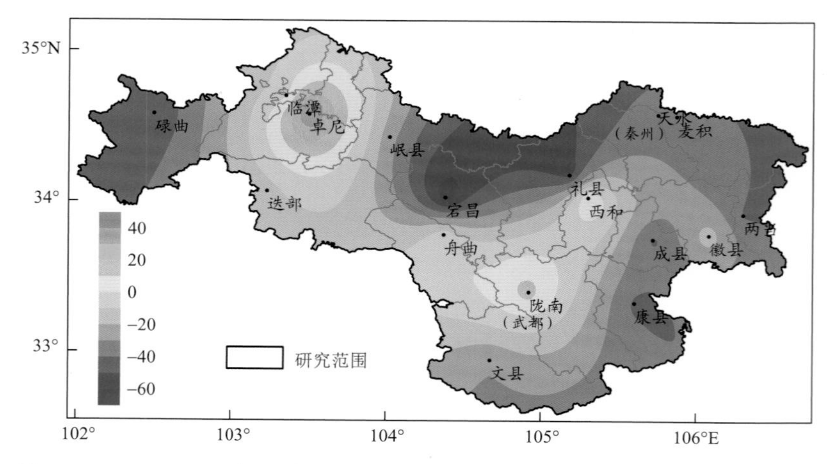

图 3.8　1961—2020 年流域日照时数气候倾向率的空间分布(单位:h/(10 a))

流域年日照时数呈减少趋势，平均每 10 a 减少 22.3 h。20 世纪 60—80 年代末呈减少趋势，90 年代增加，21 世纪以来明显减少，平均每 10 a 减少 130 h，在 2020 年出现日照最小值(1505.2 h)(图 3.9)。春、夏季日照时数最多，秋季最少，仅春季呈增多趋势，其中，夏季日照时数减少速度最大，平均每 10 a 减少 15 h，而冬季减少速度最小。流域年日照时数自西北向东南减少，其中西汉水流域日照时数在 1392～2139 h 之间，白水江流域日照时数在 1515～2135 h 之间。

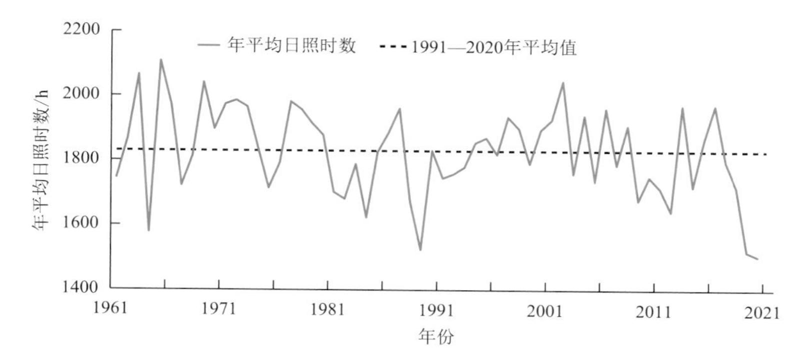

图 3.9　1961—2020 年流域年平均日照时数历年变化

3.2.1.5　平均风速

1971—2020 年，流域年平均风速在 0.5～2.8 m/s 之间。白龙江流域和白水江流域年平均风速在 1～2.8 m/s 之间，西汉水上游地区年平均风速在 0.5～2 m/s 之间。同时，流域大部地区年平均风速呈每 10 a 减少 0.02～0.2 m/s 的变化趋势，仅武都呈每 10 a 增大 0.06 m/s 的趋势(图 3.10)。

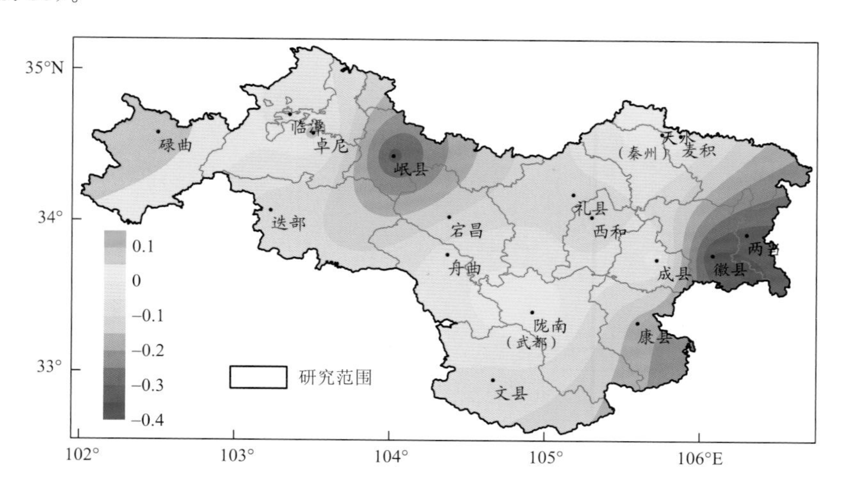

图 3.10　1971—2020 年流域平均风速气候倾向率的空间分布(单位：m/(s·10 a))

流域年平均风速呈波动减小趋势。20 世纪 70 年代—80 年代后期平均风速呈减小趋势，1993 年平均风速值出现最小值(1.3 m/s)，90 年代初—2011 年呈增大趋势，2011 年平均风速值最大(1.7 m/s)，之后平均风速减小(图 3.11)。流域春季平均风速最大，秋季最小，四季平均风速均呈减小趋势。

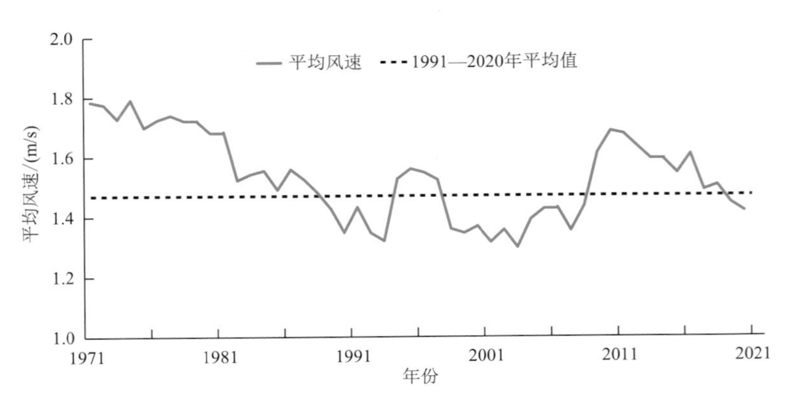

图 3.11　1971—2020 年流域年平均风速历年变化

3.2.2　极端气候变化观测事实

3.2.2.1　极端最高气温

1961—2020 年，流域年极端最高气温在 28.7～38.7 ℃之间。流域东部年极端最高气温的年际变化较小，最大变化幅度在 5.2(文县)～6.5 ℃之间，西部年极端最高气温的年际变化较大，最大变化幅度在 7.5～9.1 ℃(迭部)之间。同时，流域大部地区极端最高气温呈每 10 a 增大 0.2～0.6 ℃的变化趋势，且西部极端最高气温的升高趋势大于东部。其中，白龙江上游年极端最高气温呈每 10 a 增大 0.4～0.7 ℃的变化趋势(图 3.12)。

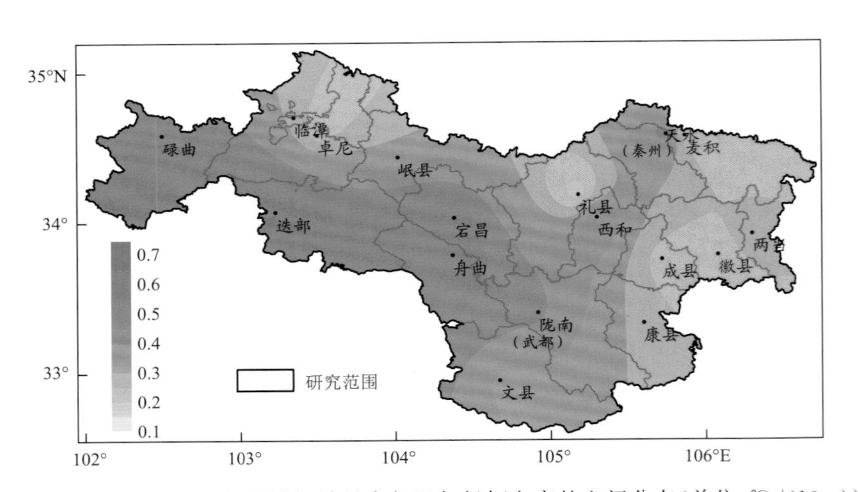

图 3.12　1961—2020 年流域极端最高气温气候倾向率的空间分布(单位：℃/(10 a))

流域极端最高气温总体呈升高的趋势，20 世纪 70 年代中期—90 年代中期极端最高气温有所降低，90 年代后期升高明显(图 3.13)。极端最高气温变化范围为 34.1(2002 年，陇南市西和县)～38.7 ℃(2002 年，陇南市文县)(表 3.3)。

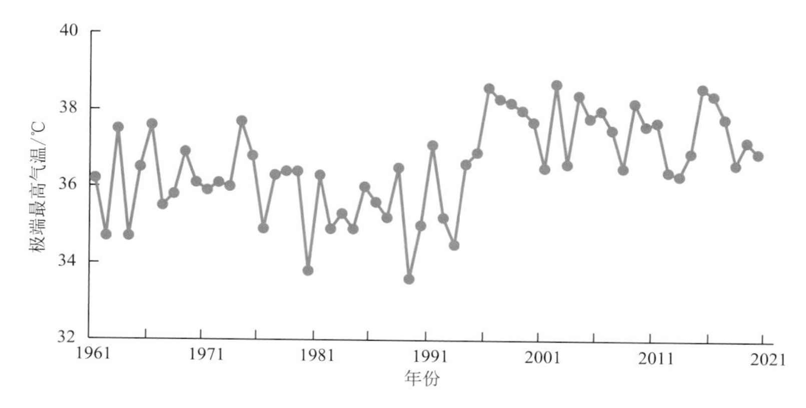

图 3.13　1961—2020 年流域极端最高气温历年变化

表 3.3　1961—2020 年流域各地极端最高气温

站名	极端最高气温/℃	站名	极端最高气温/℃
天水	38.2	西和	34.1
宕昌	36.7	成县	37.5
武都	38.6	康县	36.3
文县	38.7	迭部	38.4
礼县	35.8	舟曲	38.2

3.2.2.2　极端最低气温

1961—2020 年，流域历年年极端最低气温在－22.6～－1.5 ℃之间。白龙江和白水江流域年极端最低气温的年际变化较小，最大变化幅度在 5.9(文县)～7.5 ℃之间，西汉水流域年极端最低气温的年际变化较大，最大变化幅度在 9.5～12.3 ℃(西和)之间。同时，白龙江和白水江流域年极端最低气温整体呈每 10 a 增大 0.1～0.7 ℃的变化趋势，且自西北向东南增大趋势有所减弱。西汉水年极端最低气温呈每 10 a 增大 0.2～0.9 ℃的变化趋势(图 3.14)。

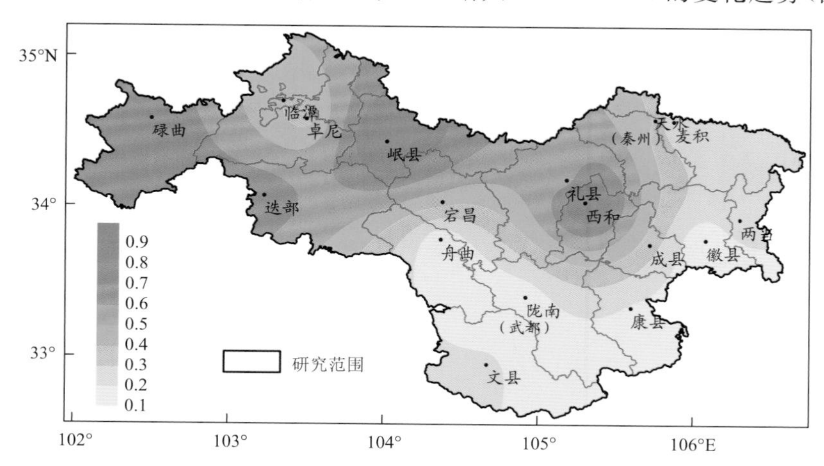

图 3.14　1961—2020 年流域极端最低气温气候倾向率的空间分布(单位:℃/(10 a))

流域极端最低气温总体呈升高的趋势，20 世纪 70 年代极端最低气温有所降低，80 年代开始呈升高趋势（图 3.15）。流域内极端最低气温为－22.6 ℃，出现在 1977 年，在陇南市西和县（表 3.4）。

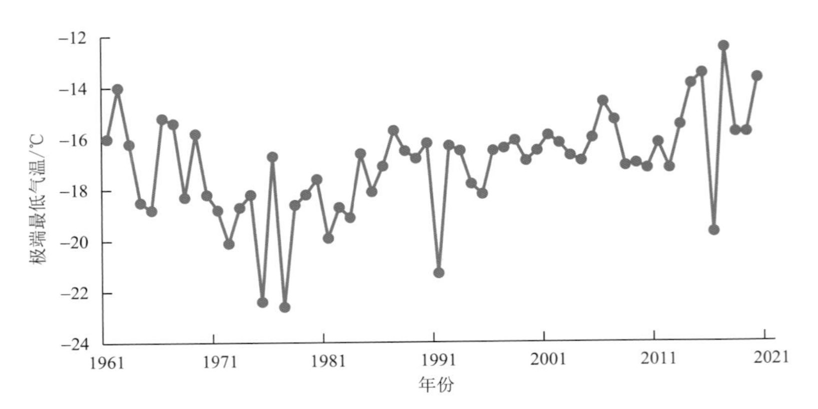

图 3.15　1961—2020 年流域极端最低气温历年变化

表 3.4　1961—2020 年流域各地极端最低气温

站名	极端最低气温/℃	站名	极端最低气温/℃
天水	－17.4	西和	－22.6
宕昌	－16.9	成县	－15.0
武都	－8.6	康县	－16.7
文县	－7.4	迭部	－19.9
礼县	－20.1	舟曲	－10.2

3.2.2.3　最长连续低温日数

1961—2020 年，流域年最长连续低温日数最大值为 8～56 d，自西北部向东南部减小，其中东北地区较大，最大值在西和县（56 d），西南部地区较小，为 8～25 d，最小值在陇南市文县（8 d）（图 3.16）。

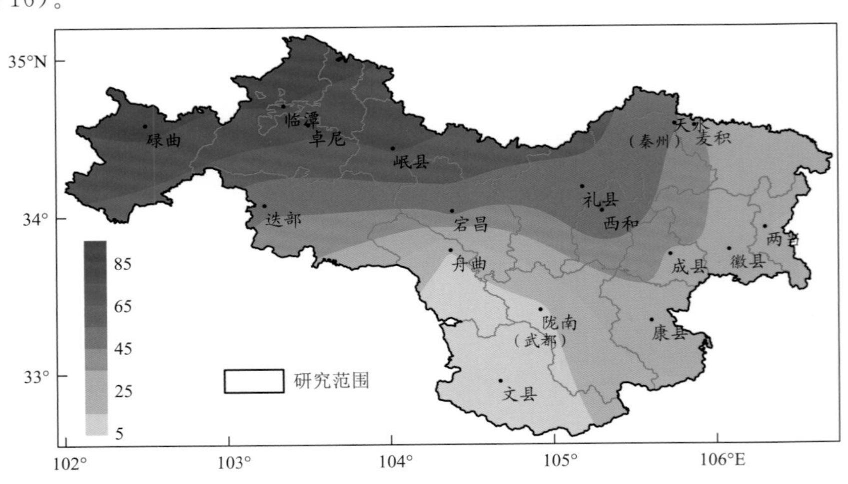

图 3.16　1961—2020 年流域最长连续低温日数最大值空间分布（单位：d）

流域年平均最长连续低温日数为 15.5 d，最大值为 33.7 d(1968 年)，2017 年最低，为 5.9 d。1961—2020 年流域最长连续低温日数平均值及其最大值均呈减少趋势，平均每 10 a 分别减少 1.3 d 和 2.2 d(图 3.17)。

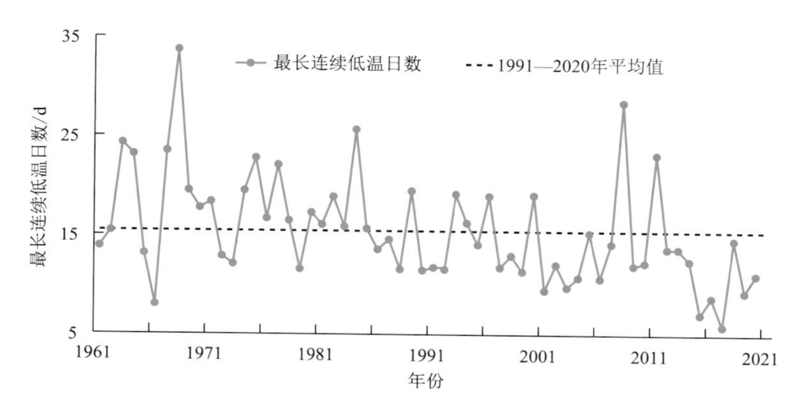

图 3.17　1961—2020 年流域最长连续低温日数历年变化

流域春季年平均最长连续低温日数为 0.9 d，最大值为 4.8 d(1988 年)，平均每 10 a 减少 0.1 d。秋季和冬季平均最长连续低温日数均呈减少趋势，平均每 10 a 分别减少 0.2 d 和 1.7 d；平均低温日数分别为 1.7 d 和 18.6 d(图 3.18)。

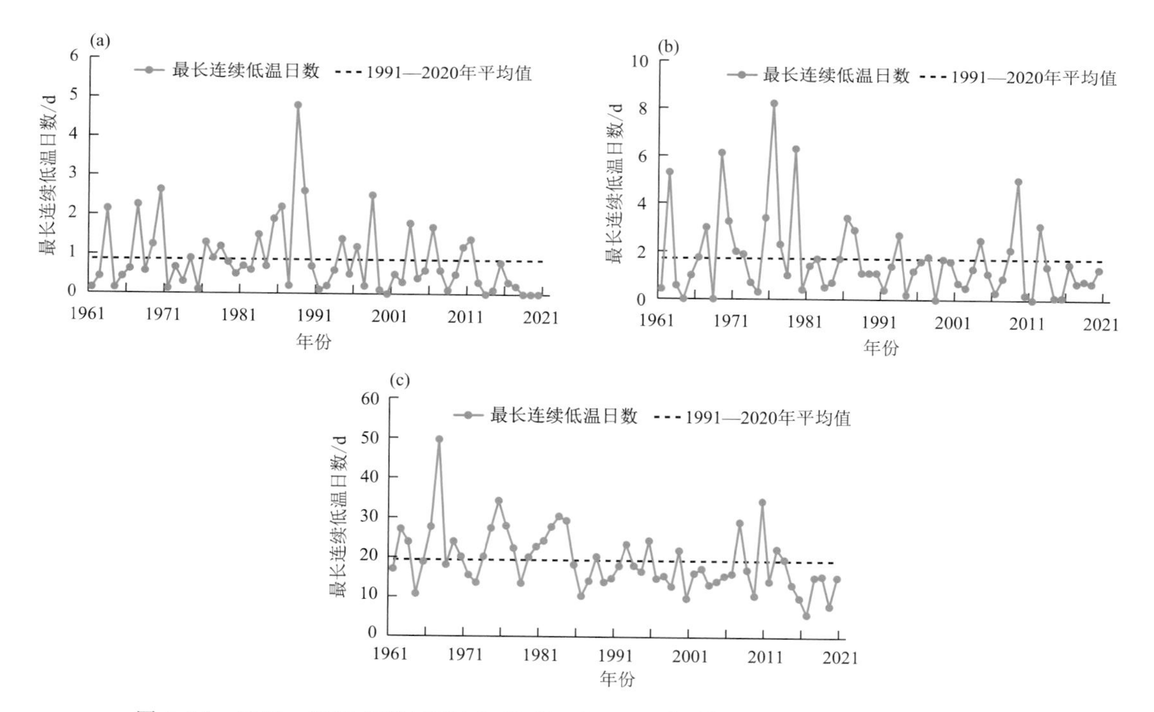

图 3.18　1961—2020 年流域春(a)、秋(b)、冬(c)三季平均最长连续低温日数历年变化

流域最长连续低温日数的年代际最大值均出现在 20 世纪 90 年代之前，最小值出现在 21 世纪以来。冬季最长连续低温日数最多，秋季次之，春季最少(表 3.5)。

表 3.5　1961—2020 年流域最长连续低温日数逐年代变化　单位：d

年份	年	春季	秋季	冬季
1961—1969 年	19.4	0.9	2.0	22.7
1970—1979 年	17.0	0.9	2.9	20.7
1980—1989 年	16.9	1.6	1.5	20.3
1990—1999 年	14.0	0.8	1.2	17.2
2000—2009 年	14.2	0.7	1.6	15.0
2010—2020 年	12.1	0.4	0.9	14.9

注：年是逐年代的值，取的是多年最长连续低温日数的平均值。

3.2.2.4　最长连续降水日数

1961—2020 年，流域最长连续降水日数为 7～23 d，呈中南部向东、西增大，其中西北和东南地区较大，为 15～23 d。最长连续降水日数的最大值在迭部县和康县，均为 23 d；最小值在陇南市武都区和文县，仅为 12 d。流域大部地区最长连续降水日数呈减少趋势，在白龙江的上游部分地区显著减少，仅个别地区呈增加趋势（图 3.19）。

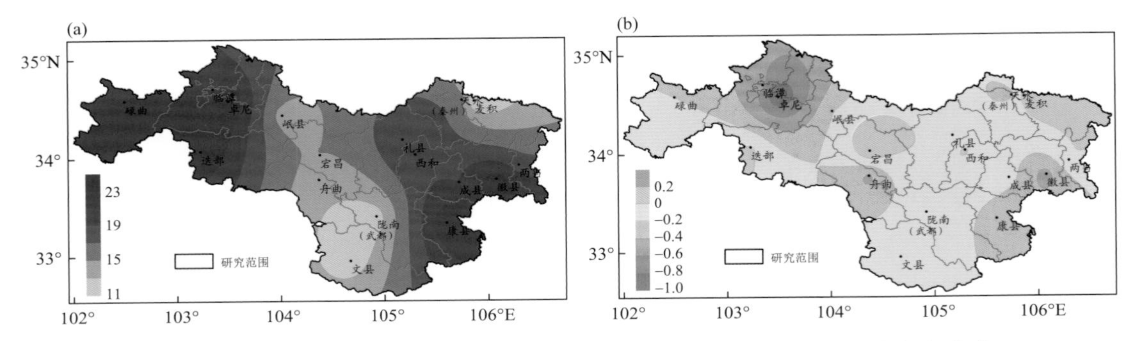

图 3.19　1961—2020 年流域最长连续降水日数的最大值（a，单位：d）和气候倾向率（b，单位：d/(10 a)）空间分布

流域年平均最长连续降水日数及其年最大值均呈减少趋势，平均每 10 a 均减少 0.1 d（图 3.20）。秋季平均最长连续降水日数减少趋势最大，夏季次之，冬季最小。在 20 世纪 60 年代最长连续降水日数较大，90 年代最小，在 21 世纪初四季最长连续降水日数均出现明显减少。

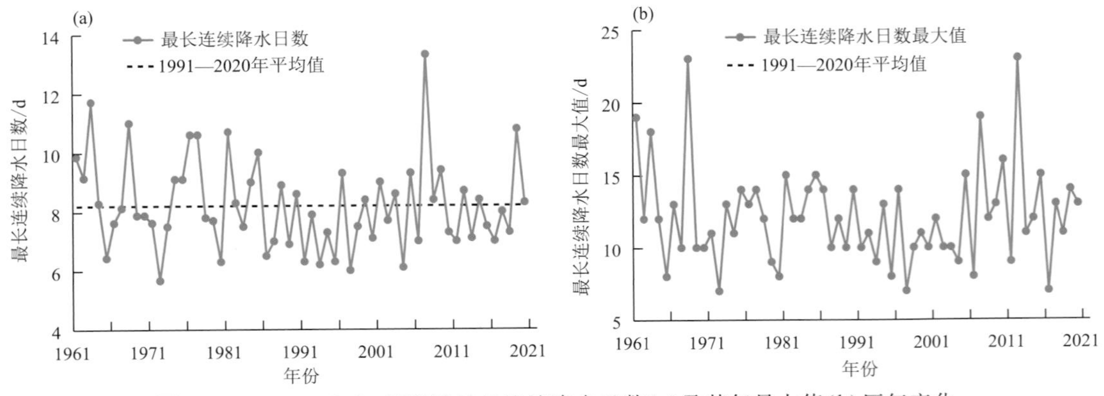

图 3.20　1961—2020 年流域最长连续降水日数（a）及其年最大值（b）历年变化

3.2.2.5 最长连续无降水日数

1961—2020年，流域内年最长连续降水日数最大值变化范围为26～70 d，总体呈东南部向西南、西北增大，最大值在舟曲县、武都区和迭部县，为63～70 d；最小值在陇南市康县，仅为43 d。流域大部地区最长连续无降水日数呈减少趋势，西和地区减少趋势最明显，每10 a减少3.35 d(图3.21)。

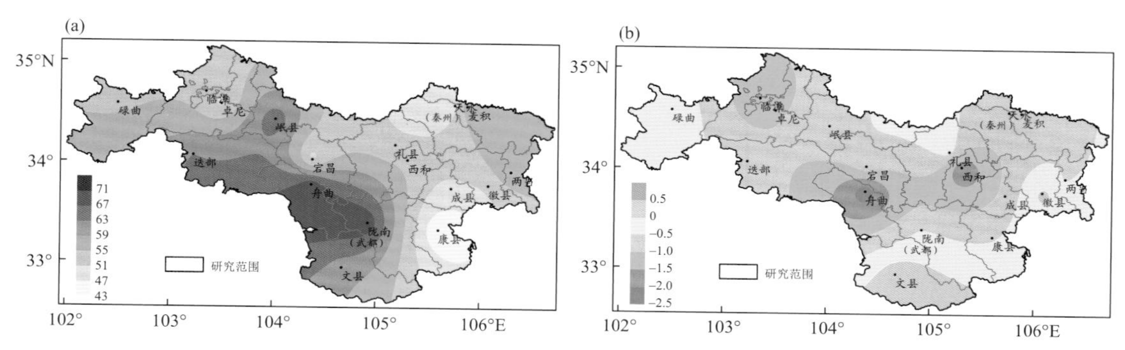

图3.21 1961—2020年流域最长连续无降水日数的最大值(a,单位:d)和气候倾向率(b,单位:d/(10 a))空间分布

流域年平均最长连续无降水日数及其年最大值均呈减少趋势，平均每10 a分别减少0.3 d和0.8 d(图3.22)。四季最长连续降水日数仅夏季呈增加趋势，其余均呈减少趋势，且冬季减少趋势最大，呈每10 a减少0.4 d。春季和夏季最长连续无降水日数均在20世纪80年代出现最小值，秋季和冬季则分别在20世纪60年代和2010—2019年出现最小值。21世纪以来，仅夏季最长连续无降水日数呈增加趋势，其余季节均呈减少趋势。

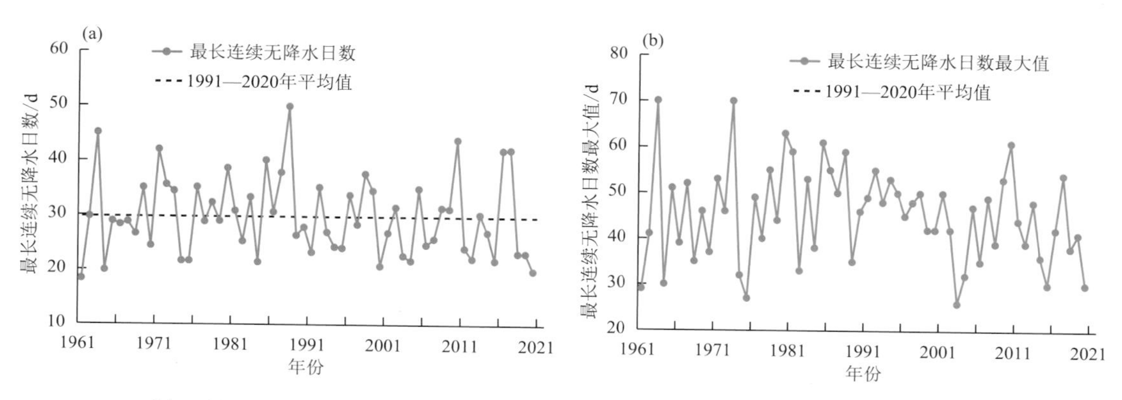

图3.22 1961—2020年流域最长连续无降水日数(a)及其年最大值(b)历年变化

3.2.2.6 最大积雪深度

1961—2020年，流域年最大积雪深度在5～107 mm之间。白龙江中下游和白水江流域年最大积雪深度较小，在5(文县)～40 mm之间，西汉水流域年最大积雪深度较大，在40～107 mm(西和)之间(图3.23)。

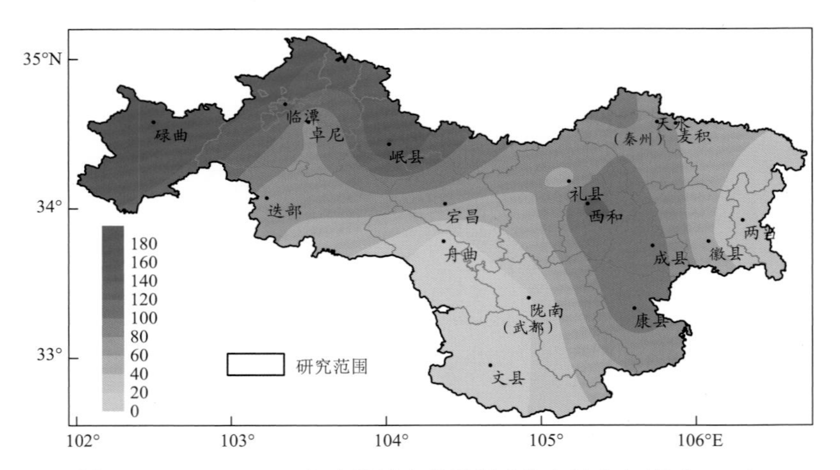

图 3.23　1961—2020 年流域最大积雪深度的空间分布(单位:mm)

流域年内最大积雪深度为 6.2 mm(2016 年)～107 mm(1975 年)(图 3.24),其中 1 月最大积雪深度为 97 mm,2 月为 67 mm,3 月为 37 mm,4 月为 22 mm,10 月为 7 mm,11 月为 33 mm,12 月为 107 mm。

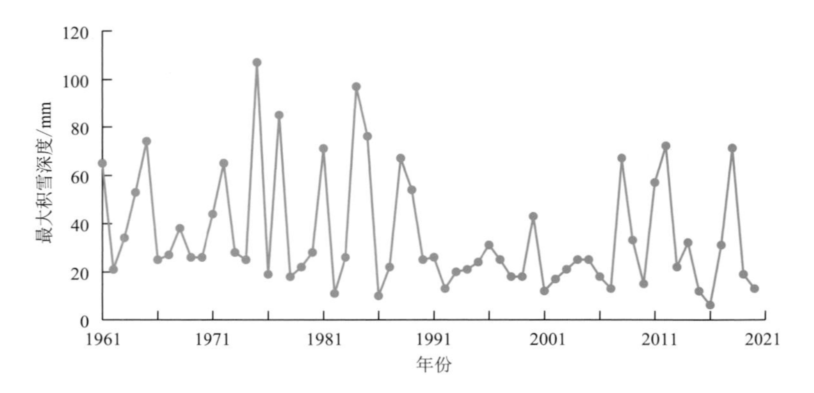

图 3.24　1961—2020 年流域年内月最大积雪深度历年变化

3.3　气候变化对流域生态的影响

“两江一水”为典型的多介质、多层次景观过渡带,为秦巴山区、青藏高原、黄土高原交汇区域,受西风环流与季风环流共同控制,流域内舟曲、迭部等县区季风气候特点突出,降水多集中在夏季,春季风多雨少,秋季阴雨连绵,沿河谷冬无严寒、夏无酷暑。该地绝大部分地区年平均气温较低,有效积温少,有机质积累与分解缓慢,植被更替所需时间较为漫长,加之地处森林边缘地带,是森林分布上限,草甸植被和绝大部分灌木林是经多年形成的植物群落,处于山体中上部,面积大,对于调节径流,防止水、旱灾害,合理开发、利用水资源具有重要意义。其也是野生动物栖息的主要场所,发挥着强大的生态功能,使流域生态系统中的物种数量和种群规模相对平稳(韩兆伟,2018)。

气候变化导致区域降水变化，2020 年甘肃省河东地区持续降水，为 1961 年以来最多，降水引发洪水，长江流域发生流域性大洪水，甘肃省共 17 条河流发生 71 站次超警洪水。流域内的文县、康县、宕昌县、武都区、岷县、舟曲县和迭部县等地主要河流超警超保、河道洪沟普遍来洪，山洪泥石流全域爆发。

3.3.1 气候变化对流域水资源的影响

3.3.1.1 径流量

径流量一般与降水变化趋势一致，与气温变化趋势相反，干旱地区径流对气温的响应比对降水更加显著，而在湿润地区，径流对降水的响应比对气温更显著。流域径流量对气温的响应较大，当气温不变时，对降水量的响应最明显。

流域的河川径流年内分布不均，汛期(5—9 月)水量集中，冬、春季水量小，是甘肃省河川径流季节性变化的基本特点。白水江片区水系的主要支流有白水江、让水河、小团鱼河、碧峰沟、石龙沟、裕河、余家河、五马河、曹家河、大团鱼河等，河流密集，沟谷纵横，水系呈叶脉状汇集主流，河谷深切，水流湍急，蕴藏了丰富的水能资源。近 20 a，西汉水镡家坝和白龙江武都水文站多年平均实测径流量连续最大 4 个月径流量均出现在 7—10 月，年径流量均呈波动增加趋势，尤其是自 2016 年起，两个水文站年径流量的增加趋势明显(表 3.6)。

表 3.6　2016—2020 年主要江河径流汛期实测径流量和丰枯情况　　单位：亿 m^3

河名	站名	2016 年	2017 年	2018 年	2019 年	2020 年
西汉水	镡家坝	1.73(枯水)	5.36(枯水)	10.41(偏丰)	9.84(偏丰)	18.07(丰水)
白龙江	武都	14.70(枯水)	23.01(平水)	33.81(丰水)	29.92(丰水)	42.49(丰水)

西汉水镡家坝在 20 世纪 60、80 年代为丰水年，90 年代和 2000—2009 年为枯水年，20 世纪 70 年代为平水年(杜克胜，2010)。近 20 a，西汉水镡家坝和白龙江武都水文站多年平均月径流量自 3 月起出现明显的增加，最大值分别出现在 7 月和 8 月，11 月出现减少，2 月出现最小月径流量(图 3.25)。

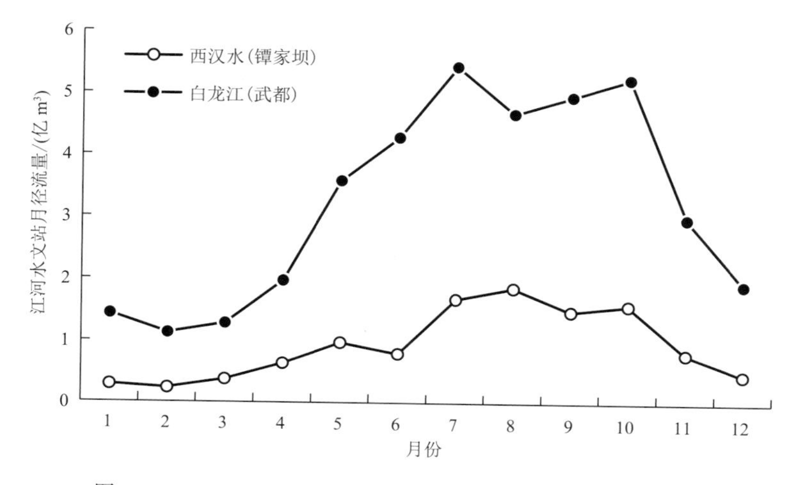

图 3.25　2011—2020 年江河径流水文站多年平均月径流量

3.3.1.2 输沙量

白龙江干流输沙率年内分配极不均匀，多年平均情况下，武都和碧口水文站 7 月输沙率占全年百分比最大，分别为 30.0%和 33.9%；主汛期 6—9 月输沙率合计占全年 75%以上，分别为 82.2%和 75.3%。从上下游输沙率分布看，上游武都站输沙率大于下游碧口水文站（陈学林 等，2017）。2011—2019 年白龙江武都站年径流量和年输沙量均呈波动增加趋势，二者在 2016 年出现最小值，2018 年出现最大值（表 3.7）。

表 3.7　2011—2019 年白龙江年径流量、年输沙量和水平年

白龙江（武都）	2011 年	2012 年	2013 年	2014 年	2015 年	2016 年	2017 年	2018 年	2019 年
年径流量/（亿 m^3）	31.00	39.79	46.95	39.95	33.53	27.86	42.11	50.62	49.30
年输沙量/（万 t）	523	934	949	567	339	195	1380	1480	719
水平年	枯水少沙	丰水少沙	平水少沙	平水少沙	枯水少沙	枯水少沙	丰水多沙	丰水多沙	丰水少沙

流域 2013 年含沙量为 2011—2019 年间最大值，西汉水礼县站上游来水量增加，水流携沙能力加大，致使年输沙量较上年值增大 208%。

2014 年，长江流域嘉陵江水系主要河流属平水年，输沙量受水库、电站调蓄等影响偏小。“两江一水”流域的水文站镡家坝站、武都站、尚德站 5—9 月径流量分别占年径流量的 40%、55%和 57%，同期输沙量分别占年输沙量的 80%、74%、92%。其中西汉水礼县和镡家坝水文站年平均含沙量均为近 10 a 最大值。

2016 年，镡家坝站、武都站、尚德站 4—9 月径流量分别占年径流量的 57%、58%、58%，输沙量分别占年输沙量的 69%、78%、93%。西汉水镡家坝站 4 月和 10 月因区域内连续降水，径流量较大，年最大实测流量 72.5 m^3/s（4 月 14 日），10 月最大实测流量 50.8 m^3/s（10 月 8 日）（图 3.26）。

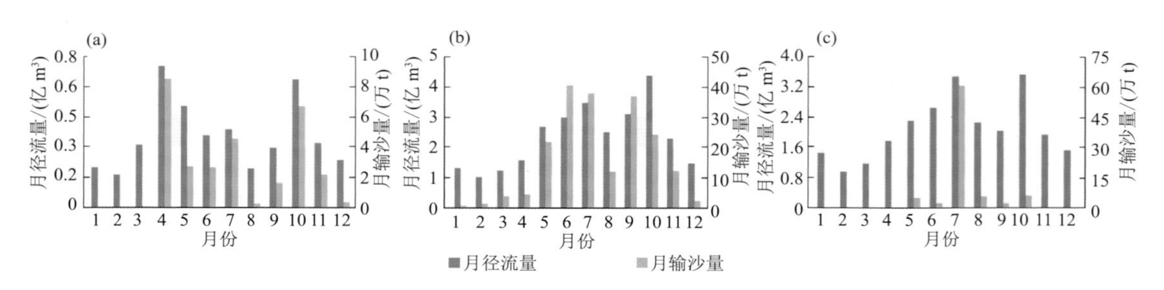

图 3.26　2016 年“两江一水”流域水文站逐月径流量与输沙量变化
（a）西汉水（镡家坝站）；（b）白龙江（武都站）；（c）白龙江（尚德站）

2018 年，“两江一水”流域含沙量仅次于 2013 年。其中西汉水年平均含沙量较大，逐月最大值均出现在 7 月。镡家坝站、武都站和尚德站 4—9 月径流量分别占年径流量的 80%、74%、71%，输沙量分别占年输沙量的 99%、97%、98%（图 3.27）。

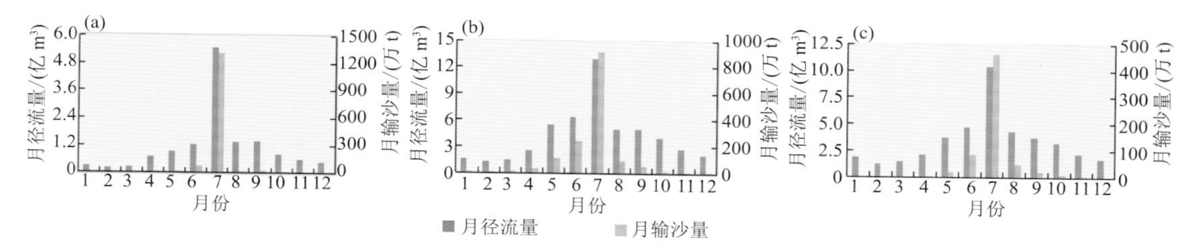

图 3.27　2018 年"两江一水"流域水文站逐月径流量与输沙量变化

(a)西汉水(镡家坝站);(b)白龙江(武都站);(c)白龙江(尚德站)

3.3.2　气候变化对流域森林覆盖度的影响

3.3.2.1　土地覆盖特征

(1)植被覆盖类型

"两江一水"流域研究范围内主要分为 8 种土地覆盖类型(图 3.28),其中草地类型占比最高,主要分布在甘南牧区(碌曲、卓尼)、陇南北部(宕昌、礼县)和陇南东部(麦积、两当),面积 2.44 万 km^2,占区域土地总面积的 43.7%;其次为林地,主要分布在甘南林区(临潭、卓尼、迭部、舟曲)、陇南南部(文县、康县)和陇南东部(麦积、两当、徽县),面积 1.91 万 km^2,占区域土地总面积的 34.1%;耕地主要分布在陇南中北部(岷县、礼县、西和、秦州),面积 1.07 万 km^2,占区域土地总面积的 19.2%;居民地、水域、湿地、裸土地和冰雪覆盖面积较小,分别占区域土地总面积的 1.3%、0.5%、0.4%、0.2%和 0.8%。

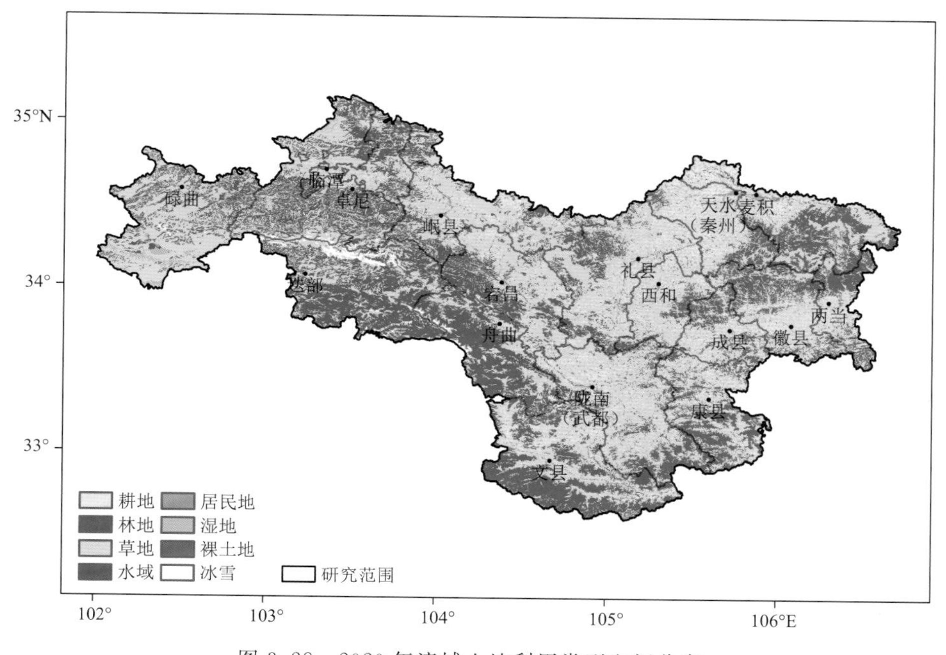

图 3.28　2020 年流域土地利用类型空间分布

(2)植被覆盖度

利用 1 km 分辨率的 MODIS 逐月 NDVI 数据，采用像元二分模型来反演研究区域的植被覆盖度(GB/T 34814—2017)计算植被覆盖度，并分析流域植被覆盖度的变化。流域生态系统平均植被覆盖度如下：大部分地区植被覆盖度在 40%～70%之间(图 3.29)，占流域总面积的 80.8%。流域北部(岷县、礼县东部和秦州)植被覆盖度大多小于 40%，占流域总面积的 17.4%。迭部、舟曲、文县、武都南部、康县和成县植被覆盖良好，覆盖度在 50%以上。

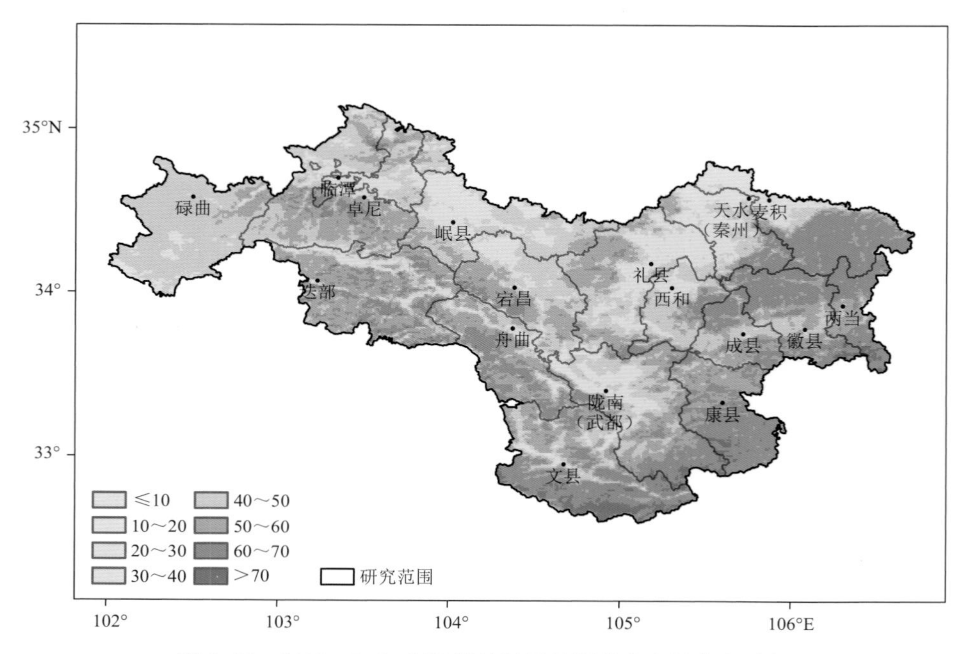

图 3.29　2000—2020 年流域植被平均覆盖度空间分布(%)

近 20 a 来，从流域生态系统 2000—2020 年植被覆盖度变化(图 3.30)可以看出，近 20 a 来流域植被覆盖整体上呈增加趋势。除碌曲县外，流域植被覆盖度平均每年增加 0.2%以上，其中宕昌、礼县、秦州、西和、成县、武都和康县北部植被覆盖度平均每年增加 0.6%以上，占流域总面积的 40.4%。植被覆盖减少的地区主要分布在甘南高原各县，大部分地方植被覆盖度变化在−0.4～0%/a 之间，占流域总面积的 2.7%。

(3)植被净初级生产力

近 20 a 来，流域生态系统大部分地区平均植被净初级生产力(NPP，NPP 数据来源于地理科学数据网(http://www.csdn.store))在 200～300 gC/(m^2 · a)之间(图 3.31)，占流域总面积的 70.0%。流域北部农业区(礼县北部)NPP 在 100～200 gC/(m^2 · a)之间，占流域总面积的 13.8%；成县和康县部分地区的平均 NPP 在 300 gC/(m^2 · a)以上，占流域总面积的 16.1%。

近 20 a 来，流域净初级生产力均为增加趋势(图 3.32)，甘南高原 NPP 变化率多在 0～10 gC/(m^2 · a)之间，占流域总面积的 3.7%；文县南部、武都东南部、康县地区的 NPP 变化率在 20 gC/(m^2 · a)以上，占流域总面积的 20.0%，其中文县东南部、武都南部、康县中南部的 NPP 变化率在 25 gC/(m^2 · a)以上。其余大部分地区的 NPP 变化率在 10～20 gC/(m^2 · a)之间。

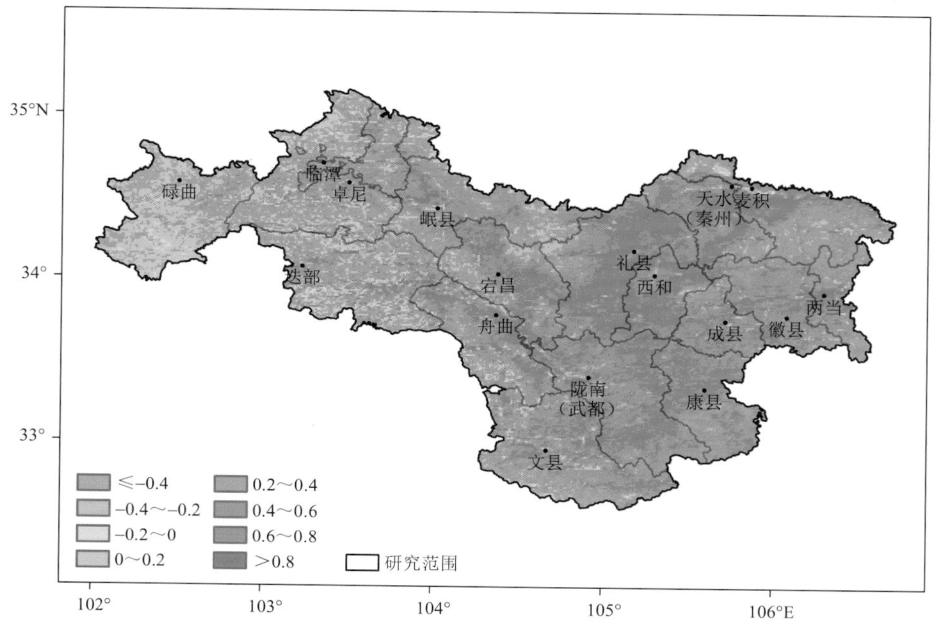

图3.30　2000—2020年流域植被覆盖度变化的空间分布（单位：%/a）

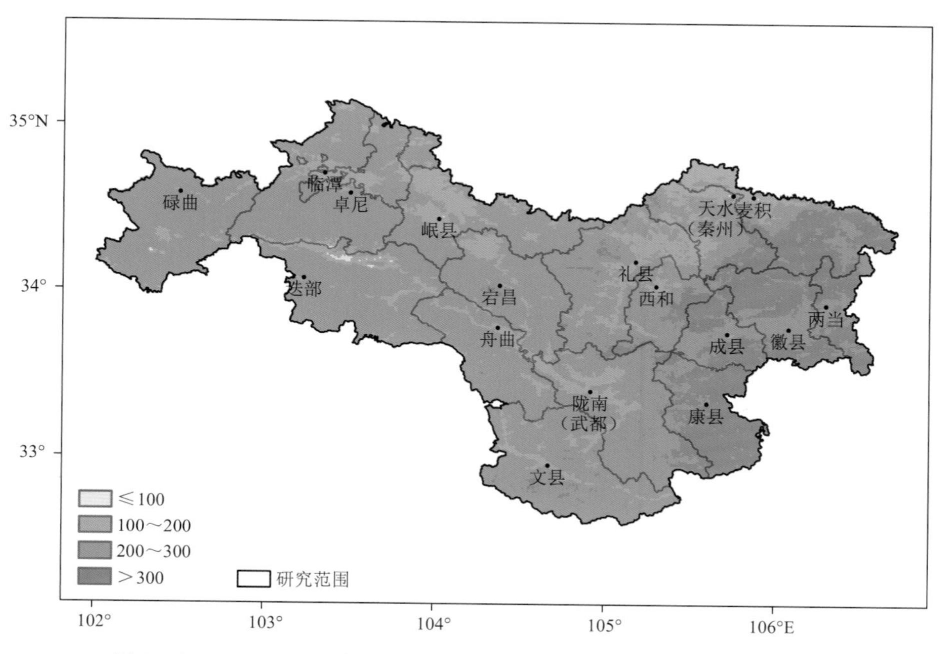

图3.31　2000—2020年流域平均NPP空间分布（单位：gC/（m^2·a））

3.3.2.2　生态质量评价

利用1 km分辨率的MODIS逐月NDVI数据，计算生态质量指数，进而分析流域生态质量。生态质量指数以植被净初级生产力（NPP）和覆盖度的综合指数来表示，其值越大，表明植

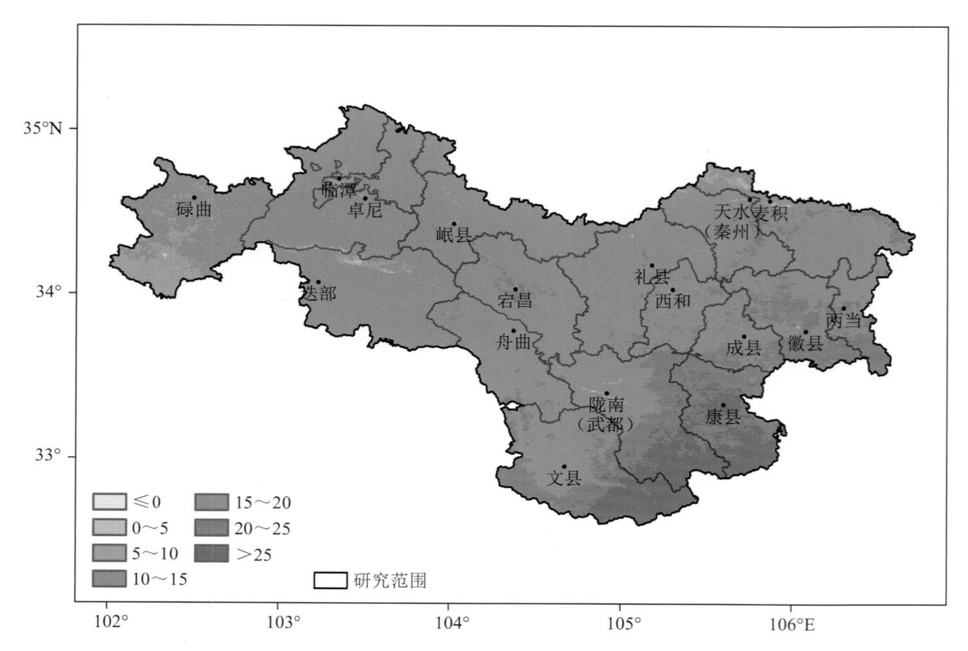

图 3.32　2000—2019 年流域 NPP 空间分布(单位:gC/(m² · a))

被生态质量越好(QX/T 494—2019)。近 20 a 来,除迭部北部山区局部地方生态质量小于 20(评价较差)外,流域大部分地区的生态质量在 30～40 之间(图 3.33),占流域总面积的 45.9%。舟曲河谷地带、文县南部、康县北部地区的区域生态质量为 40 以上(评价较好)。

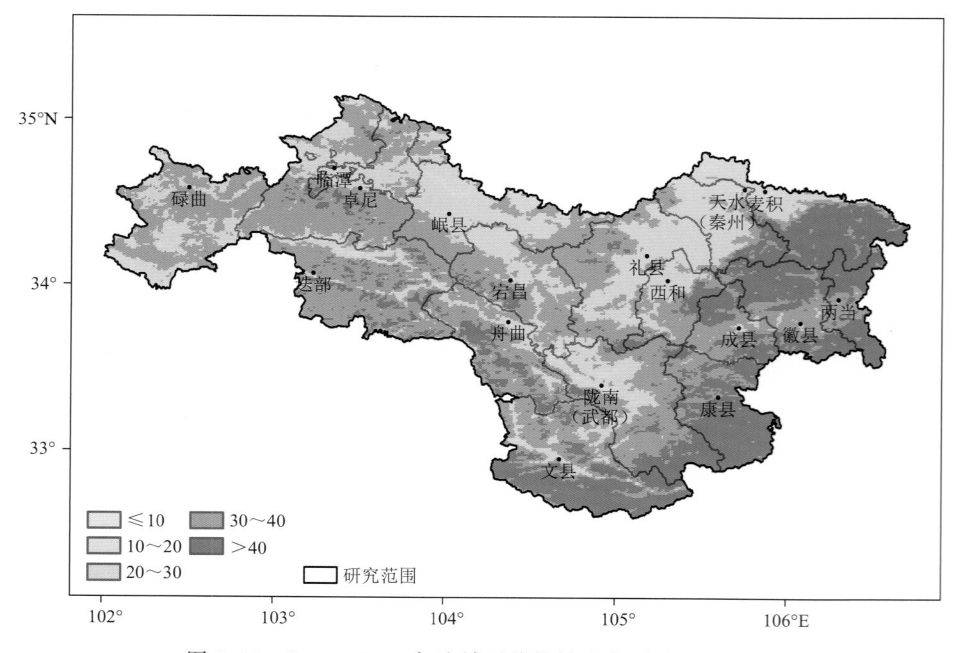

图 3.33　2000—2019 年流域平均植被生态质量空间分布

近 20 a 来,"两江一水"流域生态质量整体上生态质量向好发展,大部分地方生态质量以每年 0.4 以上的趋势增加,宕昌、礼县、西和、武都、秦州大部分区域生态质量年增加 0.6 以上(图 3.34)。迭部局部地方出现有生态质量退化现象,这些区域需要特别加强保护。

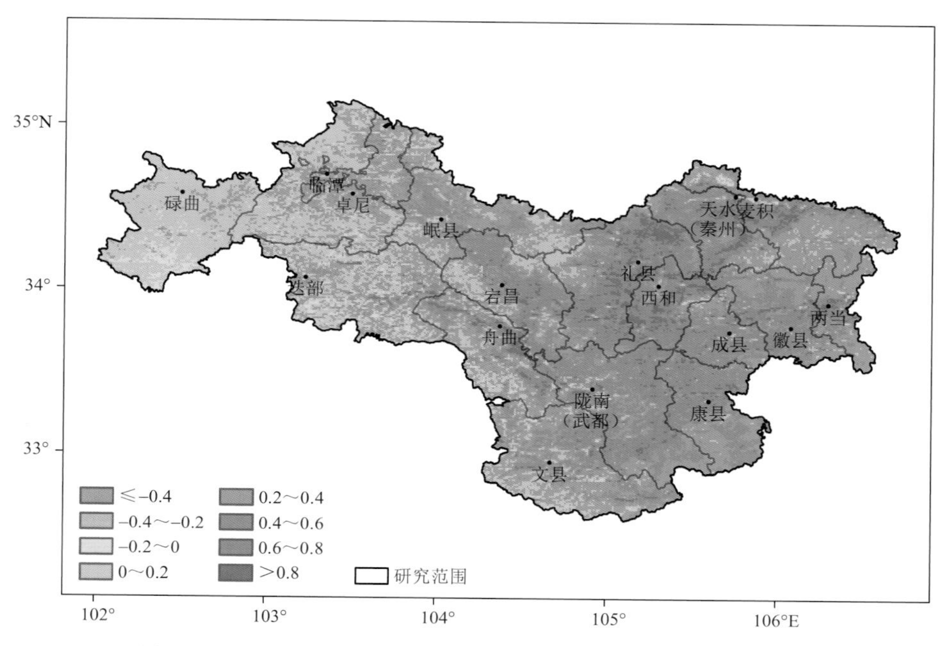

图 3.34　2000—2019 年流域植被生态质量变化趋势的空间分布

3.3.3　极端事件对流域生态的影响

3.3.3.1　暴雨对流域生态的影响

我国是一个自然灾害频发的国家,尤以暴雨及其径流形成的洪水为甚。"两江一水"流域雨季暴雨频繁,洪水严重威胁流域内人民的生命和财产安全,破坏了流域的生态平衡,阻碍社会经济的可持续发展。

(1)暴雨对流域生态的危害

白水江流域山势陡峻、地质复杂,地表水暴涨、暴跌容易引发泥石流等自然灾害(李计生,2008)。暴雨在重力作用下,产生强大势能,使松软的土壤受到雨水冲击而解体,进而被猛烈的径流和洪水挟带流入河流中,导致土壤肥力下降,耕地贫瘠化和沙化,并使河道淤塞,水害不断。农田(村)生态系统受到严重破坏,流域野生动物被迫逃逸或被淹死,使流域自然保护区陷入困境。同时,暴雨洪水直接威胁城乡居民的饮用水源,特别是地面水水源。河流下游地区的饮用水源首先受到威胁,而农村取用地下水的水井,由于缺乏防污染保护设施,一旦受淹,污染更加严重。暴雨持续时间和短时雨量过大,会引发特大洪水,威胁人民群众的生命和财产,扰乱、打破了受灾地区正常的生产和生活,消耗大量的人、物力等资源开展抗洪救灾(贾生元,2003)。

(2)"8·13"陇东南暴洪灾害对流域生态的影响

2020 年 8—10 月,甘肃东南部连续出现 3 次暴雨天气过程,连续暴雨波及面大、破坏程度深，涉及甘肃省陇南、甘南、天水、定西、平凉、庆阳、白银7个市(州)的44个县(区)，造成灾区发生大面积暴洪和地质灾害，受灾人口133.44万人，紧急转移安置8.8万人。交通、水利基础设施损失分别达70.6亿元、67.3亿元，住房倒塌和严重损坏1.58万户、一般损坏2.8万户，农作物受灾面积6.5万 hm^2，尤其是陇南、甘南最为严重。根据国家气象站资料统计，武都等16县(区)8月平均降水量为281.3 mm，较常年同期偏多近2倍，为历史同期最大。其中康县达541.1 mm，偏多3.3倍；成县、文县、武都、秦州偏多2～3倍；其余县区偏多1～2倍(图3.35)。

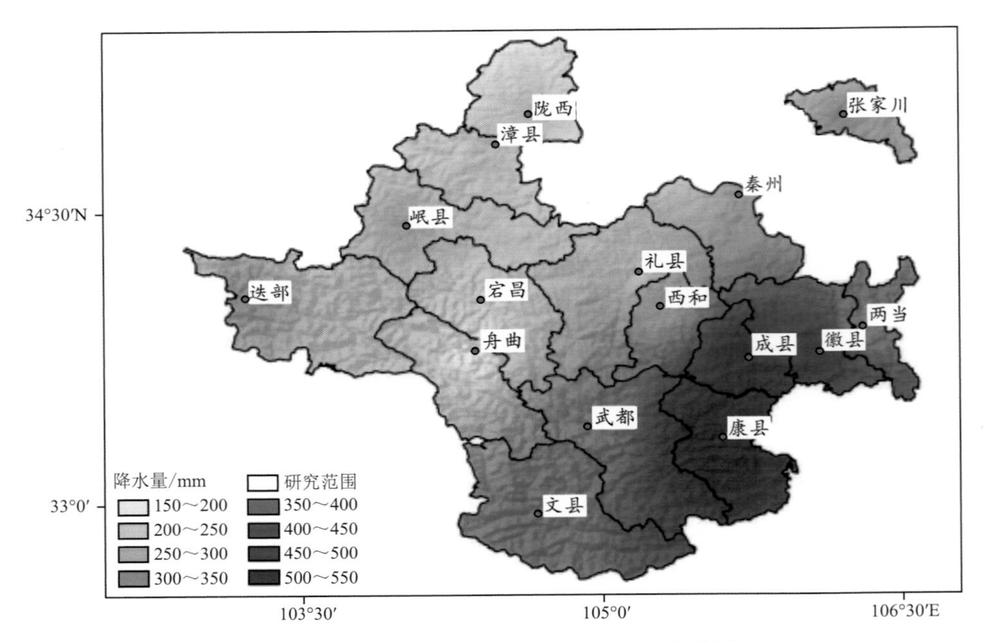

图3.35　2020年“8·13”陇东南暴雨灾害范围

甘肃省减灾委员会印发的《“8·13”陇东南暴洪灾害损失评估报告》指出，依据降雨强度、中小河流及沟道暴洪、地质灾害及灾害损失情况，将本次灾害范围划分为重度受灾区(3个)、中度受灾区(13个)、一般受灾区(28个)3个灾害等级(表3.9)，综合评估灾害造成直接经济损失272.2亿元。

表3.9　“8·13”陇东南暴洪灾害范围

受灾区	所属市州	县(区)名称
重度受灾区(3个)	陇南市	文县、武都区
	甘南州	舟曲县
中度受灾区(13个)	陇南市	宕昌县、康县、礼县、成县、西和县、徽县、两当县
	甘南州	迭部县
	定西市	岷县、漳县、陇西县
	天水市	秦州区、张家川县
一般受灾区(28个)	天水市	麦积区、清水县、秦安县、甘谷县、武山县
	白银市	会宁县
	平凉市	崆峒区、泾川县、灵台县、崇信县、华亭市、庄浪县、静宁县
	庆阳市	西峰区、庆城县、环县、华池县、合水县、正宁县、宁县、镇原县
	定西市	安定区、通渭县、渭源县、临洮县
	甘南州	卓尼县、临潭县、合作市

"8·13"暴洪灾害灾区特点:①地质条件复杂。灾区地处秦巴山区、六盘山区、青藏高原、黄土高原地形交汇地带,地质构造复杂,地貌类型多样,重峦叠嶂,沟壑纵横,是全国地质灾害最严重的区域之一。②生态作用突出。灾区是国家西部生态安全屏障,大熊猫、金丝猴等国家一级保护动物的重要栖息地,水土保持、水源补给、生物多样性保护生态功能重要,生态修复和环境保护任务艰巨。③基础设施薄弱,受地质灾害威胁严重。灾区交通路网密度低、通行能力差,抵御灾害和应急保障能力弱。水利设施不完善,中小河流堤防设防标准低,行洪能力严重不足。④重建任务艰巨。灾区可利用土地资源稀缺,受交通条件制约,重建物资调运成本高。重建项目点多量大,短期内进行集中建设,技术力量不足、施工组织困难等问题突出。⑤灾害贫困叠加。灾区多为"5·12"地震重灾区,灾害隐患点大幅增加,近年又多次遭受洪涝地震灾害破坏。灾区地处秦巴山集中连片特困地区和涉藏地区,是甘肃省乃至全国脱贫攻坚的重点地区,灾害叠加、灾贫叠加。

通过野外测量洪痕,确定出此次灾害白水江石鸡坝段百年一遇、白水江文县段 200 a 一遇、白龙江文县碧口段百年一遇、拱坝河曲告纳段 200 a 一遇的洪水淹没范围。暴雨导致山洪、泥石流、堰塞体等次生灾害,严重影响天然河道泄洪,尤其堰塞湖溃坝流量直接造成河道水位陡涨,流域性大洪水造成各河道淤积严重,河床普遍抬高,河道泄洪能力下降,堤防工程水毁严重,防洪标准普遍降低,对下游人民生命财产安全带来严重威胁。

3.3.3.2　山洪灾害对流域生态的影响

白龙江流域夏季降水受东南季风影响,雨季降水占全年 80%以上,泥石流活动较降水更为集中,7、8 月泥石流占全年的 76%,降水的多少直接决定了白龙江的泥石流活动(黄江成等,2014)。2011 年以来,因暴雨引发的山洪灾害对流域生态系统造成较大影响,多年河流洪峰流量达百年一遇。其中,2012 年中小河流洪水多发。白龙江安子河洪峰流量 495 m^3/s,为百年一遇。2013 年 6 月 19—21 日,白龙江二级支流白家河洪峰流量 878 m^3/s,渭河支流东柯河、颖川河洪峰流量分别为 330 m^3/s、280 m^3/s,达到百年一遇;2014 年秋季出现持续阴雨,白龙江干支流多次出现洪峰。2017 年 6 月 19—21 日,白龙江二级支流白家河洪峰流量 878 m^3/s,渭河支流东柯河、颖川河洪峰流量分别为 330 m^3/s、280 m^3/s,均达到百年一遇。

(1)2018 年山洪灾害对流域生态的影响

2018 年 7 月上中旬,白龙江干流洪水一度全线达到 10～20 a 一遇,白水江尚德站洪峰流量接近 500 a 一遇。主汛期西汉水多次发生中小洪水。年内山洪灾害多发,人员伤亡多,舟曲出现滑坡,约 1 万 m^3 崩塌体堆积于白龙江中部,堵塞三分之一河道,水位壅高 5 m。受地质条件和强降雨多发影响,甘肃省内山洪灾害多发频发,造成人员伤亡。

流域南部地区洪涝灾情严重,文县、舟曲县和康县重灾区遭受多轮强降雨侵袭,暴洪灾害和地质灾害叠加,大量房屋倒塌损坏,通信、电力设施、道路多处塌方中断,防洪、人饮、灌溉等水利基础设施损失惨重。

(2)2019 年山洪灾害对流域生态的影响

2019 年甘肃省降水较常年显著偏多,中小河流洪水偏早偏多,洪水发生早,频繁超警,山洪地质灾害风险高,险情多发。6—9 月,甘肃省各主要河流均发生不同程度超警洪水,共有 12 条河流先后发生 16 场洪水,最大洪水为 6 月 21 日 14 时白水江洪峰流量 627 m^3/s,接近 20 a 一遇。"七下八上"防汛关键期,受前期降雨显著偏多和土壤蓄水充沛影响,山洪泥石流、山体滑坡等山洪地质灾害多发。突出险情有两次,均位于"两江一水"流域。7 月 28—29 日,甘南州迭部县达拉乡次哇沟、水磨沟暴发山洪泥石流。7—9月，连续发生了舟曲县东山镇下庄村牙豁口山体滑坡堰塞岷江险情、舟曲县武坪镇山洪泥石流灾害及堰塞体险情、通渭县山体滑坡堵塞苦水河河道形成堰塞湖险情、临夏县滑坡体壅塞红水河河道险情。

(3)2020年山洪灾害对流域生态的影响

2020年入汛以来河东地区先后出现12次强降水过程，其中8月5次，主要集中在陇南市、甘南州、定西市、天水市、平凉市和庆阳市等地。有22个县(区)出现暴雨，为1961年以来最多。有9个县(区)出现极端日降水事件，其中，静宁、文县均破历史极值，岷县达到历史次级值。降雨引发洪水，陇南市文县、康县、宕昌县、武都区及定西市岷县和甘南州舟曲县、迭部县等地主要河流超警超保、河道洪沟普遍来洪，山洪泥石流全域暴发。

甘肃省各主要河流来水量与多年均值相比总体偏多3成。长江流域嘉陵江水系丰5成，发生流域性大洪水，共有17条河流26个水文测站发生71站次超警洪水，8月17日白水江尚德站洪峰流量2780 m^3/s，超过历史洪水调查最大值(1981年1870 m^3/s)。8月17日西汉水成县镡家坝站洪峰流量3280 m^3/s，超20 a一遇(3020 m^3/s)。

8月以来持续性强降水导致陇南、甘南、定西多地出现严重的山洪、山体塌方、滑坡和泥石流等次生灾害，多地房屋被淹，交通、水利、电力和通信设施多处损毁，导致道路、电力和供水中断，通信失联。8月17日文县石鸡坝镇水磨沟村发生泥石流阻断白水江形成堰塞湖，造成石鸡坝镇险崖坝社被淹；8月18日康县周家坝镇柏杨村山体滑坡堵塞纸槽沟形成堰塞湖；8月18日迭部县旺藏镇跨河桥涵塌陷，堵塞多儿沟形成堰塞湖。

3.4 未来气候变化及影响预估

3.4.1 气候模式介绍

区域气候模式的概念在20世纪80年代末被提出(Giorgi，1990)，其后得到广泛应用。区域气候模式(RegCM)系列模式垂直方向采用 σ 坐标，水平采用Arakawa B网格差分方案，模式侧边界采用指数张弛时变边界方案。与RegCM3比较，RegCM4的模式构架改动较大，模式有二维剖分、并行输出等功能，具有较好的并行效率和可扩展性。物理过程方面也增加了更多的物理参数化方案选择，支持多种数据作为侧边界强迫。

基于再分析资料驱动RegCM4.4下大量试验的对比分析(Gao et al.，2016)，此处选择了对中国区域有较好模拟效果的参数化组合：辐射采用大气环流模式(CCM3)方案，行星边界层使用Holtslag方案，大尺度降水采用次网格显式水汽(SUBEX)方案，积云对流选择Emanuel方案，陆面使用综合性陆面模式3.5版本(CLM3.5)方案。试验使用的土地覆盖资料在中国区域内基于中国1∶100万植被图得到(韩振宇 等，2015)。此处版本包括历史模拟评估和未来气候变化预估等(Han et al.，2017；Shi et al.，2017；Zhang et al.，2017)。模拟的区域是CORDEX-East Asia(联合区域气候降尺度试验-东亚区域)第二阶段推荐区域，覆盖了整个中国大陆及周边地区。模式水平分辨率为25 km，垂直方向为18层。模拟时段为1979—2099年。驱动区域气候模式的初始场和侧边界值由CMIP5全球气候模式HadGEM2-ES(地球系统的哈得来中心全球环境模型第二版)的逐6 h输出提供。模拟试验中采用的温室气体排放方案是中等温室气体排放情景RCP4.5。常规的气象要素，如气温和降水等，经后处理双线性插值到0.25°×0.25°的网格，时间分辨率为逐日。

3.4.2 RegCM4区域气候模式模拟能力的评估

RegCM4区域气候模式能较好地再现过去30 a中国区域气温和降水的空间分布特征，对于温度和降水的分布型能够较为准确地模拟再现。但是模拟的气温整体偏低于观测结果，降水模拟值高于观测结果，30 a气温模拟上升趋势接近实际观测，气温在冬季的模拟好于其他季节，夏季降水的模拟结果明显高于观测（巩崇水 等，2015）。

3.4.3 气候模式对"两江一水"流域气温、降水变化的模拟和预估

采用RegCM4模式，在RCP4.5情景下对"两江一水"流域年平均气温、年最高气温、年最低气温和年降水量进行分析。1986—2005年气象要素的平均值作为当代气候，分析模式模拟结果相对于当代气候的变化情况。

3.4.3.1 未来30 a(2021—2050年)气候变化

采用RegCM4模式对流域2021—2050年日平均气温、日平均最高气温、日平均最低气温、日降水量进行预估分析，采用当代气候平均值（1986—2005年平均值）对比。

根据RegCM4模式RCP4.5情景下的预估结果分析得出，预计到2050年，流域年平均气温、年平均最高气温和年平均最低气温均将呈现出一致的上升态势，上升趋势分别为0.20 ℃/(10 a)、0.19 ℃/(10 a)和0.22 ℃/(10 a)，气温增加幅度分别为0.7～2.8 ℃、0.1～2.4 ℃和1.1～3.2 ℃；年降水量呈增多趋势，气候降水量距平百分率倾向率为3%/(10 a)，变化范围在−14%～58%之间（图3.36）。

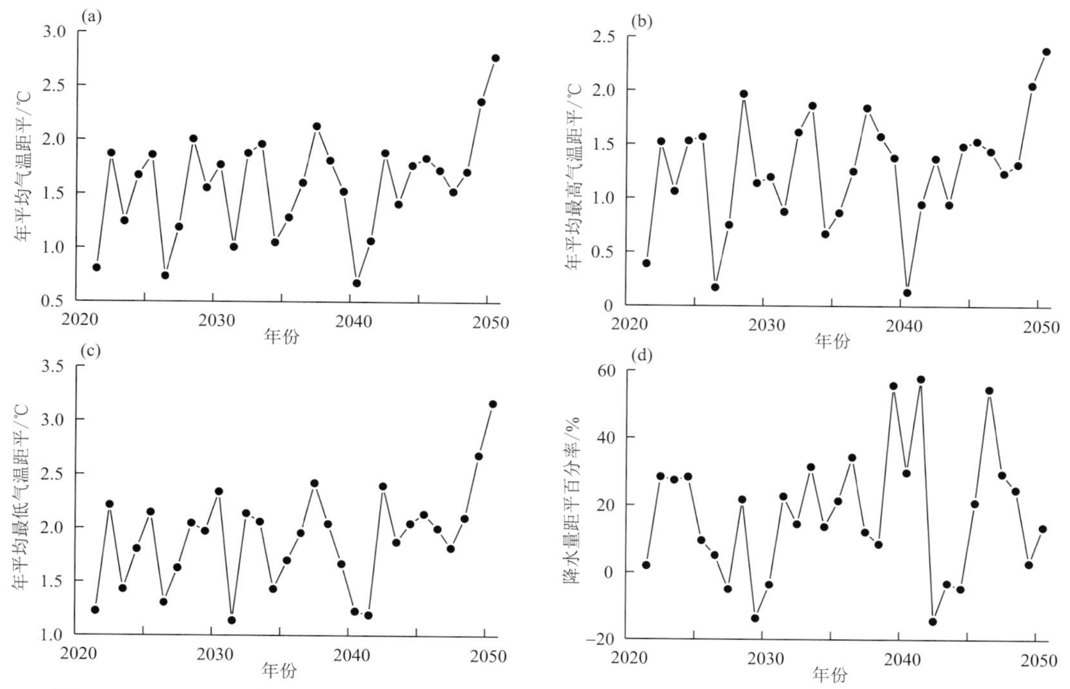

图3.36 RegCM4模式模拟RCP4.5情景下的流域中期年平均气温(a)、年平均最高气温(b)、年平均最低气温(c)和年降水量(d)的时间变化（相对于1986—2005年）

预计到2050年，流域不同类型气温变化的分布趋势，总体呈现由东部向西部增加，中部偏东地区出现低值区，甘肃西汉水地区增加幅度最小，白龙江上游地区增温幅度最大。其中，年平均最高气温增温幅度最大，主要集中在西北部，年平均最低气温增温幅度最小。流域年降水量分布总体呈现由北部向南部增加，在西北部地区出现降水减少的地区，但减少幅度很小，中南部地区出现降水增多的大值区(图 3.37)。

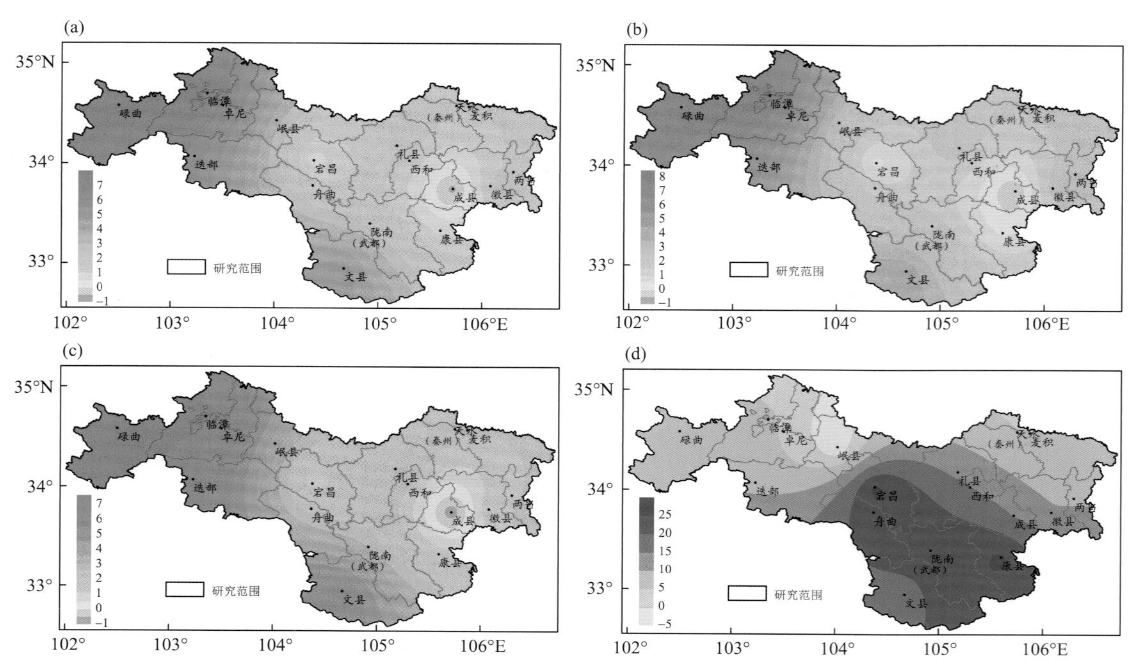

图 3.37 RegCM4 模式模拟的 RCP4.5 情景下，2021—2050 年流域年平均气温(a，单位：℃)、年平均最高气温(b，单位：℃)、年平均最低气温(c，单位：℃)和年降水量(d，%)的空间变化(相对于 1986—2005 年)

3.4.3.2 未来 50 a(2021—2070 年)气候变化

根据 RegCM4 区域气候模式 RCP4.5 情景下的预估结果，到 2070 年，流域年平均气温、年平均最高气温和年平均最低气温均将呈现出一致的上升态势，年平均最低气温增加幅度最大，在 1.1～4.1 ℃之间，年平均气温和年平均最高气温增温幅度为 0.7～4 ℃；年降水量呈增多趋势，大部分地区降水量距平百分率变化为−20%～60%(图 3.38)。

根据 RegCM4 区域气候模式 RCP4.5 情景下的预估结果，预计到 2070 年，年平均气温、年平均最高气温和年平均最低气温总体呈现由东部向西部增大，年最高气温增温幅度最大，年最低气温增幅最小。甘肃西汉水流域大部地区在不同类型气温下的增温幅度均为最小，大致为 0.5～2.5 ℃，白龙江上游地区在不同类型气温下的增温幅度均为最大。年降水量的模式模拟结果显示，流域大部的降水量整体偏多，降水量距平百分率变化幅度整体呈现北部少南部多的分布形态，流域中南部地区增加幅度最大，白龙江流域上游和西汉水上游地区增幅偏小(图 3.39)。

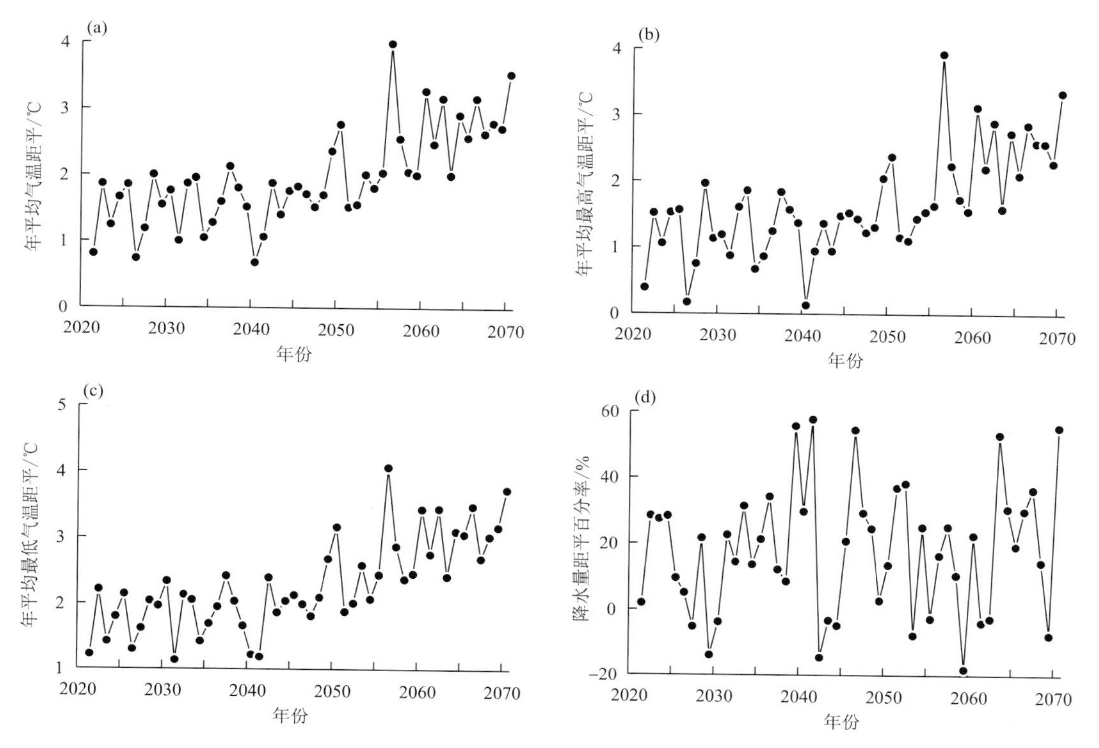

图 3.38　RegCM4 模式模拟 RCP4.5 情景下，2021—2070 年流域年平均气温(a)、年平均最高气温(b)、年平均最低气温(c)和年降水量(d)的时间变化(相对于 1986—2005 年)

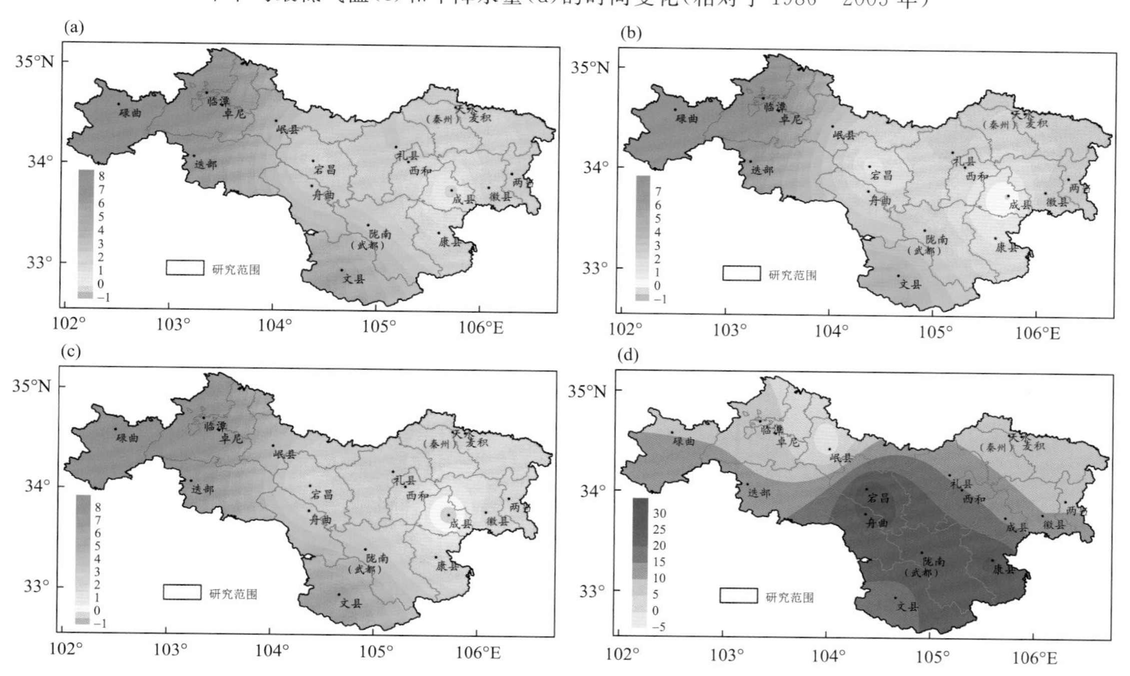

图 3.39　RegCM4 模式模拟的 RCP4.5 情景下，2021—2070 年流域年平均气温(a，单位：℃)、年平均最高气温(b，单位：℃)、年平均最低气温(c，单位：℃)和年降水量(d，%)的空间变化(相对于 1986—2005 年)

3.4.4 未来气候变化对生态环境的影响

"两江一水"流域是长江上游重点水源涵养区和重要生态屏障，生态功能和地位十分重要，气候变化已经并继续影响着生态环境，预测未来气候变化的幅度及其对环境的破坏，具有重要意义(严耕，2015)。

未来气候变化对农作物产量的影响有利有弊。在以温度为限制因子的我国北方地区，气温升高促使复种指数增加，对粮食增产有益(房世波 等，2011)。如甘肃小麦、玉米和马铃薯的种植面积已发生改变，未来气温升高将改变种植制度，实现增产，但 2030 年之后，因为气候变暖，小米、玉米和水稻产量可能减产(徐苏佩，2017)。

流域未来气温呈上升趋势，降水量呈增多趋势，径流量在 2060 年以前变化不明显，但略微有减小趋势，2060 年以后流域径流量呈显著增大趋势(陈玲飞 等，2004)。在中高等排放情境下，未来气候变化对流域径流量的影响程度低排放情景更加明显(金兴平 等，2009)。

3.4.5 气候变化模拟和预估不确定性分析

目前，用于未来气候变化预估的主要工具是全球和区域气候模式。全球和区域气候模式提供有关未来气候变化，特别是大陆及其以上尺度气候变化可靠的定量化估算，具有相当高的可信度。但是，模式仍然存在重要的局限性，导致模式预测结果包含有相当大的不确定性，其中降水预测的不确定性比气温更大。在对未来气候变化预估时，产生不确定性的原因很多，在区域级尺度上，气候变化模拟的不确定性则更大。区域气候模式降尺度结果的可靠性，很大程度上取决于全球模式提供侧边界场的可靠性，全球模式对大的环流模拟产生的偏差，会被引入到区域模式的模拟，在某些情况下还会被放大。此外，目前观测资料的局限性也在区域模式的检验和发展中引入了更多的不确定性。当前区域气候模式水平分辨率在向 15～20 km 及更高分辨率发展，而现有观测站点密度及格点化资料空间分辨率都较难满足评估这些很高分辨率模拟的需要。

3.5 流域生态保护与修复的措施对策

"两江一水"流域是我国长江上游水土流失防治重点区域，地质环境脆弱，是全国滑坡、崩塌、泥石流四大高发区之一。受地理位置、地形、大气环流和太阳辐射等影响，气候差异大，类型复杂多样，属于多重系统过渡地区，有着明显的过渡性和脆弱性，这些决定了它承受人类活动干扰强度阈值较低，稍有自然、社会经济等因素的干扰，极易导致生态环境恶性发展。位于高寒地区的舟曲、迭部等地，常年受季风气候影响，雪灾、洪涝、风灾等气象灾害频发，崩塌、泥石流、滑坡等地质灾害时有发生。2010 年舟曲县发生了新中国成立以来最严重的山洪泥石流灾害，给人类社会造成严重损失。白龙江沿线的武都、文县位于南北地震带北段，境内褶皱及断裂构造纵横交织，山高坡陡谷狭，落差大，地形复杂，2008 年汶川大地震对境内生态植被遭受重大破坏，水土流失和地质灾害加剧(崔瑞萍，2014；韩兆伟，2018)。

针对"两江一水"流域脆弱的自然生态系统和污染防治形势，以及发展与保护之间存在的诸多矛盾等问题，2014 年 1 月国家发展和改革委员会引发了《甘肃省加快转型发展建设国家生态安全屏障综合试验区总体方案》(发改西部〔2014〕81 号)，方案中阐述了甘肃省建设国家生态安全屏障综合试验区的基础条件和意义，对推进甘肃绿色转型发展与生态建设结合，对探索一条符合省情的发展道路有重要意义。2016年8月甘肃省政府在此方案的基础上引发了《甘肃省建设国家生态安全屏障综合试验区“十三五”实施意见》，其中明确了“两江一水”流域的功能定位，即坚持以涵养水源和保护生物多样性为重点，加强水土保护和山洪地质灾害综合防治，加大森林、湿地等生态系统保护和修复力度，构建长江上游生态安全屏障。2018年甘肃省政府工作报告中提出建设陇东南生态产业经济带，“两江一水”流域面临着较大机遇。

“十四五”时期，甘肃省水利发展改革坚持目标指引、问题导向，立足区域特点和发展定位，围绕“西控、南保、东调、中优”的水安全保障思路，打造“一带、二区、三源、十廊”的水生态治理格局，推进点线面相结合的防洪减灾体系建设。以保护江河源头水为重点，“两江一水”源头区生态保护与修复，强化重要水源补给生态功能区水生态保护，加强水土保持、山洪灾害综合防治。围绕基本民生需求、生态产业，完善供水保障体系。同时，以合理开源、适度引调水为重点，力争开工建设白龙江饮水工程，构建当地水、外调水、非常规水联合调配的供水体系，促进水资源与人口、经济、能源布局均衡协调。

“两江一水”流域生态环境现状的系统调查发现，从目前流域脆弱的生态环境，现行的流域管理模式，水土流失与污染治理的成效，公益林生态补偿机制落实情况四方面入手，对流域当前整体生态环境状况有一个清晰的认识。根据对流域生态环境中存在的问题，形成的原因以及国内成熟的治理经验的分析，得出符合本流域生态保护实际情况的对策。

3.5.1 水资源精细化管理

流域水资源管理工作要全面贯彻新发展理念，深入落实习近平总书记“节水优先、空间均衡、系统治理、两手发力”治水思路和关于治水重要讲话指示批示精神，贯彻落实省委省政府及甘肃省水利厅党组关于甘肃水利“四抓一打通”工作部署，以强化水资源刚性约束为主线，着力明晰初始水权分配、规范取用水行为、优化水资源配置、复苏水生态环境、提升水资源管理水平，推进水资源集约节约安全利用，促进生态文明建设和高质量发展。

3.5.2 增强适应气候变化能力

落实国家适应气候变化战略，加强森林、草原、湿地等生态系统的保护与修复，强化水资源保障体系建设，提升生态脆弱地区和生态敏感区适应能力。开展气候变化影响监测和风险评估，识别气候变化对敏感区水资源保障、粮食生产、城乡环境、人体健康、重大工程的影响。提升农业生产适应气候变化能力，加快发展保护性耕作等技术，创新畜牧业发展模式。提升城乡建设适应气候变化能力，加强防灾减灾体系建设，推动城市基础设施适应气候变化。健全公共卫生应急和救援机制，最大程度降低气候风险对人群健康的不利影响。

3.5.3 构建自然保护地体系

深入开展国家公园建设。统筹推进大熊猫国家公园建设，进一步整合优化管理机构，健全资源开发管控和有序退出机制，坚决清理关停违法违规项目，严格开发活动监管，持续改善生态环境，维护大熊猫国家公园生态系统原真性和完整性。

理顺自然保护地管理机制。按照生态优先、应划尽划、应保尽保，解决自然保护地区域交叉、空间重叠问题，合理划定各级各类保护地范围。统筹推进自然保护地勘界定标、确权登记、机构组建和保护修复，实现自然保护地统一设置、分级管理、分区管控。理顺森林、草原、湿地、耕地等资源管理机制，清晰界定各类自然资源资产的产权主体。逐步构建并形成以国家公园为主体、自然保护区为基础、各类自然公园为补充的全省自然保护地体系。

不断提升生物多样性保护水平。加强生物多样性监督执法力度，有序推进生物多样性本底调查，构筑生物多样性保护网络，完善就地保护空间网络体系，构建有利于物种迁徙和基因交流的生态廊道。加强野生动植物及其栖息地保护修复，实施濒危野生动植物抢救性保护工程，将珍稀濒危野外种群及生境全面纳入保护范围。加强转基因生物技术环境安全管理，提升外来入侵物种防控管理水平。

3.5.4 强化生态保护评估和监管

依据甘肃省“十四五”生态环境保护规划政策要求，立足服务、支撑和保障全省生态环境监管需求，做到以下三点。

第一，开展生态保护监测评估。开展流域生态状况、生态保护红线、自然保护地、县域重点生态功能区评估，全面掌握区域生态状况变化趋势。建立健全国家公园、自然保护区、自然公园人类活动遥感监测评估制度。开展生物多样性保护、山水林田湖草沙冰系统治理等生态系统保护成效评估。

第二，持续加强自然保护地监管。实行最严格的自然保护地生态保护监管制度，加强自然保护地设立、晋(降)级、调整、整合和退出的监管，定期公布自然保护地生态环境状况。深入推进“绿盾”自然保护地监督，强化对各级各类自然保护地监督检查。

第三，加大生态破坏问题监督和查处力度。加强对破坏湿地、林地、草地、河湖缓冲带等生态敏感区的开矿、筑坝、建设等违法行为的监督和执法。强化对湿地生态环境保护、荒漠化防治和水产养殖环境保护的监督，强化生态保护综合执法与相关执法队伍的协同联动，形成执法合力，重点开展土地和矿产资源开发生态保护、流域水生态保护执法，严肃查处自然保护地内破坏生态环境的违法违规行为。

3.6 本章小结

本章介绍了甘肃省“两江一水”流域地形地貌和水系特征，分析了流域基本气候特征和极端气候事件等气候变化观测事实。针对流域气候变化对水资源、生物多样性、森林覆盖度的影响，以及暴雨、山洪等极端事件对流域生态的影响展开分析与评价。同时，采用 RegCM4 区域气候模式对流域未来气候变化进行了模拟与预估分析。最后，基于流域气候变化对生态环境的综合影响分析，给出了适宜甘肃省“两江一水”流域科学开展生态保护与修复的措施对策。

第4章
陇东黄土高原丘陵沟壑生态系统

4.1 区域概况

陇东黄土高原是黄土高原风貌保存较为完整的地区，主要包括平凉市(静宁、崆峒、庄浪、灵台、泾川、华亭、崇信)、庆阳市(环县、华池、庆城、西峰、镇原、合水、正宁、宁县)、白银(会宁)、定西(安定、陇西、通渭)、天水(武山、甘谷、秦安、张家川)，共计 23 个县(区)(图 4.1)；东部和北部分别以甘陕和甘宁边界为界限。

图 4.1 陇东黄土高原丘陵沟壑区地图

陇东黄土高原属鄂尔多斯台地的地形地貌，为侏罗纪保安群地质层基发育，以红色砂岩及页岩为主。其新生代红黏土和新老黄土深厚约 200 m，只有零星部分的沟底河岸基岩裸露。塬面由于常年风雨分割，水土侵蚀而成的梁、峁、沟、壑等特殊地形。海拔多在 1100～1658 m，坡度 5°～35°，谷坡陡峻，地表十分破碎。

陇东黄土高原地处黄河中游，其中黄河支流渭河支流泾河的最大支流马莲河，主要流经陇东黄土高原；马莲河在庆城县以上流域面积 7141 km^2，年径流量 2.325 亿 m^3/a，输沙量 4570 万 t，最大含沙量 1180 kg/m^3，多年平均流量 1.78 亿 m^3，年平均流量为 6.27 m^3/s，多年平均输沙量 7420 万 t，含沙量 330 kg/m³。合水以上，流域面积 1782.024 km²（含县川河、固城河流域），平均比降 1.45%，集水面积 1790 km²。多年平均流量 1.19 L³/s（自产流量），年平均总径流量：0.375 亿 m³（最大 7 月，0.082 亿 m³；最小 1 月，0.008 亿 m³）。

陇东黄土高原丘陵沟壑纵横，生态格局错综交横，物种资源丰富多样，主要以森林—灌丛、草地、农田 3 种一级生态系统和落叶阔叶林、落叶阔叶灌丛、温性草原、草丛、旱地 5 种二级生态系统为主；其中天然草地植被区域有草甸草原区和典型草原区 2 个区域，包括温性疏灌草丛、草甸草原和典型草原 3 个植被型。陇东黄土高原还有山地和较大的河谷盆地，例如，会宁屈吴山（海拔 2954 m）、定西盆地和会宁盆地等。

另一方面，陇东黄土高原既是气候变化敏感区，又是雨养农业区；农牧林业生产对气候条件的依赖性较强。与此同时，陇东黄土高原生态环境问题也较为突出，主要表现为以下几点：一是黄土层厚，地表大部分由第四纪黄土所覆盖，特殊的黄土地质为该区强烈的土壤侵蚀提供了物质条件，地面的破碎为严重水土流失的地貌条件，尤其是秋季连续阴雨和多暴雨天气，土壤湿度大，为水土流失提供了动力条件；特殊的地质、地貌是造成目前严重生态环境问题的关键。二是机械、化学制品的污染和人类对资源和环境的不当利用。此外，该区域还是甘肃省干旱缺水的主要地区之一，地下水人均地均占有量大大低于同类地区水平，属于全国水资源最贫乏的地区。由于陇东黄土高原丘陵沟壑区独特的地理位置，具有复杂的气候类型，了解该区域的气候变化特征有利于建设陇东黄土高原丘陵沟壑区生态屏障，对于整个黄河流域乃至全国生态环境的改善都具有重要意义。

4.2 区域气候变化

4.2.1 气候变化特征

4.2.1.1 气温

(1)平均气温

①年平均气温变化特征

甘肃黄土高原丘陵沟壑区年平均气温平均值为 9.1 ℃，图 4.2 是甘肃黄土高原丘陵沟壑区 1961—2020 年平均气温距平的历年变化曲线图，由图可见，年平均气温自 1961 年以来呈持

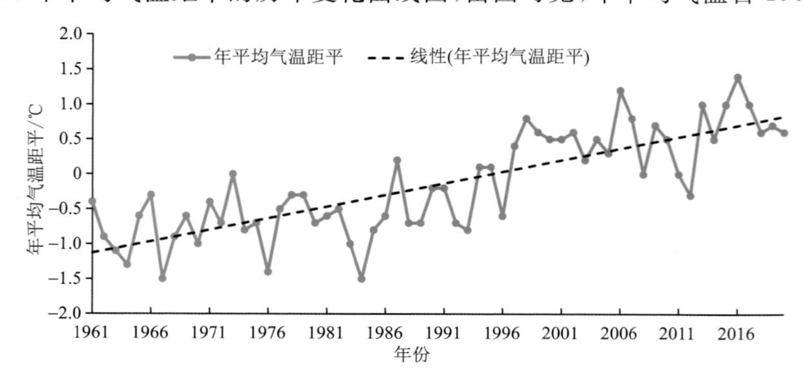

图 4.2 1961—2020 年甘肃黄土高原丘陵沟壑区年平均气温距平的历年变化

续上升趋势，每10 a增温0.33 ℃，近60 a以来升高了1.9 ℃。2016年是近60 a来最暖的年份，平均气温为10.5 ℃，比常年同期偏高1.4 ℃；1984年是近60 a来最冷的年份，平均气温为7.6 ℃，比常年同期偏低1.5 ℃。1961—1987年，气温的上升幅度相对1987年以后缓慢，从1987年后上升幅度逐渐加大，特别是在1996年以后，年均气温呈快速上升，仅2012年偏低，尤其2013—2020年偏高0.5～1.4 ℃。此外，发现20世纪90年代增温显著，而21世纪初的12 a内气温呈弱的下降趋势，后6 a来又表现为显著升高，近4 a气温又呈微弱的下降趋势。

图4.3是甘肃黄土高原丘陵沟壑区1961—2020年年平均气温气候倾向率空间分布图，由图可见，全区气候倾向率均为正值，呈一致的增温趋势，区域西北部地方包括安定区、会宁县、镇原县、西峰区、环县等地的增温趋势高于其余地区，其值大于0.4 ℃/(10 a)，其余地方在0.15～0.4 ℃/(10 a)之间变化。

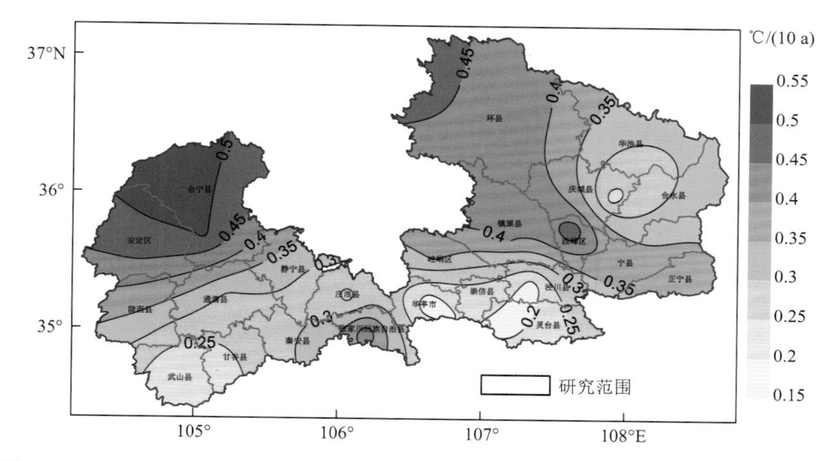

图4.3　1961—2020年甘肃黄土高原丘陵沟壑区年平均气温气候倾向率空间分布

②季平均气温变化特征

甘肃黄土高原丘陵沟壑区春季平均气温平均值为10.0 ℃，图4.4a是甘肃黄土高原丘陵沟壑区1961—2020年春季平均气温距平的历年变化曲线图，由图可见，春季平均气温自1961年以来呈持续上升趋势，每10 a增温0.41 ℃，近60 a以来升高了2.4 ℃。2018年是近60 a来最暖的年份，平均气温为12.5 ℃，比常年同期偏高2.5 ℃；1970和1976年是近60 a来最冷的年份，平均气温为8.3 ℃，比常年同期偏低1.7 ℃。1961—1987年，气温无明显上升趋势，处于波动背景；1987年以后上升幅度逐渐加大，特别1996年以后，年均气温呈快速上升，气温处于偏暖背景，尤其2013—2020年偏高1.4 ℃。此外，发现1996年春季气温发生了较明显突变，由前期偏冷背景转为偏暖状态。

甘肃黄土高原丘陵沟壑区夏季平均气温平均值为20.2 ℃，图4.4b是甘肃黄土高原丘陵沟壑区1961—2020年夏季平均气温距平的历年变化曲线图，由图可见，夏季平均气温自1961年以来呈持续上升趋势，每10 a增温0.25 ℃，近60 a以来升高了1.5 ℃。2006和2016年是近60 a来最暖的年份，平均气温为22.1 ℃，比常年同期偏高1.9 ℃；1976年是近60 a来最冷的年份，平均气温为18.6 ℃，比常年同期偏低1.6 ℃。1961—1991年，气温无明显上升趋势，处于波动背景；1991年以后上升幅度逐渐加大，年均气温上升明显，气温处于偏暖背景，但近5 a，甘肃黄土高原丘陵沟壑区夏季平均气温又呈现明显的下降趋势。

甘肃黄土高原丘陵沟壑区秋季平均气温平均值为 8.9 ℃，图 4.4c 是甘肃黄土高原丘陵沟壑区 1961—2020 年秋季平均气温距平的历年变化曲线图，由图可见，秋季平均气温自 1961 年以来呈持续上升趋势，每 10 a 增温 0.30 ℃，近 60 a 以来升高了 1.8 ℃。1998 年是近 60 a 来最暖的年份，平均气温为 10.5 ℃，比常年同期偏高 1.6 ℃；1967 年是近 60 a 来最冷的年份，平均气温为 7.2 ℃，比常年同期偏低 1.7 ℃。

甘肃黄土高原丘陵沟壑区冬季平均气温平均值为−3.2 ℃，图 4.4d 是甘肃黄土高原丘陵沟壑区 1961—2020 年冬季平均气温距平的历年变化曲线图，由图可见，冬季平均气温自 1961 年以来呈持续上升趋势，每 10 a 增温 0.38 ℃，近 60 a 以来升高了 2.3 ℃。2016 年冬季是近 60 a 来最暖的年份，平均气温为−0.4 ℃，比常年同期偏高 3.3 ℃；1967 年是近 60 a 来最冷的年份，平均气温为−6.5 ℃，比常年同期偏低 2.9 ℃。

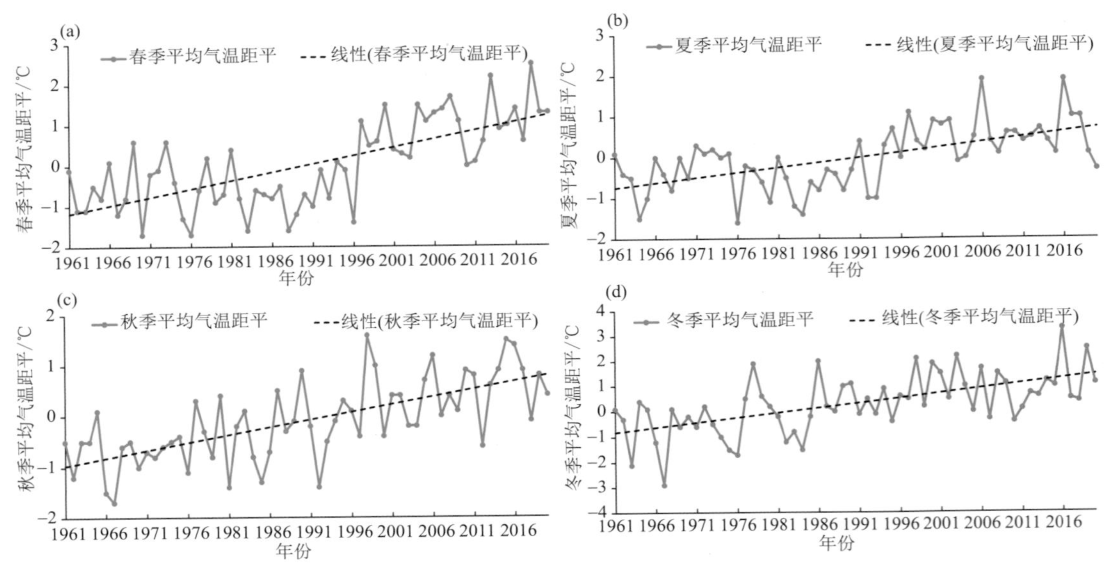

图 4.4　1961—2020 年甘肃黄土高原丘陵沟壑区春(a)、夏(b)、秋(c)、冬(d)季平均气温距平的历年变化

图 4.5 是甘肃黄土高原丘陵沟壑区 1961—2020 年季平均气温气候倾向率空间分布图，总体上，四季气温的气候倾向率分布型与年气温分布型相一致，表现为区域西北部趋势高于其余地方。冬季是四季中增温最明显的季节，大部分地区的增温趋势超过 0.4 ℃/(10 a)。春季增温最明显地区为镇原县及西峰区，增温趋势超过 0.4 ℃/(10 a)；夏季增温幅度最大地区位于区域西部的安定区，其值也超过 0.4 ℃/(10 a)；秋季增温趋势最大地区位于安定区及西峰区，数值超过 0.4 ℃/(10 a)；冬季增温趋势最大地区位于安定区、会宁县、环县、镇原县及西峰区，增温趋势超过 0.45 ℃/(10 a)。

(2)最高气温

①年平均最高气温变化特征

甘肃黄土高原丘陵沟壑区年平均最高气温平均值为 15.4 ℃，图 4.6 是甘肃黄土高原丘陵沟壑区 1961—2020 年年平均最高气温距平的历年变化曲线图，由图可见，年平均气温自 1961 年以来呈持续上升趋势，每 10 a 增温 0.43 ℃，近 60 a 以来升高了 2.6 ℃。2016 年是近 60 a

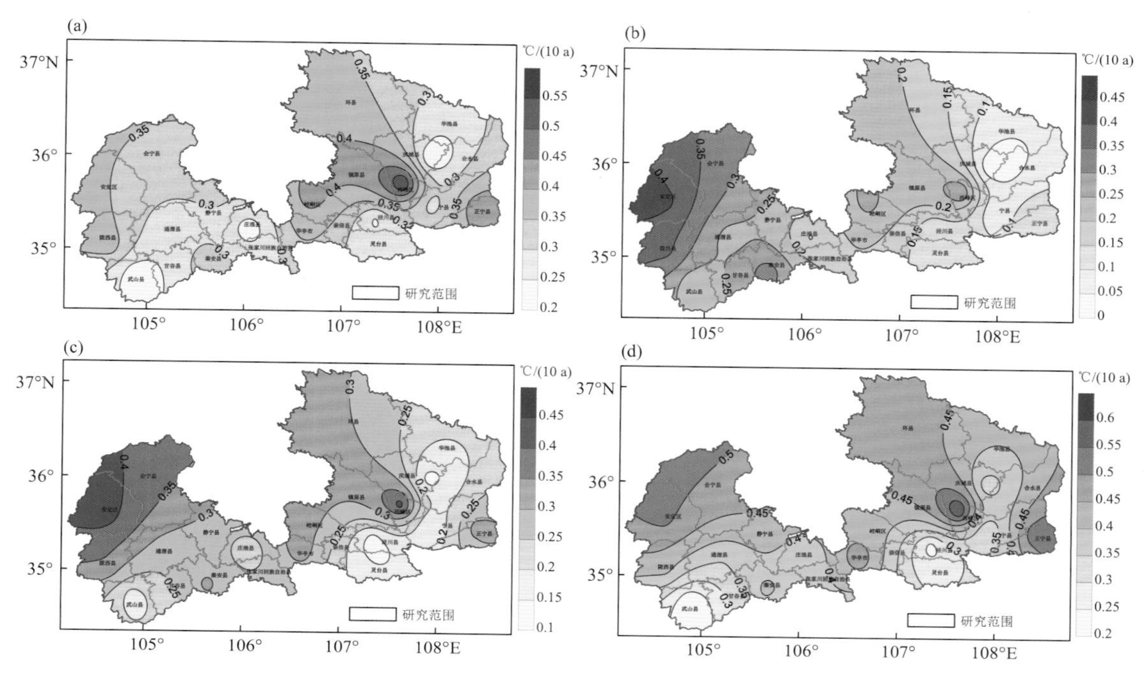

图 4.5　1961—2020 年甘肃黄土高原丘陵沟壑区春(a)、夏(b)、秋(c)、冬(d)季平均气温的气候倾向率空间分布

来最高气温最大的年份，年最高气温为 17.4℃，比常年同期偏高 2.0 ℃；1984 年是近 60 a 来最高气温最低的年份，平均气温为 13.2 ℃，比常年同期偏低 2.2 ℃。1961—1987 年，气温的上升幅度相对 1987 年以后缓慢，从 1987 年后上升幅度逐渐加大，最高气温呈快速上升，仅 2011、2012 年偏低，尤其 2013—2020 年偏高 0.5～2.0 ℃，但近 4 a 最高气温呈下降趋势。

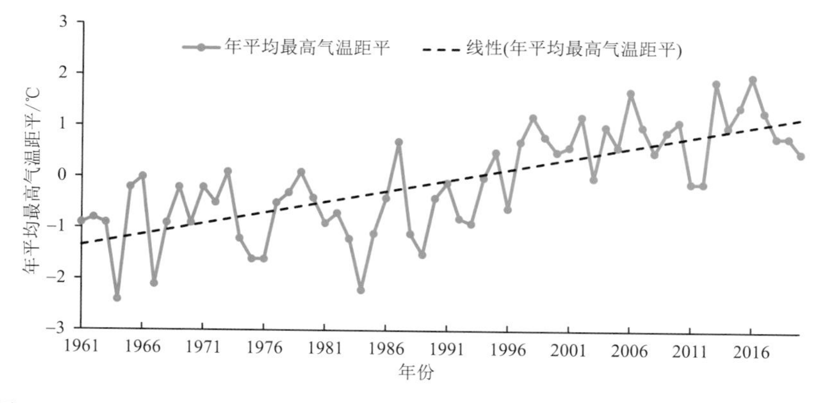

图 4.6　1961—2020 年甘肃黄土高原丘陵沟壑区年平均最高气温距平的历年变化

图 4.7 是甘肃黄土高原丘陵沟壑区 1961—2020 年年最高气温气候倾向率空间分布图，由图可见，全区气候倾向率均为正值，呈一致的增温趋势。安定区、会宁县、张家川县、镇原县、西峰区、环县及宁县等地的增温趋势高于其余地区，其值大于 0.4 ℃/(10 a)，其余地方在 0.15～0.4 ℃/(10 a)之间变化。

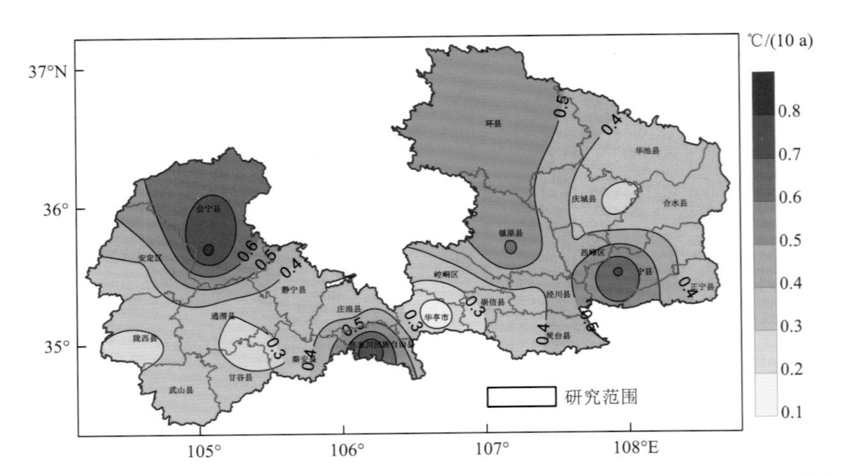

图 4.7　1961—2020 年甘肃黄土高原丘陵沟壑区年最高气温气候倾向率空间分布

②季平均最高气温年际变化

甘肃黄土高原丘陵沟壑区春季平均最高气温平均值为 16.8 ℃，图 4.8a 是甘肃黄土高原丘陵沟壑区 1961—2020 年春季平均最高气温距平的历年变化曲线图，由图可见，春季平均最高气温自 1961 年以来呈持续上升趋势，每 10 a 增温 0.58 ℃，近 60 a 以来升高了 3.5 ℃。2013 年是近 60 a 来春季最高气温最高的年份，为 20.2 ℃，比常年同期偏高 3.4 ℃；1988 年是近60 a 来春季最高气温最低的年份，为 14.3 ℃，比常年同期偏低 2.5 ℃。1961—1988 年，气温的上升幅度相对 1988 年以后缓慢，从 1988 年后上升幅度逐渐加大，最高气温呈快速上升，尤其 2000 年以后，最高气温平均距平为 1.5 ℃，仅 2003 年略偏低。

甘肃黄土高原丘陵沟壑区夏季平均最高气温平均值为 26.4 ℃，图 4.8b 是甘肃黄土高原丘陵沟壑区 1961—2020 年夏季平均最高气温距平的历年变化曲线图，由图可见，夏季平均最高气温自 1961 年以来呈上升趋势，每 10 a 增温 0.27 ℃，近 60 a 以来升高了 1.6 ℃。2016 年是近 60 a 来夏季最高气温最高的年份，为 29 ℃，比常年同期偏高 2.6 ℃；1976 年是近 60 a 来夏季最高气温最低的年份，为 24.2 ℃，比常年同期偏低 2.2 ℃。1961—1984 年，气温的上升幅度相对 1984 年以后缓慢，从 1984 年后上升幅度逐渐加大，最高气温呈快速上升，但近 4 a，夏季最高气温呈明显下降趋势。

甘肃黄土高原丘陵沟壑区秋季平均最高气温平均值为 15.0 ℃，图 4.8c 是甘肃黄土高原丘陵沟壑区 1961—2020 年秋季平均最高气温距平的历年变化曲线图，由图可见，秋季平均最高气温自 1961 年以来呈持续上升趋势，每 10 a 增温 0.41 ℃，近 60 a 以来升高了 2.5 ℃。1998 年是近 60 a 来秋季最高气温最高的年份，为 17.8 ℃，比常年同期偏高 2.8 ℃；1967 年是近60 a 来夏季最高气温最低的年份，为 11.7 ℃，比常年同期偏低 3.3 ℃。近 4 a，秋季最高气温有所下降。

甘肃黄土高原丘陵沟壑区冬季平均最高气温平均值为 3.4 ℃，图 4.8d 是甘肃黄土高原丘陵沟壑区 1961—2020 年冬季平均最高气温距平的历年变化曲线图，由图可见，冬季平均最高气温自 1961 年以来呈持续上升趋势，每 10 a 增温 0.51 ℃，近 60 a 以来升高了 3.0 ℃。2016 年是近 60 a 来冬季最高气温最高的年份，为 6.6 ℃，比常年同期偏高 3.2 ℃；1963 年是近 60 a 来冬季最高气温最低的年份，为－1.2 ℃，比常年同期偏低 4.6 ℃。

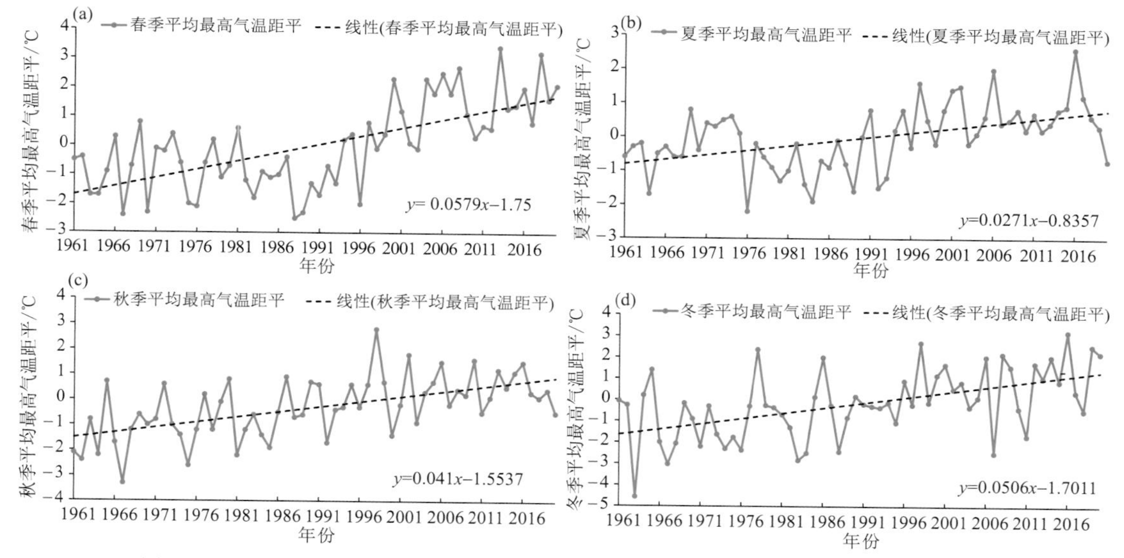

图4.8　1961—2020年甘肃黄土高原丘陵沟壑区春(a)、夏(b)、秋(c)、冬(d)季平均最高气温距平的历年变化

图4.9是甘肃黄土高原丘陵沟壑区1961—2020年季平均最高气温气候倾向率空间分布图,总体上,四季气温的气候倾向率呈一致的上升趋势,但不同季节不同地区有所差异。春季增温最明显地区为区域东部,包括崆峒区、镇原县、环县南部、西峰区、合水县、宁县、正宁县,数值超过0.45 ℃/(10 a),其中正宁县增温最明显,超过0.51 ℃/(10 a)(图4.9a);夏季增温幅度最大地区位于区域西部的安定区和武山县,其值超过0.32 ℃/(10 a)(图4.9b);秋季增温趋

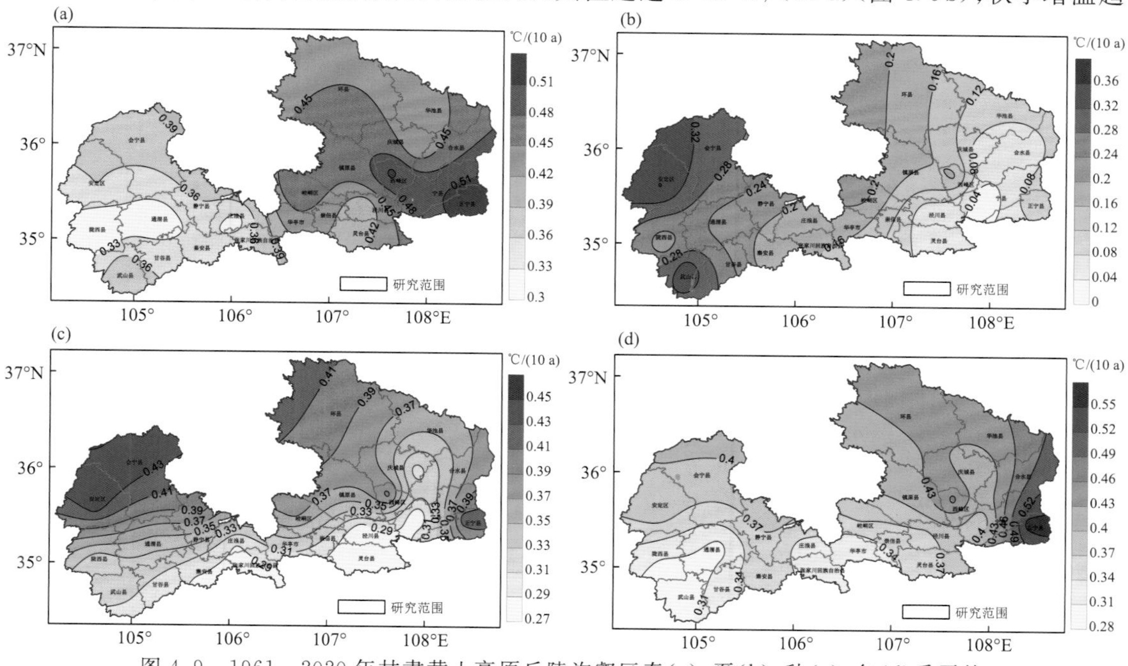

图4.9　1961—2020年甘肃黄土高原丘陵沟壑区春(a)、夏(b)、秋(c)、冬(d)季平均最高气温的气候倾向率空间分布

势最大地区位于安定区、会宁县及环县北部，数值超过 0.41 ℃/(10 a)(图 4.9c)；冬季增温趋势最大地区位于区域东部的合水县、宁县、正宁县，增温幅度超过 0.46 ℃/(10 a)(图 4.9d)。

(3)最低气温

①年平均最低气温变化特征

甘肃黄土高原丘陵沟壑区最低气温多年平均值为 4.0 ℃，图 4.10 是甘肃黄土高原丘陵沟壑区 1961—2020 年年平均最低气温距平的历年变化曲线图，由图可见，最低气温自 1961 年以来呈持续上升趋势，每 10 a 增温 0.30 ℃，近 60 a 以来升高了 1.8 ℃。2006 年是近 60 a 来最低气温最大的年份，为 5.1 ℃，比常年同期偏高 1.1 ℃；1962 年是近 60 a 来最低气温最低的年份，为 2.7 ℃，比常年同期偏低 1.3 ℃。近 8 a，年最低气温变化幅度较小。

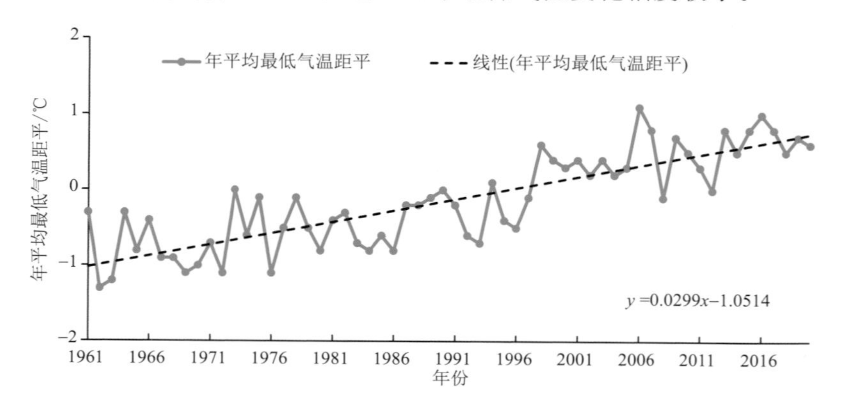

图 4.10　1961—2020 年甘肃黄土高原丘陵沟壑区年平均最低气温距平的历年变化

从图 4.11 年平均最低气温气候倾向率的空间分布图来看，甘肃黄土高原丘陵沟壑区气候倾向率均为正值，呈一致的增温趋势，有三个异常中心，分别为安定区、西峰区以及正宁县，增温幅度超过 0.55 ℃/(10 a)，其余地方在 0.05～0.55 ℃/(10 a)之间。

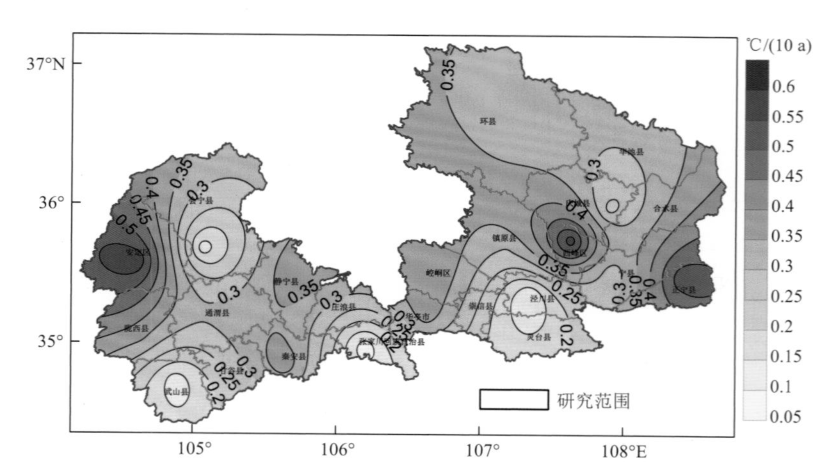

图 4.11　1961—2020 年甘肃黄土高原丘陵沟壑区年平均最低气温气候倾向率空间分布

②季平均最低气温年际变化

甘肃黄土高原丘陵沟壑区春季最低气温平均值为 4.3 ℃，图 4.12a 是甘肃黄土高原丘陵沟壑区 1961—2020 年春季平均最低气温距平的历年变化曲线图，由图可见，春季平均最低气温自 1961 年以来呈持续上升趋势，每 10 a 增温 0.26 ℃，近 60 a 以来升高了 1.6 ℃。2018 年是近 60 a 来春季最低气温最高的年份，为 5.9 ℃，比常年同期偏高 1.6 ℃；1962 年是近 60 a 来春季最低气温最低的年份，为 2.0 ℃，比常年同期偏低 2.3 ℃。1961—1996 年，气温的上升幅度相对 1996 年以后缓慢，从 1996 年后上升幅度逐渐加大，最低气温上升明显。

甘肃黄土高原丘陵沟壑区夏季最低气温平均值为 14.9 ℃，图 4.12b 是甘肃黄土高原丘陵沟壑区 1961—2020 年夏季平均最低气温距平的历年变化曲线图，由图可见，夏季平均最低气温自 1961 年以来呈持续上升趋势，每 10 a 增温 0.34 ℃，近 60 a 以来升高了 2.0 ℃。2006 年是近 60 a 来夏季最低气温最高的年份，为 16.8 ℃，比常年同期偏高 1.9 ℃；1965 年是近 60 a 来夏季最低气温最低的年份，为 13.3 ℃，比常年同期偏低 1.6 ℃。1961—1986 年，气温的上升幅度相对 1986 年以后缓慢，从 1986 年后上升幅度逐渐加大，最低气温上升明显。

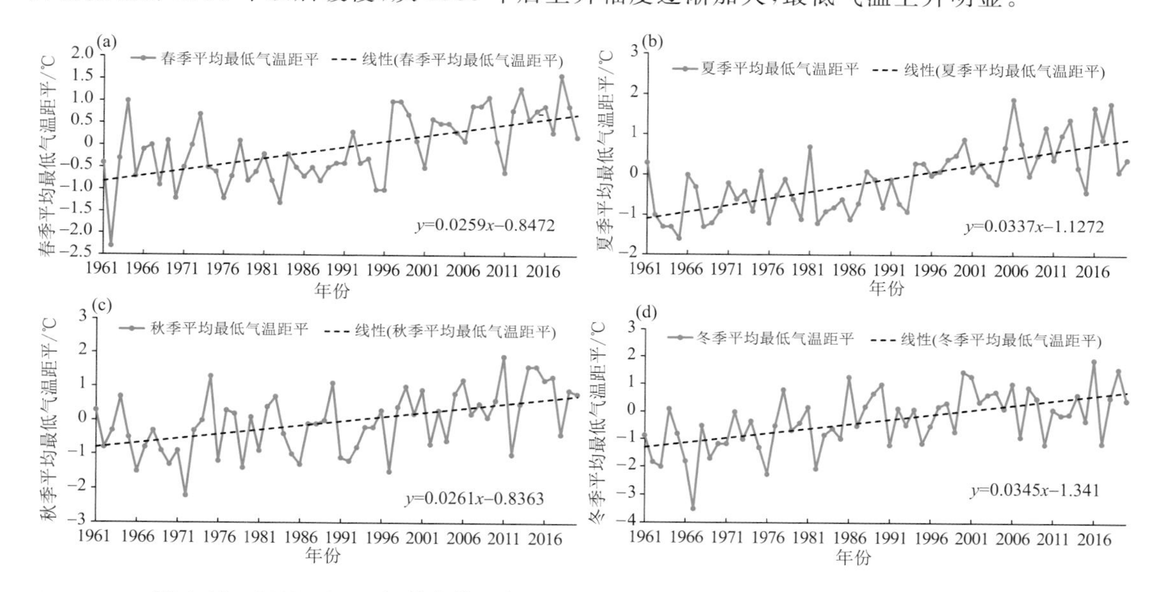

图 4.12 1961—2020 年甘肃黄土高原丘陵沟壑区春(a)、夏(b)、秋(c)、冬(d)季平均最低气温距平的历年变化

甘肃黄土高原丘陵沟壑区秋季平均最低气温平均值为 4.5 ℃，图 4.12c 是甘肃黄土高原丘陵沟壑区 1961—2020 年秋季平均最低气温距平的历年变化曲线图，由图可见，秋季平均最低气温自 1961 年以来呈波动上升趋势，每 10 a 增温 0.26 ℃，近 60 a 以来升高了 1.6 ℃。2011 年是近 60 a 来秋季最低气温最高的年份，为 6.4 ℃，比常年同期偏高 1.9 ℃；1972 年是近 60 a 来夏季最低气温最低的年份，为 2.3 ℃，比常年同期偏低 2.2 ℃。

甘肃黄土高原丘陵沟壑区冬季平均最低气温平均值为−7.9 ℃，图 4.12d 是甘肃黄土高原丘陵沟壑区 1961—2020 年冬季平均最低气温距平的历年变化曲线图，由图可见，冬季平均最低气温自 1961 年以来呈持续上升趋势，每 10 a 增温 0.35 ℃，近 60 a 以来升高了 2.1 ℃。2016 年是近 60 a 来冬季最低气温最高的年份，为−6.0 ℃，比常年同期偏高 1.9 ℃；1967 年是近 60 a 来冬季最低气温最低的年份，为−11.4 ℃，比常年同期偏低 3.5 ℃。

图 4.13 是甘肃黄土高原丘陵沟壑区 1961—2020 年季平均最低气温气候倾向率空间分布

图，总体上，四季气温的气候倾向率呈一致的上升趋势，冬季增温幅度高于其余三个季节。春季增温最明显地区为西峰区和正宁县，数值超过 0.40 ℃/(10 a)；夏季增温幅度最大地区位于区域西部的安定区，其值超过 0.55 ℃/(10 a)；秋季增温趋势最大地区位于安定区、秦安县和西峰区，数值超过 0.40 ℃/(10 a)；冬季增温趋势最大地区位于安定区、会宁县、环县北部、西峰区和正宁县，增温幅度超过 0.65 ℃/(10 a)。

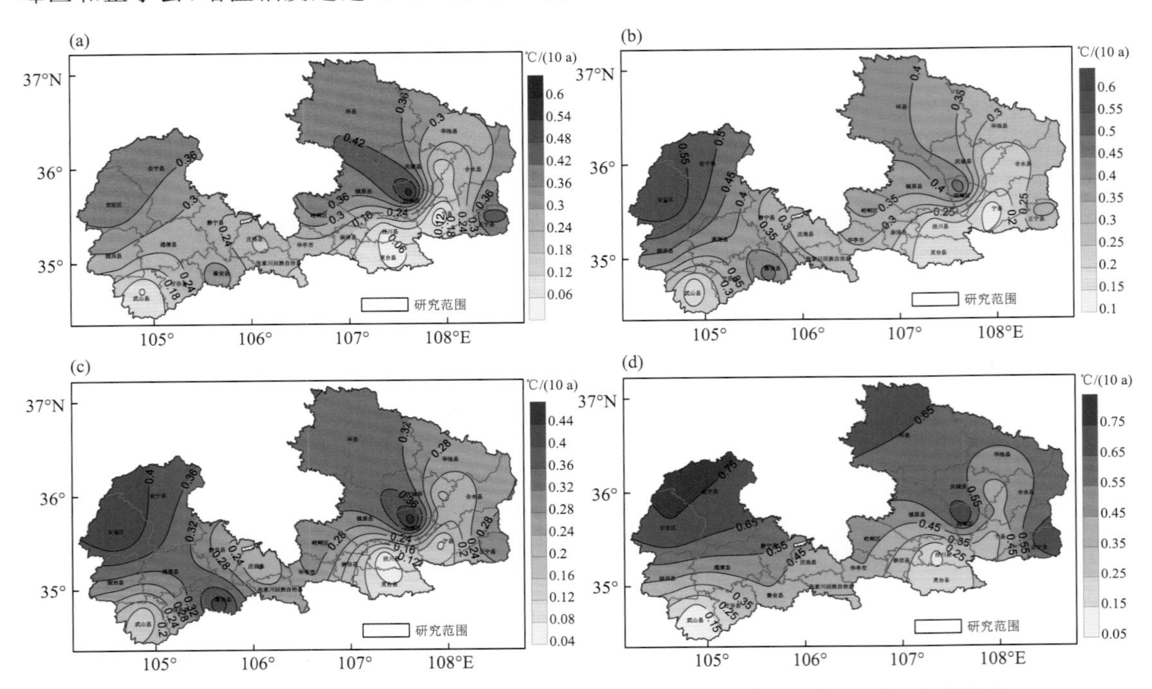

图 4.13　1961—2020 年甘肃黄土高原丘陵沟壑区春(a)、夏(b)、秋(c)、冬(d)季平均最低气温的气候倾向率空间分布

4.2.1.2　降水量

(1)年平均降水量变化特征

甘肃黄土高原丘陵沟壑区多年平均年降水量为 481.2 mm，图 4.14 是甘肃黄土高原丘陵沟壑区 1961—2020 年年平均降水量的历年变化图，由图可见，甘肃黄土高原丘陵沟壑区年降

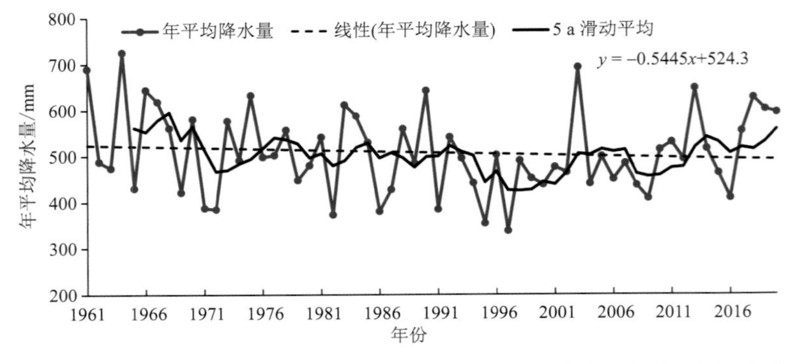

图 4.14　1961—2020 年甘肃黄土高原丘陵沟壑区年平均降水量的历年变化

水量呈略微下降趋势，每 10 a 下降 5.5 mm。1964 年是近 60 a 降水量最多的年份，为 725.6 mm，比常年同期偏多 244.4 mm；1997 年降水量最少，为 337.4 mm，比常年同期偏少 143.8 mm。从 5 a 滑动平均来看，甘肃黄土高原丘陵沟壑区年降水具有一定的年代际变化特征，20 世纪 80 年代之前，降水处于偏多背景，20 世纪 80—90 年代处于波动状态，20 世纪 90 年代—21 世纪初，降水又处于偏少背景，近几年，甘肃黄土高原丘陵沟壑区年降水处于波动上升状态。

从图 4.15 年平均降水量气候倾向率的空间分布图来看，全区气候倾向率均为负值，说明降水呈一致的减少趋势，有三个异常中心，分别为会宁县、秦安县以及镇原县，每 10 a 降水减少超过 19 mm，区域其余大部降水减少率在 9 mm/(10 a)以上。

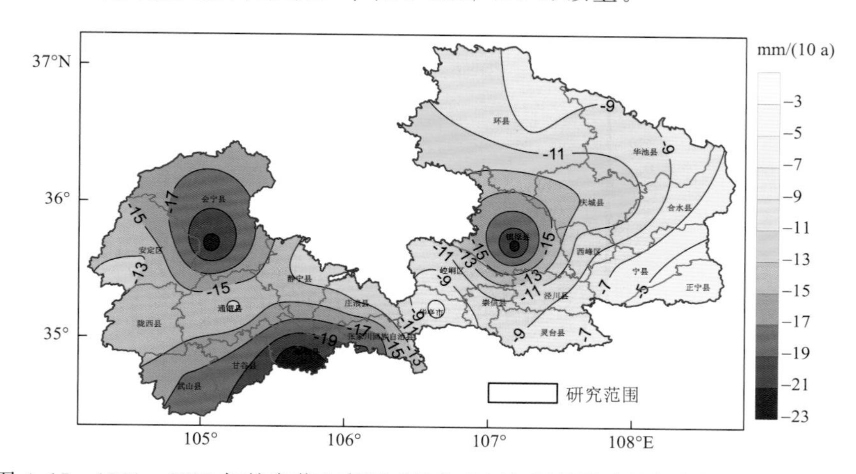

图 4.15 1961—2020 年甘肃黄土高原丘陵沟壑区年平均降水量气候倾向率空间分布

(2)季平均降水量变化特征

甘肃黄土高原丘陵沟壑区春季多年平均降水量为 92.6 mm，图 4.16a 是甘肃黄土高原丘陵沟壑区 1961—2020 年春季降水量的历年变化图，由图可见，甘肃黄土高原丘陵沟壑区春季降水量呈略微下降趋势，每 10 a 下降 1.9 mm。1964 年春季是近 60 a 降水量最多的年份，为 186.8 mm，比常年同期偏多 94.2 mm；1962 年降水量最少，为 33.2 mm，比常年同期偏少 59.4 mm。从 5 a 滑动平均来看，甘肃黄土高原丘陵沟壑区春季降水具有一定的年代际变化特征，20 世纪 80 年代之前，降水处于偏多背景，20 世纪 80 年代初为偏少背景，20 世纪 80 年代后期—90 年代中期又处于偏多背景，20 世纪 90 年代后期—21 世纪 10 年代初，降水又处于偏少背景，近几年，甘肃黄土高原丘陵沟壑区春季降水处于多雨背景。

甘肃黄土高原丘陵沟壑区夏季多年平均降水量为 256.3 mm，图 4.16b 是甘肃黄土高原丘陵沟壑区 1961—2020 年夏季降水量的历年变化图，由图可见，甘肃黄土高原丘陵沟壑区夏季降水量呈略微上升趋势，每 10 a 上升 3.3 mm。2020 年夏季是近 60 a 降水量最多的年份，为 402.9 mm，比常年同期偏多 146.6 mm；1974 年降水量最少，为 156.6 mm，比常年同期偏少 99.7 mm。从 5 a 滑动平均来看，20 世纪 80 年代之前，降水处于偏少背景，20 世纪 80—90 年代初期为偏多背景，20 世纪 90 年代中期—21 世纪 00 年代中期，处于少雨背景，此后处于波动状态，近 4 a，甘肃黄土高原丘陵沟壑区夏季降水偏多较明显。

甘肃黄土高原丘陵沟壑区秋季多年平均降水量为 118.3 mm，图 4.16c 是甘肃黄土高原丘陵沟壑区 1961—2020 年秋季降水量的历年变化图，由图可见，甘肃黄土高原丘陵沟壑区秋季降水量呈较为明显的下降趋势，每 10 a 下降 8.3 mm。1975 年秋季是近 60 a 降水量最多的年份，为 277.3 mm，比常年同期偏多 159 mm；1986 年降水量最少，为 59.7 mm，比常年同期偏少 58.6 mm。从 5 a 滑动平均来看，秋季降水量年代际变化明显，20 世纪 80 年代后期之前，降水处于偏多背景，但下降趋势也明显，20 世纪 80 年代后期—21 世纪 00 年代初期为偏少背景，21 世纪 00 年代中期后为多雨背景。

甘肃黄土高原丘陵沟壑区冬季降水稀少，多年平均降水量为 14.4 mm，图 4.16d 是甘肃黄土高原丘陵沟壑区 1961—2020 年冬季降水量的历年变化图，由图可见，甘肃黄土高原丘陵沟壑区冬季降水量呈轻微上升趋势，每 10 a 上升 0.8 mm。1988 年冬季是近 60 a 降水量最多的年份，为 27 mm，比常年同期偏多 12.6 mm；1998 年降水量最少，仅为 1.2 mm，比常年同期偏少 13.2 mm。从 5 a 滑动平均来看，冬季降水量存在准 20 a 的振荡周期，1961—2020 年，经历着“少、多、少、多、少、多、少、多”的年代际变化特征。

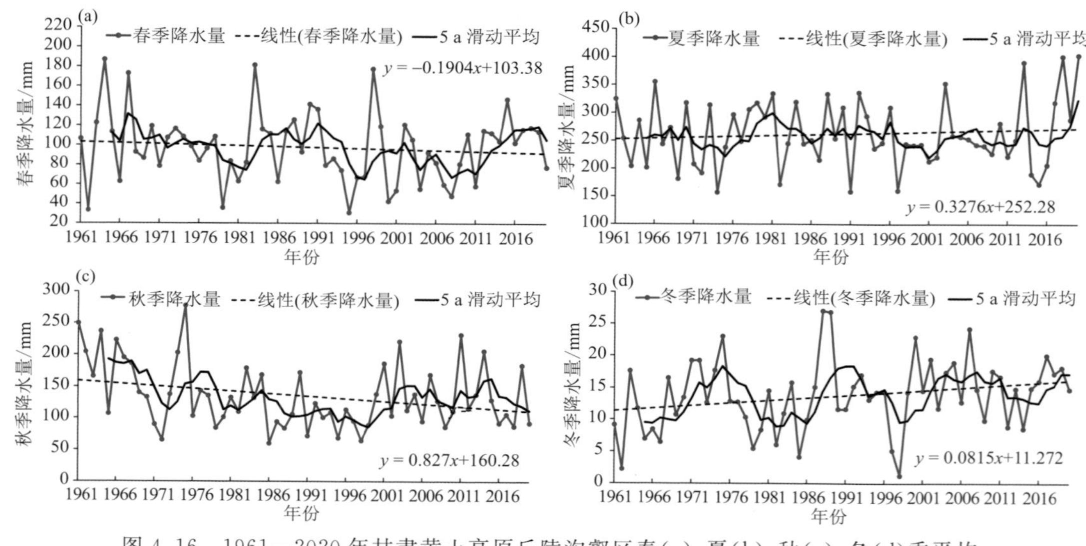

图 4.16　1961—2020 年甘肃黄土高原丘陵沟壑区春(a)、夏(b)、秋(c)、冬(d)季平均降水量的历年变化

图 4.17 是甘肃黄土高原丘陵沟壑区 1961—2020 年季降水量的气候倾向率空间分布图，由图可见，春季，会宁县降水量呈略微增加趋势，其值为 1.5 mm/(10 a)，区域内其余地方呈减少趋势，异常减少中心为宁县，超过−6.5 mm/(10 a)；夏季降水变化趋势呈西北部减少、东南部增加的分布型，减少最明显区位于秦安县，超过 10 mm/(10 a)，增加最为显著的地方位于宁县，为 10 mm/(10 a)；秋季全区呈一致的减少趋势，区域西部和东南部的减少趋势明显高于其余地区，减少最明显的地区位于宁县，为 11 mm/(10 a)；冬季降水量全区呈一致的增加趋势，但增幅较小，增幅最大位于西峰区，为 1.5 mm/(10 a)。

4.2.1.3　平均风速

(1)年平均风速变化特征

甘肃黄土高原丘陵沟壑区年平均风速近 60 a 来年平均值为 1.9 m/s，图 4.18 是甘肃黄土高原丘陵沟壑区 1961—2020 年年平均风速的历年变化曲线图，由图可见，年平均风速自 1961 年以

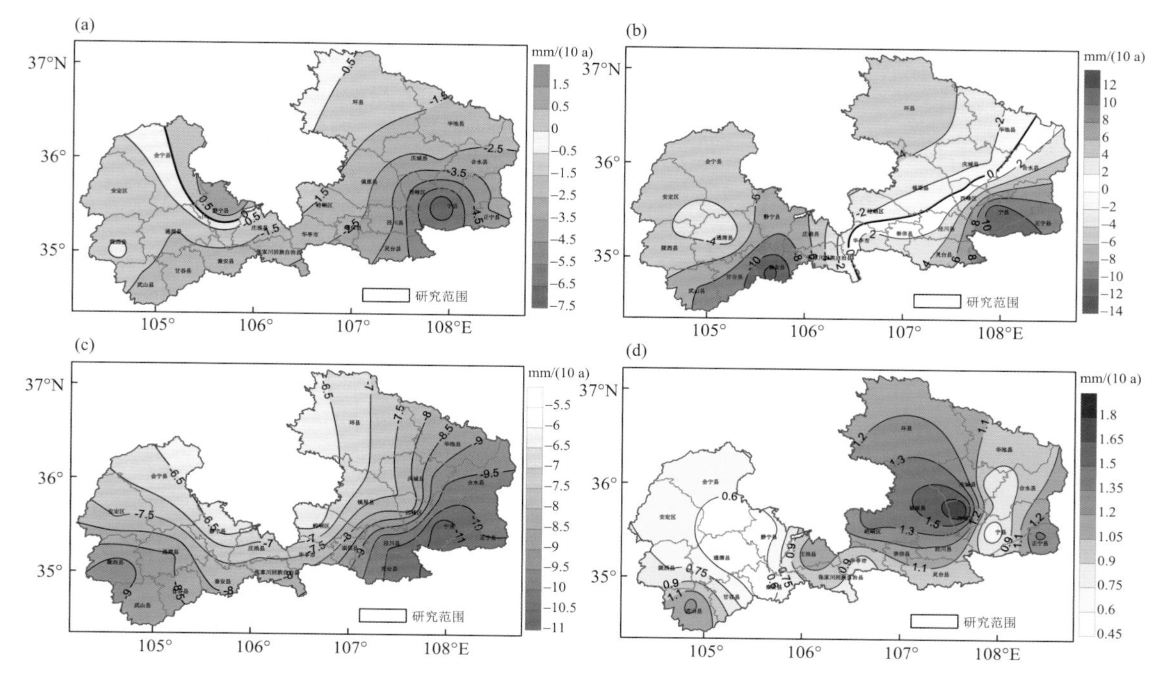

图 4.17　1961—2020 年甘肃黄土高原丘陵沟壑区春(a)、夏(b)、秋(c)、冬(d)季平均降水量的气候倾向率空间分布

来呈缓慢下降趋势，每 10 a 减小 0.1 m/s。1969—1981 年是风速较大的年份，风速在2.1 m/s左右，2001—2004 年风速较小，为 1.4 m/s 左右。整体来看，在 2006 年以前，年平均风速呈波动下降趋势，2006 年以后，风速变化比较平稳，15 a 内年平均风速变化幅度不超过 0.2 m/s。

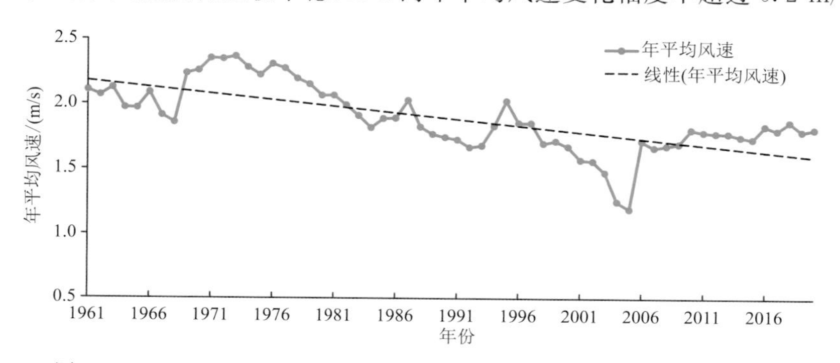

图 4.18　1961—2020 年甘肃黄土高原丘陵沟壑区年平均风速历年变化

图 4.19 是近 60 a 年平均风速气候倾向率空间分布，整体来看，除陇西西部、定西西部、庆城东部以略增加为主，其余地区每 10 a 平均风速都以减小为主，宁县南部、张家川县南部减小较明显，达到 0.3 m/(s·10 a)左右，其余大部以 0.1 m/(s·10 a)的速率在减少。

(2)季平均风速变化特征

图 4.20 是甘肃黄土高原丘陵沟壑区 1961—2020 年四季(春、夏、秋、冬季)平均风速历年变化曲线图，由图可见，四季平均风速历年变化都较同步，自 1961 年以来都呈缓慢下降趋势，四季平均风速每 10 a 分别以 0.13 m/s、0.1 m/s、0.08 m/s、0.06 m/s 的速率减小；1969—

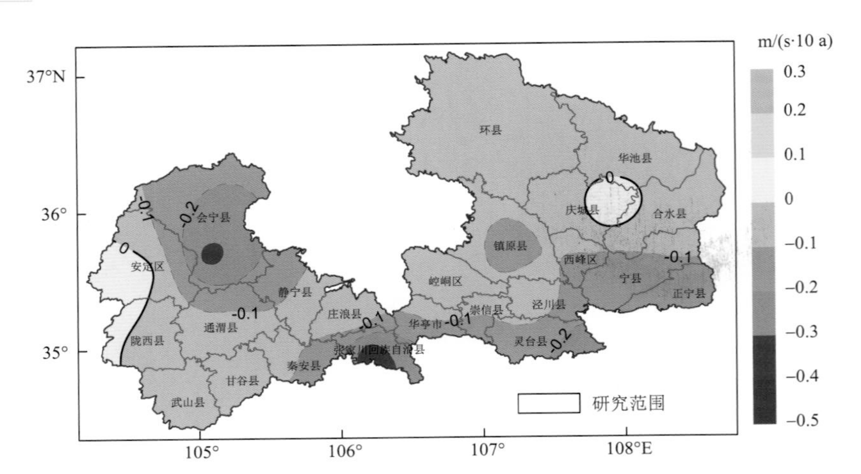

图 4.19　1961—2020 年甘肃黄土高原丘陵沟壑区年平均风速气候倾向率空间分布

1981 年是风速较大的年份，四季风速分别为 2.7 m/s、2.4 m/s、1.95 m/s、1.93 m/s，2001—2004 年风速较小，分别为 1.8 m/s、1.6 m/s、1.23 m/s、1.28 m/s；整体来看，在 2006 年以前，春季平均风速呈波动下降趋势，2006 年以后，风速变化比较平稳，近 15 a 内四季平均风速变化幅度不超过 0.27 m/s、0.3 m/s、0.26 m/s、0.24 m/s；

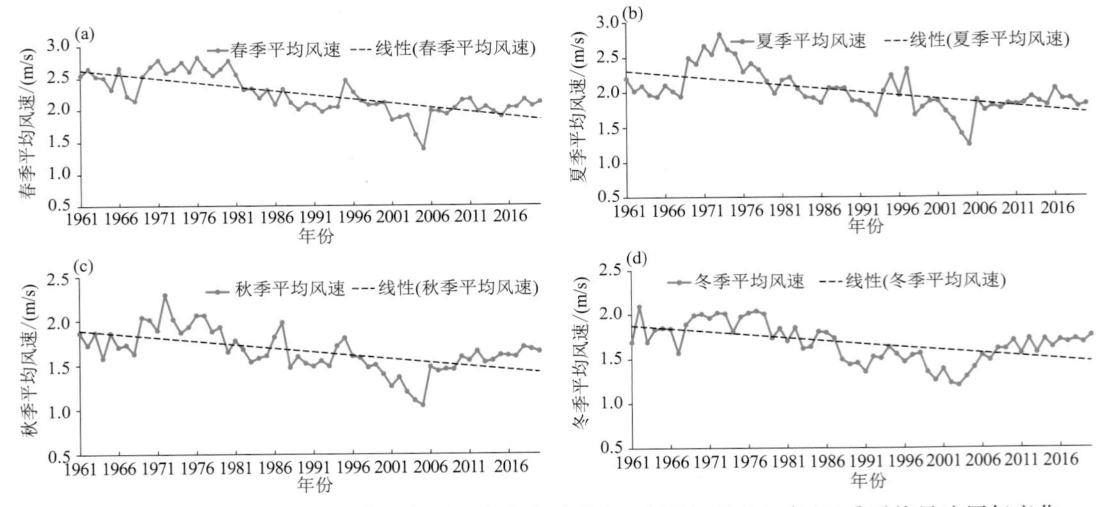

图 4.20　1961—2020 年甘肃黄土高原丘陵沟壑区春(a)、夏(b)、秋(c)、冬(d)季平均风速历年变化

春、夏、秋、冬季近 60 a 风速平均值分布为 2.2 m/s、2.0 m/s、1.7 m/s、1.67 m/s；与年平均风速 1.9 m/s 相比，春季偏大 0.3 m/s，夏季偏大 0.1 m/s，秋季偏小 0.2 m/s，冬季偏小 0.23 m/s。总之，从年平均风速历年变化曲线看，年平均风速呈下降趋势，但是从季节变化看又有所差异，季节平均风速春季＞夏季＞秋季＞冬季，从风速减小速率来看，春季＞夏季＞秋季＞冬季。

图 4.21 是近 60 a 春、夏、秋、冬季平均风速气候倾向率空间分布，整体来看，不同季节均有小范围的增加，春季、夏季、秋季庆城东部以略增加为主，冬季庆城东部、陇西西部、定西西部以略增加为主，其余地区每 10 a 平均风速都以减小为主；春季宁县大部、张家川县减小较明

显，达到 0.4 m/(s·10 a)左右，其余大部以 0.1～0.2 m/(s·10 a)的速率在减少；夏季静宁县大部、张家川县减小较明显，达到 0.4 m/(s·10 a)左右，其余大部以 0.1～0.2 m/(s·10 a)的速率在减少；秋季静宁县大部、张家川县减小较明显，减小率达到 0.2～0.3 m/(s·10 a)，其余大部以 0.1～0.2 m/(s·10 a)的速率在减小；冬季静宁县大部、张家川县减小较明显，减小率达到 0.2～0.3 m/(s·10 a)，其余大部以 0.1～0.2 m/(s·10 a)的速率在减小。

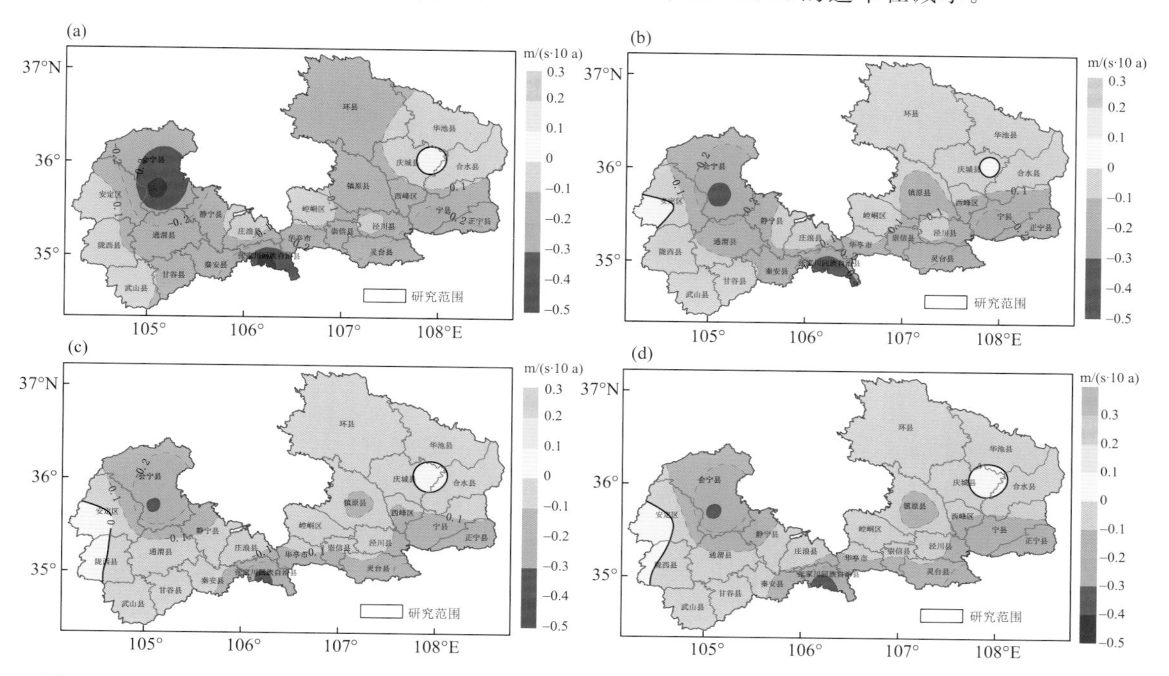

图 4.21　1961—2020 年甘肃黄土高原丘陵沟壑区春(a)、夏(b)、秋(c)、冬(d)季平均风速气候倾向率分布

4.2.1.4　平均日照

(1)年平均日照分布特征

甘肃黄土高原丘陵沟壑区年平均日照时数近 60 a 平均值为 6.8 h。图 4.22 是甘肃黄土高原丘陵沟壑区 1961—2020 年年平均日照时数的历年变化曲线图，由图可见，年平均日照时数自 1961 年以来呈缓慢下降趋势，每 10 a 减小 0.08 h。

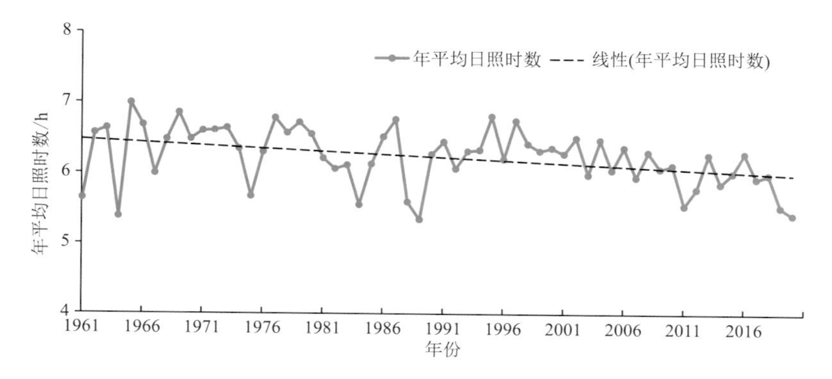

图 4.22　1961—2020 年甘肃黄土高原丘陵沟壑区年平均日照时数历年变化

图 4.23 是近 60 a 年平均日照时数气候倾向率空间分布，整体来看，庆城北部、华池县以略增加为主，其余地区每 10 a 平均风速都以减小为主，其中灵台县减小较为明显，达到 0.3 h/(10 a)，其余大部以 0.1～0.2 h/(10 a)的速率在减小。

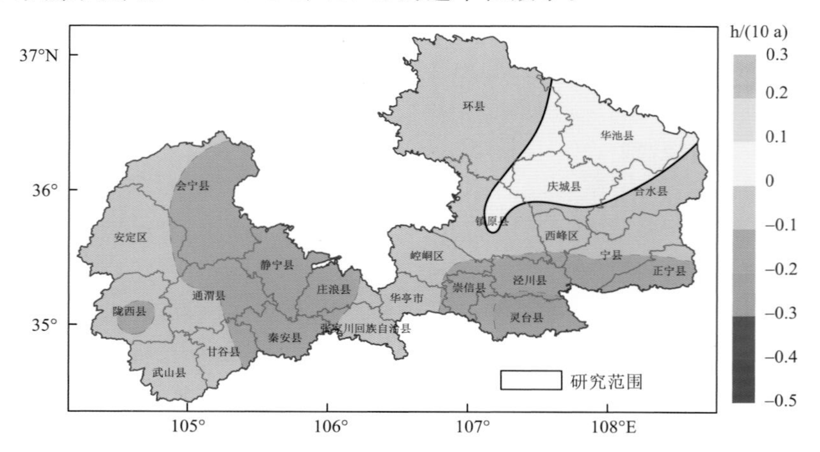

图 4.23　1961—2020 年甘肃黄土高原丘陵沟壑区年平均日照时数气候倾向率空间分布

(2)季平均日照分布特征

图 4.24 是黄土高原丘陵沟壑区四季平均日照时数年际变化曲线，春、夏、秋、冬季近 60 a 平均日照时数分别为 6.2 h、7.1 h、5.2 h、5.8 h，与年平均值 6.8 h 相比，分别为偏少 0.6 h、偏多 0.3 h、偏少 1.6 h、偏少 1 h；从历年变化趋势上看，不同季节日照时数历年变化趋势又有不同特征，春季自 1961 年以来呈缓慢增加趋势，每 10 a 增加 0.07 h；夏季自 1961 年以来呈缓慢减少趋势，每 10 a 减少 0.2 h；秋季平均日照时数自 1961 年以来呈缓慢减少趋势，每 10 a 减少 0.1 h；冬季平均日照时数自 1961 年以来呈缓慢减少趋势，每 10 a 减少 0.09 h。

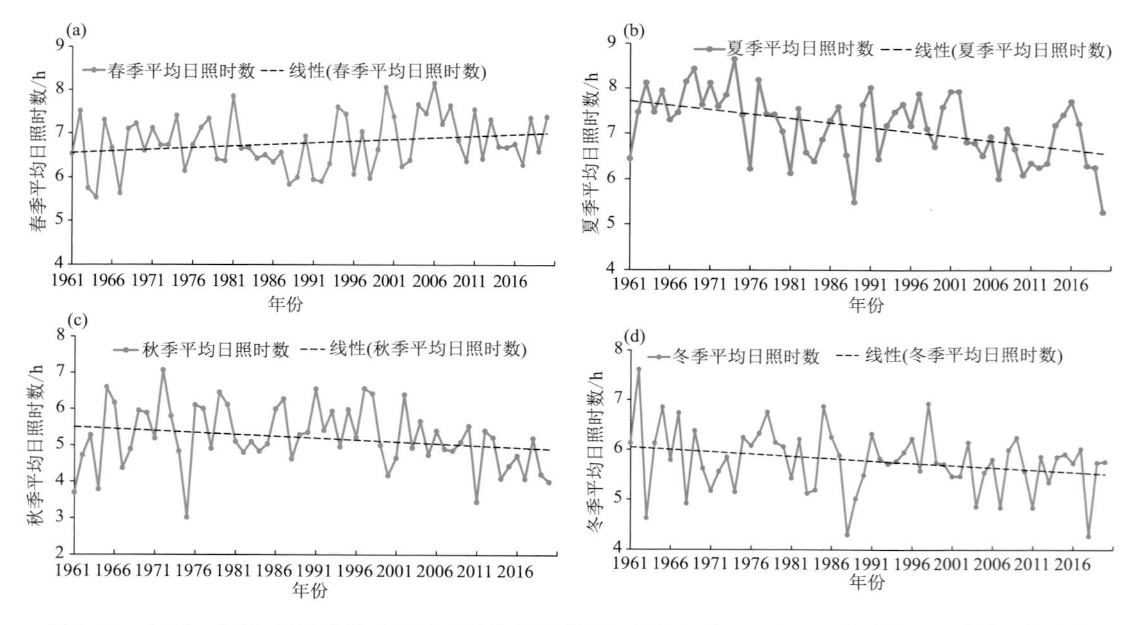

图 4.24　1961—2020 年甘肃黄土高原丘陵沟壑区春(a)、夏(b)、秋(c)、冬(d)季平均日照时数历年变化

总之，在总趋势上，年平均日照时数呈下降趋势，但是从季节变化看又有所不同，春季日照时数呈增加趋势，其余季节呈减小趋势；从季节日照时数来看，日照时数夏季>春季>冬季>秋季；从减小速率来看，夏季>秋季>冬季。

图 4.25 是近 60 a 不同季节平均日照时数气候倾向率空间分布，整体来看，春季，除了静宁县、会宁县、灵台县以减少为主，其余大部都以增加为主，其中，庆阳大部以 0.1～0.2 h/(10 a)的速率在增加，其余大部以 0～0.1 h/(10 a)的速率增加；夏季，甘肃黄土高原丘陵沟壑区平均日照时数气候倾向率都以减小为主，其中，秦安县、静宁东部、庄浪西部、崇信县、泾川县、西峰南部减小0.2～0.3 h/(10 a)，其余大部地区减少率为 0.1～0.2 h/(10 a)；秋季，平均日照时数气候倾向率除了庆城县以略增加为主，其余大部都以减少为主，其中，秦安县、庄浪西部、静宁南部减小速率达到 0.2 h/(10 a)左右，其余大部以 0.1 h/(10 a)左右的速率减小；冬季，平均日照时数气候倾向率除了华池县、环县东部、庆城东北部、合水北部以略增加为主，其余大部都以减少为主，其中，会宁县大部、静宁县、秦安县、庄浪县西部、灵台县、静宁南部减小速率达到 0.2 h/(10 a)左右，其余大部以 0.1～0.2 h/(10 a)左右的速率减小。

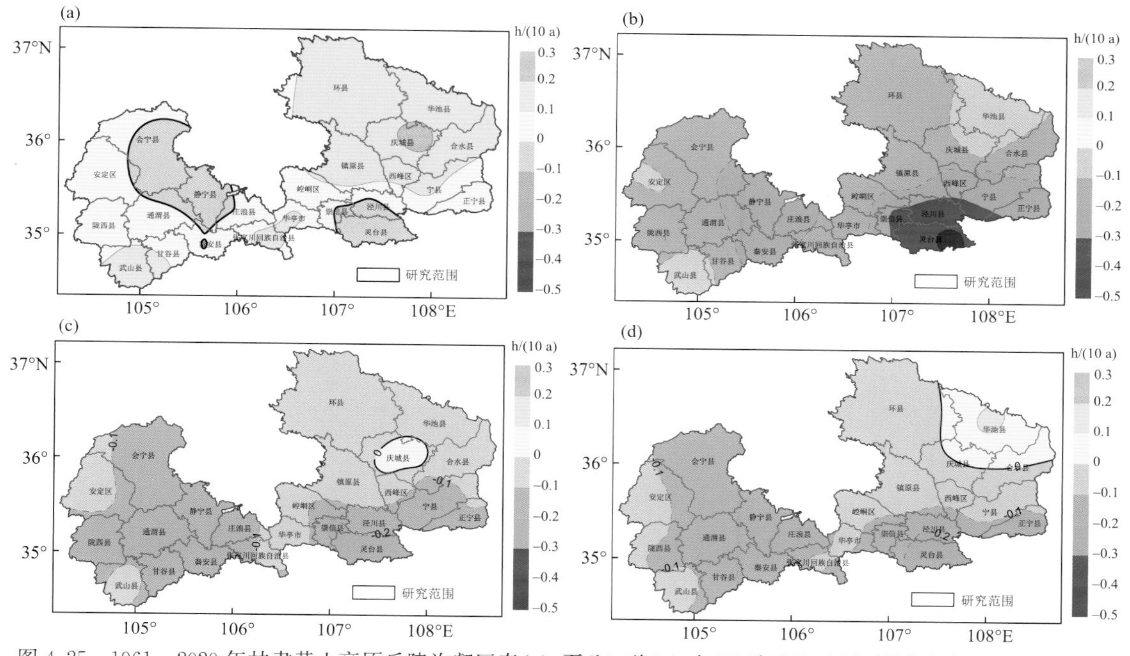

图 4.25　1961—2020 年甘肃黄土高原丘陵沟壑区春(a)、夏(b)、秋(c)、冬(d)季平均日照时数气候倾向率空间分布

4.2.1.5　相对湿度

相对湿度是大气中实际水汽压与该温度下的饱和水汽压之比，因此，它直接表示空气干燥或潮湿程度。空气中没有水汽，相对湿度为零；空气中水汽已经饱和，水分停止蒸发，相对湿度为 100%。

(1)年平均相对湿度变化特征

甘肃黄土高原丘陵沟壑区年平均相对湿度为 64%，图 4.26 是陇东黄土高原丘陵沟壑区年平均相对湿度变化情况，由图可见，年平均相对湿度自 1961 年以来呈现微弱下降的趋势，约每 10 a 减少 0.7%，其中 1964 年是近 60 a 以来相对湿度最高的年份，约为 75%；1995 年以后大部分年份相对湿度较平均值偏低，尤其是2005年相对湿度仅为58%。图4.27是陇东黄土高原丘陵沟壑区年平均相对湿度的气候倾向率空间分布。分析结果显示，甘肃黄土高原丘陵沟壑区年平均相对湿度总体呈现下降趋势，其中安定区、西峰区平均相对湿度下降趋势较为显著，约每10 a下降1.5%。

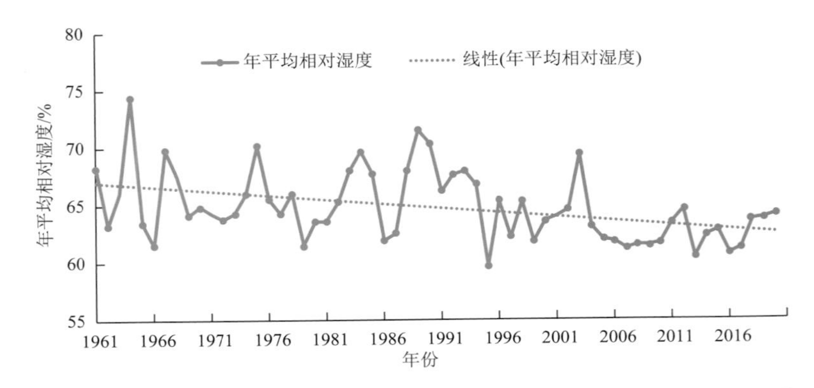

图4.26　1961—2020年陇东黄土高原丘陵沟壑区年平均相对湿度历年变化

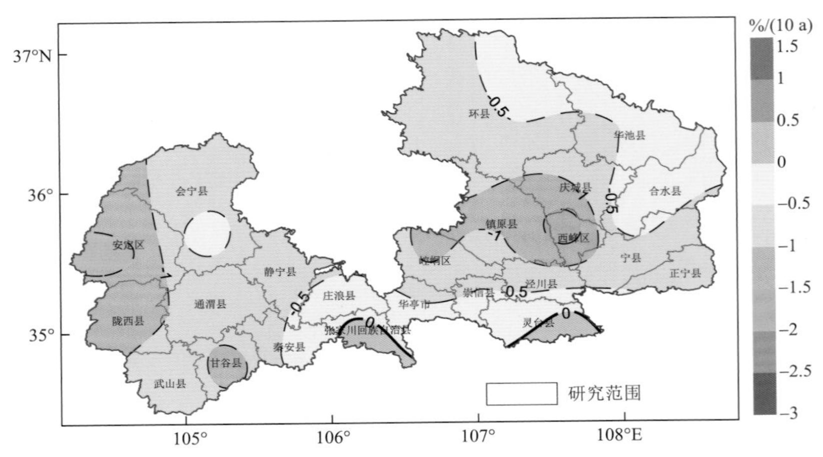

图4.27　1961—2020年陇东黄土高原丘陵沟壑区年平均相对湿度气候倾向率空间分布

(2)季相对湿度变化特征

图4.28a是陇东黄土高原丘陵沟壑区春季相对湿度变化情况，春季陇东黄土高原丘陵沟壑区平均相对湿度为58%。其中1964年是近60 a以来相对湿度最高的年份，约为75%，1962年是相对湿度最低的年份，为46%。自1961年以来有显著下降趋势，约每10 a减少1.6%。图4.28b是陇东黄土高原丘陵沟壑区夏季相对湿度变化情况，夏季陇东黄土高原丘陵沟壑区平均相对湿度为69%，与春季相比，平均相对湿度有所上升，这可能与夏季降水开始增多有关。其中1984年是近60 a以来夏季相对湿度最高的年份，约为77%，2005年夏季相对湿度最低的年份为59%。自1961年以来有微弱下降趋势，约每10 a减少0.3%。图4.28c是陇东黄土高原丘陵沟壑区秋季相对湿度变化情况，秋季陇东黄土高原丘陵沟壑区平均相对湿度为73%，与春、夏季相对湿度相比有所增加；其中1961年和1975年是近60 a以来相对湿度最高的年份，约为83%，1972年是秋季相对湿度最低的年份，为62%。自1961年以来有微弱

下降趋势，约每 10 a 减少 0.6%，图 4.28d 是陇东黄土高原丘陵沟壑区冬季相对湿度变化情况，冬季陇东黄土高原丘陵沟壑区平均相对湿度为 59%，其中 1963 年近 60 a 以来夏季相对湿度最高的年份，约为 75%，1998 年是冬季相对湿度最低的年份，为 45%。自 1961 年以来有微弱下降趋势，约每 10 a 减少 0.2%，为四季中相对湿度下降趋势最慢的季节。

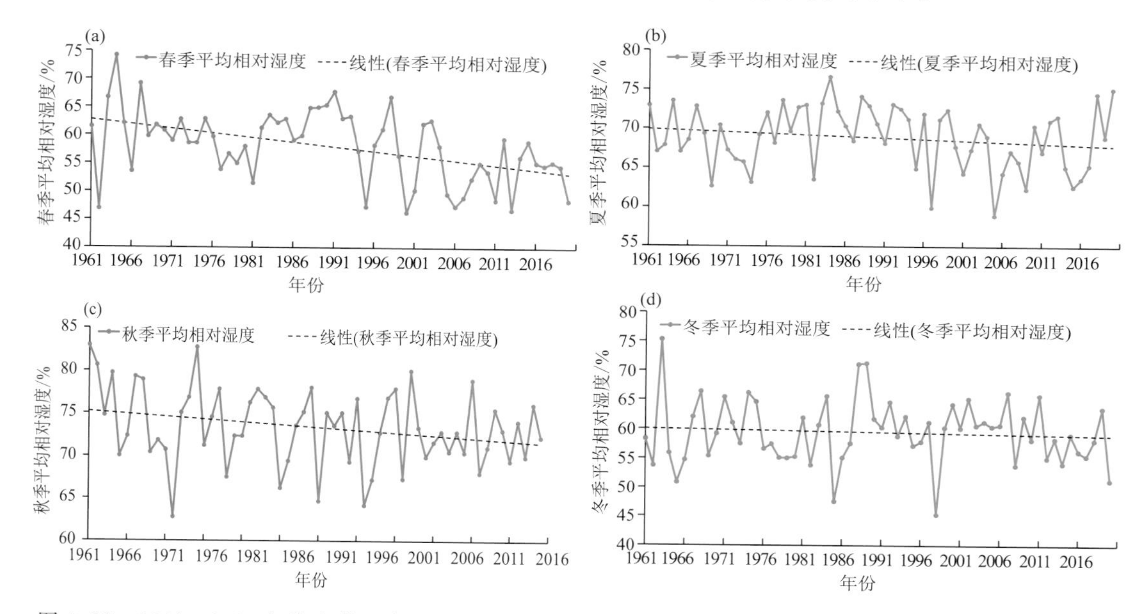

图 4.28　1961—2020 年陇东黄土高原丘陵沟壑区春(a)、夏(b)、秋(c)、冬(d)季平均相对湿度的历年变化

图 4.29a 给出了 1961—2020 年陇东黄土高原丘陵沟壑区春季相对湿度气候倾向率的空间分布。分析结果显示，陇东黄土高原丘陵沟壑区春季相对湿度总体呈现下降趋势，其中安定区、陇西县、甘谷县、镇原县、华池县、环县春季平均相对湿度每 10 a 下降约 2%以上，其余地方下降趋势较缓慢。图 4.29b 给出了 1961—2020 年陇东黄土高原丘陵沟壑区夏季相对湿度气候倾向率的空间分布。分析结果显示，陇东黄土高原丘陵沟壑区夏季相对湿度变化趋势呈现东西偶极型分布特征，其中西部(会宁县、安定区、陇西县、武山县、甘谷县、通渭县、静宁县、秦安县、张家川县、华亭县、崇信县)相对湿度呈现下降趋势，尤其是安定区、陇西县、武山县下降趋势较为明显，每 10 a 下降约 1%以上，东部地方相对湿度呈现上升趋势，其中庆阳大部分地方夏季相对湿度每 10 a 上升约 1%以上。由于陇东黄土高原丘陵沟壑区东部和西部呈现不同的下降趋势，因此，夏季相对湿度逐年呈现微弱的下降趋势(图 4.28b)。图 4.29c 给出了 1961—2020 年陇东黄土高原丘陵沟壑区秋季相对湿度气候倾向率的空间分布。分析结果显示，除了陇西县、张家川县、灵台县呈现微弱的上升趋势外，其余地方均呈现下降趋势，尤其是甘谷县、崆峒区、西峰区下降趋势较为明显，为每 10 a 下降约 1%。图 4.29d 给出了 1961—2020 年陇东黄土高原丘陵沟壑区冬季相对湿度气候倾向率的空间分布。分析结果显示，冬季的相对湿度空间变化趋势与秋季类似。除了陇西县、张家川县、灵台县呈现微弱的上升趋势外，其余地方均呈现下降趋势，尤其是甘谷县、崆峒区、西峰区下降趋势较为明显，为每 10 a 下降约 1%。

综上所述，从相对湿度四季变化的时间序列变化情况来看，可以发现秋季相对湿度最大，春季平均相对湿度最小，且年变化下降趋势最为显著，表明陇东黄土高原丘陵沟壑区在春季容

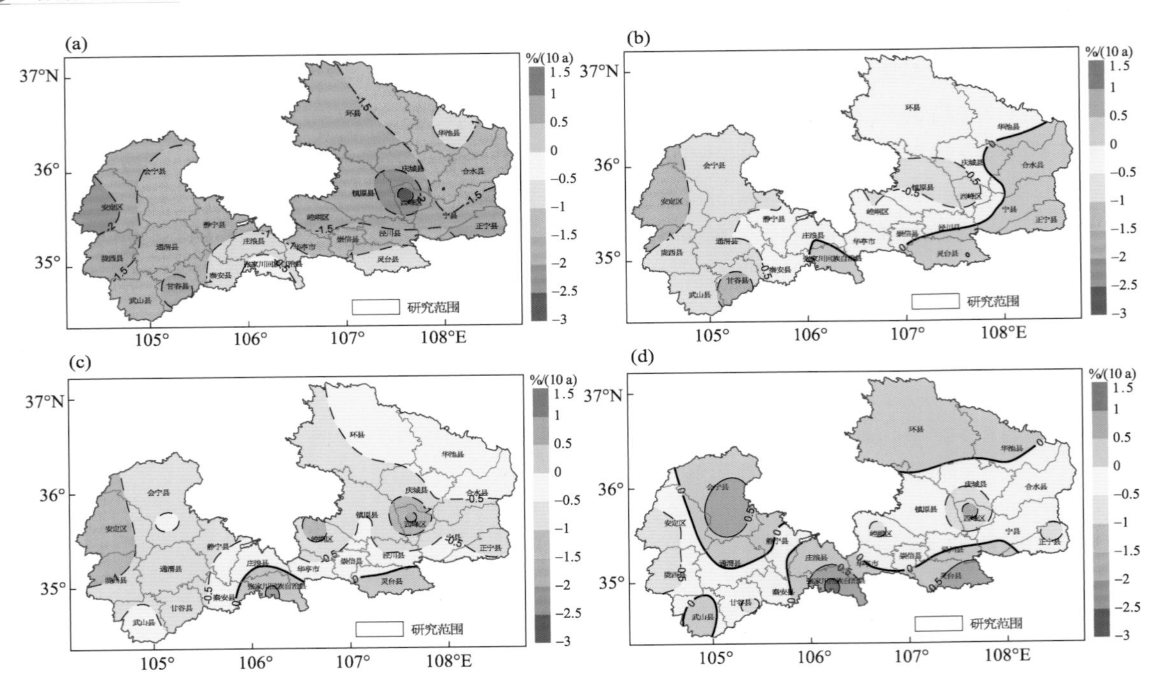

图 4.29　1961—2020 年陇东黄土高原丘陵沟壑区春(a)、夏(b)、秋(c)、冬(d)季平均相对湿度的气候倾向率空间分布

易高温少雨。从四季气候倾向率空间分布来看，除了夏季陇东黄土高原丘陵沟壑区的东部相对湿度变化呈现上升趋势外，其余的季节整体呈现下降趋势，尤其是春季下降趋势更为明显。

4.2.2　极端气候事件变化特征

4.2.2.1　极端气温

(1)极端最高气温

根据年极端最高气温定义，某一年的年极端最高气温为该年出现的日最高气温。从陇东黄土高丘陵沟壑区年极端最高气温变化曲线可以看出(图 4.30)，1961—2020 年间陇东黄土高原丘陵沟壑区极端最高气温介于 28.9～35.9 ℃，最高值出现在会宁(2020 年 7 月 22 日，

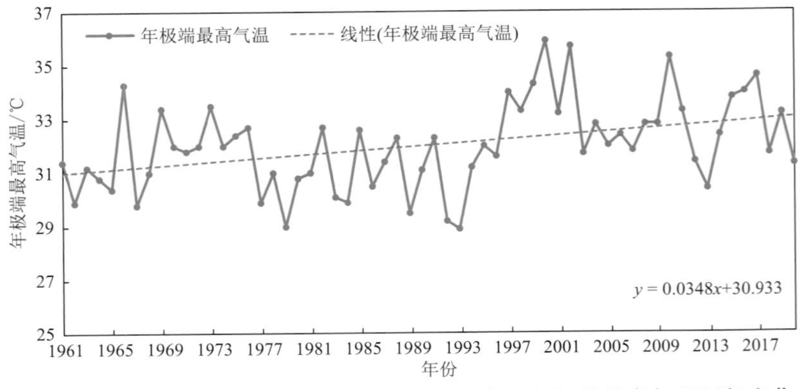

图 4.30　1961—2020 年陇东黄土高原丘陵沟壑区年极端最高气温历年变化

35.9 ℃)。年极端最高气温整体以 0.5 ℃/(10 a)的速率上升,1997 年前升温趋势较平稳,1997 年之后增温较快但变化明显,其中在 2001 年和 2009 年以后经历了温度下降的变化趋势,随后又开始增温趋势。

(2)极端最低气温

根据年极端最低气温定义,某一年的年极端最低气温为该年出现的日最低气温。1961—2020 年,陇东黄土高原丘陵沟壑区年极端最低气温介于−29.7～−17.7 ℃之间,最低值出现在安定(1991 年 12 月 28 日,−29.7 ℃)。1961—2020 年极端最低气温整体以 0.3 ℃/(10 a)的速率上升,但在 1985—1993 年极端最低气温显著下降趋势。与极端高温相比,极端低温的增温趋势较平缓(图 4.31)。

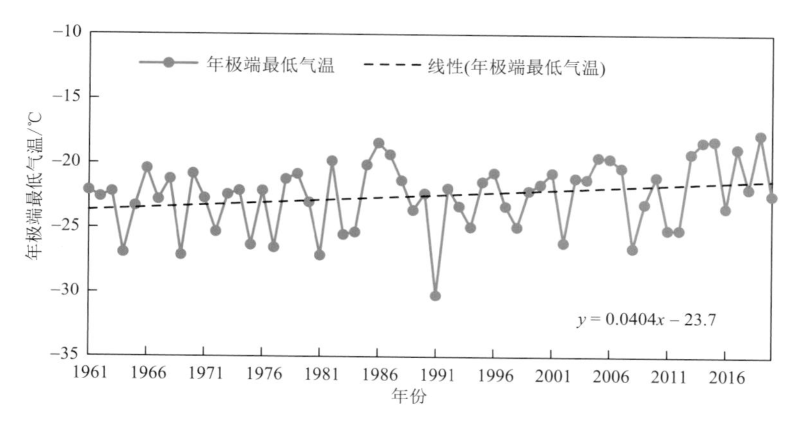

图 4.31　1961—2020 年陇东黄土高原丘陵沟壑区年极端最低气温历年变化

4.2.2.2　极端降水

根据大雨日数定义,统计某一年日降水量大于 30 mm 的天数。1961—2021 年陇东黄土高原丘陵沟壑区大雨日数总体以 2.0 d/(10 a)幅度增加(图 4.32);在整个时段内年代际变化明显,其中在 20 世纪 80 年代末—21 世纪初期为大雨日数明显相对较少的一个时段,2015 年以后大雨日数显著增加。这可能与西北气候暖湿化有关。Zhang 等(2022)研究指出,21 世纪以来气候湿化趋势的增强东扩特征可能是西风和季风环流年代际协同作用的结果,而且西风、东亚夏季风以及南亚夏季风的年代际异常通过引起高空急流、南亚高压以及西太平洋副热带高压的年代际异常,进而使得高、低层散度场和整层水汽输送发生异常,最终导致湿化趋势呈现增强东扩特征。

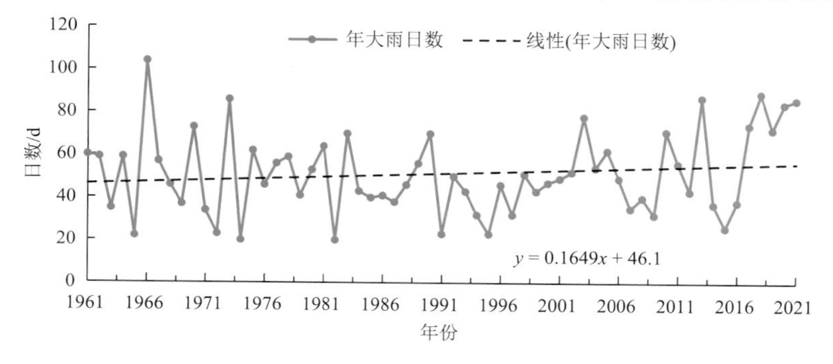

图 4.32　1961—2021 年陇东黄土高原丘陵沟壑区年大雨日数历年变化

4.2.2.3 高影响事件

(1)冰雹

陇东黄土高原丘陵沟壑区的冰雹日数具有较强的年代际变化特征，其中在20世纪80年代冰雹日数偏多；在20世纪90年代以后，冰雹日数明显趋于减少(图4.33)。在1961—2021年间整体呈减少趋势，平均每10 a减少5 d，冰雹日数出现最多的年份在1985年(68 d)，冰雹日数出现最少的年份在2018年(2 d)。

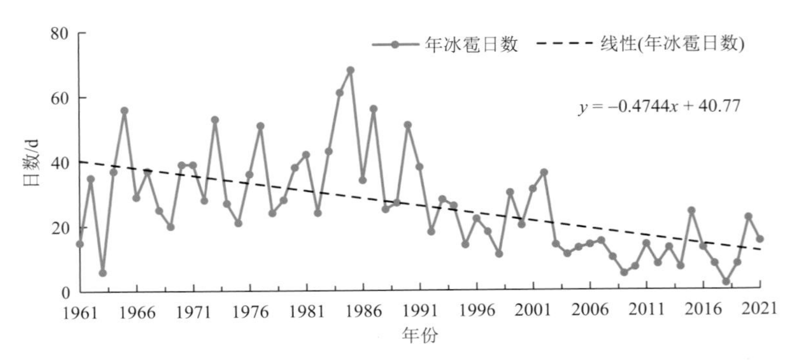

图4.33 1961—2021年陇东黄土高原丘陵沟壑区年冰雹日数历年变化

(2)雷暴

1961—2013年陇东黄土高原丘陵沟壑区雷暴频次总体以30次/(10 a)幅度下降；其中雷暴频次最多的年份为1973年，最少的年份为2009年。整个时段内有较强的年代际变化趋势，在20世纪90年代以后，雷暴频次下降趋势明显减弱(图4.34)。

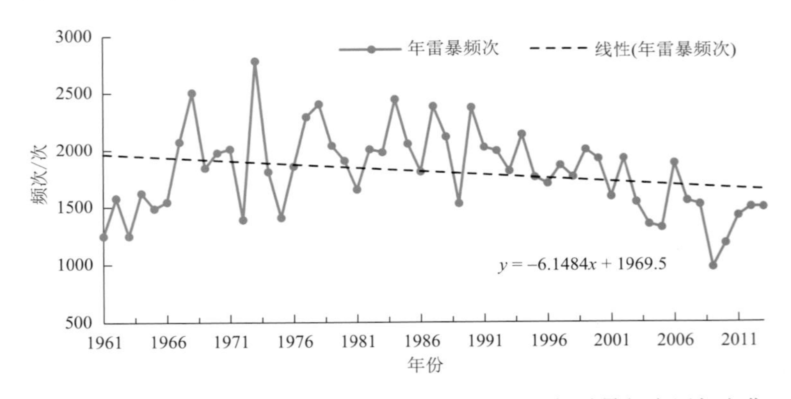

图4.34 1961—2013年陇东黄土高原丘陵沟壑区年雷暴频次历年变化

(3)沙尘

陇东黄土高原丘陵沟壑区1961—2021年平均沙尘暴、扬沙、浮尘累计站数均呈现下降的趋势，减少速率分别为54站/(10 a)、40站/(10 a)、63站/(10 a)，其中沙尘天气站数的减少表明区域性沙尘天气的强度减弱、频次减少。1961—1989年是陇东黄土高原丘陵沟壑区沙尘天气较多的一个时段，2002年以后沙尘天气明显较少，特别是近10 a以来沙尘天气累计站数明显减少。沙尘天气的发生与大风和降水有密切联系，随着西北暖湿化，极端降雨日数的增多，风速降低，势必会导致沙尘天气频次的减少(图4.35)。

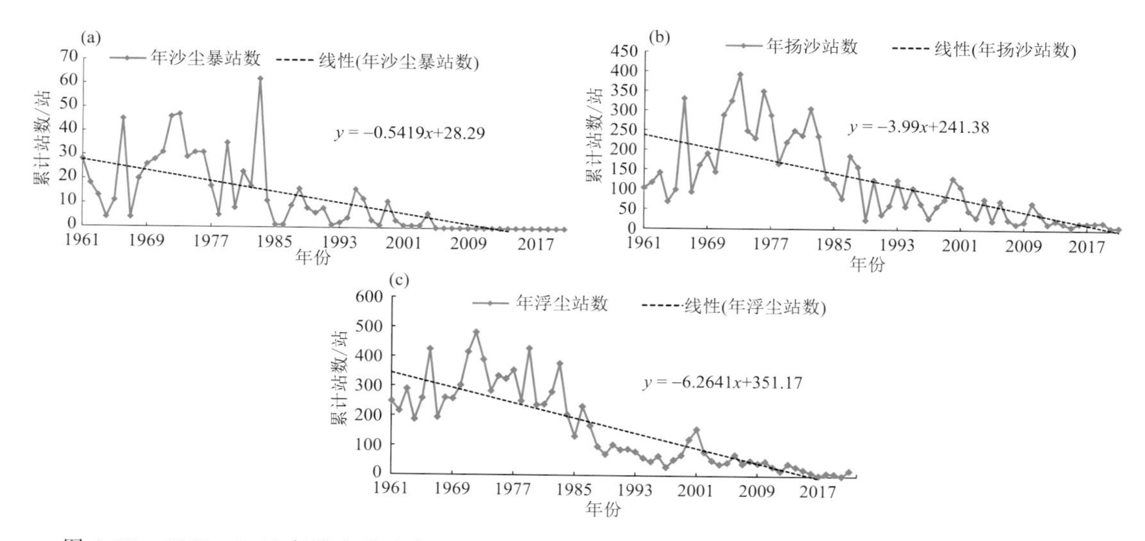

图 4.35　1961—2021 年陇东黄土高原丘陵沟壑区年沙尘暴(a)、扬沙(b)、浮尘(c)累计站数历年变化

(4)大风

陇东黄土高原丘陵沟壑区 1961—2021 大风日数呈现明显下降趋势，约为 40 d/(10 a)。1961—1989 年是陇东黄土高原丘陵沟壑区大风较多的一个时段，大风时段与沙尘天气为同一时段，表明局地的大风对沙尘天气的维持有影响；2001 年以后大风日数明显减少，但是在近 10 a 大风日数趋于增多(图 4.36)。

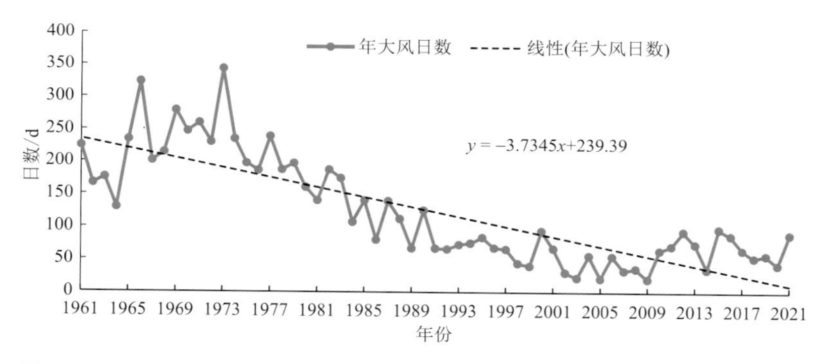

图 4.36　1961—2020 年陇东黄土高原丘陵沟壑区年大风累计日数历年变化

4.3　气候变化对区域生态的影响

4.3.1　气候变化对区域内植被的影响

植被是指地球表面各种植物群落的总称，是生态系统中不可或缺的部分，维持着全球能量平衡、生物化学循环和水循环 3 个系统的正常运转。植被覆盖度可以反映某一地区植被生长的好坏，是全球变化与陆表生态系统研究的热点(赵鸿雁 等，2019；刘洋洋 等，2020)。

植被生态质量指数以植被净初级生产力和覆盖度的综合指数来表示，其值越大，表明植被生态质量越好。植被净初级生产力指绿色植物在单位时间、单位面积上由光合作用所产生的有机物质总量中扣除自养呼吸后的剩余部分，单位为 gC/(m² · a)。植被覆盖度是植被地上部分垂直投影面积占地面面积的百分比，利用遥感监测方法中的植被指数法计算求得。采用修正后的水土流失方程 RUSLE(revised universal soil-loss equation)计算水土保持量，主要考虑了降雨、土壤、地形和植被覆盖对水土保持的影响。所用数据均来源于兰州区域气候中心(甘肃省生态气象和卫星遥感中心)“甘肃生态气象监测评估系统”。

2000—2021 年，陇东黄土高原丘陵沟壑区植被生态质量指数在会宁北部、陇西西南部、武山中部、甘谷中部、秦安中南部、西峰中北部、合水东北部为负值，表示上述地区植被生态质量有所下降，究其原因，可能主要受城市扩张、新修铁路公路等因素影响；陇东黄土高原丘陵沟壑区其余大部植被生态质量指数呈一直增加趋势，特别是平凉东部、庆阳中南部平均每年增加 0.8 以上(图 4.37)。2000—2021 年，植被生态质量指数整体呈波动上升趋势，平均每年增加 0.64，2013—2021 年植被生态指数较 2000—2012 年明显提高(图 4.38)。

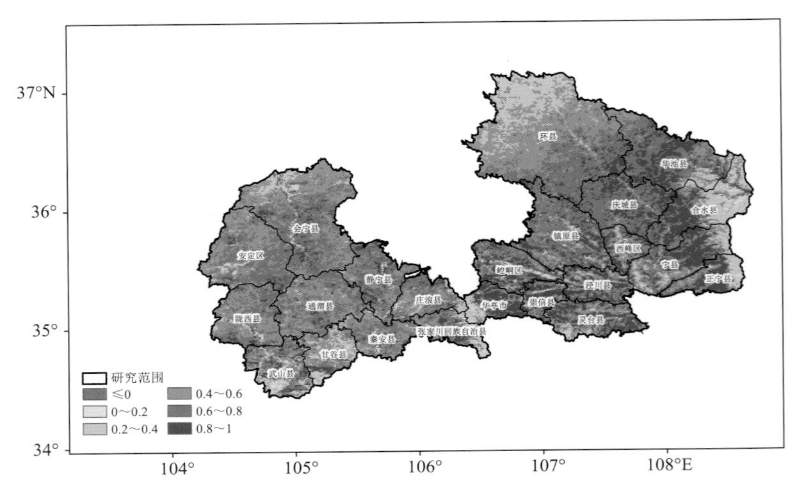

图 4.37　2000—2021 年陇东黄土高原丘陵沟壑区植被生态质量指数变化趋势空间分布(单位：1/a)

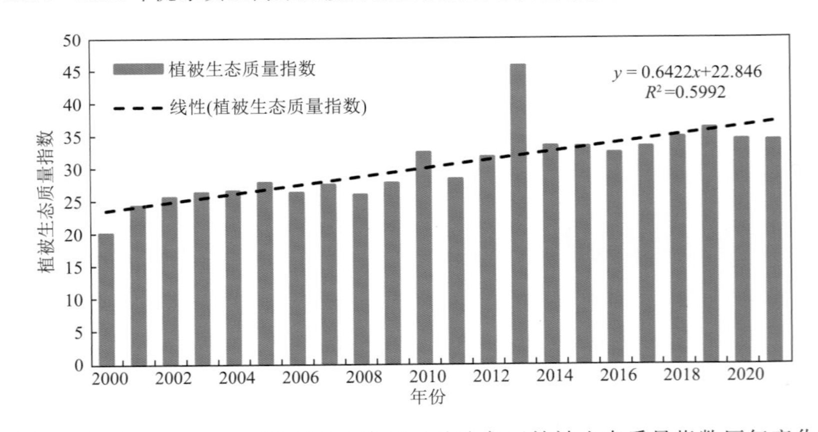

图 4.38　2000—2021 年陇东黄土高原丘陵沟壑区植被生态质量指数历年变化

植物在一年的生长中，随着气候的季节性变化而发生萌芽、抽枝、展叶、开花、结果及落叶、休眠等规律性变化的现象，而 NDVI 可以反映植被的生长状况。通过对比各个月 NDVI 空间分布，可以看出陇东黄土高原丘陵沟壑区 NDVI 从 1 月到 7 月逐渐增加到峰值，从 7 月到 12 月逐渐减少到谷值。陇东黄土高原丘陵沟壑区四季 NDVI 值变化明显，春季 NDVI 处于 0.1～0.6，夏季基本在 0.4 以上，其中平凉市大部、庆阳市东部 NDVI 值超过 0.7，秋季 NDVI 值与春季相当，冬季 NDVI 值减少明显，数值多数低于 0.4（徐煜，2018）。

4.3.2 气候变化对区域内森林的影响

2000—2021 年，陇东黄土高原丘陵沟壑区森林净初级生产力总体呈稳中略升、局地下降趋势，增幅明显区域位于张家川东南部、华亭西部、崆峒区西部、华池东南部、合水中部、宁县东部、正宁东部，平均每年增加 2 gC/（m^2 · a），合水中部偏东地区呈下降趋势（图 4.39）。从年际变化趋势来看，总体呈现上升趋势，每年增加 3.12 gC/（m^2 · a），2010 年森林净初级生产力最大，达到了 246.5 gC/（m^2 · a），2000—2016 年基本呈逐年增加，近 5 a 有略微下降趋势（图 4.40）。

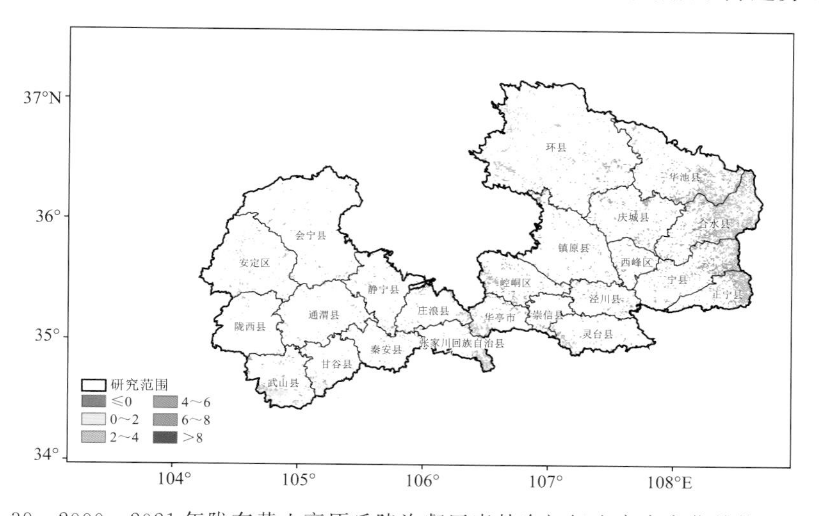

图 4.39　2000—2021 年陇东黄土高原丘陵沟壑区森林净初级生产力变化趋势空间分布

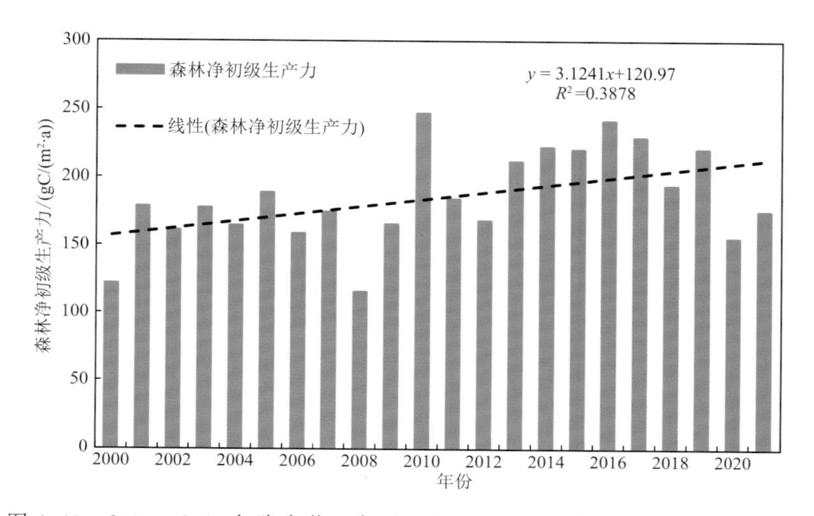

图 4.40　2000—2021 年陇东黄土高原丘陵沟壑区森林净初级生产力历年变化

4.3.3 气候变化对区域内草地的影响

2000 年以来，除会宁北部、武山南部局地草地净初级生产力呈现下降趋势外，陇东黄土高原丘陵沟壑区其余大部呈增加趋势，增加较明显地区位于平凉市东部、庆阳市中南部，每年增加 4 gC/(m^2 · a)以上(图 4.41)。从年际变化趋势来看，总体呈现上升趋势，每年增加 3.12 gC/(m^2 · a)，2010 年草地净初级生产力最大，达到了 209.8 gC/(m^2 · a)，2000—2016 年基本呈逐年增加，近 5 a 有略微下降趋势(图 4.42)。2010—2021 年甘肃省草地净初级生产力(178.1 gC/(m^2 · a))较 2000—2009 年平均水平(131.5 gC/(m^2 · a))提高了 35%。

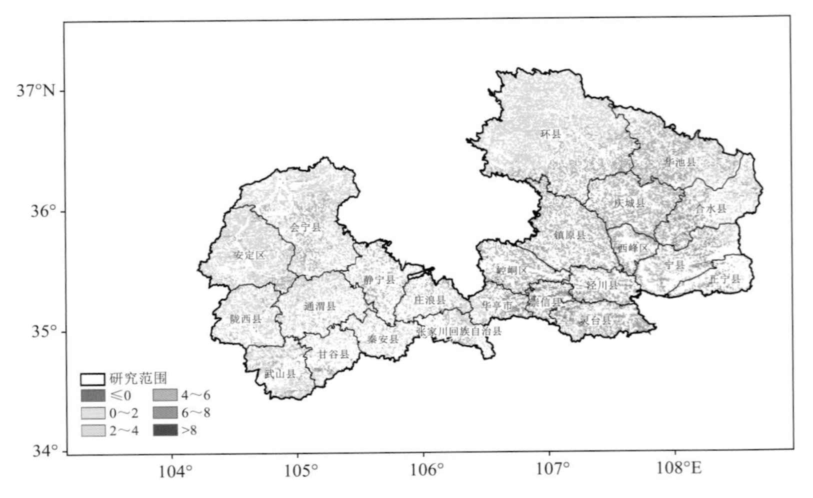

图 4.41 2000—2021 年陇东黄土高原丘陵沟壑区草地净初级生产力变化趋势空间分布

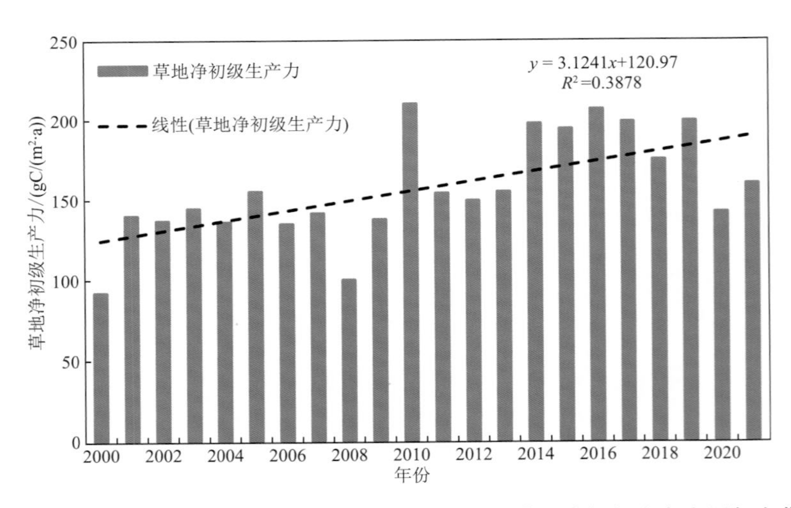

图 4.42 2000—2021 年陇东黄土高原丘陵沟壑区草地净初级生产力历年变化

4.3.4 气候变化对区域内农田的影响

2000—2021 年，陇东黄土高原丘陵沟壑区农田净初级生产力大部呈上升趋势，但局部地方如武山中部、甘谷中部、会宁北部等受城市扩张影响，农田净初级生产力呈下降趋势（图4.43）。上升较明显区位于华亭中东部、合水西部、宁县中东部、正宁中部，净初级生产力每年上升6 gC/(m²·a)以上。从年际变化而言，2000年以来，整体呈明显上升趋势，平均每年上升3.2 gC/(m²·a)，2010年农田净初级生产力最大，达到了240.8 gC/(m²·a)，2010—2021年(154.1 gC/(m²·a))相较于2000—2009年(204.9 gC/(m²·a))上升了33%(图4.44)。

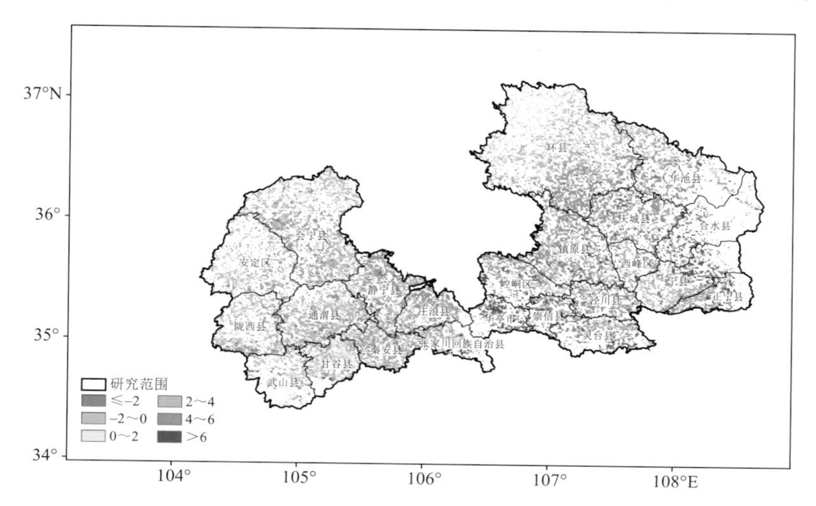

图4.43　2000—2021年陇东黄土高原丘陵沟壑区农田净初级生产力变化趋势空间分布

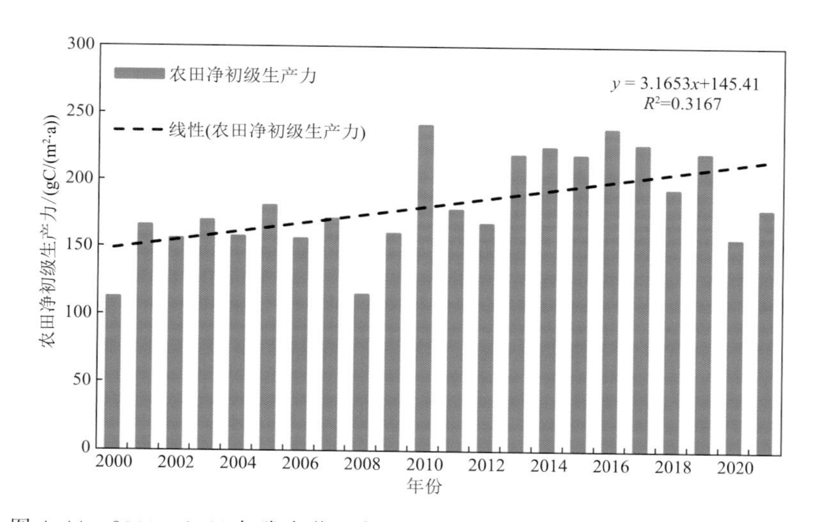

图4.44　2000—2021年陇东黄土高原丘陵沟壑区农田净初级生产力历年变化

4.3.5　气候变化对区域内水土保持量的影响

2000年以来，陇东黄土高原丘陵沟壑区水土保持量大部呈增加趋势，陇西西南部、武山北部、甘谷北部、通渭东部、静宁北部、崆峒北部、灵台大部、泾川东部、宁县西部呈下降趋势（图4.45）。从年际变化来看，2000年以来陇东黄土高原丘陵沟壑区水土保持量呈波动增加趋势，呈现准5 a波动周期，就线性趋势而言，平均每年水土保持量增加0.64亿t（图4.46）。

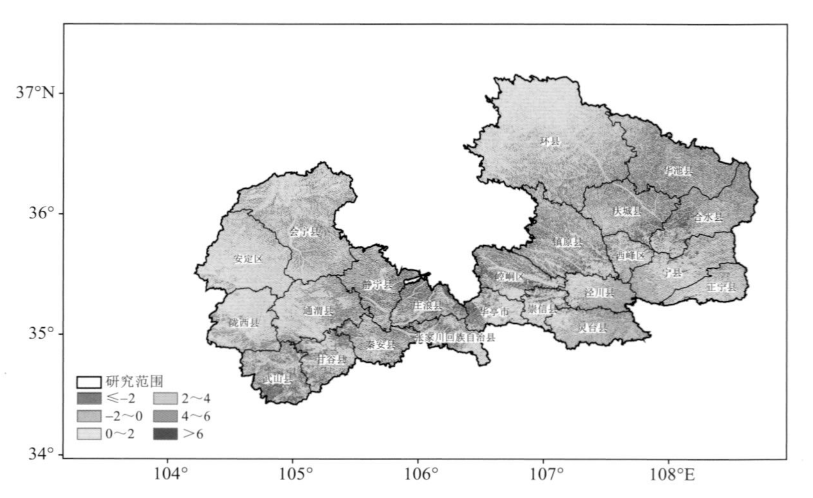

图 4.45　2000—2021 年陇东黄土高原丘陵沟壑区水土保持量变化趋势空间分布(单位:亿 t)

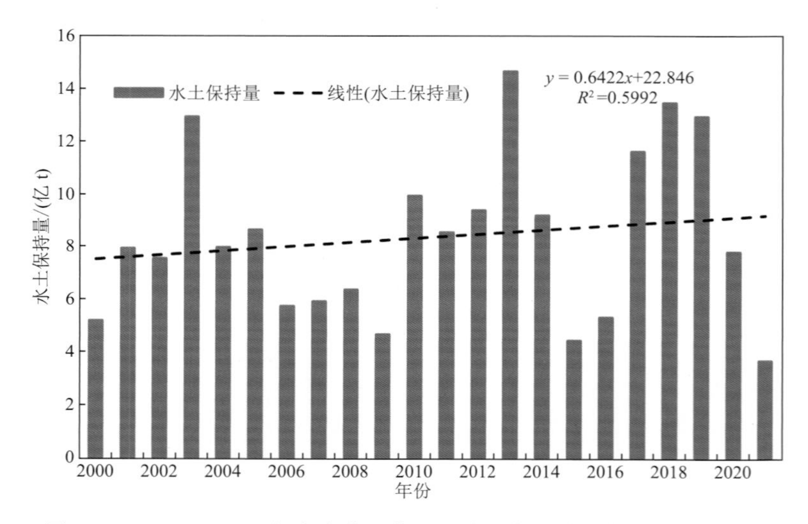

图 4.46　2000—2021 年陇东黄土高原丘陵沟壑区水土保持量历年变化

4.3.6　气候变化对区域内旱作农业的影响

在过去的 7000～1000 a 间,黄土高原地区的水热环境适于旱作农业的发展,使得人口快速增加,成为中华文明的主要发源地之一。长期以来,黄土高原大部分地区以小麦为主粮,但小麦生长季的大部分(秋、冬、春季)都处于降水不足的时期。由于年降水量和降水时期均波动很大,小麦产量低而不稳便成为常态。适应于黄土高原降水少而波动大的自然环境,小杂粮种类则较为丰富,常见的有小扁豆、豌豆、蚕豆、绿豆、小红豆、大豆(黄豆)、糜子、谷子、莜麦(燕麦)、荞麦、胡麻、高粱等,虽然产量较低,但生长期较短,播期较为灵活,收成较为稳定,对当地农户生存发挥了重要作用。

此外,根据地方气候特点等因素,沟垄覆膜栽培技术成为支撑农业发展的一项很有特色的技术,沟垄覆膜栽培的首要作用是汇集降水快速入渗土壤。沟垄设置具有将降水从垄面向沟内底部汇集的功能。在农户的实际生产中，一般是在前一年的晚秋，土壤封冻前进行沟垄地膜覆盖，以有效增加休闲期的降水入渗，并减少同期的土壤蒸发。对粮食作物而言，秋季地上部分收获后，地膜仍然留在农田，到第二年开春播种前揭掉后耕作播种。在年均降水量 320 mm 的地区，土壤封冻期地膜覆盖与不覆盖相比较，下一年春季覆膜农田在玉米播种时 2 m 土壤剖面中可多储存 43 mm 水分。对比试验表明，未种植作物情况下，沟垄地膜覆盖在一个玉米生长季后可使土壤含水量达到田间持水量；与不覆盖相比，170 cm 的土壤剖面中多保蓄 100 mm的水分。

沟垄覆膜栽培的另一个重要作用，就是在作物封垄前增加表层土壤温度，这是玉米能够在热量不足地区成功种植的关键。作物封垄之后，由于冠层遮阴，阻挡直射光进入地膜表面，地膜增温效应就会大幅降低，甚至消失，因此，在玉米旺盛生长期，可避免高温催熟和伤害。在海拔 2000 m 以上、年均降水量 320 mm 左右的地区，由于干旱和低温，过去很难种植玉米，利用这一技术可使玉米增产数倍，产量是本地小麦的 4 倍左右。

近年来，气候变化对黄土高原农作物也产生一定的影响，赵玉娟等(2020)研究表明，30 a 来气象干旱发生的频次存在自西北向东南逐渐减少的特点。气象干旱发生的月频次呈波动状，其中 12 月最多，7 月最少；气象干旱主要发生在春季，以轻旱为主，中旱次之，重旱及特旱发生概率较小；气象干旱事件发生的年频次逐渐减少。受气象干旱影响，环县、华池农作物成灾面积较大，受灾程度严重；除镇原、合水、正宁气象干旱日数与农作物成灾面积逐年变化趋势呈正相关外，其余县(区)均呈负相关关系。

4.3.7 极端天气气候事件对生态环境的影响

净初级生产力是指生态系统在单位时间及单位面积上所能够积累的有机物数量。其中草地是陇东黄土高原生态系统的重要组成部分之一，由于其脆弱性及响应的敏感性，在碳库计算和生态系统功能评价领域占有重要的地位(Yang et al.，2016)。草地净初级生产力是指通过光合作用产生的有机物总量扣除其自氧呼吸后所剩余的有机质含量(王耀斌 等，2018)。森林净初级生产力是植物光合作用有机物质的净积累，反映了森林碳汇功能强度，是理解森林生态系统碳循环过程的关键参数(Petritsch et al.，2007；Liang et al.，2015)。农业植被净初级生产力代表了农田生态系统通过光合作物固定大气中 CO_2 的能力，决定了农田土壤中可获得的有机质的含量，因此，农田净初级生产力在全球碳平衡中扮演着重要作用(刘洋洋 等，2020)。植被生态质量指数是气象评价指数，是从气象条件引发的环境变化对植被生态质量的影响角度进行评估(表 4.1)。

表 4.1　2000—2021 年极端高温、极端低温、极端降水、冰雹、大风、沙尘分别与草地、农田、森林的净初级生产力、植被生态质量指数和水土保持的相关系数(加粗代表通过置信度为 95%的显著性检验)

相关系数	草地净初级生产力	农田净初级生产力	森林净初级生产力	植被生态质量指数	水土保持
极端高温	0.08	0	0.02	−0.20	**−0.50**
极端低温	0.45	**0.51**	**0.52**	0.30	0.34
极端降水	0.16	0.19	0.16	**0.50**	**0.63**
冰雹	−0.32	−0.30	−0.27	−0.33	−0.34
大风	0.20	0.22	0.20	0.23	−0.16
沙尘暴	**−0.55**	−0.49	−0.42	**−0.64**	−0.22
扬沙	−0.42	−0.38	−0.31	**−0.61**	−0.15
浮尘	**−0.68**	**−0.59**	**−0.54**	**−0.64**	−0.11

通过计算陇东黄土高原年极端高温、极端低温、极端降水、冰雹、大风、沙尘分别与区域平均的年草地、农田、森林的净初级生产力、植被生态治理指数和水土保持的相关系数，发现极端高温与水土保持存在显著的负相关关系（通过置信度为 95% 的显著性检验），这可能是因为高温容易引起黄土松动，进而加剧了水土保持的难度。陇东黄土高原极端低温与农田和森林净初级生产力存在显著正相关关系。由于陇东黄土高原极端低温可以影响农田和森林的光合作用进而降低固定大气中 CO_2 的能力。另外，陇东黄土高原极端降水日数与生态植被指数和水土保持之间存在显著的正相关关系，表明陇东地区的植被生长对降水有较强的依赖性，以及植被生长长势良好对于水土保持也有较好的影响。冰雹和大风与草地、农田、森林的净初级生产力、植被生态质量指数和水土保持的相关系数并没有通过显著性检验。沙尘暴与草地净初级生产力和植被生态质量指数存在显著负相关关系；表明沙尘暴对草地和植被的固碳能力有削弱作用；扬沙与植被生态质量指数存在显著负相关关系；浮尘与草地、农田、森林的净初级生产力、植被生态质量指数存在显著负相关关系。对比三种沙尘天气过程，浮尘对于草地、森林、农田、植被的固碳能力影响较大。

4.4 未来气候变化及影响预估

本节利用第六次国际耦合模式比较计划（CMIP6）中 BCC、CESM、CMCC 全球气候模式输出结果，未来预估期的时间尺度为 2015—2100 年，气象要素包括逐月平均气温、最高气温、最低气温、降水。CMIP6 情景模式比较计划中核心试验 Tier-1 下的 4 个 SSP-RCP 组合情景，包括低强迫情景（SSP1-2.6）、中等强迫情景（SSP2-4.5）、中高等强迫情景（SSP3-7.0）和高强迫情景（SSP5-8.5），本章节在对黄土高原未来气候预估中用的是中等强迫情景 SSP2-4.5，预估时段为 2025—2100 年。

4.4.1 年平均气温未来变化

不同模式预估的黄土高原未来年平均气温都呈波动上升的趋势，2025—2100 年，三个模式 BCC、CESM、CMCC 预估的年平均气温在 6.8～15.9 ℃之间变化，其中，上升速率分别为 0.55 ℃/(10 a)、0.79 ℃/(10 a)、0.76 ℃/(10 a)，模式预估平均值上升速率为0.76 ℃/(10 a)（图 4.47）。

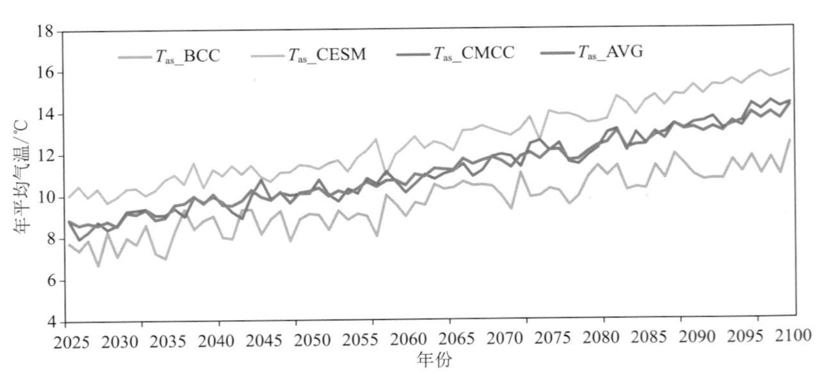

图 4.47 CMIP6 模式 SSP2-4.5 情景下 2025—2100 年年平均气温的预估

4.4.2 年平均最高气温未来变化

不同模式预估的黄土高原年平均最高气温呈波动上升趋势，2025—2100年，年平均最高气温变化范围在25～44 ℃之间，三个模式的平均最高气温的上升速率分别为0.84 ℃/(10 a)、1.1 ℃/(10 a)、0.86 ℃/(10 a)，模式预估的平均最高气温平均值的上升速率为0.92 ℃/(10 a)（图4.48）。

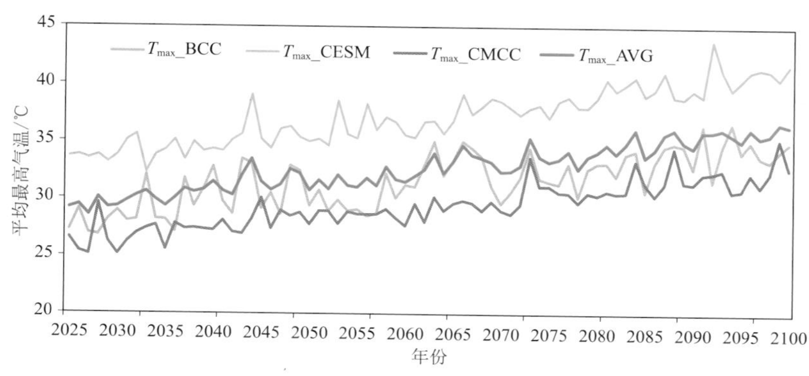

图4.48 CMIP6多模式SSP2-4.5情景下2025—2100年年平均最高气温的预估

4.4.3 年平均最低气温未来变化

不同模式预估的黄土高原年平均最低气温呈弱的波动上升趋势，2025—2100年，年平均最低气温在−20～−3 ℃之间变化，三个模式预估的年平均最低气温上升速率分别为0.40 ℃/(10 a)、0.90 ℃/(10 a)、0.67 ℃/(10 a)，模式预估的最低气温平均值的上升速率为0.66 ℃/(10 a)（图4.49）。

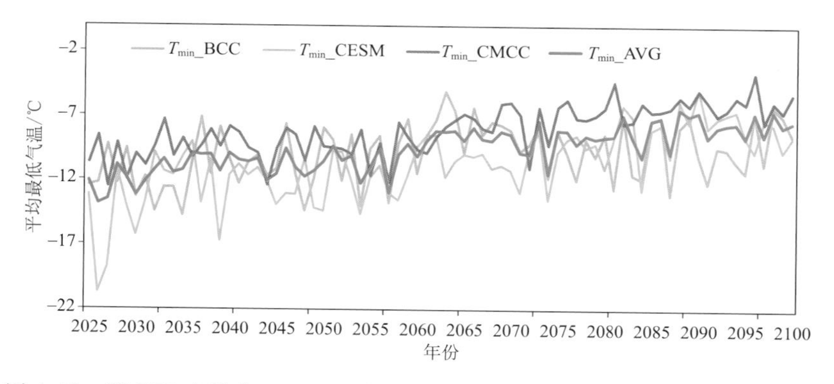

图4.49 CMIP6多模式SSP2-4.5情景下2025—2100年年平均最低气温的预估

4.4.4 年降水未来变化

用实况降水量对不同模式预估的黄土高原2015—2021年均降水量进行一元线性回归订正后，呈弱的波动上升趋势，2025—2100年预估的年降水总量在500～620 mm之间变化，三个模式预估的年降水总量上升速率分别为1.4 mm/(10 a)、0.9 mm/(10 a)、3.2 mm/(10 a)，模式预估的年降水总量平均值的上升速率为 1.8 mm/(10 a)(图 4.50)。

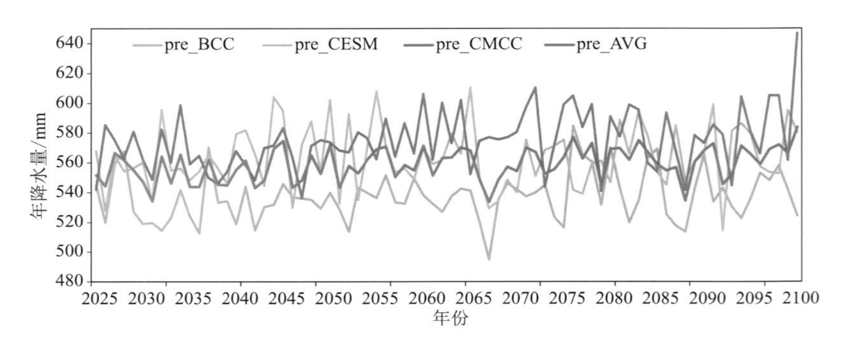

图 4.50　CMIP6 多模式 SSP2-4.5 情景下 2025—2100 年年降水量的预估

4.4.5　区域生态系统未来变化

利用陇东黄土高原丘陵沟壑区 2000—2021 年生态质量指数与降水和气温作二元线性回归，再利用 CMIP6 中 SSP2-4.5 情景下的 BCC、CESM、CMCC 三个模式预估的未来逐年平均气温和降水量，代入回归方程可预估未来生态系统相关指数，分析未来变化趋势。

4.4.5.1　草地净初级生产力指数未来变化

通过建立 2000—2021 年草地净初级生产力指数(Y)与同期气温、降水的线性回归关系，得到以下方程：

$$Y=0.08029X_1+11.3287X_2+6.2984$$

式中，X_1 为降水，X_2 为气温。

从 2025 开始，草地净初级生产力指数从 150 左右呈波动增加趋势，最大值达到 210 左右，增加速率为 8.1/(10 a)，这说明未来气温和降水的变化有利于草地净初级生产力的增加(图 4.51)。

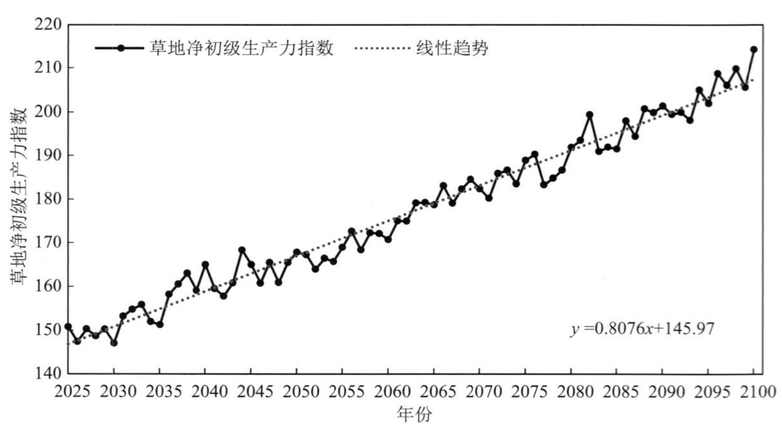

图 4.51　2025—2100 年草地净初级生产力指数预估

4.4.5.2　农田净初级生产力指数未来变化

通过建立 2000—2021 年农田净初级生产力指数(Y)与同期气温、降水的线性回归关系，得到以下方程：

$$Y = 0.14068X_1 + 15.7519X_2 - 45.2388$$

式中，X_1 为降水，X_2 为气温。

2025—2100 年，农田净初级生产力指数呈增加趋势，其值变化范围为 160～270，增加速率为 11.3/(10 a)，未来随着气候变暖，降水增加，农田净初级生产力呈逐渐增加的趋势(图 4.52)。

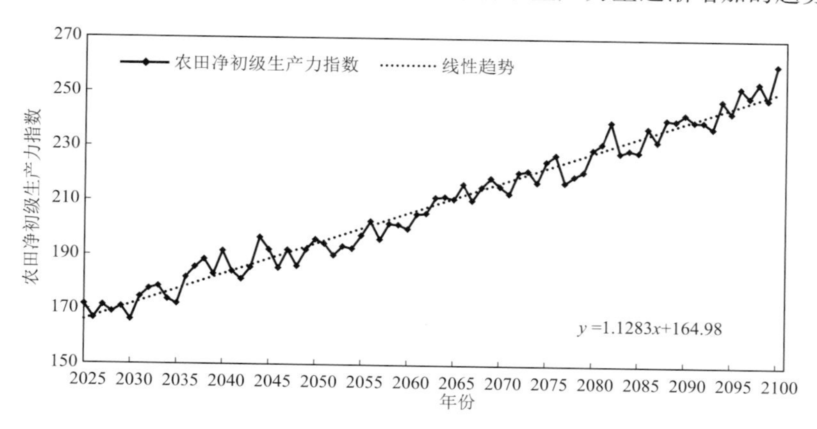

图 4.52　2025—2100 年农田净初级生产力指数预估

4.4.5.3　森林净初级生产力指数未来变化

通过建立 2000—2021 年森林净初级生产力指数(Y)与同期气温、降水的线性回归关系，得到以下方程：

$$Y = 0.11807X_1 + 13.5040X_2 - 8.5375$$

式中，X_1 为降水，X_2 为气温。

2025—2100 年，森林净初级生产力指数呈增加趋势，其值变化范围为 170～250，增加速率为 9.7/(10 a)，未来随着气候变暖，降水增加，森林净初级生产力呈逐渐增加的趋势(图 4.53)。

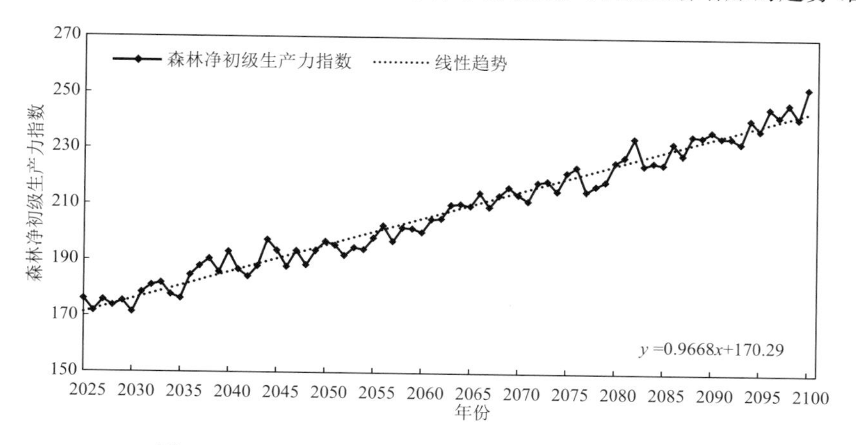

图 4.53　2025—2100 年森林净初级生产力指数预估

4.4.5.4　水土保持指数未来变化

通过建立 2000—2021 年水土保持指数(Y)与同期气温、降水的线性回归关系，得到以下方程：

$$Y=0.02988X_1-1.37293X_2+6.4942$$

式中，X_1为降水，X_2为气温。

2025—2100年，水土保持指数呈逐渐降低趋势，其值变化范围为−10～−1，递减速率为0.91/(10 a)，未来随着气候变暖，降水增加，水土保持指数逐步减小，不利于水土保持(图5.54)。

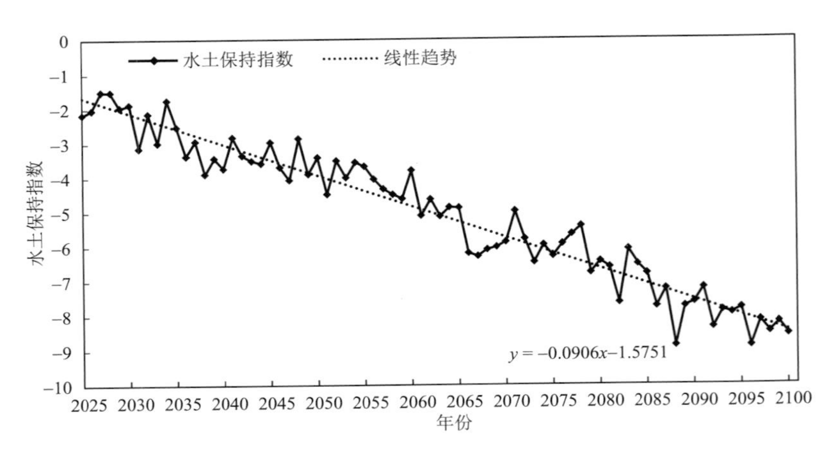

图4.54　2025—2100年水土保持指数预估

4.4.5.5　植被生态指数未来变化

通过建立2000—2021年植被生态指数(Y)与同期气温、降水的线性回归关系，得到以下方程：

$$Y=0.03942X_1+2.6320X_2-15.8781$$

式中，X_1为降水，X_2为气温。

2025—2100年，植被生态质量指数呈逐步增加趋势，其值变化范围为27～43，增加速率为1.9/(10 a)，未来随着气候变暖，降水增加，植被生态质量指数呈逐渐增加趋势，有利于植被生长(图4.55)。

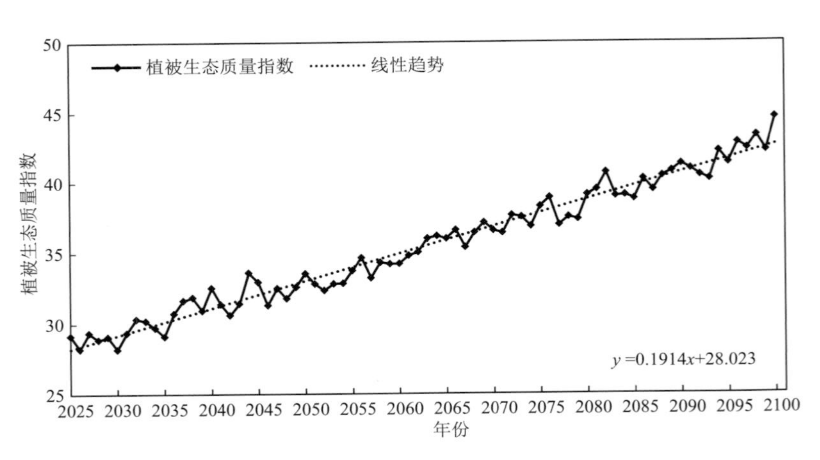

图4.55　2025—2100年植被生态指数预估

4.5 区域生态保护与修复的措施对策

4.5.1 区域开展种植特色产业的措施对策

4.5.1.1 陇东黄土高原旱塬区果业合作社可持续发展对策

陇东黄土高原旱塬区是我国传统的旱作农业区，果业生产是该区农业生产结构的主要组成部分。其中，苹果年产量占全国的38%左右，是当地农民收入的重要来源。农民专业合作社作为带动农户进入市场的新型主体之一，成为创新农村社会管理的有效载体（白岗栓 等，2018；赵荷，2018）。

陇东黄土高原旱塬区果业合作社可持续发展对策有以下几点。

（1）规范组织机构和运行机制

健全的组织机构和运行机制作为合作社健康发展的基础和关键所在。一是在合作社成立初期，引导合作社建立各项规章制度。二是规范财务管理制度，结合合作社实际，规范合作社会计基础工作，健全合作社财务管理制度。

（2）创新发展模式，拓宽销售渠道

在生产环节，农民合作社可以与科研院所、高等院校等相关机构合作，提高农民专业合作社的技术水平。同时，要不断提高农产品质量安全，加强合作社的对农产品质量安全的重视；在销售渠道，鼓励和支持充分利用现代网络，打通农产品流通绿色通道。

（3）加大扶持力度，引入社会资本

政府要扎扎实实地落实相关政策，建立相应的国家政策机制，引导与农民内生组织机制相结合，提出有针对性的优惠政策和扶持措施，在依靠政府资本的同时也要大力引进社会资本。

（4）培养人才，提高管理水平

一是要重视合作社社员的农业技术培训；二是要重视合作社经营与管理人才的引进；三是要引进高学历和有技能的专业型人才。加强与国内高校的联系，为毕业生提供实习平台。

4.5.1.2 陇东黄土高原绿色种植措施对策

（1）进一步解放思想、更新理念、增强意识，创新保护与发展的协调模式

树立人与自然和谐共处的生态文明核心理念，形成民众接受、社会参与、政府履职、流域协调的共建机制。坚定不移践行“绿水青山就是金山银山”的绿色发展理念，遵循“山水林田湖草”系统治理原则，因地制宜引草入田、乔灌草结合。构建多元化投资、上下游联动、地表地下水权置换、生态资源开发补偿等综合治理管理机制（胡春艳 等，2016；侯扶江 等，2020）。

（2）做好顶层设计，编制发展纲要，统筹安排、系统谋划，增加生态保护和治理投入

从国家黄河长治久安、流域高质量发展、生态屏障建设、人民生活水平提高的角度，坚持问题导向，突破行政区域分割，打破一地一段一岸的局限，上下游、干支流、左右岸统筹谋划，分类施策。做好顶层设计和政策引导，多种投资经营方式并举，大力发展草地农业，推行种草养畜，提高农民发展生态产业的积极性。

（3）强化科技支撑，开展综合评估，实施生态工程跟踪监测

开展生态环境精准治理的关键技术研究，示范推广产业协同发展模式。创新典型流域水

土流失治理和生态恢复的阶段性技术，解决生态保护和高质量发展的"卡脖子"技术。开展水保效益和水保工程的综合评估，掌握水保工程技术现状，摸清低效水保林和经济林及其分布。健全各级水土流失监测监督管理机构，完善水土保持监测站网，提高监测的组织保障能力，完善水土保持与生态建设工程效益监测评价体系。

(4)优化植被恢复模式，盘活现有资源，扩大工程治理范围，释放生态经济潜能

采用差异化精准治理策略，构建乔灌草优化配置的植被结构，更新、复壮退化的人工植被。开展生态功能区划，制定灌草配置模式和建植模式的方案，推动以植被生态功能提升为核心的生态治理工程。扩大"固沟保塬"工程实施范围，建成塬面、塬坡、沟头、沟坡、沟道综合防控区和自上而下节节拦蓄的立体防控体系。

(5)调整产业结构，发展草地农业，构建区域特色鲜明的生态农业发展模式

推行"粮改饲"，实施"粮经饲"三元种植结构，加大饲草种植比例，拿出好地种草，对人工种草、草食畜养殖提供补贴，通过草田轮作、粮草套种和复种、林(果)草间作、多年生草地建植等，优化农业种植结构。建立黄土高原草地农业试验示范区和巨型草食畜产业试验示范区，以肉牛、肉羊和优质草产品生产为基础，设立专项基金，推行种草、养畜一体化的循环农业模式，提高陇东黄土高原草畜耦合度，构建甘肃黄土高原丘陵沟壑区综合草地农业示范区，助力黄河中上游地区生态保护和高质量发展。

4.5.2 区域生态屏障建设的措施对策

4.5.2.1 甘肃黄土高原丘陵沟壑区生态建设中存在的问题

(1)人为因素导致森林面积偏少，草地退化严重，荒漠化现象突出

人为因素方面，人口的大量增加，从事农业及牧业人口数量增多，一度毁林开荒，部分地区出现过度放牧，导致天然植被和草场的大面积缩减退化；自然因素方面，气温持续升高，降雨量减少，土地荒漠化、沙化、沙尘天气和雾/霾天气等因素，严重影响到了植被和草场的修复及再生能力，影响到植被的整体覆盖面，抑制了土壤的抗雨水冲刷程度，土壤抵抗风力和雨水侵蚀能力大大下降，生态系统的自我调节水平大为下降。

(2)过度依赖煤炭、石油等传统能源的产业，导致环境污染不断加剧

多年的惯性思维，发展过多依赖煤炭、石油、矿产资源、火力发电等传统能源消耗性产业，及这些产业延伸的加工产业。这些产业往往伴随产生废水、废气、废渣等工业"三废"，还有粉尘污染和局部性的气温升高。一些企业虽制定了排污措施，但因处理成本高而未经处理便直接排放。人为破坏对生态环境的严重损毁，导致陇东黄土高原丘陵沟壑区灾害多。

(3)生态建设中的经济效益、社会效益与生态效益间的矛盾突出

陇东黄土高原丘陵沟壑区经济社会发展中，存在重经济效益而轻社会效益与生态效益、忽视生态系统建设的现象，考虑生态资源再造较少；追求美化亮化，破坏生态系统；追求地面路面硬化，致使滞留地面的雨水大量增加，地下水得不到补充，抑制了土壤的水库功能，加剧了热岛效应，经济效益、社会效益与生态效益之间存在突出矛盾。

(4)生态建设中的生态恢复与补偿体制机制欠缺，群众生态环境保护动力不足

随着西部大开发战略的实施，国家对西部地区的投入加大，但就生态补偿体制机制来看，还存在一些不容忽视的问题。如相关补偿法规政策不够健全，生态保护得不到应有的政策支持；替代产业、新型环保产业培育能力较弱。这些问题，势必制约了甘肃黄土高原丘陵沟壑区

的生态建设与可持续发展。

4.5.2.2 甘肃黄土高原丘陵沟壑区生态建设的对策及思考

(1)提高生态屏障建设认识,减少人为因素破坏

加强对甘肃黄土高原丘陵沟壑区群众的教育和引导,从"绿水青山就是金山银山"的发展空间长远考虑,认识构筑甘肃黄土高原丘陵沟壑区生态屏障的重要性。

(2)建立相对完备的系统保护结构体系

采取生物手段、综合手段、经济手段、科技手段、工程手段等措施,大规模植树造林,兴修水利,防治土地荒漠化、沙化,发展新能源和替代能源,减少污染,强制转产,去产能,推广电子商务等。增强生态自身调节功能,提高生态调节能力和经济发展综合能力,增加农牧民收入。

(3)加大甘肃黄土高原丘陵沟壑区的乡村振兴力度

将贫困地区列为生态屏障建设的重点区域,把乡村振兴作为甘肃黄土高原丘陵沟壑区生态屏障建设的基础性工作之一,发展地域特色环保产业,推进生态扶贫,构筑生态屏障,避免"越穷越破坏,越破坏越穷"的恶性循环,实现"绿水青山"和"金山银山"共赢发展。

(4)构建合理的生态恢复与补偿体制机制

一是继续推进"退耕还林还草""退牧还草"工程,适当延长补助期限,让农民吃上"定心丸"。国家、省、市的相关补贴政策和项目应进一步向生态脆弱的这些地区重点倾斜。二是以完善"项目支持"的形式,重点引导生态移民和替代产业,推进新能源建设,推进陇东黄土高原丘陵沟壑区生态补偿机制的立法进程,切实提高保护国家生态屏障,保障国家生态安全的能力(李宏峰,2017)。

4.6 本章小结

本章简要概述了陇东黄土高原丘陵沟壑区基本情况,开展了区域内气温、降水量、平均风速、平均日照、相对湿度等基本气象要素的时空变化特征分析,详细阐述了极端气候事件及高影响天气的气候变化特征,介绍了区域内植被、森林、草地、农田、水土保持量、旱作农业等时空特征,分析了极端天气气候事件对生态环境的可能影响,最后利用CMIP6气候模式输出结果,预估了基本气象要素和生态系统的未来变化趋势,提出了区域内开展种植特色产业和生态屏障建设的对策建议。

第5章 祁连山冰川与水源涵养生态系统

5.1 区域概况

5.1.1 地理位置

祁连山甘肃区域位于甘肃省的西北部，河西走廊南部地区，包括阿克塞哈萨克族自治县、肃北蒙古族自治县、肃南裕固族自治县、山丹县、天祝藏族自治县部分地区(图 5.1)，总面积 68517 km^2，占全省总面积的 15.7%，海拔高度在 1901～5659 m 之间。山脉呈西北—东南走向，长约 850 km，由多条西北—东南走向的平行山脉和宽谷组成，山势由西向东降低，是我国西北地区著名的高大山系之一，东段最高的冷龙岭平均海拔高度为 4860 m，西段最高峰为疏勒南山的团结峰，最高海拔为 5766 m，平均海拔为 3700 m。气候垂直分异大，高山区降水量在 400～800 mm，由于低温高寒，每年约有 15%的降水以雪的形式降落。4500 m 以上终年积雪，5000 m 以上发育有现代冰川，山区冰雪融水是许多河流的重要补给来源(陈志昆 等，2012)。

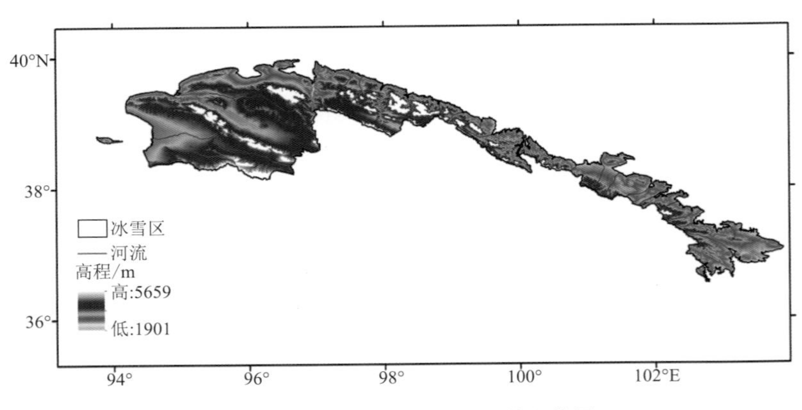

图 5.1 甘肃省祁连山区地形地貌图

5.1.2 地质地貌特征

祁连山位于青藏高原的东北边缘，地处青藏、蒙新、黄土三大高原的交汇地带，介于柴达木

盆地与河西走廊拗陷之间，地质构造上属北部祁连山加里东地槽，火成岩发育，是一组饱经褶皱和断裂作用，新生代(喜山期)有大幅度上升的高大山系。由于地质构造运动，特别是新构造运动的强烈影响，整个山地属高山深谷地貌。其形态受地质构造的控制，山系的主要构造线是北西向的，北东向的构造线也经常出现。由于两种不同方向构造线的存在，许多山间盆地和谷地形成了两端封闭或半封闭式的菱形盆地。以大面积隆起和强烈切割为主的新构造运动的强烈活动，使得该山系的地貌常呈准平原化的古剥蚀地、丘陵、阶地、冲积锥等。祁连山区的丁字形河流，如疏勒河、北大河、黑河等的发育，就是由原来已经上升的山地，经过新构造运动作用而产生夺流的结果。外营力特别是古代和现代冰川作用，对地貌形态与景观的形成有决定性作用，祁连山区 4500 m 以上的高山地带广泛发育着冰川及冰蚀景观，如角峰、刀脊、古冰斗、古冰槽及现代冰川(郭怀军，2017)。

祁连山为典型多旋迴加里东运动地槽，它的发展主要经历以下阶段，皱地台(中条型褶皱)→古地槽(长城—青白纪)→准地台(扬子型褶皱)→地槽(早古生代)→地台(晚古生代及中、新生代)(向鼎璞，1982)。祁连山区海拔高差大，大部分地区的海拔高度在 3500～5000 m，最高海拔超过 5800 m，位于疏勒南山的团结峰，山区高山区域寒冻风化盛行，中山地区以地表侵蚀为主，低山区干剥蚀现象明显。在 4000 m 以上的许多中、高山地区终年积雪，发育着大量现代冰川，3000 以下自然植被生长较好，有大片的天热林、灌丛等植被类型(戴声佩 等，2010)。

5.1.3　气候条件

祁连山区总体上属于典型的高原大陆性气候。由于地形条件的复杂，海拔梯度的悬殊，致使其水热条件差异大，山地东部降水多，气温较高，而西部地区降水稀少、温度较低。从历年祁连山年平均温度和年降水量上分析，年平均温度表现出显著的垂直和东西差异。整体上看，低海拔地区的温度远远高于高海拔地区，东部气温也较中西部高。降水量也有显著的空间差异，自东到西呈现逐渐递减的趋势，尤其是单位距离的递减率非常大(陈志昆 等，2012)。山地降水季节分配十分不均匀，降水主要集中在 5—9 月。

祁连山区云量偏低，太阳总辐射量高，日照充裕，大部分地区年日照时数超过了 2800 h。其中，乌鞘岭年日照时数均在 2500 h 以上，而敦煌地区日照最长，年日照时数高达 3200 h 以上。相对湿度在 30%～70%之间，与降水量的分布特征类似，山地东部地区的相对湿度明显高于西部。

5.1.4　水文条件

祁连山区河流多以冰川融水补给为主，围绕祁连山中心地向四周呈辐射状分布。水系主要分为两类，一类是内陆水系，另一类是外流水系，祁连山甘肃区域主要是在内陆水系中，又称为河西走廊内陆水系，主要位于祁连山的北面，主要包括党河、疏勒河、北大河、黑河和石羊河等。

祁连山是我国高原生态安全屏障的重要组成部分，是我国重要的生态功能区、西北地区重要的生态安全屏障和河流产流区，供给着甘肃河西石羊河、黑河、疏勒河三大水系、56 条河流的水源，年平均向下游输出水量达 60 多亿立方米，构成河西走廊平原及内蒙古西部绿洲发展存亡和生态有序演替的生命线。祁连山的生态保护和治理，已成为保持河西地区乃至整个西北人与自然和谐发展的关键问题。

5.1.5 土壤特征

祁连山区属典型干旱—半干旱高寒区，地势高差大，地形条件复杂，水热条件差异明显，随着海拔高度的升高，土壤系统表现出明显的垂直带谱。其中北坡自下而上一般依次发育了山地栗钙土、山地灰褐土、亚高山灌丛草甸土、高山草甸土、高山寒漠土，它们分布的海拔高度依次为1500～2400 m、2400～3300 m、3300～4000 m、4000～4500 m、4500～5000 m(牛赟 等，2008)。而南坡山地栗钙土分布在2100～2400 m，山地灰褐土分布在2400～3200 m，山地淋溶灰褐土分布在3000～3300 m，亚高山灌丛草甸土分布在3300～3600 m、高山草甸土分布在3600～3850 m，高山寒漠土分布在3850～4200 m(许仲林 等，2011)。土壤的垂直带谱也显示出较大的东西差异。例如祁连山东段。自上而下依次为：海拔1900～2300 m为山地荒漠草原灰钙土，2300～2600 m为山地草原栗钙土；阴坡2600～3200 m为山地森林灰褐土，3200～3600 m为亚高山灌丛草甸土，阳坡2600～3400 m为山地栗钙土和山地黑钙土，3400～3600 m为亚高山草甸土；3600～3900 m为高山草甸土和高山沼泽土，3900～4200 m为高山寒漠土，4200 m以上为高山寒漠土、高山冰川和永久积雪。祁连山中段。自下而上依次为：海拔1800～2200 m为山地草原化荒漠灰漠土，2200～2500 m为山地荒漠草原灰钙土，2500～2800 m为山地草原淡栗钙土；2800～3400 m阴坡为山地森林灰褐土，阳坡为山地草原栗钙土和山地草原暗栗钙土，3400～3700 m阴坡为亚高山灌丛草甸土，阳坡为亚高山草甸土，3700～4200 m为高山草甸土和高山沼泽土，4200～4700 m为高山寒漠土，4700 m以上为高山冰川和永久积雪。龙首山自下而上为：海拔2200～2500 m为山地荒漠草原栗钙土，2500～2800 m为山地草原栗钙土，2800～3000 m阴坡为山地森林灰褐土，阳坡为山地栗钙土，3200～3700 m阴坡为亚高山灌丛草甸土，阳坡为亚高山草甸土。东大山自下而上依次为：海拔2200～2300 m为山地草原化荒漠灰漠土，2300～2500 m为山地荒漠草原灰钙土，2500～2800 m为山地草原栗钙土，2800～3000 m阴坡为山地森林灰褐土，阳坡为山地草原栗钙土，3200～3617 m阴坡为亚高山灌丛草甸土，阳坡为亚高山草甸土。西段北坡，依次为：灰褐土—棕漠土—山地寒漠土。次生黄土和坡积砾岩为其主要的母质土，而基岩包括紫红色沙贝岩、泥灰岩、千枚岩、板岩、烁岩和绿色硬砂岩等(Nemani et al.，2003；Nezlin et al.，2005；田风霞 等，2011；齐鹏 等，2015)。

5.1.6 植被特征

祁连山地区主要的植被类型有农田、荒漠化草原、草原、针叶林、阔叶林、亚高山灌丛草甸、高山草甸、灌丛植被类型。其中草地植被是最主要的植被类型，约占祁连山区域总面积的58%。针叶林主要分布在中东部地区山地阴坡、半阴坡的沟谷地带如大通河、漠水河谷地，主要建群种为青海云杉和油松等。阔叶林主要有祁连圆柏、白桦、红梓、山杨等群种，主要分布在东部山地阴坡、半阴坡的河谷地区。灌丛主要分布在山地阳坡、半阳坡，接近森林线的边缘，分布的海拔高度上限可达3400～3600 m，以杜鹃、金露梅、毛枝山居柳、鬼箭锦鸡儿和禾本科等类型为主。草原分布于中东部的河谷和山间平原、以长芒草、克氏针茅、紫花针茅、短花针茅等各种针茅和芨芨草为主。高山草甸以多年生矮嵩草、线叶嵩草、小嵩草、高山嵩草等多种嵩草以主，主要分布于海拔以上的山地区域。

山地植被类型的分布因东西水热条件的组合特征不同而形成显著水平地带性规律，从东向西，依次发育着温性草原、温带针阔叶林、寒温性针叶林、高寒灌丛、高山草甸、高寒草原和高寒荒漠(陈桂琛 等，1994)。此外，由于各个海拔高度水热条件差异而显示出不同的垂直带谱。例如，祁连山北坡的山地阴坡，从低海拔到高海拔依次为：牧草、干性灌丛、乔木林、灌丛、寒漠草甸，分布的海拔高度依次为：1700～2300 m、2300～2500 m、2500～3300 m、3300～3800 m和 3800 m 以上。而山地阳坡，农田分布在 300～2500 m，牧草分布在 2500～3300 m，草甸草原分布在 300～3800 m，3800 m 以上为寒漠草甸(王金叶 等，2009；贾文雄 等，2016)。

5.1.7 区位重要性

我国西部大开发战略实施至今，西部地区得到较大程度的开发，促进了西部地区社会与经济的发展。伴随着经济和社会的发展，生态环境问题日益突出。祁连山位于我国甘肃和青海境内，是国家级森林生态系统类型的自然保护区，祁连山生态环境对河西地区的经济发展起着重要作用。我国实施可持续发展战略，加强对祁连山生态环境的保护，大力发展生态林业旅游经济，不断促进祁连山生态保护和经济的共同发展。

祁连山生态问题已引起社会各界的高度关注。近年来，各地、各部门积极行动，先后成立祁连山、连城和盐池湾 3 个国家级自然保护区，颁布实施《甘肃祁连山国家级自然保护区管理条例》，组织实施荒山造林、封山育林、退耕还林、退牧还草、天然林保护及生态公益林管护等重点生态建设工程；2012 年 12 月，由甘肃、青海两省共同组织编制的祁连山水源涵养区生态环境保护与综合治理规划获国务院批复，2013 年启动实施，为有效保护祁连山生态系统，改善生态环境起到了积极的作用，同时加大保护区执法力度，推广和应用科学技术，提高保护管理水平，保护和治理初见成效，森林植被和野生动物资源有了恢复性增长，初步遏制了祁连山生态加速恶化的势头。尤其随着对《祁连山生态保护与建设综合治理规划(2012—2020 年)》和《祁连山国家公园体制试点(甘肃片区)实施方案》等系列规划与方案的正式批复以及各建设项目的实施，祁连山生态环境问题整治已取得明显成效。

近年来，受全球气候变暖和人类活动增加等多种因素的影响，祁连山区冰川退缩、雪线上升，“固体水库”作用减弱，水源涵养功能逐渐弱化；生物多样性面临威胁，自然生态系统不稳定性加大(Liu et al.，2018)，气候生态环境脆弱性和风险水平增长(Gao et al.，2019)。为此，在新形势下，定期组织开展祁连山区及其附近地区气候与生态环境变化监测评估工作，可为切实推进祁连山生态保护与修复、保障区域生态文明建设及实现区域社会经济绿色发展提供必需的科技支撑信息和针对性的对策建议，从而有效提升祁连山区生态建设和生态气候安全的决策与管理能力。祁连山的重要性可以分为以下几点。

第一，祁连山是河西走廊内陆河唯一的水源供给区和黄河上游重要的水源补给区。祁连山内陆河年平均出山径流量甘肃段为 62.69 亿 m^3，占总径流量的 61.4%，林地和草地发育较好，这些珍贵的森林草地，一方面捍卫着高山冰雪冻土这些“固体水库”，另一方面发挥着涵养水源、调节径流的重要作用，而流入河西内陆河水系的地表水资源，更是养育着生活在河西走廊的各族人民。

第二，祁连山是我国西北乃至北方重要的生态安全屏障。祁连山由于其独特的地理区位和自然条件，不仅保障着河西走廊的生态安全，而且在维护青藏高原生态平衡，阻止沙漠蔓延侵袭，抑制河西走廊沙尘源的形成和扩展，维持走廊绿洲稳定，保障黄河径流补给等方面发挥着十分重要的作用，成为我国西北乃至北方重要的生态安全屏障。正是在祁连山庇护和滋养之下，河西走廊不仅成为古丝绸之路的连接纽带，更成为我国西部重要的经济通道、文化纽带、民族长廊和战略长廊，承载着联通西部、建设西部、发展西部、维稳西部和维护民族团结的重要战略任务，支撑和保障着中、东部经济发展所需的重要能源、原材料和输送任务，成为我国内地联通新疆和西亚的重要交通命脉和物流主干道。

第三，祁连山是我国西北地区重要的气候交汇区和敏感区。祁连山地处中国地势三级阶梯中第一、二阶梯分界线、中国气候类型分界线、中国温度带分界线以及西北干旱半干旱区与青藏高寒区分界线上，是我国季风和西风带交汇的敏感区，西南季风、东南季风和西风带在此交汇，没有祁连山，内蒙古的沙漠就会和柴达木盆地的荒漠连成一片。由于祁连山的存在，使我国西北干旱荒漠地带呈现出绿岛景观，孕育了森林、草原、荒漠、寒漠、冻原、农田、水域、冰川和雪山九大类型在内的祁连山复合生态系统，不但生态意义重大，而且对祁连山区及其周边地区经济社会发展意义重大。

第四，祁连山是西北高海拔地区重要的生物物种基因库。祁连山复杂多样性的生态系统镶嵌组合，形成了适宜不同生物栖息的生态环境，奠定了本区生物物种多样性的环境基础。据不完全统计，区内有高等植物 95 科 451 属 1311 种，占我国高等植物 19596 种的 6.7%；昆虫脊椎动物 28 目 63 科 288 种，占我国脊椎动物 6347 种的 4.5%；昆虫 16 目 172 科 1471 种。其中，国家一级保护植物 2 种，国家二级保护植物 32 种；列入《野生动植物濒危物种国际贸易公约》的兰科植物有 12 属 16 种；列入《国家重点野生动植物保护名录》的野生动物 54 种，占中国重点保护动物 349 种的 15.5%；列入《国家保护的有益的或者有重要经济、科学研究价值的陆生野生动物名录》的 139 种。其中普氏原羚仅存在于祁连山地，数量不足 700 只，是世界上最濒危的脊椎动物；雪豹、野牦牛、马鹿、盘羊、马麝等珍稀物种也难觅踪迹、濒临灭绝，保护物种和它们的生存环境属当务之急。

5.2 区域气候变化

5.2.1 气温

1960—2020 年，甘肃省祁连山地区年平均气温为 5.06 ℃，年平均气温最高为 7.69 ℃（2017 年），最低为 3.72 ℃（1970 年），年际波动大（图 5.2）。从年代际变化来看，气温呈现明显逐年代升高的趋势：20 世纪 60 年代、70 年代气温处于相对较低水平，分别偏低 1.0 ℃、0.5 ℃；80 年代后期—90 年代初期略有波动，1987 年平均气温为 5.41 ℃，首次超过甘肃省祁连山区年平均气温；90 年代后期开始持续偏高；进入 21 世纪，平均气温偏高明显，2001—2010 年偏高 0.8 ℃，2011—2020 年偏高 1.0 ℃。总体来说，气温呈现出显著上升趋势，平均每 10 年升高 0.40 ℃。

从年平均气温空间分布图上来看（图 5.3），甘肃省祁连山东段地区气温最低，其中乌鞘岭年平均气温为 0.28 ℃，中段地区偏南部分也有气温相对较低的区域；最高温度出现在祁连山西段地区，为 7.6 ℃，整个祁连山区偏北地区的气温要高于偏南地区。

5.2.2 降水

1960—2020 年，甘肃省祁连山地区平均年降水量为 213.60 mm，最少年降水量为

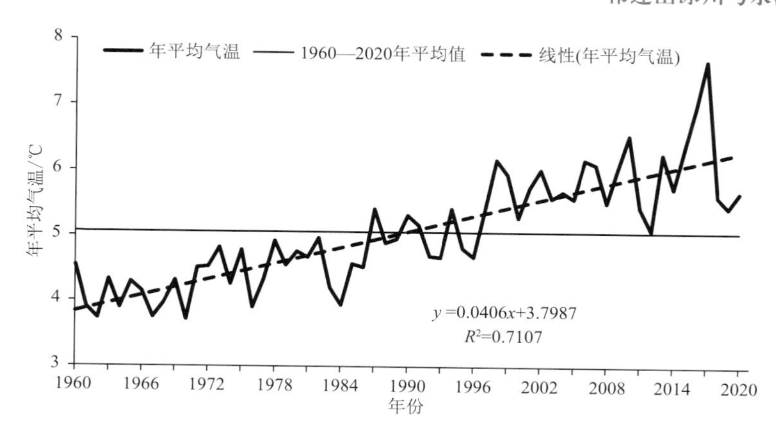

图 5.2　1960—2020 年甘肃省祁连山区年平均气温历年变化

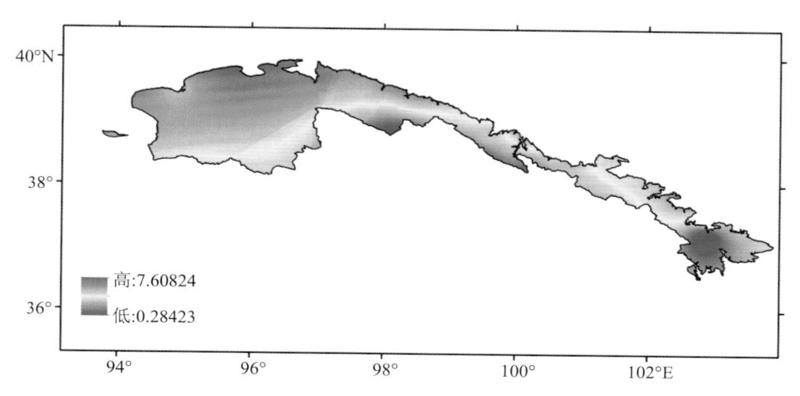

图 5.3　甘肃省祁连山区年平均气温空间分布(1960—2020 年平均值)(单位:℃)

140.04 mm(1962 年),最多年降水量为 291.30 mm(2019 年),年际波动较大(图 5.4)。从年代际变化来看,20 世纪 60 年代、70 年代年降水量分别偏少 12.5%、0.4%;80 年代后期—90 年代前期略有增加,90 年代后期又呈减少趋势;进入 21 世纪,降水量呈增加趋势,2001—2010 年平均年降水量为 224.11 mm;近 10 a 年降水量增加明显,期间平均降水量为 238.46 mm,比历史平均值偏多 24.86 mm,偏多幅度为 11.6%。总体来说,甘肃省祁连山地区年平均降水量呈增加趋势,平均每 10 a 增加 3.4 mm。

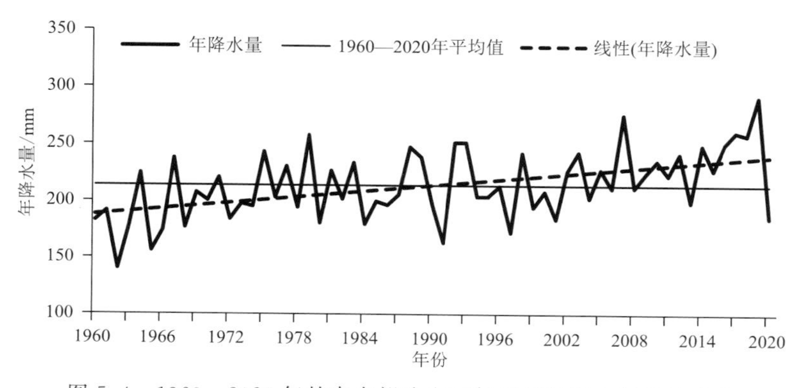

图 5.4　1960—2020 年甘肃省祁连山区年平均年降水量历年变化

从年平均降水量空间分布图上来看(图 5.5),甘肃省祁连山地区多年平均降水量自西向东逐渐增多。祁连山东段的乌鞘岭、古浪一带降水量最多,年平均降水量均在 350 mm 以上,大值中心出现在乌鞘岭,年降水量为 410.18 mm;最少的地方出现在祁连山西段的肃北县,年降水量仅为 71.0 mm,中部地区的降水量在 100～300 mm 之间;降水量呈现空间分布不均的特点,东西相差近 5 倍。

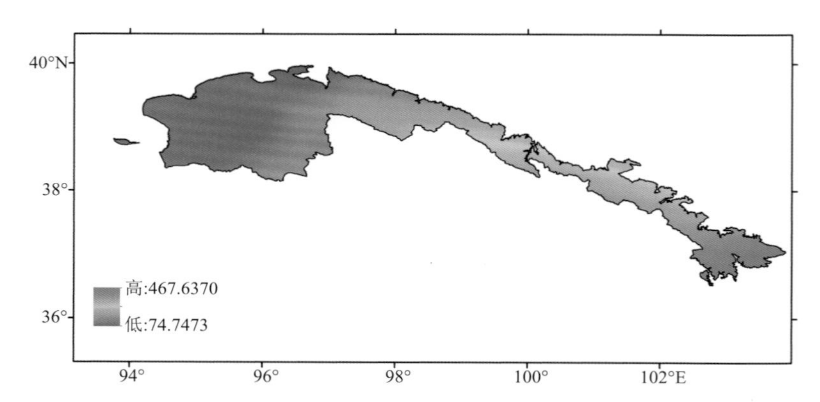

图 5.5　甘肃省祁连山区年降水量空间分布(1960—2020 年平均值)(单位:mm)

5.2.3　日照

1960—2020 年,甘肃省祁连山地区年平均日照时数为 2981.4 h,年平均日照时数最少为 2638.6 h(2016 年),最多为 3189.2 h(1997 年),年际波动较大。从年代际变化来看,呈现逐年代增加的趋势,20 世纪 60 年代开始日照时数处于低于多年(1961—2020 年)平均值(2981.4 h)水平,直到 1967 年日照时数首次超过平均值后就基本位于平均值水平之上,期间小有波动,但是在 2016 年出现较大的减少,达到近 60 a 来最低值。20 世纪 70 年代偏多 72.9 h,80 年代偏多 17.2 h,90 年代偏多 53.38 h,进入 21 世纪后,2001—2010 年日照时数偏多 16.06 h;近 10 a 日照时数略偏少。总体来说,年日照时数呈现出上升趋势,平均每 10 a 增加 12.7 h(图 5.6)。

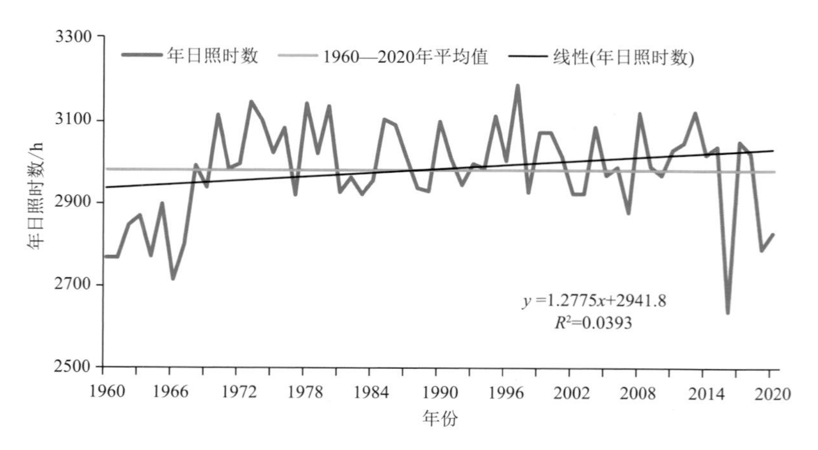

图 5.6　1960—2020 年祁连山区年日照时数历年变化

从日照时数空间分布图上来看(图5.7),甘肃省祁连山地区日照时数呈现东西两头少,中间略多的分布趋势,年日照时数最多的地区是河西地区,为3204.7 h(平均每天日照8.7 h),最少的地区在肃北和乌鞘岭地区,为2468.1 h(平均每天日照6.8 h),其余地区年日照时数在2500～3000 h之间。

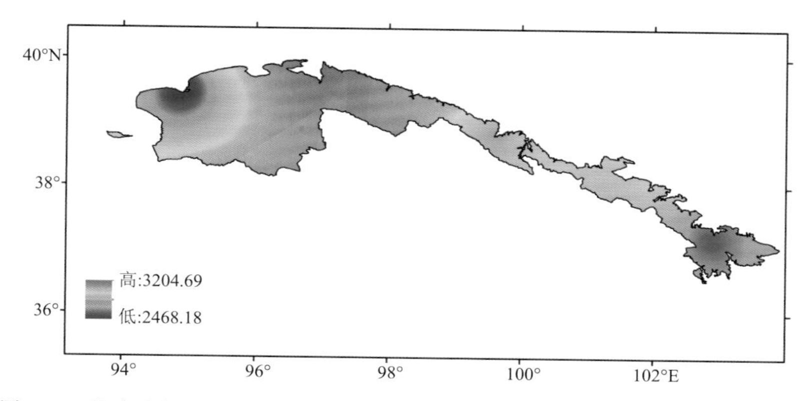

图5.7　甘肃省祁连山区年日照时数空间分布(1960—2020年平均值)(单位:h)

5.2.4　风速

1960—2020年,甘肃省祁连山地区年平均风速为2.7 m/s,年平均风速最小为2.2 m/s(2004年),最大为3.6 m/s(1975年),年际波动较大(图5.8)。从年代际变化来看,20世纪60年代开始直到70年代中期年平均风速一直增大,之后逐步减小;80年代末期减小到平均值以下,之后持续减小;90年代平均风速达到最小值;进入21世纪后,年平均风速又略有上升,接近历史平均值。总体来说,年平均风速呈现出下降趋势,平均每10 a减小0.06 m/s。

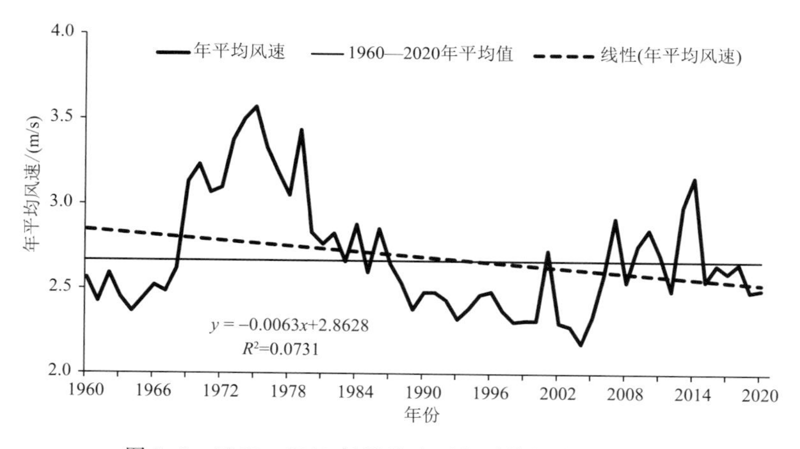

图5.8　1960—2020年祁连山区年平均风速历年变化

从年平均风速空间分布图上来看(图5.9),甘肃省祁连山东部地区最大,西北部次之,中部地区最小。年平均风速最大的地区是乌鞘岭,为4.9 m/s,其余地区年平均风速在1.8～3.0 m/s之间。

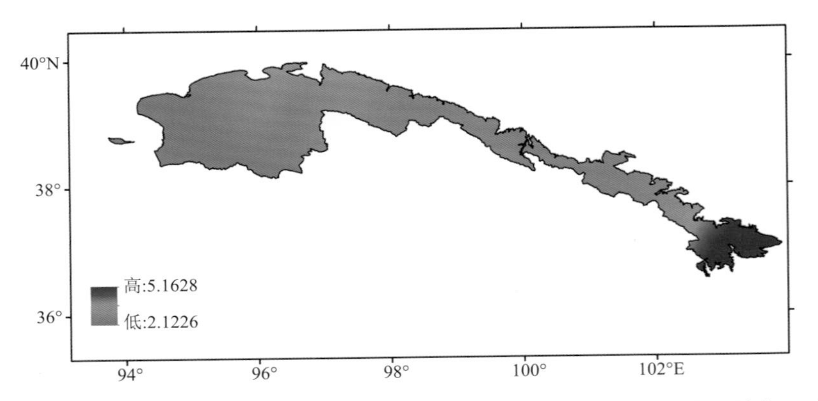

图 5.9　甘肃省祁连山年区年平均风速空间分布(1960—2020 年平均值)(单位:m/s)

5.2.5　相对湿度

1960—2020 年,甘肃省祁连山地区年平均相对湿度为 47.2%,年平均相对湿度最小为 42.0%(2013 年),最大为 54.2%(1961 年),年际波动较大。从年代际变化来看,20 世纪 60 年代平均相对湿度较小;此后直到 90 年代平均相对湿度逐步增大,达到最大值 48.3%;进入 21 世纪后逐步减小,尤其近 10 a 平均相对湿度为 45.2%,低于平均值。总体来说,年平均相对湿度呈现出下降趋势,平均每 10 a 减小 0.3%(图 5.10)。

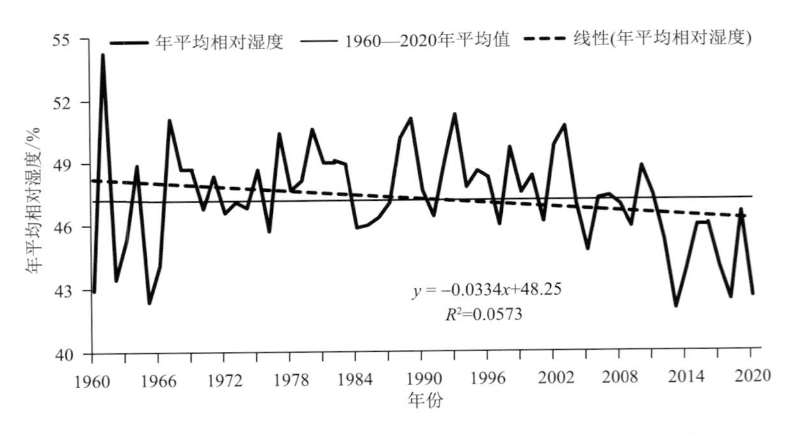

图 5.10　1960—2020 年祁连山区年平均相对湿度历年变化

从年平均相对湿度分布图上来看,甘肃省祁连山东部地区最大,其次是中部,西部地区最小(图 5.11)。年平均相对湿度最大的地区是乌鞘岭、古浪等地,均超过 50%,最小的地区是肃北为 27.8%,其余地区在 30.0%~45.0%之间。

5.2.6　极端气温

1960—2020 年,甘肃省祁连山地区年极端最高气温呈明显的升高趋势,平均每 10 a 升高 0.18 ℃(图 5.12)。年极端最高气温的阶段性变化明显,年际波动较大,20 世纪 60—90 年代中期为偏低期,90 年代末期后转入偏高期,21 世纪以来增温尤为明显。

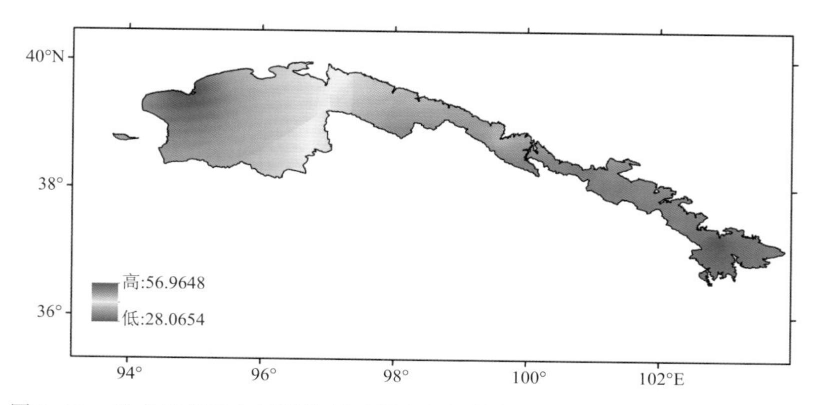

图 5.11　甘肃省祁连山年平均相对湿度空间分布(1960—2020 年平均值)(%)

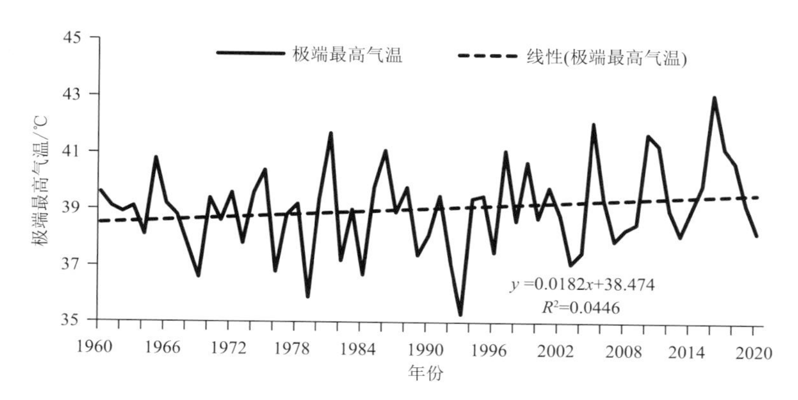

图 5.12　1960—2020 年祁连山区年极端最高气温历年变化

从空间分布来看，甘肃省祁连山区年极端最高气温的低值区在祁连山东部的乌鞘岭地区，极端最低值为 22.8 ℃，由东向西极端最高气温逐渐升高，最高值为 34.6 ℃(图 5.13)。

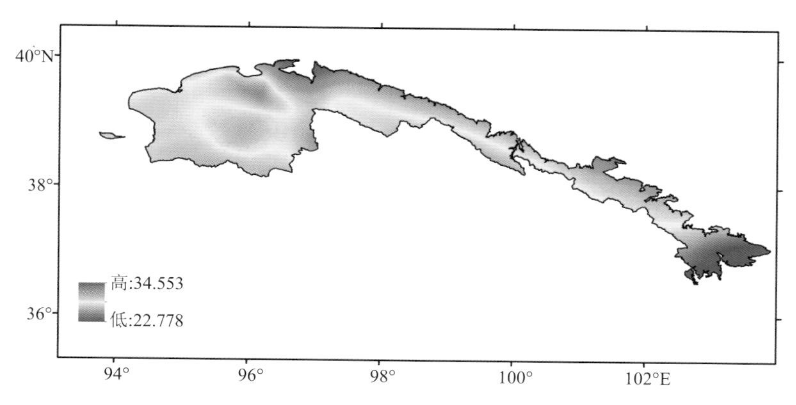

图 5.13　1960—2020 年祁连山区年极端最高气温空间分布(单位：℃)

1960—2020 年，甘肃省祁连山地区年极端最低气温显著升高，平均每 10 a 升高 0.5 ℃(图 5.14)。年极端最低气温的阶段性变化明显，年际波动大，20 世纪 60—90 年代中期为偏低期，90 年代末期以来为持续偏高期，21 世纪以来增温尤为明显。

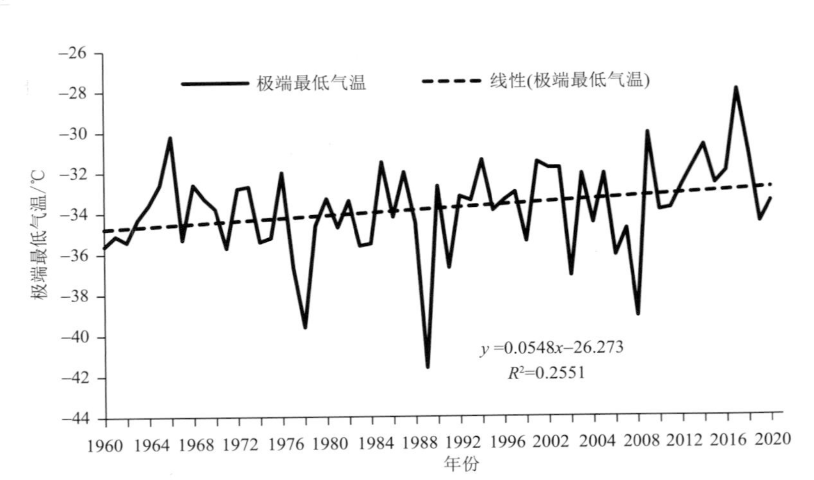

图 5.14　1960—2020 年祁连山区年极端最低气温历年变化

从空间分布来看(图 5.15),年极端最低气温的低值区在甘肃省祁连山区的西段偏中部地区,极端最低值为－29.6 ℃,以最低值为中心向东西两边逐渐升高,最高值为－21.0 ℃。

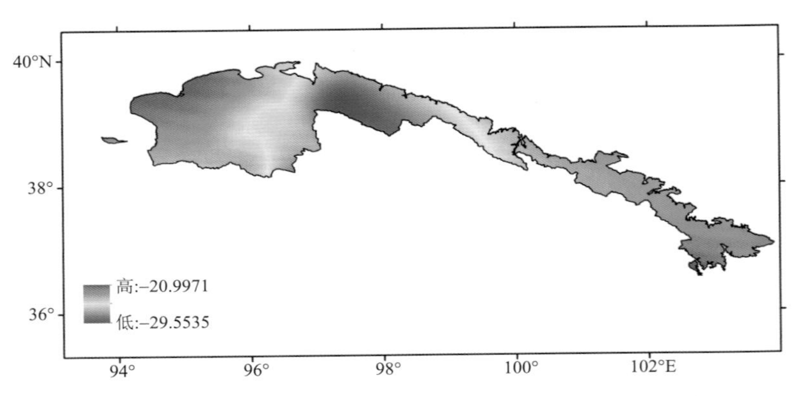

图 5.15　1960—2020 年祁连山区年极端最低气温空间分布(单位:℃)

5.2.7　极端降水

1960—2020 年,甘肃省祁连山地区年降水量＞10 mm 日数呈明显的增加趋势,增加速率为每 10 a 增加 0.1 d,近 60 a 来,降水量＞10 mm 日数在 2019 年最多,一年中有 8.1 d 的降水量都超过了 10 mm,在 1962 年及 2018 年降水量＞10 mm 的日数最少,一年中只有 2.6 d(1962 年)、2.8 d(2018 年)的降水超过 10 mm。降水量＞10 mm 日数的年际波动较大,其中 20 世纪 60—90 年代中期,降水量＞10 mm 日数处于相对较低的阶段,90 年代后期开始增加,近 5 a 波动尤为明显(图 5.16)。

从空间分布来看,降水量＞10 mm 日数的高值区出现在甘肃省祁连山地区的东部乌鞘岭地区,东边降水量＞10 mm 日数的最大值为 13 d,自东向西逐渐减少,最西边降水量＞10 mm 日数的最小值为 1 d 左右(图 5.17),可见甘肃省祁连山地区降水量大于 10 mm 日数的分布在东西方向上差异还是十分明显的。

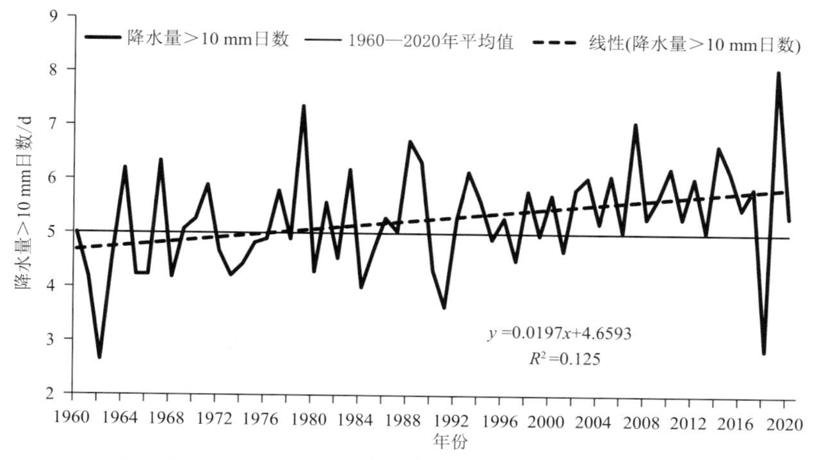

图 5.16　1960—2020 年祁连山区年降水量>10 mm 日数历年变化

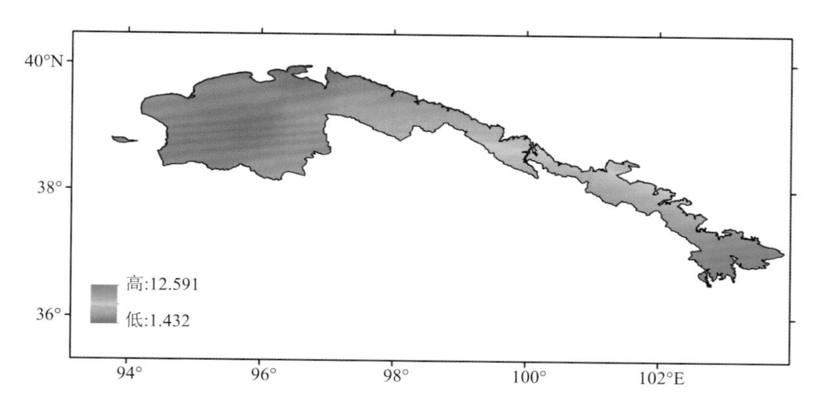

图 5.17　1960—2020 年祁连山区年降水量>10 mm 日数变率空间分布(单位:d)

5.2.8　高影响事件

5.2.8.1　雷暴

1960—2013 年,甘肃省祁连山区雷暴日数年均出现频次呈明显的减少趋势,平均每 10 a 减少 1.5 d(图 5.18)。近 50 a 来,甘肃省祁连山区雷暴累计出现 1053 d,每年平均有 19.5 d 雷暴日,雷暴日数的年际变化较大。20 世纪 60—80 年代为雷暴多发期,最多出现在 1979 年,为年平均 28 d 雷暴日,1967 年次之,为 27 d 雷暴日,从 2000 年以来,甘肃省祁连山地区雷暴日数呈现显著的下降趋势,低于年平均 19.5 d 雷暴日,进入 21 世纪后,尤其是 2000 年以来,雷暴发生概率明显较小,2005 年雷暴日数为历年最低,仅出现了 11.1 d 雷暴日。

从雷暴年均日数的空间分布来看(图 5.19),高值区主要位于甘肃省祁连山地区东段乌鞘岭地区,年均出现日数为 45 d,中段地区次之,为 20 d 左右,西段的年均雷暴日数不足 7 d。

5.2.8.2　沙尘暴

1960—2013 年,甘肃省祁连山区沙尘暴日数年均出现频次呈明显的减少趋势,平均每 10 a减少 2 d(图 5.20)。近 50 a 来,甘肃省祁连山区沙尘暴累计出现 315 d,每年平均有 6 d 沙

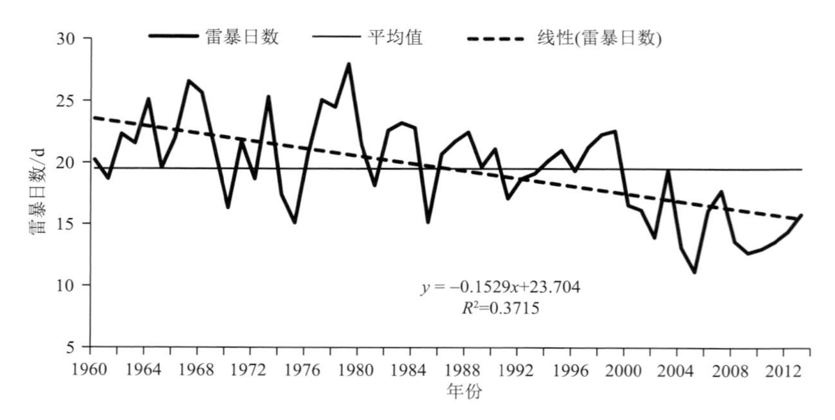

图 5.18　甘肃省祁连山年平均雷暴日数历年变化(1960—2013 年平均值)

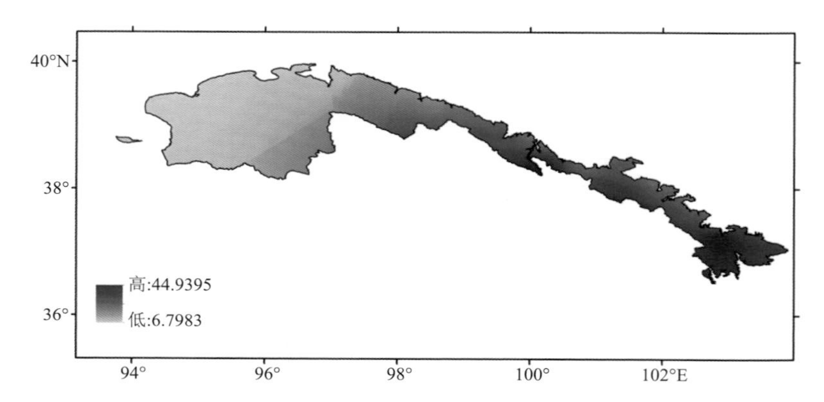

图 5.19　甘肃省祁连山年平均雷暴日数空间分布(1960—2013 年平均值)(单位:d)

尘暴日,20 世纪 60—80 年代为沙尘暴多发期,最多出现在 1979 年,为年平均 13.25 d 沙尘暴日,1971 年次之,为 13.1 d 沙尘暴日,从 1984 年以来,甘肃升祁连山地区沙尘暴日数呈现显著的下降趋势,低于年平均 6 d 沙尘暴日,进入 21 世纪后,尤其是 2000 年以来,沙尘暴发生概率明显较小,2013 年沙尘暴日数仅出现了 1 d。

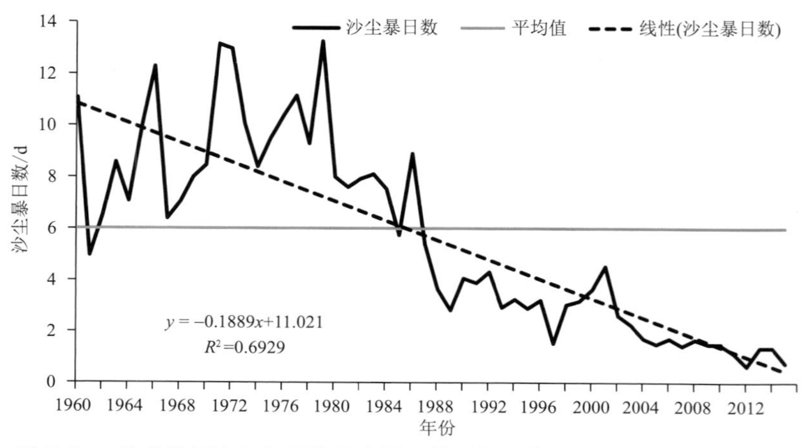

图 5.20　甘肃省祁连山年平均沙尘暴日数历年变化(1960—2013 年平均值)

从沙尘暴年均日数的空间分布来看(5.21),高值区主要位于甘肃省祁连山地区西段,年均出现日数为 8 d,中段地区次之,为 4 d 左右,东段的乌鞘岭地区年均沙尘暴日数不足 1 d。

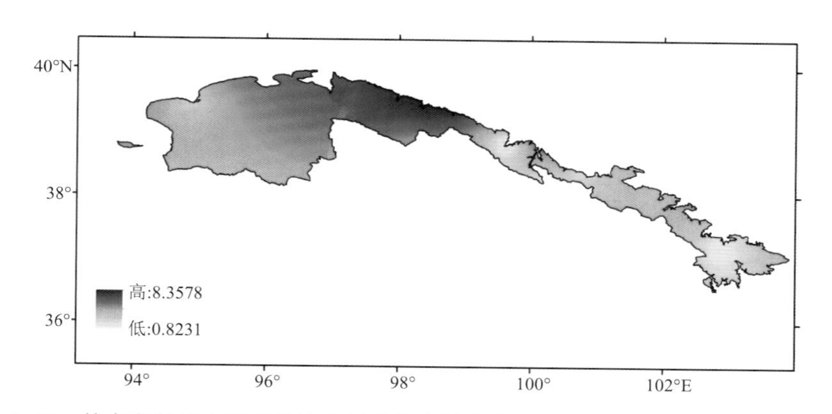

图 5.21 甘肃省祁连山年平均沙尘暴日数空间分布(1960—2013 年平均值)(单位:d)

5.2.8.3 冰雹

1960—2020 年,甘肃省祁连山区年平均冰雹日数呈显著减少趋势,平均每 10 a 减少 0.4 d(图 5.22)。近 60 a 来,该区域年平均冰雹日数为 2 d,20 世纪 60—90 年代中期为冰雹多发期,年平均冰雹日数为 2.6 d,其中 1979 年冰雹日数(4.1 d)为历史最多,20 世纪 90 年代中后期,年平均冰雹日数减少为 2 d 以下,尤其是进入 21 世纪后,年平均冰雹日数下降为 1 d,2018 年甘肃省祁连山地区冰雹日数为 0.3 d,是历史最少。

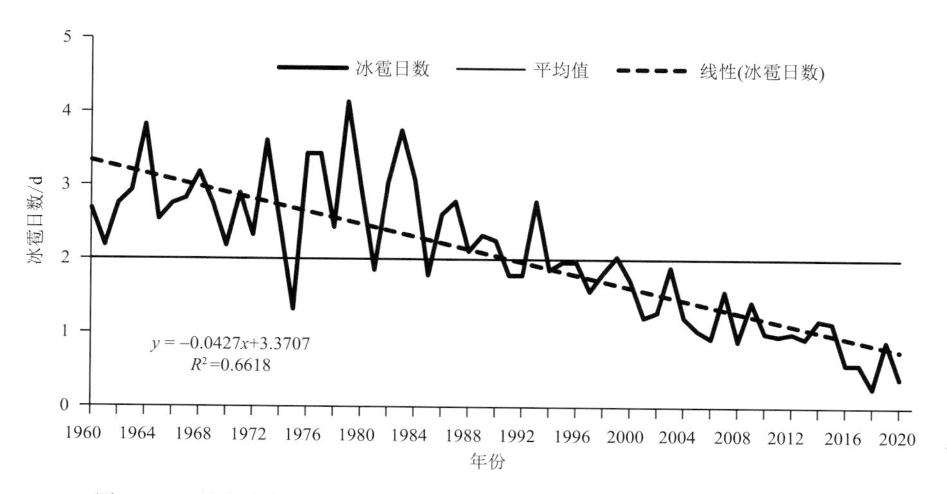

图 5.22 甘肃省祁连山年平均冰雹日数历年变化(1960—2020 年平均值)

冰雹日的分布具有显著的地区性特点(图 5.23),甘肃省祁连山地区东段乌鞘岭地区冰雹日最多,年平均冰雹日数为 5 d,祁连山地区中段的冰雹日数次之,约为 2 d 左右,西段的年平均冰雹日数不足 2 d。

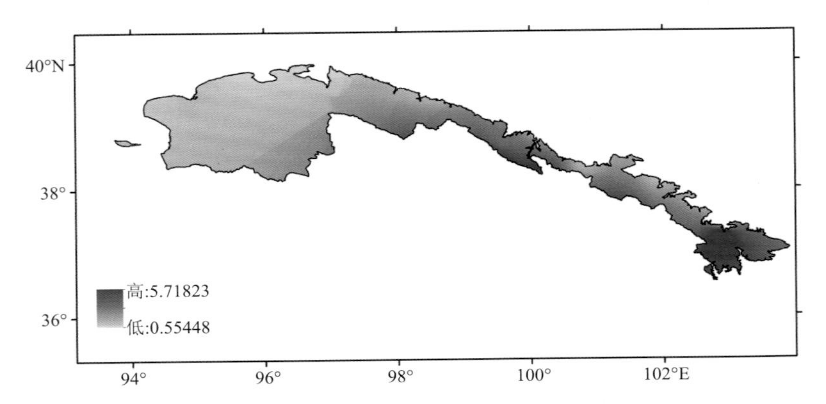

图 5.23 甘肃省祁连山年平均冰雹日数空间分布(1960—2020 年平均值)(单位:d)

5.3 气候变化对区域水资源及生态的影响

5.3.1 气候变化对冰川的影响

山地冰川不仅是冰冻圈的重要组成部分,而且是反映气候变化的天然记录器和预警器,素有"高山固体水库"之称。冰川及其融水是中国西部地区,尤其是西北干旱区最重要的水资源,对维系本区脆弱的生态平衡及社会经济可持续发展具有重要意义。祁连山冰川融水哺育的河西走廊是欧亚大陆重要的贸易和文化交流通道,冰川变化对于甘肃、青海乃至全国都意义重大。

祁连山冰川主要分布在祁连山主脉与支脉脊两侧,重点分布区域在疏勒南山团结峰地区,位于疏勒河南岸,是祁连山系中最高大、现代冰川最发育的地区,最高峰 5826.8 m,共有 14 条山谷冰川组成,冰舌下伸到海拔 4200 m 处,最长达 5 km;祁连山脉中部托勒南山与托勒山地区;黑河上游源头与走廊南山地区;祁连县与张掖市之间的冷龙岭山脊;八宝河上游源头地区;祁连山东段冷龙岭岗什卡达坂(海拔 5254 m)附近及以东冷龙岭主峰地区;赛什腾山、土尔根达坂山、野牛脊山的山脊线一带。中国西北干旱区冰川处于物质亏损状态,普遍存在退缩减薄现象,祁连山区冰川也不例外。研究表明(刘时银 等,2002,2006;曹泊 等,2010;张华伟 等,2010;张明军 等,2011;陈辉 等,2013;别强 等,2013),自小冰期最盛时至 1990 年,祁连山西段冰川总体上表现为萎缩状态,冰川面积和储量减少幅度呈山地南坡大于北部、东侧大于西侧的特征;1956—2000 年期间,祁连山西段 95%的冰川以 419 m/a 的速率退缩。1956—2003 年祁连山中段冰川面积共减少 21.7%,其中黑河流域冰川面积缩小了 29.6%,北大河流域冰川面积缩小了 18.7%。1960—2010 年黑河流域冰川面积共减少 138.90 km^2(−35.6%),并认为祁连山中段冰川属于强烈退缩型。祁连山东段冷龙岭地区部分冰川完全消失,冰川整体处于退缩状态。

基于修订后的祁连山区第一次冰川编目(1956—1983 年)和最新发布的第二次冰川编目数据(2005—2010 年),孙美平等(2015)对祁连山区冰川变化进行分析(图 5.24),发现祁连山区现有冰川 2684 条,面积为(1597.81±70.30) km^2,冰储量约 84.48 km^3。其中,甘肃省有冰川 1492 条，面积为 760.96 km^2。祁连山区冰川数量和面积以面积小于 1.0 km^2 的冰川为主；冰川平均中值面积海拔为 4972.7 m，并自东向西由 4483.8 m 逐渐上升为 5234.1 m。疏勒河流域冰川面积和冰储量最大，分别占祁连山冰川总量的 31.91%和 35.11%；其次是哈尔腾河流域，巴音郭勒河流域冰川面积最小，为 2.20 km^2；黑河流域是祁连山区冰川平均面积最小的四级流域，冰川平均面积仅 0.21 km^2。近 50 a(1956—2010 年)间祁连山冰川面积和冰储量分别减少 420.81 km^2(2%～20.88%)和 21.63 km^2(3%～20.26%)。面积小于 1.0 km^2 的冰川急剧萎缩是该区冰川面积减少的主要原因，海拔 4000 m 以下山区冰川已完全消失，海拔 4350～5100 m 区间冰川面积减少量占冰川面积总损失的 84.24%。冰川数量和面积在各个朝向均呈减少态势，其中朝北冰川面积减少最多，朝东冰川面积减少最快，而西北朝向冰川变化最为缓慢。祁连山冰川变化呈现明显的经度地带性分异，东段冰川退缩较快，中西段冰川面积减少较慢。

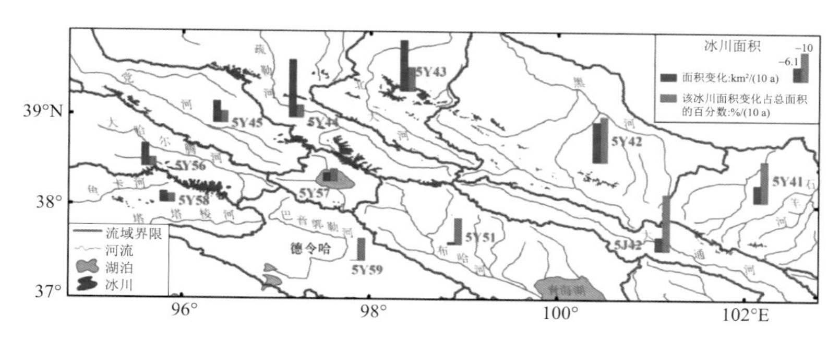

图 5.24　1956—2010 年祁连山各流域冰川面积变化。图上编号代表冰川目录编号
(引自孙美平 等，2015)

5.3.2　气候变化对冻土的影响

祁连山区内多年冻土分布广泛，属于典型的高海拔多年冻土(图 5.25)。相关研究最早可以追溯到 20 世纪 70 年代，由中国科学院在祁连山木里煤矿地区建立了冻土长年观测站。早年关于祁连山多年冻土空间分布的研究主要包含在青藏高原整体多年冻土分布研究的子集中，或对祁连山区局部地区的多年冻土下界进行调查，如王绍令(1992)对祁连山东西段局部地区多年冻土调查结果显示，西段喀克图地区多年冻土下界在 3950～4000 m，东段达坂山垭口附近的多年冻土下界在 3780～3830 m，年均地温偏高，多年冻土层较薄。近年来，有许多学者对祁连山局部地区的多年冻土进行了研究，如吴吉春等(2007a，2007b)对祁连山东部冻土特征调查结果显示，该区冻土受垂直地带性影响显著，冻土分布呈现季节冻土—不连续多年冻土—大片连续冻土—连续冻土逐渐过渡分布的模式，且多年冻土正处于退化状态；王庆峰等(2013)对黑河上游多年冻土考察结果显示，该区多年冻土下界在 3650～3700 m；张明杰等(2014)运用高程—响应模型模拟的 20 世纪 70 年代、80 年代、90 年代、21 世纪 00 年代的祁连山地区冻土分布面积分别为 9.75 万 km^2、9.35 万 km^2、8.85 万 km^2、7.66 万 km^2。1970—2010 年，冻土的分布面积在逐渐减少。模拟的冻土区域主要分布在祁连山中部高海拔区域，退化区域主要分布在冻土分布的下限附近。根据模拟结果可以进一步得出，从 20 世纪 70—80 年代、20 世纪 80—90 年代、20 世纪 90 年代—21 世纪 00 年代，冻土的减少速率分别为 4.1%、5.3%、13.4%，冻土分布范围的减少速率呈现逐渐增加的趋势，并且在 20 世纪 90 年代—21 世纪 00

年代出现了跳跃式增长。Wang 等(2019)基于模型响应的研究发现,受气候变暖影响,近几十年来祁连山区多年冻土面积减少了约 2.63 万 km^2。

基于青藏高原第二次综合科学考察、道路勘察钻孔点以及前人所获得的多年冻土下界资料,模拟祁连山区多年冻土空间分布(彭晨阳 等,2021)。结果表明,祁连山区多年冻土分布的下界具有良好的地带性规律,表现为随经纬度增加而降低的规律;祁连山区多年冻土在空间分布上呈现出以哈拉湖为中心向四周扩散的分布格局;祁连山区总面积约为 16.90 万 km^2,其中多年冻土面积约为 8.03 万 km^2,占总面积约 47.51%。多年冻土区与季节冻土区之间存在着有不连续多年冻土分布的过渡区,过渡区面积约 1.43 万 km^2,占总面积约 8.46%。

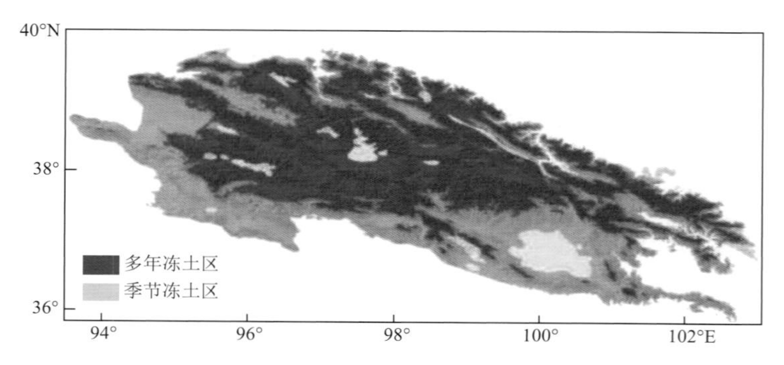

图 5.25　2017 年青藏高原冻土分布图(引自赵林,2019)

5.3.3　气候变化对积雪的影响

积雪是地表覆盖的重要组成部分,作为冰冻圈的重要组成部分之一,积雪对地表辐射平衡、能量平衡和水资源分配等具有重要影响,在全球和区域气候系统中起着十分重要的作用。积雪不仅直接关系到当地居民的生产和生活,还通过水能转换影响着局地及其周边地区的气候变化。积雪因其地表高反照率和隔热效应,影响着陆地表面和大气之间的能量交换、水文过程、植被生长及碳循环等(Xu et al., 2017),冰川积雪融水是河流的重要补给来源,也是绿洲经济赖以发展的生命线,积雪的分布情况和储量多少还直接决定着区域水文循环,积雪水资源对河流的补给作用在我国西北干旱地区显得极为重要(娄梦筠 等,2013)。因此,监测积雪变化对区域水资源管理和利用至关重要。

基于卫星遥感数据分析 2000—2020 年祁连山甘肃境内积雪,发现积雪面积减少,雪线上升。2000 年以来祁连山区气温上升明显,造成雪线上升,降水虽有增加趋势但不能完全弥补升温对积雪融化的影响;1997—2020 年祁连山区 6—9 月平均积雪面积为 5071.98 km^2,呈波动减少趋势,东、中段减少幅度较大,西段有微弱减少。2000 年以来祁连山积雪面积变化剧烈,仅有 7 a 积雪面积超过多年(1997—2019 年)平均面积,近 10 a 来仅有 3 a(2014、2015、2018 年)积雪面积超过多年平均面积(图 5.26)。

祁连山中段所对应的黑河流域上游以冰雪融水补给为主,尤其在春季消融季节,降水稀少,来水量的 75%左右来源于积雪消融。1960—2013 年,黑河流域上游地区平均年降雪量 164 mm,对黑河上游径流量的贡献率为 25.4%,期间尽管积雪范围略有下降,但降雪和融雪径流分别增加了 20%和 12.1%(Chen et al., 2018)。此外,区域升温使得融雪洪峰提前,并增加了因冻土退化而产生的冬季径流。预计未来冰川可能由于体积较小而消失,但高山区因降

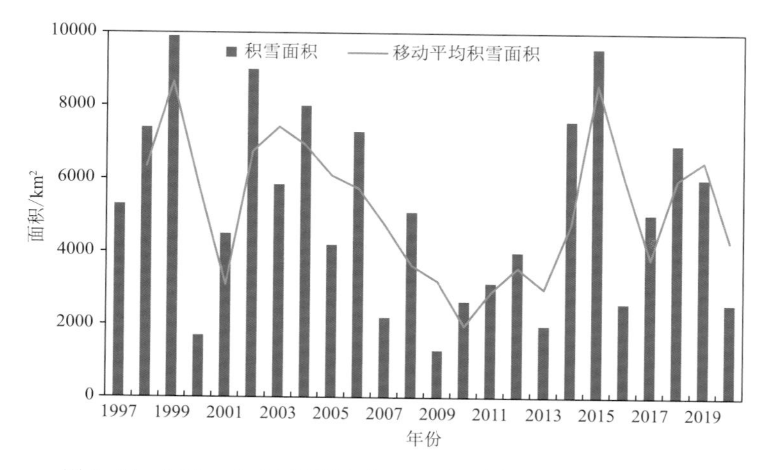

图 5.26　1997—2020 年祁连山 6—9 月平均积雪面积历年变化

雪增加而融雪亦将增加，盆地径流也将因此略有增加。

一个像元的积雪覆盖次数即为这个像元的积雪覆盖频次，通过栅格运算将 2000—2020 年积雪图合成祁连山积雪覆盖频次图(图 5.27)，图中祁连山高海拔地区积雪覆盖频次在 80%以上，而且其区域大部分分布在山体的北坡，南坡只在高海拔地区有零星分布；高值区周围分布有次高值区，主要是山脉周围，积雪覆盖频次为 60%～80%。整体上祁连山西部区域积雪覆盖频次比东部区域面积大。

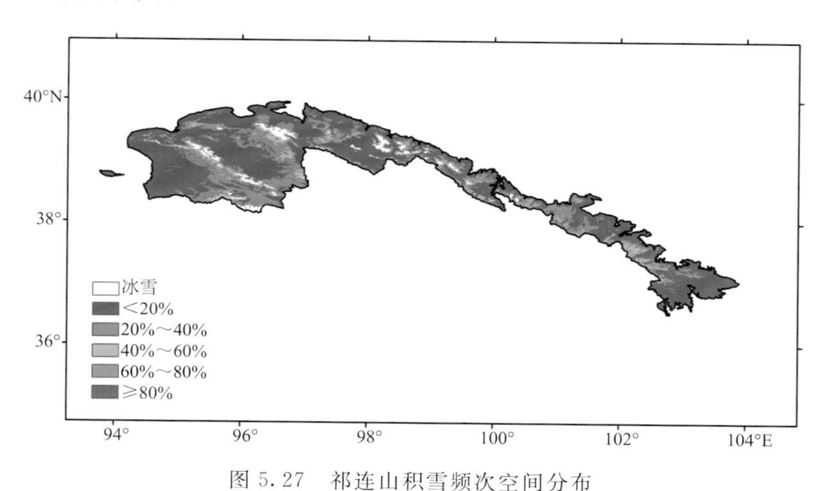

图 5.27　祁连山积雪频次空间分布

5.3.4　气候变化对水资源的影响

5.3.4.1　典型水库面积

根据 EOS/MODIS(地球观测系统/中分辨率成像光谱仪)卫星遥感监测数据显示，2020 年甘肃省河西内陆河流域的双塔、昌马和红崖山水库的水域面积分别为 10 km²、8.6 km² 和 15.9 km²，比常年(2007—2019 年)同期分别减少 26.4%、增加 18.1%和减少 1.1%。2007—2020 年昌马水库面积总体呈增加趋势，平均每年增加约 0.4 km²；双塔、红崖山水库水域面积变化波动明显，且趋势相近。总体来看，近 3 a 双塔、昌马和红崖山水库面积均为减少趋势（图 5.28、图 5.29）。

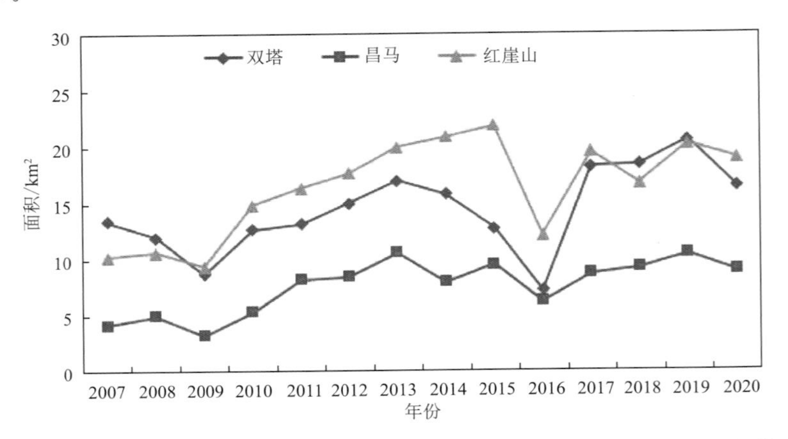

图 5.28　2007—2020 年甘肃河西主要水库 6—9 月平均水体面积历年变化

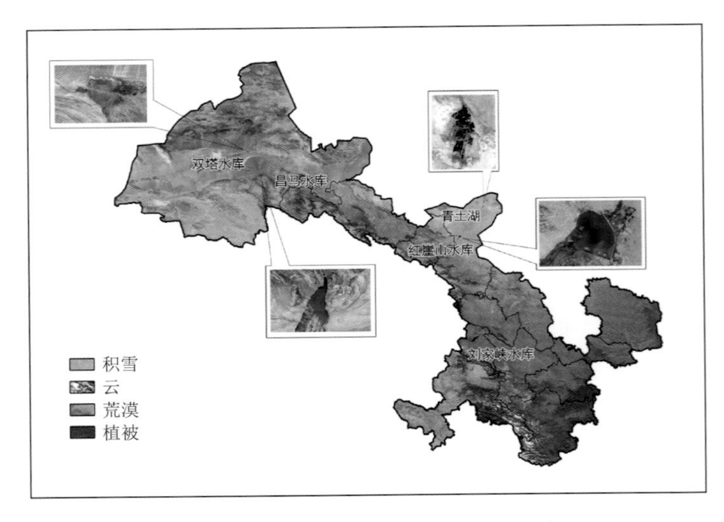

图 5.29　甘肃省河西主要水库湖泊分布图

5.3.4.2　民勤青土湖监测

青土湖是石羊河的尾闾湖，原名潴野泽、百亭海，潴野泽在《尚书 · 禹贡》《水经注》里都有过记载，称“碧波万顷，水天一色”，也有大禹治水，到潴野泽才大功告成的传说。它是《尚书 · 禹贡》记载的 11 个大湖之一，是一个面积至少在 1.6 万 km²，最大水深超过 60 m 的巨大淡水湖泊，后来潴野泽东西一分为二，其中西面的叫西海，也叫休屠泽，民国时改名为青土湖。青土湖曾是民勤绿洲最大的一个湖泊，曾经碧波荡漾 4000 多平方千米，水域面积仅次于青海湖，解放初的青土湖也有 100 多平方千米的水域面积。红崖山水库修建以后，因绿洲内地表水急剧减少，使青土湖的补水遭到了毁灭性的破坏，地下水位大幅下降，于 1957 年前后完全干涸沙化，腾格里和巴丹吉林两大沙漠在此“握手”。该区沙层厚 3～6 m，风沙线长达 13 km，流沙以每年 8～10 m 的速度向绿洲逼近，严重威胁了邻近乡镇人民的居住环境和工农业生产及民左公路的畅通运行，给当地群众造成了无法估量的损失。国家启动民勤绿洲综合治理工程后，民勤县从 2010 年 9 月开始，向青土湖注入生态用水 1290 万 m^3，由于沿途蒸发和渗漏补给地下水消耗 400 多万立方米，最终入湖水量 860 万 m^3，使干涸了 50 多年的青土湖重现生机。

2009 年以后每年 9 月初开始向青土湖注水，随着上游不断向下注水，至 11 月底注水结束，青土湖面积达到最大，12 月水面封冻，停止注水，除去部分水下渗，至第二年 4 月其面积变化不大，而后随着气温的回升和蒸发量的加大，其水面面积逐渐减少，每年 8 月减少至最小（图 5.30、图 5.31）。2020 年 10 月青土湖监测面积为 15.2937 km^2。

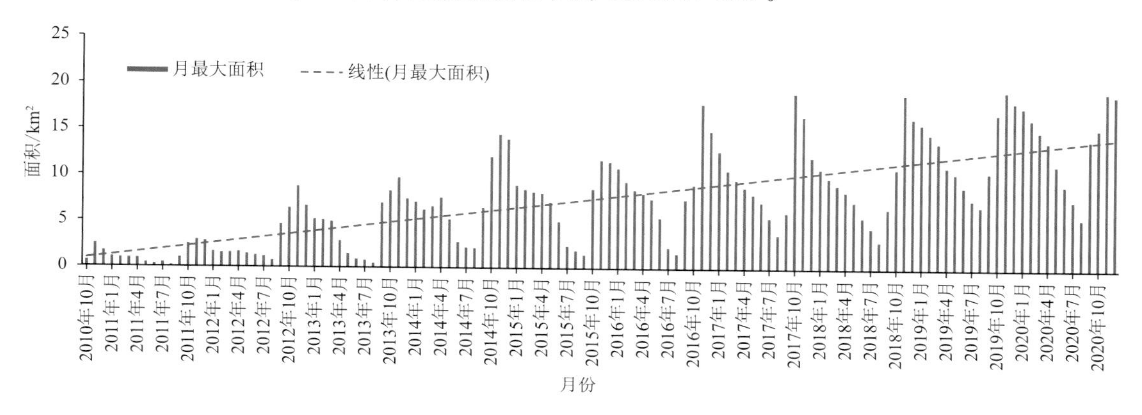

图 5.30　2010—2020 年青土湖水域面积变化

图 5.31　2020 年 10 月 14 日青土湖及周边地区卫星遥感监测

5.3.4.3　内陆河流量

20 世纪 60 年代以来，祁连山区气候趋于暖湿化，气温持续上升，降水增加。受气温升高导致冰雪融水增多、降水量显著增加的影响，祁连山区中西部的内陆河流流量呈显著增加趋势，特别是进入 21 世纪增加趋势更为明显。但祁连山东部地区降水量增加幅度小于中西部，各内陆河年流量呈弱的增加趋势，特别是 21 世纪这种变化趋势更加突出。

20 世纪 70 年代以来，黑河和疏勒河年径流量呈波动增加，黑河增幅约为 1.3 亿 $m^3/(10\ a)$，疏勒河增幅约为 1.2 亿 $m^3/(10\ a)$；2016 年，黑河和疏勒河年径流量分别为 22.4 亿 m^3 和 14.7 亿 m^3（图 5.32）。石羊河年径流量呈先减少后增加的趋势，1970—2000 年，石羊河径流量以 0.89 亿 $m^3/(10\ a)$的速度减少；21 世纪以来，年径流量开始波动增加，增幅为 1.5 亿 $m^3/(10\ a)$；2016 年，年径流量为 3.37 亿 m^3。

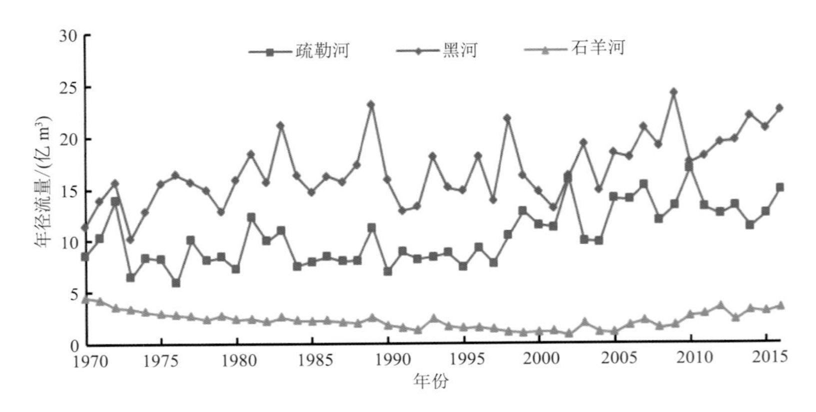

图 5.32　1970—2016 年河西走廊三大内陆河年径流量年际变化

5.3.4.4　空中水资源

祁连山是西北干旱区重要的内陆"水塔"，开发利用祁连山区空中云水资源对缓解该地区水资源问题具有重要意义。利用 1980—2016 年欧洲气象中心再分析资料（ERA-Interim）计算整个祁连山区域自地面到 300 hPa 高度垂直累积水汽分布，祁连山区域垂直累积水汽含量在 3.1～8.6 kg/m^2 之间，高值中心主要在祁连山甘肃省境内，低值中心在祁连山区域中部偏西地区（图 5.33）。

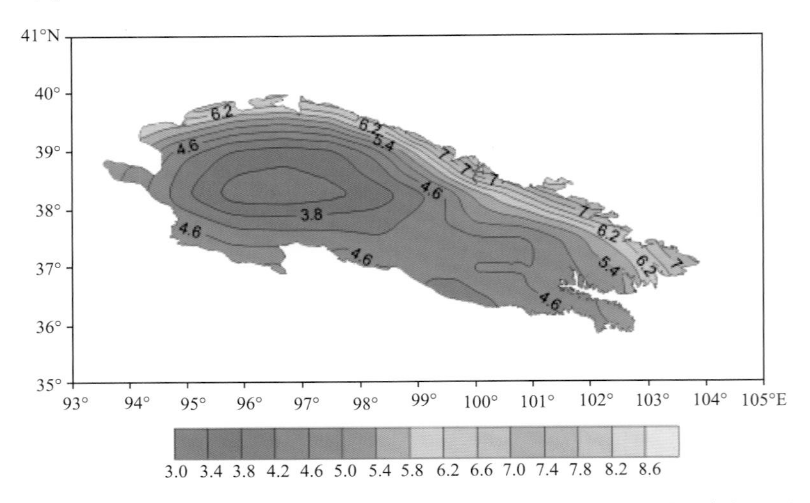

图 5.33　1980—2016 年祁连山区年平均垂直累积水汽含量空间分布（单位：kg/m^2）

用单位面积垂直累积水汽总量和祁连山面积的乘积，可得到1980—2016年祁连山区域上空年均水汽总量为10.5×10^{11} kg，水汽总量呈现逐步增加趋势(图5.34)。

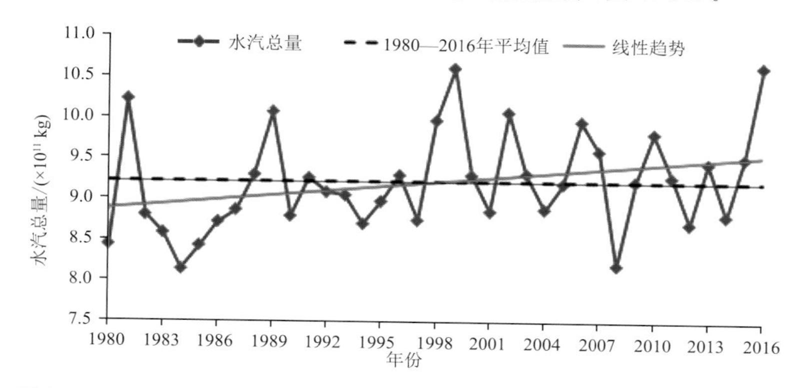

图5.34 1980—2016年祁连山区上空全年垂直累积水汽总量随时间的变化

5.3.5 气候变化对湿地的影响

湿地具有很大的空间分布区域，是地球上生物量较高，生物多样性较为丰富的生态系统之一。湿地不仅因其泥炭层深厚成为巨大的碳库，而且因其表面保持一定的水层，又是碳沉积的理想场所。虽然全球湿地仅占陆地面积的3%(Zang et al.,1999)，但湿地在全球生态系统及全球变化中起着重要的作用。青藏高原地域辽阔，分布有大面积的高寒湿地，初步统计区域沼泽湿地总面积为491.3万hm^2(陆键键，1990)。其中西藏187万hm^2，四川若尔盖约30万hm^2，滇西北横断山区2.9万hm^2，在甘肃南部与若尔盖毗邻地区也有分布；青海省所辖湿地分布部分面积最大，约255.4万hm^2，主要分布在青南高原的莫云滩、旦云滩、星宿海、黄河长江的发源地以及在北部祁连山大通河上游地区(王启基 等，1995)。高寒湿地是在寒冷高湿环境下形成的特殊植被类型，是青藏高原高寒草甸生态系统初级生产者不可缺少的组成部分。

甘肃祁连山国家级自然保护区分布有大面积的沼泽化草甸、灌丛沼泽、河流、湖泊、水库等湿地和大量冰川，与森林、草原共同构成了巨大的复合生态系统，它位于青藏高原的东北部，是黑河、石羊河和疏勒河三大水系56条内陆河及黄河主要支流大通河，庄浪河的发源地，也是野生动物的主要栖息地。保护区湿地总面积20万hm^2，占保护区总面积的7.5%(汪有奎 等，2012)。

气候变化引起湿地水温及土壤温度升高，将影响湿地的能量平衡，而降雨、气温和云量等参数的变化会对湿地水文情势产生深刻的影响，从而影响湿地生态环境。甘肃祁连山区域发育着大面积高寒湿地群，21世纪初的普查和相关研究表明，各个地区的湿地都发生了明显的退化现象，表现为湿地面积快速萎缩、湿地生态功能的减弱和湿地生物多样性的丧失。近年来甘肃省降水量有所增加，在一定程度上缓解了湿地退化现象。

5.3.6 气候变化对植被的影响

植被是陆地生态系统的重要组成部分，是生态系统中物质循环与能量流动的中枢。植被在保持水土流失、调节大气、维持气候及整个生态系统稳定等方面都具有十分重要的作用(陈效逑 等，2009；王桂钢 等，2010)。地表植被的变化影响局部气候及区域生态平衡，因此，开展地表植被变化研究可以为土地的合理利用及开展生态环境保护工作提供科学依据。

近几十年来，祁连山植被变化具有明显的阶段性，20世纪80年代植被覆盖变化较平稳，90年代变化幅度较大，尤其是2000年以来植被覆盖明显增加。卫星遥感监测分析显示，2000—2020年，祁连山区生长季（5—9月）植被指数（NDVI）均值为0.227，接近甘肃全省平均水平（0.289）。2000年以来，植被指数呈增加趋势，其中植被指数最高年份为2019年，祁连山区平均植被指数为0.272；最低年份为2001年，植被指数为0.180（图5.35）。

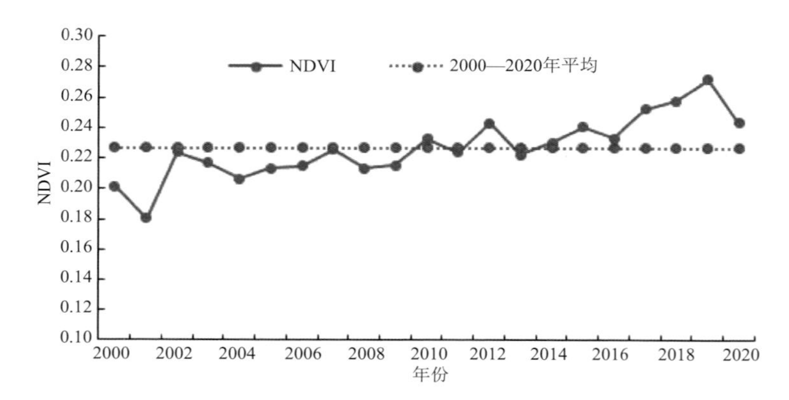

图5.35　2000—2020年祁连山区域植被指数（NDVI）历年变化

祁连山地区2000—2020年年平均NDVI分布图（图5.36），反映了植被覆盖的基本空间特征。空间分布上，祁连山东部年平均NDVI最大，大部分在0.6以上，该区域主要植被覆盖类型为森林、高寒草原和典型草原，分布在祁连北部、冷龙岭、乌鞘岭、野牛沟等地区。与之相反，祁连山西部年平均NDVI最小，该区域主要为荒漠。

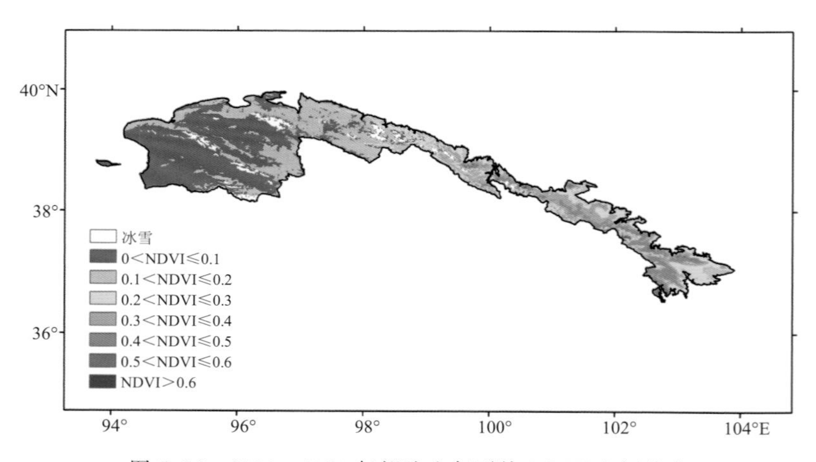

图5.36　2000—2020年祁连山年平均NDVI空间分布

气温和降水是影响祁连山区植被生长的主要气候因子，局部地区密集的人类活动也会成为重要的影响因素。祁连山区植被覆盖总体上呈现自西向东递增的分布格局，与降水空间分布基本相一致（李岩瑛，2008）。造成祁连山植被自西向东逐渐增加的原因，主要是由于祁连山东部受高原西南气流影响，降水较多，而西部受西北气流影响，降水只有东部的1/3（王海军等，2009）。逐一分析祁连山区域内气象数据的变化趋势发现，祁连山植被的空间变化特征与其周边自动气象站点的气温和降水量变化趋势相对一致，祁连山西部部分地区植被改善，分析其成因，一方面，该区域气温升高、降水量增加有很大的影响；另一方面，与该区域成立国家级自然保护区后实施封山育林，人类活动较少，植被得到改善有关。对于祁连山植被退化区，一方面，与区域内降水量有所减少有关，另一方面，这些地区由于海拔高度相对较低，受人类活动影响较大，过度放牧及农田开垦，也使得土地出现荒漠化，植被退化（武正丽 等，2014）。

针对不同的植被类型而言，除海拔高度的变化对不同类型植被面积有一定的影响外，气候变化的影响也不容忽视（杨蕊琪 等，2016）。祁连山地区灌丛、荒漠草原面积增加或者减少受人类活动影响的同时也受到气温和降水的影响；山地草原、山地森林草原、高寒草甸面积的增加在空间上引起了高海拔地区植被的改善，气温升高也对高海拔地区植被改善有重要的作用；高寒稀疏草甸由于海拔较高，该区域人类活动较少，气候变化是引起其面积变化的主要因素（蒋友严 等，2017）。

分析 2000—2020 年祁连山地区植被指数空间变化趋势，由于区域气候暖湿化，祁连山绝大部分地区的植被呈现出转好趋势（图 5.37）。近 21 a 来祁连山 NDVI 变化趋势在空间上西部地区变化较小，中东部地区变化较大。整体上祁连山植被增加的区域比减少的区域面积大，祁连山植被得到增加的区域面积为 4157 km^2，占祁连山总面积的 6.38%，主要集中在祁连山中东部区域的边缘地区；植被减少区域的面积为 591 km^2，占祁连山总面积的 0.90%，主要集中在祁连山中东部局部地区。

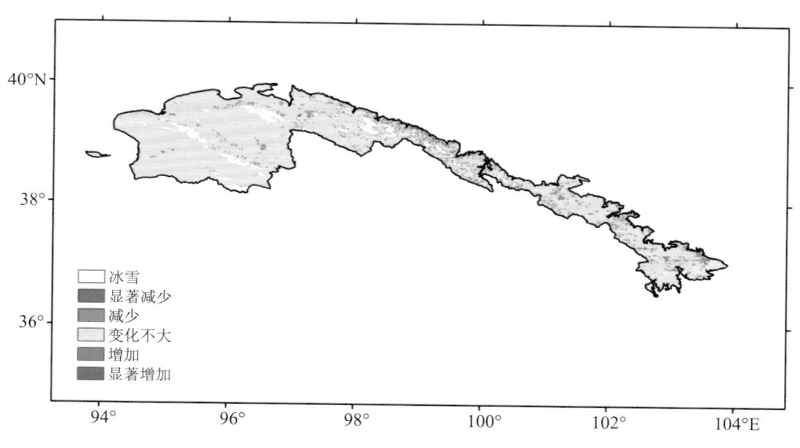

图 5.37　2000—2020 年祁连山地区植被指数变化趋势

植被净初级生产力（net primary productivity，NPP），指绿色植物在单位时间、单位面积上由光合作用所产生的有机物质总量中扣除自养呼吸后的剩余部分，单位为 gC/(m^2 · a)（克碳每平方米每年），NPP 数据来源于地理科学生态网（http://www.csdn.store）。准确估计 NPP 有助于了解全球碳循环；NPP 也是陆地生态系统中物质与能量运转的重要环节。近几十年气候变化对甘肃省祁连山地区生态系统 NPP 的影响总体上与甘肃省及其他几个生态功能区相一致。受气候变化影响，祁连山区生态系统的净初级生产力呈增加趋势，并且未来随着气候的进一步变暖还将持续增加。

植被 NPP 自西向东逐渐增加，祁连山区植被 NPP 空间分布和变化趋势相一致（图 5.38）。东部地区 NPP 年累积值最大，多在 200～400 gC/(m^2 · a)之间，最高可达 400 gC/(m^2 · a)之上；中部地区存在较明显的南北差异，偏南地区在 100～300 gC/(m^2 · a)之间，偏北地区在 100～400 gC/(m^2 · a)之间；西部大多地区 NPP 小于 100 gC/(m^2 · a)(表 5.1)。其中甘肃境内 NPP 基本稳定的面积为 25742 km^2，占祁连山区甘肃境内面积的 38.4%；NPP 总体升高(升高和轻微升高)的面积为 10686 km^2，占祁连山区总面积的 5.6%；NPP 总体降低(降低和轻微降低)的面积为 4089 km^2，占祁连山区总面积的 2.1%。祁连山区 NPP 总体呈现东多西少的特征，与祁连山区降水空间分布基本一致。具体分布状况见表 5.1。

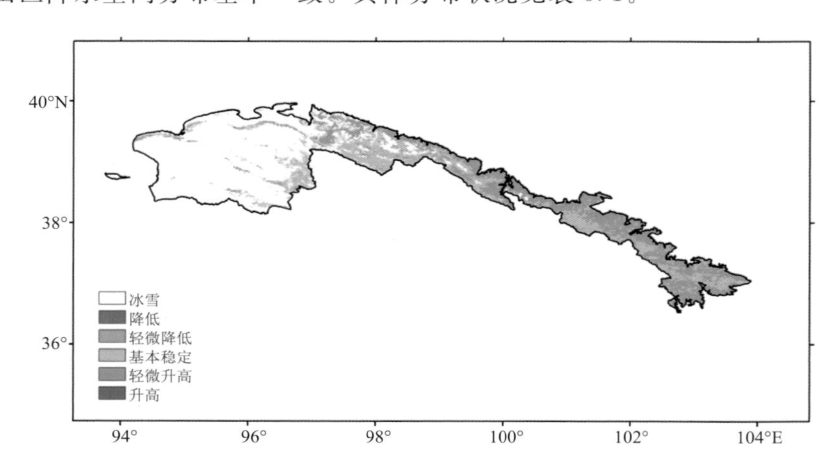

图 5.38　2000—2020 年祁连山地生态系统净初级生产力的变化趋势

表 5.1　祁连山区域各级 NPP 面积与分布区域

NPP 分级/(gC/(m^2 · a))	面积/km^2	面积百分比/%	分布区域
NPP≤100	31697	16.5	肃南县西部、肃北县南部
100＜NPP≤200	26604	13.9	肃南县北部、天祝县东部
200＜NPP≤300	27178	14.2	肃南县大部、天祝县东部
300＜NPP≤400	17679	9.2	天祝县大部、肃南县东部
400＜NPP≤500	2268	1.2	天祝县北部
NPP＞500	407	0.2	天祝县零星分布

5.4　未来气候变化及影响预估

5.4.1　未来 30 a(2021—2050 年)祁连山区气候变化

RegCM4 区域气候模式 RCP4.5 情景下，预计到 2050 年，祁连山区年平均气温呈上升态势，上升趋势为 0.31 ℃/(10 a)，气温变化范围在－0.85～1.44 ℃之间。2040 年以后，年平均气温的呈较明显的增加趋势(图 5.39a)。祁连山区年平均最高气温呈 0.27 ℃/(10 a)的上升趋势，气温变化幅度在－0.94～1.56 ℃之间，变化趋势与年平均气温相似(图 5.39b)。祁连山区年平均最低气温呈 0.35 ℃/(10 a)增加趋势，气温变化幅度在－0.83～1.32 ℃之间，2035 年起呈较明显的上升趋势(图 5.39c)。年降水量呈弱的减少趋势，年降水量距平百分率的气候倾向率为－0.5%/(10 a)，尤其是在 2040 年以后，降水量距平百分率基本偏少 20%左右，预计 30 a 间降水量距平百分率变化幅度在−32%～1%之间(图 5.39d)。

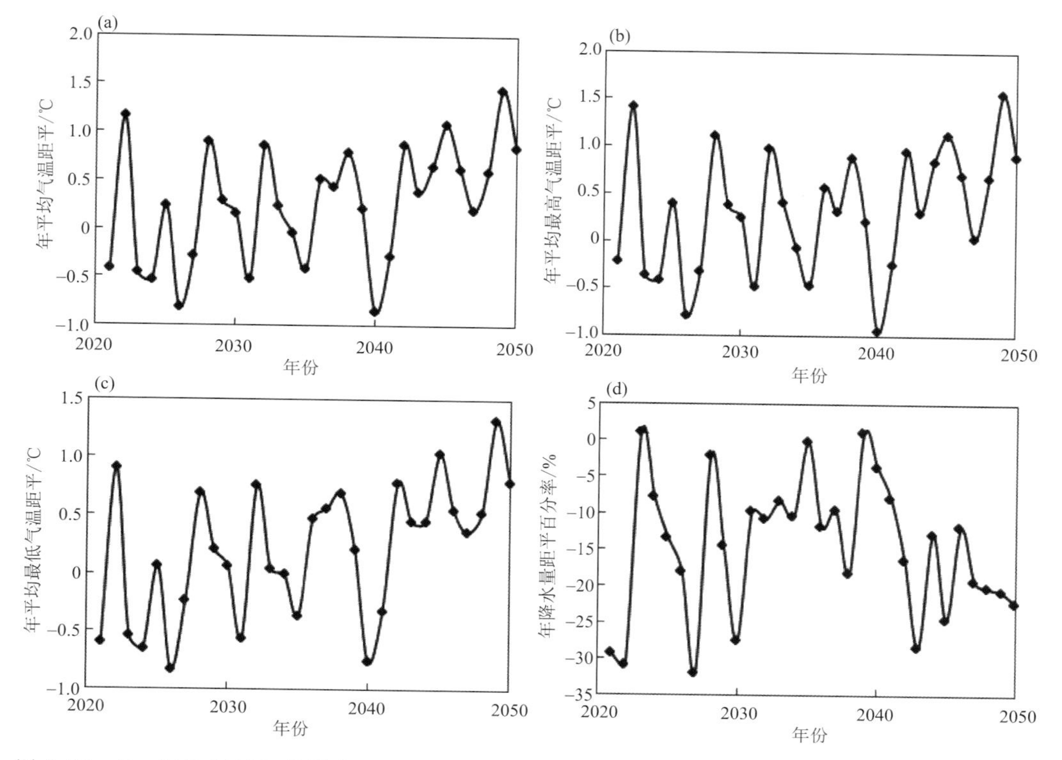

图 5.39　RegCM4 区域气候模式 RCP4.5 情景下，未来 30 a 祁连山区气温距平和降水量距平百分率(相对于 1986—2005 年)的变化

(a)年平均气温距平；(b)年平均最高气温距平；(c)年平均最低气温距平；(d)年降水量距平百分率

5.4.2　未来 50 a(2021—2070 年)祁连山区气候变化

根据 RegCM4 区域气候模式 RCP4.5 情景下的预估结果分析得出，预计到 2070 年，祁连山区年平均气温呈上升态势，上升趋势为 0.44 ℃/(10 a)，气温变化幅度在−0.85～3.47 ℃之间。2040 年以后，年平均气温的增加趋势较明显，升温幅度较大(图 5.40a)。祁连山区年平均最高气温呈 0.43 ℃/(10 a)增多趋势，气温增加幅度在−0.94～3.71 ℃之间，与年平均气温相比，变化趋势相似，但年平均最高气温的变化幅度更大，在 2040 年以后，年平均最高气温的升温趋势明显(图 5.40b)。祁连山区年平均最低气温呈 0.46 ℃/(10 a)增多趋势，气温增加幅度在−0.83～3.23 ℃之间，自 2040 年以后，升温趋势较明显(图 5.40c)。祁连山区年降水量呈增多趋势，年降水量距平百分率的气候倾向率为 2.5%/(10 a)，变化幅度在−32%～13%之间。2043 年以前，年降水量变化较平稳，之后呈增加趋势(图 5.40d)。

5.4.3　未来情景祁连山区极端事件变化

本节采用的是国际上常用的极端指数，以及气候分析中常用的指数，这 6 个极端指数的定义和计算方法是由世界气象组织(WMO)气候委员会与气候变率与可预测性(CLIVAR)计划联合设立的气候变化检测和指数专家组(Expert Team on Climate Change Detection and Indi-

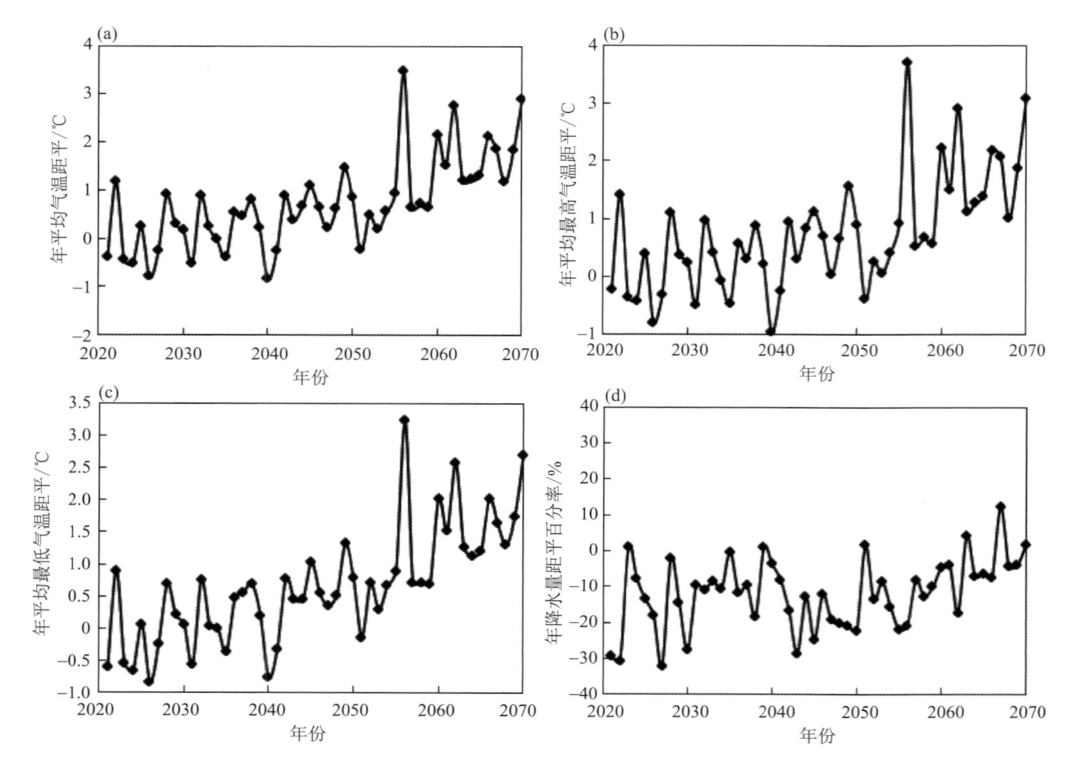

图 5.40　RegCM4 区域气候模式 RCP4.5 情景下，未来 50 a 祁连山区气温距平和降水量距平百分率（相对于 1986—2005 年）的变化

(a)年平均气温距平；(b)年平均最高气温距平；(c)年平均最低气温距平；(d)年降水量距平百分率

ces，ETCCDI）提出的监测气候指数。在检验模式对西北地区极端气候历史模拟能力及预估未来极端气候变化时，结合西北地区气候实际，从 ETCCDI 里选取了如下 6 个极端指标来分析西北地区极端气温/降水历史及未来变化：极端高温阈值 TX95、极端低温阈值 TN95、日极端降水阈值 V95p、高温日数 HTD、低温日数 LTD、强降水日数 R95d。6 个极端温度指数和定义见表 5.2。

表 5.2　西北地区极端气温/降水指数

英文缩写	指数名称	定义	单位
TX95	极端高温阈值	历史多年逐日日最高气温由小到大排序，取第 95%值作为极端高温阈值	℃
TN95	极端低温阈值	历史多年逐日日最高气温由大到小排序，取第 95%值作为极端低温阈值	℃
V95p	日极端降水阈值	历史多年逐个雨日（大于 1 mm）的日降水量由小到大排序，取第 95%值	mm
HTD	高温日数	一年中日最高气温大于 TX95（历史时期）的日数	d
LTD	低温日数	一年中日最低气温大于 TX5（历史时期）的日数	d
R95d	强降水日数	一年中日降水量大于 V95（历史时期）的日数	d

在 RCP4.5 情景下，预计到 2050 年，祁连山区区域极端气温和极端降水气候事件的年变化为，日最高气温极端事件出现日数呈 0.77 d/(10 a)的增多趋势，2040 年起极端事件增多，年变化幅度增大（图 5.41a）。与日最高气温极端事件的变化趋势相似，日最低气温极端事件出

现日数呈0.49 d/(10 a)增多趋势,逐年变化幅度相对较大(图5.41b)。日降水量极端事件出现日数的年变化幅度较小(图5.41c)。

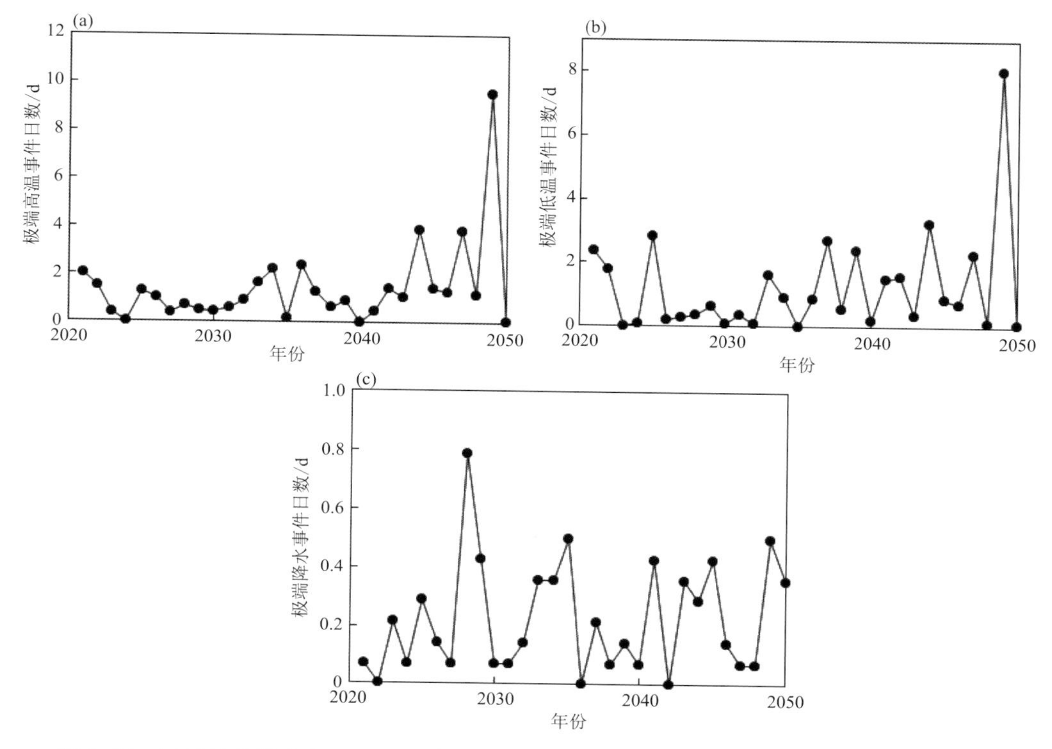

图5.41 区域气候模式RegCM4预估的RCP4.5情景下极端高温日数HTD(a)、极端低温日数LTD(b)和极端强降水日数R95d(c)在未来30 a(2021—2050年)的历年变化

在RCP4.5情景下,预计到2070年,祁连山区区域极端气温和极端降水气候事件的年变化相对平稳,日最高气温极端事件出现日数呈0.64 d/(10 a)的增多趋势,2040年起极端事件呈增多趋势,年变化幅度增大(图5.42a)。与日最高气温极端事件的变化趋势相似,日最低气温极端事件出现日数呈0.41 d/(10 a)增多趋势,逐年变化幅度相对较大(图5.42b)。日降水量极端事件出现日数的年变化幅度较小(图5.42c)。

5.4.4 未来情景对祁连山区生态环境的可能影响

祁连山区地形复杂,气候多变,孕育了多样的植被类型和复杂的生态系统,其生物多样性与其他地区相比具有明显的特殊性。气候变化可改变生态系统物种组成和群落结构,对生物多样性产生多方面的影响。气候变化可导致局部草地退化,引起草地群落优势种和建群种缺失,使生物丰度和多样性下降,杂草类植物和毒草类植物出现。气候变化可引起植物物候期改变,影响植被的气候适应性,并进而改变植被群落结构和生物多样性。气候变暖使祁连山区高海拔地区高寒草地植被覆盖度与生产力出现下降,草地植物群落组成发生改变,原生植被群落优势种减少,高寒旱生苔原冷温灌丛出现持续增加趋势。

2000年以来,由于自然降水增加,退牧还草、退耕还林、草地综合治理等生态保护措施的实施,祁连山区草地、林地的退化与消失现象得到一定遏制。

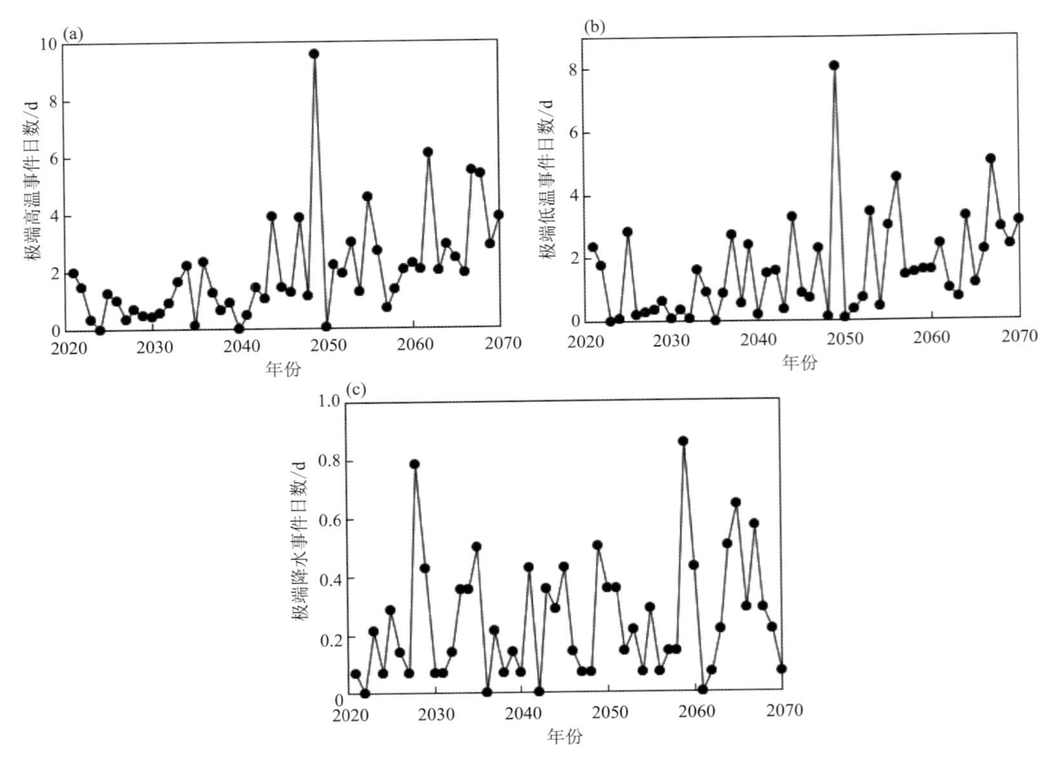

图 5.42 区域气候模式 RegCM4 预估的 RCP4.5 情景下高温日数 HTD(a)、极端低温日数 LTD(b)和极端强降水日数 R95d(c)在未来 50 a(2021—2070 年)的历年变化

预计祁连山区雪线会继续升高，将由 2000 年的 4500～5100 m 上升到 4900～5500 m；冰川冰面将继续减薄，冰川的萎缩态势也将继续，预计面积在 2 km^2 左右的小冰川将在 2050 年左右基本消亡。气候变暖和人类活动增加使得冰雪融化速度加剧，短期会造成河流水量增加。

5.4.5 气候变化对甘肃河西走廊内陆河径流的影响和未来预估

河西走廊深处内陆，是西风带环流、高原季风环流、亚洲季风环流三大气环流系统影响区的交叉点，降水稀少，蒸发强烈，是西北干旱区典型的资源性缺水地区，也是气候变化极度敏感区(孟秀敬 等，2012)。受气候变化和不合理人类活动影响，水资源已成为该地区经济社会发展的关键制约因素。河西走廊三大内陆河主要来源于祁连山，从 5 月夏汛开始一直持续到 9 月，气温的变化和祁连山区域内的水汽输送是影响汛期河流径流量的重要因素。1961—2015 年石羊河九条岭、黑河莺落峡和疏勒河昌马堡年平均径流量分别为 10.0 m^3/s、49.8 m^3/s 和 31.6 m^3/s。石羊河最大流量出现在 7 月(24.1 m^3/s)，是最小流量(2 月，1.36 m^3/s)的 18 倍；黑河最大流量(7 月，128.6 m^3/s)是最小流量(1 月，13.0 m^3/s)的 10 倍；疏勒河最大流量(8 月，89.6 m^3/s)是最小流量(1 月，10.5 m^3/s)的 8.5 倍。由于目前祁连山东段冰川几乎枯竭，石羊河上游径流量主要受山区降水影响，因此，季节差异大；而疏勒河径流除山区降水外，还有冰雪消融补给，其流量的季节差异相对较小；黑河流域径流季节变化则介于两者之间。

通过 WATCH 再分析数据对土壤和水分评价工具(SWAT)水文模型进行率定和验证，再结合 ISI-MIP 项目(Warszawski et al.,2014)提供的5个全球气候模式在3个典型浓度路径下的预估数据,包括美国地球物理流体动力学实验室的全球气候模式(GFDL-ESM2M)、韩国国家气象研究所的全球气候模式(HadGEM2)、法国拉普拉斯研究所的全球气候模式(IPSL_CM5A_LR)、日本国家环境研究所的全球气候模式(MIROC-ESM-CHEM)和挪威气候中心的全球气候模式(NORESM1-M),对在全球1.5 ℃和2.0 ℃升温下,疏勒河、黑河和石羊河径流量的变化趋势进行预评估。

5.4.5.1 不同升温阈值下气温和降水变化预估

(1)疏勒河流域

在全球相对于工业化前1.5 ℃升温下,相对于1976—2005年,疏勒河流域多模式集合平均升温幅度为1.5 ℃。但不同模式和不同排放情景预估的升温幅度有一定的差异,其中GFDL和NORESM1预估的升温幅度分别达到1.7 ℃和1.8 ℃;而HadGEM2预估的增温幅度仅为1.3 ℃。在全球2.0 ℃升温下,疏勒河流域的升温幅度达到2.3 ℃,除了HadGEM2在RCP6.0下预估的升温幅度低于2.0 ℃外,其余GCMs预估的疏勒河流域的升温幅度高于全球升温幅度,MIROC和NORESM1预估的升温幅度最高,达到约2.6 ℃和2.7 ℃(图5.43a)。

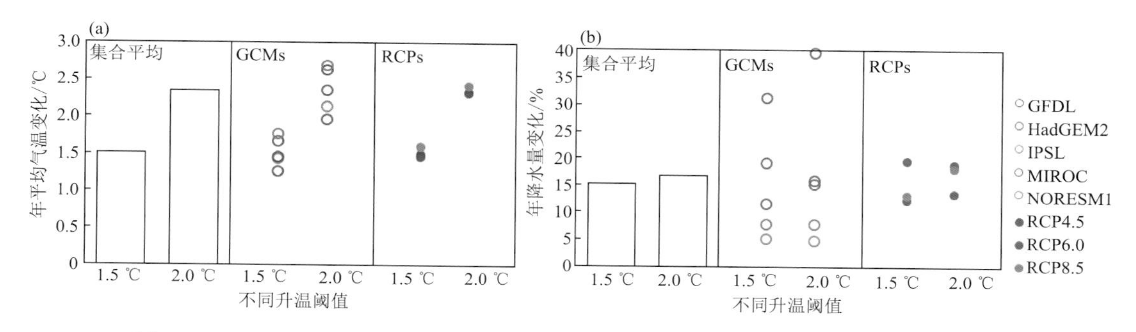

图5.43 全球1.5 ℃和2.0 ℃升温下疏勒河流域年平均气温(a)和年降水量(b)变化(相对于1976—2005年)

在全球1.5 ℃升温下,多模式多情景集合预估的疏勒河流域平均年降水量相对于1976—2005年增加约15%。5个GCMs在三种排放情景下预估的年降水量有不同程度的增加,增幅在4%~59%之间。其中HadGEM2预估的年降水量在不同排放情景下差异最大,且平均增幅最大,约为31%,而IPSL和NORESM1预估的平均年降水量增幅较小,约为6%和8%。在全球2.0 ℃升温下,多模式多情景集合预估的疏勒河流域预估的年降水量增加约17%,所有模式在三种排放情景下预估的平均年降水量普遍增加,增幅在2%~61%之间,其中IPSL和NORESM1预估的平均年降水量增幅最小,约为5%和8%,HadGEM2预估的平均年降水量增幅最大,约为39%(图5.43b)。

(2)黑河流域

在全球1.5 ℃升温下,相对于1976—2005年,多模式集合平均黑河流域的升温幅度为1.45 ℃。但不同模式和不同排放情景预估的升温幅度有一定的差异,其中GFDL和NORESM1预估的升温幅度均达到1.6 ℃;而HadGEM2和MIROC预估的增温幅度为1.2 ℃和1.3 ℃。在全球2.0 ℃升温下,黑河流域的升温幅度达到2.1 ℃。其中HadGEM2预估的升温幅度最低(1.7 ℃),NORESM1预估的升温幅度最高,达到2.5 ℃(图5.44a)。

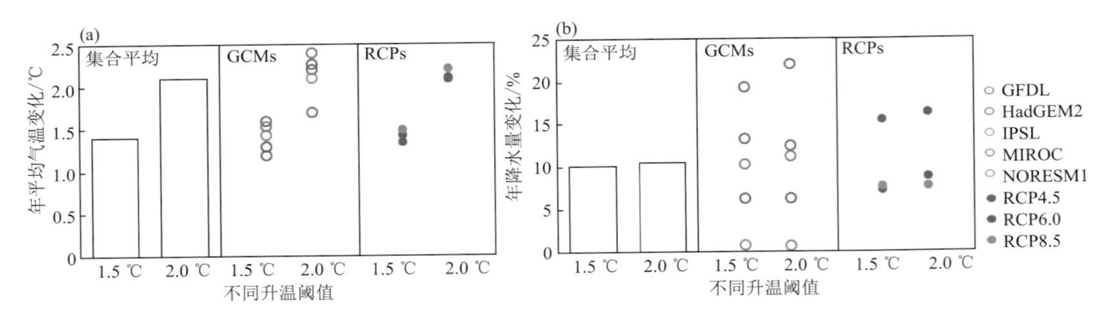

图 5.44 全球 1.5 ℃和 2.0 ℃升温下黑河流域年平均气温(a)和年降水量(b)变化（相对于 1976—2005 年）

在全球 1.5 ℃升温下，多模式多情景集合预估的黑河流域平均年降水量相对于 1976—2005 年增加约 10%。除 IPSL 在 RCP4.5 情景下预估的年降水量略有减少（减少约 2%）外，其余模式在三种排放情景下预估的年降水量有不同程度的增加，增幅在 2%～51%之间。其中 HadGEM2 预估的年降水量在不同排放情景下差异最大，而 IPSL 预估的平均年降水量增幅最小，仅为 1%。在全球 2.0 ℃升温下，多模式多情景集合预估的黑河流域的年降水量增加约 11%，所有模式在三种排放情景下预估的平均年降水量普遍增加，增幅在 1%～53%。其中 HadGME2 预估的平均年降水量增幅最大，为 22%，但不同排放情景间的差异也最大；而 IPSL 预估的平均年降水量增幅仅为 1%（图 5.44b）。

（3）石羊河流域

在全球 1.5 ℃升温下，相对于 1976—2005 年，多模式多情景集合预估石羊河流域的升温幅度为 1.42 ℃。其中 MIROC 预估的升温幅度达到 1.6 ℃；而 NORESM1 和 IPSL 预估的增温幅度仅为 1.3 ℃和 1.2 ℃。在全球 2.0 ℃升温下，石羊河流域的升温幅度达到 2.1 ℃，其中 NORESM1 预估的升温幅度最低，为 1.8 ℃；MIROC 预估的升温幅度最高，达到2.4 ℃（图 5.45a）。

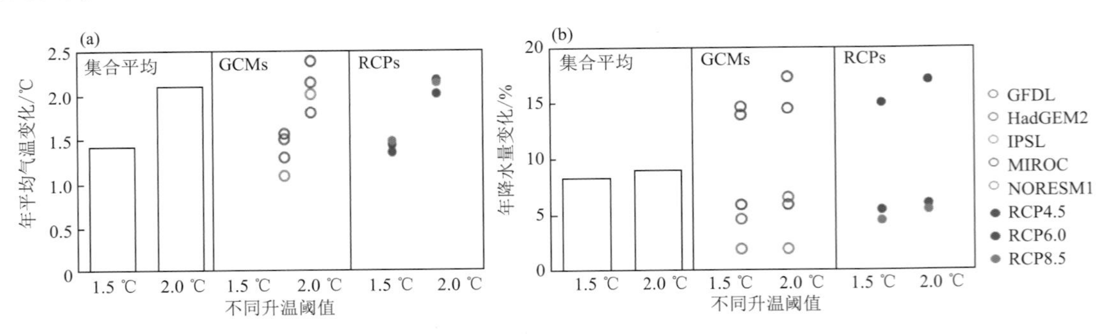

图 5.45 全球 1.5 ℃和 2.0 ℃升温下石羊河流域年平均气温(a)和年降水量(b)变化（相对于 1976—2005 年）

在全球 1.5 ℃升温下，多模式多情景集合预估的石羊河流域平均年降水量相对于 1976—2005 年增加约 8%。除 HadGEM2 在 RCP8.5 情景下减少约 9%外，其余模式在三种排放情景下预估的年降水量有不同程度的增加，增幅在 1%～50%之间。其中 HadGEM2 预估的年降水量在不同排放情景下差异最大，在 RCP4.5 下预估平均年降水量增加 50%，而在 RCP8.5

下则减少约9%;IPSL预估的平均年降水量增幅仅为2%。在全球2.0 ℃升温下,多模式多情景集合预估的石羊河流域的年降水量增加约9%,除了HadGEM2和IPSL在RCP8.5情景下分别减少约2%和3%外,所有模式在三种排放情景下预估的平均年降水量普遍增加,增幅在1%~51%,其中GFDL和HadGEM2预估的平均年降水量分别增加15%和17%,而IPSL预估的仅增加2%(图5.45b)。

5.4.5.2 未来径流量变化预估

(1)疏勒河流域

在全球1.5 ℃和2.0 ℃升温下,疏勒河流域预估的平均年径流量相对于1976—2005年都有所增加,增幅相近,约10%(图5.46)。5个GCMs中,除IPSL预估的平均年径流量减少外,其余模式预估的平均年径流量均有不同程度的增加。在全球1.5 ℃和2.0 ℃升温下,IPSL预估的平均年径流量分别减少约10%和13%;而其余GCMs预估的平均年径流量增加幅度分别为11%~20%和15%~22%。3种RCPs下预估的平均年径流量均有不同程度的增加,其中RCP4.5下预估的平均年径流量增幅相对较小。无论是5个GCMs还是3种RCPs下,都表现为全球2.0 ℃升温下预估的年平均径流量的变化范围更大。

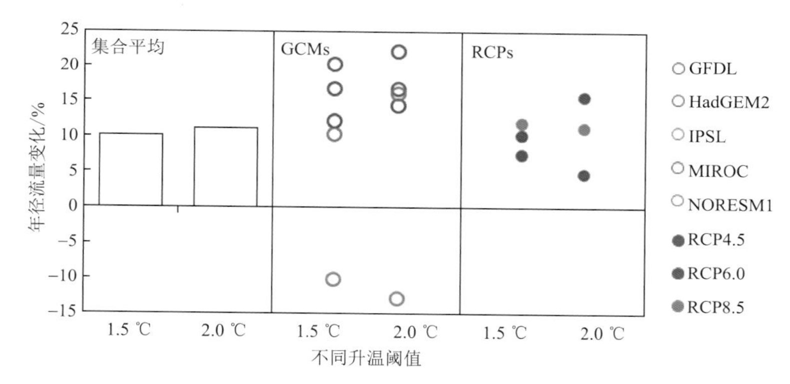

图5.46 全球1.5 ℃和2.0 ℃升温下疏勒河流域平均年径流量变化
(相对于1976—2005年)

(2)黑河流域

在全球1.5 ℃和2.0 ℃升温下,多模式多情景下黑河流域预估的平均年径流量相对于1976—2005年略有减少,减少幅度约3%和4%(图5.47)。5个GCMs中,只有NORESM1在两个增温幅度下预估的平均年径流量表现为一致增加,增幅分别为10%和12%,GFDL预估的平均年径流量在全球1.5 ℃升温下略有增加,而在全球2.0 ℃升温下减少约6%,其余GCMs预估的黑河流域平均年径流量一致减少,在全球1.5 ℃升温下减小幅度为3%~12%,而在全球2.0 ℃升温下减少幅度为3%~16%。3种RCPs下预估的黑河流域平均年径流量均有不同程度减少,且都表现为RCP4.5下减小幅度最大,RCP8.5下次之,而RCP6.0下减小幅度最少。无论是5个GCMs还是3种RCPs下,都表现为全球2.0 ℃升温下预估的年平均径流量变化范围更大。

(3)石羊河流域

在全球1.5 ℃升温下,多模式多情景下预估的石羊河流域平均年径流量相对于1976—2005年减少8%,而在全球2.0 ℃升温下变化不大(图5.48)。不同GCMs预估的年平均径流

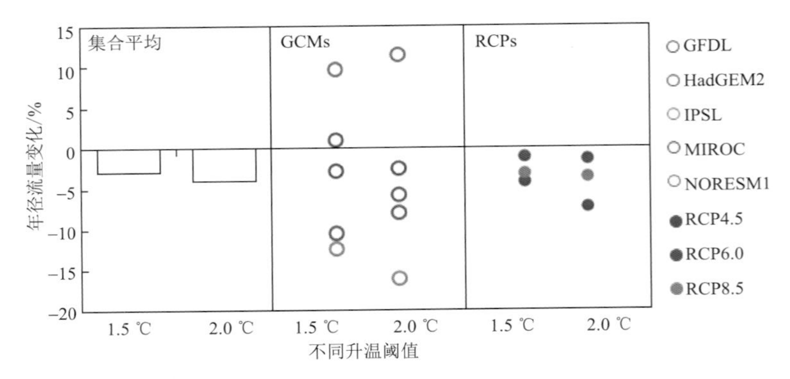

图 5.47　全球 1.5 ℃和 2.0 ℃升温下黑河流域平均年径流量变化
（相对于 1976—2005 年）

量变化差异较大，在全球 1.5 ℃升温下，除 GFDL 预估的平均年径流量增加约 7%外，其余 GCMs 预估的平均年径流量均有不同程度的减少，减少幅度为 5%～21%；在全球 2.0 ℃升温下，GFDL、MIROC 和 NORESM1 预估的平均年径流量分别增加 8%、2%和 11%，而 HadGEM2 和 IPSL 预估的平均年径流量分别减少 9%和 11%，且这两个 GCMs 在两种升温下预估的平均年径流量表现为一致减少。在全球 1.5 ℃升温下，3 种 RCPs 预估的平均年径流量均有不同程度的减少，而在 2.0 ℃升温下，RCP8.5 下预估的年径流量减少 7%，而 RCP4.5 和 RCP6.0 下预估的平均年径流量分别增加约 6%和 2%。

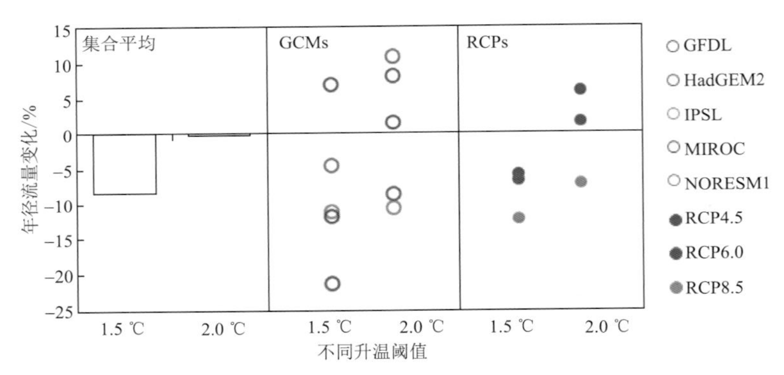

图 5.48　全球 1.5 ℃和 2.0 ℃升温下石羊河流域平均年径流量变化
（相对于 1976—2005 年）

5.5　区域生态保护与修复的措施对策

5.5.1　生态保护与修复的意义

第一，保障河西走廊及我国北方生态安全的迫切需要。目前，在全球气候变暖趋势和人类不合理活动的长期共同作用下，祁连山生态环境已严重恶化；冰川退缩、冰雪融化加剧；森林生态系统脆弱，林分质量下降；超载严重，草地退化；荒漠化、沙化呈蔓延态势，不但造成生态系统失衡，恶性循环加剧，生态功能下降，而且随着区域人口的进一步增长和经济社会的不断发展，人类活动对生态环境的扰动将愈加剧烈，如不及时对祁连山生态环境加以保护和治理，将导致十分严峻的后果。祁连山区综合气候生态环境监测系统不完备，生态保护、修复与监督管理的长效机制有待健全。目前覆盖祁连山区气候生态环境多圈层、多要素的综合观测系统尚未建立，急需摸清祁连山区生态环境及现存主要问题的状况；且祁连山区生态环境监测缺乏相关部门间的协作和联动，未建立有效的数据共享机制，严重制约祁连山区生态环境保护与治理的监管能力，影响了祁连山区生态环境保护行政监管的综合效能，急需健全生态环境保护的长效机制。所以，作为维系河西内陆区域生态平衡的基础，加强祁连山生态保护与修复十分紧迫。

第二，维护民族团结、保障边疆安全、构建社会主义和谐社会的现实需要。祁连山地是藏族、裕固族、蒙古族、哈萨克族、回族、土族等少数民族聚居的地区，包括2个自治州2个自治县，少数民族人口达42.55万，占规划区总人口的20.3%。随着人口的不断增加、生产经营方式的转变和对经济效益的追求，区内的耕地面积和养殖规模不断扩张，导致森林、草地生态系统不断遭到人为破坏。祁连山区是一个复合型生态系统，森林、灌丛、草地、荒漠与冰雪冻土带等景观在气候、地形、土壤和水文等多种因素的相互作用下呈斑块镶嵌分布格局。受气候环境变迁与人类活动等多种驱动因素的影响，祁连山区生态系统自然适应和调节能力较弱，气候变化易引发生态安全问题，珍稀野生动物栖息地遭受干扰，冬虫夏草、黄芪、红景天等多种中草药资源储量明显减少。日益严重的生态问题，不仅是区域经济落后、社会贫困的根源，也是影响民族团结、社会稳定的重大隐患。加快祁连山生态环境保护和综合治理，尽快改善当地的生存环境，既是广大民族群众的共同心愿，也是构建社会主义和谐社会的必然要求，更是增进民族团结、保障社会稳定和边疆安宁的迫切需要，有着十分重要的政治、经济意义。

第三，深入开展西部大开发，全面实现小康社会的必然要求。规划区内大部分区域所属县农村经济相对落后、贫困人口相对集中的地区。2009年农牧民人均纯收入4367.8元，为当年全国农牧民人均纯收入599元的73.8%，有近80%的农牧人均纯收入比全国平均水平低，其中4个国家级及2个省级扶贫开发工作重点县农民人均收入仅在2000～3000元左右，远低于省级平均水平。繁重的生态环境保护任务与经济发展、保障区域民生之间的矛盾突出。祁连山区既是重要的生态屏障，是生物多样性的宝库和矿藏富集区，同时祁连山区数以万计的人口依赖自然资源生存，生态环境保护与经济发展间的矛盾突出。近年来祁连山区生态环境恶化趋势得到有效遏制，生态建设总体发展向好，但仍未彻底解决社会经济发展与生态环境保护间的核心矛盾与问题，对区域气候生态资源承载力认识不清、缺乏引导，急需探索实现区域生态环境保护与绿色低碳经济发展双赢的创新之路。在贫困状态下，为了生计极可能采取毁林开垦、超载过牧、偷砍乱伐、樵采薪材等破坏生态的行为，而且贫困不改善，生态环境保护和建设成果就得不到巩固，更不可能持续发展，因此，保护和建设生态必须与脱贫致富相结合，生态好了，林丰草茂，农牧业产量才能增加，农牧民收入才能提高，保护生态的积极性才能巩固，生态系统才能良性循环。因此，开展祁连山生态保护和综合治理，既保护生态，又改善民生，是深入开展西部大开发，全面建设小康社会的紧迫需求和必然要求。

第四，应对全球气候变暖、弱化气候变化对祁连山和河西走廊不利影响的需要。独特的自然地理环境，使祁连山及其所在的河西走廊对全球气候变暖反应剧烈，是我国对全球气候变化比较敏感的地区之一。据有关资料分析，1956—2006年的近50 a，祁连山的年平均气温呈整体呈上升趋势，增速为0.26～0.46 ℃/(10 a)，高于全国0.25 ℃/(10 a)的升温速率。区域大幅增暖导致冰川消融、雪线上升、冻土退化,“固体水库”作用减弱,祁连山区水资源平衡及可持续利用面临严峻挑战。冰川的强烈退缩和冰川储存水资源的短期大量释放,会使大部分冰川补给河流径流量在近期和短期内增加;但随冰川的不断退缩和冰川储存水资源的长期缺损,最终会出现冰川径流由逐渐增加达到峰值后转入逐渐减少的临界点,如祁连山区东部石羊河流域部分地区冰川径流当前可能已达峰值;此后冰川径流的减少会逐步加剧,直至冰川完全消失,从而对区域及下游水资源的可持续利用产生重大影响。在这种暖干化气候影响下,祁连山山地森林草原的水源涵养功能减弱,水资源总量逐年减少,湖泊和湿地面积萎缩,土地退化现象严重,土地沙漠化面积日益扩大,沙尘源地逐步扩展,绿洲生态系统不断退化,已成为我国荒漠化发展严重的地区之一。加快进行祁连山生态环境保护和综合治理就显得十分重要和紧迫。

5.5.2 措施对策

第一,以尊重自然、顺应自然、保护自然的理念建设祁连山生态安全屏障区。加强祁连山生态保护与建设,核心理念是遵循自然规律,实现人与自然的和谐相处;尊重保护区内自然生态格局,把应对气候变化放在生态文明建设的突出地位,注重绿色发展、循环发展、低碳发展。减少人为干扰,促进生态系统功能自然修复,转型生产方式、转变生活方式,尽可能地减少人为活动导致的环境恶化、生态退化。不断提升对气候规律的认识水平和把握能力,坚持趋利避害并举、适应和减缓并重,促进人与自然、经济社会与资源环境协调发展。

第二,开展祁连山区生态气候环境监测预警和研究工作。建立生态气候环境和气候资源承载的预警应急机制,按照统一的标准和规范,结合遥感和地面监测手段,建立涵盖所有生态要素的综合监测系统与网络;整合祁连山地区气候、环境、生态状况等监测数据,建设祁连山生态环境大数据库,完善数据集成共享机制;定期开展祁连山生态气候环境状况及变化趋势的监测、调查和评估工作,为生态保护和综合治理提供参考和科学依据,提升生态风险评估与预警能力。

第三,加快实施祁连山人工增雨(雪)工程,提高气象防灾减灾能力。祁连山区云水资源丰富,每年水汽输入量约为885.4亿m^3,但该地区云水自然转化率远低于其他地区的平均转化率。加快实施祁连山区人工增雨(雪)体系工程,科学利用空中水资源提高河西地区降水效率。在“祁连山人工增雨雪体系工程(一期)”试验、建设的基础上,进一步提高祁连山人工影响天气能力,提升人影作业质量和效益,服务和保障祁连山生态环境恢复与保护,缓解生态区水资源短缺和干旱、冰雹、强降水、沙尘暴等气象灾害造成的损失。

第四,开展生态红线划定研究。明确区域内当前存在的生态环境、社会经济发展和生态服务需求,联合森林、草原、水利、气象等部门,评估祁连山地区林业、牧业及水资源等的生态承载力,界定生态保护红线,在生态承载力评估基础上,确定区域内水源涵养、生物多样性维护、水土保持、防风固沙等生态功能重要区域,划定生态保护红线,制定生态红线管控级别,明确各级管制要求和措施。将生态保护与综合治理上升为国家规划,采取相对统一的生态保护措施和经济政策,按照生态优先、以人为本、统筹发展的原则,确立顺应自然、保护与治理并重的工作思路,大力建设祁连山生态特区,实现生态、经济、民生多赢的发展目标。

第五,建立多元化生态补偿机制。通过财政补贴、项目实施、技术补偿、税费改革、人才技术投入等方式,加大财政转移支付力度,引导核心区游牧民全部实施生态移民,保障重大生态工程建设和各项生态补偿政策落实。利用市场机制，引入社会资本，提高对生态资源的配置和管理效率，有效调动全社会参与生态环境保护的积极性。完善生态绩效考核，建立一套可量化生态绩效考核指标体系，作为实行生态补偿的评价依据。同时，扶持绿洲效应区生态移民，改善生产生活条件，转变生产方式，增加经济收入，确保移得下、稳得住、能致富。从根本上促使祁连山发展模式发生转变，实现农牧区经济社会发展水平的跨越式对接和整个区域经济社会协调可持续发展。

5.6 本章小结

本章介绍了甘肃省祁连山地区的基本概况，详细分析了祁连山气候变化特征，以及祁连山冰川、冻土、积雪、水资源、湿地、植被等的时空特征，并对祁连山未来气候变化与风险进行了预估研究，最后提出了祁连山生态保护与修复的对策建议。

第6章 石羊河下游生态保护治理区

6.1 区域概况

6.1.1 区域概况

石羊河下游行政区域主要包括武威市管辖的民勤县，全县辖18个镇，分别为三雷镇、泉山镇、西渠镇、东湖镇、东坝镇、红砂岗镇、大坝镇、蔡旗镇、昌宁镇、大滩镇、红沙梁镇、夹河镇、南湖镇、收成镇、双茨科镇、苏武镇、薛百镇、重兴镇，248个行政村，1758个村民小组，截至2019年末，全县户籍人口26.39万人，全县常住人口24.14万人(民勤县人民政府，2021，下同)。

6.1.1.1 地形地貌

民勤县地处河西走廊东北部、南临凉州区，西南与镍都金昌市连接，东北和西北面与内蒙古的左、右旗相接，巴丹吉林沙漠南侧，腾格里沙漠西缘，潮水盆地北缘东端，北大山南麓山前洪冲积戈壁平原上。由石羊河冲积、湖积而成。地理位置在东经101°49′41″～104°12′10″、北纬38°3′45″～39°27′37″之间。东西长206 km，南北宽156 km，总面积1.6万 km^2，约占石羊河流域总面积的38.2%。地质构造处于阿拉善板块与祁连加里东板块缝合线地带，县境内地质构造总趋势南高北低，四周隆起，中部平缓，呈阶梯状地堑构造，具有盆地地貌特征，自西南向东北缓倾，地面坡降1‰～5‰，北侧俯冲阿拉善板块，东西向边缘断隆，将民勤分为武威盆地和民勤—潮水盆地两个截然不同的地质单元。民勤县平均海拔1300 m。由于内外动力地质作用使民勤形成沙漠、低山丘陵和平原三种类型。①山地地貌：有石质山地，砾石石质山地和风沙土石质山地，主要分布在农区绿洲外围。②平原、湖盆地貌：在史前期为内陆湖盆，主要分布在农区绿洲和外围沙漠中间。③沙漠地貌：有流沙、新月型沙丘、沙丘链、沙垄、沙堆等。沙漠地貌为境内主要地貌特征，分布面广，超过全县总面积的50%，各区域特征明显，北部有块状沙地，东南部沙丘密集高大，西北部沙丘相对平缓，分布密度中等(图6.1)。

6.1.1.2 历史沿革

民勤县历史悠久，早在2800多年以前的东周时期，这里就有人类生息繁衍，创造了“沙井文化”，分属秦和西戎。西汉武帝元狩二年(公元前121年)，霍去病率兵收复河西，在民勤县县境置武威县、宣威县，后又置武威郡。三国时期，被马超、韩遂占据，称关西。五胡十六国时期，前凉除置宣威县外，收祖厉流民在汉武威县附近置祖厉县；北魏置襄武县及武安郡。唐初置明威府、明威戍；大足元年(701年)，于县东北置白亭军，后降为白亭守捉。宋元时期，循唐制。

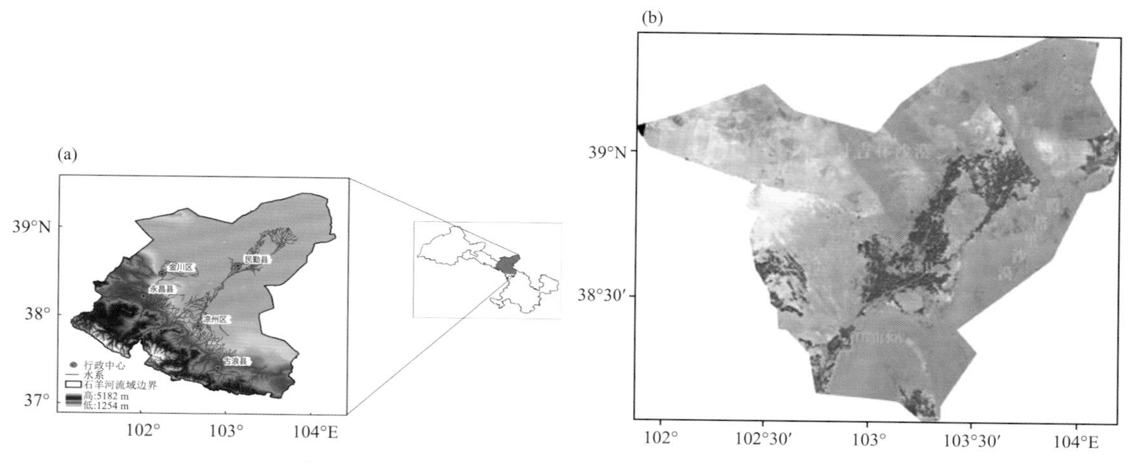

图 6.1　石羊河流域地理位置(a)及下游地貌图(b)

明洪武中，置临河卫；洪武二十九年(1396 年)，置镇番卫。清雍正二年(1724 年)改为镇番县。中华民国 17 年(1928 年)，以“俗朴风醇，人民勤劳”易名民勤。

6.1.1.3　土地利用

民勤县地域辽阔，地势平坦，土地资源丰富，全县土地总面积 158.3 万 hm^2。按全国土地分类(三大类)划分。①农用地 44.8 万 hm^2，占总面积的 28.3%。其中，绿洲面积约 18 万 hm^2，约占农用地面积的 40.2%。绿洲的核心为红崖山以下的坝区、泉山、湖区 3 个灌区，灌溉面积近 6 万 hm^2，占全县灌溉面积的 85.3%。耕地面积绝大部分分布于绿洲腹地，占绿洲面积的 26%。牧草地面积占土地总面积的 20.2%，但由于降水稀少，风大沙多，气候干燥，牧草地多属荒漠草场，产草量低，适口性差。②未利用土地 112.5 万 hm^2，占土地总面积的 70.8%，其中难以利用的沙漠、戈壁面积占总面积的 57.7%。③建设用地 1.3 万 hm^2，占总面积的 0.8%。

6.1.1.4　土壤及植被

民勤县土壤成土母质由第四纪冲积、洪积、湖积和近代风积物组成。根据成土条件、成土过程和土壤表面属性，土壤分为自然土壤和耕作土壤，共有 7 个土类，31 个亚类，70 个土种。自然土壤分为灰棕漠土(山地灰棕漠土、山地石膏灰棕漠土、沙砾质灰棕漠土、盐化灰棕漠土、沙化灰棕漠土)、风沙土(流动风沙土、固定风沙土、半固定风沙土)、盐土(矿质盐土、草甸盐土、典型盐土)、草甸土(盐化草甸土、林灌草甸土、荒漠化草甸土)、沼泽土 5 个土类，耕作土壤有灌淤土、潮土两个土类。由于史前属内陆盆地，大片面积属冲积、湖积平原，因此，大面积土壤层次混乱，沙土、漠土、草甸土交错分布，地块过度复杂，呈“花样皮”。

民勤县境内共有种子植物 64 科 227 属 474 种(包括变种及栽培种)，其中：裸子植物有 3 科 1 属 15 种(野生植物仅 1 科 1 属 1 种)，其余均为被子植物，无蕨类植物。被子植物中单子叶植物 5 科 30 属、57 种(野生植物仅 4 科 24 属 40 种)。区内种子植物分别占甘肃省种子植物总科数的 33%、总属数 38%、总种数的 11%。

民勤县境内主要植被是荒漠植被，具有明显的地带性特征。生态学上通常称荒漠植物为超旱生(或强旱生)植物，以矮化的木本、半木本或肉质植物为主，形成稀疏的植物群落。天然植被主要有白刺、霸王、柠条、柽柳、红砂、细叶盐爪爪、绵刺、沙蒿、泡泡刺等，平均盖度在15%～45%之间，草本植物主要有芦苇、骆驼蓬、沙蓬和蒿类等，平均盖度在5%～30%之间。人工植被主要以杨树、沙枣、梭梭、毛条、花棒、沙拐枣及经济树木等为主。湿地植被则以芦苇、水烛、蕉草、赖草为主。

6.1.1.5　水文与湿地

民勤县唯一的地表水源石羊河发源于祁连山，其上游主要支流有古浪河、黄羊河、杂木河、金塔河、西营河、东大河等，径流由降水和冰雪融水补给形成，出山后被上游灌区引用，潜入地下的水流在中游出露，汇集成洪水河、白塔河、清水河等泉水河流连同汛期原河道下泄的水量在民勤境内汇合成为石羊河（境内长约23 km），再北流穿过红崖山口，进入红崖山水库调蓄后由红崖山灌区引灌。

民勤县地下水主要赋存于厚达几百米的第四系中上更新统-全新统的沙、沙砾及砾卵石含水层系中。从地下水水赋存特征上看主要为基岩裂隙水和孔隙水。地下水补给来源有三部分，一是入境地表水入渗补给，补给量与地表水引入量成正比；二是大气降水、凝结水入渗补给量，是限于地下水埋深小于5 m的区域；三是侧向潜流补给。县境内降水、凝结水补给量为0.19亿m^3，地下径流量0.45亿m^3，两项合计不重复的地下水资源量为0.64亿m^3。地下水包括不与地表水重复的补给量和与地表水重复的补给量两部分。据王耀琳等（1998）分析估算，地下总资源量为1.46亿m^3。

全县分布有石羊河国家湿地公园、黄案滩荒漠湿地和青土湖旱区湿地，湿地总面积5.8万hm^2。其中，位于民勤县城以南30 km的石羊河国家湿地公园，由石羊河下游的民勤段河流湿地与红崖山人工沙漠水库等组成。南北长31 km，东西宽0.6～3.5 km，总面积0.6175万hm^2，其中湿地面积0.3233万hm^2，湿地率52.4%，主要有永久性河流、人工库塘、洪泛平原、灌丛沼泽、草本沼泽等湿地型。2019年被全国绿化委员会办公室授予首批26个国家“互联网＋全民义务植树”基地称号。红崖山水库是亚洲最大的人工沙漠水库，是上游来水的汇集地，也是民勤县唯一的水利调蓄工程，始建于1958年，总库容量1.27亿m^3，库水面积25 km^2。水库以蓄水灌溉为主，浇灌着全县60多万亩[①]耕地，支撑着民勤绿洲的生存与发展。1979年，被中央电视台列为“中华之最”，被人们誉为“瀚海明珠”。

6.1.1.6　资源

民勤县自然资源丰富。由于太阳辐射强，日照时间长，昼夜温差大，自然条件得天独厚，非常适宜于农作物尤其是瓜果类的糖分积累。加之气候干燥，具有灌溉条件，病虫害轻，农产品品质好。全县粮食生产以优质小麦、玉米和啤酒大麦为主，年总产量1.5亿kg，是甘肃省重要的商品粮基地县；农副产品遐迩闻名，龙眼大板黑瓜子、小茴香、黄河蜜瓜、白兰瓜、红枣、枸杞等特色农产品远销海外。甘草、锁阳、发菜、沙米等名贵野生资源极具发展前景。民勤作为“中国葡萄酒城——武威”酿酒葡萄原料生产核心产区，是国际公认的酿造葡萄种植黄金地带。紫轩、苏武山、石羊河、藤霖紫玉、38度甘肃葡萄酒庄、夏博岚葡萄酒庄等葡萄酒酿造企业相继落户民勤，生产的黑比诺、贵人香等酿酒葡萄品种品质优良，可与法国的波尔多、勃根第、美国的加利福尼亚等产区相媲美，已建成16个县级酿酒葡萄种植示范点。民勤被农业部认定为“全

① 1亩＝1/15 hm^2，余同。

国蔬菜产业大县”，甘肃省首批“有机产品认证示范区”，被中国食品工业协会誉名为“中国肉羊之乡”。

全县已探明的矿产资源主要有煤、盐、石膏、芒硝、石灰石、水晶石、磷、铁、铜、镍、钾盐卤水等。其中煤炭总储量为5.8亿t，主要分布于西大窑矿区、红沙岗矿区；盐总储量约25.2万t；石膏储量约70万t，分布在狼刨泉山和阿拉古山；石墨矿石总储量667万t；石墨储量60万t，分布在唐家鄂博山一带；芒硝储量738万t，分布于西硝池、白土井、汤家海子、苏武山一带；铁矿储量34.9万t，分布于红崖山一带。煤炭灰粉低、含硫量少，热量在16743 kJ左右，主要用于工业；石墨矿平均品位9.11%，是西北成矿条件较好的矿种。

6.1.1.7　物种

民勤县境内有陆生野生动物约89种，隶属24目、43科，占甘肃省陆生野生动物种类总数的11.8%。其中两栖类1目1科2种，爬行类2目3科5种，鸟类15目29科66种，哺乳类6目10科16种，分别占甘肃省各类陆生野生动物种类数的6.3%、8.5%、13.3%和9.5%。从野生动物种类组成看，陆生野生动物以鸟类占优势，占境内动物种类的74.2%；哺乳类次之，占17.9%；爬行类占5.6%，两栖类最少，仅占2.2%。

民勤县有典型的古北界动物14种，占动物种类的14.7%；兼具古北界和东洋界特征的动物5种，占5.3%；广泛分布的种类76种，占80%。显然广布种类更占优势，但多数广布种类为迁徙鸟类、啮齿类和食肉目动物，且古北界动物种类远远超过东洋界动物。

民勤县境内还有国家重点保护野生动物12种，占甘肃省国家重点保护野生动物种类的10.7%，其中国家一级保护动物1种，为金雕；国家二级保护动物11种，分别是鸢、苍鹰、雀鹰、白头鹞、游隼、灰背隼、纵纹腹小鸮、长耳鸮、短耳鸮、荒漠猫、鹅喉羚。有10种动物列入濒危野生动植物范围，有26种鸟类属于中日候鸟保护协定规定的保护物种，12种鸟类属于中澳候鸟保护协定规定的保护物种。

6.1.2　气候条件

民勤县属温带大陆性干旱气候区，大陆性沙漠气候特征十分明显，主要气候特点为太阳辐射强，光照充足；冬春季多风，风大沙多、夏季炎热，气温日、年变化大；降水稀少，分布不均；蒸发强烈，气候干燥，干旱发生频率高。1981—2010年30 a年平均气温8.8 ℃，其中最暖月(7月)平均气温为23.7 ℃，极端最高气温41.7 ℃。最冷月(1月)为−8.1℃，极端最低气温−29.5 ℃。平均气温日较差14.3 ℃，平均气温年较差31.8 ℃。年平均降水量113.2 mm，降雨集中在每年6—9月，约占全年降水量的72%，年平均降水日数79 d，年平均相对湿度44%。年蒸发量在2675.6 mm，是降水量的23倍之多。年均日照时数为3134.5 h，日照百分率为78%，年太阳总辐射量6284 MJ/m^2，其中3—9月占全年太阳辐射量的77%。无霜期年平均152 d，0 ℃以上累积积温3873.5 ℃ · d。≥8级以上大风日数17.5 d。沙尘暴日数17.9 d，一年四季均可出现，其中春季(3—5月)出现最多，占全年的46.9%。扬沙多年平均为27.8 d。据国家林业局调查规划设计院沙尘暴卫星遥感监测与灾情评估项目小组对全国600多个站点从1953—2009年的监测数据分析，确定民勤县是全国浮尘、扬沙、沙尘暴最严重地区之一。

6.1.3　重要性

河西内陆河地区是我国“两屏三带”青藏高原生态屏障、北方防沙带的关键区域，也是西北草原荒漠化防治区的核心区，而民勤县处于全国荒漠化监控和防治的前沿地带，是构建“两屏三带”中“北方防沙带”的重要组成部分，是中国北方防沙带和西北草原荒漠化防治重点区，在整个生态战略布局中显得十分重要(国家发展改革委 等，2020；国家林业和草原局 等，2021)。它像一把“楔子”深入腾格里沙漠、巴丹吉林沙漠，阻隔着两大沙漠的合拢。由于县域被两大沙漠所裹挟，沙漠及沙漠化总面积占国土面积的89.8%，成为全国土地沙漠化最严重的地区之一，也是全国沙尘暴策源区和输送路径之一。

受全球和区域气候变化的影响，祁连山区冰川萎缩，雪线上升，山区水源涵养能力下降。加之流域人口的增加和工农业生产的快速发展，上游来水量大幅减少，流入下游的来水量由20世纪50年代的5.42亿 m^3 递减到21世纪2003年仅为0.7亿 m^3，年均递减0.1亿 m^3，下游大量开荒种地，过度超采地下水，导致地下水位急剧下降，水质矿化度逐年上升，土地“三化”(沙化、碱化、退化)面积不断扩大，水资源的严重短缺，导致境内大片天然草场、沙生植物(胡杨、沙枣林等)和人工林木(梭梭、柠条等)退化枯萎，植被大面积衰败、死亡，沙尘暴等自然灾害频繁发生，土地荒漠化进程加速，沙进人退，生态难民不断涌现，造成一系列严重的生态环境问题，对流域绿洲的稳定、人类生产生活造成严重威胁。如果不加以治理，民勤绿洲不保，民勤沙尘暴策源区的面积将会明显增大，将导致巴丹吉林、腾格里、乌兰布和三大沙漠连成一片，加上长驱直入的河西走廊“狭管风”，不仅使荒漠化程度进一步加重，还会危及武威、金昌，拦腰斩断河西走廊，甚至对整个华北地区的环境产生严重影响。因此，民勤绿洲的存亡不仅关系着石羊河流域、河西走廊大通道的安危，甚至关系到全省乃至全国的生态安全。因而，民勤县被称为中国西北部风沙线上的一座“桥头堡”。

石羊河流域是甘肃省河西内陆河流域中人口最多、经济较发达、水资源开发利用程度最高、用水矛盾最突出、生态环境问题最严重的地区。现状流域水资源已严重超载，致使流域的生态环境日趋恶化，其危害程度和范围日益扩大。民勤北部生态环境已濒临崩溃，荒漠化问题尖锐突出，如果不尽快采取紧急抢救措施，民勤将会在不远的将来演变为又一个“罗布泊”。民勤绿洲的消亡，将会危及中游绿洲甚至河西走廊的安全，绿色走廊将有可能被沙漠阻隔，这必然会影响到整个西部地区的健康发展与稳定，关系国家发展和各民族和谐相处的长远大计。因此，抢救民勤不仅具有维持绿洲对当代人民供养能力的急迫的现实意义，同时也具有关乎西部稳定与发展的深远的历史意义。对石羊河流域进行以抢救民勤盆地绿洲稳定为核心的重点治理不仅非常必要，而且迫在眉睫。

民勤的生态区位重要性和生态环境问题得到国家的高度重视。2002年7月，经国务院批准，在1982年建立的甘肃省级沙生植物自然保护区的基础上，批准民勤连古城国家级自然保护区为国家级自然保护区。保护区以保护荒漠天然植被群落、珍稀濒危动植物、古人类文化遗址和极端脆弱的荒漠生态系统为主要对象，是中国面积最大的荒漠生态类型国家级自然保护区。2007年10月，国家发展改革委员会、水利部上报国务院批准投资47.49亿元的《石羊河流域重点治理规划》正式实施，通过强化水资源管理，大力调整产业结构，采取上游保护水源、中游修复生态与环境、下游抢救民勤绿洲的综合措施，实现“决不让民勤成为第二个罗布泊”为目标，在流域内组织实施上游加大调水、下游关井压田、退牧还草、压沙种草种树、天然林保护及生态公益林管护等重点生态建设工程；2009年，民勤县被纳入国家级重点生态功能区。2010年12月，国务院印发《全国主体功能区规划》，将我国国土空间按开发方式，分为优化开发区域、重点开发区域、限制开发区域和禁止开发区域。民勤县被列为国家限制开发区域(重点生态功能区），境内的民勤连古城国家级自然保护区为国家禁止开发区域。2013 年 2 月 5 日，习近平总书记在甘肃视察时强调指出："特别要实施好石羊河流域综合治理和防沙治沙及生态恢复项目，确保民勤不成为第二个罗布泊。"2010—2015 年，国家先后转移支付 3.5146 亿元用于民勤县绿洲区防护林体系建设工程、治沙造林工程、林果基地建设工程、道路绿化工程等建设。通过多年的综合治理，生态环境得到逐步改善，据国家第五次荒漠化和沙化监测结果显示，2014 年，民勤县荒漠化、沙化土地面积较 2009 年分别减少 0.42 万 hm^2、0.45 万 hm^2，沙漠和荒漠化面积比重由"十一五"末的 94.5%下降为 90.34%，民勤县森林覆盖率由 20 世纪 50 年代的 3%、2010 年的 11.52%提高到 2016 年的 17.91%。在 408 km 的风沙线上建成长达 300 多千米的防护林带，成功阻击腾格里和巴丹吉林两大沙漠合拢，生态恶化的趋势得到有效遏制。截至 2020 年 2 月，石羊河流域重点治理任务全面完成，蔡旗断面过水量和民勤盆地地下水开采量两大约束性指标提前 8 a 实现，重点治理生态目标提前 6 a 实现。

6.2 区域气候变化

6.2.1 资料统计及计算方法

本节中气温、降水、日照、蒸发、相对湿度等气象资料以 1981—2010 年 30 a 平均值作为基准值。季节划分按照 3—5 月为春季、6—8 月为夏季、9—11 月为秋季和 12 月—翌年 2 月为冬季。

分析气候要素年代、年、季和月的变化趋势采用线性趋势计算方法（魏凤英，2007）：用 x_i 表示样本量为 n 的气候变量，用 t_i 表示 x_i 所对应的时间，建立 x_i 和 t_i 之间的一元线性回归方程：$x_i = a + bt_i$，$i=1,2,3,\cdots,n$，其中 b 为气候变量的倾向率，$b>0$ 表示直线递增，$b<0$ 表示直线递减，$b\times10$ 表示每 10 a 的变化率。变化趋势的显著性，采用时间 t 与序列变量 x 之间的相关系数即气候趋势系数进行检验。根据蒙特卡罗模拟方法（施能 等，2001）：通过置信度 $\alpha=0.1$、$\alpha=0.05$、$\alpha=0.01$ 显著性检验所对应的相关系数临界值，当气候趋势系数绝对值大于上述临界值时，分别认为气候趋势系数较显著、显著、很显著。

6.2.2 太阳辐射

民勤县太阳总辐射多年平均值为 6284.0 MJ/m^2。1993 年以来呈略增加趋势，倾向率为 7.9 $MJ/(m^2 \cdot 10\ a)$。太阳总辐射年际变化呈"U"形分布，其中，1993—2010 年太阳年总辐射呈减少趋势，倾向率为 −142.1 $MJ/(m^2 \cdot 10\ a)$。2010 年为有观测记录以来的最小值，年总辐射为 5952 MJ/m^2。之后呈快速增加趋势，倾向率为 573.8 $MJ/(m^2 \cdot 10\ a)$。2020 年达到历年最大值，年总辐射为 6702 MJ/m^2。太阳总辐射夏季（2105.2 MJ/m^2）>春季（1909.4 MJ/m^2）>秋季（1293.5 MJ/m^2）>冬季（974.9 MJ/m^2）。四季历年变化中，春季、夏季呈增加趋势，倾向率分别为 27.6、7.3 $MJ/(m^2 \cdot 10\ a)$，秋季、冬季呈减少趋势，倾向率分别为 −12.3、−17.8 $MJ/(m^2 \cdot 10\ a)$。一年中太阳总辐射变化呈"抛物线"型，最大值出现在 5 月，最小值出现在 12 月，4—8 月太阳总辐射为 3481.4 MJ/m^2，占全年总辐射的 55%（图 6.2）。

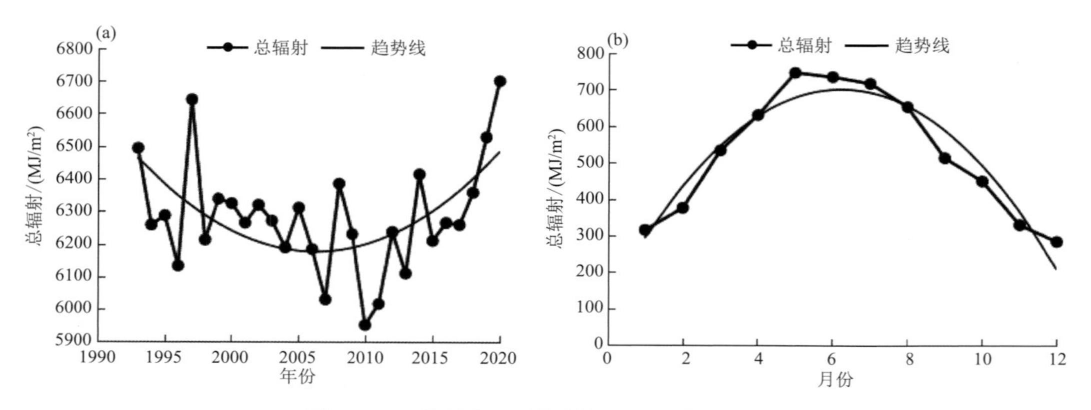

图 6.2　民勤县太阳总辐射年际(a)、年(b)变化

6.2.3　气温

6.2.3.1　年平均气温

民勤县 1981—2020 年年平均气温为 8.8 ℃。1953 年以来年平均气温呈上升趋势,倾向率为 0.38 ℃/(10 a)。其中 2013 年是近 68 a 来最暖的年份,年平均气温 10.4 ℃,较气候平均值偏高 1.6 ℃。20 世纪 60 年代的 1967 年年平均气温最低,较气候平均值偏低－2.3 ℃。其中 1967—1970 年是气温最低的时期,比 1981—2010 年同期偏低－2.3～－1.6 ℃,1953—1966 年、1971—1986 年年平均气温回升不明显,1987 年开始缓慢回升,1998 年以后上升幅度逐渐加大,特别是 2013 年以后,年平均气温快速上升,较气候平均值高出 1.1～1.6 ℃。从年代际变化看,20 世纪 50、60、70、80 年代年平均气温低于气候平均值－1.1～－0.5 ℃,其中 60 年代偏低幅度(－1.1 ℃)最大。20 世纪 90 年代以来年平均温度高于气候平均值 0.1～1.1 ℃,21 世纪 20 年代增温幅度最大(偏高 1.1 ℃)(图 6.3)。

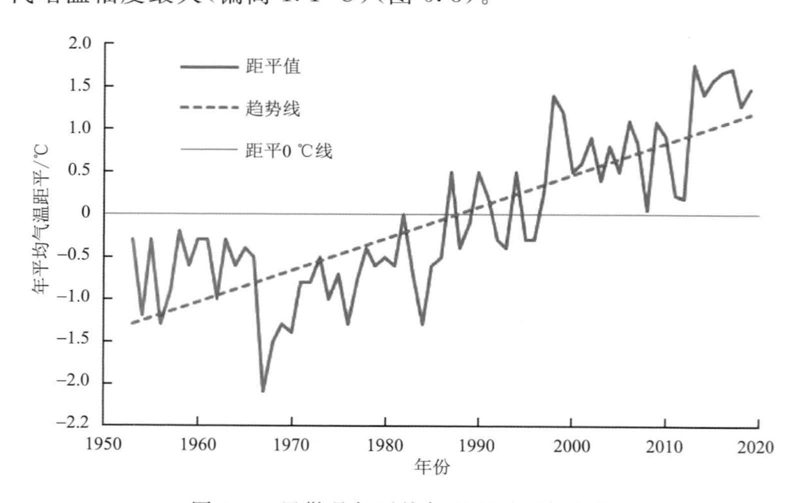

图 6.3　民勤县年平均气温距平历年变化

四季平均气温历年变化呈增加趋势,冬季增温最显著,其次为春季,再次为秋季,夏季最小。冬季多年平均气温－6.1 ℃,倾向率 0.49 ℃/(10 a)。2017 年冬季最暖,平均气温偏高

2.5 ℃,1968 年冬季最冷,平均气温偏低−7.0 ℃;春季多年平均气温 10.5 ℃,倾向率 0.43 ℃/(10 a)。2018 年春季最暖,平均气温偏高 3.1 ℃,1970 年最冷,平均气温偏低−2.8 ℃;秋季多年平均气温 8.4 ℃,倾向率 0.36 ℃/(10 a)。1967 年秋季最凉爽,平均气温偏低−2.3 ℃,2016 年气温最高,平均气温偏高 2.9 ℃;夏季多年平均气温 22.4 ℃,在四季中增温最慢,倾向率 0.26 ℃/(10 a)。2018 年气温最高,平均气温偏高 1.9 ℃。1979 年最低,平均气温偏低 2.0 ℃,偏高、偏低幅度均小于其他季节(图 6.4)。

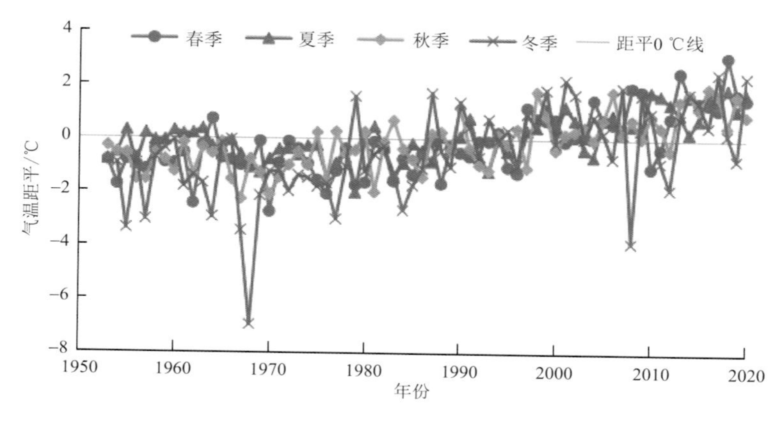

图 6.4　四季平均气温距平历年变化

6.2.3.2　年平均最高、最低气温

民勤县年平均最高气温、最低气温历年变化呈增加趋势,最低气温增幅明显高于最高气温增幅(图 6.5)。最高气温倾向率 0.25 ℃/(10 a),最低气温倾向率 0.55 ℃/(10 a)。20 世纪—60 年代中期,最低气温呈减小趋势,1962 年最低气温最低,低于平均值−2.9 ℃。平均最高气温呈增加趋势,1965 年高于平均值 0.4 ℃,最低值出现在 1967 年,低于平均值−1.8 ℃。从 1967—1996 年,平均最高气温、平均最低气温呈缓慢增加趋势,升温以平均最高气温为主。1997 年以来,增温幅度明显增大,至 2016 年达到最大值,平均最高气温、平均最低气温分别偏高平均值 3.1 ℃、4.1 ℃,以平均最低气温升温占明显优势。

气温极值多集中出现在 1997 年气候明显变暖以来的时期,其中极端最高气温大于 40 ℃出现的年份有 1997、1999、2010、2017、2018 年,极大值出现在 2010 年为 41.7 ℃。极端最低气温小于−25 ℃出现的年份大多出现在 20 世纪 50、60 年代,但极小值出现在 21 世纪的 2008 年为−29.5 ℃(图略)。

6.2.4　降水

1953 年以来,民勤县年降水量总量变化趋势不明显,倾向率为 1.8 mm/(10 a)。多年平均值为 113.2 mm,但年际间差异明显。特别是 20 世纪 50—80 年代初,降水量距平百分率在−66%～63%之间变动,降水波动大,降水量最大值(1973 年降水量 184.8 mm)与最小值(1959 年降水量 38.6 mm)之间相差 4.8 倍。1983 年以来,年际间降水量趋于相对稳定,降水量距平百分率在−30%～51%之间变动,降水量距平百分率极大值出现在 1994 年,为 84%,极小值出现在 1959 年为−66%。从各年代来看,20 世纪 80 年代平均降水量距平百分率最小

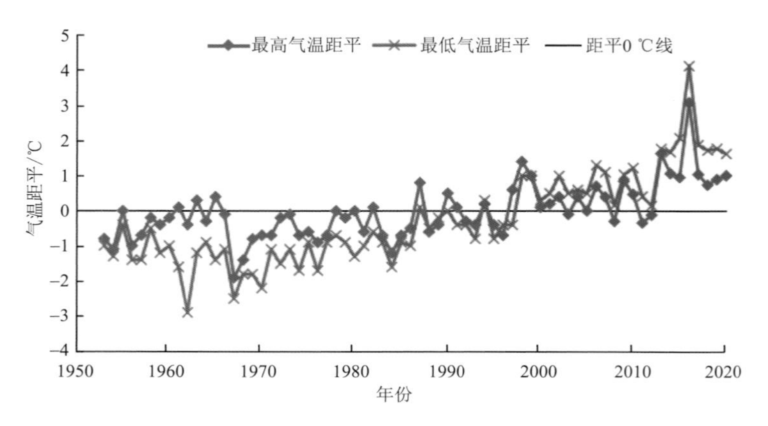

图 6.5　最高气温、最低气温距平历年变化

为－12%，降水以偏少为主，90 年代以来，平均降水量距平百分率在 3%～9%，降水以偏多为主（图 6.6）。

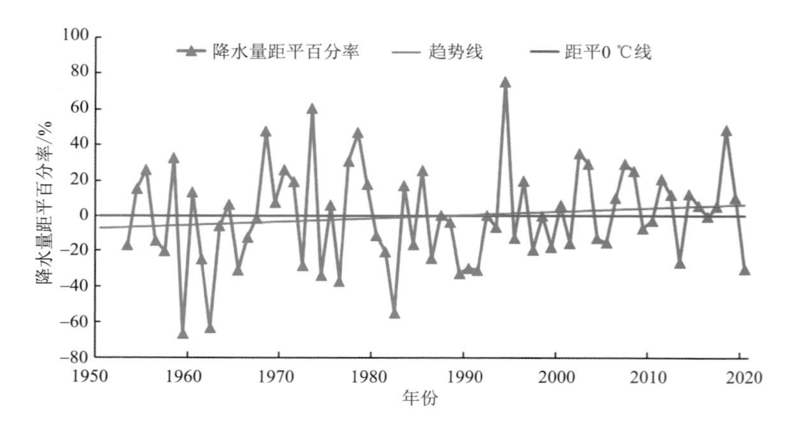

图 6.6　降水量距平百分率历年变化

四季降水历年变化中，冬、春季降水增加趋势明显，倾向率分别为 11.5、8.1 mm/(10 a)。秋季降水呈略增加趋势，倾向率为 4.6 mm/(10 a)。夏季降水呈略减少趋势，倾向率为－1.5 mm/(10 a)(图 6.7)。春季降水 20 世纪 50、60、70、90 年代偏少，80 年代持平，进入 21 世纪以来偏多。1998 年春季降水最多，比常年偏多 179%，1995 年最少，比常年偏少 99%。夏季降水 20 世纪 50、70 年代偏多，60 年代保持稳定，80 年代偏少，进入 21 世纪以来以偏少为主。1994 年夏季降水为历年最多，比常年偏多 151%，1962 年夏季降水是历年最少的，比常年偏少 84%。秋季降水 20 世纪 50、60、80、90 年代偏少，70 年代和 21 世纪以来偏多。1977 年秋季降水最多，比常年偏多 182%，1956 年最少，比常年偏少 94%。冬季降水 20 世纪 50、60、70、90 年代偏少，80 年代和进入 21 世纪偏多，2008 年降水最多，比常年偏多 342%，1971、1997、1999、2001、2004、2007 降水最少，均比常年偏少 100%。

县域降水分布与影响本地的天气系统有关，本区主要受西风带环流系统影响，降水量西南部大于东北部(图 6.8)，因大气携带的水汽相对较少，降水总量及日数也较少。

分析民勤县 2009—2013 年 10 个区域站主汛期(6—8 月)降水分布特征表明(李玲萍，

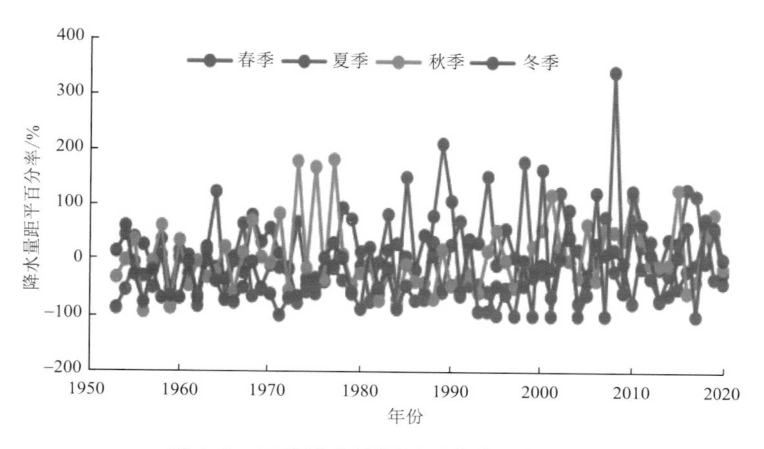

图 6.7　四季降水量距平百分率历年变化

2015)，主汛期降水量平均值为 91.1 mm，最大值出现在泉山镇(56.4 mm)，最小值出现在红沙岗(46.9 mm)。日降水量为 0.1～19.9 mm 的降水之和占主汛期降水总量的比例为 67.3％。日降水量≥20.0 mm 降水占降水总量的比例为 22.7％。主汛期降水日数平均为 20.4 d。最大值出现在南湖(18.6 d)，最小值出现在下游西渠(14.8 d)。日降水量为 0.1～19.9 mm 的降水日数平均为 19.6 d，日降水量≥20.0 mm 的降水日平均为 0.8 d。平均降水强度为 3.7 mm/d。降水强度高值中心位于红沙岗镇，为 6.7 mm/d，也是整个石羊河流域同期最大。最小中心出现在东镇，为 3.1 mm/d。

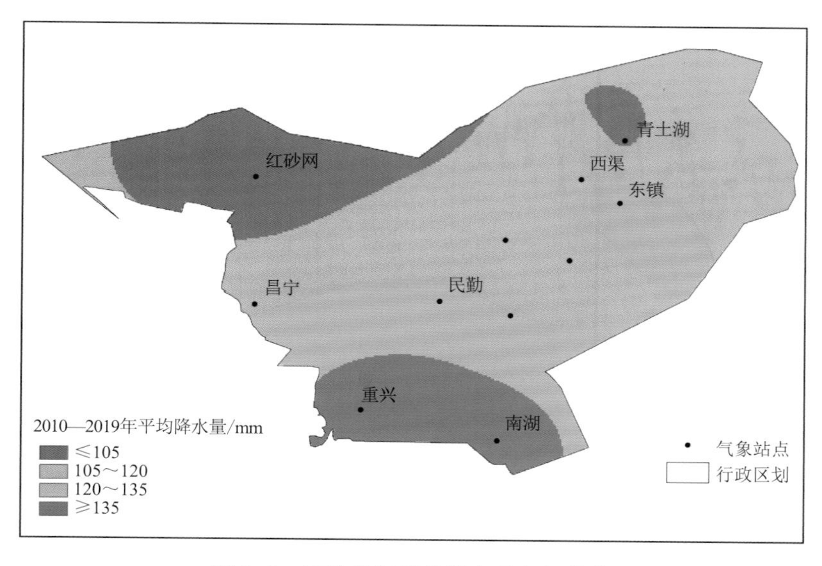

图 6.8　民勤县年平均降水量空间分布

总降水量各时次变化波动较大，但降水主要集中在 03—11 时和 17—20 时两个时段，分别占日总降水量的 35.7％和 17.3％，18—19 时是降水最多的时段，占日降水量的 7.4％。0.1～19.9 mm 降水和总降水量集中时段表现基本一致，主要集中在 03—11 时和 18—20 时两个时段，分别占日总降水量的 41.4％和 11.3％。≥20.0 mm 强降水共出现 5 次，集中出现在 16—

20 时，其中 18—19 时降水量最多，为 52.3 mm。其余时段未出现强降水。

6.2.5 日照时数

民勤县年日照时数多年平均值为 3105.5 h，1953 年以来呈逐年代增加趋势，倾向率为 37.0 h/(10 a)，气候趋势系数为 0.487($P<0.01$，P 表示事件出现的概率)很显著。20 世纪 60 年代为低值期，平均年日照时数为 3000.9 h，21 世纪 10、20 年代为高值期，平均年日照时数分别为 3212.5 h、3210.8 h。年极大值(3423.5 h)出现在 2006 年，年极小值(2763.4 h)出现在 1975 年。四季日照时数冬季最少，夏季最多，春季多于秋季。历年变化中，倾向率春季＞冬季＞夏季＞秋季，气候趋势系数春季＞冬季＞夏季＞秋季，春季、冬季日照时数趋势系数($P<0.01$)很显著，夏季较显著，秋季变化不大(表 6.1)。年内变化中，多年平均为 295.4 h，2 月最小为 222.8 h。作物生长季 3—9 月日照时数呈增加趋势，倾向率为 24.2 h/(10 a)，气候趋势系数为 0.447($P<0.01$)很显著(图 6.9、表 6.1)。

表 6.1 民勤县各季日照时数均值、倾向率、趋势系数

项目	冬季	春季	夏季	秋季
均值/h	682.8	813.3	867.8	738.0
倾向率/(h/(10 a))	7.6	20.2	6.8	0.8
趋势系数	0.415	0.561	0.223	0.032
显著性	很显著	很显著	较显著	不显著

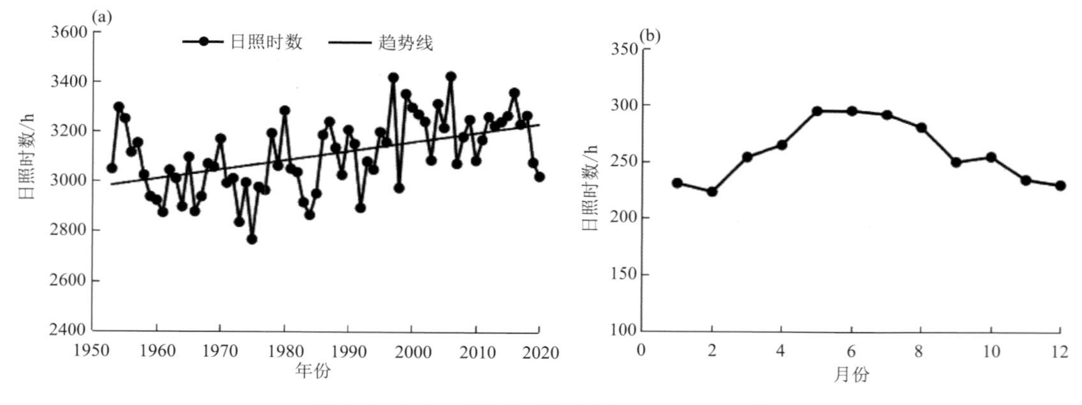

图 6.9 民勤县日照时数年际(a)、年(b)变化

通过分析民勤日照时数的强度特征，即逐日日照时数的长短发现(杨晓玲 等，2015)，民勤县以日照时数为 8～10 h 日数最多为 120 d，占总日数的 32.8%；其次为 10～12 h 日数为 78.3 d，占总日数的 21.4%；日照时数为≥12 h、0～6 h 日数分别为 51.0 d、52.7 d，占 14.4%～13.9%；6～8 h 日数为 46.0 d，占 12.6%；0 h 日数较少只有 17.3 d，占 4.7%。研究表明，以日照时数≥6 h 的天数表示太阳能实际可利用天数，这种天数越多太阳能资源利用的有效性越好，且太阳能总辐射量与太阳能利用日数之间有较好的正相关(李栋梁 等，2000)。民勤县日照时数≥6 h 的日数为 295.3 d，占年总日数的 80.9%。说明民勤县的太阳能资源非常丰富，可利用天数多，且民勤县日照时数呈增加趋势，因此，具有很好的开发利用前景。

6.2.6 蒸发

1953年以来，民勤县蒸发量总体呈缓慢增加趋势，倾向率为16.9 mm/(10 a)。多年平均值为2675.6 mm。1953—1956年蒸发量处于偏少时期，较气候平均值偏少5%～13%，1957—1966年蒸发量处于一较高量级，较气候平均值偏多5%～12%，其中1962年蒸发量为历史最高值，为2984.4 mm，较气候平均值偏高12%。1967年降至历史最低值，年蒸发量为2205 mm，偏少18%。之后呈波动上升趋势。从年代际分布看，20世纪50—90年代蒸发量以偏少为主，偏少最大的时段出现在20世纪70年代，偏少4%。进入21世纪以来，蒸发量偏多2%(图6.10)。

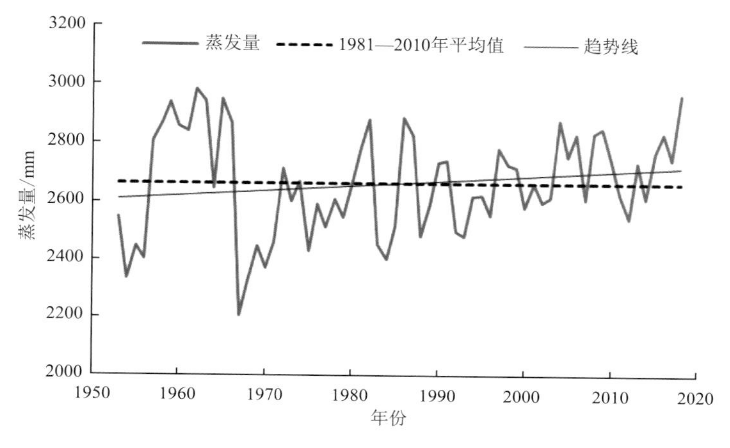

图6.10 民勤县年蒸发量历年变化

四季蒸发量历年变化中，秋季、春季、冬季蒸发量呈增加趋势，夏季蒸发量呈略减少趋势。秋季、春季蒸发量较为明显，倾向率分别为7.9、7.1 mm/(10 a)，冬季为3.1 mm/(10 a)，夏季为−1.1 mm/(10 a)。春季蒸发量2001—2010年偏多4%，20世纪50、70、80年代分别偏少5%、2%、3%，其他时间基本持平，春季蒸发量最多年份出现在2004年，偏多16%，最少年份出现在1956年，偏少20%。夏季蒸发量20世纪70、90年代分别偏少2%、4%，其他时期偏多2%～4%，夏季蒸发量最多年份出现在1957年，偏多22%，最少年份出现在1979年，偏少15%。秋季蒸发量20世纪50—70年代偏少3%～7%，20世纪80年代—21世纪10年代持平，2011—2020年偏多6%。秋季蒸发量最多年份出现在1959、1998年，偏多22%，最少年份出现在1971年，偏少33%。冬季蒸发量21世纪60、70年代分别偏少14%、11%，80、50年代和2011—2020年分别偏少8%、4%、7%，2001—2010年持平，只有90年代偏多8%。冬季蒸发量最多年份出现在1959年，偏多34%，最少年份出现在1966年，偏少76%。从四季蒸发量变幅来看，冬季最大，夏季最小(图6.11)。

6.2.7 相对湿度

1953年以来，民勤县相对湿度总体呈减少趋势，倾向率为−0.59%/(10 a)(图6.12)。多年平均值为44%。最大值出现在1953年，偏大9%，最小值出现在2013年，偏小8%。从20世纪50年代—21世纪10年代年相对湿度基本保持稳定，各年代值在44%～46%，60年代最

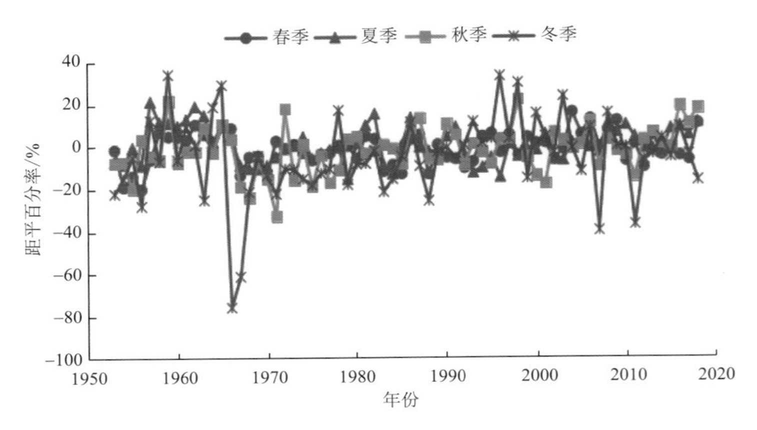

图 6.11　民勤县四季蒸发量距平百分率历年变化

大，80、90 年代最小。2011—2020 年年相对湿度呈快速减少趋势，只有 41%，气候变得愈发干燥；一年中相对湿度最小值出现在 4 月，为 30%，之后逐月增大，5—8 月在 33%～51%，至 9 月达到最大值为 53%，之后又逐月减少，10 月—次年 3 月在 48%～34%。从历年变化看，除 1 月、9 月倾向率为正值，分别为 0.07、0.38%/(10 a)外，其他各月均呈减少趋势，其中 3、4 月减少趋势明显，分别为−1.20%/(10 a)、−1.29%/(10 a)，其他各月在−0.96～−0.17%/(10 a)；相对湿度春季最小为 34%，秋季最大 50%，夏季、冬季分别为 47%、46%。从历年变化看，四季相对湿度均呈减少趋势，倾向率值在−1.07～−0.44%/(10 a)，减少幅度春季(−1.07%/(10 a))>冬季(−0.66%/(10 a))>夏季(−0.48%/(10 a))>秋季(−0.44%/(10 a))，说明春季相对湿度减少趋势明显，发生春旱的概率在增大。

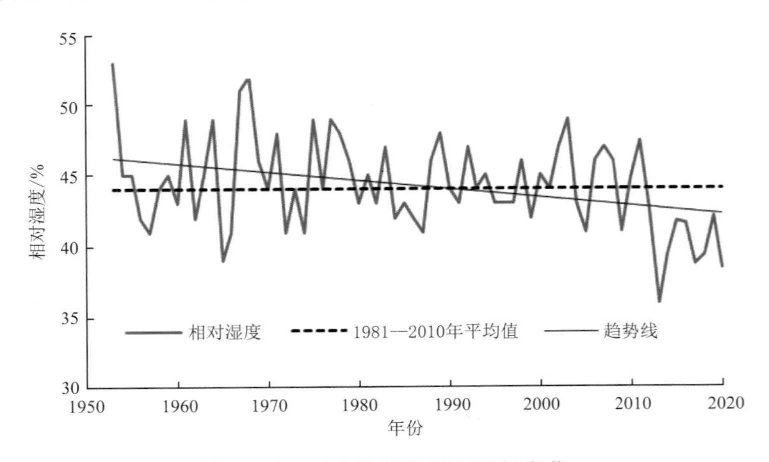

图 6.12　年平均相对湿度历年变化

6.2.8　风速

风速的变化不仅影响水汽输送，对降水、气温产生影响，还会影响沙尘粒子的输送，对沙尘天气产生影响，另外，对风能资源开发利用、评估有重要参考作用。分析民勤县 1957 年以来年平均风速变化，总体呈减小趋势，倾向率为−0.08 m/(s·10 a)(图 6.13)。20 世纪 60、70 年

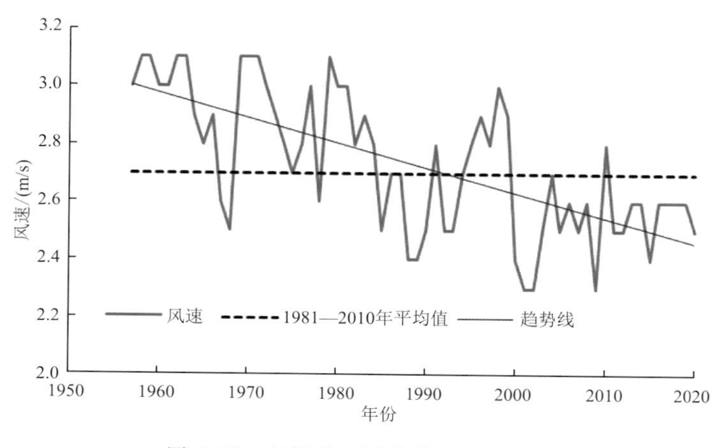

图 6.13　民勤县年平均风速历年变化

代为 2.9 m/s，80、90 年代下降为 2.7 m/s，进入 2001—2020 年下降为 2.5 m/s。四季多年平均风速春季(3.0 m/s)＞夏季(2.7 m/s)＞秋季(2.3 m/s)＞冬季(2.2 m/s)，从季节变化看，四季均呈减小趋势，倾向率在－0.12～－0.01 m/(s・10 a)。减小幅度春季＞夏季＞冬季＞秋季。一年中 4、5 月平均风速最大，均为 3.1 m/s，1 月最小，为 2.1 m/s(图略)。

6.2.9　干燥度

为了描述流域下游气候干湿程度历年变化，依据张宝堃干燥度公式 $K=(0.16\sum T_{>10℃})/P$ 进行计算(欧阳海 等，1990)。式中，K 为干燥度，$\sum T_{>10℃}$ 为＞10 ℃期间的活动积温，P 为同期降水量。

计算分析表明，1953—2020 年流域下游年干燥度多年平均为 5.9，最大值出现在 1962 年(19.7)，最小值出现在 1994 年(2.6)。从历年变化看，气候干燥度呈减小趋势(图 6.14)，倾向率为－0.18/(10 a)。20 世纪 60、80 年代干燥度最大为 6.9，偏大 1.0。70 年代和 2001—2010 年干燥度最小为 5.1，偏小 0.8。20 世纪 50、90 年代分别为 5.9 和 5.7。2010—2020 年为 5.5，略偏小 0.4。总体来看，干旱气候特征仍十分明显(图 6.14)。

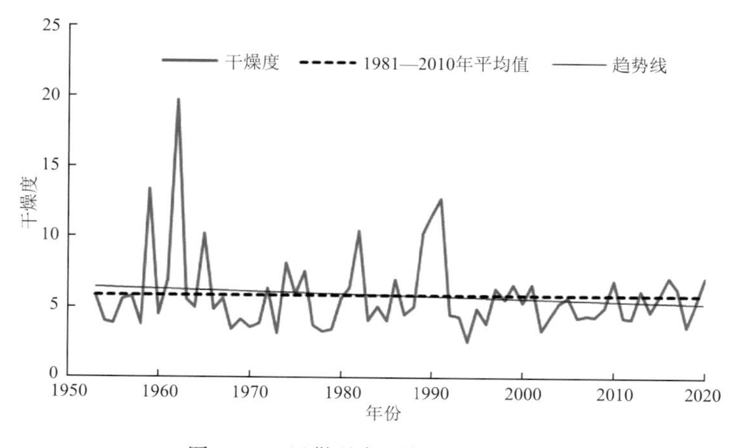

图 6.14　民勤县年干燥度历年变化

6.3 气候变化对区域生态的影响

6.3.1 主要生态要素变化

2003 年 7 月，甘肃省气象局以全省农业气象观测站为依托，建立了以卫星遥感为主、地面监测为辅的典型生态系统监测体系，初步建立了“甘肃省卫星遥感地面检验系统”，为遥感反演模型的建立和遥感反演产品的真实性校验提供保证。民勤国家二级农业气象观测站对区域内荒漠生态系统的植被、干旱（土壤水分状况）、地下水位等进行业务化定期观测，及时获取其现状和变化状况。2003 年 3 月，中国气象局预测减灾司下发了《国家级农业气象试验站改革暨生态环境与农业气象试验站建设工作方案（草案）》。经甘肃省气象局推荐申报，2005 年 3 月中国气象局批准武威荒漠生态与农业气象试验站成为全国 7 个生态站试点之一，同年 5 月，依据《关于下发执行“生态与农业气象试验站建设试点生态气象业务试验方案”的通知》（气预函〔2005〕50 号），武威荒漠生态与农业气象试验站对流域内大气、生物、土壤、水环境要素等进行系统的观测。特别是 2007 年 12 月，随着《石羊河流域重点治理规划》的正式实施，市、县两级气象部门不断完善区域生态监测体系，对民勤的生态环境监测、生态变化分析评估服务成为常规业务工作重点，提供了大量第一手生态监测信息，通过“气象信息专报”“气象信息快报”“重大气象信息专报”“荒漠绿洲生态监测公报”等形式及时向地方政府部门提供图文并茂、客观定量的有关山区雪情、旱情、水情和植被动态生态变化信息和分析产品，为政府部门在水资源科学调配、农牧业种植结构调整、生态治理与节水技术应用、农业及生态气象灾害防御等方面积极建言献策，在流域生态治理中期效果评估中发挥了积极的决策参谋作用和应有的气象科技支撑。

6.3.1.1 大气成分

（1）大气降尘

大气降尘是指在空气环境条件下，依靠重力自然降落于地面的空气颗粒物，其粒径多在 10 μm 以上。但在静止的空气中 10 μm 以下的尘粒也能尘降，此外，当空气湿度较大或降水时，气溶胶通过冲刷作用也可以降落于地面形成降尘。所以广义的大气降尘也包括粒径＜10 μm的颗粒物质，总悬浮颗粒物（TSP）、可吸入颗粒物（PM_{10}）也属于大气降尘。根据颗粒物质降落时的地气环境特征，大气降尘可以分为沙尘天气降尘与非沙尘天气降尘、干降尘与湿降尘、大风降尘与无风降尘。

民勤县 2005—2020 年大气降尘量呈显著减少趋势，倾向率为－540.6 t/(km^2 · 10 a)。平均大气降尘量 504.5 t/(km^2 · a)。最大值出现在 2008 年，较平均值偏多 152%，其次是 2005 年，偏多 111%。2010 年以前大气降尘量较多，2010 年以后大气降尘量逐年下降，最小值出现在 2020 年，较平均值偏少 65%。历年月降尘量（2005—2020 年平均）变化基本呈抛物线形，春季 3—5 月是一年中降尘量最多的时期，占全年的 54.8%。最大值出现在 5 月，多年平均为 154 t/(km^2 · a)，最小值出现在 10 月，多年平均为 16.0 t/(km^2 · a)（图 6.15）。

大气降尘是浮尘、扬沙、沙尘暴等天气现象的反映，其时空分布与沙尘天气的时空分布基本一致。多年监测结果显示，民勤降尘量呈明显的季节性变化，冬季＞春季＞秋季＞夏季；冬春季由于降水少、空气干燥，土壤湿度少，大风、扬沙和沙尘暴天气过程较多，降尘量最大。夏秋季降水过程多，相对湿度大，土壤湿度大，植被生长好、覆盖度高，大风沙尘天气相对较少，降尘量最小。在大的时间尺度上，降尘量随气候的变化与环境的演变而发生变化。2010年后随着石羊河流域综合治理和青土湖水域面积的增加及荒漠植被的恢复，民勤沙尘天气明显减少，四季降尘量呈现出逐年下降的趋势，其中，春季减幅最大，秋季减幅最小。倾向率在－319.9～－15.4 t/(km^2 · 10 a)。

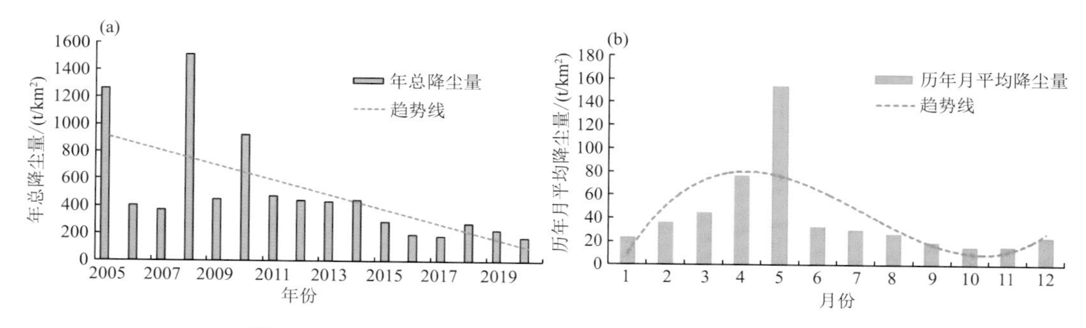

图6.15　2005—2020年民勤大气降尘年际(a)、年(b)变化

(2)酸雨

酸雨是指pH值小于5.6的雨、雪或其他形式的大气降水，是大气降水是否被污染酸化的判断标准。酸雨的形成主要是人为的向大气中排放大量酸性物质所造成的。除大量燃烧含硫量高的煤以外，各种机动车排放的尾气也是形成酸雨的重要原因。有研究表明，形成酸雨必须具备3个条件，必要的污染源、特殊的地理环境、适当的气候条件，这说明降水的酸度除受大气污染物和源场变化的影响外，气象要素变化对降水酸度影响相当明显(吴洪颜 等，2008)。有沙尘天气出现降水测定的pH值比无沙尘天气出现降水测定的pH值大，说明沙尘天气在一定程度上减弱降水的酸性，使降水pH增大，对酸雨的出现有抑制作用。

酸雨的危害是多方面的，对公众健康、工农业生产、生态环境以及全球变化都有重要的影响。如酸雨可使儿童免疫功能下降，慢性咽炎、支气管哮喘发病率增加，使老人眼部、呼吸道患病率增加。酸雨还可导致大豆、蔬菜等农作物蛋白质含量和产量下降，常使树木和其他植物叶子枯黄、病虫害加重，最终造成大面积死亡。

民勤县2002—2020年共监测降水样本382次，pH平均值为7.05，98.4%的样本属碱性降水。pH最大值为8.32，出现在2010年，最小值为4.12，出现在2011年8月16日。16 a来共出现酸雨样本6次(含强酸雨1次，pH值4.5)，占总样本数的1.6%，分别出现在2009年8月24日、2010年9月9日(强酸雨)、2011年8月16、17日和11月28日、2018年8月20日。按照年均降水pH高于5.65，酸雨率0～20%为非酸雨区的标准，流域下游属于非酸雨区。从历年变化看，pH值总体呈减小趋势(图6.16)，倾向率为－0.15/(10 a)。其中2005—2012年pH值呈明显减小趋势，每年平均下降0.15，降水呈酸化趋势。2013年之后，pH值呈增加趋势，每年平均升高0.09。酸雨主要发生在2009—2011年，以8—9月出现频率最高。pH值秋季＜夏季＜冬季＜春季。

大气电导率广泛应用于各地大气污染程度监测，通过探测大气电导率研究城市、海洋、极地的大气环境变化(刘成 等，2010)。大气电导率受气溶胶影响显著，Nagaraja等(2006)给出了离子气溶胶模型，通过测量地面大气电导率检测大气的污染程度。研究表明，有沙尘天气出

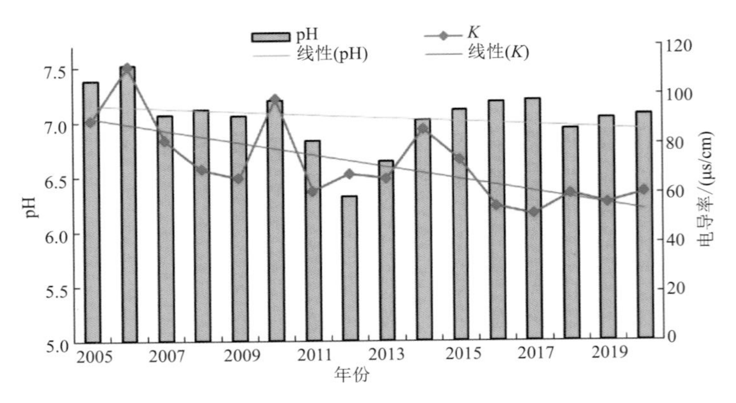

图 6.16　2005—2020 年降水 pH、电导率(K)历年变化

现降水测定的电导率 K 值比无沙尘天气出现降水测定的 K 值明显偏大，说明沙尘天气可污染降水，使降水导电性增强，K 值增大。

分析民勤 2005—2020 年降水电导率 K 值变化，总体呈波动减小的变化趋势，倾向率为 −24.82 μs/(cm·10 a)。多年平均值为 72.12 μs/cm，最大值出现在 2006 年，为 111.31 μs/cm，最小值出现在 2017 年，为 51.68 μs/cm。降水电导率(K 值)低值时段主要出现在 2016—2020 年，在 51.68～60.37 μs/cm。电导率平均值冬季(82.0 μs/cm)＞春季(81.8 μs/cm)＞夏季(71.1 μs/cm)＞秋季(59.4 μs/cm)。

6.3.1.2　水环境

(1)红崖山水库水域面积变化

红崖山水库位于河西走廊东北部，石羊河流域下游，距甘肃民勤县城 30 km。水库总库容 1.27 亿 m^3，控制流域面 13400 km^2，设计灌溉面积 6 万 hm^2，是一座沙漠洼地蓄水工程、亚洲最大的沙漠水库。

红崖山水库 2009—2020 年水域面积呈增大趋势，多年平均值 18.08 km^2，年际变化为每年增加 0.35 km^2。最大水域面积出现在 2018 年(21.18 km^2)，最小水域面积出现在 2009 年(14.35 km^2)(图 6.17)。

红崖山水库历年平均水体面积的年变化波动变化趋势明显。6—9 月是作物生长季，是一年中用水高峰期，尤其在作物生长前期水库灌溉用水巨大，水库水量逐渐下降，水体面积降到最低值，生长后期随着作物需水减少水库水量又逐渐上升。总体而言，水体面积在春、秋季较大，夏季最小。2009—2020 年红崖山水库春、夏、秋季平均水域面积分别是 18.50 km^2、14.28 km^2 和 19.39 km^2，秋季历年平均水域面积最大，春季次之，夏季最小。春、夏、秋季水域面积历年变化均呈波动上升趋势，夏、秋两季波动变化较剧烈，春季变化较平缓(图 6.17)。

(2)青土湖水域面积变化

青土湖是石羊河尾闾湖，原名潴野泽、百亭海，潴野泽在《尚书·禹贡》《水经注》里都有过记载，称“碧波万顷，水天一色”，也有大禹治水，到潴野泽才大功告成的传说。它是《尚书·禹贡》记载的 11 个大湖之一，是一个面积至少在 16000 km^2、最大水深超过 60 m 的巨大淡水湖泊。秦汉时，潴野泽一分为二东西两个湖泊，西面叫西海，也叫休屠泽，东面叫东海，仍叫潴野泽。《水经注》引《地理志》：“谷水出姑臧南山，北至武威入海，届此水流两分，一水北入休屠泽，

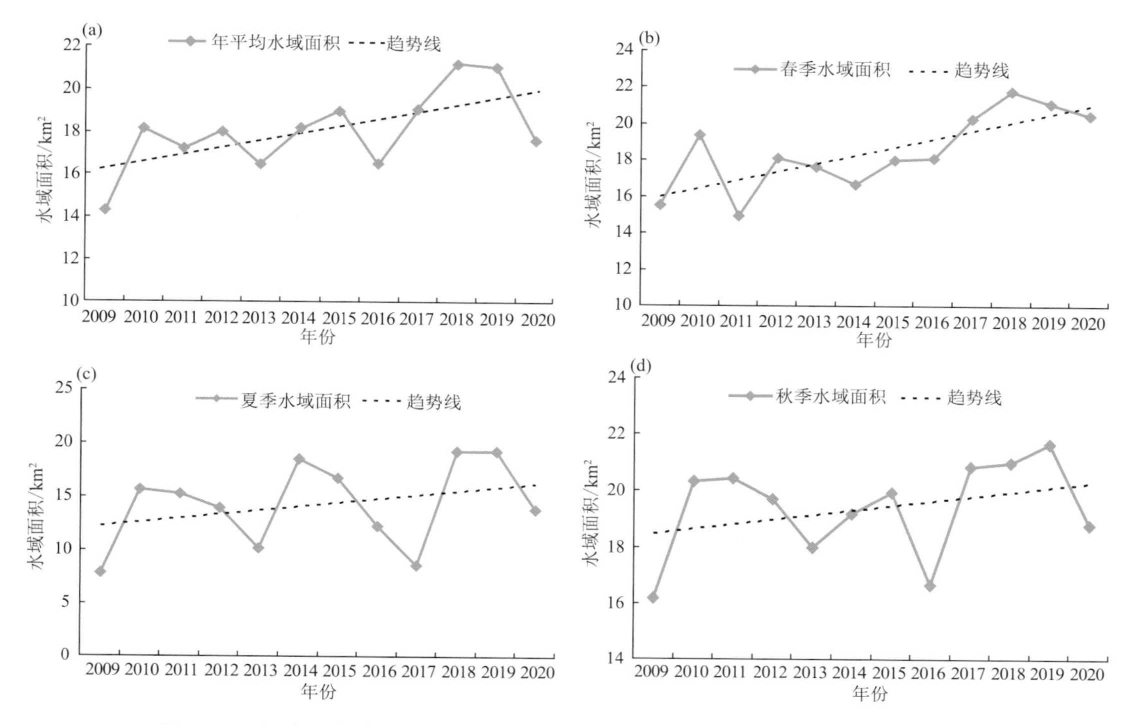

图 6.17　红崖山水库年(a)和季节((b)春季;(c)夏季;(d)秋季)水域面积变化图

俗谓之为西海,一水又东迳一百五十里入潴野,世谓之东海,通谓之都野矣。"西汉时期,潴野泽面积达 4000 km²。隋唐时,潴野泽面积约 1300 km²;明清时期萎缩严重,最大水域面积为 400 km²;民国时改名为青土湖。青土湖曾是民勤绿洲最大的一个湖泊,曾经碧波荡漾 4000 多平方千米,水域面积仅次于青海湖,解放初的青土湖也有 100 多平方千米的水域面积。解放初期,湖区水域面积仍有 120 km²,芦苇丛生,碧波荡漾,环境优美。后来红崖山水库修建以后,因绿洲内地表水急剧减少,使青土湖的补水遭到了毁灭性的破坏,地下水位大幅下降,1959 年青土湖完全干涸,水干风起,流沙肆虐,形成了长达 13 km 的风沙线,成为民勤绿洲北部最大的风沙口,巴丹吉林沙漠和腾格里沙漠在此呈合围之势。该区沙层厚 3～6 m,风沙线长达 13 km,流沙以每年 8～10 m 的速度向绿洲逼近,严重威胁了邻近乡镇人民的居住环境和工农业生产及民左公路的畅通运行,给当地群众造成了无法估量的损失。

为遏制进入民勤来水量不断减少的局面,尽快改善全流域尤其是石羊河下游生态环境,《石羊河流域重点治理规划》确定了 2010 年蔡旗断面过水总量达到 2.5 亿 m³ 以上的约束性指标。随后国家启动民勤绿洲综合治理工程后,民勤县从 2010 年 9 月开始,向青土湖注入生态用水 1290 万 m³,由于沿途蒸发和渗漏补给地下水消耗 400 多万立方米,最终入湖水量 860 万 m³,使干涸了 50 多年的青土湖重现生机。而后每年 9 月初开始向青土湖注水,随着上游不断向下注水,至 11 月底注水结束青土湖面积达到最大,12 月水面封冻,停止注水,除去部分水下渗,至后年 4 月其面积变化不大,而后随着气温的回升和蒸发量的加大,其水面面积逐渐减小,每年 8 月减至最小。

根据 HJ-1B/CCD 卫星遥感资料分析,青土湖 2010 年重现水域,面积为 3.36 km²,其中,连片水体面积约为 2.49 km²,水体沙丘相间面积约为 0.87 km²。之后,水域面积逐年增加,至 2020 年青土湖水域面积达 25.00 km²,其中,连片水体面积约为 13.13 km²,水体沙丘相间面积约为 11.87 km²(图 6.18、图 6.19)。自 2010 年青土湖重现水域以来,水域面积平均每年增加 2.76 km²,其中连片水体面积平均每年增加 1.56 km²,水体沙丘相间面积平均每年增加 1.20 km²。青土湖及其周边水域、湿地和植被面积的增加,改善了青土湖周边地区局地生态环境。

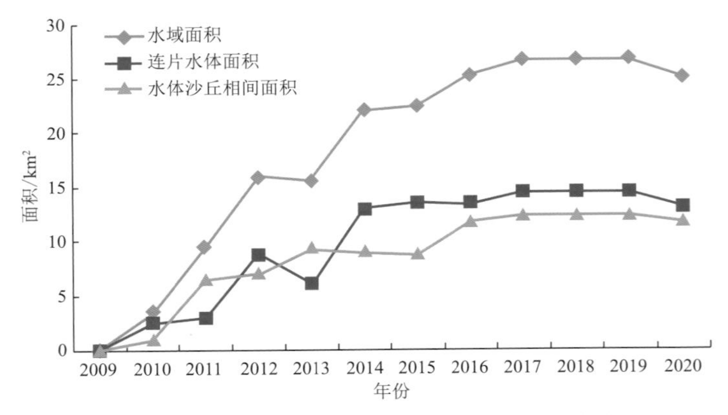

图 6.18 2009—2020 年青土湖水域面积变化图

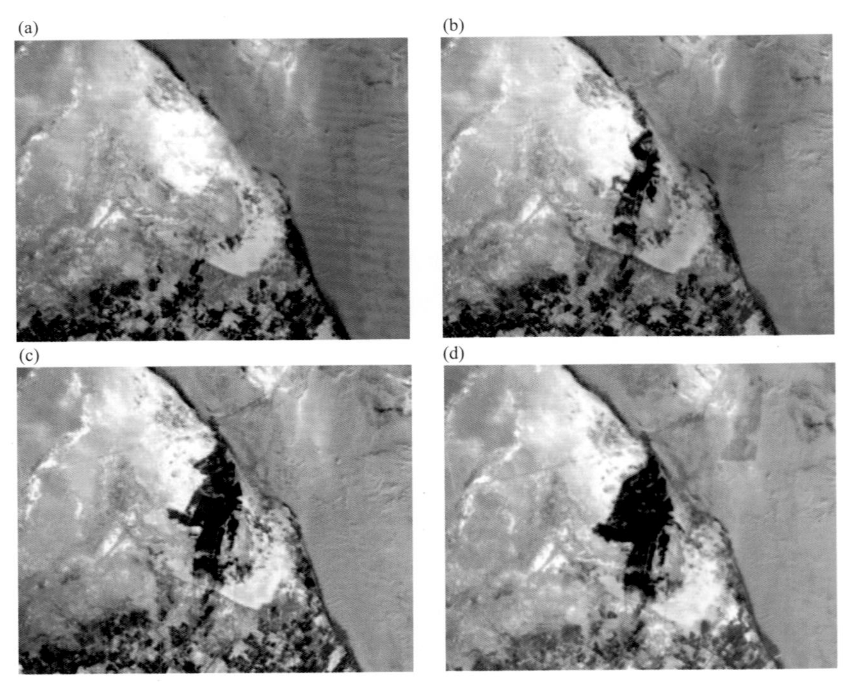

图 6.19 青土湖水体遥感监测图

(a)2009 年 10 月;(b)2012 年 11 月;(c)2014 年 11 月;(d)2018 年 11 月

(3)地下水位

从 21 世纪 60 年代开始,流域下游主要通过打井提取地下水维持农业灌溉,地下水提取量占农灌需水量的 89%以上。流域重点治理前,民勤地下水年允许开采量约为 1.52 亿 m³,

2000年地下水开采量总量达6.23亿 m^3，超采约5亿 m^3，造成地下水位每年以大约0.5～1.0 m的速度普遍而又持续地下降，地下水位由20世纪50、60年代的1～3 m下降到2005年的12～28 m，局部地方达40 m之多。地下水矿化度每年增加大约0.12 g/L，矿化度高达2～4 g/L，最高地区达8 g/L。大部分地下水已成为无法饮用的苦咸水，农作物因无法正常生长减产严重。从2007年开始实施流域重点治理，随着上游来水量的增加和下游采取关井压田、缩减地下水的开采等治理措施，地下水位下降趋势逐步得到遏制。从青土湖地下水位埋深的变化趋势看，青土湖地下水位在稳定回升(图6.20)。多年来流域下游北部青土湖地下水位呈缓慢回升状态。地下水位从2006年的－4.06 m回升到2020年的－2.91 m，地下水位回升了1.15 m。近15 a来，青土湖地下水位平均每年回升0.1 m。

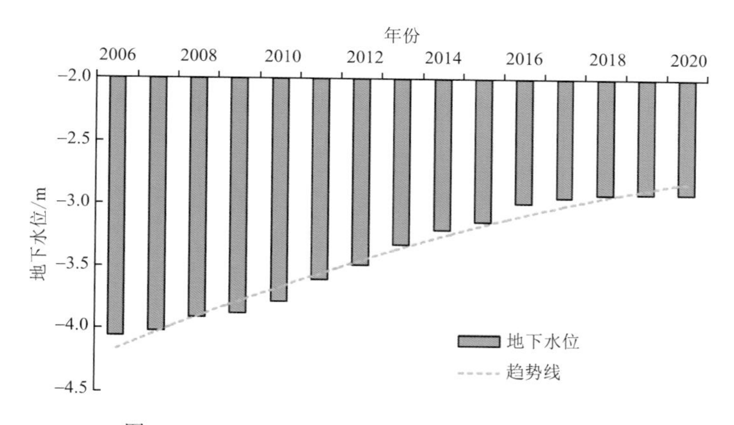

图6.20　2006—2020年青土湖地下水埋深变化

6.3.1.3　植被

(1)植被变化

从民勤县各类生态指数历年变化看出(图6.21、图6.22、图6.23、图6.24)，民勤县归一化植被指数(NDVI)呈波动增长趋势，年平均NDVI为0.107，17 a(2000—2016年)间NDVI值共出现2次较大波动，第1次是2001—2002年间出现较大增长，第2次是2010—2012年间出现较大增长，最大值出现在2012年(0.115)，最小值出现在2001年(0.086)。2000—2020年植被净初级生产力(NPP)变化范围在27.59～60.12 gC/(m^2·a)，多年平均值为41.2 gC/(m^2·a)。最大值出现在2016年，最小值出现在2000年。NPP历年变化呈增大趋势，倾向率为2.73 gC/(m^2·10 a)，2001—2012年呈减小趋势，2012年以后呈波动性增加。2000—2020年植被覆盖度(FVC)变化范围在4.4%～6.9%，多年平均值为5.7%。最大值出现在2019年，最小值出现在2001年。历年变化均呈增大趋势，倾向率在0.89%/(10 a)。2000—2020年流域历年植被生态质量(QI)变化范围在3.18～5.29，多年平均值为4.3，最大值出现在2016年，最小值出现在2000年。历年变化呈增大趋势，倾向率在0.51。

(2)青土湖周边植被变化

根据每年8月HJ-1B/CCD卫星资料分析，青土湖及周边(东经103°30′～103°45′，北纬39°2′～39°12′)植被指数和植被覆盖面积呈增大趋势。2009—2020年遥感监测青土湖及周边植被覆盖面积2020年最大，为20.75 km^2，2011年最小，为0.3 km^2。近12 a来，青土湖及周边植被覆盖面积平均每年增大2.0 km^2(图6.25、图6.26)。

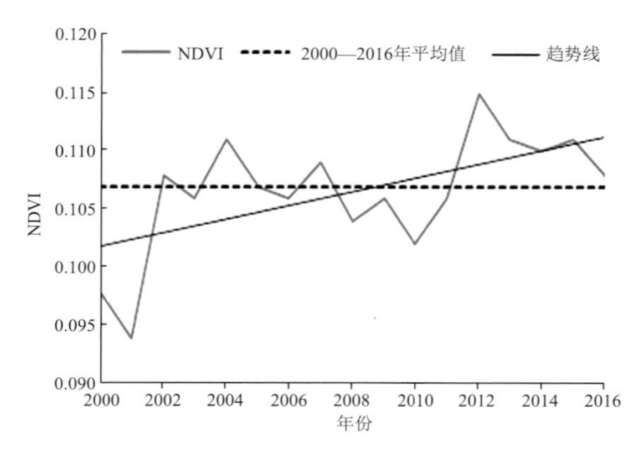

图 6.21 民勤县历年 NDVI 变化

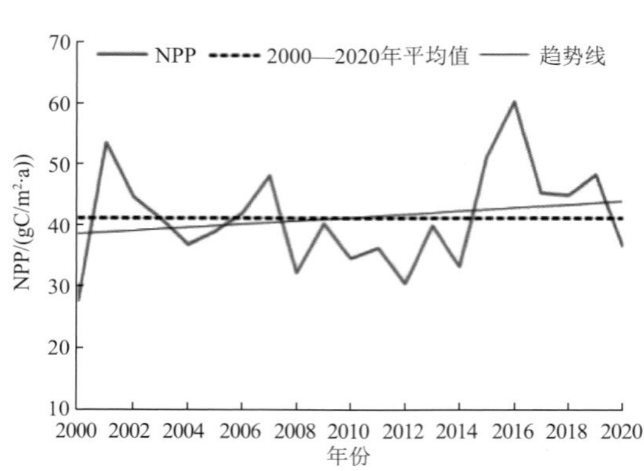

图 6.22 民勤县历年 NPP 变化

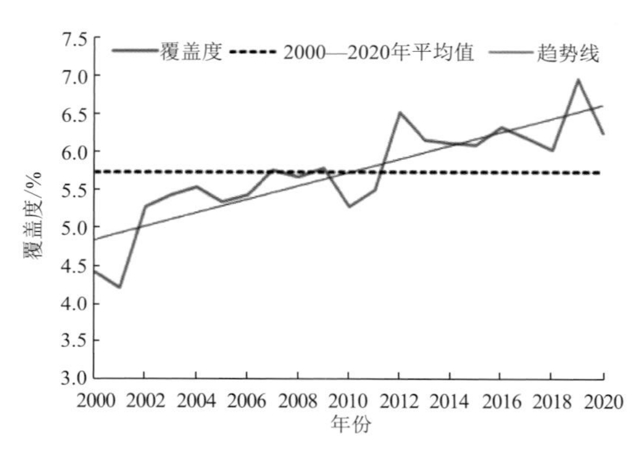

图 6.23 民勤县历年覆盖度变化

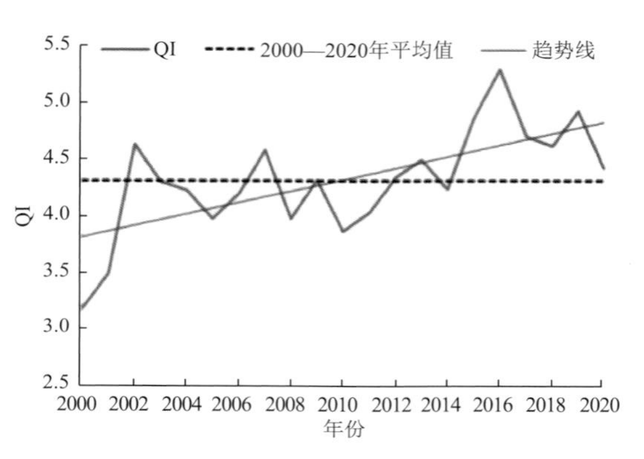

图 6.24 民勤县历年 QI 变化

6.3.1.4 沙丘移动及沙漠边缘移动

石羊河流域综合治理前，由于地下水位持续下降，荒漠植被大面积衰退枯死，绿洲保护屏障——“柴湾”受到破坏，沙丘平均每年以 6～7 m 的速度向绿洲移动，沙漠边缘平均每年以 3～5 m 的速度向绿洲推进，县境内亟待治理的流沙有 15 万 hm^2，408 km 的风沙线有 60 个风沙口急需治理，绿洲生态环境面临极其严重的危机。综合治理以来当地政府坚持外围封禁、边缘治理、内部发展的思路，积极争取项目支持和带动，采取“麦草沙障＋落水栽植梭梭”和“沙石滩地开沟＋落水栽植”等治沙模式，对流动沙丘和沙漠进行治理，形成点、线、面结合，带、片、网配套，结构合理、生态稳定、经济高效的绿洲生态防护体系。据民勤县气象局 2005 年以来对绿洲边缘有代表性的活动沙丘、沙漠定期测定，结果表明(图 6.27)：沙丘年平均移动 6.24 m，移速总体呈逐年减慢的趋势，2015 年沙丘移动 4.14 m，为观测以来移速最慢的一年；沙漠边缘每年以 2.38 m 的速度向东推进，移速呈减小趋势。实地调查并结合林业部门统计数据分析，绿洲边缘地带，大部分沙丘经人工治理，基本不再移动，形状发生改变，绿洲主导风向的上游西线，已治理成南北向分布的带状人工防沙梭梭林，无明显的活动沙丘和沙漠进退。

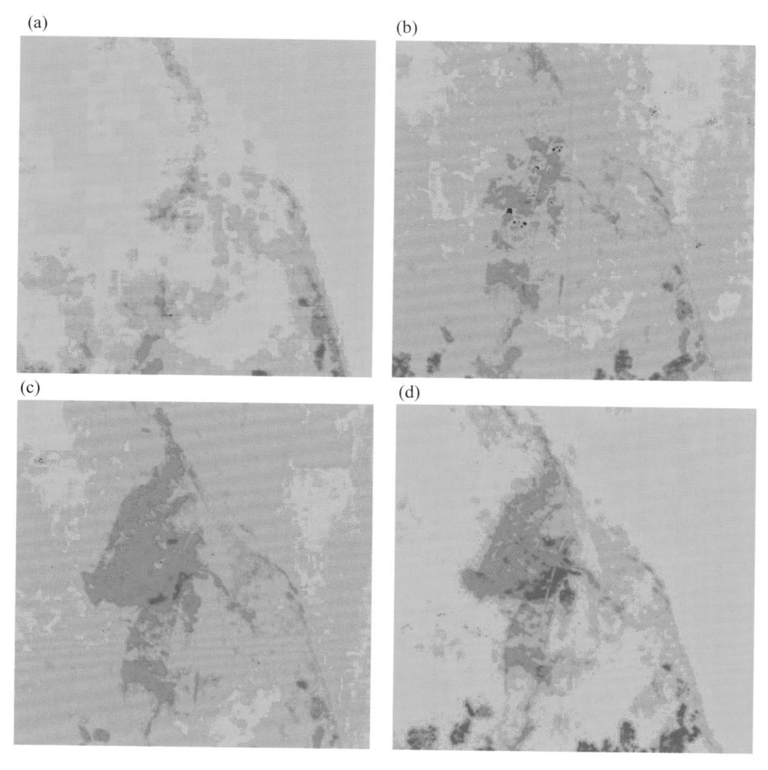

图6.25 青土湖周边植被变化遥感监测图
(a)2012年8月;(b)2014年8月;(c)2018年8月;(d)2020年8月

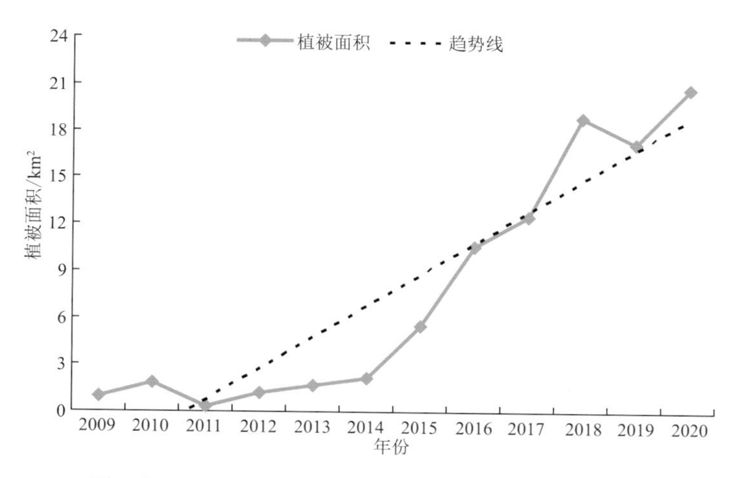

图6.26 2009—2020年青土湖周边植被面积历年变化

6.3.1.5 青土湖周边降水量

自2010年青土湖重现水域以来,随着水域面积的增加、地下水位回升,青土湖及其周边水域、湿地和植被面积明显增加,改善了青土湖周边地区局地小气候,湿地的水汽蒸发在青土湖周边近地面形成高湿区,为区域降雨提供了水汽来源,使其周边地区降水量明显增加。加之湿

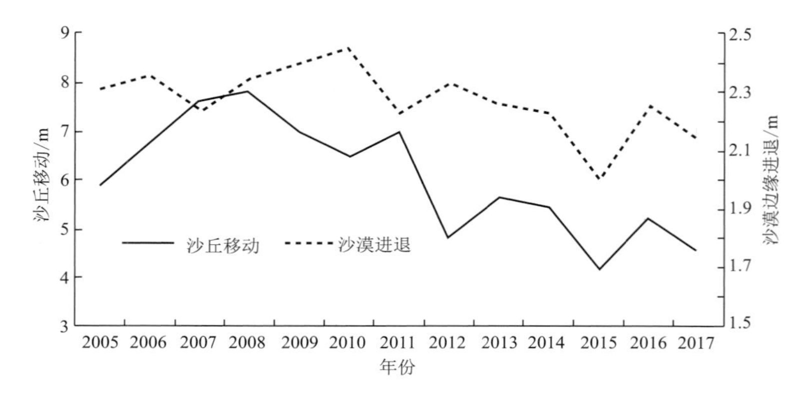

图 6.27　民勤绿洲 2005—2017 年沙丘移动、沙漠边缘进退变化

地和水域与周围沙漠地带地表能量收支的差异，白天周围沙漠较湿地和水域升温快，沙漠区域的暖空气上升，湿地和水域的冷空气下沉；夜晚周围沙漠较湿地和水域降温快，沙漠区域的冷空气下沉，湿地和水域的暖空气上升。形成的局地小气候环境（图 6.28），加强了空气的对流运动，青土湖周边地区易产生强对流天气。当遇有适宜的降水天气，加上该区有利于对流产生的局地小气候，再伴随本地较好的水汽条件，将使雨强显著增大，因此，青土湖及周边生态环境治理，使青土湖由季节性水面变为持续性水面，对强降水的正反馈机制已经形成，青土湖湿地涵养水源、调节小气候、维护生物多样性、遏制土地沙化、维护生态平衡的作用正在发挥。

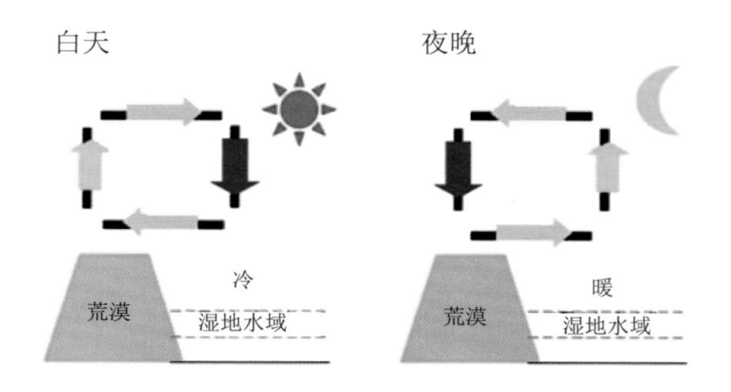

图 6.28　下垫面不同造成的热力对流

分析青土湖周边地区（东镇、西渠、收成、青土湖 4 个区域站）2009—2016 年汛期（5—9 月）降水变化表明，降水量由 2010 年前平均为 64.8 mm，增加至 2010 年后降水量平均为 101.2 mm，呈显著增加趋势，平均每年增加 6.0 mm。而同期民勤县城降水略有减少，平均每年减少 2.3 mm；说明青土湖及其周边水域、湿地和植被面积的增加，有效改善了青土湖周边地区的局地小气候，使其降水量显著增加。

从降水强度分析，近年来青土湖周边地区短时强降水过程明显增多，2013—2016 年每年均出现 1 场以上局地暴雨天气（表 6.2），据实地调查，是近几十年来所罕见。如 2013 年 5 月 15 日东镇出现突发性暴雨，过程降水量达 80.2 mm，小时最大雨强达 42.8 mm，这是有气象记录以来武威市降雨量和雨强最大的暴雨过程；2014 年 7 月 2 日东镇出现突发性暴雨，过程降水量达 31.1 mm，小时最大雨强达 22.8 mm，这场暴雨的降水量占东镇当年汛期降水的 32.9%；2015 年 7 月 21 日青土湖出现突发性暴雨，过程降水量达 51.3 mm，小时最大雨强达

34.3 mm，这场暴雨的降水量占青土湖当年汛期降水的51.5%；2016年8月13日青土湖、21日西渠一个月中两次出现局地暴雨，过程降水量分别达72.6、49.0 mm，这两次局地暴雨过程的降水量分别占青土湖和西渠2016年汛期降水量的62.0%、58.5%。由此可见，青土湖周边地区降水量的增加主要由局地强对流天气引发的短时强降水造成。

表6.2　民勤青土湖周边地区短时强降水过程统计表

过程时间	东镇/mm	西渠/mm	收成/mm	青土湖/mm	小时最大雨强/(mm/h)
2013年5月15日	80.2	5.8	47.4	15.7	42.8
2014年7月2日	31.1	—	2.9	—	22.8
2015年7月21日	11.2	26.3	3.0	51.3	34.3
2016年8月13日	33.3	42.6	13.4	72.6	18.9
2016年8月21日	22.8	49.0	11.4	10.6	20.0

6.3.2　径流及绿洲、荒漠动态变化

6.3.2.1　上游来水量

石羊河流域上游八条河流中有六条河流（包括西营河、金塔河、杂木河、黄羊河、古浪河和大靖河）出山口来水量与下游息息相关，各河流流量的多少，直接影响当年下游蔡旗断面过水量，对民勤水资源盈亏和生态环境影响很大，也直接影响红崖山水库向青土湖调水计划的实施。据水务部门资料，2000—2020年境内所属六条山水河出山口年平均流量呈增加趋势，倾向率为2.95 $m^3/(s \cdot 10\ a)$，多年平均值为28.7 m^3/s，最大值出现在2019年，较常年偏多26%。最小值出现在2001年，较常年偏少34%。从季节变化看，夏季（6—8月）、秋季（9—11月）六河出山来水量增加趋势较明显，倾向率分别为6.95、5.55 $m^3/(s \cdot 10\ a)$，春季（3—5月）、冬季（12—2月）增加不明显，倾向率分别为0.2、0.4 $m^3/(s \cdot 10\ a)$。

相应地，进入下游石羊河年平均流量亦呈增加趋势（图6.29），倾向率为4.36 $m^3/(s \cdot 10\ a)$，多年平均值为6.6 m^3/s，最大值出现在2019年，较常年偏多50%。从季节变化看，夏、秋季年平均流量增加趋势明显，倾向率分别为8.44、6.17 $m^3/(s \cdot 10\ a)$，春季增加较少为3.02 $m^3/(s \cdot 10\ a)$，冬季由于水库关闸、河流封冻，来水呈略减少趋势，为−0.25 $m^3/(s \cdot 10\ a)$。

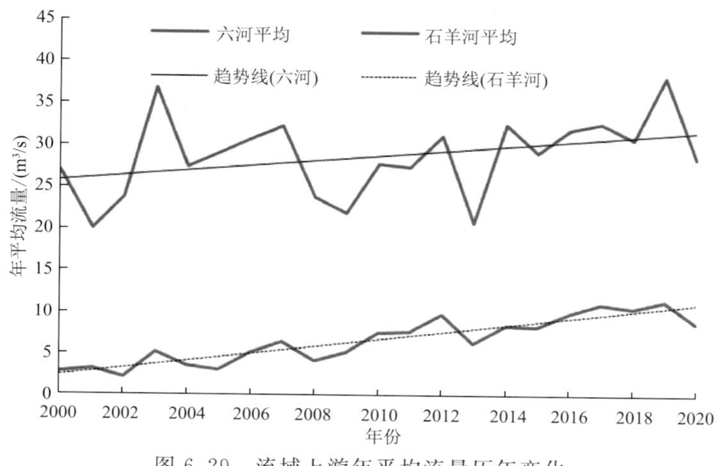

图6.29　流域上游年平均流量历年变化

6.3.2.2 蔡旗断面历年过水量

1967—2020 年，从流域上游流入下游蔡旗断面年平均径流量为 2.51 亿 m^3，54 a 来年平均径流量总体呈减小趋势(图 6.30)，年平均径流量每 10 a 减少 0.21 亿 m^3。20 世纪 60 年代末—70 年代初，每年径流量在 4 亿 m^3 以上。历年最大值出现在 1967 年，偏多 138%，其后从 1967—2002 年年径流量呈明显减小趋势，径流量每 10 a 减少 1.02 亿 m^3，2002 年为历年最小值，偏少 67%。之后，2003—2020 年年径流量呈快速增加趋势，径流量每 10 a 增加 1.60 亿 m^3。从径流量年代际变化看，20 世纪 60 年代最大，90 年代最小。

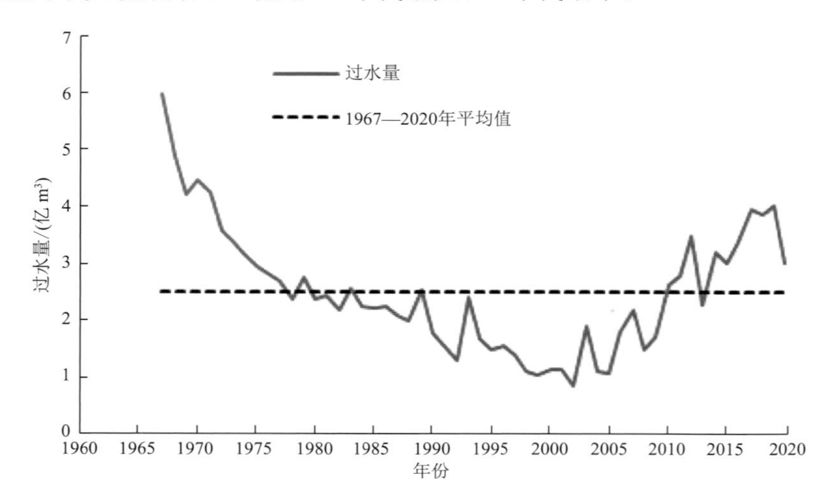

图 6.30　1967—2020 年流域下游蔡旗站过水量变化

6.3.2.3 青土湖历年来水量

随着上游来水量的增加，从 2010 年开始，民勤红崖山水库向青土湖注水，2010—2020 年年平均注水量 2422 万 m^3，最小值为 2010 年(1290 万 m^3)，最多年为 2017 年(3830 万 m^3)。时间分布上呈逐年增加趋势(图 6.31)，年平均增加 210 万 m^3。随着青土湖来水量的增加，从 1959 年干涸长达 51 a 之久的青土湖 2010 年开始出现 3 km^2 的季节性水面，之后，水域面积随着注水量的不断增大而变为稳定性水面，2016 年以来，水域面积稳定在 25 km^2 以上。通过人

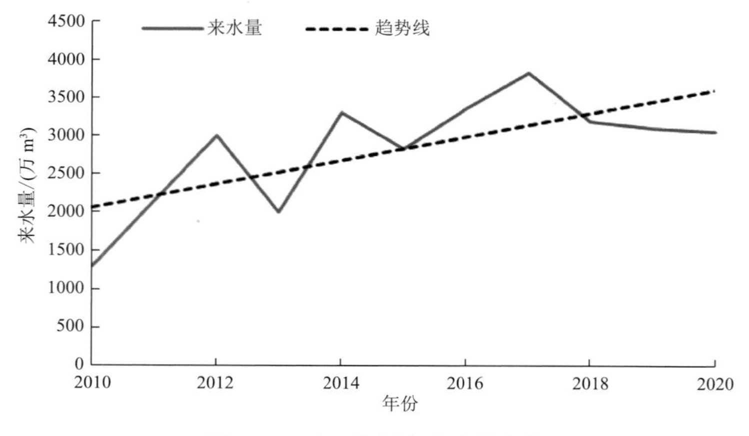

图 6.31　青土湖历年来水量变化

工干预和输水工程的实施，对青土湖周边区域小气候的调节、区域水文环境的改善、区域荒漠植被格局产生了明显的生态效应，促进了局地水汽循环、地下水位的回升和周边植被的恢复生长。

6.3.2.4　绿洲动态

绿洲面积变化反映了区域内人类生产活动对气候、水、土地等资源的综合利用程度，体现出绿洲生态系统在时空分布的数量和质量，可用耕地面积、保证灌溉面积、大宗农作物和经济作物种植面积等指标来反映。

(1)耕地面积

1987—2015年民勤县耕地面积在5.95万～6.39万hm^2之间变化，平均值为6.2万hm^2。历年变化总体呈减小趋势(图6.32)，倾向率为－0.11万hm^2/(10 a)。其中，1987—2005年呈增加趋势，2005年耕地面积最大(6.39万hm^2)。2007年随着流域重点治理规划的实施，政府部门大力开展关井压田、退耕还草措施，耕地面积迅速下降，2015年耕地面积最小(5.95万hm^2)。2011—2015年基本稳定在平均5.98万hm^2。治理后(2007—2015年)较治理前(2003—2006年)种植面积减少0.36万hm^2，减少5.7%。主要大宗作物和经济作物种植面积在3.9万～6.33万hm^2，平均值为4.89万hm^2，其变化规律和耕地面积变化趋势基本一致，2005年前后达到高峰。2008年以后种植面积迅速下降，2009—2015年平均为5.25万hm^2。治理后(2007—2015年)较治理前(2004—2006年)种植面积减少0.87万hm^2，减少13.8%。

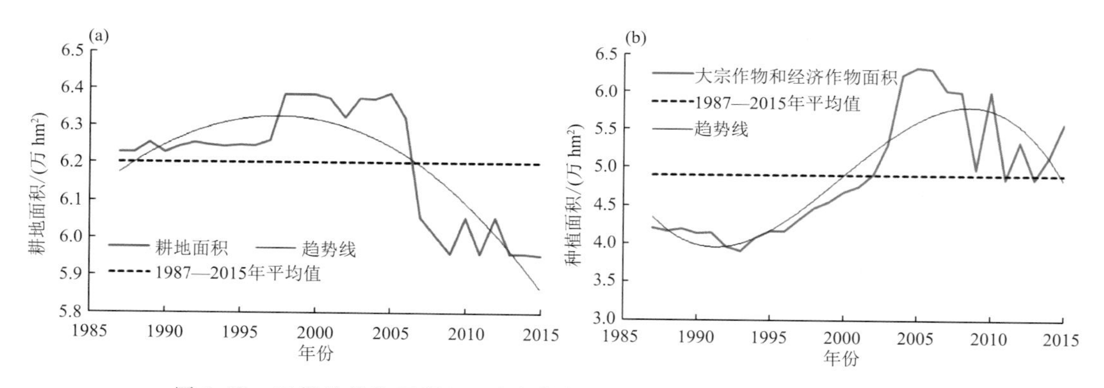

图6.32　民勤县耕地面积(a)、大宗作物和经济作物种植面积(b)历年变化

(2)保证灌溉面积

1987—2015年民勤县保证灌溉面积在3.77万～5.52万hm^2之间变化，平均值为4.59万hm^2。历年变化总体呈增加趋势(图6.33)，倾向率为0.56万hm^2/(10 a)。其中，1987—2005年保灌面积呈增加趋势，2008年之后呈快速下降趋势。治理后(2009—2015年)较治理前(2004—2006年)减少0.62万hm^2，减少11.3%。

6.3.2.5　荒漠化动态

流域综合治理以前，民勤绿洲有0.67万hm^2耕地沙化，26.3万hm^2草场退化，3.87万hm^2林地沙化。从20世纪80年代以后，人工营造的固沙林开始出现大面积的衰退、死亡，使植被覆盖度从以前的44.8%快速降至15%以下，其原因就是地下水位下降导致植物根系缺水

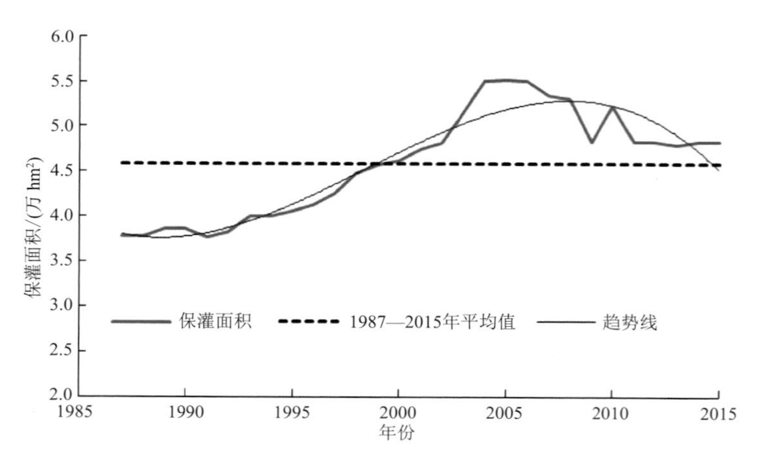

图 6.33　民勤县保证灌溉面积历年变化

而死亡。综合治理以来，地表来水增大，地下水位有所回升，植被逐步恢复。同时加大了人工造林和工程压沙力度，绿洲人工造林面积为逐年增多趋势（图 6.34），人工造林面积每 10 a 增加 0.80 万 hm^2，工程压沙面积每 10 a 增加 0.12 万 hm^2。据民勤县林业局统计，"十二五"以来，民勤县累计完成人工造林 8.38 万 hm^2，实施封沙育林草 5.05 万 hm^2，工程压沙 2.28 万 hm^2。2020 年，全县人工造林保存面积达到 15.32 万 hm^2 以上，其中压沙造林 6.73 万 hm^2 以上，封育天然沙生植被 21.67 万 hm^2 以上，在 408 km 的风沙线上建成长达 300 多千米的防护林带，青土湖、老虎口、龙王庙、勤锋滩等大的风沙口得到有效治理。全县沙漠和荒漠化面积由治理前的 94.5%下降为 89.8%，森林覆盖率由治理前的 10.86%提高到 18.21%。据国家第五次荒漠化和沙化监测结果显示，民勤县荒漠化、沙化土地面积较 2009 年分别减少 0.42 万 hm^2、0.45 万 hm^2，整体处于遏制、逆转趋势。

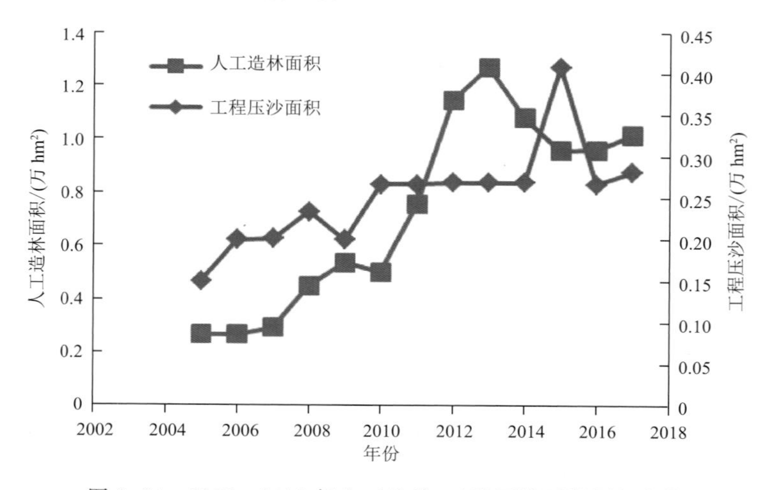

图 6.34　2005—2017 年人工造林、工程压沙面积历年变化

6.3.3　极端天气发生及影响评估

有关研究表明，在各类自然灾害中，气象灾害大约占到 70%以上。中国每年重大气象灾

害影响的人口大约达4亿人次，所造成的经济损失大约占到国民生产总值的1%～3%（刘彤等，2011）。石羊河流域武威市是甘肃省的主要粮食产区，也是自然灾害频发的农业城市，几乎每年都会受到不同程度的气象灾害影响，据统计，1984—2013年武威市共发生暴雨洪涝、冰雹、大风沙尘暴、冻害、干旱等气象灾害共567次，造成300.3万 hm^2 作物受灾，直接经济损失58.8亿元。其中，民勤因干旱、大风、沙尘暴、霜冻等气象灾害年均受灾0.8万 hm^2，高于全市平均值。

6.3.3.1 干旱

干旱包括气象干旱、农业干旱、水文干旱和社会经济干旱。气象干旱是指某时段内，由于蒸发量和降水量的收支不平衡，水分支出大于水分收入而造成的水分短缺现象。它具有出现频率高、持续时间长、波及范围大的特点。本书中所述的干旱一般是指气象干旱。西北地区的干旱面积占全国干旱总面积的80%以上。对于气候变化背景下石羊河流域干旱气候变化方面的研究较多，张利利等（2017）应用标准化降水指数（SPI）、游程理论等方法得出石羊河流域气候湿润化趋势明显。王莺等（2013）利用干旱指数 Z 得出流域及民勤气候总趋势是偏涝，干旱强度减弱。近年来，因气候变化造成的干旱事件还在不断发生，干旱发生时，荒漠牧草返青期推迟或生长缓慢，植被覆盖度低，土地裸露，荒漠化加剧，易引发沙尘暴、扬沙等沙尘天气，导致生态质量下降。对农作物而言，春旱发生时农田失墒严重，影响作物苗期正常生长，使营养生长时间缩短，春小麦分蘖—拔节期干旱影响小花分化，穗粒数减少。夏旱和秋旱发生时正值夏作物和秋作物需水高峰期，干旱导致农田蒸散加大需水量增加，致使灌溉次数增加，因灌水不及时用水矛盾加剧，使夏作物春小麦后期灌浆进程受阻，千粒重下降，秋作物玉米因缺水易形成“卡脖旱”，影响抽穗，最终影响产量的形成。如2010年发生了严重的伏旱，连续40 d未出现降水，农作物受灾面积1.3万 hm^2，直接经济损失7493万元。2013年，民勤县年降水量只有84.5 mm，较历年偏少25%，发生严重的春旱，全县农作物受灾面积1.0万 hm^2，直接经济损失1000万元。

（1）春旱

1960—2020年，民勤县出现春旱（4—5月）概率为70.5%，出现日数（旱段）呈略减少趋势（图6.35），倾向率为−0.9 d/(10 a)，多年平均为47 d。其中，旱段为61 d的出现频率为31.1%，旱段50 d以上的出现频率为44.3%，旱级在3级（中旱，下同）以上出现频率为44.3%，4级（重旱，下同）、5级（特旱，下同）出现频率为36.1%。20世纪60—90年代旱段最长，其中70、90年代分别为49.4 d、48.4 d，60、80年代分别为47.4 d、47.5 d，进入21世纪以来，旱段明显减小，2001—2010年、2011—2020年分别为43.8 d和41.5 d，较多年平均值分别偏少3.2 d和5.5 d。春旱旱段在逐渐缩短。从出现旱级来看，出现4级、5级旱级的次数20世纪70、80、90年代均出现5次，60年代4次，2001—2010年、2011—2020年分别出现2次、1次，说明气候变化使流域下游春旱的发生频次在减少，危害程度有所减轻。

（2）初夏旱

1960—2020年，民勤县出现初夏旱（5—6月）概率为60.7%，出现日数（旱段）呈略增加趋势（图6.35），倾向率为0.1 d/(10 a)，多年平均为39 d。其中，旱段为61 d的出现频率为18.0%，旱段50 d以上的出现频率为31.1%。旱级在3级以上出现频率为42.6%，4级、5级出现频率为31.1%。2011—2020年旱段最长，为45.9 d，偏多6.9 d，20世纪60、70、90年代分别为42.1 d、45.1 d、43.3 d，20世纪80年代和2001—2010年分别为34.1 d和39 d。从出现旱级来看，出现4级、5级旱级的次数20世纪70年代最多出现5次，其次为2001—2010年，出现4次，20世纪60、90年代出现3次，80年代和2011—2020年出现2次。说明随着气候变化，流域下游夏旱出现的频次增加，危害程度有加重趋势。

(3)伏旱

1960—2020年，民勤县伏旱(7月11日—8月20日)出现概率为85.2%，出现日数(旱段)呈略减小趋势(图6.35)，倾向率为−0.3 d/(10 a)，多年平均为27 d。其中，旱段为30 d的出现频率为31.1%，旱段40 d以上的出现频率为14.8%。旱级在3级以上出现频率为57.4%，4级、5级出现频率为37.7%。20世纪80年代、2001—2010年旱段最长，分别为28.5 d、28.0 d，偏多1～1.5 d，2011—2020年旱段最短，为20.9 d，偏少6.1 d，20世纪60、90、70年代分别为27.1 d、25.0 d、23.7 d。出现4级、5级旱级的次数2001—2010年最多，出现5次，20世纪80年代4次，70、90年代3次，60年代和2011—2020年2次，说明随着气候变化，流域下游伏旱危害程度在最近10 a有所减轻，但因出现概率较高，其危害性仍然不容忽视。

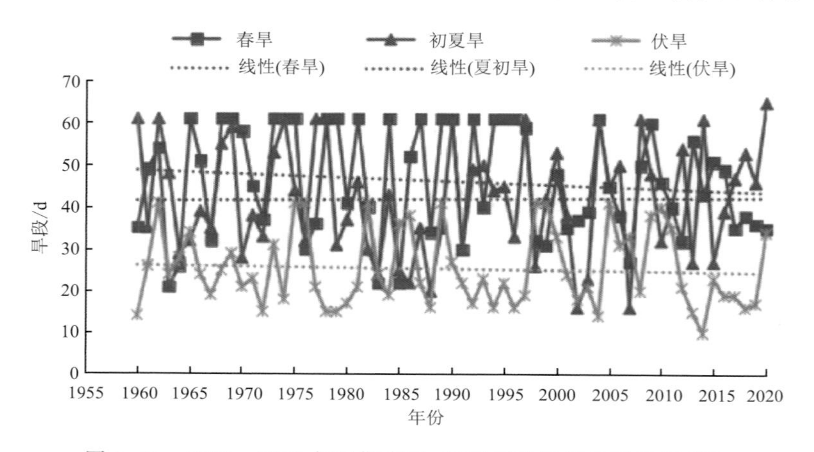

图6.35　1955—2020年民勤春旱、初夏旱及伏旱旱段历年变化

6.3.3.2　高温

石羊河下游夏季高温日数从整个流域来说，其高温日数相对较多，对工农业生产、交通、电力、建筑等行业及人民群众的生活造成一定的影响，也不利于生态植被恢复，当出现持续时间较长的高温天气时，蒸发量明显增大，引发干旱或加剧干旱程度，影响极大。高温发生时，常超出农作物生育上限温度造成高温危害，使光合效率下降，呼吸强度增加，不利于干物质的积累。因蒸腾作用加剧，破坏作物水分平衡。特别使喜凉作物生育速度加快，发育期缩短，苗期温度过高影响幼穗分化，使结实率下降。灌浆乳熟期易导致干热风的发生，造成高温逼熟，灌浆期缩短，千粒重下降，籽粒不饱满，不利于高产形成。高温热害易造成瓜类、果树类果实日灼，影响外观和品质。酿酒葡萄果粒生长期高温，一方面影响果粒正常膨大甚至萎蔫掉落，另一方面使果粒单宁含量下降影响风味，酒质下降，影响果品的商品性能。

1953—2020年，民勤县年极端最高气温呈上升趋势(图6.36)，倾向率为0.23 ℃/(10 a)。20世纪90年代后期，极端最高气温明显攀升，大于40 ℃的高温均出现在1997年以后，如1997、1999、2010、2017、2018年，极端最高气温在40.3～41.7 ℃，最大值出现在2010年，为41.7 ℃。极端最高气温≥35 ℃的日数历年呈波动增加趋势(图6.36)，倾向率为0.9 d/(10 a)。

多年年平均值为5.7 d。最大值出现在2018年，为17 d，较多年平均值增加11.3 d。1956、1979、1993年未出现。从年代际变化看，20世纪50年代至2001—2010年≥35 ℃的高温日数基本在3.8～6.1 d之间变动，2011—2020年增加明显，达到11.2 d。年≥37 ℃的高温日数20世纪50、60、80年代在0.5～0.9 d，70、90年代和2001—2010年在1.1～1.3 d，2011—2020年达到2.8 d。可见，民勤县极端高温的发生频率在不断增加，其不利影响也在逐步加剧。

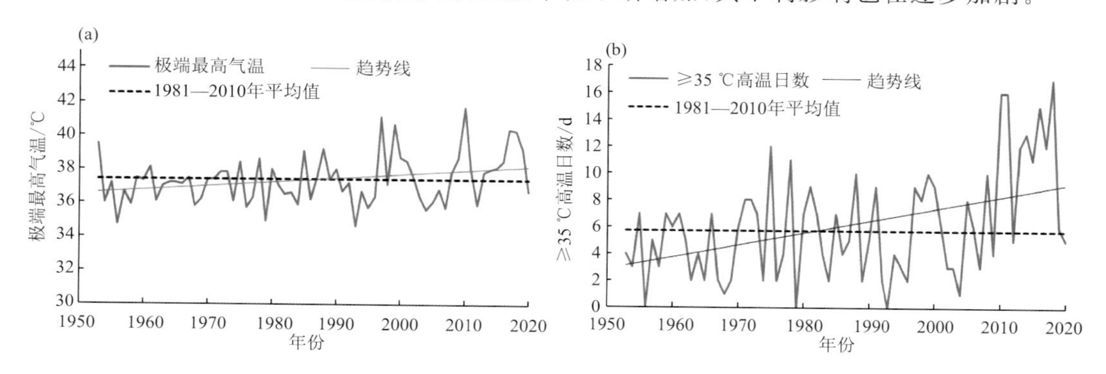

图6.36 民勤县极端最高气温(a)、≥35 ℃的高温日数(b)历年变化

6.3.3.3 大风

瞬时最大风速≥17 m/s(风力≥8级)为大风标准，并将此记为一个大风日。大风是流域下游最主要的一种灾害性天气，多发生在春季，正值作物播种和出苗期、林果开花期，大风易使林木和作物倒伏、断枝、落花落果，设施农业遭到破坏。大风吹走农田表土，使作物幼苗根部外露死亡，土壤跑墒、失墒严重，加剧春旱的发生。风沙埋没农田，土壤风蚀沙化，沙丘和沙漠边缘向绿洲推进，引起破坏植被，影响绿洲生态安全。大风常引起扬沙、沙尘暴天气，造成空气被严重污染，影响交通和人们日常出行。发生在夏季的大风，造成作物大面积倒伏、植株折断，籽粒、果实或蕾铃大量脱落，致使严重减产。如2011年4月20日、4月26日发生8级以上大风天气，造成农作物受灾面积分别为0.25万hm^2、0.35万hm^2，直接经济损失分别为390万元、539万元。分析发现，沙尘天气与大风日数随时间的演变趋势具有一致性，说明大风日数随时间变化在一定程度上可以决定沙尘天气随时间的变化，大风日数的减少可能是导致沙尘天气减少的主要原因之一。

1953—2020年民勤县年平均大风日数呈减少趋势(图6.37)，倾向率为−3.1 d/(10 a)。多年平均为17.5 d。最大值出现在1957、1958、1959年，年平均大风日数均为62 d，偏多44.5 d，最小值出现在1955年，只出现1 d，偏少16.5 d。一年中大风出现的次数春季最多，占全年的48%，夏季24%，冬季16%，秋季最少占11%。从历年变化看，1953—1955年、1961—1970年年平均大风日数较少，分别只有5.3 d、15.9 d，1956—1960年、1971—1987年年平均大风日数较多，分别达到50.8 d、31.9 d，从1989年以来，大风日数明显减少，特别是2002—2020年，年平均大风日数只有11.6 d。

6.3.3.4 沙尘

民勤由于被巴丹吉林和腾格里两大沙漠包围，区域内具有丰富的沙尘源，加之处于绿洲与沙漠边界层，因温度梯度差异形成局地热力环流，风速较大，出现沙尘天气的概率较大，浮尘、扬沙和沙尘暴天气的发生具有明显的季节特征，存在明显的季节性差异。

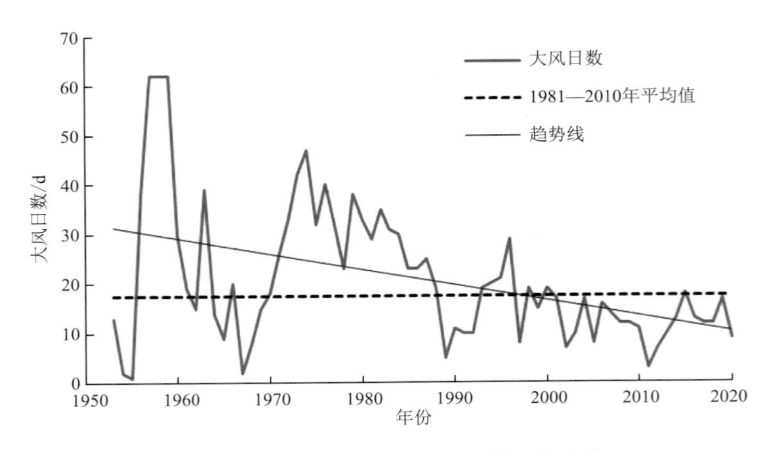

图 6.37　民勤县年平均大风日数历年变化

(1)沙尘暴

沙尘暴是沙暴和尘暴两者兼有的总称,是指强风把地面大量沙尘卷入空中,使空气特别混浊,水平能见度低于 1 km 的天气现象。其中沙暴系指大风把大量沙粒吹入近地面气层所形成的携沙风暴;尘暴则是大风把大量尘埃及其他细粒物质卷入高空所形成的风暴。沙尘暴是我国西北沙漠及其附近边缘地区春季最大的突发性灾害天气,特别是石羊河流域下游的民勤县在河西走廊沙尘暴发生次数最多,是我国沙尘暴易发频发区之一。研究表明,沙尘暴的形成需要具备三个方面要素:大风、丰富的沙尘源和不稳定条件,归结起来取决于地表状况和气象条件(王式功 等,2000)。系统性锋面大风天气过程是造成沙尘暴天气的直接原因(杨根生 等,1993),它发生的强度和频率直接影响着沙尘暴的强度和频率。

沙尘暴在民勤一年四季均可发生,主要集中在 3—7 月,其中以 3—5 月春播春种期的沙尘暴危害影响最大,其发生与大风的时间演变趋势是一致的。沙尘暴发生时常常伴有大风,对果树开花、授粉影响很大,沙粒擦伤花器,吹干柱头,甚至吹掉花瓣,严重影响受精、坐果;大量尘土降落到大田幼苗或温室棚膜上,影响作物、果蔬光合作用和呼吸作用,不利于壮苗早发;大风吹破地膜棚膜,使膜下幼苗因温度骤降遭受低温冻害或根系外露无法吸水而干枯死亡。1993 年 5 月 5 日,在民勤绿洲一带出现的特强沙尘暴,黑霾墙高 300～400 m,瞬时高达 700 m,最大风速 34 m/s,使民勤遭受的直接经济损失达 2.36 亿元,并造成数十名小学生和数千头牲畜伤亡。2010 年 4 月 24 日民勤发生的特强沙尘暴,大风瞬时极大风速 28.0 m/s(10 级),沙尘暴最小能见度 0 m,持续近两个小时。4 月 25 日白天,民勤县再次出现大风强沙尘暴天气,大风瞬时极大风速 21.6 m/s,最小能见度 300 m。这次特强沙尘暴是民勤县有气象记录以来最强的一次。致使全县 18 个乡镇、249 个村、1750 个社的农户不同程度地受灾。大风造成 13 起火灾,使 26 条电力线路中断;日光温室 90%的棚膜和 70%的草帘被风吹走;大面积农作物被风沙打死或埋压;多数养殖暖棚破损;部分畜禽死亡、丢失;农田防护林、防风固沙林及通道绿化折损严重;部分城区、乡镇街道设施损毁。造成经济损失达 2.5 亿元。

1953—2020 年,民勤县年沙尘暴日数呈明显减少趋势(图 6.38),倾向率为−7.2 d/(10 a)。多年年平均为 17.9 d。最大值出现在 1953 年(59 d),偏多 41.1 d,最小值为 0 d,2012、2017 年均未出现。从历年变化看,沙尘暴日数变化特点呈现三个明显的时期,1953—1987 年为沙尘暴高发期，年沙尘暴日数平均为37.8 d。其中年沙尘暴日数在40 d以上的年数占48.6%；1988—2010年为沙尘暴快速衰减期，平均为12.2 d，年沙尘暴日数在10～19 d的年数占73.9%；2011—2020年为沙尘暴偶发期，平均只有1.9 d。年沙尘暴日数在0～2 d的年数占60%，最多为4 d。从季节变化看，春季沙尘暴发生次数最多，平均为10.2 d，其次为夏季6.8 d，冬季4.7 d，秋季最少为2.1 d。四季多年变化均呈减少趋势，倾向率绝对值春季(2.6 d/(10 a))＞夏季(2.1 d/(10 a))＞冬季(1.7 d/(10 a))＞秋季(0.7 d/(10 a))。

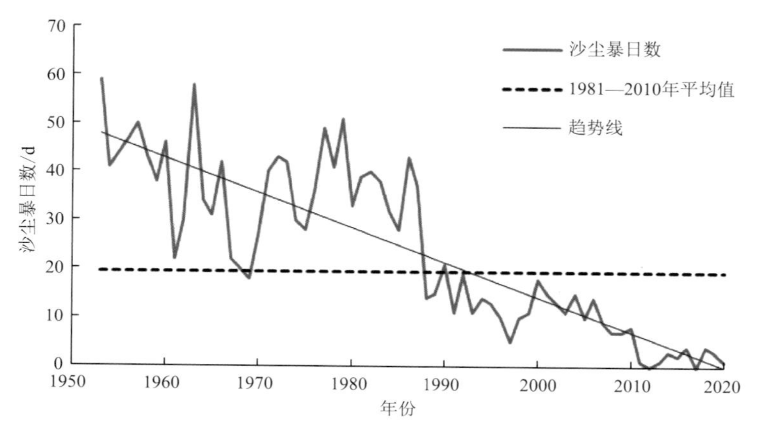

图6.38　民勤县沙尘暴日数历年变化

(2)扬沙

扬沙是由于风大将本地或附近尘沙吹起，使空气相当混浊，水平能见度大于1 km的恶劣天气现象。其危害程度仅次于沙尘暴。1954—2020年，民勤县扬沙日数呈明显减少趋势(图6.39)，倾向率为−12.0 d/(10 a)。多年年平均值为27.5 d，最大值为104 d，出现在1955年，最小值为4 d，出现在2013年。从历年变化看，1954—1966年为扬沙特多年，年平均日数在54～104 d，平均偏多189%。1967—1987年为偏多年，年平均日数在33～67 d，平均偏多81%。2003—2020年为偏少年，年平均日数在5～26 d，平均偏少51%。扬沙季节分布特征和沙尘暴基本相同，一年四季均可发生，春季出现次数最多，为10.9 d，夏季7.1 d，冬季5.2 d，秋季

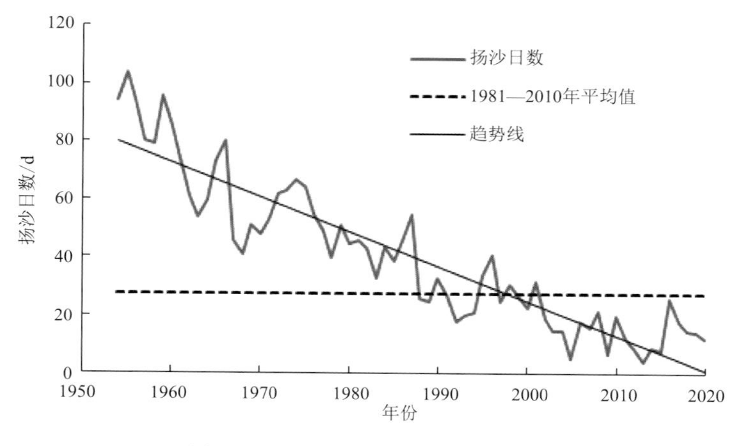

图6.39　民勤县扬沙日数历年变化

4.2 d。四季扬沙日数均呈减少趋势，倾向率春季(3.8 d/(10 a))＞夏季(3.6 d/(10 a))＞冬季(2.3 d/(10 a))＞秋季(2.2 d/(10 a))。

(3)浮尘

浮尘是悬浮在大气中的沙或土壤粒子，使水平能见度小于 10 km 的天气现象。是由于远地或本地产生沙尘暴或扬沙后，尘沙等细粒浮游空中而形成。俗称“落黄沙”，出现时远方物体呈土黄色，太阳呈苍白色或淡黄色，大致出现在冷空气过境前后。与扬沙不同的是，扬沙天气发生时是因风大将地面尘沙吹起，人在室外行走有时会有尘沙打在脸上疼痛和睁眼吃力的感觉。而浮尘天气出现时风较小或静风，尘土、细沙均匀浮游在空中，不会有此感觉，只会闻到尘土的味道。其危害是空气受到严重污染，影响交通和人们出行，对人类的健康带来极大的危害，10 μm 以下的颗粒物，能长驱直入眼、鼻、喉、皮肤等器官和组织，并经过呼吸道沉积于肺泡，导致肺及胸膜的病变，引起支气管炎、肺炎、肺气肿等疾病。

1953—2020 年，民勤县浮尘天气呈明显减少趋势(图 6.40)，倾向率为－9.6 d/(10 a)。多年年平均为 4.2 d，最多年出现在 1953 年，达到 111 d。20 世纪 50—70 年代是高发期，年平均出现 40.4 d。80—90 年代明显减少，年平均 5.6 d。进入 21 世纪每年很少发生，2001—2020 年年平均只有 0.9 d。四季中春季浮尘日数最多，占全年的 52.2%，夏季占 21.7%，冬季占 17.8%，秋季最少占 7.2%。自 1992 年以来，秋、冬季基本未出现浮尘天气，夏季 2007 年以来未再出现，只有春季偶尔出现 1～2 d。

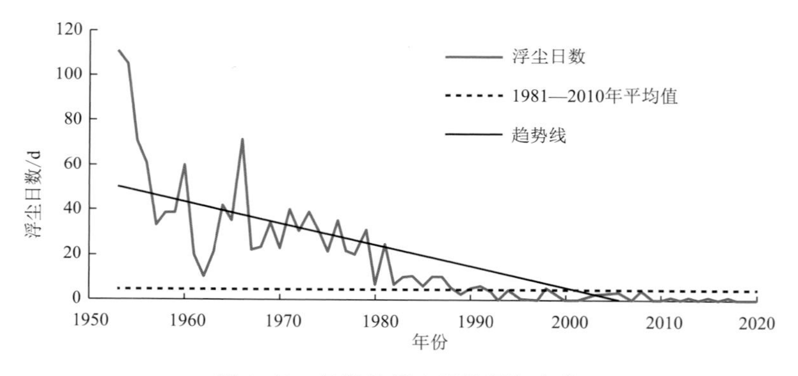

图 6.40　民勤县浮尘日数历年变化

从以上分析看出，随着气候变化，流域下游沙尘暴、扬沙和浮尘出现日数均呈明显减少趋势。但沙尘天气的发生涉及因素很多，发生次数的多少既与发生源地的气温、降水、干燥度、风等气象因素有关，也与人类活动的关系密不可分，如多年来大规模开展的三北防护林工程建设，防沙治沙、种草种树活动，实施外流域调水工程，优化农业种植结构，推广高效节水措施，改变农业发展方式，发展节水农业等综合措施，有效地促进了植被的恢复和改善，对大风沙尘天气的发生起到明显的抑制作用。也有学者指出，随着气候变暖，对应沙尘暴次数明显减少，但强沙尘暴次数可能会增加(任国玉 等，2001)，未来温室效应气候变暖将会加剧我国的荒漠化过程，使干旱区范围和荒漠化土地进一步扩大等(周广胜 等，1997)。需要今后进一步加强气候变化及影响机理研究。

6.3.3.5 霜冻

霜冻是指农作物生长季内冷空气入侵，使土壤表面、植物表面及近地面空气层的温度骤降到 0 ℃以下，引起农作物植株遭受冻伤或死亡的现象。由于霜冻的发生正处于大气环流调整的季节，较强的冷空气，加之常伴有大风、降雪等天气，气温急剧下降，给农作物造成重大损失。

民勤县初霜日出现时间历年变化呈延后(日序增大)趋势(图 6.41)，倾向率为 3.1 d/(10 a)，多年平均为 10 月 3 日，最早出现在 9 月 5 日(1965 年)，较历年提前 29 d，最晚出现在 10 月 17 日(2006 年、2009 年)，较历年推后 14 d。最早与最晚相差 43 d。终霜冻出现时间历年变化呈提前(日序减小)趋势(图 6.41)，倾向率为−2.8 d/(10 a)，多年平均为 5 月 4 日，最早出现在 4 月 11 日(2019 年)，较历年提前 24 d，最晚出现在 5 月 30 日(1968 年)，较历年推后 26 d。最早与最晚相差 50 d。无霜期各年代呈明显增加趋势，倾向率为 6 d/(10 a)。无霜期由 20 世纪 60、70 年代的平均 125 d 增加到 21 世纪以来 2001—2020 年的平均 161.5 d，较多年平均值增加 10 d(表 6.3)。

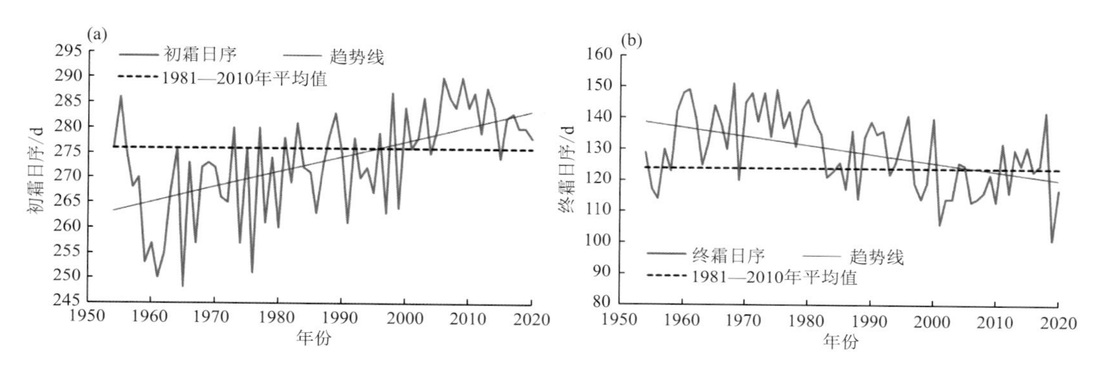

图 6.41 民勤县霜冻日期历年变化(日序 1 月 1 日为 1)

(a)初霜；(b)终霜

表 6.3 民勤县初、终霜冻年代际变化

年代	20 世纪 60 年代	20 世纪 70 年代	20 世纪 80 年代	20 世纪 90 年代	2001—2010 年	2010—2020 年
初霜冻日期	9 月 20 日	9 月 24 日	9 月 30 日	9 月 29 日	10 月 9 日	7 月 10 日
终霜冻日期	5 月 17 日	5 月 22 日	5 月 8 日	5 月 8 日	4 月 26 日	3 月 5 日
无霜期/d	126	124	145	143	166	157

气候变化背景下，霜冻对民勤县工农业生产的影响有利有弊。

有利的方面：一是对农作物的低温冻害影响显著减轻。初霜冻推迟有利于喜温作物高产优质，使玉米灌浆期延长，百粒重增加。地膜棉花秋桃完熟吐絮，纤维长度增加、强度增强。二是终霜冻提前有利于春季农作物苗期安全生长，避免对地膜玉米、地膜棉花、甜瓜、酿酒葡萄等农作物芽、叶、新梢、花序造成低温冻害，有利于提高当年产量。三是无霜期延长，作物生长期间农业界限积温(如≥10 ℃·d)显著增加，有利于农业生产方式改变和作物熟制改革，春小麦、地膜玉米等播种期提前、收获期推后，玉米品种由中熟改为晚熟，促进高产。四是作物复种指数提高。春小麦、瓜类等作物收获后，可及时复、套种油葵、豆类、甜菜等小秋作物，也可种植苜蓿、红豆草等饲草作物，通过扩大间作、套种面积，提高农业气候资源利用率和农牧业综合收益。

不利的方面：虽然霜冻总体上对农业生产有利，但另一方面，霜冻发生的不确定性也在增加，对农业生产的种植风险不断加大，不稳定性增加。特殊年份晚霜冻结束时间越迟，早霜冻出现时间越早，对农业生产危害越大，损失严重。如21世纪以来的2004、2011、2018年，晚霜冻较多年平均日期推迟2～18 d，2004年5月5日的晚霜冻，造成全县4.03万hm^2棉花、玉米、辣椒幼苗全部冻死，损失巨大。

6.4 未来气候变化及影响预估

利用第六次国际耦合模式比较计划（CMIP6）中BCC、CESM、CMCC全球气候模式输出结果，对石羊河下游未来气候进行预估，预估时段为2025—2100年。气象要素包括年平均气温、最高气温、最低气温、年降水。CMIP6情景模式比较计划中核心试验Tier-1下的4个SSP-RCP组合情景，包括低强迫情景（SSP1-2.6）、中等强迫情景（SSP2-4.5）、中高等强迫情景（SSP3-7.0）和高强迫情景（SSP5-8.5），这里采用高强迫情景SSP5-8.5。

6.4.1 年平均气温可能变化

BCC、CESM和CMCC模式预估的石羊河下游未来年平均气温都呈波动上升的趋势，其中CESM和CMCC模式预估结果基本接近。2025—2100年，CESM和CMCC模式预估的年平均气温在10.0～17.8 ℃之间变化，上升速率分别为0.79 ℃/(10 a)和0.84 ℃/(10 a)。BCC模式预估的年平均气温在6.3～11.6 ℃之间变化，上升速率为0.53 ℃/(10 a)。模式预估的年平均气温平均值（AVG）的上升速率为0.72 ℃/(10 a)（图6.42）。

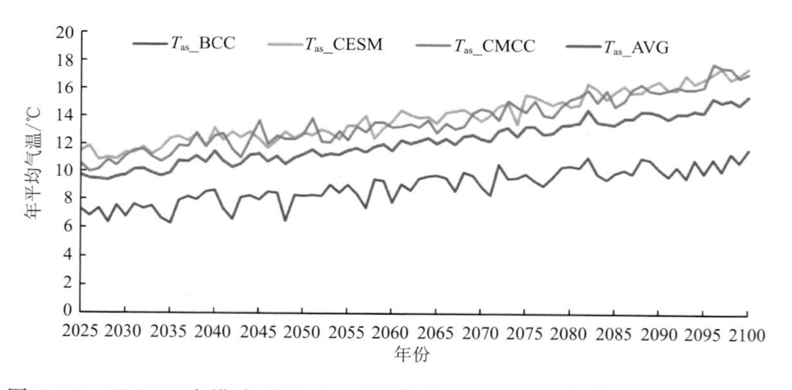

图6.42 CMIP6多模式SSP5-8.5情景下2025—2100年年平均气温的预估

6.4.2 年最高气温可能变化

BCC、CESM和CMCC三种模式预估的石羊河下游未来年平均最高气温呈波动上升趋势，2025—2100年，平均最高气温变化范围在26.9～45.9 ℃之间。其中，CESM模式预估的平均最高气温最高，2025—2100年年平均值为39.5 ℃，CMCC模式次之，为34.8 ℃，BCC模式最小，为31.5 ℃。三个模式的平均最高气温上升速率分别为0.82 ℃/(10 a)、0.89 ℃/(10 a)和0.85 ℃/(10 a)，模式预估的平均最高气温平均值（AVG）的上升速率为0.85 ℃/(10 a)，和CMCC模式上升速率相同（图6.43）。

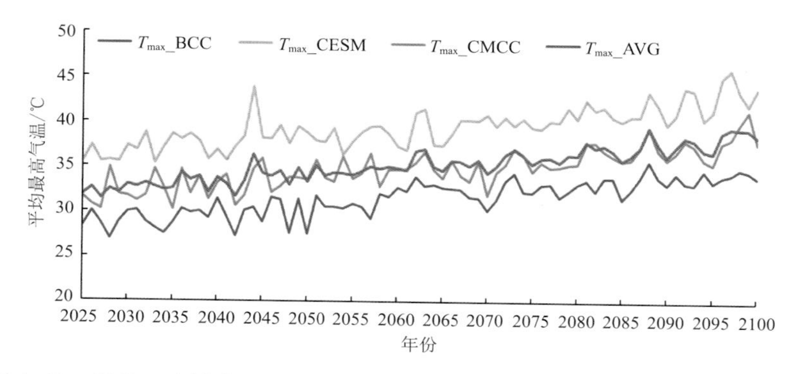

图 6.43　CMIP6 多模式 SSP5-8.5 情景下 2025—2100 年年平均最高气温的预估

6.4.3　年最低气温可能变化

BCC、CESM 和 CMCC 三种模式预估的石羊河下游未来年平均最低气温呈波动上升趋势，2025—2100 年间，年最低气温在－20.0～－2.7 ℃之间变化，三个模式预估的年平均最低气温上升速率分别为 0.35 ℃/(10 a)、0.95 ℃/(10 a)和 0.99 ℃/(10 a)，其中，CMCC 模式预估的年最低气温最高，2025—2100 年年平均值为－8.3 ℃，CESM 模式次之，为－11.9 ℃，BCC 模式最小，为－12.2 ℃。模式预估的年最低气温平均值(AVG)的上升速率为 0.76 ℃/(10 a)(图 6.44)。

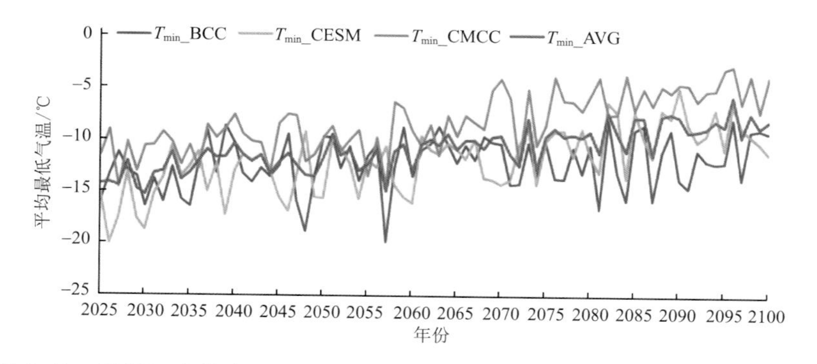

图 6.44　CMIP6 多模式 SSP5-8.5 情景下 2025—2100 年年平均最低气温的预估

6.4.4　年降水量可能变化

BCC、CESM 和 CMCC 三种模式预估的石羊河下游未来年降水量呈波动性缓慢增加趋势，2025—2100 年间，年降水量在 89.9～345.1 mm 之间变化，三个模式预估的年降水量增加速率分别为 7.41 mm/(10 a)、4.21 mm/(10 a)和 9.26 mm/(10 a)。其中，CESM 模式模拟年降水量多年平均值最大，2025—2100 年年降水量平均值为 203.2 mm，CMCC 模式次之，为 197.6 mm，BCC 模式最小，为 170.6 mm。和 1953—2020 年平均降水量相比，BCC、CESM 和 CMCC 模式预估年降水量分别偏多 48%、76%和 72%。模式预估的年降水量平均值(AVG)的增加速率为 6.96 mm/(10 a)(图 6.45)。

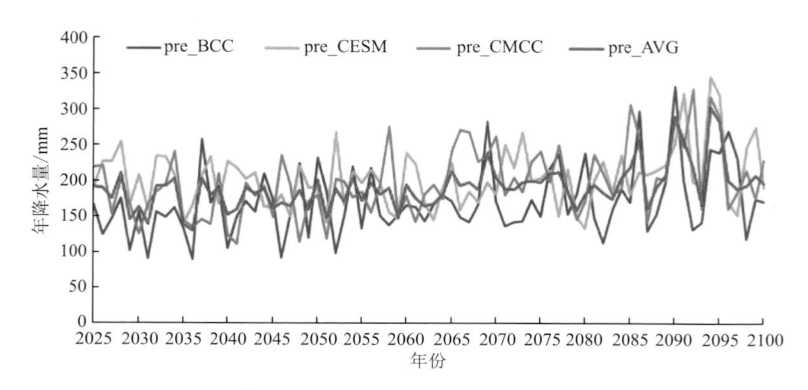

图 6.45 CMIP6 多模式 SSP5-8.5 情景下 2025—2100 年年降水量的预估

6.4.5 生态环境影响预估

IPCC 第六次评估报告指出，在未来几十年里，预计全球持续变暖将进一步加剧，根据未来 20 a 的平均温度变化预估结果，全球温升预计将达到或超过 1.5 ℃，热浪、极端高温事件频率和强度将会增加。气候变化使水循环加剧，包括其变率、全球季风降水以及干湿事件的强度，这会给一些地区带来更强的降雨和洪水，而在许多其他地区则意味着更严重的干旱。

张雪蕾等(2018)在未考虑人类活动影响，利用气温的增减对应气候的“暖”“冷”，降水的增减对应气候的“湿”“干”，定义“暖干型”“暖湿型”“冷干型”“冷湿型”，分析了石羊河流域 NPP 变化的时空特征。结果表明，“暖湿型”和“冷湿型”两种气候情景有利于植被干物质的积累，当气温增加 1 ℃，降水增加 10%(“暖湿型”)时，中下游绿洲区 NPP 增加 6.64%。当气温减小 1 ℃，降水增加 10%(“冷湿型”)时，NPP 在绿洲区增加 3.03%～4.80%。而“暖干型”和“冷干型”两种气候情景不利于植被干物质的积累。当气温增加 1 ℃，降水减小 10%(“暖干型”)时，由于蒸散较为强烈，使土壤水分蒸发损失增多和植被蒸散增强，从而导致植被生产能力的下降，NPP 在绿洲区将减小 3.07%。在气温减小 1 ℃，降水减小 10%(“冷干型”)时，中下游绿洲区 NPP 表现为减小，减幅为 3.07%。对比分析表明，“暖湿型”气候条件对植被生长和干物质的积累最有利，NPP 的增幅最大，“冷干型”气候最不利于植被干物质的积累，NPP 的减小幅度最大。

从目前主要气候要素实况变化分析和 BCC、CESM、CMCC 全球气候模式趋势预测结果综合来看，石羊河下游气温升高明显，极端高温日数增加，太阳总辐射增加、日照时数延长，蒸发加剧，空气相对湿度减小，降水量略有增加，但增幅不明显，有限降水量的增加对气候变“湿”的贡献较小，未来气候将继续保持暖干趋势，干旱气候特征仍十分明显。由此带来的极端气候事件如高温、干旱等发生频率和强度会进一步加剧，农业、生态用水矛盾加剧，干旱程度加重，对原本脆弱的荒漠生态系统结构、功能带来严重挑战，带来的压力将会进一步增大，不利于生态环境的恢复和改善。近十几年来石羊河流域重点治理实践证明，通过科学的人类活动如采取压沙造林，加大外区域调水、关井压田、减少地下水开采、优化农业种植结构、推广节水技术等措施，对促进生态环境的改善作用十分明显，石羊河下游植被得到一定的恢复和改善，可一定程度地减缓气候变暖带来的负面效应，减轻对土地、水等资源的承载压力，抑制荒漠化的发展。因此，在未来气候变暖背景下，持续开展各类生态环境保护措施任重道远。

6.5 区域生态保护与修复的措施对策

6.5.1 实行严格的水资源保护和利用,实现科学用水

在水资源保护和利用方面,树立可持续发展意识和流域观念,实施水资源统一管理,建立健全工作责任制,依法管水,加强用水的总量控制和定额管理。落实最严格的水资源管理制度,推行水资源预算审计、水行政网格化管理、水权实名制等制度,实现用水方式由地下水为主向地表水为主转变。在全流域范围内,根据区域环境和水土资源的承载能力,流域综合水利合理开发利用程度,统筹兼顾,妥善处理全流域内的关系,发挥流域生态系统的调节功能,合理分配水资源。按照上、中、下游发展现状和水资源多少,以水定产业结构,实行以人定地、以地定水、以电控水、凭票供水等措施,将水权落实到户。严格执行《石羊河流域水资源管理条例》《石羊河流域水资源分配方案及水量调度实施计划》《石羊河流域地表水量调度管理办法》《石羊河流域水事协调规约》《关于加强石羊河流域地下水资源管理的通知》等规范性文件,扎实推进石羊河流域后期治理项目,确保平水年份蔡旗断面过水量不少于2.9亿 m^3。严格控制地下水的开采,在采补平衡的前提下进行限量开采,使地下水资源得到合理利用。下游民勤盆地用水总量控制在4.13亿 m^3 以内,地下水开采量控制在0.86亿 m^3 以内,逐步实现生态平衡,使地下水位停止下降,使生态环境得到改善和恢复。加强水资源保障及民生水利基础设施建设,积极实施景电二期向民勤调水渠延伸工程、引黄济石沙漠治理暨精准扶贫移民供水工程等跨流域调水,破解“结构性缺水”难题,解决水资源短缺难题。

6.5.2 调整农业种植结构,积极推广节水灌溉

全面推进节水型社会建设,坚持“压减农业用水、节约生活用水、增加生态用水、保证工业用水”不动摇,推进农业节水、工业节水、城镇节水、水权水价和水管体制改革、水资源精细化管理、完善制度体系“六大节水行动”,分区域、分作物试验示范农业精准化节水灌溉技术,加快实施高效节水灌溉、田间配套设施等工程,不断优化产业结构和用水结构,提高水资源利用效率和效益。试验表明,对棉花进行膜下滴灌时,平均用水量减小到3750～4500 m^3/hm^2,相当于大水漫灌的1/3,而且产量提高10%以上,化肥、农药的施用量减少了一半(郑重 等,2000;周建伟 等,2005;宋淑珍 等,2018)。制种玉米采用膜下滴灌技术后,生育期灌水量减少到2745 m^3/hm^2,比垄作沟灌节水34.0%,节肥23.6%。针对民勤太阳辐射强、降水少、蒸发大等气候特点,压缩春小麦、玉米等高耗水作物种植面积,大力推广抗旱节水作物品种,积极发展地膜棉花、地膜蜜瓜、向日葵、茴香、红枣、人参果等节水、高效特色作物种植和日光温室果蔬种植及暖棚养殖面积,促进优势农(牧)产品带、片、网建设。大力推广小畦灌溉、沟灌和膜下滴灌等高效节水灌溉技术和温棚、地膜种植等农业新技术。更新改造、新建地下水、地表水智能化、精准化计量调度设施,坚守人均2.5亩耕地、亩均410 m^3 水定额不突破。与此同时,要进一步完善城乡水务一体化管理制度体系,合理统筹城乡不同利益主体的用水需求,保障流域经济社会全面协调发展。通过制度、管理和技术创新,压减农业用水,引导农业种植结构调整和农村生产生活方式转变。完善水市场运行管理,丰富水权交易方式。建立规范有序的水权交易市场,实现水权合理流动,满足社会个性化用水需求。要在农业水权交易基础上,探索农业水权向工业和

服务业转移的交易模式，通过水权向不同行业用户流动，强化全社会的节水意识，带动包括水资源在内的社会资源的高效配置。

6.5.3 筑牢绿洲生态安全屏障，继续实施生态治理工程

健全“国家有投入、企业给赞助、科技作支撑、农民有收益”的生态建设长效机制，利用天保工程和中央财政造林补贴项目等大力发展人工植被，认真实施三北五期、新一轮退耕还林、民勤生态示范区生态治理等重点生态工程建设，确保千里沙漠大林带、万亩胡杨林、梭梭井沙化土地封禁保护试点等重大生态建设项目顺利推进。借助石羊河流域防沙治沙及生态恢复项目和省财政防沙治沙项目加速防护林体系建设，构建“外围封育、边缘治理、内部发展”的生态防护体系。积极探索工业治沙、养殖治沙和“生态旅游＋鲜食采摘”新模式，加快发展现代沙产业。荒漠地区降水较少，选择树种和草种要根据立地条件“适地适树、因地制宜”，主要推广抗旱耐干旱的沙拐枣、柠条等优良固沙植物，也可引种黄芪、枸杞、甘草等药用植物和一些效益好的经济抗旱植物，如文冠果、沙棘、新疆大沙枣等，提高成活率，保护和培育荒漠化地区的珍贵动植物种质资源；人工造林要考虑区域内地下水的平衡，提倡集水和节水工程，在北部绿洲边缘有水源的地区可适当进行带状防护林栽植，并做到乔、灌、草相结合，对于减少风速和流沙侵袭、保护农田有明显效果。通过飞播造林种草和人工造林种草恢复和建设植被，逐步建成乔、灌、草，带、片、网，防护、绿化、美化的多层次、多功能的完整生态体系，使民勤绿洲生态修复与开发齐头并进，走可持续发展之路。同时，要严格管护，严禁滥垦滥伐，通过法律手段结合围封育林育草，划定一批自然保护区、四禁区和四限区，保护好现有植被。据民勤县林业局统计，“十二五”以来，民勤县累计完成人工造林 8.38 万 hm^2，实施封沙育林草 5.05 万 hm^2，工程压沙 2.28 万 hm^2。全县人工造林保存面积达到 15.32 万 hm^2 以上，其中压沙造林 3.69 万 hm^2 以上；封育天然沙生植被 21.67 万 hm^2 以上，封育成林 5.2 万 hm^2，在 408 km 的风沙线上建成长达 300 多千米的防护林带，青土湖、老虎口、龙王庙、勤锋滩等大的风沙口得到有效治理，有效遏制了两大沙漠的合拢。石羊河下游生态环境总体向好的方向转变。

6.6 本章小结

本章围绕河西走廊东部的石羊河流域下游（民勤县）生态保护治理区，通过大量调查和利用多年气象观测资料，应用现代数理统计方法，从区域概况和气候条件、气候变化特征、气候变化对区域生态的影响、未来气候变化及影响预估、区域开展生态保护和修复的措施对策五个方面进行了较为全面、客观的分析和阐述。

第7章 敦煌生态环境和文化遗产保护区

7.1 区域概况

敦煌市地处河西走廊最西端、库姆塔格沙漠东部边缘，东临瓜州县、南连肃北蒙古族自治县和阿克塞哈萨克族自治县、西北与新疆维吾尔自治区接壤。敦煌是甘肃省酒泉市辖的一个县级市，敦煌市市域总面积2.66万km^2，绿洲面积仅为0.14万km^2，大部分为荒漠戈壁，故有"戈壁绿洲"之称，其范围为东经92°42′04″～95°30′10″，北纬39°38′35″～41°34′10″之间，市域辖乡镇8个，城市部分只是人口密集的很小区域(图7.1)。境内有疏勒河及其支流党河两条河流，水到之处形成了平原绿洲。敦煌绿洲分为两部分，党河冲积平原以人工绿洲为主，举世闻名的世界文化遗产莫高窟和自然奇观鸣沙山、月牙泉就坐落于绿洲边缘低洼的疏勒河沿岸及

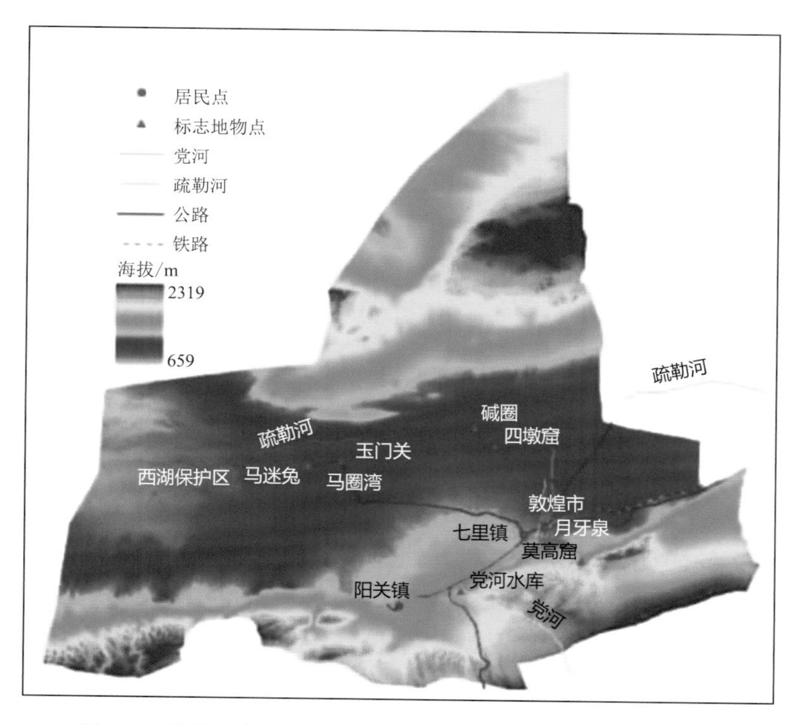

图7.1 敦煌市数字高程(DEM)及区域位置(马利邦 等，2012)

下游。西湖自然保护区为天然绿洲，补给天然绿洲的水源是疏勒河干流及其支流党河。

7.1.1 地质地貌

敦煌市属祁连山褶皱带，处于河西走廊坳陷之西端，是安西—敦煌盆地西部疏勒河坳陷的一部分。在19.5亿年以前，随着地壳下降曾被海水淹没。其基地由中生界组成，覆盖层多由第四系下更新统南湖组冲击层、上更新统戈壁沙砾层和全新统河湖沼积层组成。盆地南缘山前地带见到少量下更新统冰川堆积层千佛洞和中更新统洪积层三危山，北缘有零星的中更新统砾层。盆地周边为中低山的元古界敦煌群变质岩系，局部成沙山及少量的石炭。区内第四系堆积比较发育，分布极为广泛。

地貌基本轮廓是由构造气候和水文综合作用所形成，第四纪以来三危山急剧上升，盆地相对下降，形成了地貌的基本轮廓。党河河谷和疏勒河河谷分别纵横境内。总的地势是南高北低，自西南向东北倾斜，属低山地形，为甘肃最低县区，平均海拔为1138.7 m。东南部海拔约1700～2300 m，西部冲积平原海拔约1050～1400 m，中部海积平原和北部洪积平原海拔1060～1240 m，西湖自然保护区一带地势最低，最低处约660 m(图7.1)。

7.1.2 河流水系及水资源

敦煌市境内不产流、水系不发育，主要入境河流为党河和疏勒河(图7.1)，均发源于祁连山。另外还有一些小的支流，如通过南部北截山流入盆地的大泉河、洪流沟谷等。

疏勒河发源于祁连山中的疏勒南山及陶赖南山一带，主要受雨洪积融冰、融雪水补给，水量充沛。河水北出祁连山流经玉门折西经瓜州后流至敦煌西湖，20世纪60年代以前，在汛期和冬春季节，疏勒河常有尾水流入境内，向西注入罗布泊。近50 a来上游昌马水库及中游双塔水库的建设和扩建，蓄水量增加，疏勒河下游敦煌境内地表水已全部断流。

党河属疏勒河的一级支流，为境内最大的河流，是敦煌盆地的生命源泉。河水源于祁连山疏勒南山及南北两坡冰川群，主要由冰雪融水补给，年补给量1.375亿 m^3。党河径肃北党城湾流向西北，过沙枣园(今党河水库)，注入市境，全长390 km，汇水面积为16.97万 km^2，年径流量3.193亿 m^3，其支流有发源于南山的大清水沟、大水河及发源于野马山的野马河等。另外，在敦煌南湖乡有常年泉水汇流，多年平均汇流量0.99亿 m^3。近40 a来党河水库建成蓄水并陆续扩建，调节下泄水量，补给下游自然生态系统的水量日益减少。

敦煌盆地的地下水资源主要分布在党河冲洪积扇地带和绿洲分布区，以党河冲洪积扇为地下水赋存较丰富的地带。西湖自然保护区的自然植被不仅得到党河流域地下水的补给，而且也得到了疏勒河流域地下水的补给。近年来，机井大量增加，地下水超量开采，打破了水资源的动态平衡，地下水位下降明显。

泉水主要有大泉河、东水沟、南湖泉水以及悬泉水；湖泊主要是湖沼洼地中的咸水湖、淡水湖，月牙泉为风沙封闭党河古道中牛扼湖的遗址，也叫牛扼湖。

据甘肃省水利厅监测，敦煌市水资源总量为4.67亿 m^3，其中地表水3.87亿 m^3(党河入库2.96亿 m^3，南湖泉水0.62亿 m^3，西水沟、东水沟0.05亿 m^3，其他山水沟0.24亿 m^3)，地下水现状不足0.8亿 m^3。不同业务部门和学者得出的敦煌市可利用水资源量有所差异，但基本维持在4.5亿 m^3 左右(马利邦,2011)。

7.1.3 土壤植被

由于地质地貌、成土母质、气候、水分、植被等因素的差异，形成了敦煌市复杂多样的土壤类型。土壤分为7个土类，24个亚类，25个土属，38个土种。7个土类为灌淤土、潮土、风沙土、棕漠土、盐土、草甸土、沼泽土。其中，灌淤土是在冲积、洪积物基础上经过人为长期耕作、施肥、灌溉落淤形成较为深厚的灌淤层，致使土壤不断发生演变而形成已脱盐的土壤，这种土壤适宜种植各类作物，全市有28.69万亩，占总土地面积的0.6%；潮土类多分布于下游地下水位较高的边缘地带，以郭家堡和转渠口乡为最多，有2.8万亩；风沙土类除南湖乡有较大面积外，党河中下游各乡边缘地带均有分布，共有920万亩，约占总土地面积的19.55%；棕漠土类是在年均温9～12 ℃，降水量不超过50 mm，而蒸发量为降水量的50～80倍以上独特气候条件下发育而成的地带性土壤，共有3009万亩，占总土地面积的29.14%；盐土类分布在市境东、北、西三大荒漠区中，约486万亩，占总土地面积的10.1%；草甸土类分布在后坑子以西湾窑墩的大部分地段、南湖乡上湖和黄水坝下部分耕地及耕作区内部分夹滩上，有91.2万亩，占总土地面积的1.9%；沼泽土类分布在地下水位高、长期积水的湖洼地区，有163.8万亩，占总土地面积的3.41%。

由于气候干旱、日照强烈、风沙较大，使得敦煌地表植被呈现出干旱草原景观及半荒漠和荒漠化景观，反映出植被种类单调、覆盖稀疏、植株低矮等特征。该地区的植被类型大致分为5个植被型组：阔叶林、荒漠、灌丛、草甸、沼泽和水生植被；5个植被型：温带阔叶林、温带荒漠、温带灌丛、盐化草和沼泽；8个植被亚型：温带荒漠落叶阔叶林、小乔木荒漠、灌木荒漠、盐生半灌木荒漠、盐地沙生灌丛、禾草盐化草甸、杂类草盐化草甸和草木沼泽。植被以旱生和超旱生类型为主，红柳、骆驼刺、芦苇、盐爪爪、甘草、罗布麻、顶羽菊等为常见物种。在党河上游的荒漠半荒漠草原上，多分布一些耐盐耐干旱的植物群落，如芨芨草、梭梭等；在绿洲北部边缘至安西西湖乡之间多分布有白刺、红柳、骆驼刺等；在绿洲西部边缘以西的荒漠地带，分布有罗布麻、甘草等灌丛，在疏勒河下游的玉门关、马迷兔一带，分布有稀疏的胡杨、红柳等，低凹处有骆驼刺草甸、芦苇草甸、罗布麻草甸等；在小马迷兔、湾窑墩一带分布有大片的芦苇、罗布麻、甘草等，芦苇在很多地方形成大片群落，为该区域的优势种；在三危山、鸣沙山南部的丘陵地带分布有梭梭、沙拐枣以及一些菊科植物。

7.2 区域气候变化

敦煌市深处内陆，四周被沙漠、戈壁包围，受大气环流、地理位置、地形地貌等自然因素的影响，形成了典型的暖温带大陆性气候。最为明显的气候特征是气候干燥，降雨量少，蒸发量大，昼夜温差大，日照时间长。1951—2020年敦煌年平均气温呈显著上升趋势，平均每10 a升高0.26 ℃；年降水量呈弱增加趋势，平均每10 a增加2.5 mm；年平均风速和相对湿度均呈现出下降趋势；年日照时数呈弱增加趋势；大风、沙尘天气呈明显减少趋势；极端强降水呈增加趋势。

7.2.1 平均气温

1951—2020年敦煌年平均气温为9.9 ℃，年平均气温最高为11.5 ℃(2016年)，最低为8.4 ℃(1967年)，年际波动较大(图7.2)。平均气温最高的月份是7月，为25.2℃；最低的月份是1月，为－8.4 ℃。从年代际变化来看，呈现明显的逐年代升高的趋势：20世纪50年代、60年代、70年代、80年代、90年代分别偏低0.5、0.6、0.6、0.6、0.1 ℃；进入21世纪开始偏高，2001—2010年偏高0.6 ℃，2011—2020年偏高0.9 ℃。从年际变化来看，1951—1995年气温基本为负距平，1996—2020年基本为正距平，敦煌气候变暖主要是从20世纪90年代后期开始（图7.2）。与1951—2000年平均值（9.5 ℃）相比，2001—2020年平均气温升高了1.2 ℃。总体而言，敦煌年平均温度呈现显著升高趋势，平均每10 a升高为0.26 ℃。

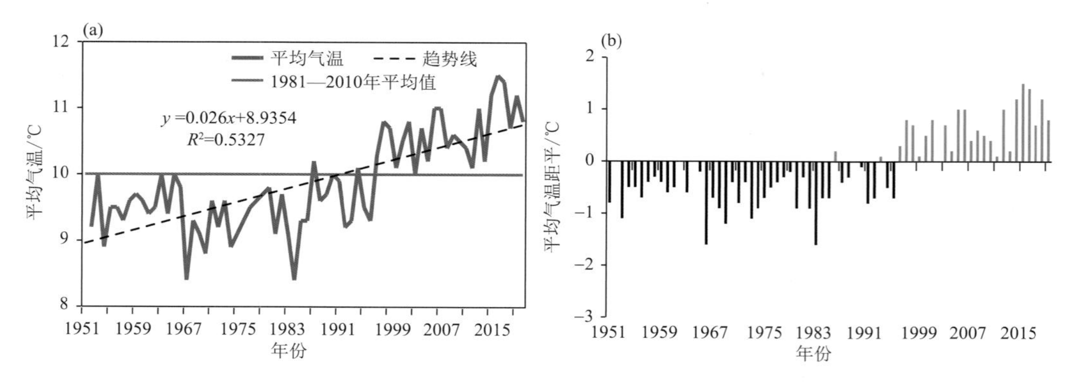

图7.2　1951—2020年敦煌年平均气温(a)及距平(b)历年变化

近70 a(1951—2020年)敦煌春季、夏季、秋季、冬季平均气温分别为12.7 ℃、23.0 ℃、8.1 ℃、－5.4 ℃。四季气温均呈增加趋势，其中春季增温速率最大，为0.30 ℃/(10 a)，其次是冬季和秋季，分别为0.28 ℃/(10 a)和0.21 ℃/(10 a)，夏季的增温速率为0.18 ℃/(10 a)(图7.3)。

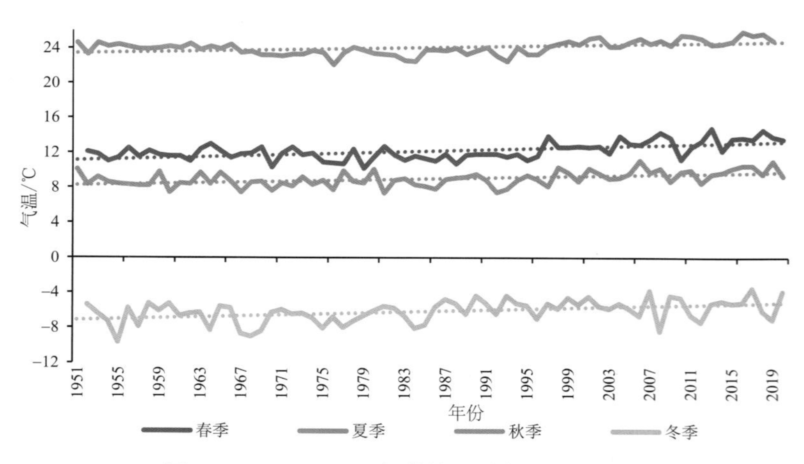

图7.3　1951—2020年敦煌四季气温历年变化

7.2.2　最高、最低气温

1951—2020年敦煌平均最高气温和最低气温分别为18.3 ℃、2.2 ℃，均呈现升高趋势，最高气温增温速率为0.17 ℃/(10 a)，最低气温增温速率为0.32 ℃/(10 a)，最低气温增温速率远高于最高气温（图7.4）。1997—2020年，最高气温和最低气温都为正距平，敦煌气候变暖主要是从20世纪90年代后期开始。与1951—2000年平均最高气温（18.0 ℃）和平均最低气温

(1.8 ℃)相比,2001—2020 年最高气温、最低气温分别升高了 0.9 ℃和 1.5 ℃。

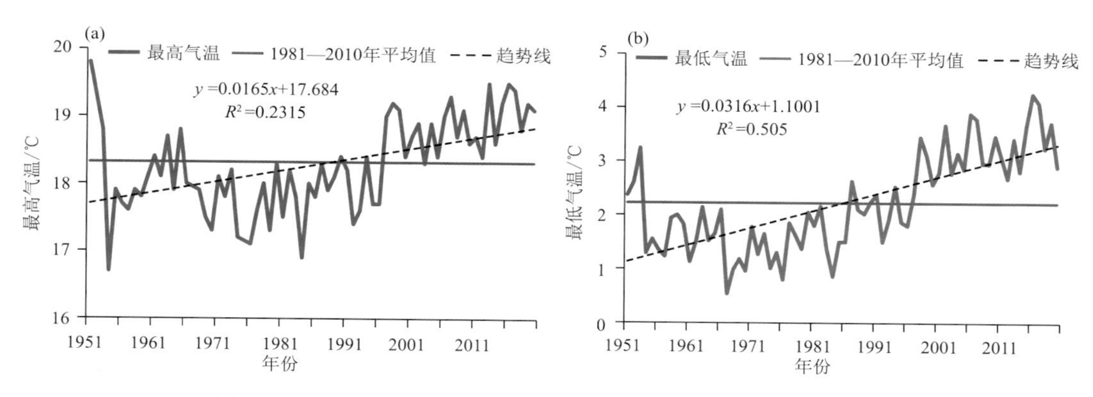

图 7.4　1951—2020 年敦煌最高气温(a)和最低气温(b)历年变化

1951—2020 年敦煌年平均气温日较差为 16.0 ℃,变化倾向率为 −0.15 ℃/(10 a)(图 7.5)。最低气温增温速率远高于最高气温,是导致气温日较差呈现减小趋势的主要原因。与 1951—2000 年平均值(16.2 ℃)相比,2001—2020 年平均气温日较差降低了 0.6 ℃。

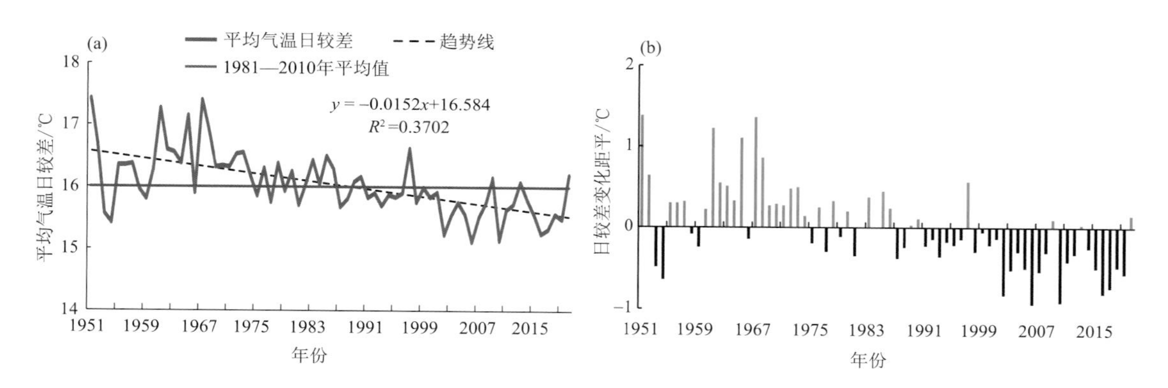

图 7.5　1951—2020 年敦煌平均气温日较差(a)和日较差变化距平(b)变化

7.2.3　降水量

1951—2020 年敦煌平均年降水量为 39.8 mm,最少年降水量为 6.4 mm(1956 年),最多年为 105.5 mm(1979 年),年际波动较大。从年代际变化来看,20 世纪 50—60 年代为少雨期,70 年代降水显著增加,为历史最多年代,20 世纪 80 年代—21 世纪以来,降水呈稳步增加趋势。与 1951—2000 年平均值(37.1 mm)相比,2001—2020 年平均降水量增加了 9.5 mm。总体来说,敦煌年降水量呈微弱增加趋势,平均每 10 a 增加 2.5 mm(图 7.6)。

1951—2020 年敦煌平均年降水日数为 20.4 d,最少年降水日数为 7 d(1960 年),最多年降水量为 34 d(2006 年),年际波动较大。20 世纪 50—60 年代为少雨期,20 世纪 70 年代和 21 世纪前 10 a 降水日数为历史较多时期,其中 2006 年为历史降水日数最多年份(34.0 d)。与 1951—2000 年平均值(19.6 d)相比,2001—2020 年降水日数增加了 2.8 d。总体来看,降水日数呈现出微弱增多的趋势,平均每 10 a 增加 0.7 d(图 7.7)。

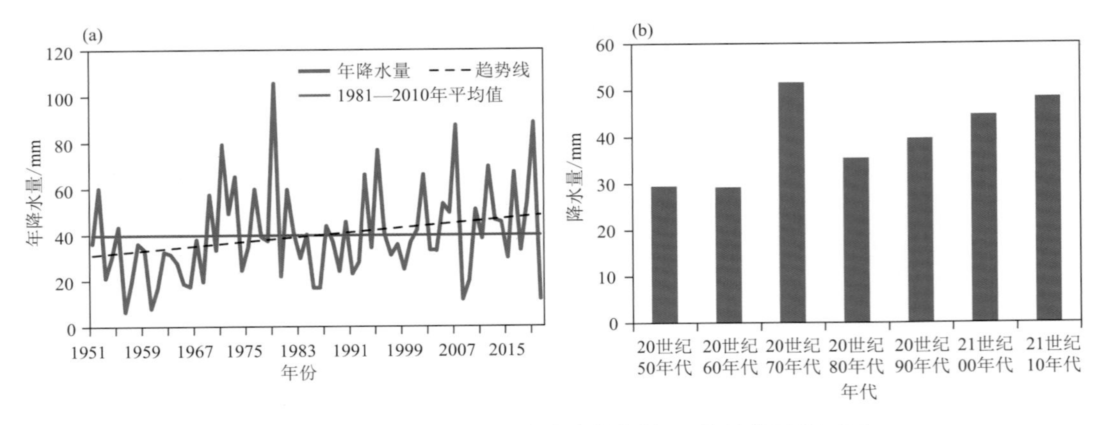

图 7.6　1951—2020 年敦煌市降水量年际(a)及年代际(b)变化

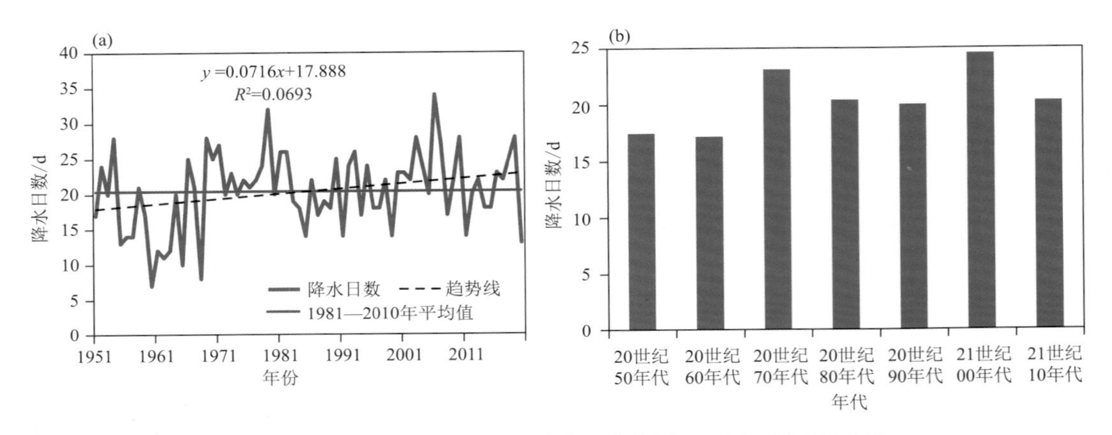

图 7.7　1951—2020 年敦煌市降水日数年际(a)及年代际(b)变化

1951—2020 年敦煌春季、夏季、秋季、冬季降水量分别为 8.2 mm、24.6 mm、4.1 mm、2.8 mm，降水主要集中在夏季和春季，分别占全年降水的 62.1%和 20.6%，均呈现出微弱增多的趋势，平均每 10 a 分别增加 1.2 mm 和 1.1 mm，秋季和冬季增加不明显(图 7.8)。与 1951—2000 年春季、夏季、秋季、冬季平均值(6.3 mm、24.3 mm、3.7 mm、2.5 mm)相比，2001—2020 年降水量分别增加了 6.5 mm、1.1 mm、1.2 mm、1.0 mm。

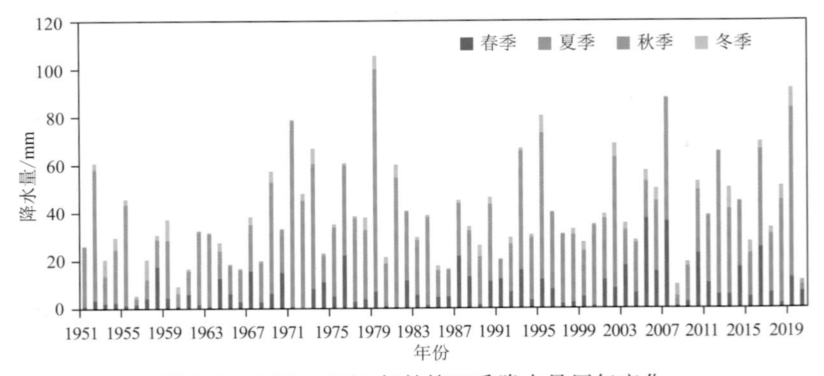

图 7.8　1951—2020 年敦煌四季降水量历年变化

7.2.4 日照

1969—2020 年敦煌年平均日照时数为 3253.7 h,日照时数最少年为 3027.7 h(2014 年),最多年为 3484 h(1997 年)。日照时数最多为 5 月,为 323.5 h(平均每天日照10.4 h),12 月日照时数最少,为 209.5 h(平均每天日照 6.8 h)。从年际变化来看,日照时数 20 世纪 80 年代中期开始增加,90 年代日照时数最多为 3338.6 h;进入 21 世纪后,年平均日照时数呈下降趋势。与 1969—2000 年平均值(3252.6 h)相比,2001—2020 年日照时数增加了 3.0 h。总体来看,敦煌年平均日照时数呈微弱增加趋势(图 7.9)。

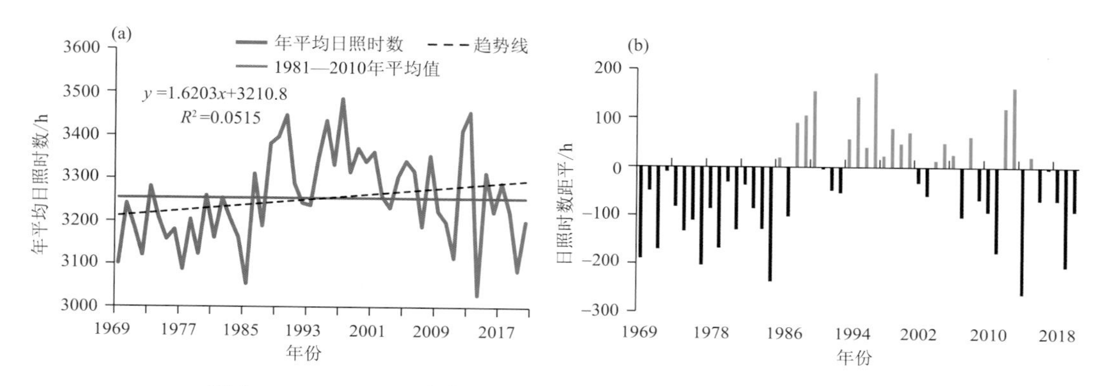

图 7.9 1969—2020 年敦煌年平均日照时数年际(a)及距平(b)变化

7.2.5 风速

1954—2020 年敦煌年平均风速为 2.0 m/s,年平均风速最小为 1.6 m/s(1998 年),最大为 2.8 m/s(1974 年),年际波动较大。从年代际变化来看,20 世纪 70 年代平均风速显著高于常年值,20 世纪 90 年代平均风速最低,进入 21 世纪后,年平均风速呈缓慢增加趋势,但仍低于 20 世纪 70 年代。与 1954—2000 年平均风速(2.1 m/s)相比,2001—2020 年平均风速减小了 0.1 m/s。呈现出微弱减小的趋势(图 7.10)。总体来看,敦煌年平均风速呈减小趋势。

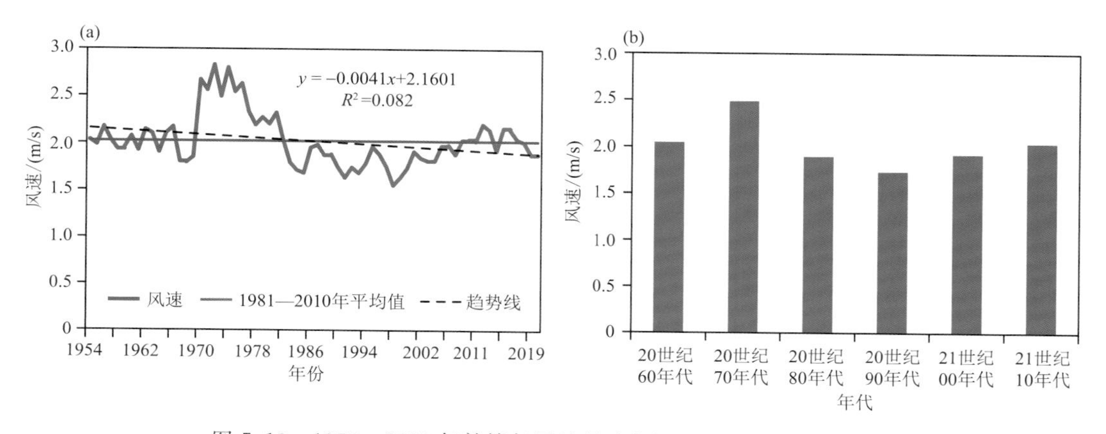

图 7.10 1954—2020 年敦煌年平均风速年际(a)及年代际(b)变化

7.2.6 相对湿度

1961—2020 年敦煌年平均相对湿度为 42%，年平均相对湿度最小为 34.9%(2012 年)，最大为 46.8%(1967 年)，年际波动不大。从年代际变化来看，年平均相对湿度呈现出先增加后减小的趋势：20 世纪 60—90 年代呈现逐步增加趋势，其中 20 世纪 90 年代相对湿度最大为 43.9%；进入 21 世纪后，随着气候变暖，年相对湿度呈减少趋势，2011—2020 年相对湿度最小为 38.6%。与 1961—2000 年平均相对湿度(42.9%)相比，2001—2020 年相对湿度下降了 4.4 个百分点。总体来看，年平均相对湿度呈现出下降趋势(图 7.11)。

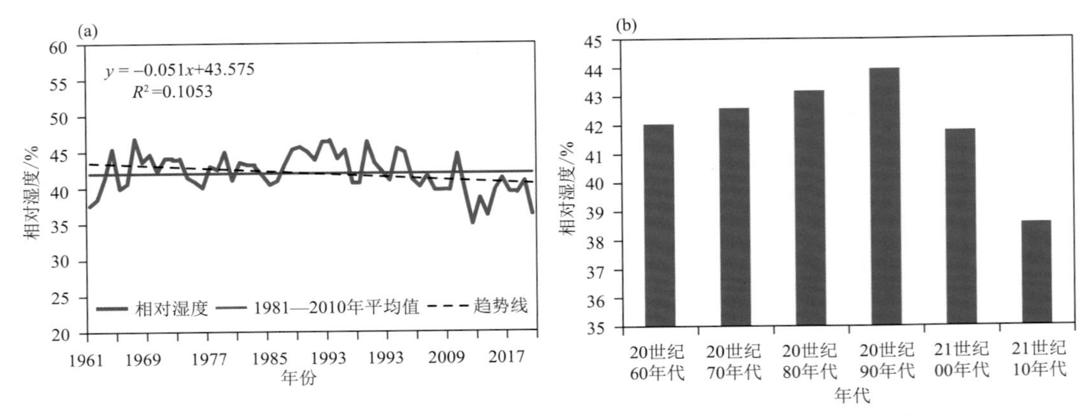

图 7.11 1961—2020 年敦煌年平均相对湿度年际(a)及年代际(b)变化

7.2.7 大风和沙尘暴

7.2.7.1 年代际变化

1951—2020 年敦煌沙尘天气日数呈减少趋势(图 7.12)。20 世纪 50 年代为敦煌地区沙尘天气高发期，年平均出现 165.6 d，其中沙尘天气最多的年份高达 294 d，出现在 1953 年；20 世纪 60—70 年代沙尘天气为近 70 a 中风沙出现频率次高值期；而进入 21 世纪后，敦煌市沙尘天气逐渐趋于减少，年平均为 43.6 d，最少年份出现在 2019 年(9 d)。

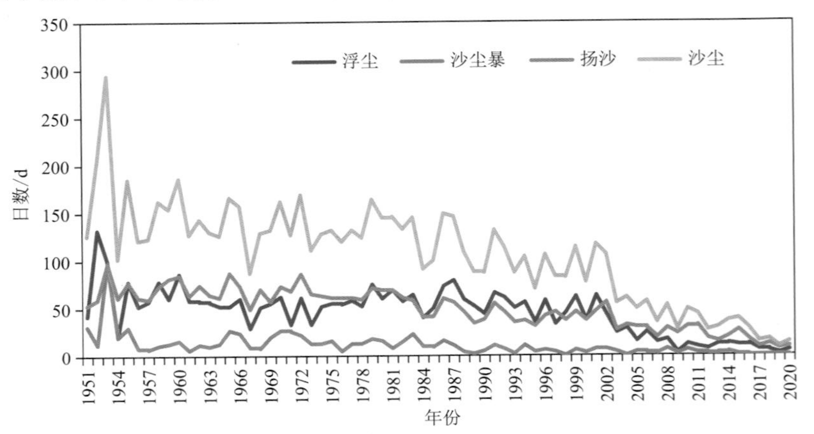

图 7.12 1951—2020 年敦煌沙尘天气日数历年变化

1951 年以来，浮尘天气减少趋势明显，由 20 世纪 50 年代的 70.5 d/a 减少为 2011—2020 年的 8.2 d/a，20 世纪 80 年代为浮尘天气第 2 个高发期，浮尘日数最多的年份为 132 d，最少年份为 2 d。

20 世纪 50 年代，扬沙天气年平均为 70.5 d，2011—2020 年扬沙日数平均为 16.6 d，其中扬沙日数出现最多的是 1953 年，达到 97 d，而 2019 年出现最少为 7 d。

沙尘暴天气减少趋势也较为明显，由 20 世纪 50 年代的 24.6 d/a 减少为 2011—2020 年的 2.6 d/a，1953 年日数最多为 98 d，1998、2004 和 2016—2020 年未出现沙尘暴天气。

7.2.7.2 季节变化

敦煌地区沙尘天气季节性特征明显，其中春季出现频率最高，其次是夏季，秋季最少（图 7.13）。春季浮尘平均日数为 20.8 d，约占年平均浮尘总日数的 45.7%，冬季平均浮尘日数约占年总日数的 22.1%；春季扬沙平均日数为 20.2 d，约占年扬沙总日数的 41%，夏季扬沙平均日数约占年平均扬沙总日数的 28.2%；春季沙尘暴平均日数为 5.4 d，占年沙尘暴总数的 48.9%，夏季沙尘暴日数可占年总日数的 26.3%。1951 年以来，各季节沙尘天气呈减少趋势，其中春季减少幅度最明显。

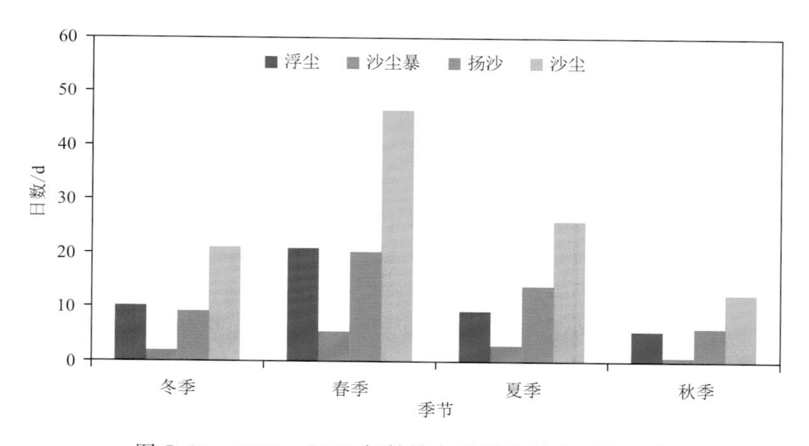

图 7.13 1951—2020 年敦煌各季平均沙尘天气日数

7.2.7.3 月际变化

敦煌地区沙尘天气月变化呈“单峰型”（张世芬，2015），4 月出现扬沙天气日数最多，月平均 7.2 d，11 月最少，为 1.7 d；浮尘天气 3—4 月出现较多，月平均 7.7 d，10 月出现最少，为 1.6 d；3—5 月是沙尘暴高发期，月平均 1.8 d，10 月出现日数最少，仅为 0.2 d（图 7.14、图 7.15）。

7.2.7.4 极端沙尘暴事件

2000 年 6 月 4 日，位于河西走廊西端的敦煌地区受到一次强沙尘暴的袭击（胡泽勇 等，2002）。从 6 月 4 日 19:30 至沙尘暴前缘过境的 6 月 4 日晚 20:30，风速由静风跳至 5～6 m/s 的水平，并保持了 1 h 左右，随后风速突然急增，10 min 内风速的最大增幅达 9.43 m/s 之多，至 6 月 4 日晚 21:40 达到 18.36 m/s 的极大值，而且 16 m/s 以上的强风持续了 40 min 左右。之后，随着这次沙尘暴的过境，风速逐渐减弱。

2014 年 4 月 23 日敦煌遭遇一场特强沙尘暴天气，能见度小于 20 m，风速大于 20 m/s（蔡青青，2017）。23 日 03:00 以前，PM_{10} 浓度为 75～200 $\mu g/m^3$，沙尘浓度较小，08:00 起，PM_{10}

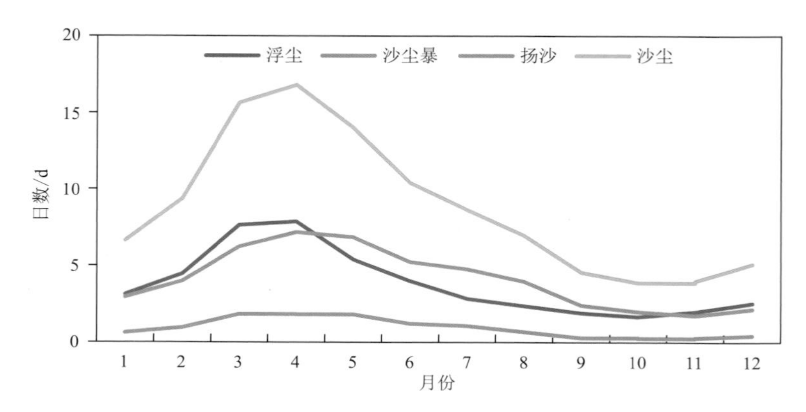

图 7.14　1951—2020 年敦煌各月平均沙尘天气日数

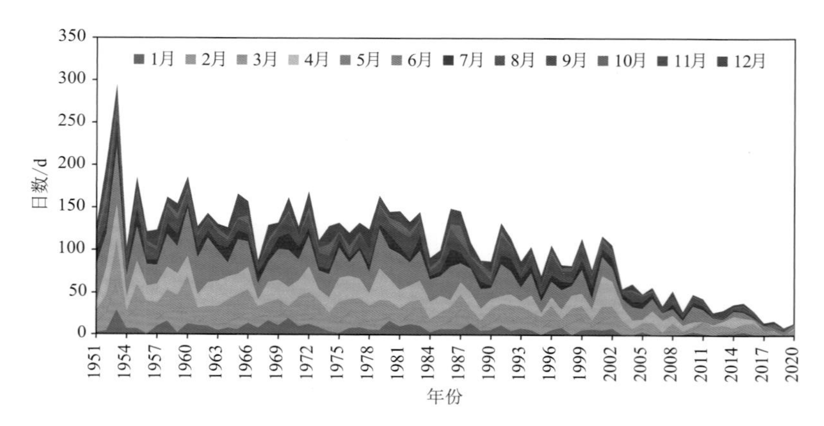

图 7.15　1951—2020 年敦煌各月沙尘天气日数历年变化

浓度迅速升到 1300 μg/m³ 以上，能见度＜1000 m，预示沙尘暴天气开始。14:00，PM_{10} 质量浓度增至 6700～6900 μg/m³，是强沙尘暴天气最强时段，高浓度值持续到 24 日 07:00，随后迅速下降，12:00 PM_{10} 浓度降至 500 μg/m³ 上下，并保持稳定，说明强沙尘暴减弱，趋于结束。

7.2.8　极端强降水

7.2.8.1　年代际变化

根据敦煌历年日降水排位，采用百分位相对指数法确定敦煌极端日降水阈值为17.9 mm。1951—2020 年共有 11 次日降水超过极端日降水阈值，其中最高值为 31.3 mm，出现在 2016 年 8 月 17 日，次高值为 30.8 mm，出现在 2002 年 6 月 7 日，均出现在 21 世纪，极端降水量以 3.8 mm/(10 a)的速率呈增加趋势。从年代际变化来看，极端降水频次也呈现增加趋势，20 世纪 50 年代出现 1 次，70 年代共发生 4 次，60 年代、80 年代和 90 年代没有出现极端降水，21 世纪以来共发生 6 次，平均每 10 a 发生 3 次(图 7.16)。

7.2.8.2　年变化

1951—2020 年敦煌 11 次强降水事件主要发生在 4—8 月，其中夏季(6—8 月)发生频次占全年强降水事件的 80%以上(图 7.17)。7 月发生次数最多，共出现 4 次，分别发生在 1971

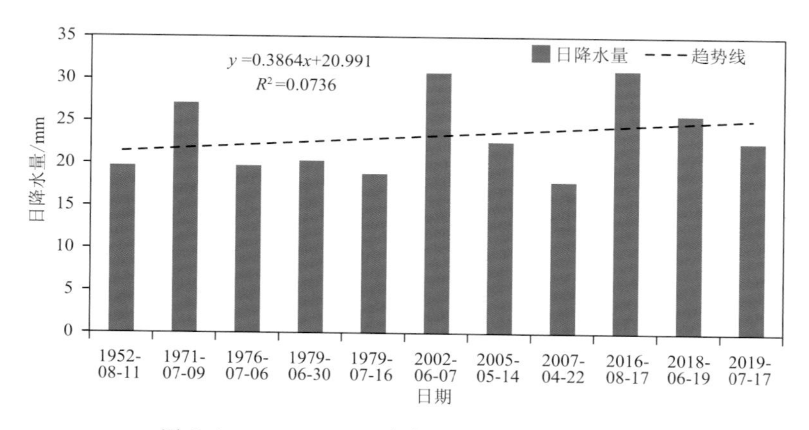

图 7.16　1951—2020 年敦煌历年极端降水事件

年、1976 年、1979 年和 2019 年；其次为 6 月发生 3 次，分别发生在 1979 年、2002 年和 2018 年；8 月发生 2 次，分别为 1952 年和 2016 年；4 月和 5 月均发生 1 次，分别发生在 2007 年和 2005 年。

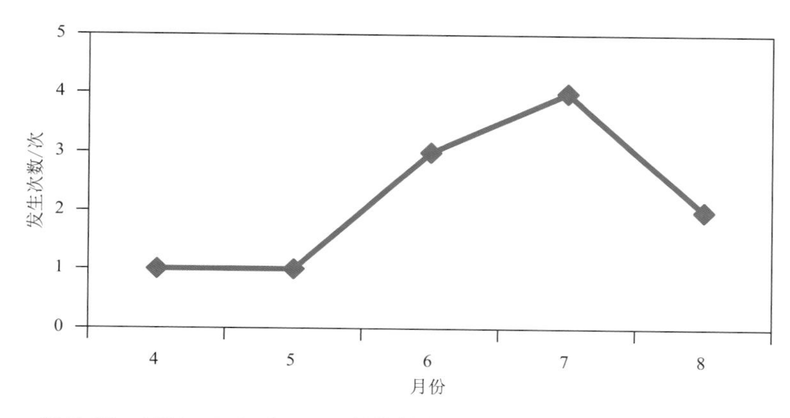

图 7.17　1951—2020 年 4—8 月敦煌极端降水事件发生次数逐月变化

7.2.8.3　日最大降水年际变化

1951—2020 年敦煌日最大降水量平均为 11.2 mm，其中最高值出现在 2016 年(31.1 mm)，最低值出现在 1956 年(1.7 mm)，整体呈波动增加趋势，增加速率为 0.9 mm/(10 a)。从年代际变化来看，日最大降水量在 20 世纪 50—90 年代呈现先增加后减小的趋势，其中 70 年代最高，21 世纪以来日最大降水量明显增加，2016 年出现最高值 31.1 mm，2002 年出现次高值 30.8 mm(图 7.18)。

7.2.8.4　极端强降水事件

强降水事件增多，容易引发洪水、滑坡、泥石流等自然灾害，对生态环境产生一定的破坏作用。由于敦煌位于内陆东南季风的强弩之末与西部新疆西风带影响的尾段，界于南部海拔高达 4000 m 以上的祁连山、阿尔金山与北部 2500 m 左右马鬃山之间，每年汛期受到来自祁连山北坡肃北和阿克塞暴雨洪水威胁，历史上发生多次极端降水事件。根据《中国气象灾害大典 · 甘肃卷》(温克刚 等，2005)记载，1971 年 7 月 7—12 日，敦煌降水 60 mm，为该地年降水量的两倍

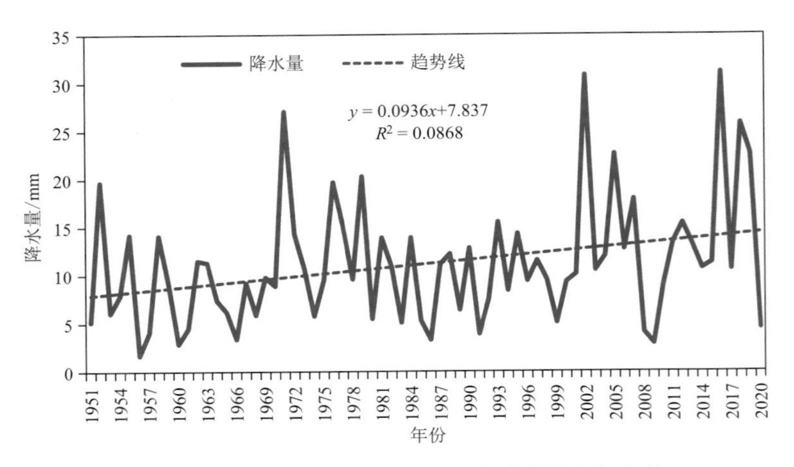

图 7.18　1951—2020 年敦煌日最大降水量历年变化

多，农田、房屋、公路和邮电线路遭受不同程度的损失；1979 年 7 月 27 日敦煌、阿克塞、肃北三县交界处的独山子一带降大、暴雨，雨量 131 mm，党河水库副坝倒塌，敦煌县有 70% 范围倒塌。

2011 年 6 月 15 日肃北县、敦煌市等地有大暴雨出现，据有关资料显示，此次暴雨是肃北县 1973 年有气象资料来降水量最大、最集中的一次降雨，在以干旱少雨著称的甘肃河西戈壁地区，如此大的降水量实属罕见。由于此次暴雨很大，党河水库超过了汛限水位 2.92 m。截至 16 日 08 时，肃北县的总降雨量已经有 63.4 mm，由于这次大暴雨的影响，窟前大泉河发生洪水，多处路面被冲断，很多房屋倒塌；莫高窟大桥的防洪坝也被冲毁，洪水淹过河堤冲向窟区北面地势较低的地带，几处洞窟出现崖壁渗水，崖面沙石坠落。洪水还破坏正在建设当中的莫高窟游客接待中心，施工现场的积水深达 1.1 m 左右。持续的暴雨使得窟区空气湿度瞬间上升很多，已超过规定标准，因此，莫高窟不得不暂时关闭，保护窟内文物的安全。

2012 年 6 月 4—5 日两日肃北县、敦煌市先后出现特大暴雨，此次强降雨来势凶猛、雨强很大，在很短时间内就引发窟前大泉河出现洪水，致使景区一度处于高风险中。据相关新闻报道，这次的暴雨过程先是肃北开始降雨，然后降雨从南到北转移，敦煌地区也开始强降雨。由于雨强极大，来不及入渗，降水迅速汇集，大泉河发生洪水，当时流量一度达到 566 m^3/s。这次的强降雨是近几十年来最大的一次，就 6 月 5 日单日降水量就达到 93.8 mm，达到了大暴雨标准，刷新了历史纪录。本次大暴雨给敦煌地区和莫高窟地区造成了严重的损坏，导致窟区景点被迫关闭。大泉河洪水冲毁了窟区的一个桥梁，导致交通一度中断；市区多处路面被暴雨冲毁，房屋倒塌，电线杆也倒了，通信中断，当时情况非常紧急。大泉河洪峰时洪水冲倒了窟前的几处防洪堤栏杆，洪水进入窟区南端，淹没了几处办公区房屋，大量的储备物资被洪水浸泡淹没。由于当地政府积极组织防洪抢险，及时挡截洪水，洪水并没有进入洞窟，莫高窟幸免于难，但是窟区景点暂停开放。

2019 年 7 月 6—7 日敦煌莫高窟遭遇多次突发性强降水，降水量达 40.4 mm，引发崖面冲沟，造成部分洞窟出现渗漏现象，直接影响文物本体安全，且潜在的最大危害是强降雨使洞窟温湿微环境发生较大波动，导致壁画及塑像病害的深度恶化。2019 年 7 月 17 日，敦煌莫高窟窟区雨势加大，湿度较大，洞窟崖体有零星碎石掉落。为确保窟区文物及游客安全，经敦煌研究院莫高窟开放管理委员会决定，17 日莫高窟暂停开放，启动洞窟暂停开放应急预案。

7.3 气候变化对区域生态的影响

7.3.1 荒漠

荒漠是指植被稀疏、矮小，土壤贫瘠、厚度较薄、甚至母质基岩裸露地表，并具较大分布面积的地理景观或地貌类型，通常分布在降水稀少，蒸发力大，风力侵蚀、搬运、堆积作用十分活跃的干旱半干地区。荒漠是我国干旱、半干旱地区的典型原生生态系统，具有独特的结构、功能与服务。敦煌大部分土地为荒漠戈壁，几乎寸草不生，2007 年荒漠面积占全境面积的 97.31%，形成了荒漠包围绿洲的独特景观格局。以 1987、1990、1996、2000 和 2007 年五期 Landsat-TM 遥感影像资料，分析了敦煌荒漠景观的时空演变特征（马利邦，2011）。

7.3.1.1 年际变化

1987—2007 年敦煌荒漠一直处于持续增加的状态（图 7.19），其面积由 1987 年的 22757 km^2，增加到 2007 年的 23188 km^2，近 20 a 间荒漠面积增加了 431.4 km^2，年均增加 21.57 km^2。1987—1996 年荒漠面积增加 38.3 km^2，年变化量 1.9 km^2/a，变化幅度为 0.17%，处于缓慢增加阶段；1996—2007 年荒漠面积迅速增加，增加面积为 393.04 km^2，年变化量 19.65 km^2/a，变化幅度为 1.73%。1995 年之后，随着敦煌市人口数量增加、棉花价格上涨，部分天然绿洲区转变为耕地，耕作区面积迅速扩大。随之而来的是水资源消耗的增加，地下水超载、下游天然植被由于得不到水源的补给而枯死，荒漠化现象加重（马利邦，2011）。

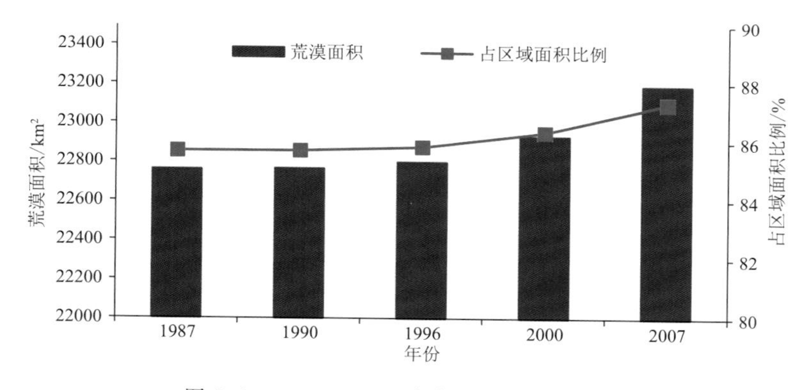

图 7.19　1987—2007 年敦煌荒漠面积变化

7.3.1.2 空间变化

从空间变化上来看（马利邦，2011），1987—2007 年荒漠呈现从斑块边缘向外逐渐扩张，荒漠化面积不断增大。将疏勒河在敦煌市境内的主体绿洲按河流走向分为上游、中游和下游三个部分（以下简称敦煌绿洲上、中、下游）（图 7.20）。

从图 7.21 可知，在 1987—2007 年间，上游耕作区、城建用地和荒漠区面积大量增加，水域湿地、高覆盖度草地和灌木林地面积急剧减少，中、低覆盖度草地面积先增后减，表明人口的增加及不合理的土地利用方式如荒草地开垦、灌木林地砍伐等使得维系荒漠绿洲生态平衡的林

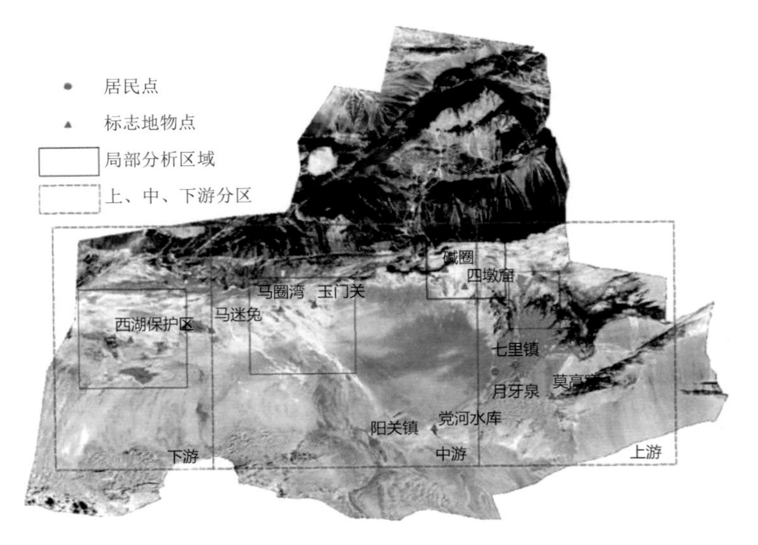

图 7.20　敦煌市上、中、下游分区示意图(马利邦,2011)

地、草地、水域湿地面积减少,造成天然植被退化。

中游耕作区和低覆盖度草地呈增加趋势,荒漠区面积变化不大。

下游主要为西湖国家自然保护区,荒漠区面积急剧扩大,水域湿地、低覆盖度草地面积大量减小,中、高覆盖度草地面积变化趋势相反,反映了中、下游地区由于河水断流、地下水位下降及湖泊干涸引起地表植被退化、土地荒漠化,生态环境遭到严重破坏。

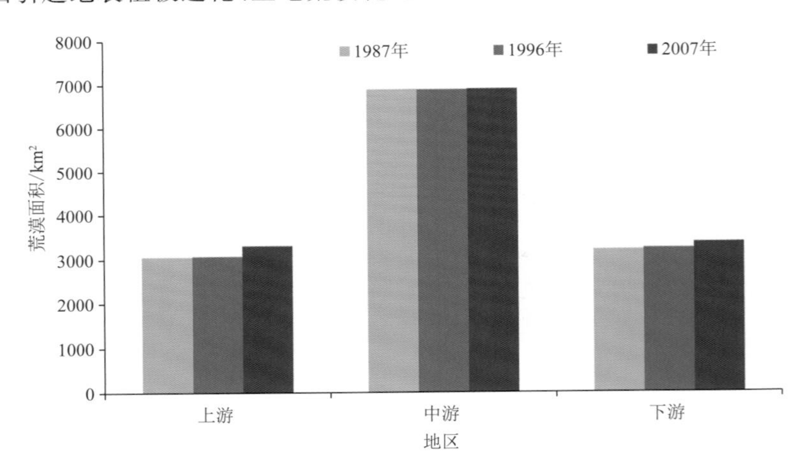

图 7.21　1987—2007 年敦煌上、中、下游荒漠面积变化

7.3.2　绿洲景观

绿洲是在荒漠区适宜多种生物共同生息的区域。由于具有水、土、气等资源良好的组合优势,对生命系统具有较高的承载能力,因而成为干旱区人们赖以生存和发展的物质基础。绿洲具有不稳定性,它总是在自然和人为因素的作用下处于动态变化之中。

敦煌绿洲是古丝绸之路上的一个文化中心,也是重建现代丝绸之路的重要节点。敦煌绿洲主要由疏勒河和党河滋润，水到之处形成了平原绿洲，主要由两部分组成：疏勒河下游西湖自然保护区及支流低洼处，基本上以湿地为主；党河冲积平原绿洲区自西南向东北展开，以人工绿洲为主，具有其独特的扇形绿洲结构（图 7.22）。在敦煌绿洲生态系统中，水浇地和林地是绿洲的主体，而盐碱地和沙地的进退则是关系绿洲退化与稳定性的关键。从土地覆被的观点来看，水浇地、林地、盐碱地、沙地和裸岩石砾地为敦煌绿洲土地覆被的主要构成要素。

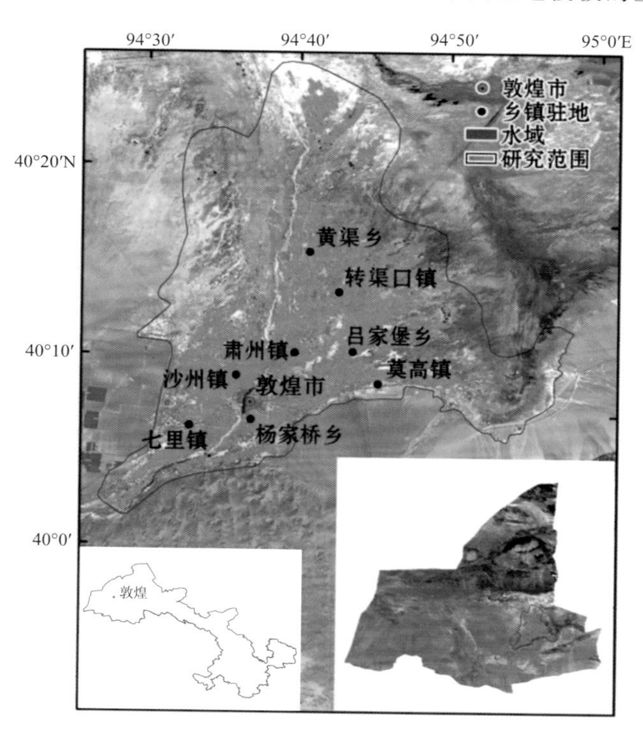

图 7.22 党河冲积平原绿洲分布（张秀霞 等，2017）

在全球环境变化的大背景下，由于经济的快速发展及人口的增多，近几十年敦煌绿洲的生态与环境渐趋恶化，湿地逐渐萎缩，天然植被逐渐减少，二者减少必然导致土地荒漠化、盐碱化加剧，从而威胁绿洲生态系统。利用 1986—2015 年 Landsat-TM 遥感影像资料，分析了敦煌绿洲景观的时空演变及景观格局特征（张秀霞 等，2017，2018）。

7.3.2.1 年际变化

1986—2015 年间敦煌绿洲一直处于持续增加的状态（张秀霞 等，2018），其面积由 1986 年的 307.70 km^2，增加到 2015 年的 432.96 km^2，近 30 a 间绿洲面积增加了 40.71%。1995—2005 年绿洲规模迅速增加，增加面积为 111.25 km^2，约占 1995 绿洲面积的 1/3，人工绿洲的变化决定了整个绿洲的变化趋势（图 7.23）。

近 30 a 主要表现为扩张趋势，扩张面积总体大于退缩面积，在 2005 年之前，扩张速度呈递增趋势，2005—2015 年扩张速度递减；相反，绿洲的面积退缩速度以 2000 年为节点，表现为先降后增。从整体上看，绿洲扩张与退缩并存，绿洲扩张度远大于退缩度，近 30 a 绿洲朝着规模增大的方向发展。

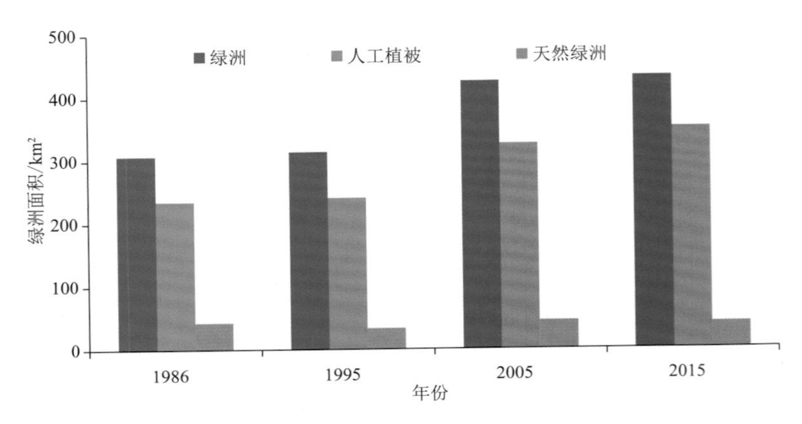

图 7.23　1986—2015 年敦煌绿洲面积变化

7.3.2.2　方向变化

如图 7.24 所示(张秀霞 等,2017),绿洲面积扩张整体在东北、北、东方向大于其他各个方向。说明 1986—2015 年,该方向的绿洲面积扩张明显,致使在空间上表现为绿洲重心逐渐向东北偏移。源于敦煌绿洲特殊的地理位置,东、西及南面多为戈壁和沙漠包围,不利于绿洲扩张,而向东北及北分布有长势较好的荒漠草地及盐碱地,为绿洲扩张提供了基本条件。

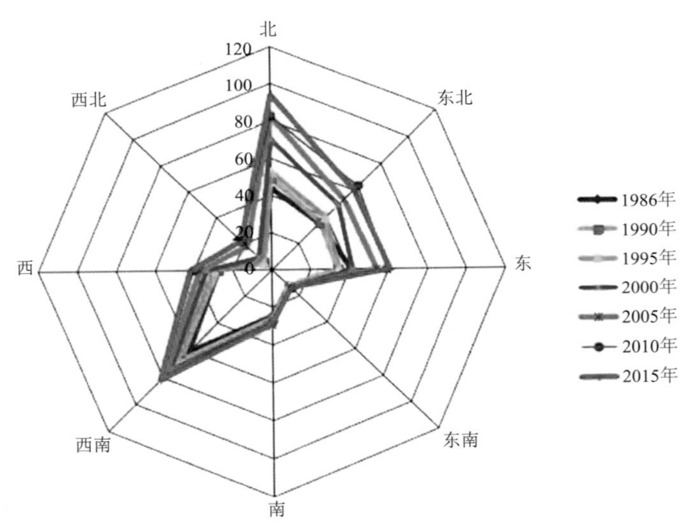

图 7.24　1986—2015 年敦煌绿洲扩展雷达图(张秀霞 等,2017)
(图上数值代表各个方向上绿洲增加的面积,单位为 km^2)

7.3.2.3　时空变化

张秀霞等(2017)研究指出,绿洲稳定区域分布于敦煌各乡镇驻地,而边缘区域呈现扩张与退缩的波动状态。绿洲扩张方式主要以外围外延式扩张为主,内部则表现为原有空隙的填充。绿洲扩张建立在人工绿洲增加、天然绿洲萎缩的基础上。外围扩张区域主要在黄渠乡、转渠口镇、郭家堡乡、五墩乡东北边缘区域的天然绿洲及绿洲荒漠过渡带。内部扩张区域主要分布在古河道的荒滩或复杂绿洲斑块之间，规模大小不一。从时间尺度上，1986—2015年绿洲有不同程度的扩张，而扩张速度最快集中于1995—2000年、2000—2005年、2005—2010年3个时间段内(图略)。

绿洲退缩主要发生在绿洲与荒漠的边缘过渡带，此处多为天然绿洲开垦为人工绿洲，主要受水资源的影响，农垦地的废弃、复垦等现象的反复发生，造成绿洲分布的破碎化和不稳定化(图略)。

7.3.2.4 格局变化

1986—2015年绿洲景观格局发生了明显的变化(表7.1)(张秀霞 等，2017)，斑块数(PN)先减少后又呈明显的增减变化，说明以小斑块增加，逐渐融合为大斑块，绿洲趋于连片。斑块密度显示了单位面积的斑块数，整体上看有减小趋势，表明小斑块有向大斑块靠拢趋势。边缘密度有先减小后增加的趋势，说明绿洲边缘有明显的斑块扩张。周长—面积分维数(PAFRAC)在1.3296～1.3567之间，接近于1，说明斑块的形状较为简单，表明易受人为干扰。绿洲聚集度(AI)整体值接近于100，有逐渐增加的趋势，表明斑块聚集更加紧密，连通性更好。

表7.1 敦煌绿洲景观空间格局特征

年份	斑块数(PN)	斑块密度(PD)	边缘密度(ED)	周长—面积分维数(PAFRAC)	景观分割度(DIVISION)	绿洲聚集度(AI)
1986	526	2.0989	0.0156	1.3296	0.5909	97.1112
1990	543	2.1052	0.0058	1.3504	0.6001	97.0296
1995	405	1.4849	0	1.3412	0.2873	97.3200
2000	446	1.3951	0	1.3307	0.2159	97.5229
2005	665	1.8157	0.0180	1.3567	0.2545	97.5465
2010	493	1.4862	0.0102	1.3327	0.2536	97.5568
2015	604	1.5002	0.0291	1.3330	0.3027	97.7348

7.3.3 湿地

敦煌西湖国家级自然保护区东距敦煌市100余千米，地处东经92°45′～93°50′、北纬39°45～40°36′之间。保护区位于罗布泊的西南侧，西接库姆塔格沙漠，南侧和北部分别是阿克塞自治县和新疆，面积共计约6634 km^2(图7.25)。西湖保护区的面积大约占敦煌市全部管辖范围的五分之一，是我国西北内陆一个重要的湿地生态系统，对敦煌市的生态安全有重要意义。保护区内共有大马迷兔、天桥墩、火烧湖、艾山井子、后坑子等16处湿地，该地区的湿地主要分永久性湿地和季节性湿地两类，芦苇沼泽湿地是湿地组成当中的主要部分，约占湿地总面积的1/3，其余的湿地多为面积较小的湖泊等。该区湿地是敦煌市湿地系统的主要组成部分，因此，西湖湿地的演变对敦煌市的生态环境有着重要的影响。

近年来，在自然和人文双重条件的作用下，西湖保护区湿地的生态环境正逐渐恶化，湿地面积呈现减少的趋势。同时，植被退化、沙漠化及荒漠化的趋势也日益严重。选用1980、1986和1990年的TM影像，2000年的ETM影像，2008年的中巴资源卫星数据及2013年的环境星影像，分析了敦煌西湖国家级自然保护区湿地景观的时空演变特征(段浩，2015)。

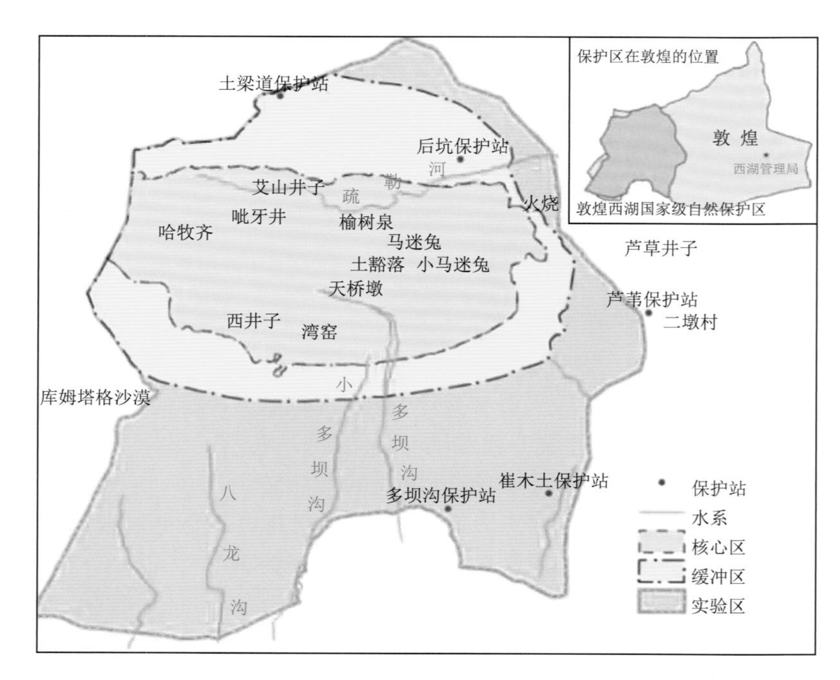

图 7.25　敦煌西湖国家级自然保护区功能区划图(张秀霞,2018)

7.3.3.1　湿地面积年际变化

从 1980—2013 年间西湖保护区的土地利用转移矩阵可知(表 7.2),保护区湿地面积从 1.72 万 hm^2 减少到 0.99 万 hm^2,平均削减速度为每年 0.02 万 hm^2,退化速度呈现先快后慢

表 7.2　1980—2013 年间西湖保护区的土地利用转移矩阵(段浩 等,2015)　单位:hm^2

1980 年	2013 年												
	有林地	灌木林地	高覆盖度草地	中覆盖度草地	低覆盖度草地	沙地	戈壁	盐碱地	湿地	裸土地	裸岩石砾地	平原区旱地	总计
有林地	30												30
灌木林地		1210	1210	6						105		449	2980
高覆盖度草地			6502	502	134							438	7576
中覆盖度草地				11512	1536			29					13077
沙地					2	278610	325						278937
戈壁							196600						196600
盐碱地					65		9	94050					94124
湿地			4791	1734	486	314			9901				17226
裸土地										67	17		84
裸岩石砾地											20314		20314
平原区旱地												187	187
总计	30	1210	12503	13754	2223	278924	196934	94079	9901	172	20331	1074	631135

再加快的趋势。该区湿地绝大多数为沼泽湿地，故沼泽湿地的变化趋势与湿地总面积的变化趋势大体一致，其面积由 1.70 万 hm^2 缩减为 0.98 万 hm^2。湖泊湿地面积有限，整体上也呈现出萎缩的态势，湖泊面积由 189 hm^2 减少到 97 hm^2，但在 2000—2008 年间有小幅上升的趋势。在 1980—2013 年间，西湖保护区内各土地利用类型的变化主要表现在：湿地面积显著减少，其中，湿地总面积的 27%转变为高覆盖度草地，10%转变为中覆盖度草地；低覆盖草地有 5%转化为沙地；中覆盖度草地中有 12%转化为低覆盖度草地；另外，还有 6%的高覆盖度草地变为中覆盖度草地，5%变为平原区旱地等。总之，保护区内湿地退化后逐渐转化为草地，而后退化为沙地，加剧荒漠化，在草地间存在着覆盖度由高到低的转化过程。

西湖自然保护区沼泽湿地的变化决定了总体湿地的面积变化趋势，湿地整体呈现出减少趋势(图 7.26)。在 20 世纪 90 年代期间，湿地的演化区域稳定，退化速度减缓，表明在该时期内保护区的自然水源补给与消耗相对平衡。在进入 21 世纪后，当地的社会发展加快，农业发展迅速，湿地退化速度又显著增加。这一演化规律可为当前湿地的保护和管理提供借鉴，同时也说明了在内陆干旱区，控制工农业及生产生活用水量，压缩地下水的开采对湿地保护有着积极作用。

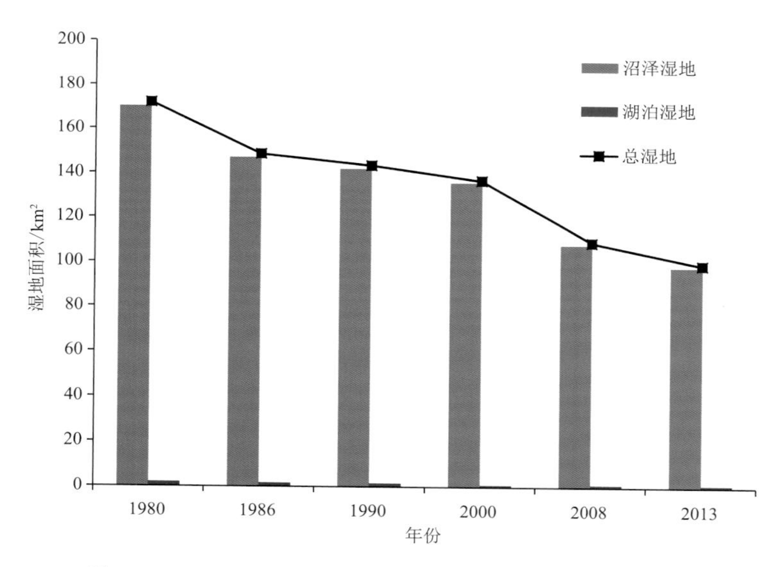

图 7.26　1980—2013 年西湖自然保护区湿地面积历年变化

7.3.3.2　湿地水体面积年内变化

2013 年在非冰冻期内水体的面积呈逐渐递减的趋势(段浩，2015)。在春季因气温较低，潜水蒸发强度低，地下水水位处于高水位，泉水溢出量大，湿地因泉水补给而能保持较大的面积，面积达 2.4 km^2 左右；到夏季气温升高，蒸发强烈，地下水水位下降，泉水溢出量衰减，导致湿地水体范围萎缩；到秋季后，地下水水位逐步抬升，湿地水体也缓慢扩展，水体面积维持在 1 km^2 以下(图 7.27)。

7.3.3.3　空间格局年际变化

段浩(2015)研究表明：在 1980—2013 年间，保护区湿地的斑块数从 32 个增加到了 51 个，但在这个时段内湿地的总面积是在不断减小的，故斑块数量的提高不是因为在原有的湿地范围之外又产生了新的斑块，而是原有斑块的破碎导致；平均斑块面积由 1980 年的 5.37 km^2 下

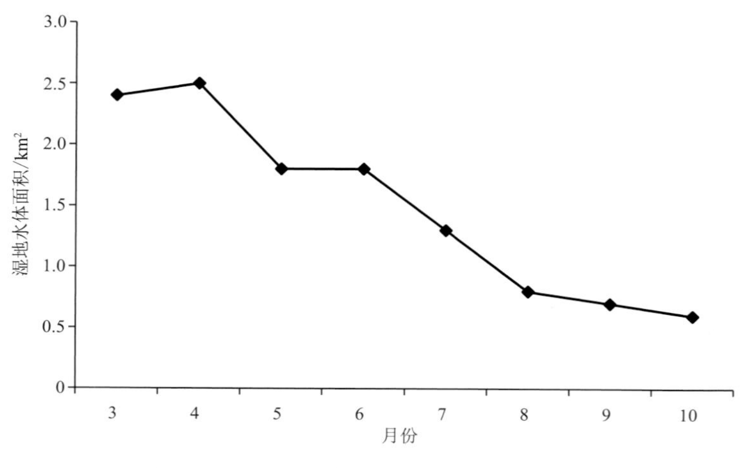

图 7.27　2013 年西湖湿地水体面积年内变化

降到 2013 年的 2.13 km²；斑块的平均周长从 9.98 km 减少至 6.31 km；斑块最大面积从 61 km² 下降到 32 km²，湿地演化呈破碎化趋势(表 7.3)。

表 7.3　西湖保护区湿地景观单元特征指数

年份	斑块总数/个	斑块总面积/km²	斑块最大面积/km²	斑块最小面积/km²	斑块平均面积/km²	斑块平均周长/km
1980	32	172	61	0.14	5.37	9.98
1986	35	149	57	0.49	4.25	9.63
1990	41	144	54	0.48	3.57	8.37
2000	45	137	49	0.48	3.24	7.39
2008	48	109	34	0.48	2.29	6.60
2013	51	99	32	0.48	2.13	6.31

通过对湿地分布质心的计算分析，表明湿地分布质心坐标向西南方向移动了 11.59 km，说明受保护区东部城市发展的影响，湿地呈整体向西南缓慢移动的趋势(图 7.28)。

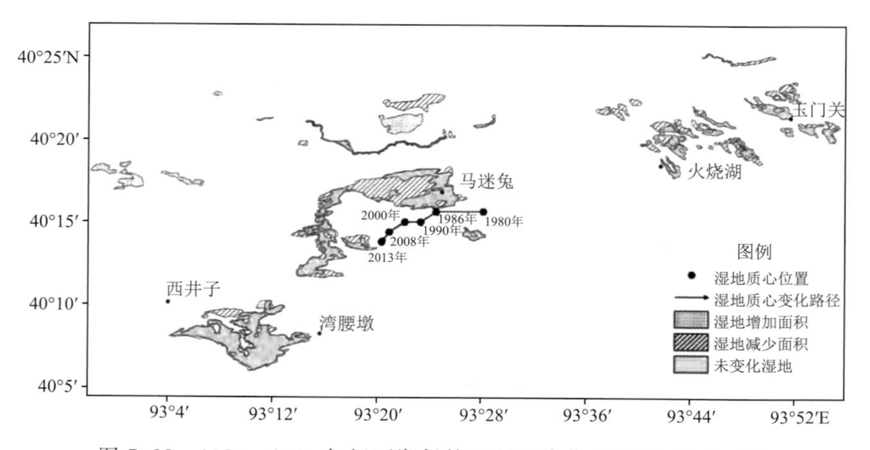

图 7.28　1980—2013 年间西湖保护区湿地演化过程(段浩，2015)

受保护区东部敦煌市发展的影响，东部的湿地出现较大比例的退化，原有湿地的减少比例达到70%。双塔水库修建后，疏勒河径流无法到达湿地内部。受此影响，中北部湿地退化明显并有向南推移的趋势。西南部湿地接受发源于阿尔金山的崔木土沟、多项沟、东水沟、西水沟等河流来水和地下水补给，相对稳定。新增湿地主要集中在原有湿地的西部地区。

湿地的退化，是气候变化和社会发展综合作用的结果。西湖保护区内生态脆弱，并且在研究时段内社会发展不断加速，造成了湿地的持续退化。从退化过程上来看，西湖湿地的退化主要体现在天然沼泽地的减少，而且退化过程伴随着斑块的破碎化加剧。保护区东部敦煌市近年来发展迅速，耕地面积由20世纪90年代的270 km^2增加到约320 km^2，2013年国内生产总值较20世纪80年代初增加了168倍，城市的不断发展导致了湿地向西南方向移动的现象。

7.3.3.4 空间格局年内变化

段浩(2015)研究表明，在2013年初湿地的水体分布较广，在湾腰墩及马迷兔等保护区的中部地区均有较大范围的水体分布；而到了蒸发强烈的夏季，保护区中部和西部的水体逐渐干涸，只存有沼泽、泥沼等湿地景观(如保护区西部西井子附近、核屯、核心区马迷兔附近)。如保护区最西部的西井子附近的水体，在6月之后便由蒸发消耗完。而保护区东北部的火烧湖、玉口关等地区在进入秋季之后还能留有少量的水体。

西湖湿地的水体分布在年内具有较大的差异性。在空间分布上，保护区西部及中部的水体范围在夏季逐渐干涸，东部及北部的水体可常年有水。地下水是保护区湿地主要的补给来源。保护区南侧的地下水位观测数据显示，该地区的地下水位在年内呈持续下降的趋势，而在偏北部的地下水位观测显示，地下水位年内的变化较为平稳。而西井子、湾腰墩等处于整个保护区的南部，玉口关位于北部，因此，地下水位的年内变化是湿地内水体分布产生区域差异的可能原因之一。另外，在核屯、核心区马迷兔、湾腰墩一带的植被较多，到夏季后蒸散发强烈，耗水量较大，这也加速了这些地区地表水体的消耗。

7.3.4 地下水位

敦煌地下水主要来源于河水渗漏、山区冰雪消融水以及南北地下水的侧向径流补给。依据其赋存空间、水理性质和水动力特征等条件，主要分为基岩裂隙水、碎屑岩类孔隙—裂隙水以及松散岩类孔隙水3种类型。其中，松散岩类孔隙水是研究区最主要的地下水分布区，而基岩裂隙水只分布于北山和走廊中山区，在北山山间盆地仅少量分布有碎屑岩类孔隙—裂隙水。

20世纪60年代以后，随着人口的增长，种植面积不断扩大，敦煌盆地下游需水量也在不断增加，人们纷纷打井利用地下水保证农业生产。1971—1987年敦煌市仅有机井400余眼，这一时期年开采地下水量不超过1000万m^3。1987年后，机井数量逐年增加，到1997年机井数量已发展到了1134眼，地下水的开采总量为4123.72万m^3，是1987年的4倍多；2007年敦煌盆地机井发展到3217眼，其中农业用井2695眼，年开采地下水近1.308亿m^3，地下水严重超采，导致地下水补、排失衡。2007年以后，地下水开采量逐年减少，到2019年机井发展到3231眼，地下水开采量为6440万m^3，与2007年相比机井增加14眼而地下水开采量减少了一半。地下水开采量的减少，区域地下水位开始上升。

7.3.4.1 城区地下水位年际变化

根据城区不同观测井多年地下水位观测可知(张喜风，2015)：1984—2005年城区地下水位以 0.26 m/a 速率下降，从 1984 年 12.6 m 下降到 2005 年的 17.8 m，21 a 间地下水位共下降了 5.2 m；2006—2015 年以 0.24 m/a 速率缓慢下降，从 2006 年的 18.7 m 下降到 2015 年的 21.1 m，下降了 2.4 m；2015—2020 年城区地下水位处于稳步上升的阶段，从 2015 年的 21.1 m上升到 2020 年的 18.1 m，5 a 间共上升了 3.0 m，上升速率为 0.5 m/a(图 7.29)。

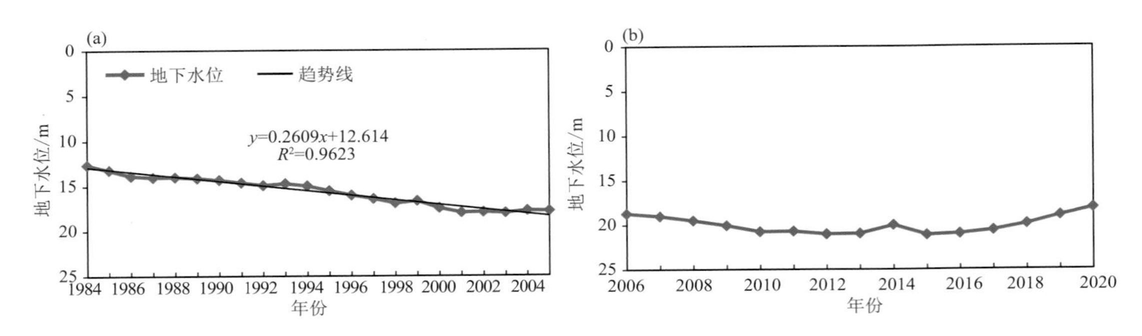

图 7.29　城区地下水位变化趋势

(a)1984—2005 年；(b)2006—2020 年

7.3.4.2　农业区地下水位年际变化

张喜风(2015)选取李家墩为农业区代表，从多年地下水位观测分析得出，1997—2008 年地下水位下降率为 0.36 m/a，从 1997 年的 38.9 m 下降到 2008 年的 43.2 m，下降幅度最大(图 7.30)。近 10 a 党河灌区南部地下水位累计下降 0.6～4.0 m，近 50 a 来局部地下水位累计下降 5～10 m(周斌，2016)。

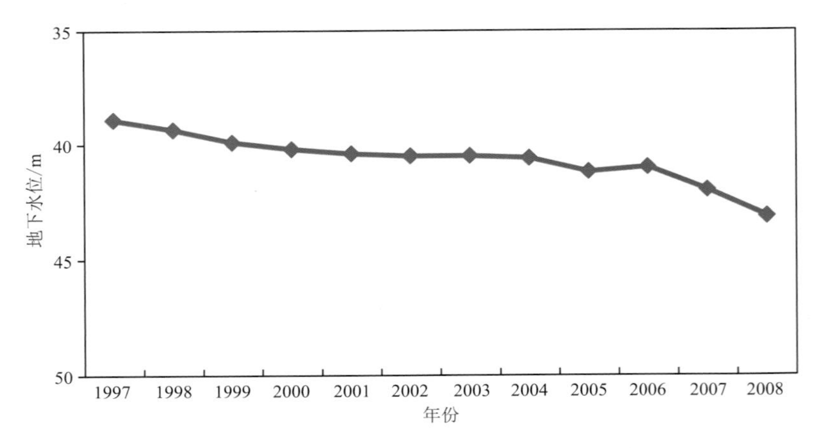

图 7.30　1997—2008 年典型农业区地下水位变化趋势

根据敦煌市水务局提供的访谈信息，在党河灌区，小麦和玉米为主的粮食作物在生长季至少需要灌溉 4 次，每亩地约需要 540 m³ 灌溉水；棉花、葡萄、瓜果为主的经济作物至少需要灌溉 6～7 次，每亩地约需要 680 m³ 灌溉水。但是，在整个生长季的灌溉次数中，大约只有 2～3 次灌溉水是来自灌区渠系系统，剩余灌溉都依赖抽取地下水。随着党河灌区的不断扩张，机井数量不断增长，地下水超采问题迫在眉睫，减少农业用水量是敦煌绿洲亟待解决的重大问题(张喜风，2015)。

7.3.4.3 绿洲植被区地下水位年际变化

张喜风(2015)以马圈滩为绿洲边缘植被区代表,根据多年的地下水观测井资料,绿洲植被区地下水位下降率为0.05 m/a,从1984年的1.94 m下降到2008年的3.12 m,下降幅度最小(图7.31)。

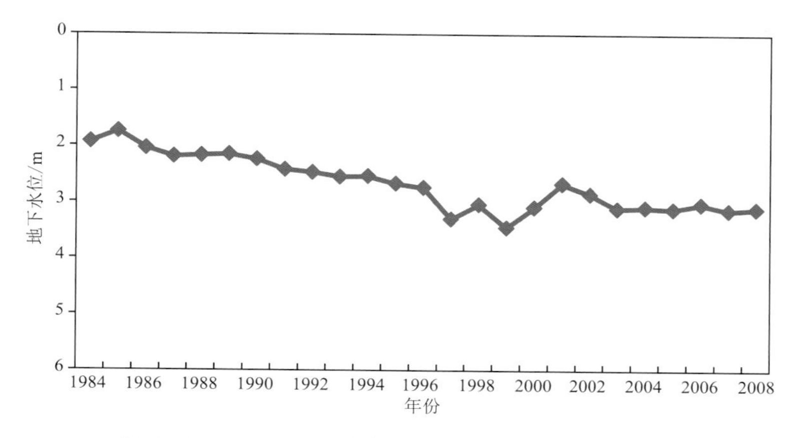

图7.31 1984—2008年绿洲植被区地下水位变化趋势

7.3.5 月牙泉

敦煌月牙泉形成于第四纪全新世,因泉湖地处鸣沙山环抱之中,形似月牙并兼具沙水共生的淡水泉湖特征,以“沙泉共处、沙水共生”的独特景观著称于世,成为世界瞩目的自然地理环境的重要地质遗迹,是敦煌的典型标志之一。月牙泉南部为绵延起伏的鸣沙山,东、西部分布有地势较高的西水沟冲洪积扇与党河形成的冲洪积扇,北部是两洪积扇缘交汇形成的平原,月牙泉正处于南部鸣沙山、东西部党河、西水沟两洪积扇之间的三角扇间洼地中。较低的地形条件和松散的地质结构是月牙泉形成的基本条件,而较高的区域性地下水位是月牙泉溢出形成的必备条件。

月牙泉区域内地下水主要为第四系松散岩类孔隙潜水,主要分布于党河冲洪积、冲湖积平原区,敦煌市区以南为单一的潜水,由沙、含砾沙及沙砾石组成。厚度一般大于50 m,地下水的埋藏各地不一,在东、西两河冲洪积扇边缘对接地带,地下水埋藏深度大于22 m,向南或向北地下水埋藏明显由深变浅,在月牙村、鸣山村一带水位最深达20 m,向北逐渐减少至16 m,到敦煌市区减至12～13 m,到泉湖地下水出露地表(李平平 等,2020)。

早在东汉时期,月牙泉泉湖水位一直相对稳定,即便是严重干旱的年份,月牙泉湖也没有出现萎缩现象(李平平 等,2020)。20世纪60年代,月牙泉水域面积22亩,平均水深8 m(张喜风,2015),基本为半月形的小湖。从70年代开始,由于党河水库的修建,河道渗漏补给量的减少,地下水开采量的增加,导致地下水补、排失衡和区域性地下水位大幅度下降,同时造成月牙泉湖水位的下降,以致月牙泉湖底几度部分露出水面,到20世纪90年代后期,月牙泉这一千古名泉已面临灭亡命运。2008年人工补水工程的实施,月牙泉湖水位逐年回升,月牙泉得到有效的保护。

7.3.5.1　泉域水位年际变化

1908—2019 年月牙泉湖水位动态资料表明，20 世纪 60 年代以前月牙泉湖水位基本稳定，处于天然状态(张文化 等，2009)，无人类干预，月牙泉湖水位基本稳定在 1143.3～1144.3 m 之间，月牙泉湖北弧长 360.0 m，南弧长 35 m，最大宽度 50 m，最大水深 7.5 m，水域面积 14880 m^2 左右。从 20 世纪 70 年代开始，月牙泉湖水位出现快速下降，1960—2001 年月牙泉湖水位下降了 9.98 m，年均下降 0.24 m/a，使月牙泉湖底几次露出水面。2009 年开始，月牙泉湖水位开始缓慢上升，2009—2016 年之间水位上升 0.698 m，平均上升 0.10 m/a，月牙泉水域面积 8697.80 m^2。2018 年开始，月牙泉湖水位快速上升，2018—2019 年月牙泉湖水面上升 1.58 m，年均上升 0.79 m，月牙泉湖水域面积由 9472.59 m^2 逐渐扩大到 13334.75 m^2(李平平 等，2020)。

月牙泉水位的变化主要受泉域周围及区域地下水位的影响。从多年的变化趋势来看，敦煌盆地地下水位由 20 世纪 60—90 年代呈现出持续的单边向下的趋势，在城区及其南部地区，地下水总降幅达到 9～10 m，水位年降幅一般在 0.2～0.3 m/a 之间(李平平 等，2020)。

7.3.5.2　泉域水位年内变化

库永慧(2016)研究表明，2007—2010 年 4 a 之内，月牙泉湖水位动态变化经历了最低水位期、水位上升期、水位稳定期三个阶段。2007 年月牙泉湖水位一直处于历史以来最低位，在 3 月初、6 月初、11 月初三个时期出现了最低水位期，泉湖西南部出现了泉底出露的现象；2008 年 3 月开始由于应急治理工程投入使用，泉湖水位开始上升，3—4 月快速上升，6 月达到当年次高点，10 月达到全年最高点，11 月以后到翌年 3 月初，月牙泉湖由于冬季停止向渗水场供水，水位回落到 1133.2 m 左右；2009—2010 年采取人为控制渗水量的方法控制月牙泉湖水位，使其保持在一个合理的水平(1133.5～1133.8 m)(图 7.32)。

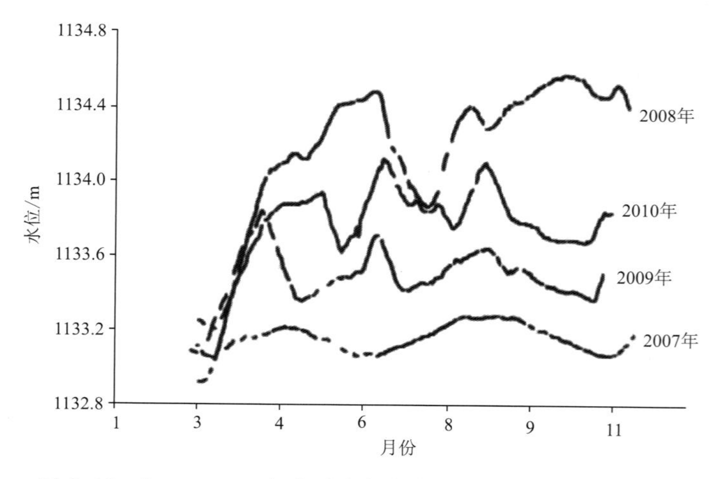

图 7.32　2007—2010 年月牙泉湖水位动态曲线(库永慧，2016)

7.3.5.3　泉域地下水位变化

根据 2006—2020 年月牙泉地下水位变化趋势可知(图 7.33)，地下水位呈现先迅速上升后缓慢下降，再稳步上升的趋势。2008 年由于应急治理工程投入使用，月牙泉地下水位迅速上升至 12.8 m，2009—2013 年地下水位处于缓慢下降阶段，从 12.8 m 下降至 2013 年的

14.08 m，2014—2020年水位处于稳步上升，从14.08 m上升到2020年的12.33 m，7 a间共上升了1.75 m，上升速率为0.25 m/a。2007年以后，地下水开采量逐年减少，到2019年机井发展到3231眼，与2007年相比机井增加14眼而地下水开采量减少了一半。地下水开采量的减少，区域地下水位开始上升，牙泉地下水位也开始恢复。

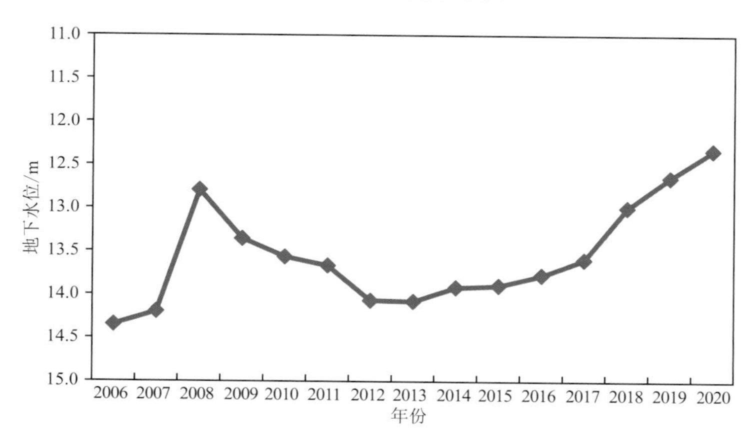

图7.33 2006—2020年月牙泉地下水位历年变化

7.3.6 气候变化影响评估

7.3.6.1 对区域生态环境的影响

1951—2020年，敦煌生态区平均气温呈显著升高趋势，降水以2.5 mm/(10 a)的速率微弱增加。在极端干旱的环境中，降雨量的少量增加对植被变化的意义不大。但温度升高，土壤水分容易损失，影响植物生长，造成生态环境退化，荒漠化加剧，这是全球气候变化对干旱区生态环境产生的影响。而土地开垦、灌溉、旅游等人类活动加大了对水资源的需求，挤占生态用水，这是植被退化、自然生态系统萎缩的主要原因（马利邦，2011）。

（1）荒漠。郭兵等（2018）研究表明：荒漠生态区格局变化主要受气温、降水变化以及极端气候事件和人类活动影响。当气温气候倾向率在0.2 ℃～0.5 ℃/(10 a)时，荒漠生态区生态脆弱性变化强度为正值并且呈现增加趋势，说明该区间气温的增加使该地区的生态脆弱性加速增大，该阶段气温的增加通过蒸散比、土壤湿度、干燥度、沙尘暴频次等因素对生态系统进行影响。当降水气候倾向率＜15 mm/(10 a)，生态脆弱性变化强度为负值并且强度增加，说明生态脆弱性呈现减小趋势且减小的强度呈增加趋势。1951—2020年，敦煌生态区气温显著升高，降水微弱增加，荒漠区生态脆弱性呈增加趋势。

（2）湿地。在1980—2013年间，西湖湿地周边的降水量变化不是很明显，平均气温有所上升。从气候因子的角度分析，气温的上升会加剧湿地的蒸发量，从而加剧湿地的退化。人为活动是湿地退化的主要原因，其中耕地面积和人口数量对湿地演变的影响力最为重要，而气候变化条件则处于次要的位置（段浩，2015）。

（3）月牙泉水位。党河水库和渠系的修建，造成地下水的补给量较少，以致区域水位的下降，从而影响月牙泉湖水位的动态变化；农业打井灌溉导致地下水补、排失衡，致使区域性地下水位的下降同时造成了月牙泉湖水位的下降，人为因素是月牙泉湖水位动态变化的主要原因。

气温的升高加大蒸发量，气候因素是月牙泉湖水位动态变化的次要原因（李平平 等，2020）。

7.3.6.2　对区域文物遗产的影响

莫高窟开凿于敦煌城东南 25 km 的鸣沙山东麓的崖壁上，南北全长 1680 m，现存历代营建的洞窟共 735 个，洞窟内保存了 45000 m^2 壁画和 2000 多身彩塑，分布于高 15～30 m 的断崖上，上下分布 1～4 层不等。敦煌莫高窟是举世瞩目的千年文化瑰宝，1987 年 11 月莫高窟列入世界文化遗产名录。

气候对文物是一个无形的潜在破坏因素，它以温度、湿度、风和阳光等连续作业，造成文物经常、持久的损坏。气候变暖，气温升高，破坏了文物原有的温、湿平衡，尤其是加速了一些石质类文物的风化剥蚀，导致文物表层出现明显的龟裂、粉化脱落，缩短了文物“寿命”，不利于文物长期保存。降水量增加，改变了文物温湿环境，破坏了原本干燥的气候平衡，加快了文物老化，潜在的最大危害是降雨改变了文物原有区域的干燥性赋存环境，使洞窟微环境温度、湿度出现较大的波动，容易激活盐分的迁移，导致壁画及塑像病害的深度恶化。

刘洪丽等（2016，2019）通过降雨模拟试验结果表明，当平均降雨强度 0.75 mm/min，降雨历时 160 min 时，入渗湿润锋迁移至深度 80 cm 左右即趋于平衡。但是，高密度电阻率探测表明，洞窟地层 2～3 m 处，水分饱和度可达 60%左右，极易带动可溶盐向壁画地仗层富集，致使病害发生发展。窟顶戈壁产流能力非常低，降雨入渗量远大于产流量，雨水以水汽的形式沿优先通道入渗，是激活壁画病害发生和发展的主要原因。顶部覆盖层薄，围岩中存在贯穿裂隙的洞窟最容易受到降雨入渗的侵害，应将其作为壁画劣化的重点防范对象。

7.3.7　沙尘暴影响评估

7.3.7.1　对区域生态环境的影响

沙尘暴天气是敦煌地区出现的强灾害性天气，可造成房屋倒塌、交通供电受阻或中断、火灾、人畜伤亡等，污染自然环境，破坏作物生长，给生态环境、工农业生产、航空、运输、公路交通、旅游造成严重的损失，也给经济建设和人民生命财产安全造成严重的损失和极大的危害。沙尘暴危害主要表现在以下几方面。

（1）风力破坏。大风破坏建筑物，吹倒或拔起树木电杆，毁坏农民塑料温室大棚和农田地膜等等。由于西北地区 4、5 月正是瓜果、蔬菜、甜菜、棉花等经济作物出苗，生长子叶或真叶期和果树开花期，此时最不耐风吹沙打。轻则叶片蒙尘，使光合作用减弱，且影响呼吸，降低作物的产量；重则苗死花落，对农业造成较大损失。

（2）刮蚀地皮。大风作用于干旱地区疏松的土壤时会将表土刮去一层，叫作风蚀。其实大风不仅刮走土壤中细小的黏土和有机质，而且还把带来的沙子积在土壤中，使土壤肥力大为降低。此外，大风夹带沙粒还会把建筑物和作物表面磨去一层，叫作磨蚀，也是一种灾害。沙尘暴会使地表层土壤风蚀，造成荒漠化加剧。

（3）生产生活受影响。沙尘暴天气携带的大量沙尘蔽日遮光，天气阴沉，造成太阳辐射减少，几小时到十几个小时恶劣的能见度，容易使人心情沉闷，工作学习效率降低。轻则可使大量牲畜患呼吸道及肠胃疾病，严重时将导致大量“春乏”牲畜死亡。

（4）影响交通安全（飞机、汽车等交通事故）。沙尘暴天气经常影响交通安全，造成飞机不能正常起飞或降落，使汽车、火车车厢玻璃破损、停运或脱轨。

(5)旅游业受损失。沙尘暴不但对景区景观带来暂时性影响和破坏,沙尘暴还可降低景区的可进入性和观赏性,从而导致旅游景区出现季节性萧条,旅游业经济严重下滑。

7.3.7.2 对区域文物遗产的影响

莫高窟窟顶为一平坦沙砾质戈壁,西面距离窟顶700～1000 m处与鸣沙山相接,鸣沙山相对高度60～170 m,是覆盖在基岩低山上的高大复合型沙山,戈壁砾石区主导风场平衡填充有大量的尘土堆积物。由外界风沙天气传输的沙尘以及窟内游客参观扰动的降尘悬浮已是壁画、彩塑的主要污染物,高速运移的气流携带沙尘反复磨蚀导致洞窟壁画褪色、剥离,甚至脱落,同时,气流运动也可使得附着在壁画、彩塑及地面的颗粒物重新悬浮,这些颗粒物渗入到壁画颜料层,或进入破损的壁画微裂缝而无法彻底清除,造成画面鼓起或破坏问题。

2019年5月26日,受蒙古高压影响,敦煌地区出现近10 a内最大的一次风沙天气,大量持久悬浮在空气中的颗粒物造成能见度急剧下降,给文物保存及游客参观造成了极大影响。杨小菊等(2021)选择莫高窟第138窟内(应急开放洞窟,沙尘暴期间临时关闭)、72窟前(窟区环境)及九层楼顶(窟顶戈壁环境)3个监测点,基于5月23日00:00—29日24:00大气颗粒物实时浓度数据及期间第72窟前和九层楼顶气象站气象数据,评估此次风沙活动对莫高窟洞窟和区域环境空气质量的影响。结果表明:第138窟内、72窟前$PM_{2.5}$日均质量浓度超标倍数为0.25、0.71,九层楼顶$PM_{2.5}$超出仪器上限,第138窟内、72窟前、九层楼顶PM_{10}日均质量浓度超标倍数为0.17、0.49、73.51。各监测点输送颗粒物的主要风向为ENE、NE、E和N、NNE。颗粒物质量浓度与气温、气压呈负相关,与风速呈正相关,除72窟前$PM_{2.5}$外,其他颗粒物质量浓度与空气相对湿度呈负相关。

7.3.8 极端强降水影响评估

7.3.8.1 对区域生态环境的影响

随着气候变暖,敦煌强降水事件的发生频率和强度发生变化,呈现局地性、突发性、短历时和大强度的特点,对水资源、农业生产、生态环境及城市的影响程度随之增加。最直接的影响就是补充了水分,不管是河流、地下、农田还是水库,都得到了有效的水分补给;同时强降水会淹没农田,冲毁庄稼,冲崩农舍,淹没人畜,破坏农业生态环境,也会造成大量水土流失,岩石裸露地表,生态环境进一步退化。随着城市迅速发展,强降水增加了城市内涝灾害发生的频率,而城市对内涝及其衍生灾害的脆弱性越来越明显。

7.3.8.2 对区域文物遗产的影响

近年频发的极端降水天气及其所引发的次生灾害,不但会冲刷文物表面,冲毁道路,甚至会直接威胁历史文物遗址的安全。莫高窟虽然地处干旱少雨的西北内陆地区,但大泉河流域夏季频发的暴雨洪水给莫高窟带来巨大风险。莫高窟前大泉河是一条流量很小的小溪,正常情况下流量并不大,大约为13 m^3/s。在每年的秋、冬、春三个季节,大泉河几乎断流,没有明显的径流,只在某些河段能看到有少许的流水;而在夏季,是大泉河径流最丰富的时节。这个时期,由于气温回升、降雨量增大,降水补给了大泉河,才会看到有河水缓缓流过。若遇到偶发大暴雨,大泉河还会发生洪水,在很短的时间内,大泉河流量猛增,这是一年中径流量最大的时候。大泉河发生暴雨洪水的时候,河水流量迅速增大,这么大的径流量对莫高窟的安全是一个极大威胁。

历史上发生的几次大洪水都不同程度地淹没了底层洞窟，莫高窟有关资料图也有底层洞窟被淹的记录，洞窟壁画大面积脱落，彩塑由于洪水的浸泡已变色，看不出原来的精彩画面；窟内由于积水不能及时排除，洞窟空气湿度剧增，这给壁画保存带来极大风险，导致壁画发生酥碱、起甲等病害，严重降低了莫高窟壁画的欣赏性和学术研究性。

7.3.8.3　莫高窟洪水风险评估

唐玺雯(2015)依据大泉河洪水对莫高窟的破坏程度，把莫高窟洪水风险分为 4 个等级(表 7.4)，分别为一般风险(10 a 一遇洪水～20 a 一遇洪水)、较大风险(20 a 一遇洪水～50 a 一遇洪水)、重大风险(50 a 一遇洪水～百年一遇洪水)和特大风险(大于百年一遇洪水)。

表 7.4　莫高窟洪水风险分级和阈值

莫高窟洪水风险分级	指标与标准	阈值(洪峰流量 $Q/(m^3/h)$，降雨强度 $R/(mm/h)$，时间 t/h)
一般风险	大泉河洪水水位已距离河底 1.5 m 处，敦煌市区未来 6 h 降雨量将达到 20 mm 以上，或已达到 20 mm 以上且降雨可能持续，监测到有 10～20 a 一遇洪水发生	$t=-0.15R+4.26$ $Q=[147.25,186.71]$
较大风险	大泉河洪水水位已到防洪线 1.0 m 处，敦煌市区未来 6 h 降雨量将达到 35 mm 以上，或已达到 35 mm 以上且降雨可能持续，监测到有 20～50 a 一遇洪水发生	$t=-0.15R+4.35$ $Q=[186.71,232.54]$
重大风险	大泉河洪水水位线与防洪线齐平，敦煌市区未来 6 h 降雨量将达到 50 mm以上，或已达到 50 mm 以上且降雨可能持续，监测到有 50～100 a一遇洪水发生	$t=-0.12R+4.11$ $Q=[232.54,344.37]$
特大风险	洪水冲到窟前 I 级阶地前，或已进入底层部分洞窟，敦煌市区未来 3 h 降雨量将达到 100 mm 以上，或已达到 100 mm 以上且降雨可能持续，监测到有大于百年一遇洪水发生	$t=-0.16R+4.82$ $Q\geqslant 344.37$

结合在肃北的模拟降雨试验，在初始降雨强度为 7.79、10.52 和 11.29 mm/h 时，地面开始产流所用时间分别为 0.54 h、0.43 h、0.37 h。发生一般洪水风险时的平均降雨时间分别为 3.14 h、2.75 h、2.58 h，发生较大洪水风险时的平均降雨时间分别为 3.20 h、2.80 h、2.63 h，发生重大洪水风险时的平均降雨时间分别为 3.17 h、2.87 h、2.64 h，发生特大洪水风险时的平均降雨时间分别为 3.63 h、3.18 h、2.90 h。通过分析土壤入渗和产流特性来确定各级风险对应的阈值，得到莫高窟发生洪水时大泉河流域上游降雨强度和时间阈值的相关关系。

7.4　未来气候变化及影响预估

7.4.1　未来 30 a 敦煌气候变化

在 RCP4.5 情景下，采用 RegCM4 模式对敦煌 2020—2050 年年平均气温、年最高气温、年最低气温、年降水量进行预估分析，并采用当代气候平均值(1986—2005 年平均值)进行对比。结果表明(图 7.34)，未来 30 a(2020—2050 年)敦煌年平均气温、年最高气温、年最低气温均呈现出显著的升高趋势，升温速率分别为 0.38 ℃/(10 a)、0.34 ℃/(10 a)、0.42 ℃/(10 a)，变化幅度分别在−0.2～3.3 ℃、−0.5～3.2 ℃、0.1～3.5 ℃，其中年最低气温升温速率最大；年降水量呈现弱增加趋势，降水量距平百分率倾向率为3.4 %/(10 a)，变化范围在−56%～48%之间。

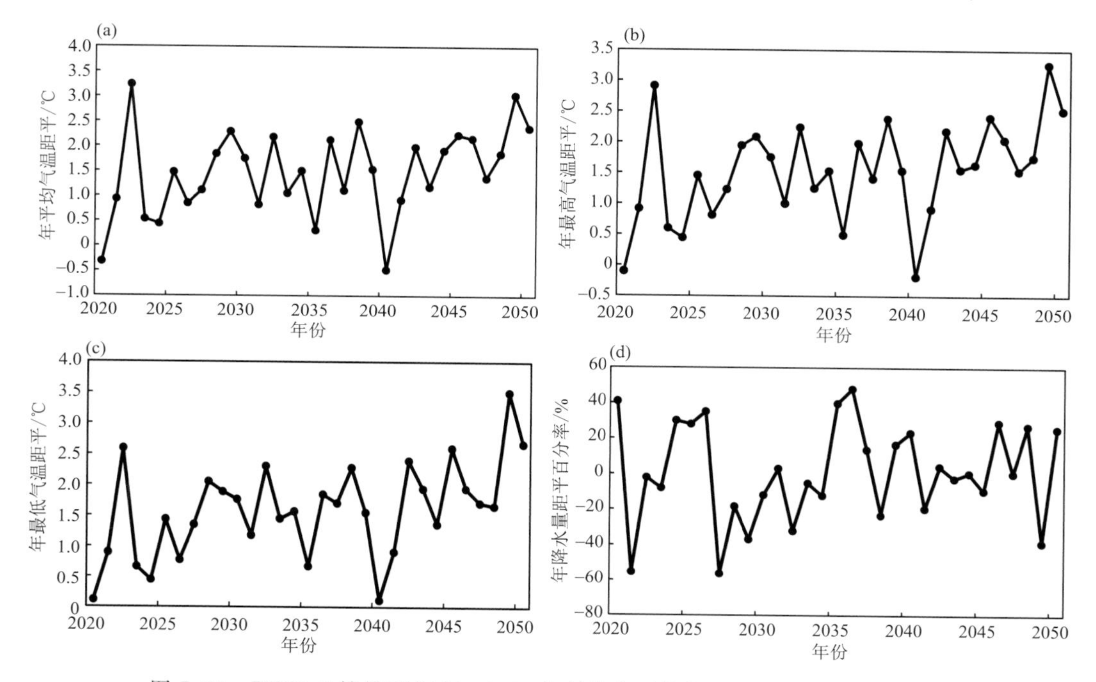

图7.34　RCP4.5情景下2020—2050年敦煌年平均气温(a)、年最高气温(b)、年最低气温(c)距平和年降水量距平百分率(d)变化(相对于1986—2005年)

7.4.2　未来50 a敦煌气候变化

根据RegCM4区域气候模式RCP4.5情景下的预估结果(图7.35)，未来50 a(2020—2070年)敦煌年平均气温、年最高气温、年最低气温均呈现出显著的升高趋势，升温速率分别为0.44 ℃/(10 a)、0.43 ℃/(10 a)、0.45 ℃/(10 a)，变化幅度分别在−0.2～4.9 ℃、−0.5～5.0 ℃、0.1～4.8 ℃，其中年最低气温升温速率最大；年降水量呈现弱增加趋势，降水量距平百分率倾向率为2.1%/(10 a)，变化范围在−56%～61%之间。

7.4.3　未来30 a敦煌农作物单位面积需水量变化

苗俊霞(2020)利用CROPWAT8.0模型结合CMIP5全球气候模式模拟表明，在2020—2050年期间，敦煌市RCP2.6、RCP4.5、RCP8.5三种气候变化情景下各类农作物单位面积需水量均呈波动上升趋势(图7.36)。整体来看，蔬菜类的单位面积需水量最小，其RCP三种气候变化情景下的多年平均单位面积需水量在300 m^3/亩左右，香料类、大麦和小麦的单位面积需水量较小，其RCP三种气候变化情景下的多年平均单位面积需水量分别在360 m^3/亩、388 m^3/亩、398 m^3/亩左右，棉花、玉米、制种类、甜菜的单位面积需水量较大，其RCP三种气候变化情景下的多年平均单位面积需水量分别在598 m^3/亩、608 m^3/亩、608 m^3/亩、614 m^3/亩左右，果树的单位面积需水量最大，其RCP三种气候变化情景下的多年平均单位面积需水量分别在690 m^3/亩左右。对比RCP三种气候变化情景下的各类农作物单位面积需水量可得，

RCP2.6 气候变化情景下的各类农作物单位面积需水量均为最低值。

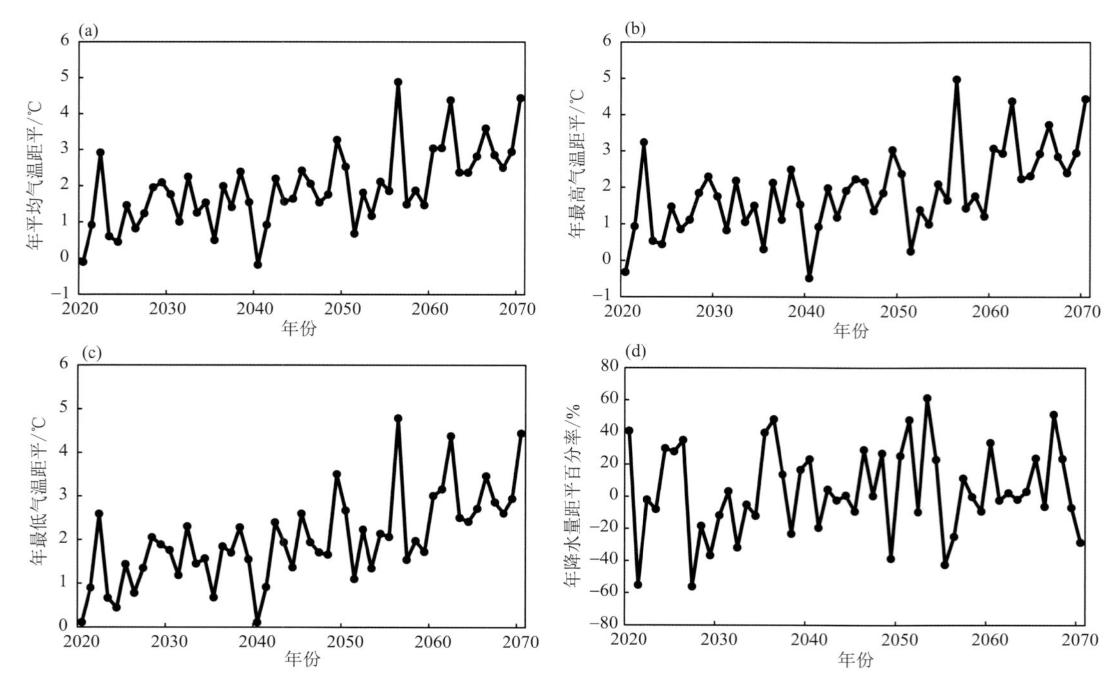

图 7.35 RCP4.5 情景下 2020—2070 年敦煌年平均气温(a)、年最高气温(b)、年最低气温(c)距平和年降水量距平百分率(d)变化(相对于 1986—2005 年)

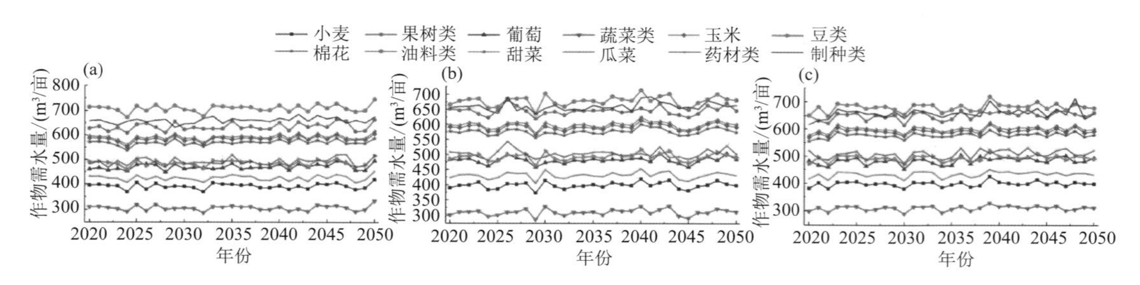

图 7.36 敦煌市 2020—2050 年各类农作物单位面积需水量变化图(苗俊霞,2020)

(a)RCP2.6;(b)RCP4.5;(c)RCP8.5

7.4.4 未来 30 a 敦煌人均农业消费水足迹变化

苗俊霞(2020)从农业消费水足迹角度研究表明,2020—2050 年 RCP2.6、RCP4.5、RCP8.5 三种气候变化情景下,敦煌市膳食结构调整后的人均农业消费水足迹分别为 331.24 m^3、335.14 m^3、336.17 m^3。从时间变化来看,2020—2050 年人均农业消费水足迹呈下降趋势,RCP2.6、RCP4.5、RCP8.5 气候变化情景下敦煌市人均农业消费水足迹的降幅分别为 98.73 m^3、111.61 m^3、102.79 m^3。敦煌市在 RCP 三种情景下的多年平均降幅分别为 6.18%、5.07%、4.78%(图 7.37)。

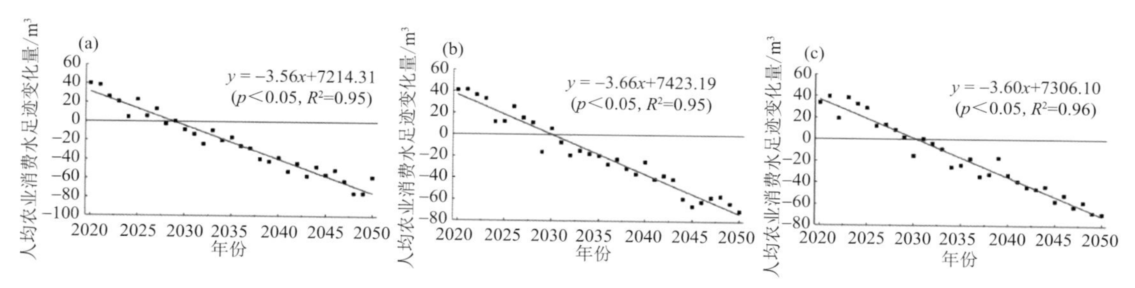

图 7.37 敦煌市 2020—2050 年人均农业消费水足迹变化量(黑色实点代表人均农业消费水足迹与基准值(2014 年)差值,红色实线代表人均农业消费水足迹变化量趋势线,黑实线代表 0 值线)(苗俊霞,2020)
(a)RCP2.6;(b)RCP4.5;(c)RCP8.5

7.4.5 未来 30 a 疏勒河流域生态需水量

生态需水量包括天然植被需水量、湿地需水量、河道需水量和防治耕地盐碱化需水量。李凯(2019)利用分布式流域水文模型(SWAT)模拟未来 2020—2050 年疏勒河流域生态需水量(图 7.38),疏勒河流域生态需水量在三个 RCP 气候情景下都呈现波动增长的趋势。其中,平均增长速率最快的是 RCP4.5 模式下的生态需水量,生态需水量从 2020 年的 11.75 亿 m³,增长至 2050 年的 20.29 亿 m³。RCP2.6 模式下生态需水量从 2020 年的 11.32 亿 m³,增长至 2050 年的 23.31 亿 m³,其生态需水量变化幅度是三个模式下最大的。RCP8.5 模式下生态需水量变化速率和变化幅度均为三个模式下最小的,生态需水量从 2020 年的 12.18 亿 m³,增长至 2050 年的 18.81 亿 m³。

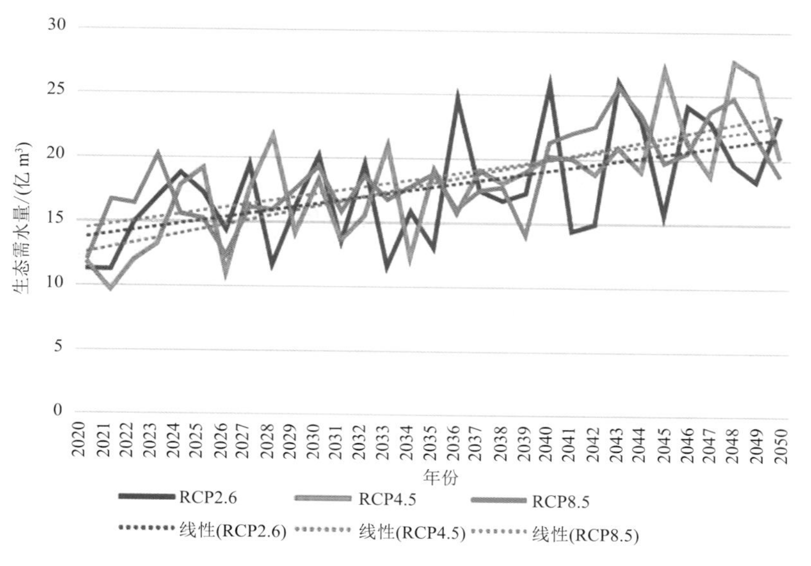

图 7.38 2020—2050 年疏勒河流域生态需水量(李凯,2019)

7.4.6 未来 30 a 疏勒河流域农业灌溉可用水量

李凯(2019)模拟未来 2020—2050 年疏勒河流域三个情景下农业灌溉可用水量(图

7.39)。总体上看,2020—2050年疏勒河流域农业灌溉可用水呈现降低的趋势,其中,RCP2.6情景下平均农业灌溉可用水量为8.21亿m^3,平均每年农业可灌溉用水量占总用水量的比例为80.23%,RCP4.5情景下平均每年农业灌溉可用水量为8.22亿m^3,平均每年农业可灌溉用水量占总用水量的比例为80.79%,RCP8.5情景下平均每年农业灌溉可用水量为8.67亿m^3,平均每年农业可灌溉用水量占总用水量的比例为81.53%。

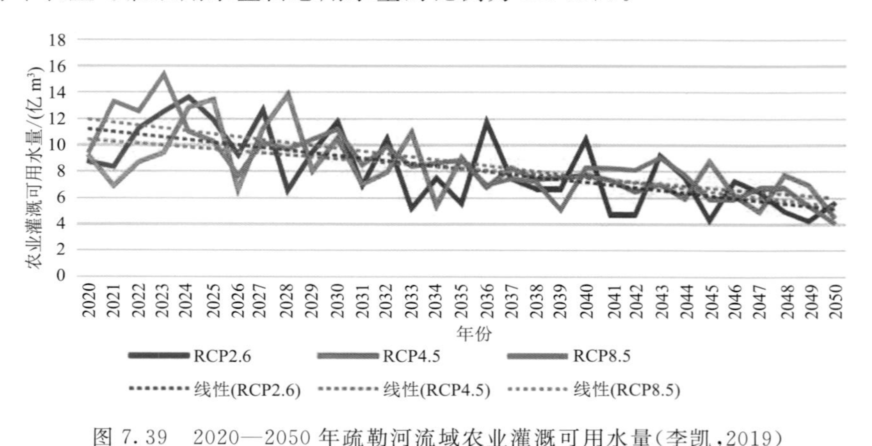

图7.39　2020—2050年疏勒河流域农业灌溉可用水量(李凯,2019)

7.5　区域生态与文物保护的措施对策

7.5.1　区域内开展生态环境保护措施对策

面对生态恶化的严峻现实,敦煌市群策群力,防风治沙,关井压田,保护生态环境。2008年3月,《敦煌生态环境和文化遗产保护近期工作方案》得到了省政府批准,共涉及项目20个,总投资19.33亿元。敦煌市主要从推行节水措施入手,着力提高水的利用率。在农业节水上,关闭机井167眼,压减耕地2.48万亩,遏制了提取地下水的势头;在城市节水上,引进推广节水器具,全市1/3的宾馆饭店完成节水器具改造,完成居民水表出户改造8000多户;在工业节水上,督促新上钒生产加工企业全部采用了先进的水循环利用技术,降低了水资源的消耗。在绿洲内部,地下水位的持续下降已经遏制;在绿洲外部,12处大型风沙口得到了不同程度的治理。"引哈济党"工程解决敦煌地区地下水位及月牙泉水位下降的问题。

水是维持敦煌生态环境健康的基础条件,敦煌绿洲是维持敦煌生态系统良性循环的背景支撑,但稳定的绿洲生态受制于疏勒河和党河注入的生态流量,而下游河道的来水量又取决于中上游地区经济社会活动的水资源消耗和节约集约保护程度,因此,为修复敦煌的生态环境,维护该地区生态环境的良性循环,保护敦煌生态环境健康发展,必须以本地区水资源总量为纲,按照确定的优先顺序,分层级合理确定分类用水定额,以供定需,逐级分解并实现量化管理(马利邦,2011;曾国雄,2013)。

7.5.1.1　加强水资源管理

水是敦煌市发展过程中最稀缺的资源,针对目前水资源紧缺的局面,应科学、合理、有效的管理和利用水资源。具体途径有:①依法治水,提高全社会对水资源有限性和重要性的认识;

②协调好疏勒河流域上、中、下游之间、量与质之间、生态用水与生产生活用水之间、生产用水与农业用水等之间的关系，合理配置不同利用方式下的水资源，促进水资源向生态、节约、高效的领域配置；③摸清水资源开发和分配之间的关系，实现各级渠道的合理布局和水资源的有效管理和分配；④强化不同产业之间和产业内部的用水管理，基本保证生态用水的供给，使水资源在空间上的分配逐渐趋于合理化。

7.5.1.2　加快节水技术的应用

应用经济、科技等手段，加快使用节水灌溉的新技术、新方法，具体途径有：①应积极推广农田膜下滴灌、渗灌、暗灌、畦灌等先进的灌溉技术，在先进灌溉技术的推广过程中，政府应给予一定的资金或灌溉设施补贴，以提高农民使用节水设备的积极性；②继续实行关井压田措施，农业灌溉面积要实行总量控制，对违规开垦的荒地要进行一定的资金惩罚，并限期退耕，争取压减一部分耕地，有计划的关闭部分机井；③加强作物耗水规律及灌溉制度的研究，制定适用于不同农作物的灌溉方法和灌溉制度；④加快城乡居民及宾馆用水器具的改造，提高节水型器具的使用。

7.5.1.3　提高水资源的利用效率

目前，敦煌市应从不同方面提高水资源的利用效率，具体途径有：①不断完善灌溉配套工程，进一步提高渠道输水效率和灌溉效率；②减小无效蒸发损失，降低毛灌溉定额，合理开发利用地下水；③对党河水库、疏勒河上中游的双塔水库、昌马水库等增加其蓄水量，提升水库调节水资源的能力，充分发挥其效益；④产业内部应提高水资源重复利用率和循环利用率。

7.5.1.4　实施生态修复和重建工程

在现有保护措施的基础上，继续实施生态修复和重建工程，充分发挥人类保护自然生态的能力。具体方法有：①依托自然保护区的建设，保护和封育天然沙生植被，加强生态系统的自我修复能力；②限制放牧，禁止打井、开荒、采薪、挖药、捕猎等不合理的活动，加大监管力度；③在耕作区和荒漠区营造防风固沙林带，并对绿洲内局部沙化区域人工种植固沙植被，最大限度削弱侵入农田的风沙流；④在绿洲内继续建立完善的农田防护林网。防护林体系不仅有着防风固沙作用，还具有改善农田小气候、减少农田水分的无效蒸发、提高土壤含水率、减少作物用于蒸腾所消耗的水分、提高光合作用的水分利用率等作用，更为重要的是保护整个绿洲的人类生存环境。因此，在普及节水灌溉的同时，应对防风固沙林带以及农田防护林网进行专门灌溉。

7.5.1.5　促进产业结构调整

目前，敦煌市社会经济活动中的产业结构对有限水资源的分配和生态环境变化有着重要的影响。水资源在各产业部门之间的分配存在一种此消彼长的关系，产业结构关系到生态环境的好坏。因此，在加强水资源利用管理的同时，敦煌市要进一步调整产业结构，协调好各产业之间的用水。具体途径有：①发展低耗水、高价值的生产，产业结构向单位水产值高的部门倾斜，压缩农业灌溉用水、加大生态和第三产业用水的比例；②不同产业内部应向低耗水行业倾斜，如农业应发展多元的种植结构和养殖模式，推广种植单位用水经济效益较高产品，适当发展一些种养业商品基地和农业加工企业；③依托丰富的旅游、风能、太阳能等资源，发展生态旅游和绿色能源等新兴产业，促进产业结构调整，降低经济增长对水的依赖。

7.5.2 区域内开展文物保护措施对策

莫高窟从公元366年首次开凿至今，历经千余年，饱受自然和人为因素的双重破坏。莫高窟的保护是一项艰巨而复杂的系统工程。除自然因素外，遗产所面临的利用方面的压力以及来自社会多方面的干预，都会引起遗产所处环境的改变，进而改变遗产总体的自然历史风貌。此外旅游活动和开放也会对精美的彩塑和壁画产生各种影响，造成壁画和彩塑的破坏。为此，探索遗址保护的科学方法，通过法规和科学技术延缓遗址劣化的速度，继续保持并发展敦煌研究院的保护管理方式，是履行保护好世界文化遗产的国家责任和传承人类文明神圣使命的保障(樊锦诗，2015，2016)。

7.5.2.1 坚持敦煌莫高窟文物管理体制不动摇

甘肃省人民代表大会常务委员会于2003年批准颁布实施《甘肃敦煌莫高窟保护条例》(简称《条例》)。该《条例》采纳了世界遗产保护管理的理念，明确了莫高窟旅游发展必须遵守文物保护工作的方针，规定了莫高窟保护管理机构应当科学确定莫高窟旅游环境容量、限制游客数量，还制定了目的明确的短期和长期的游客管理规划。敦煌研究院与国内外科研机构合作制定了《敦煌莫高窟保护总体规划(2006—2025)》(简称《规划》)。《规划》在对莫高窟文物本体及其环境的保护、保存、利用、管理和研究分别做出系统科学评估的基础上，制定出总体规划的目标、原则和实施细则，为保护、利用和管理莫高窟提供了专业性、权威性、指导性的依据。

7.5.2.2 建立科学保护技术体系

精准的气象预报对文物保护尤为重要，针对强降雨和沙尘暴天气对敦煌文物保护的影响，甘肃省气象部门在窟区核心区安装7套区域自动站，开展文物保护气象数据的收集分析，提供文物保护针对性建议。中国科学院寒区旱区环境与工程研究所设立敦煌戈壁荒漠生态与环境研究站，总投资1500多万元。敦煌研究院在莫高窟顶设立了风沙危害综合防治观测场，启动了风沙危害综合防护工程。敦煌研究院通过与国内外文物保护机构长期合作，开展莫高窟风沙治理、洞窟壁画病害机理、壁画制作材料分析和岩体稳定性评估等研究，基本掌握了莫高窟各种风险因素的劣化机理和规律。依据研究成果，进行针对性的遗产保护技术和材料研发，形成了崖体加固和裂隙灌浆，风沙综合治理，壁画空鼓和酥碱脱盐修复等技术的保护技术体系。通过保护项目实施，抢救了大批病害严重的壁画和彩塑，使许多洞窟的病害得到科学修复，稳定了壁画保护的状况。

7.5.2.3 建立完善的自然灾害监测预警体系

健全敦煌莫高窟世界文化遗产气象服务体系，充分运用精细化降雨、沙尘暴等灾害性气象预报，建立莫高窟洪水、沙尘暴等灾害风险监测预警体系，合理分析监测预报信息，进行科学的决策和评估，制定沙尘暴、洪灾等自然灾害应急预案。此外，莫高窟在沙尘暴、洪水风险预防中应用遥感技术进行全面实时监测，可以为沙尘暴、洪水风险等灾害预防提供科学的监测预报手段。同时修筑拦洪坝，建立行蓄洪区，在发生洪水时把洪水分流，把洪水带来的水资源储存以留他用。

7.5.2.4 植树造林，加强绿化

植树造林，加强绿化，建立良性循环的生态系统。地表植被有涵养水源、减少洪水的发生、增加地表径流和减少水土流失等作用。在多风多沙的莫高窟地区，植树造林不仅可以防风固

沙，降低风速，防止风沙对崖壁和室内壁画的破坏；而且在预防和减小洪水对莫高窟的威胁方面具有十分重要的作用。在大泉河发生洪水时，窟前植物可以有效地减缓洪水流速，增加土壤水分入渗率，减少洪水量，减轻洪水对洞窟的冲击，尽可能地降低莫高窟洪水风险。

7.6 本章小结

本章介绍了敦煌地质地貌、水资源及土壤植被概况，分析了1951—2020年敦煌气候要素及主要灾害变化特征，总结了气候变化背景下荒漠、绿洲、湿地、地下水位等生态环境演变特征，阐述了气候变化及气象灾害对敦煌生态环境和文化遗产保护区的影响，并预估了未来30～50 a气候变化和生态需水趋势，最后提出了敦煌开展生态与文物保护的措施对策。

第8章 肃北北部荒漠生态系统

8.1 区域概况

8.1.1 区域荒漠特征

荒漠和荒漠化，在人类语言中，显然不是一个褒义词。的确，无论是在地球上的任何一个角落，荒漠总是与荒凉、风沙、贫瘠、干旱等联系在一起，而很少能有人联想到绿色和生机。然而，也许人们很少能想到，荒漠是全球大量资源的贮藏地，是人类三分之一食物和二分之一牧产品的来源地(卢琦，2002)。荒漠地区蕴藏着天然特有品种和品质的经济植物、动物和药材，是地球生态系统中一个独特的子系统。由荒漠地区各类生物和环境构成的陆地荒漠生态系统，在保障着全球41.3%陆地面积和20亿人口生存的同时，还为人类保存了许多特有植物、动物和微生物，为人类提供了独有的丰富奇异的自然景观。荒漠生态系统，既是全球生态系统的脆弱带，同时也是不可或缺的生态类型。

荒漠生态系统是指分布于干旱地区，极端耐旱植物占优势的生态系统。由于水分缺乏，植被极其稀疏，甚至有大片的裸露土地，植物种类单调，生物生产量很低，能量流动和物质循环缓慢。荒漠生态系统是地球上自然条件极为严酷的生态系统之一，其主要特点有：极端干旱，降水量很小而蒸发量极大；夏季昼夜温差大，冬季严寒；植被十分稀疏，以超强耐旱并耐寒的小乔木、灌木和半灌木占优势；物种多样性极为贫乏，生物量很低，生产力极其低下(慈龙骏 等，2002)。

肃北蒙古族自治县，酒泉市下辖自治县，位于甘肃省西北部，河西走廊西端南北两侧，县域分南山和北山两个不相连的区域，整个北山地区划为马鬃山镇。肃北北部荒漠生态保护区范围仅包括肃北北部马鬃山镇，马鬃山镇地理坐标北纬40°42′～42°47′，东经95°31′～98°26′，东西宽190多千米，南北长220多千米，面积31630 km^2，约占全省面积的7.4%。地区位于河西走廊西段的北侧，古肃州之西北，俗称北山地区，东邻内蒙古自治区阿拉善盟额济纳旗，南望瓜州县和玉门市，西接新疆维吾尔自治区哈密地区，北界蒙古国戈壁阿尔泰省，国境线长65.018 km。肃北北部荒漠区远离海洋，边沿又有山脉阻隔，暖湿气流不易到达，气候干燥，这里四季分明，冬季严寒，属戈壁荒漠气候(温带干旱气候)。地形因素使温带典型荒漠区被一些高大山系分隔成大小不一的片状区域，即盆地，盆地中部往往连为成片沙漠，沙漠外围直到山体中部是其他土壤基质的荒漠类型。

肃北北部荒漠区地处亚洲中部温带荒漠、极旱荒漠和典型荒漠的交汇处，其荒漠生态系统在整个西北地区具有一定的典型性和代表性。

8.1.2 荒漠重要性

荒漠化的定义经过1977年联合国防治荒漠化会议(UNCOD)、1991年联合国环境规划署(UNEP)和1992年联合国环境与发展大会(UNED)的修改,最终完善为:包括气候变异与人类活动在内的各种因素造成的干旱、半干旱及亚湿润干旱区的土地退化。荒漠化的形成是各种自然、生物、政治、社会、文化和经济因素的复杂相互作用的结果。研究发现,近百年来,人类活动已明显超过气候波动对沙质荒漠化发生扩展与逆转过程的影响,人为因素造成的荒漠化比自然状态下的荒漠化高出4倍之多。荒漠化会造成可利用土地资源减少、土地生产力严重衰退、自然灾害加剧等危害。我国每年受荒漠化影响所造成的直接经济损失达540亿元,相当于西北五省(区)年财政收入的3倍,每年粮食减产30多亿吨。目前全国有1300多千米铁路、3万km公路、数以千计的水库和5万多千米长的灌渠常年受风沙危害。每年输入黄河的16亿t泥沙中就有12亿t来自沙区。

荒漠作为陆地生态系统很重要的一环,有着极其独特的功能,荒漠生态系统在以下几方面有突出的贡献:首先,荒漠可以成土固碳,大风把表层土壤从一个地方搬运到另一地方,落到陆地上经过发育即形成了可以满足植物生长的肥沃土壤,我国黄土高原即是沙尘沉积而成的产物;其次,荒漠可以储水净水,荒漠渗透性好,大气降水和雪融水通过层层过滤,不但能使水质净化,而且还能渗入地下汇集成地下水库,巴丹吉林沙漠每年会新增5亿m^3的地下水;同时,荒漠可以通过沙尘效应增雨、固碳、中和酸雨。沙尘作为云的凝结核或冰核,可以通过与云的相互作用,改变云滴大小,增加区域降雨量。沙尘飘落海洋,为一些海洋浮游生物生长提供了丰富的铁元素,固定了大气中大量的二氧化碳,使海洋成为了地球中具有强大碳汇能力的生态系统。沙尘携带的氢氧根离子与大气中工业排放的酸性离子发生中和,使大气中雨滴的酸碱度趋于中性,从而减少了酸雨形成和沉降。最后,荒漠也是生物的居所和人类的家园,其中蕴藏着大量珍稀、特有物种和珍贵的野生动植物基因资源。据不完全统计,我国有荒漠植物82科、484属、1704种,多数是孑遗、濒危、珍稀类型。根据联合国环境规划署报告,全世界有21亿人口居住在沙漠或者旱区,约占世界人口的35%。我国荒漠区养育着3.5亿人口,约占全国人口的27%。

我国荒漠是发育在降水稀少、蒸发强烈、极端干旱生境下的稀疏生态系统类型,主要分布在我国西北干旱区,属温带荒漠,其特征为干旱、风沙、盐碱、贫瘠、植被稀疏,且大多分布在老、少、边、贫地区,自然条件差,经济发展较为落后(董光荣 等,1998)。

肃北北部荒漠区可利用草场2.8万km^2,是全国土地面积最大的乡(镇)之一。镇域内有北山羊(红羊)和野骆驼、野马、野驴、盘羊、羚羊等珍贵野生动物。马鬃山镇区域内蕴藏着丰富的自然资源,素有“聚宝盆”美称。现有各类矿床128处,有金、银、铜、铁、钨、锰、煤、重晶石等矿产资源,区域内太阳能、风能资源丰富。

8.2 区域气候变化

8.2.1 基本气候要素变化特征

8.2.1.1 资料来源

文中采用的各种气象资料为甘肃省气象信息中心收集整理的马鬃山气象站1961—2020年的历年各月平均气温、平均最高气温和平均最低气温，降水量、风、相对湿度、日照时数资料，肃北北部地形见图8.1。马鬃山国家基准气候站位于肃北蒙古族自治县马鬃山镇政府所在地东南1.0 km处的戈壁滩上，主要开展测报业务，现基本业务有地面测报、高空测报、酸雨观测、闪电定位观测；观测场地表平坦，土质为坚硬的浅黄色沙壤土，四周视野空旷，均为戈壁滩，无影响探测环境的障碍物。该站自1961年建站以来未经过迁移，探测环境保持良好，数据序列完整且均一性较好，能够代表该地区气候变化特征。

马鬃山气象站是甘肃唯一的边防气象站，影响我国的西伯利亚冷空气首先是从这里进来的，这一地区的气象观测资料对下游天气预报制作起着关键的指导作用。这里又是附近方圆数百千米区域内唯一的气象站，是国际气象观测网格中在附近区域内的唯一观测点，它监测的资料是中国和世界气象组织观测和研究全球气候不可或缺的一部分。

肃北北部属温带荒漠气候，年平均温度3～6.4 ℃，年降水量19～157.4 mm，年大风日数21～79 d，年蒸发量3812 mm，是年降水量的24倍多，这里干燥多风，降水稀少，蒸发量大，光热资源丰富，气温变化大。由于云量稀少，日照时数较长，年日照时数298～3651 h，气温年较差大，1月平均温度零下－17.6～－8.1 ℃，7月平均温度16.3～23.3 ℃，气温年较差13～15.9 ℃。

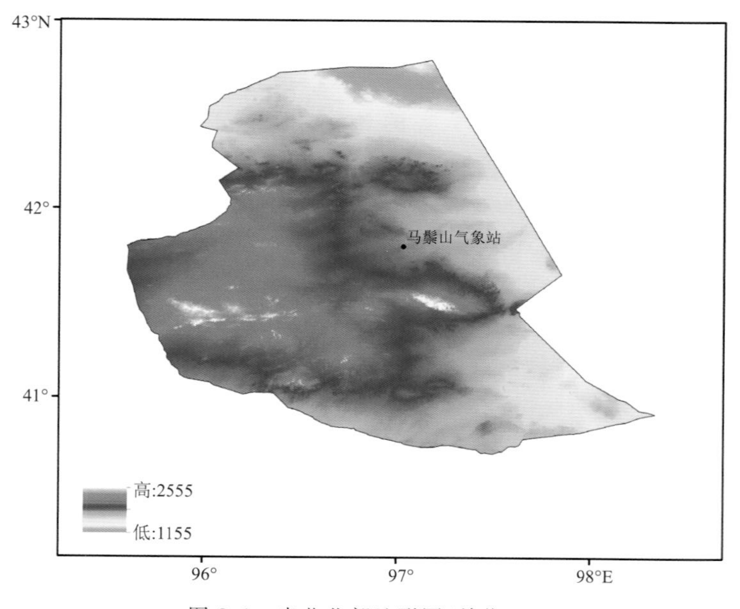

图8.1 肃北北部地形图(单位:m)

8.2.1.2 计算方法

(1)资料统计方法

气温、降水量、相对湿度、风和日照的统计方法均采用中国气象局《全国气候影响评价》的标准和采用中华人民共和国国家标准《气象干旱等级》(GB/ T 20481—2006)。其中以1981—2010年30 a的平均值作为标准气候平均值,年为1—12月,春季为3—5月,夏季为6—8月,秋季为9—11月,冬季为12月—次年2月。月平均最高、最低气温则为每日最高、最低气温的算术平均值(中国气象局,2003)。

(2)资料计算方法

要素变化趋势采用线性趋势法:将气候要素表示成时间t的线性函数$y=at+b$,其中a、b为经验系数。用最小二乘法通过实际资料计算出a和b,其中a表示线性函数的斜率,也就是气象要素的线性趋势,a为正值表示增加趋势,负值表示减少趋势,绝对值很小、接近零时表示无明显变化趋势。

8.2.1.3 气温

(1)年平均值变化特征

马鬃山站近60 a年平均气温平均值为4.8 ℃,平均最高气温为12.4 ℃,平均最低气温为−2.3 ℃。图8.2为马鬃山站1961—2020年逐年气温及其距平变化图。由图可见,年平均气温、平均最高气温和平均最低气温自1961年以来均呈持续上升趋势,增温速率分别为0.33 ℃/(10 a)、0.47 ℃/(10 a)和0.20 ℃/(10 a)。2017年是近60 a以来最暖的年份,年平均气温为6.0 ℃,较历年同期值偏高1.2 ℃;1969年和1984年是近60 a以来最冷的年份,年

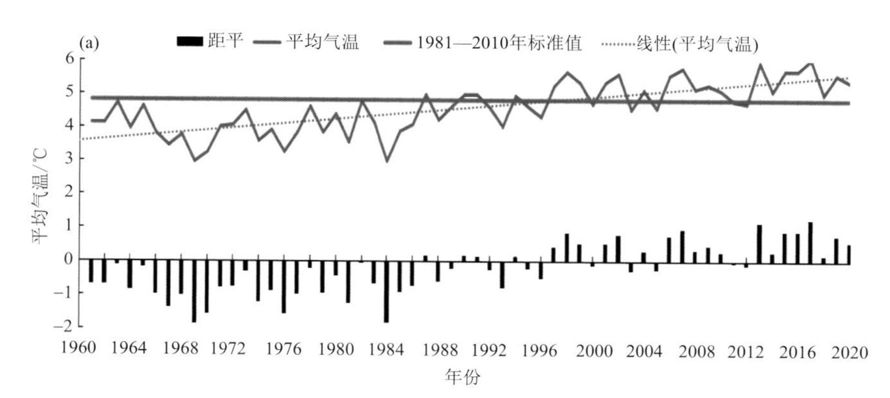

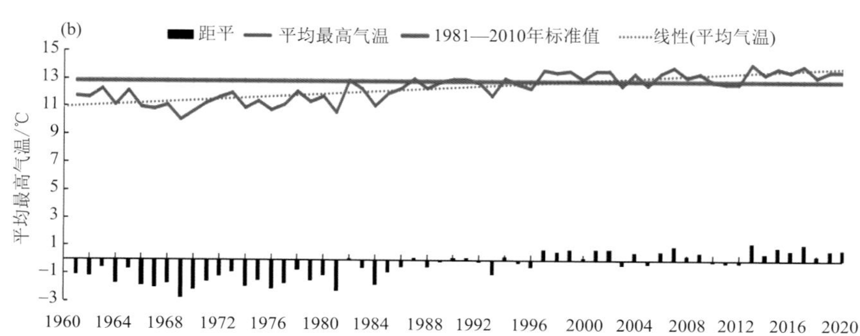

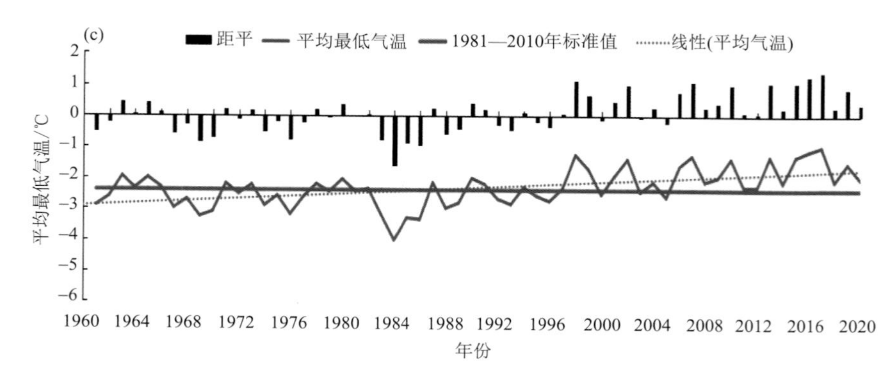

图 8.2　马鬃山站 1961—2020 年平均气温(a)、平均最高气温(b)和平均最低气温(c)历年变化

平均气温均为 3.0 ℃,较历年同期值偏低 1.8 ℃。20 世纪 90 年代后增温显著,除去个别年份,平均气温、平均最高气温和平均最低气温基本表现为正距平。

表 8.1 是马鬃山站气温每 10 a 的均值,从表中可以看出,平均气温、平均最高气温和平均最低气温的年代际变化趋势一致,平均最高气温的变化幅度略大于平均最低气温;20 世纪 90 年代后增温显著,21 世纪 00 年代平均气温上升幅度最大,较 20 世纪 90 年代上升了 0.6 ℃;结合图 8.2 可知,除去个别年份,平均气温、平均最高气温和平均最低气温基本表现为正距平。

表 8.1　马鬃山站平均气温、平均最高气温和平均最低气温的年代际变化(1961—2020 年)

项目	1961—1970 年	1971—1980 年	1981—1990 年	1991—2000 年	2001—2010 年	2011—2020 年
平均气温/℃	3.9	4.0	4.2	4.8	5.2	5.4
平均最高气温/℃	11.2	11.4	12.2	12.9	13.2	13.4
平均最低气温/℃	−2.6	−2.5	−2.9	−2.3	−1.9	−1.7

区域内最热月为 7 月,月平均气温超过 20.0 ℃,最冷月为 1 月,月平均气温为−11.9 ℃(表 8.2)。

表 8.2　肃北北部月、年平均气温　　单位:℃

站名	1 月	2 月	3 月	4 月	5 月	6 月	7 月	8 月	9 月	10 月	11 月	12 月	年平均
马鬃山	−11.9	−8.8	−2.1	5.8	12.7	18.1	20.3	18.6	12.3	4.2	−4.1	−10.1	4.6

(2)季变化特征

图 8.3 为马鬃山站平均气温、平均最高气温和平均最低气温在各季的变化趋势,春季、夏季、秋季和冬季平均气温每 10 a 增温值见表 8.3。可以看出,平均气温和平均最高气温各季自 1961 年以来呈现出一致的上升趋势,夏季增温趋势显著,冬季多年总体增温幅度最小但各年度变化剧烈,同时,平均气温和平均最高气温在春季、夏季和秋季最冷的年份主要分布在 2000 年以前,而最暖的年份则分布在 2000 年以后,但冬季无此特征;平均最低气温的增温幅度小于平均气温和平均最高气温,且在冬季呈现微弱的降低趋势,2019 年冬季的平均最低气温为历年冬季最低,为−20.0 ℃。

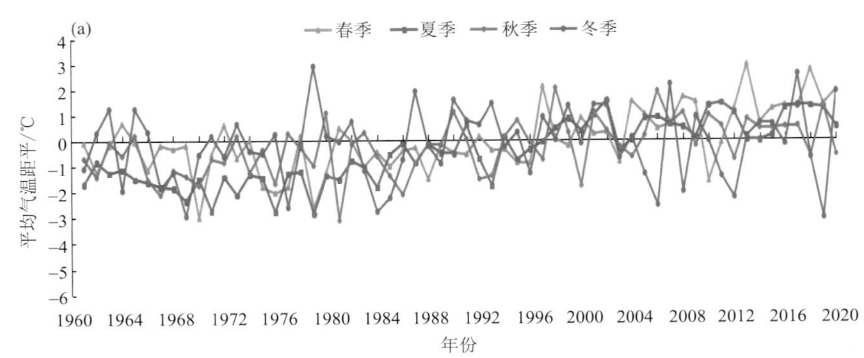

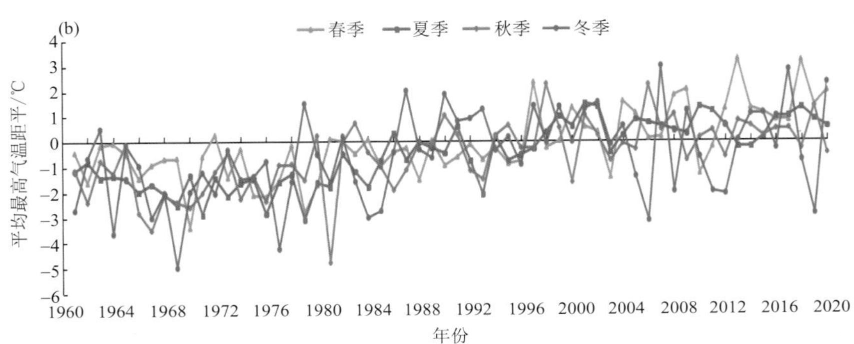

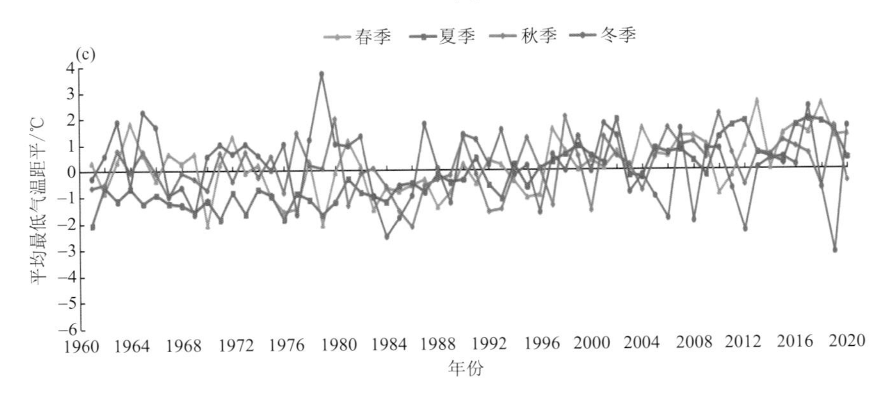

图 8.3 马鬃山站气温距平在各季的变化趋势

(a)平均气温距平;(b)平均最高气温距平;(c)平均最低气温距平

表 8.3 马鬃山站气温距平在各季的增温速率 单位:℃/(10 a)

项目	春季	夏季	秋季	冬季
平均气温	0.4	0.6	0.3	0.1
平均最高气温	0.5	0.6	0.5	0.4
平均最低气温	0.3	0.5	0.2	−0.1

8.2.1.4 降水

(1)年平均值变化特征

图 8.4 为马鬃山站自 1961 年以来的年降水量及其距平变化趋势,该站近 60 a 平均降水

量为 71.7 mm，年际变化大，其中降水量最大的年份出现在 1979 年，达 157.3 mm，较历年平均值偏多 150%，最小出现在 2020 年，为 19.0 mm，较历年平均值偏少 70%；总体而言，年降水量呈减少趋势，平均每 10 a 减少 3.8 mm，自 20 世纪 80 年代后降水量负距平的年份增多。表 8.4 为马鬃山站年降水量每 10 a 的均值，最高和最低分别出现在 20 世纪 70 年代和 80 年代。

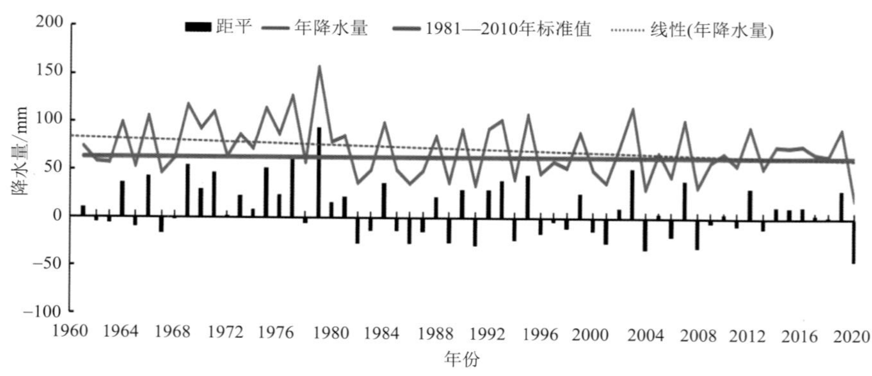

图 8.4 马鬃山站 1961—2020 年降水量历年变化

表 8.4 马鬃山站年降水量的年代际变化(1961—2020 年) 单位：mm

1961—1970 年	1971—1980 年	1981—1990 年	1991—2000 年	2001—2010 年	2011—2020 年
76.4	95.3	61.7	67.2	62.5	67.0

(2)季变化特征

图 8.5 为马鬃山站各季降水量距平变化趋势，结合表 8.6 可知，该站自 1961 年以来，春季、夏季和秋季降水量均呈现减少趋势，年内分布以夏季多，冬季少，7 月降水最多，1 月降水最少，春季降水多于秋季降水(表 8.5)。

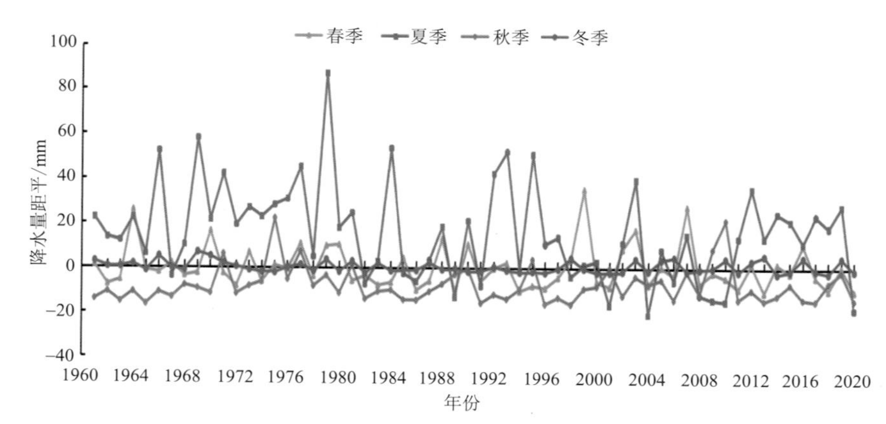

图 8.5 马鬃山站各季降水量距平历年变化

表 8.5 肃北北部月、年降水量 单位：mm

站名	1 月	2 月	3 月	4 月	5 月	6 月	7 月	8 月	9 月	10 月	11 月	12 月	年降水量
马鬃山	0.7	1.0	2.1	3.6	5.2	14.8	20.2	14.3	5.6	1.5	1.5	1.0	71.5

肃北北部春季(3—5 月)降水量占年降水量的 15%;夏季(6—8 月)降水量占年降水量的 69%,减少趋势最为明显,为 3.5 mm/(10 a);秋季(9—11 月)降水量占年降水量的 12%,冬季(12 月—次年 2 月)是降水量在一年四季中最少季节,无明显变化且仅占年降水量的 4%左右,且均为固态降水(表 8.6)。降水的这种季节变化趋势与气温密切相关,气温升高使得沙漠干旱地区变得更为干旱。

表 8.6 马鬃山站降水量在各季节的变化率 单位:mm/(10 a)

春季	夏季	秋季	冬季
−0.4	−3.5	−0.2	0

8.2.1.5 相对湿度

(1)年平均值变化特征

图 8.6 为马鬃山站年平均相对湿度变化趋势图,近 60 a 平均值为 39%,该站自 1961 年以来相对湿度基本持平,呈现微弱的减少趋势,平均每 10 a 减少 0.1%;平均相对湿度最大的年份出现在 2003 年,为 48%,最小出现在 1978 年,为 34%;正负距平的年数分别为 34 a 和 36 a。结合表 8.7,马鬃山站平均相对湿度的年代际变化不明显。

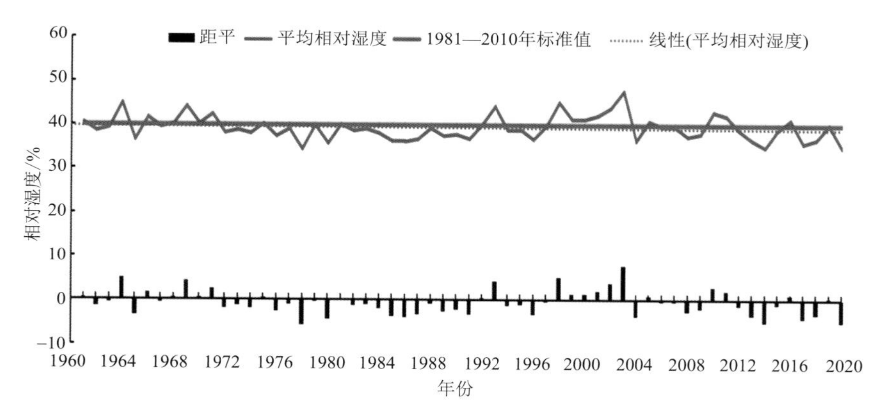

图 8.6 马鬃山站平均相对湿度及距平历年变化

表 8.7 马鬃山站平均相对湿度的年代际变化(1961—2020 年) %

1961—1970 年	1971—1980 年	1981—1990 年	1991—2000 年	2001—2010 年	2011—2020 年
41	38	38	40	41	38

(2)季变化特征

图 8.7 为马鬃山站近 60 a 各季平均相对湿度变化趋势图,总体而言,春季和冬季的年际变化幅度大。结合表 8.8 中各季变化率值可知,马鬃山站相对湿度在春季和夏季呈减少的变化趋势,其中夏季减少程度最大,为 1.0%/(10 a);相对湿度在秋季和冬季则表现为增加的趋势。

8.2.1.6 风向风速

(1)风速变化特征

采用 2 min 平均风速的平均值描述风速的平均值变化情况,图 8.8 为马鬃山站 1961 年以来的年平均风速年际变化。总体而言，近 60 a 来该站平均风速基本持平，无明显变化趋势，最大年平均值出现在 1970 年，为 5.2 m/s，最小值出现在 1964 年，为 3.8 m/s；自 20 世纪 80 年代后年平均风速距平明显变小；从表 8.9 可知，平均风速最大值出现在 20 世纪 70 年代，为 4.9 m/s；各季平均风速变化则与年平均风速变化趋势一致(图 8.9)，即基本持平，其中冬季呈现微弱的减少趋势，每 10 a 减少 0.1 m/s(表 8.9)。

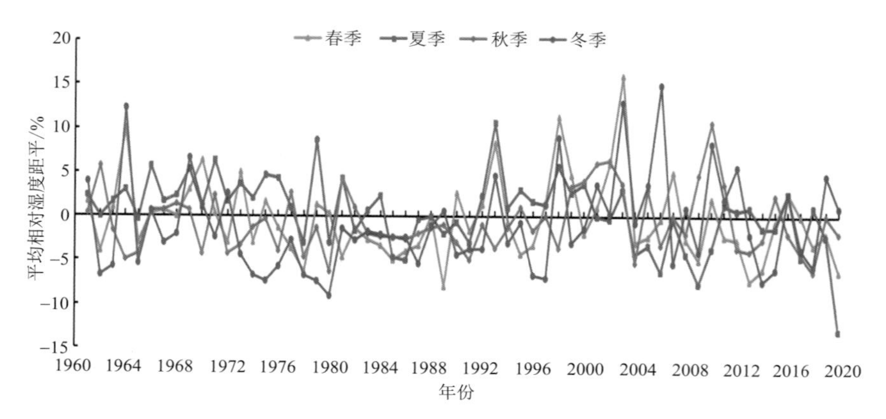

图 8.7　马鬃山站各季平均相对湿度距平历年变化

表 8.8　马鬃山站平均相对湿度在各季的变化率　　单位：%/(10 a)

春季	夏季	秋季	冬季
−0.3	−1.0	0.2	0.5

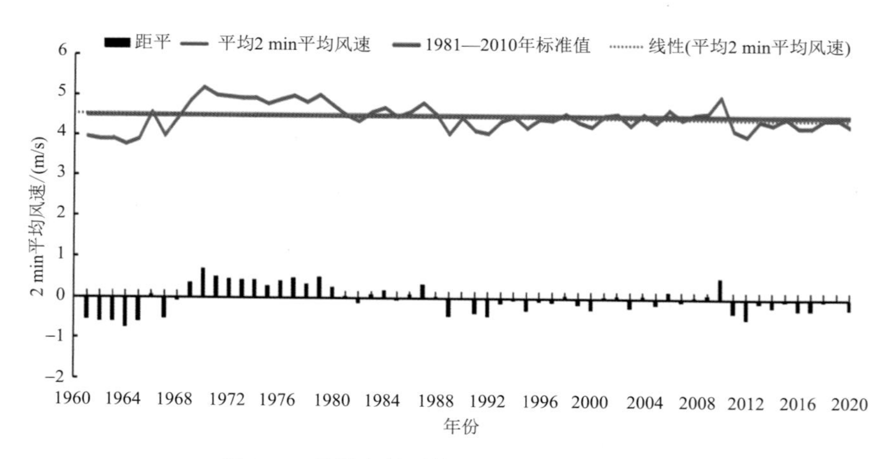

图 8.8　马鬃山站平均风速及距平历年变化

表 8.9　马鬃山站平均风速的年代际变化(1961—2020 年)　　单位：m/s

1961—1970 年	1971—1980 年	1981—1990 年	1991—2000 年	2001—2010 年	2011—2020 年
4.2	4.9	4.5	4.3	4.5	4.3

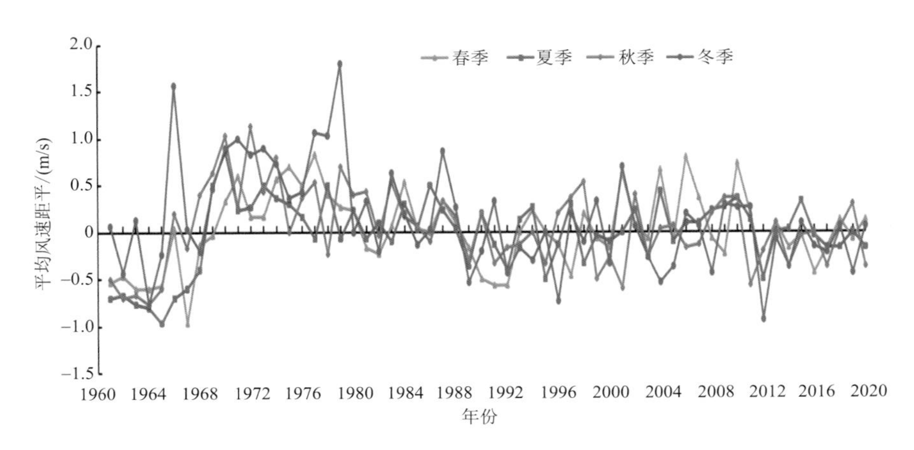

图 8.9　马鬃山站各季平均风速距平历年变化

(2)风向分布特征

图 8.10 为马鬃山站 1961—2020 年多年平均风向频率及各季平均风向频率分布，马鬃山站近 60 a 主导风向为 WSW 风，占总风向的 17%，其次为 W 风，占总风向的 16%，静风占 8%；相较于气候标准值，WSW 风占比减少了 4%，而偏南方向风有所增加；春季、秋季和冬季与多年平均风向分布一致，但冬季 WSW 风占比明显较其他季节偏高，占 27%，秋季和春季分别为 20%和 13%；夏季频率最高的为 W 风，占比 11%，其次为 WSW 和 NNW 风，均占 10%；春季静风频率最低，为 7%，冬季静风频率最高，为 9%，其他两季为 8%。

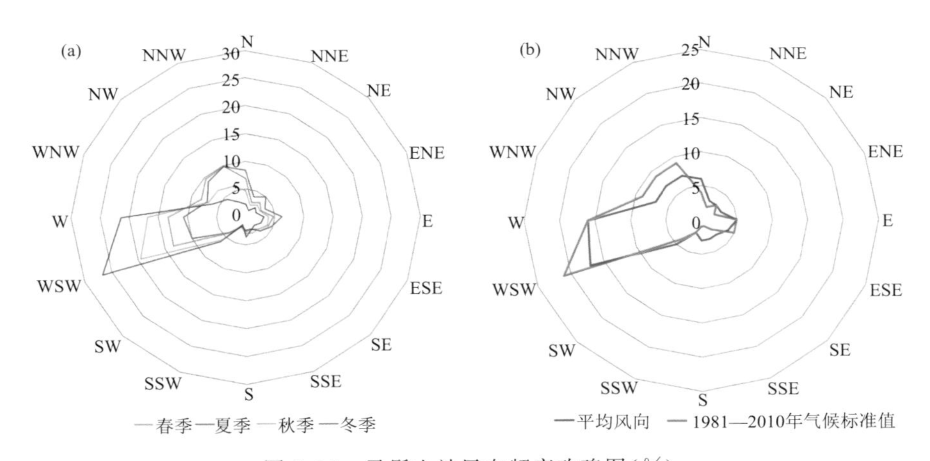

图 8.10　马鬃山站风向频率玫瑰图(%)
(a)季平均；(b)年平均

表 8.10 为马鬃山站近 60 a 风向频率的年代际变化，ESE 风向、WNW 风向、NW 风向和 NNW 风向占比有明显增加的趋势，而 SE 风向、SSE 风向和 S 风向则有所减少；最大频率风向由 W 向 WSW 偏移后，又在 2000 年以后向 W 方向增加；静风(C)风向有着明显减少的趋势，由 20 世纪 60 年代的 17%减少至 0%，静风少发而西北风增加。

表 8.10　马鬃山站风向频率年代际变化(1961—2020 年)

年代	NNE	NE	ENE	E	ESE	SE	SSE	S	SSW	SW	WSW	W	WNW	NW	NNW	N	C
1961—1970 年	3	5	3	5	2	5	4	6	1	6	9	15	3	4	3	9	17
1971—1980 年	4	4	4	4	3	5	6	5	2	7	14	11	5	4	4	8	10
1981—1990 年	2	3	2	4	4	2	2	2	1	4	21	14	8	9	8	5	9
1991—2000 年	2	3	3	5	4	2	1	2	2	5	20	14	8	8	9	4	8
2001—2010 年	2	3	3	4	5	2	1	2	1	4	18	19	9	10	10	4	3
2011—2020 年	3	3	3	5	6	2	1	1	2	5	18	20	9	10	10	4	0

8.2.1.7　日照时数

(1)年变化特征

图 8.11 为马鬃山站 1961 年以来的年总日照时数变化趋势，近 60 a 年总日照时数的平均值为 3348.6 h，较气候标准值高 13 h，日照百分率则持平，为 76%(图略)；日照时数总体呈现增长趋势，为 32.0 h/(10 a)。日照时数的年代际变化则如表 8.11 所示，2000 年以后日照增长明显，日照百分率也增加到了 78%(表 8.11)。在该地区，随着气温升高，相对湿度降低，云量减少，造成日照增加。

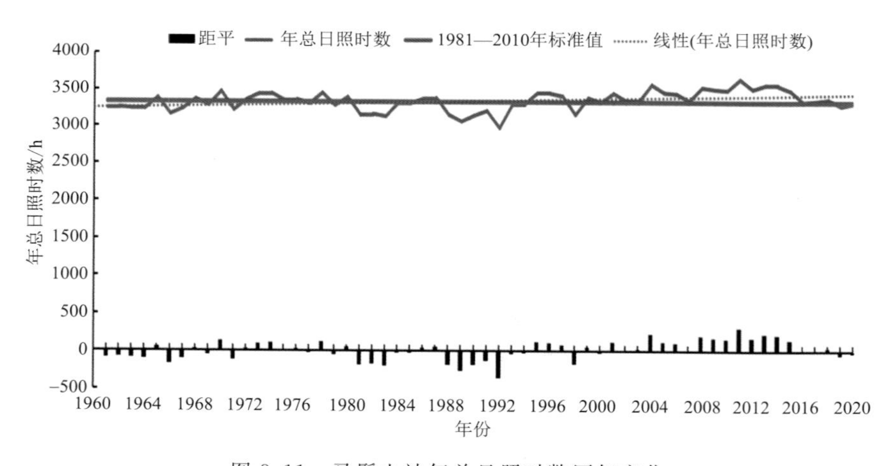

图 8.11　马鬃山站年总日照时数历年变化

表 8.11　马鬃山站日照时数的年代际变化(1961—2020 年)

项目	1961—1970 年	1971—1980 年	1981—1990 年	1991—2000 年	2001—2010 年	2011—2020 年
日照时数/h	3291.9	3366.0	3225.7	3303.3	3456.4	3448.1
日照百分率/%	75	76	74	75	78	78

(2)季变化特征

图 8.12 及表 8.12 为马鬃山站近 60 a 各季日照距平变化及变化率,4 个季节总体变化趋势与年日照时数合计值变化趋势一致,均呈现增长趋势,其中春季增长速率最快,为 4.9 h/(10 a);日照百分率变化趋势同日照时数,其中春季增长速率最快,每 10 a 增长 1.3%。

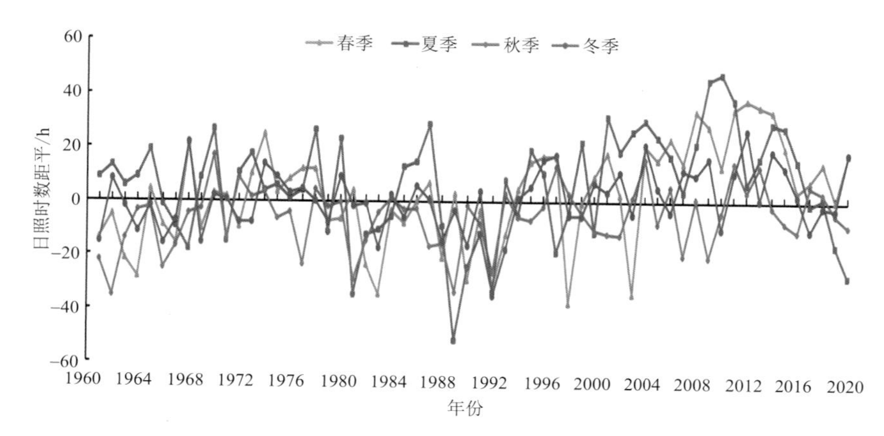

图 8.12　马鬃山站季日照时数距平历年变化

表 8.12　马鬃山站日照时数和日照百分率在各季的变化率

变化率	春季	夏季	秋季	冬季
日照时数/(h/(10 a))	4.9	2.1	1.7	2.0
日照百分率/(%/(10 a))	1.3	0.4	0.4	0.8

8.2.1.8　蒸发量

(1)年值变化特征

图 8.13 为马鬃山站 1961—2020 年年蒸发量变化图,相较于该站其他要素,因观测项目和观测规范变动,导致蒸发数据序列不均一,在 2000 年出现断点。整体而言,2000 年以前,马鬃山站蒸发呈现增长趋势,增长率为 73.8 mm/(10 a),最大年蒸发量出现在 1991 年,为 3812.6 mm,最小年蒸发量出现在 1979 年,为 2876.8 mm;2000 年以后蒸发呈现减少趋势,增长率为−37.1 mm/(10 a),最大年蒸发量出现在 2004 年,为 2333.2 mm,最小年蒸发量出现在 2003 年,为 1901.3 mm。

表 8.13 则为马鬃山站近 60 a 蒸发量的年代际变化情况。最大值出现在 20 世纪 80 年代,且较 70 年代增长明显。与日照时数和降水量变化趋势匹配,蒸发量在 20 世纪前 10 a 要高于后 10 a 平均值。

(2)季变化特征

图 8.14 为马鬃山站 1961—2020 年季蒸发量距平变化趋势图,并以 2000 年为界分别计算各季蒸发量的增长率(表 8.14)。可以看出,该站 2000 年以前,除去冬季蒸发有微弱的减少外,其他三季节均为增加趋势,其中夏季增加趋势最大,达到 43.3 mm/(10 a);2000 年以后,除去春季蒸发量为增加趋势外,其他三季节为减少趋势,其中秋季减少趋势最大,达到 53.0 mm/(10 a);总体而言,夏季蒸发量的距平及其变化波动均为最大,冬季则为最小,春季和秋季

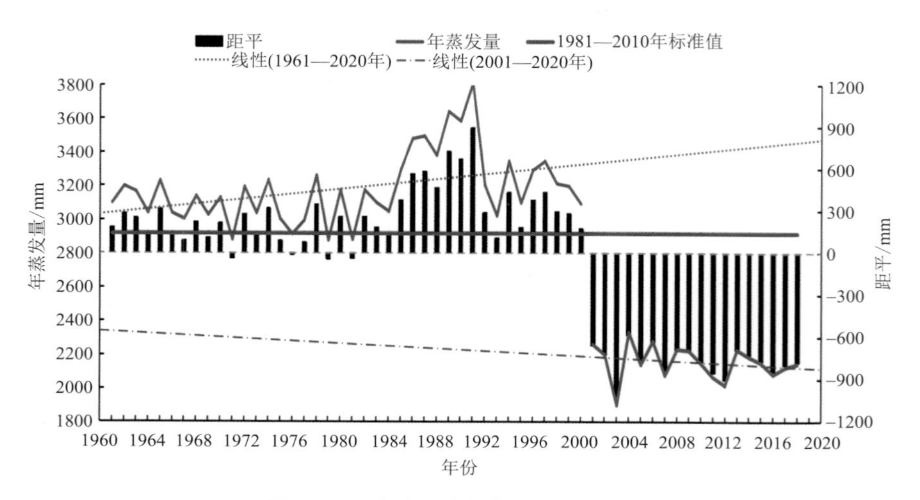

图 8.13　马鬃山站年蒸发量历年变化

相当;因大型蒸发在 4—9 月观测,因此,对冬季数据序列无影响,对夏季序列影响最大,导致蒸发数据序列的均一性在冬季较好,夏季最差。为准确描述该站蒸发量长期的变化特征,应进一步做均一化处理。

表 8.13　马鬃山站蒸发量年代际变化(1961—2020 年)　单位:mm

1961—1970 年	1971—1980 年	1981—1990 年	1991—2000 年	2001—2010 年	2011—2020 年
3106.7	3057.0	3308.4	3263.0	2180.2	2125.5

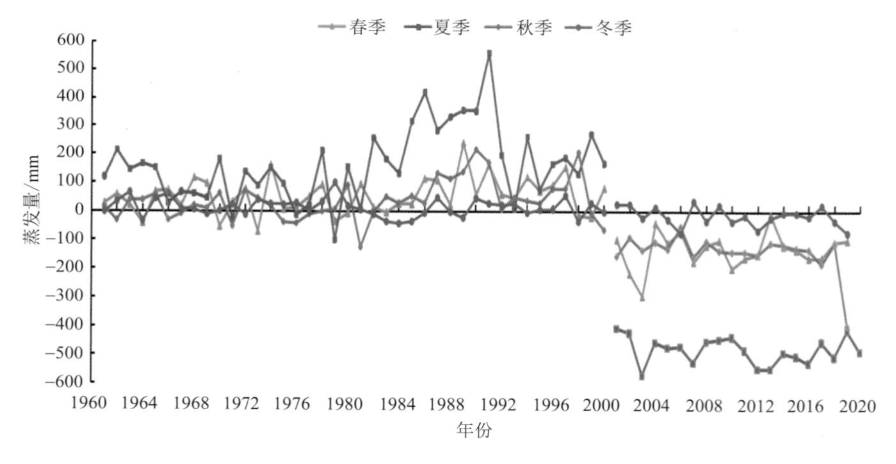

图 8.14　马鬃山站季蒸发量历年变化

表 8.14　马鬃山站蒸发量在各季节的变化率　单位:mm/(10 a)

春季		夏季		秋季		冬季	
1961—2000 年	2001—2020 年	1961—2000 年	2001—2020 年	1961—2000 年	2001—2020 年	1961—2000 年	2001—2020 年
13.5	20.0	43.3	−14.3	20.9	−53.0	−3.8	−19.7

8.2.2 极端天气气候事件变化特征

极端天气气候事件是相对于绝大多数较平常时事件而言的异常事件。即气候变量值高于(或低于)该变量观测值区间的上限(或下限)端附近的某一阈值时的事件,其发生概率一般小于10%。常见的极端天气气候事件主要有干旱、洪涝、强降水、高温热浪、低温寒潮、沙尘暴等(陈少勇 等,2012)。

极端事件常年直接或间接导致某种自然灾害发生,从而影响人类社会和生态环境。它一般具有以下特征:①事件发生的频率相对较低;②事件的强度相对较大(或较小);③事件导致了严重的社会经济损失。必须注意的是,对某一具体的极端天气气候事件,往往并不同时具备以上三方面的特征,如干旱区的极端降水,强度并不会很大,而且可能对社会仅仅是有利的(姚正毅 等,2006;董安祥 等,2014)。

肃北北部地区自然地理条件复杂,是气候变化敏感区和生态环境脆弱区,极端天气气候事件发生频率较高,表现为种类多、区域特征明显、季节性和阶段性特征突出、灾害共生性和伴生性显著等特点。

8.2.2.1 极端气温

气象学上将日最高气温大于或等于35 ℃定义为“高温日”,日最低气温小于或等于0 ℃定义为“低温日”。肃北北部荒漠区历史极端高温为36.2 ℃,出现在2016年7月30日,连续高温日数为3 d;极端低温为−37.1 ℃,出现在2002年12月25日;极端日降温达17.3 ℃,出现在1979年4月11日;极端连续降温高达21.7 ℃,长达5 d,出现在1987年11月24—28日。

1961—2020年,肃北北部年平均最高、最低气温均存在升高趋势,且年平均最高气温呈现升高趋势明显(图8.15a),其线性气候倾向率为0.48 ℃/(10 a)。2013年区域年平均最高气温最大,偏高0.9 ℃,1969年区域年平均最高气温最小,偏低3.1 ℃。1961年以来肃北北部区域年平均最低气温也现呈升高趋势(图8.15b),其线性气候倾向率为0.19 ℃/(10 a)。1984年平均最低气温最小,偏低2.1 ℃,20世纪80年代中期降温幅度最大。

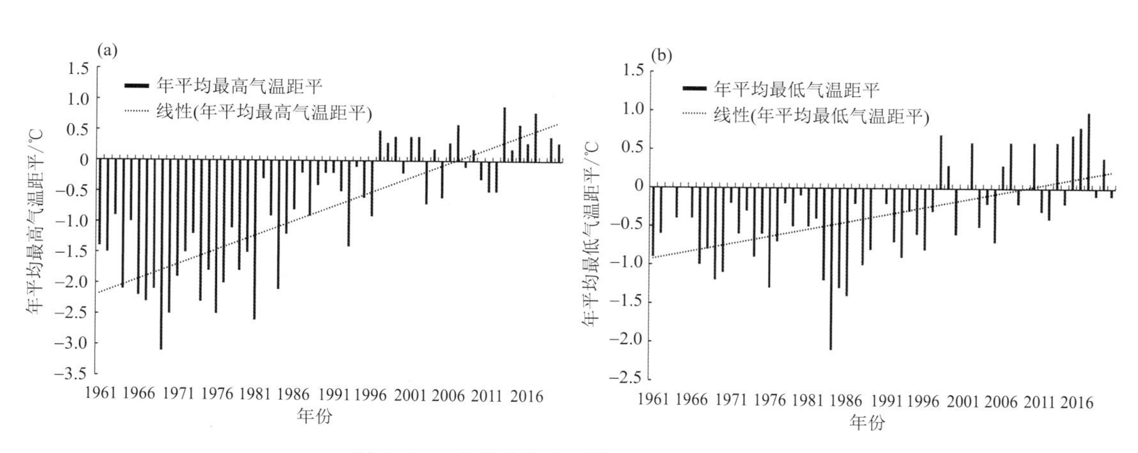

图8.15 肃北北部极端气温距平年际变化
(a)年平均最高气温距平;(b)年平均最低气温距平

8.2.2.2 极端降水

近 60 a 大雨过程出现过三次，分别是 1977 年 7 月、1984 年 6 月和 1992 年 7 月；一日最大降水量为 42.3 mm，出现在 1984 年 6 月 22 日，最大过程降水量为 51.6 mm，出现时间在 1984 年 6 月 21—24 日，最长连续降水日数为 7 d，过程降水量为 49.4 mm，出现在 1979 年 7 月 25—31 日。

由于肃北北部处于内陆荒漠地区，水汽资源很难到达这里，这里最长连续无降水日数高达 190 d，基本没有极端降水现象。

8.2.3 气象灾害

8.2.3.1 大风

瞬时风力达 8 级或 8 级以上，或瞬时风速达到或超过 17.0 m/s，即为大风。肃北地区为甘肃省风能密度最大的地区之一，平均每天可利用的有效风速小时数在 10 h 以上，但同时大风天气对当地农牧业生产带来很大影响。因此，研究大风气候特征对大风气象灾害防御及合理利用风能资源具有十分重要的指导意义（中国气象局，2003；杨晓玲 等，2012）。

大风日数呈增加趋势，近 60 a 肃北县出现大风日数共计 2788 d，年平均大风日数 46 d。其中，年最多大风日数为 90 d，出现在 2010 年；年最少大风日数为 16 d，出现在 1967 年。大风日数年际变化趋势如图 8.16 所示，年气候倾向变化率为 4.1 d/(10 a)。

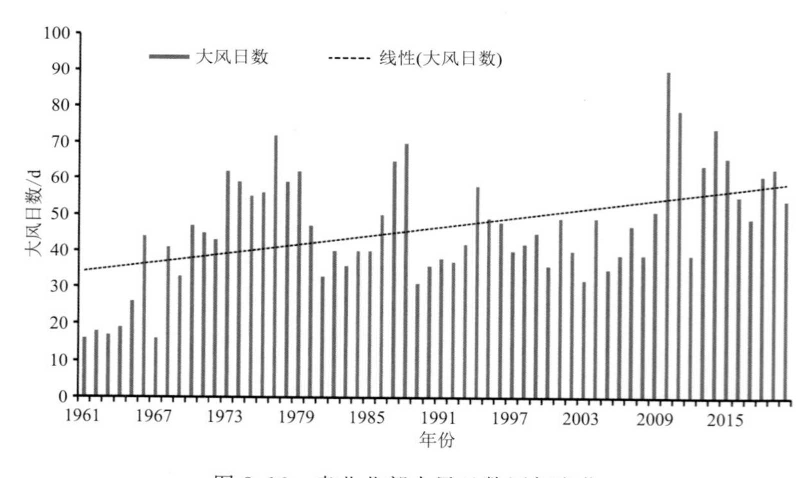

图 8.16 肃北北部大风日数历年变化

1—12 月月平均大风日数依次为 2.1、2.3、3.8、6.3、6.1、5.6、4.8、3.8、2.4、2.5、3.5、3.3 d，各月均可能出现大风，其中 4 月月平均大风日数最多，5 月次之；1 月月平均大风日数最少，次之为 2 月（图 8.17）。

1986—2020 年，肃北北部年平均最大风速为 19 m/s，最大风速最大值为 24.7 m/s，出现在 1997 年；最大风速最小值为 16.7 m/s，出现在 1991 年（图 8.18）。从月变化来看，月平均最大风速最大值为 16.9 m/s，出现在 4 月；次之为 16.3 m/s，出现在 5 月；月平均最大风速最小值为 14.1 m/s，在 9 月（图略）。1986—2020 年肃北北部年平均最大风速气候倾向率为 −0.59 m/(s·10 a)，总体呈减小趋势。

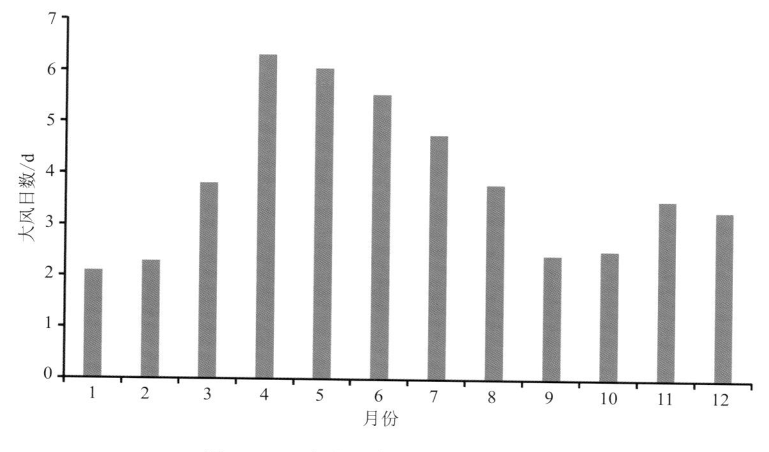

图 8.17　肃北北部大风日数年变化

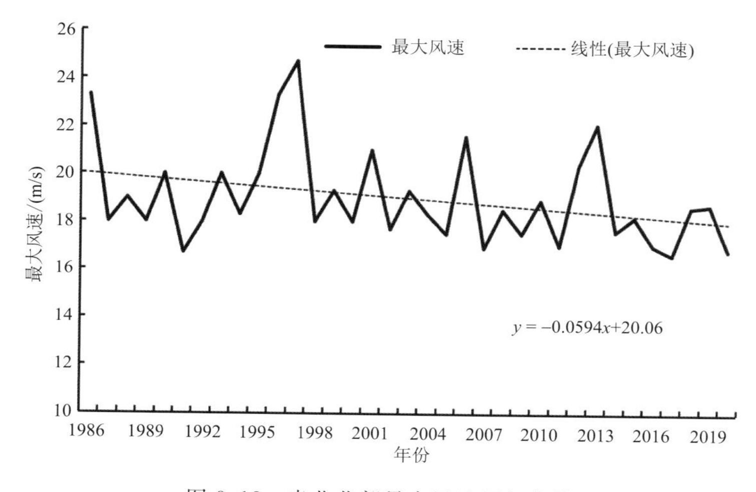

图 8.18　肃北北部最大风速历年变化

8.2.3.2　寒潮

图 8.19、图 8.20 分别为肃北北部强降温次数距平和寒潮次数距平历年变化曲线，1975 年以前和 1996 年以后强降温次数偏多，21 世纪以来呈现增加趋势；寒潮次数在 21 世纪以来也是明显偏多且呈增加趋势。

8.2.3.3　沙尘暴

沙尘天气是指风从地面卷起大量尘沙，使空气混浊，水平能见度明显下降的一种天气现象。气象学中，将沙尘天气划分为 3 类，即浮尘、扬沙和沙尘暴，浮尘指尘土、细沙均匀地浮游在空中，使水平能见度<10.0 km 的天气现象；扬沙指由于风将地面沙尘吹起，使空气相当浑浊，水平能见度≥1.0 km 至<10.0 km 的天气现象；沙尘暴是指由于强风将地面大量沙尘吹起，使空气相当浑浊，水平能见度<1.0 km 的天气现象。沙尘天气对空气质量、交通运输、农牧业生产以及人们的日常出行均有着显著的影响(张志刚 等，2009；陈杰 等，2015)。

沙尘暴是风蚀荒漠化中的一种天气现象，它的形成受自然因素和人类活动因素的共同影

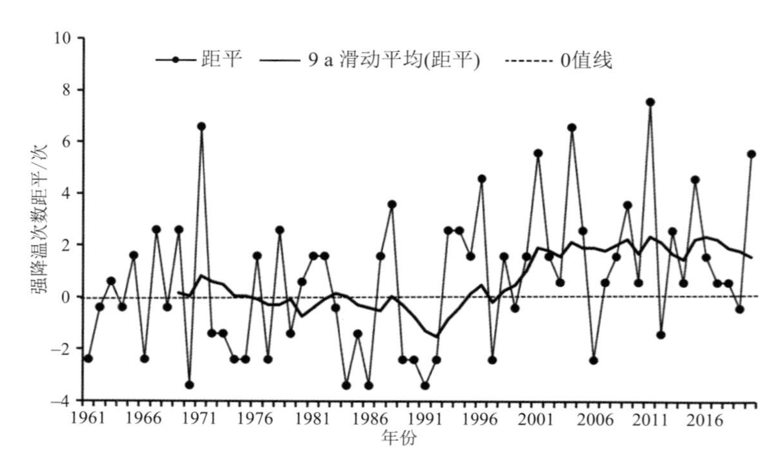

图 8.19　肃北北部强降温次数距平历年变化

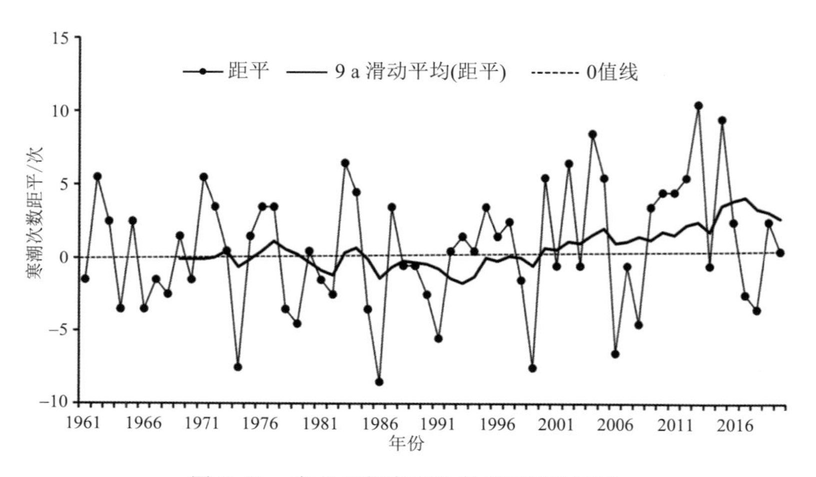

图 8.20　肃北北部寒潮次数距平历年变化

响。自然因素包括大风、降水减少及其沙源。人类活动因素是指人类在发展经济过程中对植被的破坏以后，导致沙尘暴爆发频数增加。沙尘暴天气主要发生在冬春季节，这是由于冬春季半干旱和干旱区降水甚少，地表极其干燥松散，抗风蚀能力很弱，当有大风刮过时，就会有大量沙尘被卷入空中，形成沙尘暴天气。

扬沙、浮尘是较弱的沙尘天气，文中将这两种沙尘现象归纳一起分析。扬沙、浮尘同样给人们的生产、生活和身体健康带来危害。在气候干旱、植被稀疏的地区，才可能发生扬沙。扬沙多发生在每年的 4—5 月，主要分布在我国西北干旱半干旱地区。肃北县位于河西走廊最西端，沙尘天气频发，沙尘天气造成的灾害是影响当地最严重的气象灾害之一。

肃北北部近 60 a 共出现沙尘天气 748 次，年平均 12.5 d，其中年平均扬沙、浮尘天气日数为 11.4 d，年平均沙尘暴天气日数为 1.1 d。可以看出，肃北北部主要以扬沙、浮尘天气为主，占全年总沙尘天气日数的 91%，肃北北部扬沙、浮尘天气主要出现在 3—5 月，占全年浮尘总日数的 63.6%，其中 4 月最多，为 181 d，占全年浮尘总日数的 26.6%，3 月次之，1 月最少；沙尘暴天气主要出现在 3—5 月，占全年沙尘暴总日数的 77.9%，其中 4 月最多，为 23 d，占全年沙尘暴总日数的 33.8%,3 月次之(图 8.21、图 8.22)。

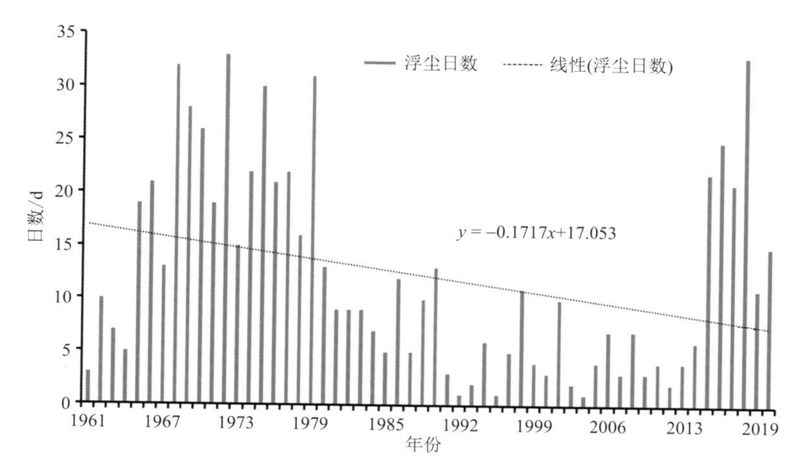

图 8.21　肃北北部扬沙、浮尘日数历年变化

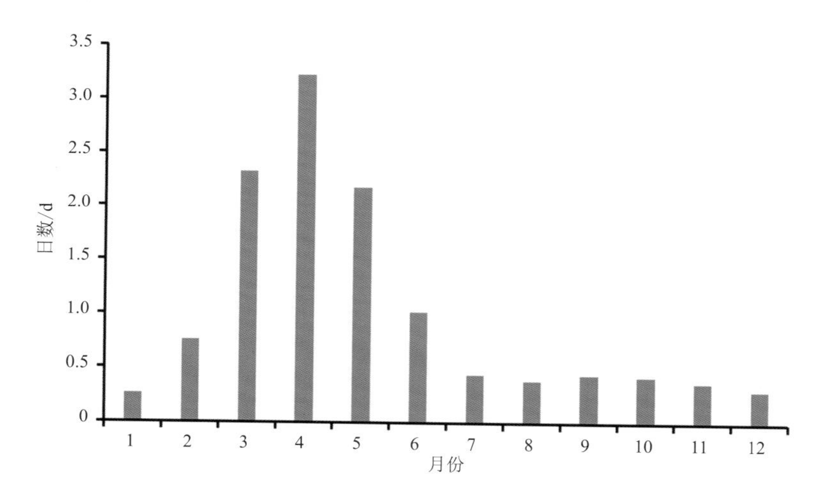

图 8.22　肃北北部扬沙、浮尘日数年变化

沙尘暴较少,2015 年至今未出现过沙尘暴天气。扬沙、浮尘天气具有减少趋势,扬沙、浮尘减少趋势为−1.7 d/(10a)。近 60 a 中,年扬沙、浮尘最多日数 33 d,出现在 2018 年,最少为 1 d,出现在 1995 年和 2003 年;沙尘暴最多日数为 4 d,出现在 1971 年、1977 年和 2015 年(图 8.23、图 8.24)。

8.3　气候变化对区域生态的影响

8.3.1　区域内荒漠空间分布特征

利用 MODIS 卫星归一化植被指数(NDVI)数据,分辨率为 250 m,当 NDVI<0.15,判定区域为荒漠。肃北北部位于巴丹吉林沙漠边缘地带,土地利用类型以荒漠为主,荒漠面积占全区面积的 96%左右,呈分散式分布于整个区域(图 8.25)。

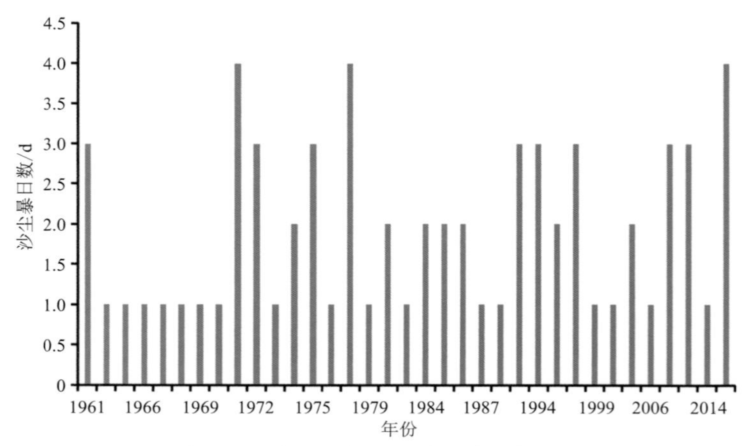

图 8.23　肃北北部沙尘暴日数历年变化

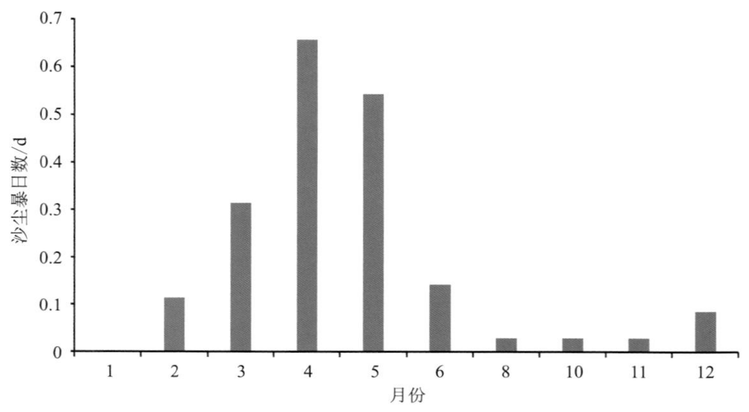

图 8.24　肃北北部沙尘暴日数年变化

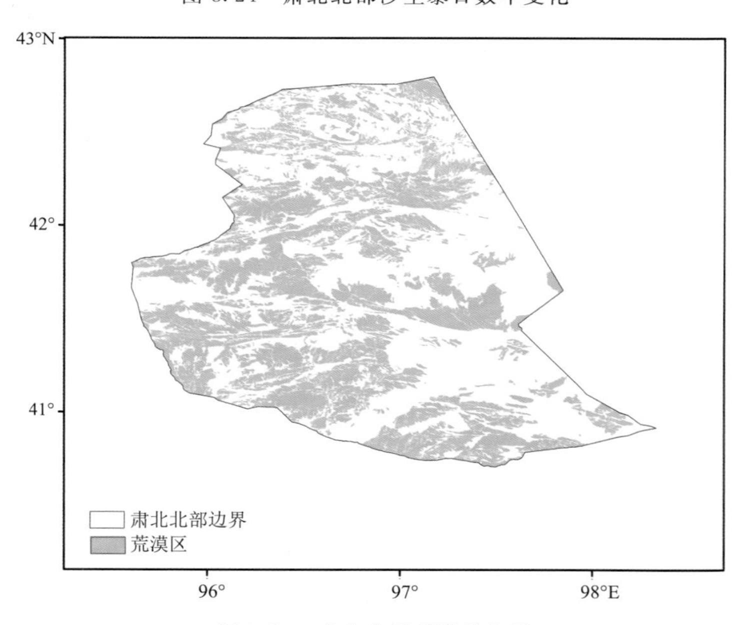

图 8.25　肃北北部荒漠分布图

8.3.2 肃北北部荒漠动态变化及原因

利用 ArcGIS10.3 重分类和统计工具计算得出 2000—2020 年逐年肃北北部荒漠面积。由图 8.26 可以看出，2000—2020 年肃北北部荒漠面积变化不大，多年面积均值为 30453 km^2。

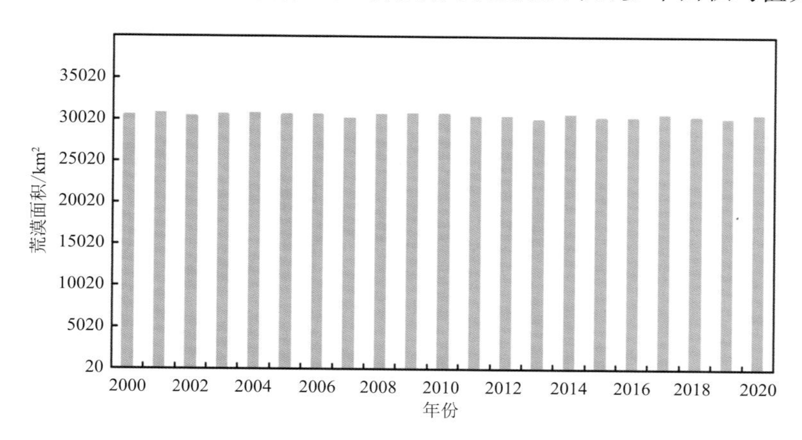

图 8.26 肃北北部荒漠面积逐年变化

气候变化和人类活动是土地沙漠化形成演变的两个重要因素，肃北北部人口稀少，常住人口不足一万人，因此，气候变化是影响该区域荒漠化进退的主要因子。

近 50 a 来，肃北北部多次出现气候变化及异常年份，其变化必然对土地荒漠化的发展或逆转产生重要作用与影响。随着气候变异程度的加重和时间序列的延长，气候变化对沙漠化的影响与作用会愈加明显。同时，随着肃北北部地区经济开发强度的增大，人为活动对荒漠化的影响也不可忽视。

8.3.3 区域内植被空间分布特征

肃北北部区域的天然草场植被为荒漠草原和半荒漠为主的草场植被类型，形成植被稀疏、种类单一、水草俱缺的特点，植被覆盖度一般在 10%～20%。在荒漠草场中几乎有 50%的地方为不毛之地，就草场类型面积而言，荒漠草场占绝对优势，面积达 247.33 万 hm^2，占草场总面积的 90.87%，荒漠草原草场面积 24.58 万 hm^2，占 9.03%。利用土地利用数据，提取肃北北部草地覆盖范围，草地主要分布于区域的中、南部，北部草地较少（图 8.27）。

肃北绿洲未利用土地占很大比例，建设用地和耕地比例较少，还有草原面积也占较大比例。因此，分析肃北绿洲草原植被的变化特征，对肃北绿洲草原的保护及经济的发展都有很大的现实意义。近年来，肃北绿洲水资源有明显的减少趋势，耕地面积和建设面积有所增加。草原植被在靠近沙漠戈壁等无植被和少植被覆盖的区域分布的年际变化不大（赵茂盛 等，2001）。

8.3.4 肃北北部植被动态变化及原因

荒漠区的植被为干旱区生态系统提供初级的物质生产，维持区域生物多样性，同时保护水土资源、稳固并优化土壤结构、减弱土地荒漠化作用，是干旱区生态系统的基本组成。植被覆盖度能够较好地表达区域生态环境变化情况。正确估算荒漠绿洲区植被覆盖度，把握区域植

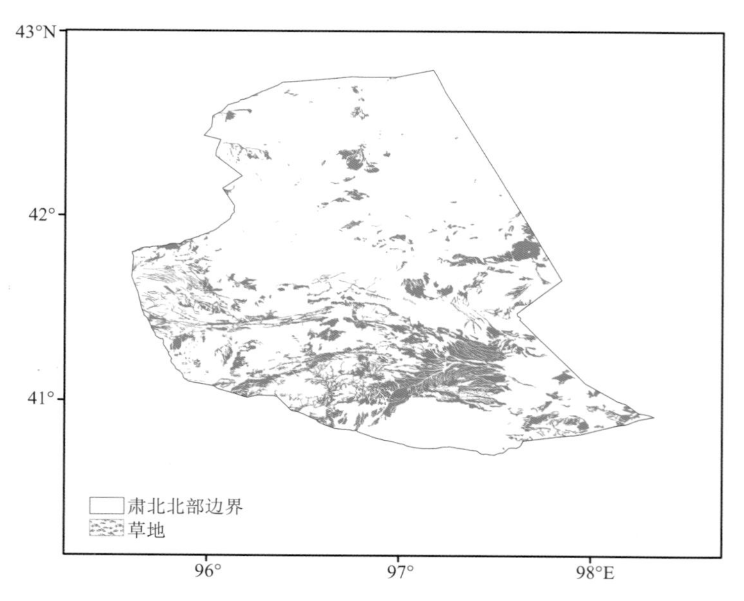

图 8.27　肃北北部草地分布图

被覆盖分布状况，是开展干旱区生态调研、土地荒漠化评价的基础，能够为干旱区生态建设与环境保护相关政策制定提供依据。

植被覆盖度指植被（包括叶、茎、枝）在地面的垂直投影面积占统计区总面积的百分比，由于植被的防风固沙功能，因此，植被覆盖度对荒漠生态系统很重要。2000—2020 年肃北北部 69.2％区域草地覆盖度呈增加趋势，南部部分地区增加趋势大于 4％，草地覆盖度减少区域主要在草地分布范围的北部（图 8.28a）。从逐年统计看，肃北北部植被覆盖度呈增加趋势（图 8.28b）。

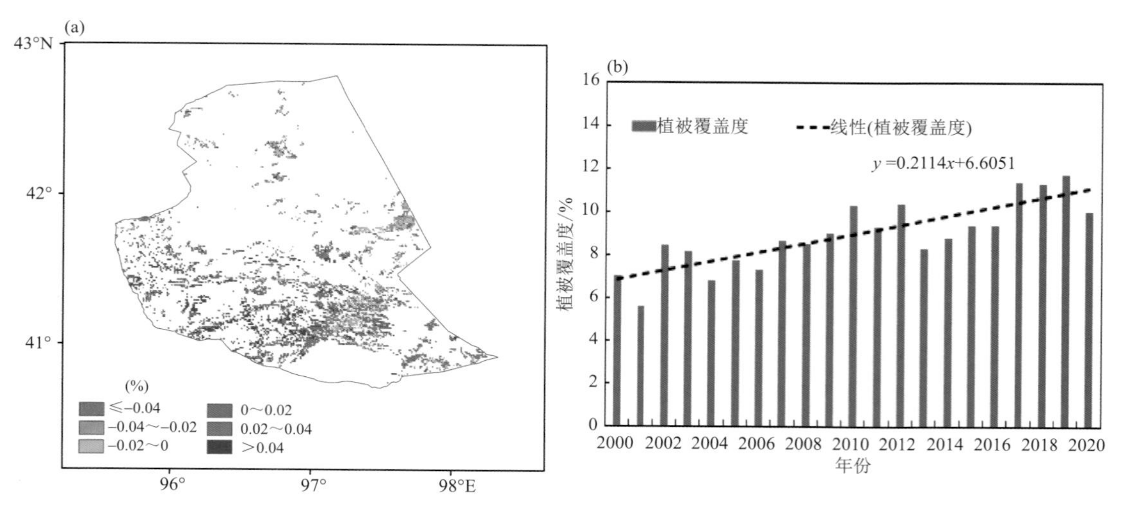

图 8.28　2000—2020 年肃北北部草地覆盖度变化趋势

（a）空间分布；（b）整体趋势

植被净初级生产力指绿色植物在单位时间、单位面积上由光合作用所产生的有机物质总量中扣除自养呼吸后的剩余部分，单位为 gC/(m^2 · a)。2000 年以来，肃北北部 84.7% 的草地净初级生产力呈减少趋势(图 8.29a)。2000—2020 年肃北北部草地净初级生产力平均每年减少 0.6 gC/(m^2 · a)(图 8.29b)，2020 年肃北北部草地净初级生产力(37.6 gC/(m^2 · a))较 2000—2019 年平均偏少 17.5 gC/(m^2 · a)。

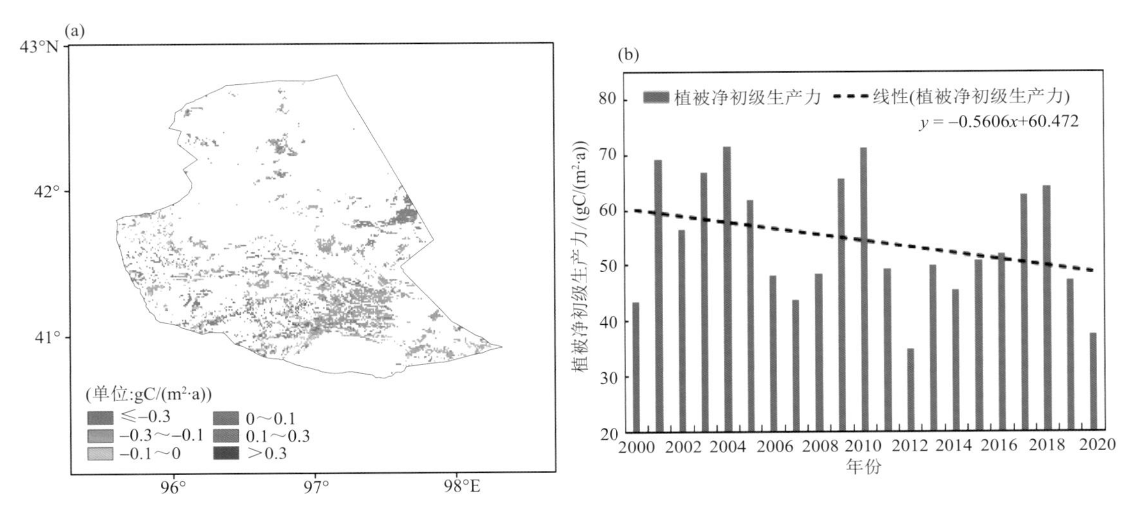

图 8.29　2000—2020 年肃北北部草地净初级生产力变化趋势
(a)空间分布；(b)整体趋势

8.3.5　气候变化对荒漠生态系统的影响

气候变化是影响沙漠化进退的主要因子之一。当气候变干时，出现原有植被消退、土壤受侵蚀，长期积累的有机物质、养分和黏粒物质逐步降低，沙漠化就扩大；当气候变湿时，沙漠化土地逐步向生草化、成土作用过程发展，植被生长繁衍，使地表侵蚀速率降低以致消失，有机质、养分和黏粒物质逐步增多，并形成积累使得沙漠化土地逆转。

荒漠生态系统对气候变化的响应存在两种观点：①荒漠生态系统脆弱，干扰或气候变化均导致系统发生退化或改变；②荒漠系统的组成成分由于受长期的各种非生物胁迫，形成了对严酷生境独特的适应策略，较小的干扰或气候变化不会引发系统明显的变化。相对于其他类型的陆地生态系统，荒漠生态系统由于生物生产力低下、物种匮乏，对持续的气候变化所带来的影响未得到重视。然而，荒漠是旱地(包括干旱、半干旱区)所支撑的主要生态系统，其变化事关这一广袤区域的生态健康和可持续发展。

8.3.5.1　气候变化对植被的影响

气候变化对草地的影响主要表现为：受气温升高、降水少、强烈蒸发的影响，地表土壤干燥程度明显增加，特别是进入 20 世纪 90 年代以来，气候变暖趋势明显，干旱程度加重，致使沼泽干涸、湖泊面积退缩，引起植被退化、植物种类减少及植被覆盖度减小等；区域内风沙天气多，风沙危害严重，尤其冬春季是风沙天气的多发季节，风沙对草地资源造成严重影响，加剧了草地退化；区域内气温年较差、日较差大，冷热变化剧烈，低温冷害、霜冻、高温干旱等不仅影响草地植被正常生长，甚至造成牧草无种子成熟，加之放牧过度等致使牧草再生能力和生产能力下降。另外，气候变暖容易诱发病虫害发生，使林木遭受病虫危害。

2020 年肃北北部降水少于常年，草地恢复较差，草地覆盖度为 9.8%，处于很差和较差面积占区域的 53.9%(图 8.30)；与近 5 a 平均状况相比，草地植被覆盖度偏少 0.9 个百分点，草地覆盖度减少面积占肃北草地面积的 80.1%(图 8.31)。

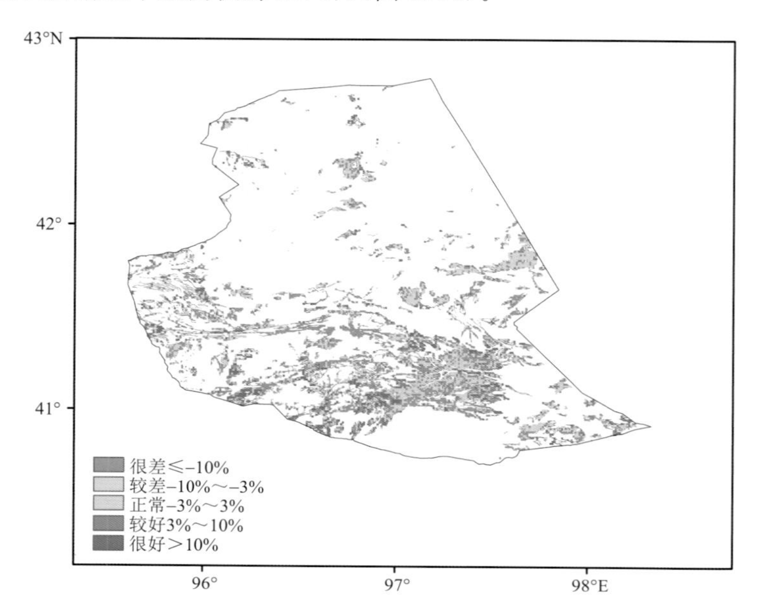

图 8.30　2020 年肃北北部草地覆盖度与常年(2000—2019 年)距平百分率

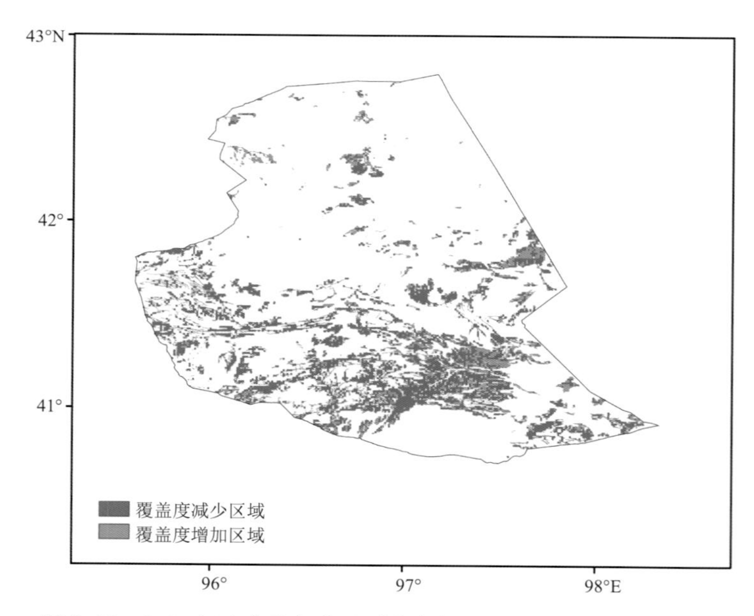

图 8.31　2020 年肃北北部草地覆盖度与近 5 a 同期增减范围分布

2020 年肃北北部草地净初级生产力为 37.6 gC/(m² · a)，比常年偏低 17.5 gC/(m² · a)，

草地净初级生产力处于很差和较差面积占全区的49.8%(图8.32);与近5 a平均状况相比,草地净初级生产力偏多17.8 gC/(m^2·a),增长率大于3%的面积占全区草地面积的17.8%(图8.33)。

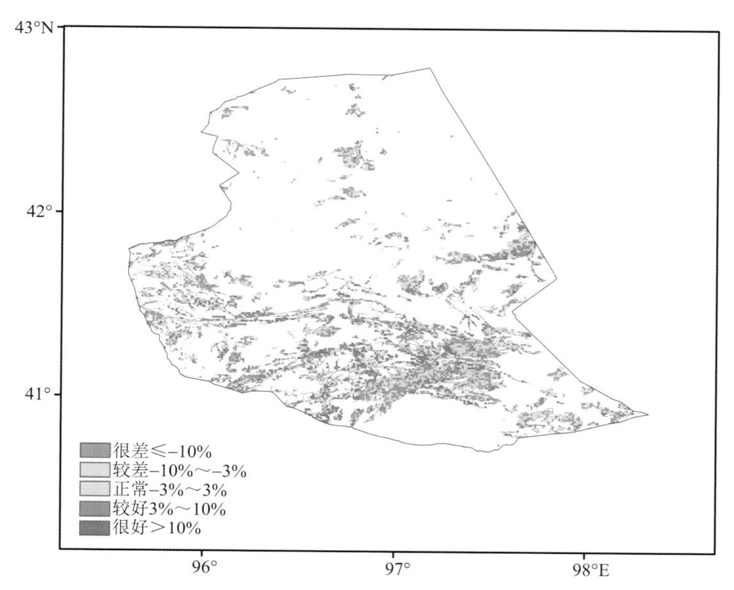

图8.32 2020年肃北北部草地净初级生产力与常年(2000—2019年)距平百分率

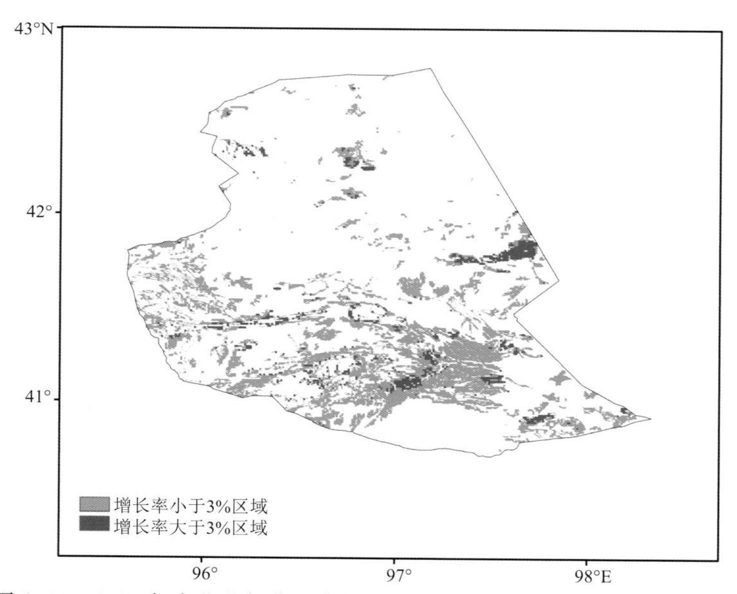

图8.33 2020年肃北北部草地净初级生产力与近5 a同期增减范围分布

8.3.5.2 气候变化对干旱的影响

干旱灾害是指由于降水减少所造成的水资源收支或供求不平衡而形成的水分短缺对生活、生产和生态造成危害的事件,即大气降水与陆面(土壤、植被等)之间相互作用的结果。干旱的影响已由农业生产、农村生活为主扩展到工业、生态等领域及城市地区。年降水量少,变率大，时空分布不均，气候干燥，干旱灾害是西北区域最主要的自然灾害之一，对农牧业生产和人民生活危害十分严重。肃北北部荒漠区地处内陆，地势复杂，远距海洋，暖湿气团不易到达，是典型的大陆性干旱气候（表 8.15）。

表 8.15　气象干旱综合指数等级划分标准

等级	类型	MCI
1	无旱	＞－0.5
2	轻旱	－1.0～－0.5
3	中旱	－1.5～－1.0
4	重旱	－2.0～－1.5

2012—2015 年肃北北部有轻度到中度气象干旱，2016 年后无气象干旱，但气象综合干旱指数（MCI）指数呈现下降趋势（图 8.34），结合前文降水分析，未来该区域气候可能向暖干化发展（图 8.34）。

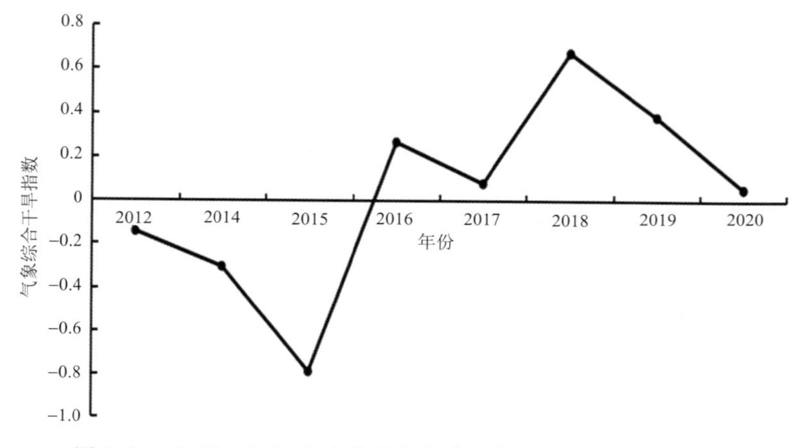

图 8.34　2012—2020 年肃北北部荒漠区气象综合干旱指数变化

2019 年入冬后，肃北北部降水特少（1 月 0.3 mm、2 月无降水、3 月 0.1 mm、4 月无降水、5 月无降水），气温异常偏高，水库无蓄水，同时由于区域面积大、多为山区、交通不便、车辆进出困难，出现群众生产、生活及牲畜用水困难，致使马鬃山镇多个牧业村出现干旱灾害。干旱共造成马鬃山镇、6 个行政村、122 户 344 人受灾；因干旱需救助人口 344 人，其中因旱饮水困难需救助人口 344 人；草场受灾面积 150 万 hm^2；饮水困难大牲畜 8736 头。

8.3.5.3　气候变化对积雪的影响

由于肃北北部纬度较高，一年中除了夏季以外，正午太阳高度角比较小，地表面获得的太阳辐射热量比较少，加之这里距离冬季风源地近，月平均气温低于 0 ℃的月份较多，冬季积雪不化，容易形成较长的雪期。积雪时段的长短和面积的大小，会直接影响地气系统的辐射和热量平衡，进而影响到地气系统能量交换过程，引起气候变化，而积雪反过来又受气候变化的影响。积雪是高纬度和高海拔地区地理分布最广泛、变化最显著的一员，也是气候系统中的重要组成部分。它还是气候变化的指示器，也有对气候的反馈作用，它的活跃变化对全球及区域气候的变化都有重大影响。积雪的异常可能会引起下垫面能量和水分的异常，导致地表和大气间的水热交换产生异常，从而对大气环流的变化带来重要的影响；另一方面，大气环流也会通过冷暖空气移动及降水给积雪带来影响。积雪深度和日数是表征积雪气候环境特征与水资源条件的指标。

近 60 a 肃北北部积雪深度无明显变化趋势，除个别异常年份，大多数年份积雪深度在 35～40 mm；20 世纪 60—90 年代肃北北部积雪日数偏少，2000 年后呈偏多趋势，2012 年积雪日数偏多 42 d(图 8.35、图 8.36)。

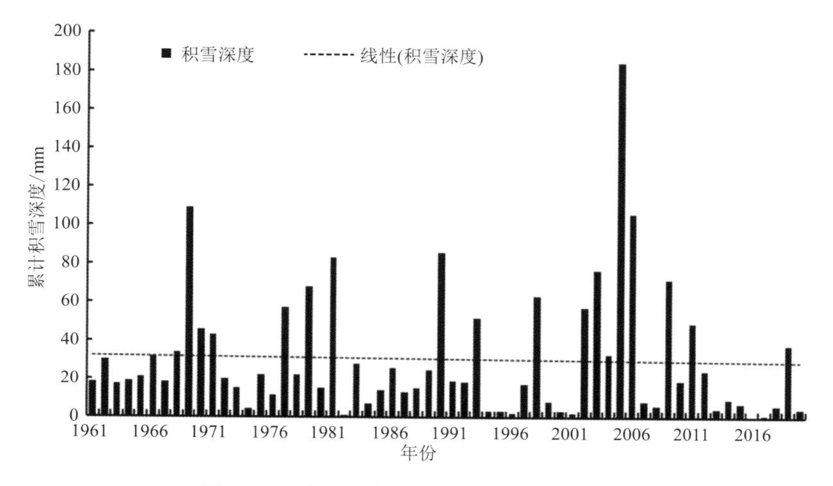

图 8.35 肃北北部累计积雪深度历年变化

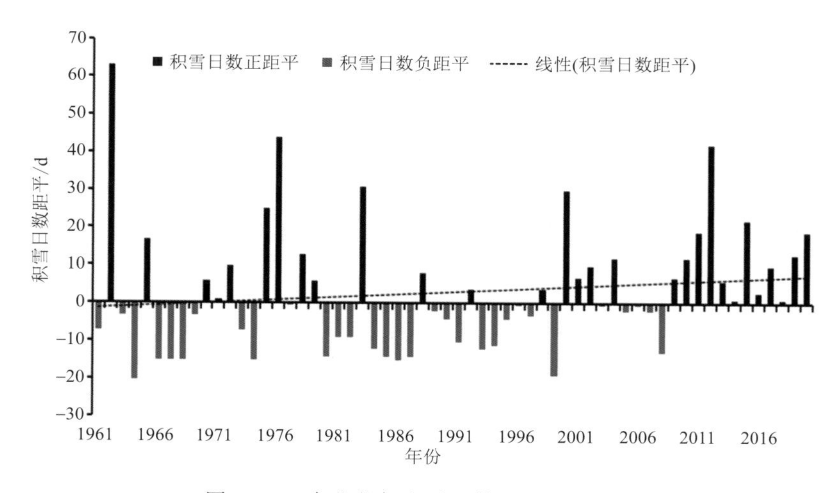

图 8.36 肃北北部积雪日数距平历年变化

8.3.5.4 气候变化对盐渍化的影响

肃北北部荒漠区，降水少，蒸发强烈，气候极度干燥。一般情况下，气候越干旱，蒸发越强烈，土壤积盐也就越多。春季 3—5 月，区域内地表裸露，蒸发量大，降水少，蒸发量约为 250.2 mm，而降水量约为 5.7 mm，蒸发量与降水量比高达 43.9，是春旱土壤返盐的高峰期。同时区域内春季大风天气多，最大风力可达 10 级，由于干燥盐土表面松软不坚固，极易为大风所破坏,风力侵蚀和搬运对土壤盐渍化的发生也起到一定的促进作用。

8.4 未来气候变化及影响预估

本节利用第六次国际耦合模式比较计划(CMIP6)中 BCC、CESM 全球气候模式输出结果,未来预估期的时间尺度为 2015—2100 年,气象要素包括逐月平均气温、最高气温、最低气温、降水。CMIP6 情景模式比较计划中核心试验 Tier-1 下的 4 个 SSP-RCP 组合情景,包括低强迫情景(SSP1-2.6)、中等强迫情景(SSP2-4.5)、中高等强迫情景(SSP3-7.0)和高强迫情景(SSP5-8.5),本章节在对肃北北部荒漠区未来气候预估中用的是 SSP2-8.5 高强迫情景,预估时段为 2025—2100 年。

8.4.1 年平均气温未来变化

BCC 和 CESM 模式预估的肃北北部荒漠区未来年平均气温都呈波动上升的趋势,2025—2100 年,两个模式 BCC 和 CESM 预估的年平均气温在 7.1~17.3 ℃之间变化,其中,上升速率分别为 0.88 ℃/(10 a)和 0.59 ℃/(10 a),模式预估平均值上升速率为 0.74 ℃/(10 a)(图 8.37)。

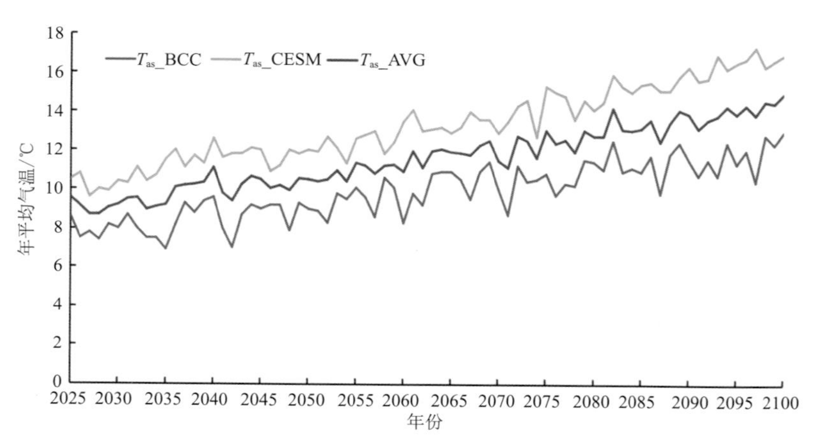

图 8.37 CMIP6 多模式 SSP2-8.5 情景下 2025—2100 年年平均气温的预估

8.4.2 年平均最高气温未来变化

BCC 和 CESM 模式预估的肃北北部荒漠区年平均最高气温呈波动上升趋势,2025—2100 年,平均最高气温变化范围在 17.8~38.5 ℃之间,两个模式的平均最高气温上升速率分别为 0.88 ℃/(10 a)和 0.89 ℃/(10 a),模式预估的平均最高气温平均值的上升速率为 0.89 ℃/(10 a)(图 8.38)。

8.4.3 年平均最低气温未来变化

BCC 和 CESM 模式预估的肃北北部荒漠区年平均最低气温呈弱的波动上升趋势,2025—2100 年间,年最低气温在−21.6~−10.2 ℃之间变化,两个模式预估的年平均最低气温上升

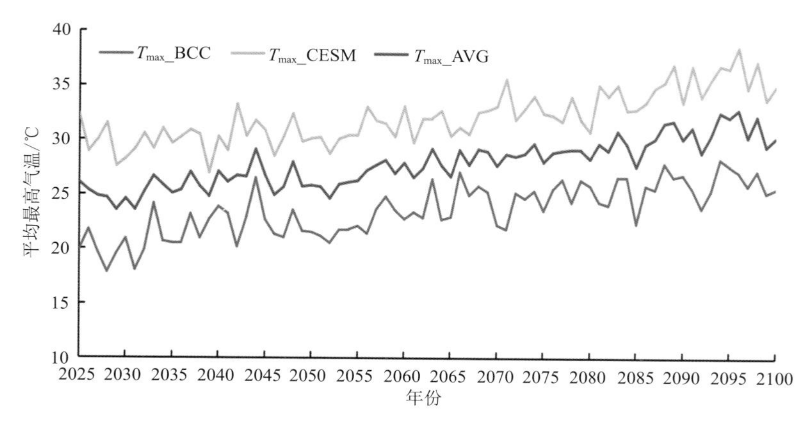

图 8.38 CMIP6 多模式 SSP2-8.5 情景下 2025—2100 年年平均最高气温的预估

速率分别为 0.63 ℃/(10 a)和 0.62 ℃/(10 a),模式预估的最低气温平均值的上升速率为 0.63 ℃/(10 a)(图 8.39)。

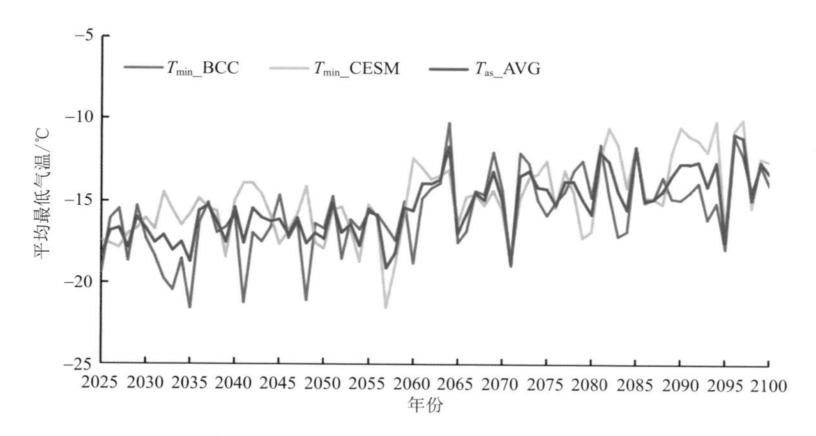

图 8.39 CMIP6 多模式 SSP2-8.5 情景下 2025—2100 年年平均最低气温的预估

8.4.4 年降水未来变化

BCC 和 CESM 模式预估的肃北北部荒漠区年均降水量经过模式预估的 2015—2021 年降水量与实况经过一元线性回归订正后,CESM 模式模拟年降水量呈弱的波动上升趋势,BCC 模式模拟年降水量呈缓慢下降趋势。2025—2100 年预估的年降水总量在 66～246 mm 之间变化,两个模式预估的年降水总量变化率分别为−0.4 mm/(10 a)和 1.9 mm/(10 a),模式预估的年降水总量平均值的上升速率为 0.8 mm/(10 a)(图 8.40)。

8.4.5 区域生态系统未来变化

由于肃北北部荒漠区植被主要以草地为主,因此,本节内容主要分析草地净初级生产力和草地覆盖度的未来可能变化。气候对植被的影响,主要是气温和降水两大气候因素对植物的呼吸作用、光合作用的影响,这同植物的生理生态特性是密不可分的。万物生长靠太阳,有效积温对植物的生长发育至关重要;水作为生命之源,也严格控制着植物的生长和分布。

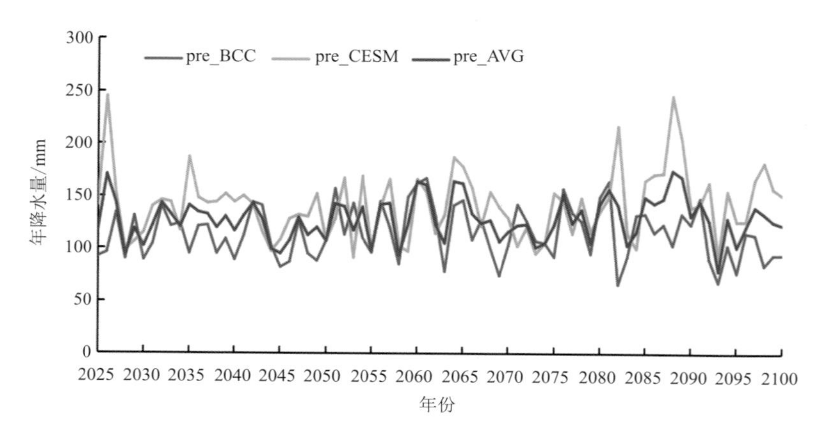

图 8.40　CMIP6 多模式 SSP2-8.5 情景下 2025—2100 年年降水量的预估

荒漠区植被生长对降雨量和温度的响应都很敏感，因此，利用肃北北部荒漠区，根据 BCC 和 CESM 全球气候模式输出未来逐年平均气温和降水量的预估结果的平均值，在 SSP2-8.5 情景下，带入回归方程来预估肃北北部荒漠区草地净初级生产力和覆盖的变化趋势。

8.4.5.1　草地净初级生产力未来变化

通过建立 2000—2021 年草地净初级生产力(Y)与同期气温、降水的线性回归关系，得到以下方程：

$$Y=0.566X_1+0.089X_2+46.128$$

式中，X_1为气温，X_2为降水。

从 2025 年开始，草地净初级生产力从 61.9 gC/(m^2 · a)左右呈波动增加趋势，最大值达到69.3 gC/(m^2 · a)左右，增加速率为 0.5 gC/(m^2 · 10 a)，这说明未来气温和降水的变化有利于草地净初级生产力的增加(图 8.41)。

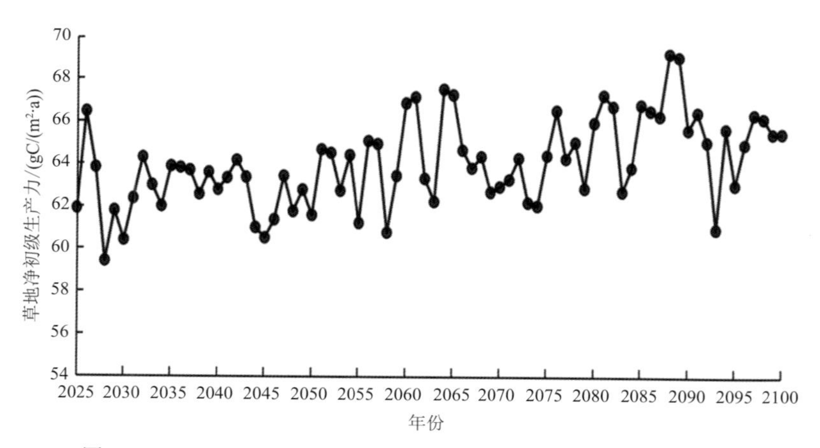

图 8.41　2025—2100 年肃北北部荒漠区草地净初级生产力预估

8.4.5.2　草地覆盖度未来变化

通过建立 2000—2021 年草地覆盖度(Y)与同期气温、降水的线性回归关系，得到以下方程：

$$Y=0.099X_1+0.021X_2+7.105$$

式中，X_1 为气温，X_2 为降水。

从 2025 年开始，草地覆盖度从 10.5%左右呈缓慢波动增加趋势，最大值达到 12.1%左右，增加速率为 0.1/(10 a)，未来随着气候变暖，降水增加，草地覆盖度呈缓慢增加的趋势(图 8.42)。

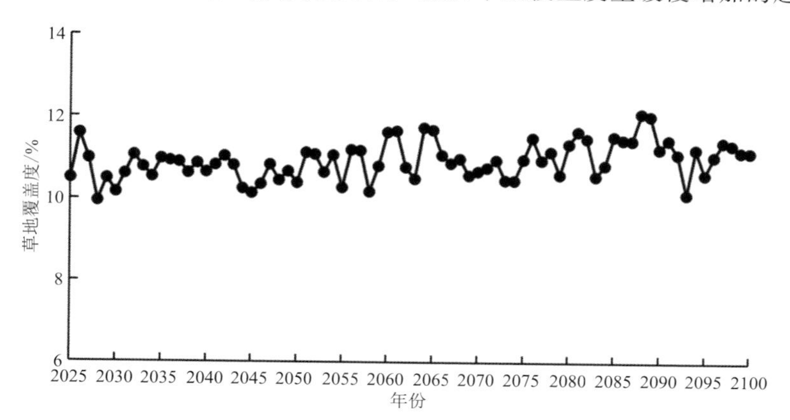

图 8.42　2025—2100 年肃北北部荒漠区草地覆盖度预估

荒漠区生态系统变化是由许多因素综合作用的结果，这些因素既包括土地利用模式、习惯行为和气候变化等直接驱动力，同时还包括人口压力、社会经济和政策因素等间接驱动力，而且间接驱动力与直接驱动力都随时间和空间发生变化。

未来气候情景分析表明，肃北北部荒漠区的草地净初级生产力和覆盖度都呈现增加趋势，因此气候变暖并非一定导致肃北北部荒漠化加剧。由于制度改革和技术进步，全国各地将会在生态系统管理方面开展更好的合作和更加有效的资源转移。在区域间，通过对各种环境问题更好地通盘考虑，使区域之间的资源转移不断增加，使得旱区的压力相对减小。不过和其他生态系统相比，荒漠生态系统由于水资源匮乏、对生态系统服务的过度利用以及气候变化等将导致生态系统服务的供给量会持续下降，从而遭受更大的威胁。

8.5　区域生态保护与修复的措施对策

“天生”的荒漠属于荒漠生态系统，是重要的生态资产。我国曾在 2009 年提出一个国家林业行业标准，分六个方面、十二个指标对荒漠生态系统的价值进行了评估。评估结果显示，2009 年其价值达 3.08 万亿元，约占当年我国 GDP 的 9.05%；2018 年则达到 4 万亿～7 万亿元。我们需要做的是科学规划，保护资源，与之和谐共处。自然保护区、沙化土地封禁保护区、国家沙漠公园等都是行之有效的措施。截至 2020 年底，国家林业局共批复国家沙漠公园 120 个。

8.5.1　区域荒漠生态系统成因分析

荒漠生态系统是干旱和半干旱地区形成的以荒漠植物组成为主的生态系统，其显著特征是干旱少雨、蒸发量大、土壤贫瘠和水热因子极度不平衡等，严酷的自然条件下形成的荒漠植被类型结构简单，加之人为干扰，荒漠植被的优势种群在不断衰退，生态功能脆弱，生态环境的小幅波动即可引起整个生态系统的深刻变化。我国荒漠生态系统脆弱性主要表现为活力较低、结构单一,受到的胁迫较大。引起我国荒漠生态系统现状的原因主要是人类活动和自然因素,人类活动包括不合理利用土地,自然因素主要包括气候变化、自然灾害、大气污染等。我国荒漠生态系统恢复的主要途径是减少人类活动和退化系统的恢复及重建。基本保护措施包括建立绿洲生态系统保护区,利用植被改造沙漠、戈壁和盐碱地,培育荒漠适应植物,保护荒漠区生物多样性等。

我国西北地区沙漠化的原因是复杂的,而且具有长期性、积累性,但归纳起来无非是两条,一是自然界演化的结果,二是人类活动。从生态环境历史的演变过程看,气候变暖,连年干旱造成了某些物种的不适应而灭绝,生态系统失衡,从而导致沙漠化加剧,这说明土地沙漠化的变化自古就已发生。然而人类活动的增加和对自然资源的不合理利用,加快了沙化过程。沙漠、戈壁边缘的洪积扇地区或沙漠深处的河流沿岸,许多靠地表水或地下水支撑的绿洲,其土地沙化的形成,却是由于人为破坏植被和不合理利用水资源而发生的,其主要有以下几个方面。

(1)水资源不合理利用

西北地区用水结构明显不合理,农业用水比重过大,这不仅说明水资源利用方式落后、利用效率差,同时,也体现了通过用水结构调整实现节约水量的潜力很大。其次,西北地区水资源消耗量大,消耗水是指在水资源开发利用过程中,由于蒸发、蒸腾或产品带走不返回地面的损失水。耗水率过高会导致河道流量减少或干涸,破坏生态系统,出现干旱化生态问题;但西北地区消耗水已远远超过了20%耗水率这条界限,破坏了水循环系统。另外,经济发展挤占生态用水,导致生态环境不断恶化。

(2)滥樵滥采破坏植被

胡杨、梭梭等沙区植被是构成荒漠地区“绿色长城”的主体,然而,由于长期干旱、病虫害及人为掠夺式利用,使得沙区植被遭到严重破坏。原始次生林因过度砍伐,森林面积急剧减少,水源涵养能力大为下降。横贯东西的梭梭林带,因长期以来农牧民柴薪等需要,遭到毁灭性砍伐。

(3)过度开垦导致沙化加剧

人口剧增,是造成生态严重破坏的又一重要原因,由此产生的直接破坏行为,就是不断开垦土地。土地开垦后,原有的地表植被遭到破坏,大量表土被风带走,土地逐渐沙化,其结果必然是撂荒,导致天然植被难以恢复,沙化进一步加剧。

(4)传统的生活习性也是加剧沙化不可低估的力量

由于生态认识上的落后,经济上相对拮据,以及缺乏引导,目前沙区农牧民仍然保留着以柴薪为主要能源的传统生活习性,在这种情况下,人口的急剧增长必然导致柴薪消耗急剧上升,一户农牧民,一年的柴薪消耗为10000 kg,相当于种植了40 a或50 a的梭梭林。

(5)过度放牧致使草原退化

牧民蓄养量一再上升,草场超载过牧,导致天然草场急剧退化,植被的覆盖率下降,可食牧草的种类减少,草场沙化严重,沙化面积不断扩大。

8.5.2 荒漠生态系统的生态与生产功能

提到荒漠生态系统,很多人会联想到很多负效应,认为它并没有太大作用,或者试图通过人的努力将荒漠覆盖绿色植被,其实这种想法是错误的。荒漠生态系统是陆地生态系统一个重要的子系统，也是最为脆弱的生态系统类型之一。如果没有地球上的少水和炎热环境，水汽循环和风就很难形成。荒漠生态系统具有防风固沙、土壤保育、固碳释氧、水资源调控、生物多样性保育、旅游文化六大功能。

荒漠生态系统发展的限制因子是水，有了水，环境就会改变，生产力会很大提高，但不适当的利用反而会事半功倍。因此，对荒漠的开发利用必须十分谨慎。我国西部某些地区，为了实施“三北防护林”和“京津风沙源治理工程”曾大面积栽种乔木以试图固沙并减少地面蒸发，但乔木的吸水量和蒸腾强度很大，短期内使局部地下水位下降，以致地表草类和灌木先后死亡，促使流动沙丘重新形成。

由于荒漠生态系统具有脆弱性，如果利用不合理，很容易导致土地沙化、土壤次生盐渍化等一系列的生态问题，在荒漠的利用过程中应该注意以下问题。

(1)合理利用水资源。保护绿洲在荒漠地区，水是最主要的限制因子，而绿洲农业是荒漠地区人类生存的最基本条件。合理利用水资源，保护绿洲是荒漠地区发展的关键。水资源的不合理利用可能导致绿洲向荒漠转化。在开发利用过程中应从生态系统观点出发，结合植物需水量，采取喷、滴灌等措施节约水源，并采用草、灌木、乔木综合治理才能改善环境以求得较大的生产力，否则必将受到自然界的报复。

(2)防风固沙。在荒漠地区，风沙经常威胁农业生产和人们的生活，开展防风固沙是农业生产的必要保证。防治荒漠化是我国的一项长期任务，只有深刻认识了荒漠生态系统的功能，才能更好地对干旱区进行生态恢复和保护区域环境，实现可持续发展。

(3)保护荒漠地区特有的生物多样性。特殊的自然条件造就了荒漠地区特殊的动植物种类，这些种类仅出现在荒漠地区。我国荒漠地区的珍稀植物有绵刺、裸果木、蒙古沙冬青等，珍稀动物有蒙古野驴和野骆驼等。这些珍稀的动植物资源都需要进行合理的保护与利用。

防风固沙是荒漠生态系统提供的最为重要的服务。荒漠植被看似稀疏，却能够显著地降低风沙流动，从而减少生产与生活方面的风沙损害。荒漠生态系统的土壤保育主要表现在两个方面。

(1)沙尘搬运后形成有利于生物生存和发展的土壤，即土壤形成；

(2)荒漠植被在固定土壤的同时，保留了土壤中的氮、磷和有机质等营养物质，减少土壤养分损失。水文调控是指通过荒漠植被和土壤等影响水分分配、消耗和水平衡等水文过程，主要体现在淡水提供、水源涵养和气候调节 3 个方面。

水汽在荒漠生态系统的地表、土壤空隙、植物枝叶和动物体表上遇冷凝结成水，是荒漠地区浅层淡水的主要来源；荒漠生态系统面积巨大，土壤渗透性好，能把大气降水和地表径流加工成洁净的水源，汇聚成储量丰富的地下水库。广袤荒漠上的植物通过光合作用固碳，并再分配形成总量可观的植被碳库和土壤碳库。

8.5.3 区域荒漠化适应气候变化对策

我国是世界上荒漠化问题最严重的国家之一。20 世纪 50 年代，开始进行退化环境的定位观测和综合整治。20 世纪 70 年代，退化草地恢复重建工作开始起步，同时启动了“三北”防护林工程建设。1979 年，中国科学院植物研究所依托其在内蒙古锡林郭勒盟和青海省海北藏族自治州设立的草原生态定位研究站，最早开展了草地恢复的实验研究。20 世纪 80 年代以来，国家有关部委及地方政府陆续开展了“生态环境综合整治与恢复技术研究”“主要类型生态系统结构、功能及提高生产力途径研究”“北方草地主要类型优化生态模式研究”和“内蒙古典型草原草地退化原因、过程、防治途径及优化模式”等课题研究。随后，我国颁布了世界上第一部防沙治沙法，从构筑生态安全屏障、生态基础设施建设等方面持续推进沙漠治理。

当前，我国沙化草地恢复研究趋于系统化和具体化，针对不同区域和气候环境影响下的荒漠化修复措施和特征因子的变化提升进行了更为细致深入的研究。有关荒漠化的主要研究进展表现在研究区域的扩大、研究内容的扩展和研究手段的进步，将遥感和计算机模拟等技术手段应用到荒漠化领域。例如，基于多时相遥感数据建立荒漠化遥感监测评估模型，从不同空间尺度对荒漠化进行动态监测与定量评估。

基于历史数据和客观分析提出肃北北部荒漠化适应气候变化对策建议。

(1)保护原始沙生植被、防止沙漠化扩展

建立生态功能保护区，建立健全相应的保护法规，保护现有原生沙生植被，防止沙漠化趋势的扩大与发展。做好能源结构调整，加大投入和科技推广力度，充分利用太阳能、风能，改变农村能源结果，严格控制资源开发造成新的生态破坏。

(2)做好防沙治沙骨干工程

建立生态治理工程投入机制，做好城镇环保规划、合理布局产业结构，加快建设城镇生态保护工程和生态示范工程。

(3)逐步改变现有的农业生产模式

建立生态农业生产模式，提高水资源的利用率，优先建立农田防护林体系和防风固沙林体系，防止农业生产对生态环境带来的不利影响。

(4)严格执行环境影响评价制度

对开发建设项目必须严格执行环境影响评价制度，杜绝一切建设开发项目对盆地特殊生态环境的破坏。

(5)加大对环境保护的投资力度

开展生态环境保护工作，治理草场退化与土壤盐渍化，加强盐湖资源的保护，实施生态功效林草地建设，恢复盆地内的植被盖度，稳定生态系统的平衡。

8.5.4 荒漠化治理与生态修复的措施对策

为了从根本上治理土地荒漠化问题，必须坚持“统一规划，综合治理，因地制宜，突出重点，科学管理，讲求实效，多方配合，重在落实”的基本方针。从本质上解决脆弱生态环境下人口增长与资源、环境的不相协调问题，实现人口—资源—环境—社会的和谐统一。以下几个方面的治理对策，仅供参考。

(1)强化法制观念，依法保护现有林、草植被

长期以来，人为破坏草原和天然林现象十分严重，主要是法制观念不健全和执法力度不够。因此，要认真贯彻《草原法》及《森林法》等法律、法规，把提高公民的法制观念，把草原、天然林保护管理建设和利用真正纳入法制化管理轨道。同时加强执法队伍建设，切实加大执法力度，严厉打击对草原的破坏行为。特别是要采取切实有效的行动和步骤，制止非法搂、挖、樵、采行为。同时要倡导“以人为本，综合治理”的理念，要千方百计改变当地农牧民的生产生活方式，大力发展和推广沼气、太阳能等替代能源，使他们由生态的破坏者转变为生态的建设者。

(2)科学地解决牲畜发展与草场建设的矛盾

西北地区的主体经济是畜牧业,靠天放牧已有多年的历史,牲畜头数的增加、畜种结构的不合理以及粗放的经营方式,给草场带来了极大的负担,必须合理地解决这一矛盾。一是要更新观念,改掉过去传统的思想,大力推行和落实生态移民政策,把牧区大片沙化或者正面临沙化危机的土地腾出来,让生态自然恢复;二是加快饲草料基地建设,利用地下水等其他水资源建立综合性农业开发区,搬迁沙区人畜,走建设养畜的道路,以减轻人畜对草场的压力;三是切实实行以草定畜,合理轮牧,同时调整畜群结构,走集约经营的路子;四是对林牧矛盾突出、生态脆弱区域,应拓宽农牧民的生活空间,改善他们的生活,以减少植被压力。并统筹生产、生活用水与生态用水的矛盾,以防止因水资源缺乏导致出现新的生态破坏。五是应贯彻“治沙必先治贫,治贫才能治沙”的思路,大力推广依法治沙,引导企业、群众发展赢利性治沙。

(3)必须坚持生态效益优先的原则

考虑到这一地区土地荒漠化、生态环境恶化的严重后果,而生态环境的改善又是经济发展基本条件的实际,所有的经济活动要突出生态效益,努力走出一条生态效益与经济效益相结合的发展路子。经济发展要以生态环境保护和防比土地荒漠化为前提,凡是以追求经济利益而严重损害生态环境的生产活动要坚决停下来。

(4)加强科学研究,努力使科学技术与治理实践密切结合

在治理工作中,必须加大科技投入的力度,加强典型示范,培训专门人才,尽最大努力减少决策失误。要重视适用技术的推广和新技术、新成果的应用,充分发挥科研院所的作用,加强科技攻关研究,使之贯穿于生态环境治理的全过程,把科技转化为生产力,真正做到科学治理。

(5)要努力实现多方联手治理,多渠道筹集治理资金

土地荒漠化治理涉及到农牧业、林业、水利、交通、环保、科研等部门和系统,又直接关系到周边地区的经济与社会生活。因此,要充分发挥各部门的职能作用,激发各有关地方参与治理的主动性。应全民总动员,各行各业齐动手,组织全社会的力量大规模植树造林,种树种草,下大力气保护好现有林草植被,合理开发利用沙区资源。在治理资金和筹措上各有关部门要多方筹集,国家应给予倾斜。同时要结合草牧场双权一制的实行,制定优惠政策和限期治理目标,充分调动群众的积极性。总之,在综合治理土地荒漠化工作中,应当十分重视经济社会因素的作用。一位伟人说过我们曾经过分陶醉于对自然界的胜利,然而对每一次这样的胜利,自然界都无情地报复了我们。在改造自然的过程中,我们应首先尊重自然规律,创造人类与自然和谐。

8.6 本章小结

本章介绍了肃北北部荒漠区地理和气候特点,分析了近 60 a 主要气候要素(包括气温、降水、相对湿度、风向风速、日照时数及蒸发量)的变化趋势,区域内荒漠和植被的时空动态演变,荒漠生态系统对极端气候事件的响应,未来气候变化及影响预估,最后介绍了荒漠化适应气候变化以及荒漠化治理与生态修复的措施和对策。

第9章 甘肃人工影响天气生态修复效益评估

9.1 人工影响天气主要成果与进展

甘肃每年因气象灾害造成的经济损失占所有自然灾害的88.5%(高出全国平均状况18.5%),平均每年因气象灾害造成的经济损失占GDP的4%~5%,影响甘肃的气象灾害主要包括干旱、冰雹、霜冻等天气。其中,干旱受灾面积每年近62万hm^2,每年约有50多个县区13.3万hm^2农田遭受冰雹袭击,给农业造成几亿甚至几十亿元的经济损失。因此,提升人工影响天气作业的科技能力,开展人工增雨抗旱、防雹减灾、防霜冻等人工影响天气作业和科学研究对区域社会经济发展、防灾减灾和区域生态保护意义重大。

1958年8月8日,我国气象部门首次成功进行飞机人工增雨作业,开创了我国现代人工影响天气(以下简称人影)事业发展的新纪元;同年9月,中国科学院地球物理研究所在甘肃榆中县成功对云进行干冰催化降雨试验,开启了甘肃人工影响天气的序幕。

经过半个多世纪的发展,甘肃人影部门建立了不同天气系统人工增雨和防雹作业指标,不断提升气象防灾减灾、科技创新和技术保障能力,人影业务实现了跨越式发展。甘肃人工影响天气从人工防雹作业,发展到人工增雨(雪)抗旱减灾,进一步拓展到人工防雹增收、交通安全保障、森林防(灭)火、脱贫攻坚、生态修复、水资源和环境保护、"一带一路"建设等领域,为甘肃省经济社会发展做出了重要贡献。

截至2022年,甘肃省14个市(州)的84个县区布设了人工增雨作业点,拥有400门高炮、200余个火箭作业点。年耗弹量4万余发(枚),年飞机作业30余架次,从业人员2100余人,形成了人工飞机增雨、高炮火箭增雨、森林灭火、人工消雨等一定规模的人工增雨作业基础。甘肃人影关键技术研究取得突破,部分研究项目填补空白。先后获得省部级人影科研奖6项、厅局级人影科研奖7项、人影实用专利及软件著作权13项;实现了飞机人工增雨作业覆盖面积28万km^2,年增水12亿~15亿m^3,地面作业防雹保护面积为2.55万km^2,飞机人工增雨作业的经济效益为1∶30,为甘肃防灾减灾、促进农业增产和保障生态安全做出了突出贡献,受到甘肃省委省政府领导的肯定和表扬。

9.1.1 建成现代化人影业务体系

甘肃人影工作围绕防灾减灾、缓解水资源短缺、保障粮食安全和促进生态文明建设等领域，综合利用卫星、雷达、地面立体的大气监测技术和地理信息系统（GIS）等信息技术，建立了飞机、火箭、高炮人工增雨（雪）、防雹、防霜冻作业天气预报预警的关键技术指标体系，建成能够全面覆盖人工影响天气业务的《甘肃省省级人工影响天气综合业务平台》系统，包括作业空域申报系统、作业指挥设计、作业预报预警系统、作业指挥系统等（图9.1）。建成现代化人影天气五段业务系统（图9.2），其中在国内首家创新开发出三维回波云立体分析系统，解决了人工影响天气业务的技术难题，填补了甘肃（或国内）空白。

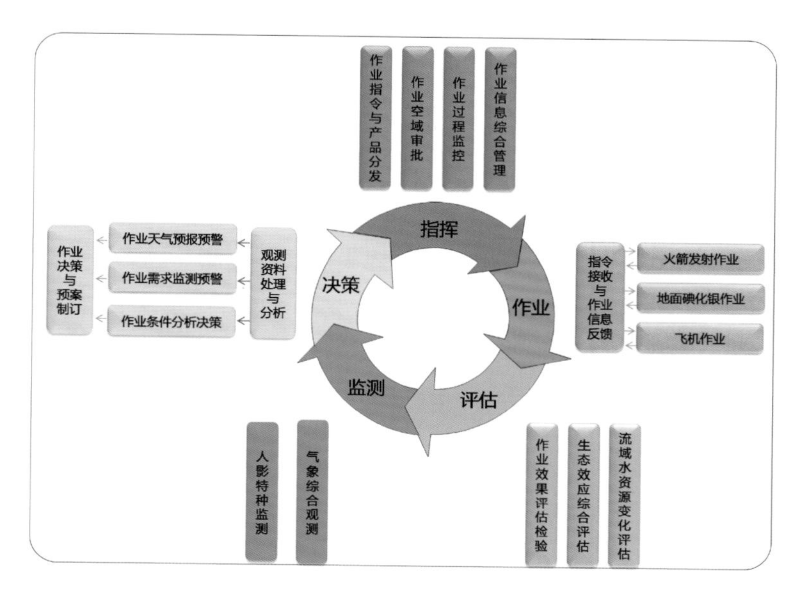

图9.1　甘肃省省级人工影响天气平台主要构成与功能

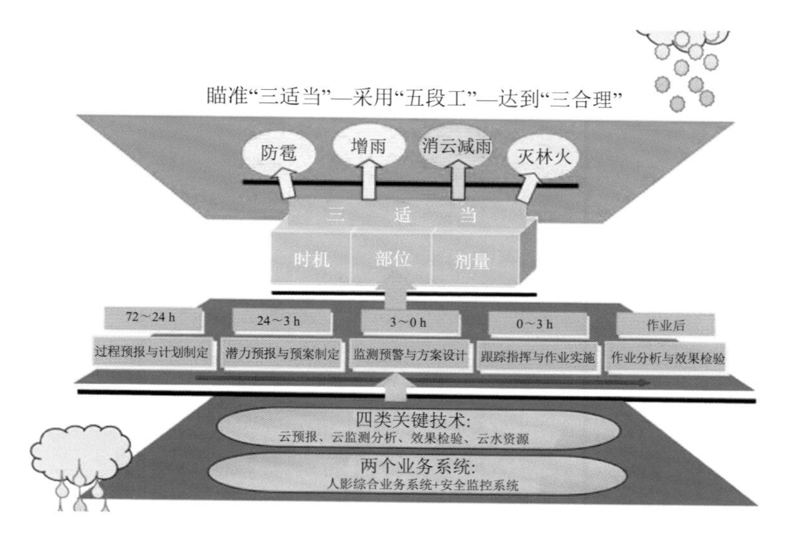

图9.2　甘肃新型人影业务系统

9.1.2 人影关键技术指标研发取得新成果

9.1.2.1 建立了人影立体作业的技术指标体系

针对黄土高原、祁连山山区和青藏高原边坡生态脆弱区空中水资源非均一特点，利用历史气候资料开展了生态脆弱区水分变化特征、生态要素对降水响应特征、层状云降水主要特征及人工增雨潜力、脆弱生态区主要气候事件特征研究；围绕提高云水资源开发效率，提出了立体化人工增雨的技术思路，建立了人工增雨技术精准化作业方法。研究表明，脆弱生态区降水量与降水日数、最大日降水量之间、最长连续降水日数、最长连续降水期降水量都表现出显著正相关，存在 2～3 a 的短周期，说明在黄土高原区域响应的年际变化与降水量同步、敏感性基本相同。脆弱生态区水汽变化相关程度的高低，存在 4 个空间模对应的敏感区域。甘肃不同类型天气系统背景下，云粒子结构分布不均匀，高原低槽型天气过程云中含水量相对丰富，平均值为 0.151 g/m^3，比西北气流型和西南气流型观测的平均值大一个量级。

9.1.2.2 创建以催化作业为核心的云物理模型和人影指挥模型

针对与脆弱生态修复相匹配的天气变化和云水潜力特点，从水汽条件、热力、动力等物理量进行统计分析，结合降水云物理和垂直探测试验结果，开展雨量与催化剂、云体作业部位、时机等响应规律的研究，创建以催化作业为核心的云物理模型和人影指挥模型，解决了人工增雨作业“三适当”(适当的时机、适当的部位和适当的催化剂用量)技术难题。实现了人工影响天气省地县点“四级管理纵向到底”“五段业务横向到边”的完整业务流程。经过评估分析，人工增雨作业“三适当”技术难题得到合理解决，其中人工增雨作业催化播撒区均在<0 ℃的云区，人影作业合理性达到 100%；人影作业时机和部位的合理性达到 100%，播撒人工催化剂量合理性达到 98%以上。

9.1.2.3 开发了基于地理信息数据的人影作业安全射界识别系统

目前，甘肃高炮和火箭是地面人工增雨作业的主要装备，甘肃省现有 37 mm 高炮和 WR-98 型火箭 600 多门(架)，年耗弹量 4 万余发(枚)，特别是城镇化发展，进一步增大了人影作业区的安全隐患。基于甘肃省人影作业点、地理信息数据等多种信息资料，利用抛物动力学和深度算法，在自动识别村庄、学校、工厂等敏感背景的基础上，研发了复杂条件下人影作业安全落区的深度算法和背景识别，突破了人影安全射界自动化识别瓶颈，自动生成人影作业的安全射界区，发展了安全射界技术。同时利用基于 B/S 结构 WEB 端和手机 APP，开发了安全射界指挥综合平台(图 9.3)，能够灵活便捷地实现登录人影作业数据库，实现了人影作业综合信息管理自动化和安全高效。

9.1.2.4 发展了人影弹药等危险品物联网的管理技术

人影作业弹药属于民爆物品，具有易燃易爆的高危属性。针对人影作业点众多且分散全省 84 个县，弹药火箭等危险品运输贮存及作业等过程的安全隐患突出，采用基于互联网＋人影物联网技术，研发人工增雨立体作业的装备技术和保障手段，实现了自动化＋警报的安全管理，开发了基于 B/S 结构 WEB 端和手机 APP 应用，提高了人影弹药装备的调运和安全管理能力。

人影现代化

甘肃省人影作业点安全射界图制作系统

甘肃省人影作业点安全射界图制作系统采用BS架构开发，在GIS上根据甘肃省居民地数据，自动识别作业射界，并在高清卫星影像地图上进行人机交互，实现安全射界图准确快速制作。该系统支持WEB端和APP端操作，并已获得软件著作权。

甘肃省人影作业点安全射界图系统界面

甘肃省人影弹药装备物联网管理系统

甘肃省人影弹药装备物联网管理系统采用BS架构，以手持端和APP为信息采集端，通过用户分级管理实现对省、市、县、作业点各级弹药装备的全流程管理。通过手持机扫描进行出入库信息采集，一键上传。该系统已获得软件著作权。

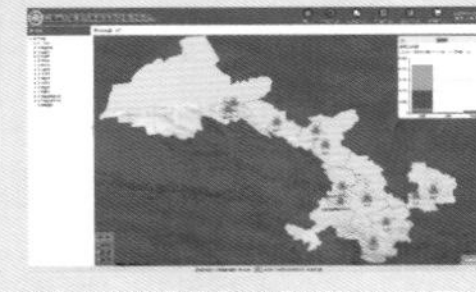
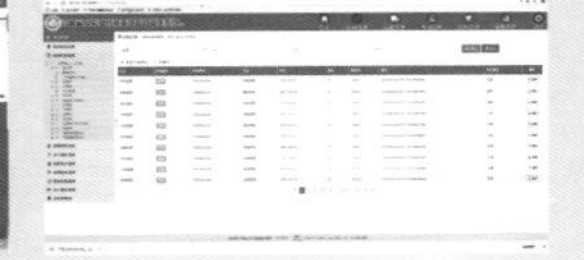

甘肃省人影弹药装备物联网管理系统界面

甘肃省人影作业点空域申请系统

甘肃省人影作业点空域申请系统采用CS架构开发，实现了空域申请信息的快速流转，提高了空域申请的效率。系统由审批端和各级申请端组成，省级和市级申请端可对下属各级申请进行监控。

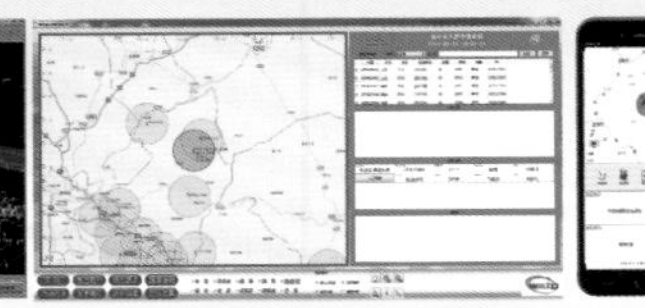

甘肃省人影作业点空域申请系统界面

图9.3　甘肃人影业务现代化部分成果

9.1.3 人影防灾减灾领域不断拓展

9.1.3.1 创新开展人工防霜冻技术研究

霜冻是指空气温度突然下降，地表温度骤降到 0 ℃以下，使农作物受到损害，甚至死亡的气象灾害。随着我国现代农业和特色农业的发展，熏烟、灌溉和覆盖等传统的人工防霜冻方法因费时费力效果有限，并且易造成环境污染，不能适应现代农业发展需求。甘肃特色林果业成为甘肃省广大农民兴县富民的一大支柱产业。据不完全统计，2010 年甘肃省实现林业总产值 131.98 亿元，经济林果种植面积 115.3 万 hm^2。甘肃已经成为我国北方地区重要的经济林果生产省份，干鲜果品在全国位居前列。因此，开发试验研究新型环保高效的现代防霜冻设备等就显得尤为迫切。

甘肃省人工影响天气办公室以天水林果气象服务试验示范基地为依托，在天水南山万亩果园建立人工防霜基地(图 9.4)，针对霜冻对甘肃林果业的危害，开展人工防霜冻观测试验研究，首次揭示了霜冻天气过程前近地层逆温(1～10 m)为 4～6 ℃的科学事实。甘肃省气象局和天水市政府联合组织天水锻压机床(集团)有限公司、天水风动机械有限责任公司研制了一套能够适应不同霜冻天气、不同地形等人工影响农田小气候防霜系统，并进行了防霜机现场试验对比观测，为人工防霜冻和国内首台“高架长叶片防霜机”研制提供了理论依据，编写了防霜机行业标准。

图 9.4　果园高架人工防霜机

试验研究发现，当发生霜冻时，近地面存在逆温现象。在逆温条件下，离地面 6～10 m 高度空气层的温度比地面平均温度高 2～4 ℃左右。防霜机是利用一种特制的风扇“效应”，架在离地面 5～20 m 以上高处，当霜冻发生时，一是通过机械运动增强近地面对流运动扰动，将逆温层较高气温的空气不断吹送至地面，提高近地面温度，达到防御霜冻的目的；二是通过搅动果园近地空气，降低空气含水量，减缓化霜速度，减轻植物的二次冻害。

通过防霜机试验评估表明，一是防霜机开启后，机械动力扰动作用造成低层空气上下流动增大，逆温层消失，近地层气温增加，相对湿度减小，有效地防止了霜冻生成。二是防霜机开启后，距地面高度 20 m 左右是防霜机的强风速扰动影响区，距地面高度 3 m、2 m 和 1 m 的风速分别为 4.0、2.1、1.6 m/s，呈依次减小趋势。防霜机有效保护范围为水平 20～100 m；按照风速大于 0.6 m/s 即可有效扰动空气起到防霜冻保护计算，每台高架防霜机的有效保护面积为 1.73～3.07 hm^2。该研究为人工防霜冻提供了理论依据。该项目获得甘肃省气象局科技进步奖二等奖 1 项。

该试验研究创新发展了气象防灾减灾的工程技术方法，拓展了我国人工影响天气的新领域。近年来已在北方地区推广防霜机 300 多台，每台防霜机保护面积约 3.07 hm^2，评估分析得出一次霜冻天气过程就可以减少果农经济损失 8 亿多元。

9.1.3.2 开展带电粒子"催化"人工降雨(雪)

传统人工增雨其基本原理是通过飞机、火箭等向云中播撒碘化银、干冰等催化剂，促进云滴迅速凝结或碰并增大成雨滴，形成降雨。21 世纪以来，欧美发达国家相继开展基于电效应的新型人工降雨技术研究。其基本原理是使空气中部分气溶胶带电。这些带电气溶胶粒子的静电场对其他中性水分子簇团存在极化效应，产生带电气溶胶粒子对被极化的水分子簇团的非接触的电场凝聚力，促使其凝结速率增加，促进降雨的形成。

带电粒子催化人工降雨雪的单粒子物理模型，在 1 m^3 云室中实验表明，带电粒子催化可提高带电液滴与中性液滴之间的碰撞效率，相比于传统人工增雨技术中基于随机热力学运动的自然重力冲并，可至少提高两个数量级。

甘肃省人工影响天气办公室联合兰州大学和华中科技大学，在乌鞘岭开展带电粒子"催化"人工降雨(雪)新技术及应用示范试验研究(图 9.5)。该项目技术的推广应用，可显著提升我国有效水资源总量，对缓解西北干旱缺水和西部生态环境恢复，促进我国经济社会的可持续发展，维护社会稳定，都具有深远的战略意义和重大经济与社会效益。

图 9.5 带电粒子"催化"人工降雨(雪)

9.1.3.3 创新开展无人机人工增雨作业

2019 年，根据祁连山生态修复对人工增雨(雪)的需求，由甘肃省委军民融合办公室牵头推进无人机人工增雨项目，成立了组织机构，由甘肃省政府分管副省长和中国气象局分管副局长担任了领导小组组长。甘肃省气象局组织专家先后完成了试验方案论证，"甘霖-Ⅰ"无人机改装，机载大气探测系统、人工影响天气作业系统、地面控制系统和综合保障系统四大系统定型，以及机载仪器、通信设备、指挥系统设备选型及应用软件系统研发。特别是高空防除冰技术取得突破，已顺利完成防结冰风洞试验。至2020年6月，完成整个试验阶段任务并定型。气象部门积极开展无人机增雨工作的技术研究，制定无人机人影作业流程及人影技术规范。发挥以无人机为主要手段的现代新技术在祁连山生态修复中的积极作用。

2021年1月6日15时24分，随着甘肃省委副书记、代省长任振鹤下达首飞命令，“甘霖-Ⅰ”大型固定翼从金川机场滑行起飞。飞行过程中，“甘霖-Ⅰ”显示防除冰、大气探测、催化剂播撒等功能正常，系统稳定，性能满足项目要求。16时01分，“甘霖-Ⅰ”平稳着陆，首飞圆满成功（图9.6）。这是我国首次利用大型固定翼无人机开展人工影响天气作业，填补了国内空白，成为世界首创，为全球气象事业和生态环境建设贡献中国智慧、中国方案、中国力量。

图9.6 “甘霖-Ⅰ”首架大型固定翼人工影响天气无人机首飞成功

无人增雨飞机续航能力达到1000 km、巡航时间大于5 h；能适应各季节播云的高度，最大飞行高度不低于6000 m；巡航速度大于200 km/h，起飞着陆抗风能力大于9 m/s，空中抗侧风能力达到20 m/s；有效控制半径不小于200 km，在控制范围外可以实现定制航线飞行。人影作业云系以冷云为主，云层中存在大量过冷水滴，在一定温度条件下易使飞机表面结冰，对作业飞机飞行安全造成威胁，要求无人机具备防、除结冰的能力或结冰自救能力（图9.7）。

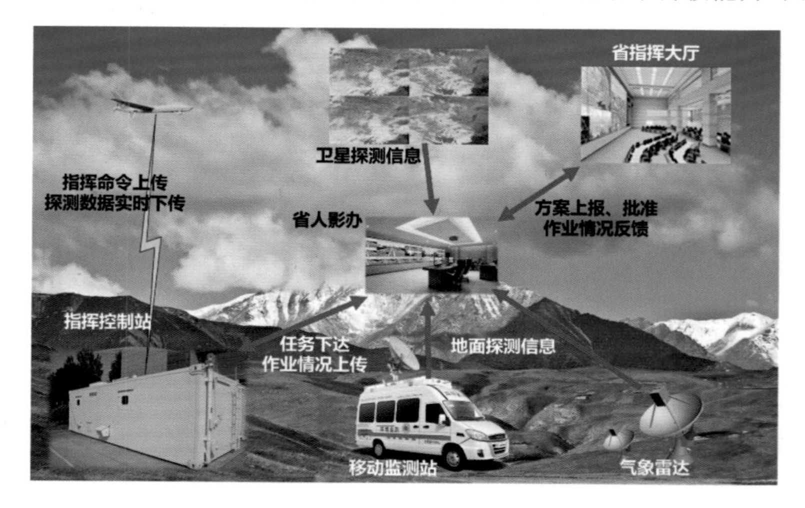

图9.7 甘肃“甘霖-Ⅰ”无人机人工增雨作业流程

"甘霖-Ⅰ"由于其易于改装,能装载多种作业播撒装备和探测仪器,有效载荷 200 kg 左右。并且具有成本相对较低、无人员伤亡风险、生存能力强、机动性能好、使用方便等特征,是未来人工增雨技术发展的必然趋势。同时,利用无人机挂载气象探测仪器及人影作业装备,开展大规模、全季节的人工增雨具有广阔前景。

试验评估表明,"甘霖-Ⅰ"具备远距离气象探测能力、大气数据采集能力和增雨催化剂播撒能力,同时拥有可靠的防除冰能力,具备复杂气象条件下的作业能力,提高了人工影响天气作业的效能。作为生态修复的"科技制高点",突破大型无人机人工影响天气作业的关键技术,丰富了人工影响天气作业手段。

9.2 人工影响天气对生态修复的贡献

9.2.1 人影科技助力生态修复成效显著

随着生态文明建设的需要,甘肃人工影响天气作业在推进生态治理中发挥起越来越重要的作用。近年来,甘肃省气象局结合《甘肃省生态保护与建设规划(2014—2020 年)》,将祁连山及旱作农业区人工增雨(雪)体系建设项目和气象灾害防御能力提升工程纳入规划重点工程建设内容。同时围绕生态修复人工增雨需求,常态化开展生态修复型人工增雨(雪)作业。

随着国家级项目"西北区域人工影响天气能力建设工程"和"祁连山及旱作农业区人工增雨(雪)体系建设工程"落户祁连山,甘肃省气象局建立最佳人工增雨作业技术指标,实现祁连山地形云结构的实时监测识别和人工增雨作业催化最佳潜力区判定;从 2010 年开始,甘肃省气象局与武威市政府联合建立祁连山人影作业示范基地,建立祁连山生态修复人工增雨作业增雨点 56 个,作业覆盖面积达 5000 km^2,每年流域可增加降水量 1.5 亿 m^3 以上,有效增加了祁连山区冰雪储备和暖季山区河道融水。

据统计,2010—2017 年,武威市共开展人工增雨雪作业 3955 点次,累计发射火箭弹 11908 枚、人雨弹 19070 发、焰弹 15250 枚。科学、密集和规模化的人工增雨雪作业,有效增加了自然降水量和祁连山区冰雪储备,河流来水量逐年增加。天然河道向民勤下泄水量从 2010 年的 6287 万 m^3 增加到 2017 年的 1.52 亿 m^3,除受厄尔尼诺事件影响的重旱年份 2013 年、2015 年外,近年来天然河道来水量呈逐年增加趋势。民勤蔡旗断面过水量于 2012 年提前 8 a 实现石羊河流域远期治理目标中确定的 2.9 亿 m^3 的控制性目标,2017 年达到 3.931 亿 m^3,为 1972 年以来 35 a 中最多的年份。

经过多年连续开展人工增雨作业,由于石羊河下泄水量的增加,干涸 51 a 之久的青土湖于 2010 年首次形成季节性水面,2017 年青土湖水面已达 26.6 km^2,形成旱区湿地 106 km^2。地下水位埋深由 2007 年的 4.02 m 上升至 2.94 m,上升了 1.08 m。自然降水的增加,有效改善了石羊河流域生态环境,民勤沙尘日数自 2007 年开始呈明显减少趋势,2012 年、2017 年民勤未出现沙尘暴。武威 2010 年以后大气降尘量逐年下降,2017 年成为降尘量最少的年份。

2019 年,飞机增雨作业 16 架次,飞行时长 66 h,增水量约 4.04 亿 m^3。针对祁连山及周边地区开展飞机作业 4 架次,作业时间近 20 h,地面作业 400 余点次,耗弹 3000 多发,燃烧焰条 200 余根,作业影响区平均增雪量 15.2%,部分地区增雪量超过 30%。2019 年 12 月 25 日,卫星积雪遥感监测报告显示,祁连山积雪面积为 41295.75 km^2,比 2018 年同期增加了 66%,

比2007—2018年同期增加了69%。

2019年12月31日，石羊河蔡旗断面总径流量为4.0118亿m^3，是1972年来最多的年份。石羊河流域内全年植被覆盖面积平均达到9319.3 km^2，较多年平均偏多20.6%，为近7 a植被生长状况最好、覆盖面积最大。

2020年，祁连山重点生态保护区域组织实施地面人工增雨作业300余点次，耗弹量近2500枚；组织实施飞机增雨(雪)作业10架次，其中甘肃青海联合作业4架次，无人机作业4架次，飞行总航程约12000 km，作业总时长约15 h，影响区覆盖祁连山腹地区域(图9.8)。2020年1—10月祁连山地区人工增雨(雪)共增加降水约7.07亿m^3，其中飞机增雨(雪)作业增加降水0.86亿m^3，地面增雨(雪)作业增加降水6.21亿m^3。2020年3月下旬，根据对祁连山冰川积雪的实地监测发现，祁连山腹地海拔近4000 m的宁缠垭口(冰川雪线变化动态监测点)积雪面积和厚度为近7 a来最大，雪线明显下移、雪深加厚。

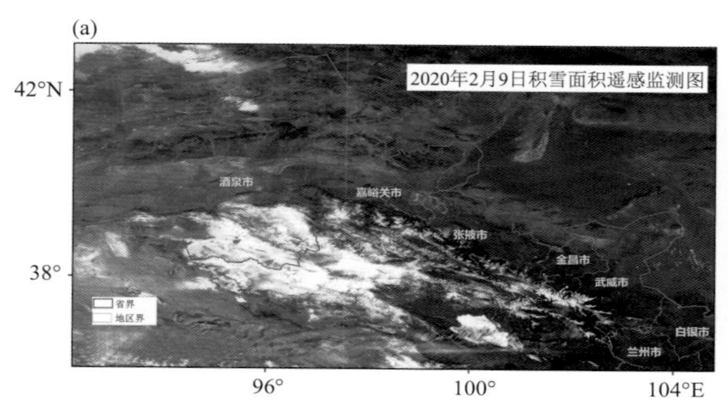

图9.8 2020年2月祁连山地区积雪面积遥感卫星监测(a)及人工积雪深度观测(b)

9.2.2 人影作业生态环境修复效益评估

科学试验发现：祁连山区的空中水汽资源相对丰富，独特的地理条件使其成为人工增雨(雪)的极佳地区；且祁连山区全年云量丰富，具备全年人工增雨(雪)的良好条件。通过对祁连山空中云水资源开发利用效益评价表明，祁连山空中云水资源开发利用对山前走廊的社会、经济、生态等效益均显著增加，祁连山区通过人工增雨，降水增加10%时，河西地区综合效益将提高5.3%，降水增加20%时，综合效益提高12.5%。据1997—2004年河西走廊东部5—9月人工增雨作业试验发现，实施人工增雨作业后，8 a平均累计增加降雨量131.5 mm，平均相对增雨率为26%。

近年来，西北地区初步建成飞机、火箭及地面碘化银燃烧炉等多种途径的人工增雨(雪)作业系统。2016年成立西北区域人工影响天气中心，2018年国家级人影项目西北区域人工影响天气能力建设工程和甘肃省祁连山人工增雨(雪)体系工程落户祁连山。每年西北区域人工影响天气中心多次组织区域内联合人工影响天气作业，为西北生态脆弱区抗旱减灾、森林防火、生态环境保护、城市及农业用水、重大活动保障等工作做出重要贡献，得到了各省(区)政府部门的大力支持和肯定。

统计表明，2016—2018年，甘肃实施飞机人工增雨作业近60架次，飞行约260 h，累计作业影响面积约260万km^2，同时利用火箭、高炮和地面烟炉等实施地面人工增雨(雪)作业约6700点次，耗弹量10万发(枚)，烟条约500根，人工增加降水量达20亿m^3。据2004—2013

年春季飞机人工增雨作业的经济效益评估表明，甘肃飞机人工增雨作业覆盖面积为 23 万 km^2，飞机人工增加降水量为 12 亿～15 亿 m^3，年平均投入产出比为 1∶30。人工增雨作业取得良好社会效益和生态效益，保障和促进了祁连山周边地区经济社会发展。

2018 年 5 月，围绕西北地区生态修复人工增雨需求，甘肃省人工影响天气办公室组织西北区域 5 省（区）33 个市州盟开展联合作业，各省（区）积极响应联合作业指令，共组织实施了人工增雨飞机跨区域飞行作业 7 架次，影响区覆盖内蒙古中西部地区、陕西中北部地区以及甘肃东部地区，累计飞行约 18.8 h；同时配合实施了地面高炮火箭增雨和防雹作业，共计发射弹药约 1960 发（枚）。本次联合作业，飞机和地面高炮火箭作业影响区面积共约 5 万 km^2，区域内共增加降水量约 5.16 亿 t；经评估分析，增雨效率为 6.2％～23.6％，作业效果明显，有效缓解了旱情，保障了水资源和经济社会持续发展，促进了生态环境修复及保护。

9.3 本章小结

本章从现代化的人工影响天气业务体系建设、人工影响天气关键指标的研发以及人工影响天气在防灾减灾中的拓展应用等方面，对甘肃省人工影响天气的跨越式发展进行了详细介绍。同时，对人工影响天气在甘肃省生态修复中取得的显著成效进行了分析，对人工影响天气在生态环境修复的效益进行了评估。

参考文献

白岗栓，郑锁林，邹超煜，等，2018. 陇东旱塬果园生草对土壤水分及苹果树生长的影响[J]. 草地学报，26(1)：173-183.

别强，强文丽，王超，等，2013. 1960—2010年黑河流域冰川变化的遥感监测[J]. 冰川冻土，35(3)：574-582.

蔡青青，2017. 敦煌2014年4月23日强沙尘暴天气过程分析[J]. 农业灾害研究，7(10)：52-53.

陈国材，2019. 敦煌市水资源合理利用与生态保护之间存在的问题以及应对措施[J]. 发展(9)：35-36.

陈桂琛，彭敏，黄荣福，等，1994. 祁连山区植被特征及其分布[J]. 植物学报，36(1)：63-72.

陈辉，李忠勤，王璞玉，等，2013. 近年来祁连山中段冰川变化[J]. 干旱区研究，30(4)：588-593.

陈继宗，蒲兴芬，2019. 甘肃石羊河流域下游湿地生态服务价值评价[J]. 林业科技通讯，4(7)：27-31.

陈杰，赵素平，殷代英，等，2015. 沙尘天气过程对中国北方城市空气质量的影响[J]. 中国沙漠，35(2)：423-430.

陈玲飞，王红亚，2004. 中国小流域径流对气候变化的敏感性分析[J]. 资源科学，26(6)：62-68.

陈少勇，王劲松，郭俊琴，等，2012. 中国西北地区1961—2009年极端高温事件的演变特征[J]. 自然资源学报，27(5)：832-844.

陈效逑，王恒，2009. 1982—2003年内蒙古植被带和植被覆盖度的时空变化[J]. 地理学报，64(1)：84-94.

陈学林，王学良，景宏，2017. 60年来白龙江流域水文特征变化分析[J]. 水利规划与设计，1：39-42.

陈志昆，张书余，雒佳丽，等，2012. 祁连山区降水气候特征分析[J]. 干旱区研究，29(5)：847-853.

曹泊，潘保田，高红山，等，2010. 1972—2007年祁连山东段冷龙岭现代冰川变化研究[J]. 冰川冻土，32(2)：242-248.

慈龙骏，杨晓晖，陈仲新，2002. 未来气候变化对中国荒漠化的潜在影响[J]. 地学前缘，9(2)：287-294.

崔瑞萍，2014. 甘肃省长江流域水土保持生态建设现状与发展建议[J]. 中国水土保持，3：20-22.

代雪玲，2016. 敦煌阳关保护区湿地植物群落优势种种间关系分析[J]. 中国农学通报，32(13)：118-124.

戴声佩，张勃，王海军，等，2010. 基于SPOTNDVI的祁连山草地植被覆盖时空变化趋势分析[J]. 地理科学进展，29(9)：1075-1080.

董安祥，胡文超，张宇，等，2014. 河西走廊特殊地形与大风的关系探讨[J]. 冰川冻土，36(2)：347-351.

董光荣，靳鹤龄，陈惠忠，1998. 中国北方半干旱和半湿润地区沙漠化的成因[J]. 第四纪研究，10(2)：136-144.

杜克胜，2010. 嘉陵江上游西汉水镡家坝站径流量长期演变趋势研究[J]. 甘肃水利水电技术. 46(6)：7-8.

段浩，2015. 敦煌西湖自然保护区湿地演化与驱动因子分析[D]. 北京：中国水利水电科学研究院.

段浩，潘世兵，李琳，等，2015. 敦煌西湖自然保护区湿地演化及驱动力分析[J]. 地球信息科学学报，34(3)：222-228.

房世波，韩国军，张新时，等，2011. 气候变化对农业生产的影响及其适应[J]. 气象科技进展，1(2)：15-19.

樊锦诗，2015. 坚持敦煌莫高窟文物管理体制不动摇[J]. 敦煌研究，152(4)：1-4.

樊锦诗，2016. 简述敦煌莫高窟保护管理工作的探索和实践[J]. 敦煌研究，159(5)：1-5.

巩崇水，段海霞，李耀辉，等，2015. RegCM4模式对中国过去30 a气温和降水的模拟[J]. 干旱气象，33(3)：

379-385.
郭兵，孔维华，姜琳，2018. 西北干旱荒漠生态区脆弱性动态监测及驱动因子定量分析[J]. 自然资源学报，33(3)：412-424.
郭怀军，2017. 祁连山及邻区第四纪地质与地貌研究[D]. 西安：西北大学.
国家发展改革委，自然资源部，2020. 全国重要生态系统保护和修复重大工程总体规划（2021—2035）[EB/OL].（2020-06-03）[2023-04-13]. http://www.gov.cn/zhengce/zhengceku/2020-06/12/content_5518982.htm.
国家林业和草原局，国家发展改革委，自然资源部，等，2021. 北方防沙带生态保护和修复重大工程建设规划（2021—2035）[EB/OL].（2021-12-30）[2023-04-13]. http://www.gov.cn/zhengce/zhengceku/2022-01/14/content_5668161.htm.
韩兆伟，2018. 甘肃省“两江一水”流域生态保护法治对策研究[D]. 兰州：西北民族大学.
韩振宇，高学杰，石英，等，2015. 中国高精度土地覆盖数据在 RegCM4/CLM 模式中的引入及其对区域气候模拟影响的分析[J]. 冰川冻土，37：857-866.
侯扶江，常生华，刘兴元，等，2020. 甘肃省陇东地区生态保护和高质量发展现状、问题及建议[J]. 甘肃政协，2(2)：60-63.
胡春艳，卫伟，王晓峰，等，2016. 甘肃省植被覆盖变化及其对退耕还林工程的响应[J]. 生态与农村环境学报，32(4)：588-594.
胡树功，2009. 甘南草原生态退化原因分析与生态环境保护对策[J]. 河西学院学报，25(2)：84-87.
胡杨林，2012. 敦煌西湖国家级自然保护区[J]. 湿地科学与管理(4)：67.
胡瑜，周侃，2015. 西汉水[J]. 甘肃水利水电技术，51(1)：469-470.
胡泽勇，黄荣辉，卫国安，等，2002. 2000 年 6 月 4 日沙尘暴过境时敦煌地面气象要素及地表能量平衡特征的变化[J]. 大气科学，26(1)：1-8.
黄江成，杨顺，潘华利，等，2014. 白龙江流域泥石流特征分析[J]. 水土保持通报，34(1)：311-315.
黄铃凌，王平，刘淑英，等，2013. 甘南牧区土地利用结构的时空变化特征[J]. 水土保持研究，20(3)：227-236.
贾生元，2003. 暴雨洪水对生态环境影响分析[J]. 江苏环境科技，16(2)：46-48.
贾文雄，赵珍，俎佳星，等，2016. 祁连山不同植被类型的物候变化及其对气候的响应[J]. 生态学报，36(23)：7826-7840.
蒋友严，杜文涛，黄进，等，2017. 2000—2015 年祁连山植被变化分析[J]. 冰川冻土，39(5)：1130-1136.
金加明，张贞明，2021. 甘南黄河重要水源补给区草原生态保护和高质量发展建议[J]. 甘肃畜牧兽医，51(1)：9-11.
金兴平，黄艳，杨文发，等，2009. 未来气候变化对长江流域水资源影响分析[J]. 人民长江，40(8)：35-38.
李传华，赵军，2013. 2000—2010 年石羊河流域 NPP 时空变化及驱动因子[J]. 生态学杂志，32(3)：712-718.
李得禄，赵明，杨文斌，等，2009. 库姆塔格沙漠周边土地荒漠化成因及其治理对策——以敦煌市为例[J]. 干旱区资源与环境，23(7)：71-76.
李栋梁，刘德祥，2000. 甘肃气候[M]. 北京：气象出版社：146-149.
李宏峰，2017. 陇东黄土高原丘陵沟壑区生态屏障建设问题研究[J]. 农业科技与信息，4(2)：32-33.
李计生，2008. 白水江流域水文特征分析[J]. 甘肃水利水电技术，44(7)：469-470.
李凯，2019. 气候变化背景下疏勒河流域基于农业种植结构调整的水资源优化分配[D]. 兰州：兰州大学.
李林，王振宇，徐维新，等，2011. 青藏高原典型高寒草甸植被生长发育对气候和冻土环境变化的响应[J]. 冰川冻土，33(5)：1006-1013.
李玲萍，2015. 石羊河流域主汛期降水日变化特征[J]. 中国沙漠，35(5)：1291-1299.
李平平，王晓丹，缪云腾，等，2020. 敦煌月牙泉湖近百年水位变化及其原因分析[J]. 地质论评，66(6)：1619-1625.

李岩瑛,2008.祁连山地区降水气候特征及其成因分析研究[D].兰州:兰州大学.
刘成,姜秀杰,刘波,等,2010.大气电导率测量技术的发展[J].科技导报,28(17):95-99.
刘洪丽,王旭东,张明泉,等,2016.敦煌莫高窟降雨分布及入渗特征研究[J].文物保护与考古科学,34(3):32-37.
刘洪丽,王旭东,张明泉,等,2019.莫高窟壁画劣化与降雨入渗关系的试验研究[J].兰州大学学报(自然科学版),55(5):661-666.
刘彤,闫天池,2011.我国的主要气象灾害及其经济损失[J].自然灾害学报,20(2):90-95.
刘时银,沈永平,孙文新,等,2002.祁连山西段小冰期以来的冰川变化研究[J].冰川冻土,24(3):227-233.
刘时银,丁永建,李晶,等,2006.中国西部冰川对近期气候变暖的响应[J].第四纪研究,26(5):762-771.
刘洋洋,章钊颖,同琳静,等,2020.中国草地净初级生产力时空格局及其影响因素[J].生态学杂志,39(2):349-363.
娄梦筠,刘志红,娄少明,等,2013.2002—2011年新疆积雪时空分布特征研究[J].冰川冻土,35(5):1095-1102.
陆键键,1990.中国湿地[M].上海:华东师范大学出版社:1-177.
卢琦,2002.荒漠化对全球变化的响应[J].中国人口资源与环境,12(1):95-98.
马利邦,2011.敦煌市生态环境演变及驱动因素研究[D].兰州:兰州大学.
马利邦,牛叔文,杨丽娜,等,2010.敦煌市生态系统服务价值评估及区域可持续发展研究[J].生态与农村环境学报,26(4):294-300.
马利邦,牛叔文,杨丽娜,2012.水资源利用对敦煌市生态环境演变的影响分析[J].自然资源学报,27(9):1531-1542.
麻守仕,2018.甘肃敦煌阳关国家级自然保护区阳关湿地生态保护对策分析[J].甘肃农业(2):47-49.
孟秀敬,张士锋,张永勇,2012.河西走廊57年来气温和降水时空变化特征[J].地理学报,67(11):1482-1492.
苗俊霞,2020.气候变化背景下农业水足迹评价与优化模拟研究——以疏勒河流域为例[D].兰州:兰州大学.
民勤县人民政府,2021.民勤县生态保护红线评估调整报告[R/OL].(2021-04-01)[2023-04-13].https://www.jinchutou.com/p-178371486.html.
牛赟,刘贤德,罗永忠,等,2008.祁连山山地草地小气候特征研究[J].草原与草坪,126(1):59-62,69.
欧阳海,郑步忠,王雪娥,等,1990.农业气候学[M].北京:气象出版社.
彭晨阳,盛煜,吴吉春,等,2021.祁连山区多年冻土空间分布模拟[J].冰川冻土,43(1):158-169.
齐鹏,刘贤德,赵维俊,等,2015.祁连山中段青海云杉林土壤养分特征[J].山地学报,33(5):538-545.
祁如英,王启兰,申红艳,2006.青海草本植物物候期变化与气象条件影响分析[J].气象科技,34(3):306-310.
秦大河,2015.科学防御和应对气象灾害,全面推进气象法制建设[J].中国减灾,9:23-25.
任国玉,陆均天,邹旭凯,等,2001.我国西北地区的气候特征与气候灾害[M].北京:气象出版社.
库永慧,2016.敦煌月牙泉水补给及泉域地下水动态研究[J].水利规划与设计,29(4):29-32.
申雄达,2022.1960—2020年两江水径流变化特征及其影响因素探究[D].兰州:兰州大学.
施能,马丽,袁晓玉,等,2001.近50 a浙江省气候变化特征分析[J].南京气象学院学报,24(2):207-213.
石惠春,王芳,柏玉芬,等,2009.石羊河流域下游生态系统服务功能价值的评估[J].冰川冻土,31(6):1195-1200.
孙美平,刘时银,姚晓军,等,2015.近50年来祁连山冰川变化——基于中国第一、二次冰川编目数据[J].地理学报(9):1402-1414.
宋淑珍,张芮,2018.石羊河流域综合治理成效及后续治理建议[J].甘肃农业科技,49(6):73-76.
唐玺雯,2015.莫高窟洪水风险分级和阈值确定[D].兰州:兰州大学.
田风霞,赵传燕,冯兆东,2011.祁连山区青海云杉林蒸腾耗水估算[J].生态学报,31(9):2383-2391.
王根绪,胡宏昌,王一博,等,2007.青藏高原多年冻土区典型高寒草地生物量对气候变化的响应[J].冰川冻土,29(5):671-679.

王桂钢,周可法,孙莉,等,2010.近10 a新疆地区植被动态与R/S分析[J].遥感技术与应用,25(1):84-90.

王海军,张勃,靳晓华,等,2009.基于GIS的祁连山气温和降水的时空分布变化分析[J].中国沙漠,29(6):1196-1202.

王金叶,常学向,葛双兰,等,2009.祁连山(北坡)水热状况与植被垂直分布[J].西北林学院学报(1):1-3.

王录仓,高静,2012.高寒牧区村域生态足迹——以甘南州合作市为例[J].生态学报,32(12):3795-3805.

王启基,周兴民,沈振西,等,1995.高寒藏嵩草沼泽化草甸植物群落结构及其利用[C]//中国科学院海北高寒草甸生态系统定位站.高寒草甸生态系统(第4集).北京:科学出版社:91-100.

王庆峰,张廷军,吴吉春,等,2013.祁连山区黑河上游多年冻土分布考察[J].冰川冻土,35(1):19-29.

王式功,董光荣,陈惠忠,2000.沙尘暴研究的进展[J].中国沙漠,20(4):349-356.

王涛,王建,吴颜昭,2020.60年来西江水流域江水径流演变特征及影响分析[J].人民长江,51(6):89-94.

王文浩,2008.黄河上游甘南水源补给区生态保护思路[J].人民长江,39(20):25-27.

王文浩,2009a.甘南草原面临的问题及对策[J].人民长江,40(7):36-37.

王文浩,2009b.甘南黄河重要水源补给生态功能区价值分析[J].人民黄河,31(12):62-63.

王一博,王根绪,沈永平,等,2005.青藏高原高寒区草地生态环境系统退化研究[J].冰川冻土,27(5):633-640.

王建兵,2012.近40年甘南草原生命地带偏移趋势及干湿变化[J].应用气象学报,23(5):604-608.

王绍令,1992.祁连山西段喀克图地区冻土和冰缘的基本特征[J].干旱区资源与环境,6(3):9-17.

王耀斌,赵永华,2018.2000—2015年秦巴山区植被净初级生产力时空变化及其驱动因子[J].应用生态学报,29(7):2373-2381.

王耀琳,王继和,俄有浩,1998.节水灌溉——民勤绿洲发展农业的唯一出路[C]//王继和.中国西北荒漠区持续农业与沙漠综合治理国际学术交流会论文集.兰州:兰州大学出版社:212-219.

王莺,赵福年,姚玉璧,等,2013.基于Z指数的石羊河流域干旱特征分析[J].灾害学,28(2):100-105.

汪有奎,孙小霞,李世霞,2012.祁连山冰川湿地保护的问题与对策[J].中国林业(12):29-29.

汪之波,陈有华,2008.甘肃甘南藏族自治州生态环境现状与恢复对策[J].氨基酸和生物资源(2):63-66.

魏凤英,2007.现代气候统计诊断与预测技术(第二版)[M].北京:气象出版社:37-41.

魏金平,李萍,2009.甘南黄河重要水源补给生态功能区生态脆弱性评价及其成因分析[J].水土保持通报,29(1):174-178.

温克刚,董安祥,2005.中国气象灾害大典:甘肃卷[M].北京:气象出版社.

温煜华,2020.甘南黄河重要水源补给区生态经济耦合协调发展研究[J].中国农业资源与区划,41(12):35-43.

吴吉春,盛煜,于晖,等,2007a.祁连山中东部的冻土特征(Ⅰ):多年冻土分布[J].冰川冻土,29(3):418-425.

吴吉春,盛煜,于晖,等,2007b.祁连山中东部的冻土特征(Ⅱ):多年冻土特征[J].冰川冻土,29(3):426-432.

吴洪颜,濮梅娟,商兆堂,等,2008.江苏省2006年酸雨分布特征及其与气象条件的关系分析[J].气象科学,28(5):563-567.

武正丽,贾文雄,刘亚荣,等,2014.近10 a来祁连山植被覆盖变化研究[J].干旱区研究,31(1):80-87.

向鼎璞,1982.祁连山地质构造特征[J].地质科学,17(4):364-370.

徐维新,辛元春,张娟,等,2014.近20年青藏高原东北部禾本科牧草生育期变化特征[J].生态学报,34(7):1781-1793.

徐苏佩,2017.气候变化对农业生产的影响及其适应[J].农业气象,34(6):73.

徐煜,2018.2001—2015年甘肃省植被覆盖、物候变化及对气候变化的响应[D].兰州:甘肃农业大学.

许仲林,赵传燕,冯兆东,2011.祁连山青海云杉林特种分布模型与变量相异指数[J].兰州大学学报,47(4):1-9.

严耕，2015. 中国省域生态文明建设评价报告（2015 版 ECI2015）[M]. 北京：社会科学文献出版社.
燕春丽，2022. 河畅 水清 岸绿 景美——石羊河全流域生态治理综述[N/OL]. 甘肃经济日报，2022-05-13[2023-04-13]. http://www.gsjb.com/system/2022/05/13/030552542.shtml.
杨帆，赵庆云，张武，2012. 甘南高原气候变化及对水资源的影响[J]. 干旱气象，30(3)：404-409.
杨绮丽，何政伟，2016. 2000—2013 年甘肃敦煌市土地利用变化及其驱动因素分析[J]. 冰川冻土，38(2)：558-566.
杨蕊琪，薛林贵，常思静，等，2016. 祁连山不同海拔低温原油降解菌群的分布特性研究[J]. 冰川冻土，38(3)：785-793.
杨晓玲，丁文魁，袁金梅，等，2012. 河西走廊东部大风气候特征及预报[J]. 大气科学学报，35(1)：121-127.
杨晓玲，丁文魁，胡津革，等，2015. 石羊河流域日照时数的变化特征及影响因子分析[J]. 中国农学通报，31(13)：273-278.
杨根生，王一谋，1993. "五・五"特大风沙暴的形成过程及防治对策[J]. 中国沙漠，13(3)：68-72.
杨小菊，徐瑞红，武发思，等，2021. 沙尘暴期间莫高窟大气颗粒物变化及影响因素[J]. 环境科学与技术，44(2)：66-75.
姚玉璧，邓振镛，尹东，等，2007. 黄河重要水源补给区甘南高原气候变化及其对生态环境的影响[J]. 地理研究，26(4)：844-852.
姚正毅，王涛，陈广庭，等，2006. 近 40 a 甘肃河西地区大风日数时空分布特征[J]. 中国沙漠，26(1)：65-70.
袁海峰，庞晓燕，李永华，2009. 甘肃敦煌西湖国家级自然保护区作用及现存问题的分析[J]. 湿地科学与管理，5(1)：21-23.
曾国雄，2013. 敦煌生态环境问题与保护对策研究[J]. 水资源管理(17)：50-56.
赵菏，2018. 陇东黄土高原旱塬区果业合作社发展模式分析[J]. 农村经济与科技，5(29)：68-69.
赵鸿雁，周翼，裴婷婷，等，2019. 甘肃中东部植被时空变化及其对坡度的响应[J]. 遥感信息，34(4)：133-139.
赵林，2019. 青藏高原新绘制冻土分布图(2017)[DS/OL]. [2023-11-24]. 时空三极环境大数据平台，DOI：10.11888/Geocry.tpdc.270468. CSTR：18406.11.Geocry.tpdc.270468.
赵茂盛，符淙斌，延晓东，等，2001. 应用遥感数据研究中国植被生态系统与气候的关系[J]. 地理学报，56(3)：287-296.
赵万奎，李晓兵，陈智平，等，2012. 甘肃白龙江流域生态环境问题及治理对策[J]. 甘肃林业科技(1)：45-48.
赵玉娟，张谋草，张洪芬，等，2020. 陇东黄土高原气象干旱特征分析及其对农业的影响[J]. 沙漠与绿洲气象，14(4)：138-143.
赵遵田，人邵杰，杜超，2008. 甘肃白龙江流域顶蒴藓类植物区系研究[J]. 山东科学，21(5)：1-4.
张国彬，薛平，侯文芳，等，2005. 游客流量对莫高窟洞窟内小环境的影响研究[J]. 敦煌研究(4)：83-86.
张华伟，鲁安新，王丽红，等，2010. 基于遥感的祁连山东部冷龙岭冰川变化研究[J]. 遥感技术与应用，25(5)：682-686.
张继强，陈文业，谈嫣蓉，等，2019. 甘肃敦煌西湖湿地芦苇盐化草甸植物群落生态位特征研究[J]. 南京林业大学学报：自然科学版，43(2)：191-196.
张利利，周俊菊，张恒玮，等，2017. 基于 SPI 的石羊河流域气候干湿变化及干旱事件的时空格局特征研究[J]. 生态学报，37(3)：996-1007.
张明杰，程维明，李宝林，等，2014. 气候变化下的祁连山地区近 40 多年冻土分布变化模拟[J]. 地理研究(7)：1275-1284.
张明军，王圣杰，李忠勤，等，2011. 近 50 年气候变化背景下中国冰川面积状况分析[J]. 地理学报，66(9)：1155-1165.
张世芬，2015. 风沙天气对敦煌李广杏的影响分析及防范措施[J]. 安徽农学通报，21(20)：120-122.
张文化，魏晓妹，李彦刚，2009. 气候变化与人类活动对石羊河流域地下水动态变化的影响[J]. 水土保持研究，

16(1):183-187.

张秀霞,2018.极度干旱环境下自然保护区的保护成效评估——以敦煌自然保(管)护区为例[D].兰州:兰州大学.

张秀霞,颉耀文,卫娇娇,等,2017.1986—2015年干旱区敦煌绿洲景观的时空演变过程[J].干旱区研究,34(3):669-676.

张秀霞,颉耀文,吕利利,等,2018.敦煌绿洲近30年的景观变化研究[J].干旱区资源与环境,32(3):170-175.

张喜风,2015.敦煌绿洲水资源安全评价及模拟研究[D].兰州:兰州大学.

张雪蕾,王义成,肖伟华,等,2018.石羊河流域NPP对气候变化的响应[J].生态学杂志,37(10):3110-3118.

张耀宗,2009.近50年来祁连山地区的气候变化[D].兰州:西北师范大学.

张志刚,矫梅燕,毕宝贵,等,2009.沙尘天气对北京大气重污染影响特征分析[J].环境科学研究,22(3):309-314.

中国气象局,2003.地面气象观测规范[M].北京:气象出版社:24-25.

周斌,2016.敦煌盆地地下水开发利用产生的环境效应分析[J].地下水,38(2):70-72.

周广胜,张新时,高素华,等,1997.中国植被对全球变化反应的研究[J].植物学报,39(9):879-888.

周建伟,何帅,李杰,等,2005.棉花膜下滴灌灌溉效应研究[J].新疆农业科学,42(1):41-44.

郑重,马富裕,幕自新,等,2000.膜下滴灌棉花水肥耦合效应及其模式研究[J].棉花学报,12(4):198-201.

CHEN R,WANG G,YANG Y,et al,2018. Effects of cryospheric change on alpine hydrology:Combining a model with observations in the upper reaches of the Hei River,China[J]. Journal of Geophysical Research:Atmospheres,123:3414-3442.

GAO,X J,SHI Y,GIORGI F,2016. Comparison of convective parameterizations in RegCM4 experiments over China with CLM as the land surface model[J]. Atmospheric and Oceanic Science Letters,9:246-254.

GAO J,YAO T D,MASSON-DELMOTTE V,et al,2019. Collapsing glaciers threaten Asia's water supplies[J]. Nature,565:19-21.

GIORGI F,1990. Simulation of regional climate using a limited-area model nested in a general circulation model[J]. Journal of Climate,3(3):941-963.

HAN,Z,ZHOU B,XU Y,2017. Projected changes in haze pollution potential in China:An ensemble of regional climate model simulations[J]. Atmospheric Chemistry and Physics,17:10109-10123.

LIANG W,YANG Y,FAN D,et al,2015. Analysis of spatial and temporal patterns of net primary production and their climate controls in China from 1982 to 2010[J]. Agricultural and Forest Meteorology,204:22-36.

LIU J,RICHARD I M,CADOTTE M W,et al,2018. Protect Third Pole's fragile ecosystem[J]. Science,363(6421):1368.

NAGARAJA K, PRASAD B S N, SRINIVAS N, et al,2006. Electrical conductivity near the earth's surface:Ion-aerosol mode[J]. Journal of Atmospheric and Solar-Terrestrial Physics, 68: 757-768.

NEMANI R R,KEELING C D,HASHIMOTO H,et al,2003. Climate driven increases in global terrestrial net primary production from 1982 to 1999[J]. Science,300:1560-1563.

NEZLIN N P,KOSTIANOY A G,LI B,2005. Inter-annual variability and interaction of Remote-Sensed Vegetation Index and atmospheric precipitation in the Aral Sea Region[J]. Journal of Arid Environments,62(4):677-700.

PETRITSCH R,HASENAUER H,PIETSCH S A,2007. Incorporating forest growth response to thinning within biome-BGC[J]. Forest Ecology and Management,242:324-336.

SHI Y,WANG G L,GAO X J,2017. Role of resolution in regional climate change projections over China[J]. Climate Dynamics,51:2375-2396.

WARSZAWSKI L,FRIELER K,HUBER V,et al,2014. The Inter-Sectoral Impact Model Intercomparison

Project(ISI-MIP):Project framework[J]. Proceedings of the National Academy of Sciences of the United States of America,111(9):3228-3232.

WANG X Q,CHEN R S,HAN C T,et al,2019. Response of frozen ground under climate change in the Qilian Mountains,China[J]. Quaternary International,523:10-15.

XU W F,MA L J,MA M N,et al,2017. Spatial-temporal variability of snow cover and depth in the Qinghai-Tibetan Plateau[J]. Journal of Climatology,30:1521-1533.

YANG Y,WANG Z Q,LI J L,et al,2016. Comparative assessment of grassland degradation dynamics in response to climate variation and human activities in China,Mongolia,Pakistan and Uzbekistan from 2000 to 2013[J]. Journal of Arid Environments,135:164-172.

ZANG Y,LI C,TRETTIN C C,et al,1999. Modelling soil carbon dynamics of forested wetlands[C]//Symposium 43. Carbon Balance of Peatlands. Jyväskylä:Fin land International Peat Society.

ZHANG D,HAN Z,SHI Y,2017. Comparison of climate projections between driving CSIRO-Mk3. 6. 0 and downscaling simulation of RegCM4. 4 over China[J]. Advances in Climate Change Research,8:245-255.

ZHANG Q,YANG J H,DUAN X Y,et al,2022. The eastward expansion of the climate humidification trend in northwest China and the synergistic influences on the circulation mechanism[J]. Climate Dynamics,59:2481-2497.